岭南建筑丛书　第三辑

岭南现代建筑教育早期发展历程（1932-1966）

施　瑛　著

中国建筑工业出版社

图书在版编目（CIP）数据

岭南现代建筑教育早期发展历程（1932-1966）／施瑛著．—北京：中国建筑工业出版社，2015.12
（岭南建筑丛书　第三辑）
ISBN 978-7-112-18922-9

Ⅰ.①岭…　Ⅱ.①施…　Ⅲ.①建筑史-研究-广东省-1932-1966　Ⅳ.①TU-092.6

中国版本图书馆CIP数据核字（2015）第319768号

岭南现代建筑教育是中国现代建筑教育的重要组成部分。本书研究定位于岭南现代建筑教育从1932年创立到1966年前的这段早期发展历程，是岭南现代建筑教育创立与探索、定位与起步的重要时期，为岭南现代建筑教育逐渐走向成熟打下了坚实的基础。

本书一方面通过大量史料的收集以及相关研究成果的整理，分析对岭南现代建筑教育早期发展产生必然影响的中外建筑教育早期状况，结合社会历史发展的整体背景，从教学、科研和工程实践的角度，厘清岭南现代建筑教育早期经历的创立与探索、定位与起步的历史脉络，力求展示准确、客观的历史进程，补充岭南建筑教育早期发展史整体研究；另一方面通过对岭南现代建筑教育早期发展历程的研究，总结在林克明、夏昌世、陈伯齐、龙庆忠等老一辈岭南建筑教育家的带领下，岭南建筑教育早期发展所取得的教育成就，归纳岭南建筑教育早期发展的特点，探寻其发展的内在动因，以期为今天岭南现代建筑教育的发展提供有价值的参考。

责任编辑：唐　旭　李东禧　张　华
责任校对：陈晶晶　刘　钰

岭南建筑丛书　第三辑
岭南现代建筑教育早期发展历程（1932-1966）
施　瑛　著
*
中国建筑工业出版社出版、发行（北京西郊百万庄）
各地新华书店、建筑书店经销
北京锋尚制版有限公司制版
北京鹏润伟业印刷有限公司印刷
*
开本：787×1092毫米　1/16　印张：29¼　字数：555千字
2015年12月第一版　2015年12月第一次印刷
定价：89.00元
ISBN 978-7-112-18922-9
（28031）

总　序

《岭南建筑丛书》第二辑已于2010年出版，至今《岭南建筑丛书》第三辑于2015年出版，又是一个五年。

2012年党的“十八大”文件提出：“文化是民族的血脉，是人民的精神家园。全面建成小康社会、实现中华民族的伟大复兴，必须推动社会主义文化大发展、大繁荣”；又指出“建设优秀传统文化传承体系，弘扬中华优秀传统文化”，要求我国全民更加自觉、更加主动地推进社会主义建设新高潮。

2014年习近平总书记指出：“要实现社会主义经济文化建设高潮，要圆中国梦。”对广东建筑文化来说，就是要改变城乡建设中的千篇一律面貌，要实现“东方风格、中国气派、岭南特色”的精神，要实现满足时代要求，满足群众希望，创造有岭南特色的新建筑的梦想。

优秀的建筑是时代的产物，是一个国家、一个民族、一个地区在该时代社会经济和文化的反映。建筑创作表现有国家、民族的特色，这是国家、民族尊严和独立的象征和表现，也是一个国家、民族在经济和文化上成熟和富强的标志。

岭南建筑创作思想从哪里来？在我国现代化社会主义制度下，来自地域环境，来自建筑实践，来自优秀传统文化传承。我们伟大的祖国建筑文化遗产非常丰富，认真总结，努力发扬，择其优秀有益者加以传承，对创造我国岭南特色的新建筑是非常必要的。

陆元鼎

2015年6月

前　言

建筑教育史的研究在建筑史学界一直不太受重视，国外如此，中国亦然。

作者作为一个建筑教育工作者，多年的教学和工程实践，深感前辈建筑教育家们对中国现代建筑的发展有着重要影响，非常值得进行专业教育史研究。

岭南现代建筑教育是中国现代建筑教育的重要组成部分。

自近代以来，岭南地区建筑的发展，因远离政治中心而又毗邻港澳的独特地理区位，以及对外交流频繁的历史和文化背景，既“得风气之先”，也“开风气之先”，形成独特的地域风格。岭南现代建筑教育的主体脉络，自1932年由林克明先生在广东省立工专创办建筑工程学系开始，历经勷勤大学工学院建筑工程学系、国立中山大学建筑工程学系、华南工学院（“文革”期间曾改名“广东工学院”）建筑工程系、华南理工大学建筑学系、华南理工大学建筑学院的发展，为岭南地区乃至全国培养了一大批优秀建筑人才。

作者通过多年大量史料的收集以及相关研究成果的整理，结合社会历史发展的整体背景，分析对岭南现代建筑教育早期发展产生必然影响的中外建筑教育早期状况，从教学、科学研究和工程实践的角度，厘清岭南现代建筑教育早期经历的创立与探索、定位与起步的历史脉络，力求展示准确、客观的历史进程，补充岭南现代建筑教育早期发展史整体研究；另一方面通过总结林克明、夏昌世、陈伯齐、龙庆忠等老一辈岭南现代建筑教育家的从教风雨历程，以及在他们的带领下，岭南现代建筑教育早期发展所取得的重要教育成就，归纳岭南现代建筑教育早期发展的特点，探寻其发展的内在动因，以期为今天岭南现代建筑教育发展提供有价值的参考。

“开放、融合、务实、创新”是岭南文化的基本特点，也是老一辈岭南现代建筑教育家们内在的学术品质。在他们教学和科研及建筑创作中，这种文化特质得以充分体现。

岭南现代建筑教育从1932年创立到1966年“文化大革命”前的这段早期发展历程，是岭南现代建筑教育创立与探索、定位与起步的重要时期，逐步形成了基于华南亚热带气候特点、强调基础训练、注重理性分析、重视功能和建造技术以及工程实践的教学思想，初步建立起以学为主，学、研、产“三结合”的建筑人才培养模式，为岭南现代建筑教育打下了坚实的发展基础。

“雨润桃李，笔绘春秋”，向为岭南现代建筑教育做出卓越贡献的前辈们致敬！

目 录

第一章
绪论

第一节　缘起

人类自从有建筑实践以来，就伴随着建筑教育。两千多年前古罗马建筑师维特鲁威在其流传千古的著作《建筑十书》中，开篇“第一书”就论及建筑师的培养教育。建筑的发展变化，同样伴随着建筑教育的发展变化。

中国实行改革开放三十多年来，无论是在政治、经济还是文化领域都发生了翻天覆地的变化，中国的许多城市、乡村面貌也因此有了很大的不同。随着中国经济的迅速发展，综合国力的逐步提高，中国正逐渐成为“世界建筑大国”。

建设的发展带来了建筑学科学研究上的发展。承担培养建筑设计人才和探索建筑科学研究任务的中国建筑教育，也被越来越多的专家、学者们所关注。

建筑教育是建筑学科必不可少的重要组成部分。中国的现代建筑教育始于20世纪初，起步较晚并主要是学习欧美和日本等国家的经验。在经历了20世纪上半叶的战乱后，新中国成立使现代建筑教育事业有了发展兴起的可能。到20世纪60年代初，在经过各种社会主义建设道路的探索后，中国现代建筑教育事业逐步走上平稳发展的道路。然而，1966年的“文化大革命”却再一次让中国的现代建筑教育事业止步不前，甚至倒退，直到1976年“文革”结束和1979年中国实行改革开放后，才又逐渐走上发展的正轨。

中国国土幅员辽阔，“东、西、南、北、中”各地域的地理和气候条件差异较大，因而形成不同的建筑文化，各地区建筑事业的发展有着明显地域特征，建筑教育发展也异彩纷呈。

岭南地区建筑的发展，因其远离政治中心而又毗邻港、澳的独特地理区位，以及对外交流频繁的历史和文化背景，使其既“得风气之先”，也“开风气之先”，形成独特的岭南地域风格。中国近现代建筑的发展历程中，总有岭南建筑师们浓重的一笔。无论是近代伊始的广州城市建筑，还是新中国成立初期的交易会展览建筑和

“文革”期间的“外贸服务工程”，及至近十几年来，在中国大地上涌现了一批由岭南建筑师创作的具有重要影响力的建筑作品，如中国近百个高校校园的规划与建筑设计、南京侵华日军大屠杀纪念馆、2008北京奥运会场馆、上海世博会中国馆、2010广州亚运会场馆等，这些建筑作品大多是由经过岭南建筑教育培养的建筑师们所创作。

岭南地区的现代建筑教育，最早可追溯到1932年林克明在广东省立工业专科学校创办的建筑工程班。1933年勷勤大学在广州正式成立，广东省立工专并入勷勤大学工学院，建筑工程班也随即转为大学部建筑工程学系，勷勤大学可以说是中国最早创办大学建筑教育的高等院校之一。1938年因抗战迁移到广东云浮的勷勤大学遭国民政府裁撤停办，建筑工程学系整体并入国立中山大学工学院。在经历了颠沛流离的云南澄江、粤北坪石和兴宁等地的艰苦办学后，1945年抗战胜利回迁广州石牌。1952年全国院系调整，原国立中山大学建筑工程学系调整并入新成立的华南工学院。1970年到1977年“文化大革命”期间，华南工学院曾改名为广东工学院。1988年华南工学院更名为华南理工大学。1997年华南理工大学建筑系、土木工程系、建筑设计研究院合并成立建筑学院。2008年华南理工大学进行调整，由建筑系、城市规划系、建筑设计研究院、亚热带建筑科学国家重点实验室、《南方建筑》杂志共同组成建筑学院。

随着对岭南建筑师们建筑作品研究的深入，对岭南建筑师的成长经历、所接受的建筑教育研究也渐渐开展起来，有不少学者取得了一定的研究成果。因此，对岭南建筑教育八十多年发展历程做系统的史料梳理和总结，补充中国建筑教育历程中关于岭南地区建筑教育历程的研究，并为岭南现代建筑教育未来发展提供参考，具有重要意义。

第二节　学与史

民国时期学者雷通群曾经在自己著作《西洋教育通史》中阐述：“教育研究上可分二途：一为教育之学的研究，一为教育之史的研究。前者是单根据教育事实的本质，以阐明内部的构造，或考究其中当然的关系，固不问其时间性的历史渊源如何，空间性的社会关系如何。后者则非以概念的一般的本质为主，却从一定的时间或空间上所发生的教育事实为主，以阐明教育发展的过程。”[①]他把教育学研究的内容分为两方面，一为教育学本体的研究，着重于内在的构成，一为教育学发展历程的研究，着重于外在的时空关系。

建筑教育通常的理解既包含了建筑学、城乡规划及风景园林专业教育，也包含了土木工程以及建筑设备等其他建筑相关专业的教育。这些相关建筑专业之间的差异性还是比较大的，专业教育的架构和理论体系也有着明显的不同，因此在进行建筑教育研究时，不能笼统地将各个专业都涵盖进入一个体系中，而应该从各自专业的特点出发，建立有针对性的专业教育研究理论体系。

学科分类中，土木工程与建筑学一向泾渭分明，城乡规划和风景园林早期是由建筑学学科中派生出来，现在又有了新的发展。根据2011年3月国务院学位委员会颁布的《学位授予和人才培养学科目录2011版》，其中工学学科门类下，土木工程、建筑学、城乡规划、风景园林学均属一级学科。但建筑学和城乡规划、风景园林由于其一脉相承的历史渊源，仍可归在“广义建筑学”[②]的范畴下，三个专业的教育研究，可以统一在建筑教育的研究中，这与土木工程教育是不同的。因此，本书所指的建筑教育是不包含土木工程教育在内的“广义建筑学”教育。

关于建筑教育的研究内容，包含两个方面：一为建筑教育之学的研究即建筑学教育本体研究；一为建筑教育之史的研究，也即发展历程的研究。

（一）建筑教育之学

建筑教育之学的研究（建筑教育本体研究），旨在阐明建筑教育本身的内部构成要素及其相互间的作用，分析其构成组织形式的特点及其实质的教育功能。

建筑教育既具有普通教育的组成特点，又具有基于建筑学特点的专业教育学构成形式。建筑教育主管部门制定的教学方针制度、建筑教育的教学思想、教学计划、教学方法、教学师资、教学对象、教学机构以及科学研究机构、生产实践等都是重要组成要素，均有其不同于普通教育甚至其他专业教育之处。建筑教育的终极目标是培养具有正确的建筑价值观念和社会责任感，掌握合理建筑设计基本方法，并有独特创造力的建筑设计工作者、规划设计工作者和风景园林设计工作者。因此在建筑教育的本体研究中，从教学、科研、实践三个层面的各个组成要素均渗透着建筑教育工作者的建筑价值观和对建筑设计基本方法及规律的理解。只有对这些建筑教育之学的构成要素进行充分研究，才能明确建筑教育的整体办学特色，建立起架构完整的建筑教育研究体系。

（二）建筑教育之史

建筑教育之史的研究（建筑教育发展历程研究），旨在客观记录和描述建筑教育在社会历史进程中的发展史实，比较不同时空下的建筑教育特色，分析总结建筑教育的发展基本规律，为当代和未来的建筑教育提供有价值的参考。

建筑教育体系中的各个组成要素都有其产生和发展的历史进程，不同时代、不同地区都有着各自适应性的建筑教育。以社会总体历史发展为背景，记录这些客观发生的建筑教育史实，有助于整体把握建筑教育的发展脉络和特点，并探索其发展的内在动因。

第三节　对象与范围

建筑教育及其发展历程的研究虽然是专业教育研究，但要对其进行全面系统的研究，则是一个深度和广度都相当复杂且耗时巨大的工作。因此，从特定的时间领域和空间领域对建筑教育进行研究，虽然不免有管中窥豹之嫌，但至少可专注于这一特定时空条件下所发生的建筑教育史实，也可为其他时空条件下的建筑教育研究建立起一种可参考研究模式。

一、岭南地区

岭南地区，是对中国南方五岭（越城岭、都庞岭、萌渚岭、骑田岭、大庾岭）以南地区的统称，历史上曾经包括我国广东、海南、广西全省（区），福建西南，以及越南北部等地区，现代讲“岭南”多特指广东。岭南地区因其独特的自然气候和地理位置，经过长久的社会历史发展，逐渐形成以“开放、务实、融合、创新”为主要特征的岭南文化，是中华文化的重要组成部分。

岭南建筑教育的发展与岭南地区的社会历史发展紧密相联，蕴含了岭南文化的特质，具有鲜明的地域特色。岭南建筑教育是中国最早开办大学建筑教育的地区之一，是中国建筑教育的重要组成部分，对岭南地区的建筑教育发展历程进行专门研究，是非常有必要的。

二、华南工学院建筑工程学系

岭南现代建筑教育早期发展历程，其主要脉络是以1932年林克明在广东省立工专创办建筑工程班为肇始，其后1933年并入勷勤大学工学院成为建筑工程学系，1938年勷勤大学裁撤后整体并入国立中山大学工学院，1952年全国院系调整，以中山大学工学院的建筑工程学系为主体，成立华南工学院建筑工程学系。

20世纪50年代开始，为了给岭南地区培养更多的建筑人才，满足在职人员的提高深造要求，在林克明等老一辈岭南建筑教育家的支持下，广州地区也兴办了若干短期建筑设计培训班和专科学校。20世纪80年代后，广东各地高校开始大力兴办建筑教育，例如华南建设学院（东、西院）及后来的广东工业大学、广州大学、深圳大学等院校的建筑教育蓬勃发展，形成对岭南现代建筑教育的重要补充。

在20世纪70年代以前，华南工学院建筑工程学系的发展历程可谓是岭南现代建筑教育发展的主要脉络。因此，本书是以华南工学院现代建筑教育早期发展历程为研究主要对象。

三、1932年至1966年

中国最早有相对完整建制的大学建筑教育的几所学校：苏州工专（1927年整体转入国立中央大学）、东北大学、勷勤大学等均创办于20世纪二三十年代，这也是现代主义建筑开始在欧洲风行的时期。这些学校的创办者都是留学于欧美或是日本，中国的现代建筑教育也是由他们开创。

岭南建筑教育早期创立于陈济棠“主粤”期间（1928-1936年），政局相对稳定、百业待兴，为岭南地区独立自主地培养出第一批华南建筑人才，可以说是因时之需而出现。尔后岭南建筑教育又经历了抗战初期险遭裁撤，并入国立中山大学即随之前往云南澄江、粤北坪石、兴宁等地，在动荡中坚持探索的时期。抗战胜利回到广州后又遭逢内战，直到1949年新中国成立后才开始步入相对稳定的发展。新中国成立后到“文化大革命”前，经过了一段探索社会主义建设道路的历史，这其中包括国民经济恢复期、第一个“五年计划”时期、“大跃进和经济困难”时期、国民经济调整时期以及“设计革命运动”等几个新中国历史发展的关键节点，都对岭南现代建筑教育产生了深远的影响。

从1932年岭南现代建筑教育的创办到1966年“文化大革命”前三十余年的时间，是岭南建筑教育早期发展的创办与探索、定位与起步的重要时期。尽管随后而来的十年“文化大革命”阻碍了前进发展的步伐，但1966年前岭南现代建筑教育探索所做的积累，为其在“文化大革命”期间的顽强坚守和“改革开放”后逐渐走向成熟打下了厚实的学术和人才基础。

第四节　相关研究

对教育学的研究，一直以来多是从普通教育的角度入手。对于各种专业教育，多是由从事专业的人员来开展执行，有的是借助教育学的理论观点来开展教育活动，更多的则是凭借从教人员自身的专业经历所获得的经验和感悟，来进行教学。对于专业教育史的理论和方法研究，在我国相对较少。一方面，这是由于各个专业的特性，从事普通教育史学研究的人员基本无法参与专业教育及其历程的研究中去；另一方面，从事专业教育的人员也较少系统、整体地对本专业在教育上的发展历程进行研究。随着时代的发展，近年来不少学者开始对中国的建筑教育史展开研究，对岭南现代建筑教育的研究逐渐得到重视，并取得了一定的学术研究成果，但对其整体发展历程研究还有所不足。

一、著作及学位论文

1991年9月，华南理工大学建筑系教师及校友杜汝俭、陆元鼎、郑鹏、谭荣典、黎显瑞、马秀之、黄晓屏等人编写的《中国著名建筑师林克明》，由科学普及出版社出版。这是第一本较为系统全面地介绍岭南地区著名建筑师林克明的著作。书中刊出了林克明教授的对自己职业生涯总结的《建筑教育、建筑创作实践六十二年》一文以及部分学术论文，还收录介绍了林克明教授1926年至1986年间的主要设计作品和个人简历。

2004年，华南理工大学彭长歆博士的博士论文《岭南建筑的近代化历程研究》首次对岭南地区的近代建筑发展做了综合的阐述，积累了较为丰富的历史资料，并主要对岭南地区1952年前的建筑教育发展做了扼要的介绍。

2005年，同济大学钱峰博士的博士论文《现代建筑教育在中国1920s–1980s》，可以说是首次对整个中国现代建筑教育的发展做了概括性的研究。其中对新中国成立前的岭南建筑教育发展历程有一定的介绍。

2007年，华南理工大学扈益群的硕士论文《建筑学专业本科课程设计的优化——以华南理工大学教学为例》对华南理工大学建筑学院的教育发展做了简要的介绍，重点在论述2006、2007年的现行教学计划中本科课程设计的研究。

2007年，华南理工大学施亮的硕士论文《夏昌世生平及其作品研究》，对华南理工大学建筑系的老一辈著名建筑教育家、建筑师夏昌世教授做了一定的研究，主要对夏昌世先生的建筑设计作品进行了分析研究，部分涉及夏先生的建筑教育理论思想和教育方法研究。

2009年，华南理工大学陈智的硕士论文《华南理工大学建筑设计研究院机构发展及创作历程研究》，对华南理工大学建筑系的重要生产和科研机构——华南理工大学建筑设计研究院做了较为全面的历史研究，对其在建筑教育上的重要作用有一定的论述。

2010年12月，中国建筑工业出版社出版了《龙庆忠文集》，该书详细地记录了华南理工大学建筑学院的老一辈建筑教育家龙庆忠先生的生平，收录了龙庆忠先生的学术文章和专家学者们纪念龙庆忠先生的文章，其中有龙先生关于建筑教育和建筑历史教育的见解文章。

2011年，华南理工大学周宇辉的硕士论文《郑祖良生平及其作品研究》，对岭南地区最早创办的建筑学系——勷勤大学建筑工程学系毕业生郑祖良先生的生平和作品做了一定的研究，其中部分涉及郑祖良当年在勷勤大学学生时代和他人共同创办的刊物《新建筑》，对当年勷勤大学的建筑教育状况有简要的描述。

2012年，华南理工大学建筑学院联合华南理工大学出版社出版了一套华南建筑学科教育八十周年的纪念丛书，包括《华南建筑80年》（彭长歆、庄少庞编著），《建筑家陈伯齐》（潘小娴著），《建筑家夏昌世》（谈健、谈晓玲著），《建筑家林克明》（胡荣锦著），《建筑家龙庆忠》（陈周起著）。

2013年，华南理工大学刘虹的博士论文《岭南建筑师林克明实践历程与创作特色研究》通过对林克明建筑实践历程的史料挖掘和梳理，分析了林克明典型建筑作品的设计特色，从整体上探索和研究了林克明建筑设计的方式手法与思想策略，对于林克明在建筑教育上的贡献有简要描述。

二、期刊文章

1995年，勷勤大学建筑系的创始人、华南理工大学建筑系教授林克明先生在《南方建筑》发表回忆录性质的文章《建筑教育、建筑创作实践六十二年》，回顾了林先生本人的建筑生涯，其中也简要地表达了自己对建筑教育的看法和对建筑教育发展的期望。

2002年，华南理工大学建筑系创建70周年之际，《建筑学报》在第九期刊登了华南理工大学建筑学系肖大威教授的纪念文章《务实创新勤学问，岭南建筑新辉煌》，简述了华南理工大学建筑系的办学历史，并从对岭南新建筑贡献的角度总结了华南理工大学建筑系的办学特点。《新建筑》在第五期刊登了一系列纪念文章：彭长歆、杨小川撰文《勷勤大学建筑工程学系与岭南早期现代主义的传播和研究》，对早期华南理工大学建筑教育的创办形成和发展有所论述；20世纪50年代的华南理工大学建筑系毕业生袁培煌撰写《怀念陈伯齐、夏昌世、谭天宋、龙庆忠四位恩师》，回顾了四位在华南理工大学建筑系发展历程中举足轻重的老一辈建筑教育家的教育思想和教学特点。

2004年，华南理工大学建筑系教师练伟杰、刘业在《华南理工大学学报》（社科版）第六期发表文章《永远的精神永远的财富》，纪念2003年夏昌世、龙庆忠、陈伯齐教授的百年诞辰，总结了三位元老的教育思想和教学特点。

2008年，肖毅强、冯江在《南方建筑》第一期发表《华南理工大学建筑学院建筑教育与创作思想的形成与发展》，综述了华南理工大学建筑学院的发展历程，并依据作者本身的观点，以现代主义建筑思想在岭南建筑教育中的传承为主要特点，划分了岭南建筑教育不同的发展时期。

2008年，《新建筑》第五期发表了一系列关于“华南理工大学建筑设计研究院建筑作品研讨会”的文章，其中有孙一民教授撰写的《岭南建筑与岭南精神》；肖毅强撰写《岭南现代建筑创作的“现代性”思考》；汪原撰文《从“华南现象”走向“岭南学派”》；蔡德道先生撰文《往事如烟——建筑口述史三则》；曾坚、蔡良娃、曾鹏的《传承、开拓与创新——何镜堂先生及其建筑团队的创作思想与艺术手法分析》以及各与会者的会场发言，主要研讨了岭南建筑和岭南建筑学派，并对岭南建筑教育的历史有一定回顾。

2009年，《建筑学报》第十期发表了一系列纪念文章，回顾中国建筑发展60年，其中何镜堂院士在发表文章《岭南建筑创作思想——60年回顾与展望》，总结了何院士个人的建筑创作历程和体会，并对岭南建筑发展的60年历史做了概述；华南理工大学建筑学院教师刘宇波撰文《回归本源——回顾早期岭南建筑学派的理论与实践》，对老一辈的岭南建筑教育家、建筑师做了建筑创作上的岭南特色分析，提出现代岭南的建筑创作要回归本源。

2010年，《南方建筑》第二期为纪念夏昌世专辑，华南理工大学建筑学院的教师、在读学生和毕业学生从不同的角度发表了各自对夏昌世研究的文章，有夏昌世先生的唯一研究生弟子何镜堂院士撰写的《一代建筑大师夏昌世教授》；肖毅强撰写《关于夏昌世研究》的随笔；冯江的《回顾夏昌世回顾展》；彭长歆撰文的《地域主义与现实主义：夏昌世的现代建筑构想》；陈吟、唐孝祥发表的《夏昌世建筑思想初探》；Eduard Kögel、杨力研撰写的《在革新与现代主义之间：夏昌世与德国》；王方戟的《一张时间表——对夏昌世先生专业旅程的认识过程》；李睿的《夏昌世年表及夏昌世文献目录》；阮思勤、郑加文的《重读水产馆的建造过程与设计理念》；关菲凡、张振华的《工字楼——原中山医学院第一附属医院设计研究》；杨颋的《夏老师·夏工——关于夏昌世的访谈录》；齐百慧、肖毅强等人的《夏昌世作品的遮阳技术分析》；赵一滢的《从三张草图读夏昌世的基地观》等一系列纪念文章，从建筑思想到建筑作品都做了整体回顾，而对夏昌世先生的建筑教育思想和教学方法则相对缺乏研究。

2010年，《南方建筑》第三期刊登了纪念勷勤大学建筑工程学系创始人林克明先生110周年诞辰的有关文章，其中有林克明先生本人撰写的两篇文章《国际新建筑会议十周年纪念感言（1928-1938）》和《现代建筑与传统庭院》；蔡德道先生的两篇文章《林克明早年建筑活动纪事（1920-1938）》和《两座旧住宅的推断复原》；以及林沛克、蔡德道编写的《林克明年表及林克明文献目录》，回顾了林克明先生的水平及其建筑创作思想和建筑作品。

2010年，何镜堂院士、黄骏、刘宇波在《南方建筑》第四期撰文《华南理工大学建筑教育发展历程回顾》，从分析岭南建筑学派的建筑思想和创作手法的角度，简要总结和叙述了华南理工大学建筑教育发展历程中的特点。

2010年，华南理工大学唐孝祥教授和他的博士生陈吟在《华中建筑》第十期发表文章《岭南建筑学派的教育特色初探》，从岭南建筑学派的研究角度，以彭长歆的博士论文为基础，对岭南建筑学派的早期教育特色进行了个人总结。

2012年，《南方建筑》在第五期刊登一系列纪念华南理工大学建筑学科发展80周年的文章，进一步丰富了岭南建筑教育发展研究的史料。

三、其他

2008年4月，华南理工大学建筑设计研究院建筑作品研讨会在华南理工大学举行，会议主题为“从岭南建筑到岭南建筑学派”，对华南理工大学建筑设计研究院的历年主要建筑作品以及岭南建筑和岭南建筑学派的发展进行了探讨研究。

2009年12月，深圳香港城市\建筑双城双年展特别展“在阳光下：岭南建筑师夏昌世回顾展”在深圳举行，华南理工大学建筑学院作为策展方布置了整个展览。该展览对夏昌世先生设计生涯中的建筑思想和建筑作品做了整体回顾，还举行了“夏昌世与岭南建筑”学术论坛，何镜堂院士等人从不同的角度回顾了夏昌世先生的思想和作品。

2010年12月，华南理工大学建筑学院举办“华南建筑史教育展”，回顾了华南理工大学建筑历史教育历程，并开辟特展“龙庆忠（非了）先生”，展示了龙老先生学术生平和文章著作以及教育观点。

2012年，华南理工大学建筑学院在华南理工大学27号楼特别举办纪念华南理工大学建筑学科发展80周年的展览。

对于建筑教育的研究，许多专家学者做出了重要贡献，也收集了大量的历史资料，但与建筑学理论、实践以及建筑历史的研究相比较，关于建筑教育的研究，无论是国外还是国内，普遍没有那么深入，常常是在这些研究中附带的一个方面，较少有系统全面的专门论述。对建筑教育发展历程的研究大多还只停留在对本校建筑院系办学历史的陈述层面，或者是对某些著名建筑学家的建筑教育思想进行总结。建筑类的书籍期刊中关于建筑教育的文章或著作，虽然比以往有所增加，但总的来看只占到建筑类书籍中非常小的一部分。对于岭南现代建筑教育的研究，有学者近年开始有所涉及，积累了一定的历史档案，撰写了相关文章，形成各自对岭南建筑教育发展的一些观点，但多数是针对新中国成立前的勷勤大学和国立中山大学时期建筑工程学系的那段历史研究，对历史人物的研究主要是集中于林克明、夏昌世、龙庆忠三位元老，而对陈伯齐、谭天宋、胡德元以及其他同样对岭南建筑教育早期发展有着重大影响的建筑教育家的研究则不多见。建立在翔实准确史料基础上，对包括华南工学院成立初期的岭南现代建筑教育早期历史发展进程全面、系统的研究则相对更少。

以史为鉴，继往开来。

对岭南建筑教育早期发展历程的系统研究，首先通过史料的补充完善，补充岭南地区现代建筑教育早期发展历程整体研究，增加中国现代建筑教育发展史的完整性，具有重要的史学价值；其次，岭南建筑教育早期发展历程的研究也是岭南地区建筑发展整体研究体系的重要组成部分，使岭南地区建筑发展史研究具有更强的完整性；最后，对于岭南建筑教育早期发展成就和特点总结，阐述其形成的动因，有利于岭南建筑教育在教学理念和教学特色方面的传承，这具有专业教育学本体研究上的重要参考意义，也为岭南建筑教育的进一步研究打下基础。

岭南建筑教育早期发展历程的研究，离不开对老一辈岭南建筑教育家们的研究。通过对岭南建筑教育先辈们的教学工作、科研工作和实践工作的分析研究，理解他们的教育思想，以及教学方法的特点、科学研究的态度、建筑创作的理念。他们个人高尚的道德和职业操守，对后辈岭南建筑教育工作者而言，是一笔宝贵的精神财富，这是岭南建筑教育早期发展历程研究的重要人文价值。

[注释]

① 雷通群．西洋教育通史[M]．1935年初版，2010年再版．长沙：岳麓书社，2010，12：3-4.

② “广义建筑学”是中国工程院、中国科学院两院院士、著名建筑学家吴良镛教授提出并倡导的一种建筑观点。

第二章
国外早期现代建筑教育发展历程概要

中国现代汉语中“建筑学”一词，来源于日语对“Architecture”的翻译。据徐苏斌博士的论文研究，1862年日本幕府出版了日本第一本英和辞书，该书是根据H.Picard的New Pocket Dictionary of the English and Dutch Languages.1857翻译的。该书首次将architecture译成“建筑学”，architect译成“建筑术的学者”[①]。也就是说中国和日本的建筑教育，其本源还是来自于西方。

早在公元前27年，古罗马的工程师唯特鲁威就撰写过一本《建筑十书》，约公元前14年才正式出版。这是西方保留至今唯一最完整的古典建筑典籍。全书分十卷，所以称为“十书”，其中第一书的第一个章节就是关于建筑教育，阐述如何培养建筑师以及建筑师的修养，其他内容还包括城市规划和建筑设计原理、建筑材料、建筑构造做法、施工工艺、施工机械和设备等。文艺复兴时期该书手稿被重新发现，对当时的建筑师们颇有影响，对18、19世纪中的古典复兴主义也有所启发，至今仍是一部具有参考价值的建筑科学全书（图2-1）[②]。

图2-1　建筑十书
（来源：维特鲁威. 建筑十书[M]. 高履泰译. 北京：知识产权出版社，2001）

《建筑十书》开篇第一书“建筑师的教育”，第一句就指出“建筑学是一门综合了许多其他学科和大量技艺的科学……实践和理论是它的根源所在。”“只重视实践的建筑师不可能对他采用的形式给出充分的理由；而仅仅重视理论的建筑师也不能成功，他们只捕捉到虚影而非实物。只有兼顾这两方面的人，才好似全副武装，既可以证明他设计的适合性同样能将设计付诸实际”。“一个建筑师应当有独创性，也应善于获取知识。这两者任一上有了缺陷，他就不可能成为杰出的大师。他应当是擅长文笔，熟练制图，通晓几何学和光学，精于计算，深悉历史，勤听自然和道德的哲学，理解音乐，对于法律和医学并非茫然无知，并对天体的运动、规律和天体之间的关系有所认识”[③]。简明扼要的话语点出了建筑师所应具备的基本修养和缘由，也为建筑教育的内容指明了方向。

西方的现代建筑教育从其历史发展进程看主要来源于两个方向，一个是“学院派”，以巴黎国立美术学院以及后来深受其影响的美国宾夕法尼亚大学为代表；另一个是“非学院派”，以德意志制造联盟、包豪斯设计学院为代表。

第一节　学院派

“学院派”（Academy），是一个源于美术史上的名词，最早出现于16世纪的意大利。在意大利的文艺复兴晚期，受到了巴洛克艺术风格的冲击，“为了捍卫文艺复兴已有的艺术成果，反对巴洛克艺术对古典艺术的取代以及世俗化的倾向，在官方的支持下欧洲出现了许多‘学院’，其中最具影响的是1580年由意大利的美术世家卡拉齐家族的卡拉齐兄弟（图2-2）在波伦亚建立的卡拉齐学院。因其建在波伦亚，故又称波伦亚学院。”[④]

波伦亚学院是历史上第一个美术学院，它结束了以往行会师徒作坊式的艺术技艺传授方式，以学校教育的方式，通过统一的美术基础课程学习和技艺的传授，开创了“学院派”的美术教育方式。波伦亚学院强调对文艺复兴时期古典艺术的继承，追求典雅的内容和完美的形式，反对巴洛克艺术对变化形式的追求；在技艺训练上严格要求对基本功的掌握，并对题材、技巧和艺术语言的规范极其重视。

17、18世纪，“学院派”开始在法国、英国和俄罗斯等国流行开来。特别是在法国，经过多年的发展，“学院派”已经成为一个形容教育风格和教学特点的专有名词，特指具有一定学术历史底蕴，在教学内容上注重对传统的

图2-2　阿尼巴尔·卡拉齐的画作《逃亡埃及途中》
（来源：http://blog.163.com/jzd26@126/blog/static/447177462013910430506151）

继承，教学方法上强调规范、严谨的教学体系和重视扎实基本功训练，注重培养学生严格理性思维的一种教育模式。这种教育风格一度为全世界所推崇，成为绝对主流，“学院派”即意味正规、正统而非不入流的旁门左道，意味着“系出名门”。这的确使教育脱离了以往的师傅带徒弟式的作坊式制度，为教育的大规模有序严谨地开展提供了可能，并促进了学术的广泛传播。但随着“学院派”的进一步发展，也渐渐走向了另一个极端。由于过分重视传统和规范，“学院派”教学逐渐程式化并拒绝和排斥任何改革。“学院派”这个词现在还具有另一层的含义，那就是守旧、僵化、排外和孤芳自赏。这在越来越强调多元化发展的艺术教育领域更是受到质疑。建筑学作为介于工程与艺术之间的学科，有越来越多的建筑院校同样对“学院派”的建筑教育提出了不同观点。

一、布扎学院（巴黎美术学院）

法国的许多国立建筑学院在早期均是美术学院的建筑部门，而“布扎学院”是对法国巴黎美术学院（of é cole nationale superieure des beaux-arts）的音译简称。

1648年在法国皇室的支持下，在巴黎由宫廷艺术家成立了美术学院。1663年美术学院更名为皇家绘画与雕塑学院；1671年由路易十四的御用皇家建筑师弗朗索瓦·布隆代尔（François Blondel）任主席的皇家建筑研究会成立，会员由国王亲自任命，布隆代尔的建筑学说来源于古罗马和文艺复兴时期的大师们的理论和实践，他的孙子雅克-弗朗索瓦·布隆代尔（Jacques-François Blondel）在1762年也到研究会任主讲教授。1771年雅克-弗朗索瓦·布隆代尔完成《建筑教程》（弗朗索瓦·布隆代尔也曾经撰写过以此为名的著作），这是一部覆盖建筑学所有领域的综合性著作，被认为是18世纪最具综合性和广泛性的建筑教案，是当时为止最长的建筑论著，为全欧洲争相拜读，并在多年里广泛被视为最正统的学院式学说。《建筑教程》以大段建筑历史开讲，因为在作者J·布隆代尔看来，熟知建筑和建筑理论是建筑教育的基本组成部分（图2-3）。[⑤]

图2-3 弗朗索瓦·布隆代尔设计的旺德夫尔城堡
（来源：http://www.keyunzhan.com/jingdian-9157/）

图2-4　国立巴黎美术学院

（来源：http://www.uutuu.com/fotolog/photo/155770/prenext.fotolog.flogicl.155618.htm）

图2-5　国立巴黎美术学院的学生在画画

（来源：http://dd.nen.com.cn/76569989758320640/20110823/2502145.shtm）

1793年法国政府将皇家绘画与雕塑学院和皇家建筑学院合并，成立由“绘画”、“雕塑”、“建筑”三个学科共同组成的皇家美术学院。美术学院在经历了18世纪后期和拿破仑时代的分分合合后，终于在1819年皇家将建筑、绘画、雕塑几个专门学校合并，正式成立“国立巴黎美术学院”（of école nationale superieure des beaux-arts）（图2-4、图2-5）。

1863年法国政府推出改革措施，对学院的管理和学科的发展起到了积极的促进作用，古典主义和新古典主义在巴黎美术学院的核心地位得到确立。J•A•加代从1894年开始任巴黎美院建筑理论教授。他认为构图是“建筑的艺术品质”，是整体各部分的积聚、熔炼和整合，建筑以“真实”为目的。加代的建筑观有“功能主义”的情调，其思想代表了巴黎美院的整体观念[⑥]。巴黎美术学院一直保持一个传统，每年进行一次“罗马大赏”（Grand Prix de Rome）竞赛，获胜者可获得赴罗马学习五年的奖励，以便于其潜心研究古罗马的建筑艺术。

巴黎美术学院担负着培养绘画、雕塑及建筑三个领域的人才任务，对于特定的古典建筑形式的研究和传播，起到关键性的作用。随着巴黎美术学院的建筑学生毕业后前往世界各地，这个“布扎学院”建筑教育体系也逐渐被各地建筑院校接纳，成为建筑教育的主流。

二、宾夕法尼亚大学建筑系

宾夕法尼亚大学（University of Pennsylvania）是美国东部的常春藤联盟（Ivy league）8所私立学校之一，是中国老一辈建筑家梁思成、杨廷宝、童寯、陈植等人留学美国时就读的学校。学成回国后的这一批留学生把宾夕法尼亚大学的“学院派”建筑教育体系带到了中国。

宾夕法尼亚大学早在1868年就开始有建筑学课程，是除1865年正式开办建筑学专业的麻省理工学院（M.I.T）外，美国当时第二所开设建筑学的学校。

图2-6　宾大建筑系最早的系馆
（来源：宾夕法尼亚大学官网．http://www.design.upenn.edu/about/history-school）

宾夕法尼亚大学早期的建筑课程由建筑师托马斯·韦伯（Thomas WebbRichards）一人指导。托马斯·韦伯于1870年赢得了学院大厅（College Hall）的设计方案大奖，主持建设了学校在现址（西费城）的第一栋古典风格的建筑，成为宾大建筑系最早的系馆所在（图2-6）。

宾夕法尼亚大学建筑系正式成立于1890年，提出建筑系的课程应该是“充满理论性、实践性、艺术性的学习课程”，设置了4年制的本科专业。1897年又开设了硕士课程。宾大的教学内容和方法沿用了法国巴黎美术学院（French Ecole des Beauxt-Arts）和来自美国设计美术学院（American Beauxt- Arts Institute of Design）的设计课题。在沃仁·莱德（Warren Powers Laird）和保尔·克瑞（Paul Philippe Cret）的指导下，建筑系先后夺得了许多巴黎和罗马设计大奖。宾大建筑系20世纪初的建筑教育获得了极大的成功。保尔·克瑞早年毕业于法国里昂艺术学院，1897年在巴黎美术学院学习，在校时表现卓越并多次获奖。1903年毕业以后接受了宾大建筑系的聘请移居美国，他在宾大任教35年，直至1937年由于健康原因退出讲坛。他将巴黎美术学院学院派的教学体系带到宾大，使宾大建筑系成为最为杰出的院系，培养了很多出类拔萃的学生，如路易斯·康和中国的杨廷宝、梁思成、童寯等当时的留美学生。杨廷宝毕业以后，到保尔·克瑞的事务所实习，深受克瑞影响。

随着19世纪四五十年代现代建筑运动的兴盛，宾大建筑系的传统“学院派”教育体系受到了很大冲击，逐渐式微。进入20世纪50年代，宾大建筑系也开始了探索与转变。1951年赫尔墨·帕金（G.Holnes Perkins）被任命为校长后，扩充了原来仅有建筑学专业的艺术学院，增加了城市与区域规划专业，景观建筑与区域规划专业、城市设计专业以及美术专业。一些著名的建筑师与建筑理论家也曾在宾大执教，像路易斯·康（Louis Kahn）、文丘里（Robert Venturi）等，形成建筑界知名的费城学派（The Philadephia School）。[7]

在20世纪二三十年代，随着中国留学宾夕法尼亚大学建筑系的学生梁思成、杨廷宝、童寯、陈植等人回国陆续创办中国早期的建筑教育，宾夕法尼亚大学“学院派”的建筑教学体系也逐渐带入中国并成为当时主要的建筑教学体系。

三、苏联的“学院派”建筑教育

“学院派”对俄罗斯以及苏联的美术及建筑教育有重要影响。

俄罗斯在彼得大帝和叶卡特林娜女皇统治时期，非常崇尚欧洲文化特别是法国文化，一切官方文化艺术均以法国古典主义与巴洛克风格为模仿对象，并形成俄罗斯自己的古典主义和巴洛克式建筑。

第一次世界大战中，从德国返回俄罗斯的一批俄罗斯艺术家们，在十月革命胜利之初的几年里，填补了被驱逐的“学院派”旧艺术家的真空。在苏联革命政府成立之初，还没有多少精力过问艺术风格的时候，这批艺术家中的马列维奇（ Malevich）推出了“绝对几何抽象”的“至上主义”（Suprematism），康定斯基（Kandinsky）创造了自由抽象，塔特林（Tatlin）和加波（Gabo）、佩夫斯内（Pevsner）等人创立了构成主义（也有人译为结构主义Constructivism）的雕塑（图2-7）。在构成主义雕塑的影响下，建筑师们推出了构成主义建筑，在20年纪20年代的苏联风行一时，并对国外也有着明显的影响，与当时在欧洲流行的“现代主义”遥相呼应。1921年康定斯基曾到德国包豪斯设计学院任教，并任副校长，其抽象构成主义的理论对包豪斯的现代设计教育产生了深远影响。列宁逝世后的斯大林时代，苏联政府发现这些“构成主义”并不能为社会主义建设服务，未能彰显社会主义建设的伟大成就。1932年苏共中央决议取消一切文艺派别，并确立“社会主义现实主义的创作方法”和“社会主义的内容、民族形式”的文艺创作原则，具有现代主义态度的构成主义建筑遭到严厉的批判，取而代之的是“优秀的民族传统”的建筑——带巴洛克色彩的俄罗斯古典主义建筑（图2-8），“学院派”的思想又重新占上风[8]。在新中国成立之初，苏联建筑界批判构成主义并提倡“社会主义内容、民族形式”的过程仍在继续。随着新中国全面学习苏联社会主义建设经验的号召，“社会主义内容、民族形式”这一创作原则也被引入中国。苏联的“学院派”教育方式对新中国成立初期的美术教育和建筑教育产生了强烈的影响，这种影响至今仍然存在。

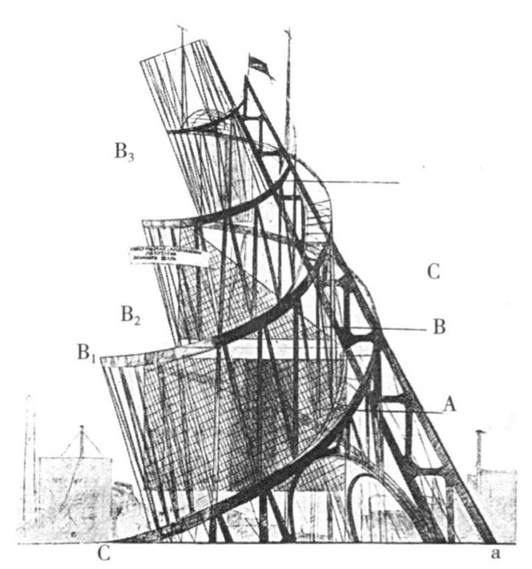

图2-7　第三国际纪念碑
（来源：Evoketw网站. http://www.evoketw.com/构成主义推时尚平民化-比hm早一百年.html?type=gallery）

图2-8　莫斯科艺术家公寓
（来源：代表早期严肃斯大林风格的艺术家公寓. 大公网：http://arts.takungpao.com/q/2013/0307/1477186_6.html）

第二节　现代主义设计教育

现代主义建筑于20世纪四五十年代在世界上大行其道之前，20世纪初的欧洲特别是在德国开始出现了为适应工业化大生产需要，从人的功能需求出发，充分考虑生产技术条件和经济的因素，为普罗大众设计的现代主义思想萌芽，其代表为德意志制造联盟和包豪斯学校，成为现代主义设计教育的发源地。

一、德意志制造联盟（Deutscher Werkbund）

德意志制造联盟是德国在1907年成立的第一个现代设计组织，是德国现代主义设计的基石。该联盟也是一个积极推进工业设计的集团，由一群热心设计教育与宣传的艺术家、建筑师、设计师、企业家和政治家组成。制造联盟每年在德国不同的城市举行会议，并在德国各地成立了地方组织。

德意志制造联盟的创始人及中坚人物是建筑师出身，在普鲁士贸易局工作的政府官员穆特修斯（Herman Muthesius，1861-1927），由于其广泛的阅历和政府官员的地位等优势，对于联盟产生了重大影响（图2-9、图2-10）。

德意志制造联盟的成立宣言表明了这个组织的目标："通过艺术、工业与手工

图2-9 穆特修斯
（来源：豆瓣网站. http://www.douban.com/note/257430275/?type=like）

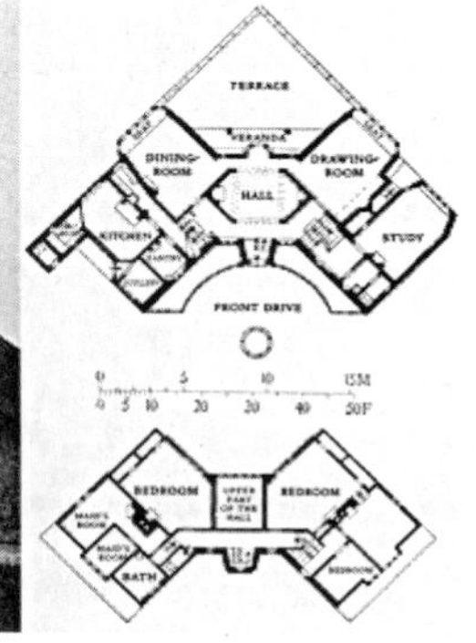

图2-10 穆特修斯设计的功能主义平面
（来源：豆瓣网站. http://www.douban.com/note/257430275/?type=like）

艺的合作，用教育、宣传及对有关问题采取联合行动的方式来提高工业劳动的地位”。制造联盟并不只是为过去存在的各种东西而进行的设计，更富创造性的是为适应新技术而生产的工业新产品做设计，例如各种新发明的家用电器和交通工具。在制造联盟的设计师中，最著名的是贝伦斯（Peter Behrens，1869-1940）。1907年贝伦斯受聘担任德国通用电气公司AEG的艺术顾问，全面负责该公司的建筑设计、视觉设计以及产品设计，开始了他作为工业设计师的职业生涯。由于AEG是一个实行集中管理的大公司，使贝伦斯能对整个公司的设计发挥巨大作用，为公司树立起统一鲜明的企业形象。1909年贝伦斯设计了AEG的透平机制造车间与机械车间，被称为第一座真正的现代主义建筑（图2-11）。

贝伦斯还为AEG作了大量的平面设计和工业产品设计，其中AEG的标志成了欧洲最著名的标志之一，他也被称为现代工业设计的先驱。贝伦斯其实最为人称道的是作为一个杰出的设计教育家，培养了三个世界级的现代主义设计大师：格罗皮乌斯（Walter Gropius，1883-1969）、密斯·凡·德·罗（Mies van der Rohe，Ludwg，1886-1969）和勒·柯布西耶（Le Corbusier，1887-1965），这三位都曾经师从于贝伦斯，后来都成为20世纪最伟大的现代主义建筑大师和设计师。

德意志制造联盟经常举行各种展览，并用实物展品来传播他们的主张，还出版了各种刊物和印刷品（图2-12）。这些宣传工作不但在德国影响很大，促进了工业设计的发展，而且对欧洲其他国家也产生了积极的影响，一些国家先后成立了类似制造联盟的组织，对整个欧洲工业设计发展起了很重要的促进作用。[⑨]

德意志制造联盟的设计师在实践中不断取得前所未有的成就。1912-1919年，

图2-11　AEG的透平机制造车间
（来源：豆瓣网站. http://www.douban.com/note/257430275/?type=like）

图2-12　魏森霍夫建筑展上的住宅，制造联盟的模数化研究的应用
（来源：豆瓣网站. http://www.douban.com/note/257430275/?type=like）

制造联盟出版的年鉴先后介绍了贝伦斯为德国电气联营公司设计的厂房及其一系列产品；格罗皮乌斯为制造联盟设计的行政与办公大楼、幕墙式的法古斯鞋楦厂房、陶特为科隆大展设计的玻璃宫；纽曼的商业化汽车设计等，都具有明显的现代主义风格。尤其是对1914年科隆大展的展品介绍，更令人耳目一新。年鉴还及时向人们展示国际工业技术发展新动态，如美国福特汽车公司首创的装配流水线。年鉴还发表不同观点的理论文章，让人们在争论中求得真理。1914年德意志制造联盟内部发生了设计界理论权威穆特修斯和著名设计师费尔德关于标准化问题的论战，前者以有力的论证说明：现代工业设计必须建立在大工业文明的基础上，而批量生产的机械产品必然要采取标准化的生产方式，在此前提下才能谈及风格和趣味问题。这是现代工业设计史上第一次具有国际影响的论战，是德意志制造联盟所有活动中最重要、影响最深远的事件。[10]

第一次世界大战使德意志制造联盟活动中断并于1934年解散，1947年才重新建立。在德意志制造联盟的推动下，德国工业设计进入一个世界领先的新阶段。德意志制造联盟为20世纪20年代欧洲现代主义设计运动的兴起和发展奠定了基础，更为重要的是为后来带动世界范围现代设计发展的“包豪斯设计学院”准备了师资力量。

二、包豪斯设计学院

1918年在第一次世界大战中落败的德国，全国近四分之三的城市遭到破坏。德意志制造联盟主要设计师贝伦斯的弟子格罗皮乌斯（Walter Gropius，1883-1969）以极大的热情写信给政府说：“德国百废待兴!成立一所现代建筑设计学校是当务之

图2-13　魏玛包豪斯校舍

（来源：包豪斯大学官网．http://www.unl-weimar.de/de/unverisitaee/starc）

急”。在战争结束四个月以后，原撒克逊大公美术学院和国家工艺美术学院合并，于1919年4月1日成立“国立包豪斯设计学院（Staatliches Bauhaus）”，格罗皮乌斯成为该院的首任院长。“包豪斯（Bauhaus）”一词是格罗皮乌斯创造出来的，由德语Hausbau（房屋建筑）一词倒置而成。格罗皮乌斯在开学典礼上说：“让我们建造一幢将建筑、雕刻和绘画融为一体的新的未来殿堂！并用千百万艺术工作者的双手将它矗立在高高的云端下！变成一种新信念的标志！”⑪

图2-14　德绍包豪斯校舍

（来源：行业中国建筑文化艺术网站．http://www.jzwhys.com/news/11816174.html）

包豪斯设计学院经历了三个时期：

魏玛时期（1919–1925年）（图2-13）。由格罗皮乌斯任校长，提出“艺术与技术新统一”的崇高理想，肩负起训练20世纪现代设计家和建筑师的使命。魏玛包豪斯师资整齐，聘任艺术家与手工匠师授课，形成艺术教育与手工制作相结合的新型设计教育制度。但后来因格罗皮乌斯与魏玛当地名流发生分歧，“包豪斯”学校整体迁往德绍。

德绍时期（1925–1932年）（图2-14）。包豪斯设计学院在德国德绍重建，并进行课程改革，实行了设计与制作教学一体化的教学方法，取得了优异成果。格罗皮乌斯在德绍设计的教师住宅成为20世纪现代主义建筑的经典作品。1928年格罗皮乌斯辞去包豪斯校长职务，由建筑系主任汉斯·梅耶（HANNS MEYER）继任。这位共产党人出身的建筑师，将包豪斯的艺术激进扩大到政治激进，从而使包豪斯面临着越来越大的政治压力。最后梅耶本人也不得不于1930年辞职离任，由密斯·凡·德·罗（Mies Vanr der Rohe）继任。接任的密斯面对来自纳粹势力的压力，虽竭尽全力维持着学校的运转，终于在1932年10月纳粹党占据德绍后，德绍包豪斯被迫关闭。

柏林时期（1932-1933年）。密斯·凡·德·罗将学校迁至德国柏林的一座废弃的办公楼中，但由于包豪斯精神为纳粹政府所不容，密斯于1933年8月宣布包豪斯永久关闭。1933年11月包豪斯被封闭，结束其14年发展历程。[12]

包豪斯虽然在1933年被迫关闭，但其影响力却在一直扩大，特别是其教员分散到世界各地，包豪斯对世界范围的现代主义设计教育产生了深远影响。校长密斯后来到美国，把包豪斯的设计理念带到美国，提出“少即是多”的经典现代主义建筑美学，推进新材料、新技术在建筑设计中的广泛运用。美国本土的现代主义建筑大师赖特也效仿包豪斯的理念，开办设计学校。

包豪斯是世界上第一所完全为发展现代设计教育而建立的学院，对德国乃至世界的现代设计教育产生了深远影响。包豪斯的设计教育理念也间接影响了中国的建筑教育。1942年创办圣约翰大学的黄作燊就是追随格罗皮乌斯到美国的第一个中国学生，并在哈佛大学研究生院受教于密斯·凡·德·罗。黄作燊归国后创办圣约翰大学建筑系，一开始就试图引进包豪斯式的现代建筑教学体系，强调实用、技术、经济和现代美学思想。1948年梁思成先生从美国考察回国后，在清华大学建筑系授课时，就采用从美国带回的包豪斯教育理念和教学资料，进行抽象构图的训练，同时聘请木工大师在木工房教学生木工手艺，使“包豪斯”式的建筑教育理念在中国开始传播[13]。岭南现代建筑教育家陈伯齐、夏昌世等人在20世纪初留学德国，这正是现代主义设计运动在德国兴盛的时期，对他们产生了深远影响，也使得岭南建筑教育的早期发展就具有现代主义倾向。

三、国际现代建筑协会（CIAM）

CIAM是国际现代建筑协会（又译“国际新建筑会议”）的法文（Congrès International d’Architecture Moderne）缩写，由现代主义建筑的旗手勒·柯布西耶（Lecorbusier）以及基迪恩（S·Giedion）等在1928年在瑞士发起成立，是世界各国现代主义建筑师进行交流的一个重要国际组织，由24位代表各国的建筑师（法国6人、瑞士6人、德国3人、荷兰3人、意大利2人、西班牙2人、奥地利1人、比利时1人）组成。CIAM的目的是反抗学院派势力，讨论科学对建筑的影响、城市规划以及培训青年一代等问题，为现代建筑确定方向。CIAM在传播现代主义建筑和城市规划思想方面有着深远的影响（图2-15）。

国际现代建筑协会（CIAM）在成立大会上郑重宣布现代主义建筑即将成为世界

图2-15　1928年CIAM第一次会议
（来源：Strabrecht学院网站. http://intern.strabrecht.nl/sectie/ckv/09/Internationaal/CKV-fool.htm）

性的运动。现代主义建筑的主要观点是：（1）强调建筑随时代发展变化，现代建筑要和工业社会的条件与需要相适应。（2）号召建筑师注重建筑的实用功能，关心相关的社会和经济问题。（3）主张在建筑设计和建筑艺术创作中发挥现代材料、结构和新技术的特质。（4）坚决抛开历史上的建筑风格和样式的束缚，按照今日的建筑逻辑，灵活自由地进行创造性的设计与创作。（5）主张建筑师借鉴现代造型艺术和技术美学成就，创造工业时代的新风格。

1933年，CIAM第四次会议通过了《雅典宪章》，标志着现代主义建筑在国际建筑界的统治地位。20世纪四五十年代，现代主义建筑运动如日中天。⑭

岭南现代建筑教育的创始人林克明先生早年留学法国，因此对在欧洲当时兴起的现代主义建筑运动一直保持浓厚的兴趣，也深受影响，即使是在1926年回国后，仍然深切关注这个远在欧洲的现代主义建筑运动。林克明在1932年筹办勷勤大学建筑工程系，设计建造广州石榴岗勷勤工学院的教学楼及宿舍建筑时，身体力行地采用现代主义建筑设计手法。林克明在制定勷勤大学建筑工程学系的教学计划时，也对现代主义建筑运动的功能性、技术性观点予以充分的考虑，建立起不同于国内其他院校的，具有现代主义特质的岭南现代建筑教育体系的雏形。1938年在日本侵华战乱中，林克明还专门为勷勤大学建筑工程系学生创办的《新建筑》刊物撰文《国际新建筑会议十周年纪念感言》，不遗余力地宣传现代主义建筑运动。

四、TEAM X

TEAM X脱胎于国际现代建筑协会。1953年受老一辈的委托，一群年轻的建筑师开始筹备第十次国际现代建筑协会。这些年轻的建筑师后来也因此而组成了TEAM X。国际式现代主义建筑与城市规划理论的教条化、机械化、过度理性化以及忽视地域文化特征和人的精神追求这些逐渐显露出来的弊端开始受到这群年轻建筑师越来越多的质疑，也正因为此，在1956年第十次会议取得对CIAM的控制权之后，这群年轻的现代主义建筑师与老一代的现代主义建筑师产生决裂，他们逐渐抛弃了体制越来越官僚化，机构越来越臃肿庞大的CIAM，最终导致1959年CIAM的结束，并形成另外一个更为自由、开放、民主但也充满不确定性的学术交流组织TEAM X（图2-16）。1953-1981年是TEAM X 最活跃的学术活动交流时期。

图2-16　TEAM X与CIAM的决裂
（来源：http://www.answers.com/）

TEAM X没有形成自己完整的理论和学派，也未能成为一个独特的风格和流派，然而TEAM X 在其活跃期间所带来的对现代主义建筑和城市的深刻反省，却推动了现代主义建筑的历史进程。TEAM X的独特精神：开放性、批判性、独立性、包容性，使得他们所召开的各种“会议”是目前所公认的TEAM X留下的最有价值的成果。

纵观整个现代主义建筑发展的历史波澜，TEAM X 并不是其中的巨浪，充其量只是一朵浪花。TEAM X 虽然已经成为现代主义建筑发展过程中的一段历史，但在其近三十年的活跃期中，其成员所提出的许多关于建筑与城市研究的思想和主张，促进了对国际式现代主义建筑的反思，其成员在从事工程实践和教学的过程中，也或多或少地贯彻了TEAM X的思想和精神，为后现代主义建筑的出现奠定了基础。

TEAM X虽然在当时并未对中国的建筑界产生直接的影响，但无独有偶，20世纪50年代初期，中国进入“社会主义改造时期”，在一切向苏联学习的政治号召下，苏联当时的主导建筑方针“社会主义内容、民族形式”也成为当时中国的建筑方针。这一方针虽然在建筑表现形式上与TEAM X的建筑师们相去甚远，但共同的却都是对国际式现代主义建筑发出质疑。华南工学院陈伯齐教授在1953年6月16日出版的《华南工院》院刊上刊出一篇由学生李允鉌整理的会议讲稿《关于建筑的民族形式问题》，其中陈伯齐就明确提到“建筑本身就是一种艺术，并不是‘住的机械’”，旗帜鲜明地反对现代主义建筑旗手勒·柯布西耶的早期国际式现代主义建筑纲领，与当时TEAM X对国际现代主义建筑理论的反思和批判是基本一致的。这也解释了国际式现代主义建筑理论为何在20世纪50年代初期没有在我国得到发展，并不是我们不了解，而是我们了解了其缺点后，并在苏联的影响下所做出的选择。

五、日本早期的现代建筑教育

1840年中国在“鸦片战争”后，进入半殖民地半封建社会。日本在1853年发生“黑船来航”事件，美国东印度舰队司令官佩里率舰队来到日本递交国书，要求日本取消闭关锁国政策。此后日本与西方列强也签订了一系列的开放条约。这一事件促使了1968年统治日本近两百年的德川幕府的倒台。

1868年明治天皇政府上台，推行维新，有别于当时中国的“洋务运动”，明治维新初期基本采取彻底的“全盘西化”策略，派遣学生赴欧美发达国家学习西方的各种知识，也聘请了大量的西方技术人员来日本进行指导，加快现代化的速度。

1874年日本政府成立了工部省，代替了大藏省的土木寮（相当财政部的基建司），工部省开展了建筑教育，1874年工学寮已讲授材料力学、图学、画学、测量、工程地质、房屋建筑学等课程。⑮

1877年日本政府开设全部由英国人执教的“工部大学校”，这是东京大学工学部的前身。学校聘请一位年轻的英国建筑师乔赛亚·康德尔（1852–1920）在造家学科（建筑工程系）讲授西方建筑学。1881年5月在东京开办以培养工学方面专业人才为办学目的的“东京职工学校”（1929年4月升格为东京工业大学）。1885年工部大学校还讲授声学、暖气通风课程，有关建筑艺术的课程也逐渐完备。1886年，东京高等工科学校并入东京帝国大学，建筑学科开始由本国建筑师主持，教学内容注重工程（图2–17）。后来，有一批院校开设学制三年建筑专业，偏重结构。

图2–17　日本东京大学

（来源：世界大学排名之日本东京大学．排行榜世界：http://www.138top.com/rbdxpm-timeszxpm_1698_2080.html）

1911年早稻田大学开设建筑系，与东京帝国大学并列，渐渐显出重要性。20世纪20年代，现代主义建筑思潮传入日本。1920年后，日本建筑专业学制均为四年[16]。除了东京帝国大学以外，日本在20世纪初还有下列大学办了建筑系：名古屋高等工业学校、东京高等工业学校、京都帝国大学、关西商工学校、东京工科学校、早稻田大学等。[17]

早期的日本建筑教育，因为“全盘西化”，总体偏向于建造当时西方传统建筑样式的教学。自从英国建筑师乔赛亚·康德尔在日本讲授建筑以来，日本的建筑教育是以砖造建筑为基本的。它的艺术色彩极为强烈，在形式上也是忠实模仿西方样式[18]。当时学校要求学生需学会进行西方古典式（如希腊式、罗马式等）大型建筑设计[19]。但在1923年以后，这种情况发生了改变。

1923年9月1日中午在日本爆发7.9级的关东大地震，共造成伤亡约25万人，房屋倒塌12万间，经济损失300亿美元（图2-18）。关东大震灾是20世纪世界最大的地震灾害之一，它使日本民族得到了血的惨痛教训，对日本的防灾工作产生了深远影响。在以后的复兴计划和城市建设中，日本特别注意城市避难场所的设置、河川公园防火带的建设、各社区防灾据点的规划等，并且逐步形成比较健全和完善的法制体系[20]。

关东大地震对日本现代建筑教育带来的影响也是具有转折性的。

由于钢筋混凝土结构的建筑在关东大地震中的良好抗震表现，1923年开始钢筋混凝土建筑的结构计算、抗震设计等工程方面受到大学建筑教育的极端重视，而

图2-18　1923年日本关东大地震

（来源：hi.baidu.com）

图2-19　日本东京工业大学

（来源：东京工业大学官网：http://www.titech.ac./english/about/campus_maps/campus_highlights/main.html）

建筑意匠以及样式等艺术性教育则被轻视[21]。东京帝国大学当时的建筑专业科目为：西洋建筑史、东洋建筑史、建筑设计、结构、材料、数学、力学、地震学和绘画等[22]，从中可看出日本建筑教育中对于建筑技术重视的转化。

从1895年到1925年这30年间的中国实施“经由日本的西洋模式”的学习政策，仿效日本的教育制度（例如，1898年创办的京师大学堂，1902年、1903年分别颁布的《钦定学堂章程》和《奏定学堂章程》），在中央和地方政府雇佣日本专家为顾问（例如真水英夫），以及向日本派遣大量留学生等。据徐苏斌的研究，当时的留日学生达百名以上，他们对20世纪前半叶的中国建筑界所带来的影响是不可估量的，而且“建筑”这个词汇，也是通过这些留日学生传入中国。[23]

这批留日学生中，就有1920年毕业于日本东京高等工业学校（东京工业大学前身）柳士英、刘敦桢、朱士圭等人（图2-19），他们在1923年创办了中国近代史上第一个真正意义的高等学校建筑学科——苏州工业专门学校建筑科。岭南建筑教育的重要人物龙庆忠、陈伯齐，也曾在东京高等工业学校建筑学专业就读。龙庆忠先生回国后结合中国传统建筑的防灾经验，创立了中国的现代建筑防灾学说，并由他的弟子们发扬光大，成为岭南现代建筑教育体系中不可或缺的重要组成部分。

本章小结

现代建筑教育的发展，与现代主义建筑的发展一样，在不同时期其理论和实践都有不同价值倾向和表达形式。从“德意志制造联盟”、“包豪斯”等现代主义设计教育机构或团体对源于法国巴黎美院的“布扎学院派”建筑教育的质疑，到TEAM X对CIAM教条的反叛，在每一次的否定或自我否定之后，总能找到新的前进方向，并在批判中继续发展。

中国现代建筑教育的起源，与早年到欧美和日本求学的中国留学生有必然联系，正是他们把西方现代建筑教育理念带入中国。但基于时间、国籍以及个人选择等不同因素，面对具有复杂发展历程和多元内涵的西方早期现代建筑教育体系，这些先行者选择汲取的成分和内容不尽相同，但不论是英、法、美、苏等国重视基础和美学训练的“学院派”建筑教育体系还是德、日重视技术和工程实际的“非学院派”建筑教育体系，都在中国土地上得以生根发芽，并衍生出日后中国现代建筑教育的复杂支脉。

[注释]

① 徐苏斌．中国近代建筑教育的起始和苏州工专建筑科[J]．南方建筑，1994（3）：15-18.

② 建筑十书．百度百科．2012年1月17日：http://baike．baidu．com/view/321964．htm

③《建筑十书》第一书．参照高履泰译本和Bill Thayer站上的英文版．百度文库．http://wenku．baidu．com/view/5ce2ddd276eeaeaad1f33025．html?from=rec&pos=1&weight=46&lastweight=46&count=2

④ 学院派．百度百科．http://baike．baidu．com/view/15419.html?fromTaglist

⑤ A+C．巴黎美术学院图史．建筑与文化，2008（4）：14-15.

⑥ A+C．巴黎美术学院图史．建筑与文化，2008（4）：14-15.

⑦ 汪永平．美国宾夕法尼亚大学建筑系百年变迁[J]．华中建筑，1998（4）：132-134.

⑧ 龚德顺．邹德侬．窦以德编著．中国现代建筑史纲（1949-1985）[M]．第1版．天津科学技术出版社．1989，5：24。

⑨ 工业设计史．湖南大学．http://jpkc.hnu.cn/gysj/zx/h_id/papers/germany.html

⑩ 百度百科．德意志制造联盟．http://baike.baidu.com/view/133117.htm；2010.06.09

⑪ 梁婷．包豪斯．现代建筑设计的起源．深圳特区报，2007年12月19日：第2版。

⑫ 包豪斯．互动百科．http://www.baike.com/wiki/包豪斯；2012.08.13

⑬ 司徒一凡．“包豪斯”影响世界九十载．光明网：http://www.gmw.cn/content/2009-08/20/content_966465.htm，2009.08.20
⑭ 百度文库．CIAM国际现代建筑协会[J]．http://wenku.baidu.com/view/ee72826825c52cc58bd6be15.html，2010.12.01
⑮ 胡德彝．日本建筑技术百年史[J]．北京工业大学学报，1987（4）：104-111.
⑯ 外国建筑教育．百度百科．http://baike.1688.comdocview-d15125422.html：2013年。
⑰ 胡德彝．日本建筑技术百年史[J]．北京工业大学学报，1987（4）：104-111.
⑱ 村松贞次郎；王炳麟．日本建筑的传统与现代化[J]．世界建筑，1989（4）：10-14.
⑲ 胡德彝．日本建筑技术百年史[J]．北京工业大学学报，1987（4）：104-111.
⑳ 关东大地震．百度百科．http://baike.baidu.com/view/66199.htm：2013年10月
㉑ 村松贞次郎，王炳麟．日本建筑的传统与现代化[J]．世界建筑，1989（4）：10-14.
㉒ 外国建筑教育．百度百科．http://baike.1688.comdocview-d15125422.html：2013年
㉓ 村松伸，包慕萍．东亚建筑两百年第三章：建筑与地方主义及国家主义[J]．建筑史，2003（1）：218-253.

第三章
中国现代建筑教育早期发展历程概要

中国传统的建筑教育是一种工匠制度，建筑技艺的传承主要靠师傅带徒弟的作坊式传授。中国现行的建筑教育源于西方。自鸦片战争后，中国闭关锁国的政策被打破，西方文明强势入侵中国，中国几千年传统的文化受到强烈的冲击，西方工业的发达和科学技术的先进，使中国有志之士开始思考“以夷之技以制夷”。自1873年中国首次公派儿童赴美留学开始，大批中国青年走出国门，留学欧美和日本等发达资本主义国家。这些留学生回国后，他们既带回先进的科学技术知识，也带回世界先进的专业教育理念。正是在这样的时代背景之下，19世纪末、20世纪初在参考了欧美和日本学制基础上，学习西方先进科学技术的新式工科大学开始兴办，中国开始建立起自己的近现代高等教育学制，建筑专业教育也开始逐步形成。

1895年（光绪二十一年）10月2日天津建立北洋西学堂，是中国最早的工科大学。北洋西学堂设立头等、二等西学堂。头等学堂分为采矿冶金、土木工程、机械、法律四门（不久撤销法律）；二等学堂为预科。1900年北洋西学堂停办，1903年在天津西沽重建校舍改名北洋大学。北洋大学的土木工程系，在中国高等院校中设置最早。中国老一代的土木工程专家多毕业于该校。从1895年创建到1951年院系调整，更名天津大学，历时57年，培养了3000多名高级工程技术人才。另外山西大学堂、京师大学堂也开始设立工科。至1911年止，除上述大学堂外，工程学堂共有10所。

民国时期，教育部公布大学令，大学分为文、理、法、商、医、农、工七科，工科在十一门课程中开始分设土木工程学、建筑学。

20世纪20年代前后，中国派出国外的留学生先后回国，促进了中国建筑专业教育的发展。庄俊（图3-1）于1911年由清华学堂选送至美国留学，1914年毕业于伊利诺伊大学建筑工程系，获建筑工程学士学位，成为中国第一位接受西方建筑教育的留学生。中国派出的留学生以留学美国学建筑者为最多，据不完全统计，至20世纪40年代为止共计有70多人。其中留学宾夕法尼亚大学的15人，留学麻省理工学院的14人，留学密歇根大

图3-1　庄俊
（来源：近代建筑大师——庄俊. 景观中国网：http://www.landscape.com.cn/paper/sbzt/2010/941069.html）

学的10人，留学哥伦比亚大学、哈佛大学的各6人，留学伊利诺伊大学的5人等。20世纪二三十年代中国各大学创建的建筑系，主任及教授多由归国留学生担任。如1923年自日本留学归来的柳士英、刘敦祯等在苏州工业专科学校创立建筑工程系，为专科学校设建筑科之始；1928年刘福泰留学美国归来担任南京中央大学建筑系系主任，任教者有刘敦祯、刘既标、虞炳烈、贝季眉、卢树森、谭垣、鲍鼎等；1928年留学美国归来的梁思成，在东北大学建立建筑系，任教者有林徽因、陈植、童寯、蔡方荫①；1932年曾经留学法国的林克明在广东省立工专创立建筑工程专科，第二年扩设为勷勤大学工学院的建筑工程学系；1938年曾经留学美国的陈植在之江大学工学院创办建筑系；1940年曾经留学日本、德国的陈伯齐归国后，在重庆大学创办建筑工程系；1942年圣约翰大学建筑系成立，由美国哈佛大学建筑研究院毕业的黄作燊任系主任。

中国的现代建筑教育体系，其源流不外两种，一是基于“学院派”的“布扎体系（Beaux-arts Architecture）”，也称巴黎美院体系；另一种是在第二次世界大战后，基于德国包豪斯的现代设计教育体系逐渐演变而来的“非学院”体系。虽然我国的近现代建筑教育制度更多的是直接从日本借鉴而来，但其本源基本也是来自对西方的学习。

1930年全国在校工科学生（包括留学生）已有4379人；1931年设立的工学院及有工科的大学，全国已达21所，其中一般均有土木工程或建筑系科。抗日战争开始后，工程技术人才的需求量增加，社会上也比较重视工程实业，参加高考学生多趋向工程。据国立各院校统一招生统计：1938年报考学生11190人，志愿学习工程的3773人，占报考人数的33.9%；1939年报考学生20009人，志愿学习工程的7244人，占36.2%；1940年共录取6552人，其中取入工程专业的2539人，占38%。报考土木工程和建筑专业的学生逐年增长。1940年度大学工学院共有学生10085人（国民政府统治区），按专业划分，从原始统计分析：土木系有29个，计3284人；建筑系有4个，计228人；加上测量25人，共3537人，占已分专业学生的39%以上。据不完全统计：至1949年止，全国设立土木、营建或建筑系的高等院校共有39所，在校学生5187人，共有教师786人。平均每校在校学生133人，土木系年平均招生人数为30人，建筑系（营建学系）年平均招生人数为14人。全国有10所高等专科学校设置土建科，在校学生1060人，平均每校在校学生106人。[②]

中国建筑学专业教育起步较晚，但在工科院校中所占的比重逐渐增加，在中国的社会、经济发展中显示出越来越重要的影响。

第一节　中国早期建筑教育制度的发展

一、"钦定学堂章程"（壬寅学制）

中国近代学校教育制度的确立始于1902年（农历壬寅年），由时任清朝官学大臣的湖南长沙人张百熙负责制定，"上溯古制，参考列邦"，"兼取其长"，"拟定了《钦定京师大学堂章程》、《钦定高等学堂章程》、《钦定中学堂章程》、《钦定小学堂章程》、《钦定蒙学堂章程》、《考选入学章程》等各级学堂共六个章程"[③]（图3-2）。张百熙派遣京师大学堂总教习吴汝纶赴日本考察教育，其考察的内容和成果也相当程度地反映在了学制之中。

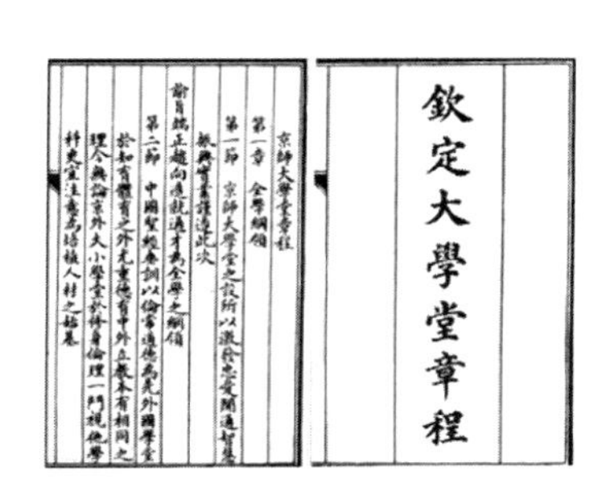

图3-2　1902年由张百熙主持制定的《钦定大学堂章程》
（来源：北京大学新闻网．http://pkunews.pku.edu.cn/2012zt/2013-04/25/content_269951.htm）

1902年8月15日清政府以"钦定学堂章程"之名正式颁布这六个章程，详细规定了各级各类学堂的目标、性质、年限、入学条件、课程设置及相互衔接关系，也称"壬寅学制"。这是中国近代由国家颁布的第一个规定学制系统的文件。这个学制其中重要的一点是开始注重农、工、商、医等实业教育，主张设立各级实业学堂，使得系统的土木建筑等工学教育成为可能。但因种种原因，清政府并未真正推行该章程，随着1904年更为细致的"癸卯学制"颁布后被废止。不过也由此而开始了各省官派留学生留学欧美日本各国，学习"夷技"的风潮。

二、"奏定学堂章程"（癸卯学制）

1903年，清政府派张之洞会同张百熙及荣庆，参考日本的学制，对"钦定学堂章程"进行修订，指导思想是"中学为体，西学为用"。1903年（农历癸卯年）清政府以"奏定学堂章程"之名颁布。这就是后来成为全国兴办各级各类学校的依据，并对我国近代学校教育产生了重大影响的"癸卯学制"[④]。该学制包括《初等小学堂章程》、《高等小学堂章程》、《中学堂章程》、《高等学堂章程》、《大学堂章程》、（附《通儒院章程》）、《蒙养院及家庭教育法》、《初级师范学堂章程》、《优级师范学堂章程》、《初等农工商实业学堂章程》（附《实业补习普通学堂章程》及《艺徒学堂章程》）、《中等农工商实业学堂章程》、《高等农工商实业学堂章程》、《实业教员讲习所章程》、《译学馆章程》、《进士馆章程》，还有《学务纲要》、《各学堂管理通则》、《各学堂奖励章程》和《各学堂考试章程》等⑤（图3-3）。1905年9月，清政府发布谕令宣布从1906年开始，所有乡会试一律停止。至此，在中国沿袭实行

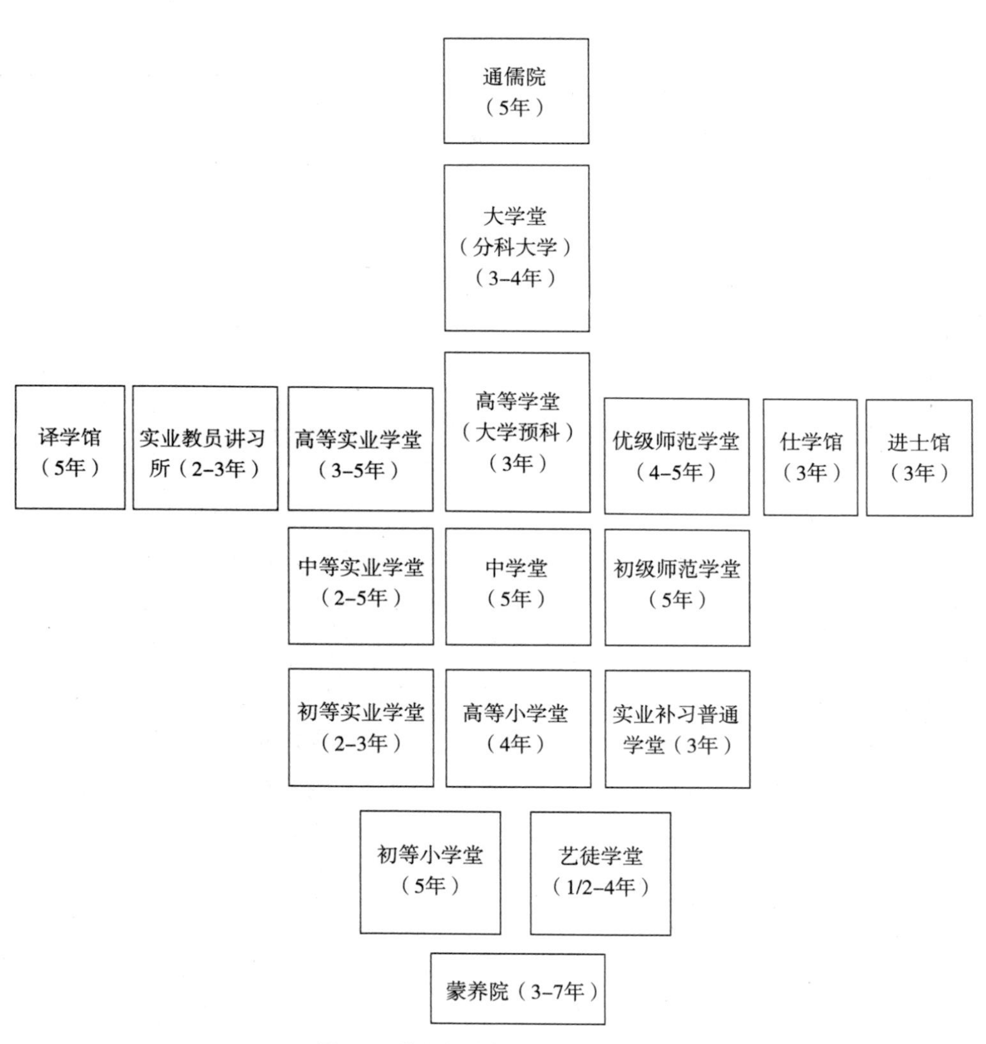

图3-3 癸卯学制确立的基本教育体系

（来源：中国近代教育制度的重大变革. 全刊杂志赏析网. http://qkzz.net/article/1af96c7c-6232-48e5-8404-2dc793089ecf.htm）

达1000多年的封建传统教育体制——科举制被彻底废除了[⑥]。

清政府制定的“癸卯学制”有浓厚的封建色彩，其本质目的是为了苟延其统治地位，但从性质上说，它毕竟属于近代新学制的范畴：它具有完整的、上下衔接的学校体系，学习近代自然、社会和人文学科，规定统一的学习年限，实施班级授课制，编制了专门的教科书等，这些都与封建传统教育有本质区别[⑦]。“奏定学堂章程”（癸卯学制）是我国正式开始实施的第一个近代教育学制，在中国教育史上具有划时代的意义。

“奏定学堂章程”（癸卯学制）在工科大学章节分了九个门类，其中专门把土木工程与建筑学分开，分别设置三年制的“土木学门”和“建筑学门”。“建筑学门”设置的24个科目见表3-1。

“奏定学堂章程”（癸卯学制）建筑学门科目[⑧]　**表3-1**

主课（共计18门）	第一年每星期钟点	第二年每星期钟点	第三年每星期钟点
算学	2	0	0
热机关	1	0	0
应用力学	2	0	0
测量	1	0	0
地质学	1	0	0
应用规矩	1	0	0
建筑材料	1	0	0
房屋构造	1	0	0
建筑意匠	1	2	0
应用力学制图及演习	2	0	0
测量实习	1	0	0
制图及配景法	3	0	0
计画及制图	15	15	24
卫生工学	0	2	0
水力学	0	1	0
施工法	0	1	0
实地演习	0	不定	不定

续表

主课（共计18门）	第一年每星期钟点	第二年每星期钟点	第三年每星期钟点
冶金制器学	0	1	0
补助课 （共计6门）			
建筑历史	1	0	0
配景法及装饰法	1	1	0
自在画	2	3	3
美学	0	1	0
装饰画	0	4	3
地震学	0	0	2
第三年末毕业时，呈出毕业课艺及自著论说、图稿。 建筑学亦以计画制图为最要，故钟点较多。			

三年的学习计划，设计课程（计画及制图）所占时间最大量，另外第一年以数学、物理及建筑材料构造为主，第二学年则强化绘图及施工技术的学习和实践，第三年则主要是设计课程（计画及制图）及实习。可以看到癸卯学制是非常强调一年级的扎实工学基础和高年级的工程技术实践，而对于人文类的绘画、美学、历史等课程所占比重则相对较少。

癸卯学制"建筑学门"的科目设置几乎完全借用了日本建筑学科的课程（表3-2）。这体现出日本建筑学教育的典型工学特征也整体移植到了中国早期建筑学教育制度上。

"癸卯学制"建筑科课程和东京帝国大学建筑科课程比较[9]　　**表3-2**

		1886年后日本东京帝国大学建筑科课程	1903年中国癸卯学制中建筑科课程
公共基础课部分		数学（1）	算学（1）
专业课部分	技术及基础	应用力学（1） 应用力学制图及演习（1） 水力学（2） 地质学（1） 热机关（1） 制造冶金学（3） 地震学（3）	应用力学（1） 应用力学制图及演习（1） 水力学（2） 地质学（1） 热机关（1） 冶金制器学（2） 地震学（3）

续表

		1886年后日本东京帝国大学建筑科课程	1903年中国癸卯学制中建筑科课程
公共基础课部分		数学（1）	算学（1）
专业课部分	技术及基础	建筑材料（1） 测量（1） 测量实习（1） 家屋构造（1） 日本建筑构造（1，2） 铁骨构造（2）	建筑材料（1） 测量（1） 测量实习（1） 家屋构造（1）
		建筑条例（3） 施工法（2）	施工法（2）
		卫生工学（2）	卫士工学（2）
	绘图	透视画法（1） 应用规矩（1） 制图及透视画法实习（1）	应用规矩（1） 制图及配景法（1）
		自在画（1，2，3） 装饰画（2，3）	自在画（1，2，3） 装饰画（2，3）
	史论	建筑历史 日本建筑历史 美学（2） 建筑意匠（1，2）	建筑历史（1） 美学（2） 建筑意匠（1，2）
	设计	计画及制图（1，3，） 日本建筑计画及制图（2） 装饰法（2）	计画及制图（1，2） 配景法及装饰法（1，2）
		实地演习（2，3）	实地演习（2，3）

注：括弧内数字为课程所在的学年。

清末“钦定学堂章程”（壬寅学制）、“奏定学堂章程”（癸卯学制）的先后颁布奠定了中国近现代高等教育学制的基础。建筑教育也是“癸卯学制”中的一项内容，主要是参考日本的建筑学制，设定了较为完备的建筑学课程。虽然建筑学的教育在“章程”颁布后并未真正贯彻实施，但这毕竟从制度层面开始了中国的建筑学高等教育。

三、中华民国教育部大学令

辛亥革命胜利后，1912年1月孙中山在南京组成中华民国临时政府，设立教育部，由蔡元培任教育总长。1912年10月教育部公布了大学令，并借鉴了1902年清政府制定的癸卯学制，制定了壬子癸丑学制（1912–1913年）。其中建筑学课程删除了原来的测量、应用规矩、地震学，加入了力学、中国建筑构造法、铁筋混凝土构造法、建筑法规、工业经济法等课程（表3–3）。这些课程的加入显示了当时为追赶西方和日本等强国，加快国家的现代化建设，加速建设工程技术人才的培养，尽快建立起有效的建筑制度所作出的努力。但是由于民国初期的军阀混战，国家仍旧处在动乱之中，就如癸卯学制一样，壬子癸丑学制也未得到实际有效的实行。

1903年癸卯学制与1912–1913年壬子癸丑学制建筑学门课程比较[10] 表3–3

1903 年癸卯学制	1912–1913 年壬子癸丑学制
算学	数学
热机关	热机关
应用力学	应用力学
测量	—
地质学	地质学
应用规矩	—
建筑材料	建筑材料学
房屋构造	房屋构造学
建筑意匠	建筑意匠学
应用力学制图及演习	图法力学及制图
测量实习	测量学及实习
计画及制图	计画及制图
卫生工学	卫生工学
水力学	水力学
施工法	施工法
实地演习	实地练习
冶金制器学	冶金制器学

续表

1903 年癸卯学制	1912–1913 年壬子癸丑学制
建筑历史	建筑史
配景法及装饰法	配景法
—	装饰法
自在画	自在画
美学	美学
装饰画	装饰画
地震学	—
—	力学
—	中国建筑构造法
—	铁筋混凝土构造法
—	建筑法规
—	工业经济学

表格数据来源：舒新城《中国近代教育史资料》

第二节　中国早期开办建筑学教育的学校

一、农工商部高等实业学堂开设建筑课程

由于建筑人才缺乏、社会动荡等各种原因，中国的建筑教育一直未能正式在高等教育中真正执行。直到1910年春，农工商部高等实业学堂开设建筑课程，由曾留学日本在东京帝国大学选修过建筑学的机械专门毕业生张锳绪担任授课，这是近代中国最早开设建筑课程，并将建筑教育付诸实施的学校。

图3-4　张锳绪所著《建筑新法》

（来源：承前启后的建筑界脊梁．南方都市报网．http://nd.oeeee.com/E/html/2007-12/15/content_338509.htm）

张锳绪在其1910年介绍西式建筑设计、结构和构造的著作《建筑新法》（图3-4）的序中写道："……迨后留学东瀛，见其国大学及高等学校，皆设有建筑专科，即他项工学，亦必附讲建筑一门，以为辅助，每年

养成建筑人才，百数十计，可见此学关系于吾人生活之重且要，而不可等闲视之也……故在东京大学时，即稍治建筑之学，归国后复于京保各处，监理工程，得以实地考验。本年春又应农工商部高等实业学堂监督袁珏生太史之聘，任该堂建筑功课……”[11]日本在19世纪60年代明治维新向西方学习的时候就设立了建筑学教育，而中国直到进入20世纪的十年后才开始设置建筑课程，大大落后于日本近五十年。但在当时的时代背景下，中国仍未能在高等院校中真正建立起完整的建筑学科教育。

二、苏州工业专门学校建筑科

虽然早在1902年，中国就制定了有关建筑学教育的制度，但从未真正有效执行，直到1923年苏州工业专门学校建筑科的创办。这是中国第一个由中国人自己创办的、真正意义上从事建筑学专业教育，培养中国学生的机构，是中国建教学科教育的发端。

1923年，曾留学日本东京高等工业学校（东京工业大学前身）建筑学专业的柳士英（1893-1973年）（图3-5），受其兄长柳伯英（民主主义革命人士，积极办学，曾在上海、苏州开办体育专科学校）的影响，与刚刚从东京高等工业学校建筑系留学归国的刘敦桢、朱士圭、黄祖淼等人，共同创办苏州工业专门学校建筑科。

图3-5 柳士英

（来源：湖南大学历任校长. http://app.univs.cn/print.php?contentid=969658）

创办教师均曾留学日本，因而在教学计划的制定上深受日本建筑教育制度影响。“建筑科的目标是培养全面懂得建筑工程的人才，能担负整个工程从设计到施工的全部工作。”加强工业教育，培养建筑工程人才也正是东京高等工业学校的宗旨。课程安排上，除基础课程由学校统一安排外，专业课程设置建筑意匠、建筑史、结构、测量、美术课等。柳士英任主任，担任构造、建筑设计、建筑历史等建筑主干课程的教学。[12]

自1923年起至1926年，苏州工专建筑科每年招收一个班学生，共招收了四个班，其中第一、二班分别于1926年和1927年毕业。1927年苏州工业专门学校建筑科迁往南京并入中央大学，第三、四班成为中央大学建筑系第一、二届毕业生。

自苏州工业专门学校建筑科成立后，中国许多地方也开始创办现代建筑教育。

三、国立中央大学建筑工程系

1927年10月16日，南京国立第四中山大学工学院院长周仁赴苏州全面接收苏州工业专门学校。蔡元培和周子竞两位先生鉴于时代的需要和中国建筑学术的落后，力主中央大学工学院添设建筑工程系，12月苏州工业专门学校刘敦桢先生（图3-6）带领建筑科在校的1925、1926两级学生随校并转[13]，成为中国第一个大学本科级别的建筑系。1928年5月，南京国立第四中山大学改名为国立中央大学（图3-7、图3-8）。国立中央大学建筑系聘请了刘福泰任系主任，刘敦桢、卢树森、贝季眉、李毅士等五位教授，助教有濮齐材、孙国权等，教授们虽留学美、日、法、英等国，但都能团结一致，为祖国建筑事业培养人才。

图3-6 刘敦桢
（来源：建筑四杰——大师们的友谊.南京日报网站：http://zm.njnews.cn/html/2012-05-03/content_1237293.htm）

国立中央大学建筑工程系对原来苏州工专的学制做了重新安排：学制改为四年制，设必修课与选修课。课程设置兼取东西方的长处，加重建筑设计课程，同时又保持了工程技术课。建筑设计低年级每周4～6学时，高年级每周有12～16学时之多。课程有中西建筑史、建筑组织、城市规划、庭园学、测量、美术课等；保持结构系列的钢、木、钢筋混凝土课程；并着重营造法；还有关于设备方面的房屋给排水、电照学、暖房通风等课。这样可使学生具备

图3-7 国立中央大学大门
（来源：忆思四牌楼——记东南大学四牌楼校园的变迁.东南大学校报电子版：http://seu.cuepa.cn/show_more.php?doc_id=629513）

图3-8 国立中央大学大礼堂
（来源：忆思四牌楼——记东南大学四牌楼校园的变迁.东南大学校报电子版：http://seu.cuepa.cn/show_more.php?doc_id=629513）

广泛的工程知识基础。此外还设有建筑师职务及法令、施工估价等课，以便毕业后用于实际工程。

在全系人员的共同努力下，建筑工程系的规模不断发展。到1937年秋，毕业生总数仅近50人。由于教师治学严谨，学生勤学苦练，因此毕业后服务于各机关、各建筑师事务所、各建筑公司等，都很出色，受到各方面好评。1937年抗日战争开始，南京国立中央大学内迁重庆沙坪坝。1943年，刘敦桢教授回系任系主任。特别是当时中国三大建筑师事务所的建筑专家都陆续来系任教，他们是基泰建筑师事务所的杨廷宝，华盖建筑师事务所的童寯、兴业建筑师事务所的李惠伯，深受同学们的欢迎和尊敬。此时全系人员兴旺，学生数量日益增多，教学质量不断提高，成绩卓著，有所谓“兴旺繁荣的沙坪坝时代”之称[14]。1945年抗日战争胜利后，国立中央大学回迁南京，建筑系人员略有变化，其中鲍鼎、谭垣、李惠伯、徐中等人离开学校，但杨廷宝和童寯则从此留了下来，为中国的建筑教育事业奉献一生。

国立中央大学建筑工程系作为新中国成立前国民政府的重点大学建筑工程系，具有很强烈的官方正统色彩，其教学计划和教学方式对国内的其他院校有着重要的参考价值，为新中国成立前的中国培养了一大批优秀的建筑专业人才。

抗战时期，曾任国立中央大学建筑工程系主任的虞炳烈教授也曾到避难于粤北坪石的国立中山大学建筑工程学系担任系主任，并为国立中山大学工学院设计了大量的教学建筑，及时地解决了工学院坪石复课后教室的不足。

四、东北大学建筑系

图3-9　1929年梁思成、陈植、蔡方荫等在东北大学教工宿舍前合影

（来源：杨永生. 梁思成[M]. 北京：中国建筑工业出版社，2012：19）

1928年6月19日，刚从美国宾夕法尼亚大学毕业，正在欧洲度蜜月兼考察西方古建筑的梁思成和林徽因夫妇收到沈阳东北大学的聘用书。8月回国后正式赴校执教，梁思成担任新开办的建筑系主任。这是我国早期的大学本科建筑学系之一。第一学期只有梁思成、林徽因上课，其后他们在宾夕法尼亚大学的同学陈植、童寯、蔡方荫也陆续来应聘任教（图

3-9)。由于美国宾夕法尼亚大学建筑教育具有强烈的巴黎“学院派”背景，东北大学建筑系几乎完全继承了宾夕法尼亚大学建筑系的教学体制，甚至也短暂地采用过源自巴黎美术学院的学徒制度和竞赛制度，是中国“学院派”建筑教育理想的坚定支持者。

但由于1931年“九·一八事变”，日本对东北的侵占，东北大学仅仅办学三年就不得不迁往上海。梁思成离开后，童寯临危受命任建筑系系主任，积极筹备复课，组织教学，最终使两届学子得以毕业，之后还努力筹划将学生作品在刊物上发表，以期扩大社会影响。东北大学建筑系存在的时间虽然短暂，但它却为中国的建筑事业培育了一大批建筑英才，如刘致平、刘鸿典、郭毓麟及张伯、唐璞、杜宜、费康、曾子泉等[15]，他们有的成为中国建筑大师，有的成为著名学者。

五、勷勤大学、国立中山大学建筑工程学系

1932年广东省国民政府为筹建勷勤大学建筑工程学系而在广东省立工业专科学校设立了建筑工程专科。创始人林克明教授（图3-10）在成立之初就明确指出“作为一个新创立的系，不能全盘采用法国那套纯建筑的教学方法，必须要适合我国当时的实际情况。不能单考虑纯美术的建筑师，要培养较全面的人才，结构方面也一定要兼学”[16]。岭南建筑教育自此走上一条务实的、注重工程技术和实践、培养全面发展建筑人才的现代建筑教育之路。1933年8月广东省立工专建筑工程班正式扩设为勷勤大学工学院建筑工程学系。1938年勷勤大学遭国民政府裁撤，在胡德元教授的带领下建筑工程学系整体并入国立中山大学并随校迁徙云南澄江，1940年迁回粤北坪石，1945年抗日战争胜利前夕迁至兴宁。1945年抗日战争胜利后，在符罗飞教授的带领下，国立中山大学建筑工程学系迁回广州石牌原址复课。1945年以后随着夏昌世、陈伯齐、龙庆忠、林克明等教授先后的到来，建筑工程学系也迎来其发展的重要历史阶段。1949年10月14日广州解放，1950年国立中山大学更名为中山大学，建筑工程学系的教师几乎全部留下来，热情高昂地投入新中国建设。

图3-10 林克明
（来源：林克明（20世纪30年代）.广东省立工专校刊，1933年）

六、私立沪江大学商学院建筑系

1933年中国建筑师学会与沪江大学城中区商学院合办两年制夜大建筑科，后发展为建筑系，这是上海最早的正规建筑学教育。

创办于1932年的沪江大学城中区商学院，是沪江大学最负盛名的学院。除本科外，另设利用晚上业余时间上课的专科与普通科，为在职职工、家境贫寒好学的青年提供接受高等教育的机会。由于其办学认真，课程切合实际，又聘请章乃器、潘序伦等社会名流执教，因而颇得社会好评，成为当时办得较好的并卓有成效的一所夜大学。

当时中国建筑师学会庄俊等人与沪江大学城中区商学院商议，创立一个以招收在建筑事务所中工作的在职人员为主，以培养能独立工作的建筑师为目的的建筑系。由著名建筑师陈植策划，并由陈植、黄家骅、哈雄文（1907-1981年，毕业于美国宾夕法尼亚大学）、王华彬（1907-1988年，毕业于美国宾夕法尼亚大学）等人一起制订了具体的教学计划与课程安排。第一任系主任为黄家骅，后来哈雄文、王华彬先后担任过系主任。1939年起系主任由伍子昂建筑师担任，直至1946年建筑系停办。授课教师除上述几位建筑师，还有庄俊、李锦沛、杨锡鏐、洪青、张杏春、吴一清等担任过建筑设计教学或建筑专题，由于主要是培养建筑师事务所的从业人员，因此其教学上更重视建筑的实用性、技术和经济性。沪江大学建筑系于1934年开始招生，至1946年停办，先后共有十余届三百余人毕业，其中林乐义、陈登鳌、张志模等，后来成为著名建筑师[17]。沪江大学商学院建筑系为中国的早期现代建筑事业培养了大量的建筑专业人才。

七、国立重庆大学建筑工程系

重庆大学于1929年成立，校址最初设在重庆市菜园坝，1933年迁至重庆市沙坪坝嘉陵江畔至今（图3-11）。1935年为四川省立重庆大学，1942年国民政府西迁后，成为国立重庆大学，并与西迁的国立中央大学毗邻。1940年陈伯齐留学德国归来，在重庆大学土木工程系任教授，同时倡办重庆大学建筑系，并任第一任系主任（图3-12）。陈伯齐聘请了当时同在重庆的夏昌世、龙庆忠到系任教。1943年因“驱梁运动”的波及以及当时重庆大学学生对“德日建筑教育体系”的排斥，陈伯齐被逼辞去系主任，和夏昌世、龙庆忠等人一道离开重庆大学建筑工程系。其后由留学美国的黄家骅、留学比利时的罗竞中相继接任系主任一职。而陈伯齐、夏昌世、龙庆忠三人在1945年抗日战争结束后，相继去到广州国立中山大学建筑工程学系任教。

图3-11 建于沙坪坝的重庆大学工学院
（来源：重庆大学．百度百科：http://baike.baidu.com/view/6269.htm）

图3-12 陈伯齐
（来源：潘小娴．建筑家陈伯齐[M]第1版．广州：华南理工大学出版社，2012年11：43）

八、私立之江大学建筑系

私立之江大学是一所由1845年美国基督教北长老会在宁波设立的崇信义塾发展而来，1867年迁至杭州，改名育英义塾，1897年改名育英书院，1906年扩充为大学，1914年正式改名为之江大学，1929年设立土木系，1938年土木系开设建筑课目，其后由土木系修业一年后的两名学生转入，成立建筑系。建筑系由著名建筑师陈植（图3-13）负责，办学过程中，建筑师王华彬、罗邦杰、伍子昂、谭垣、吴景祥、汪定曾、黄家骅、陈从周等，工程师陈端炳和陈裕华等，以及著名画家颜文梁和张充仁等先后在系执教[18]。1941年由起王华彬任系主任。1949年下半年，王华彬辞去系主任，由陈植教授任系主任，又增聘黄家骅、汪定曾教授教建筑设计，张充仁教授教美术，陈从周副教授教中国建筑史，吴一清副教授教建筑基础及美术（图3-14、图3-15）。之江大学建筑系在教学上比较倾向于“学院派”的体系，对基本训练很严格，在素描、水彩，渲染、平涂、阴影、透视等方面有系统的训练，在设计方面也较注意艺术造型及立面处理[19]。虽然受到战争影响，之江大学始终坚持办学，从1938年建筑系成立至1952年的14年间，为中国培养了大批建筑专业人才。1952年全国院系调整，之江大学建筑系与圣约翰大学建筑系等学校共同并入同济大学建筑系。

图3–13　陈植
（来源：刘宓．之江大学建筑教育历史研究．同济大学工学硕士学位论文，2008，3：10）

图3–14　之江大学1945级师生留影
（来源：刘宓．之江大学建筑教育历史研究．同济大学工学硕士学位论文，2008，3：95）

图3–15　之江大学建筑系教室
（来源：刘宓．之江大学建筑教育历史研究．同济大学工学硕士学位论文，2008，3：41）

九、圣约翰大学建筑系

圣约翰大学是由1865年成立的培雅书院发展而来，1866年度恩书院成立，1879年培雅书院与度恩书院合并称圣约翰书院，1905年改名为圣约翰大学，1942年成立建筑系，由美国哈佛大学建筑研究院毕业的黄作燊副教授任系主任（图3–16）。先后任教的有受教于德国“包豪斯”的鲍立克（1951年回民主德国，曾任建筑科学院院长）（图3–17），美国留学回国的程世抚、陆谦受、钟耀华、郑观宣、王大闳、李锦沛、美籍华人Chester Moy、Welsen Sun、英国人白兰德（Brandt）（图3–18）及留英回国的陈占祥等。抗战胜利后又增聘原中央大学美术教授周方白及教授中国建筑史的陈从周等，还有本校建筑系毕业留校工作的李德华、李滢、白德懋、王雪勤、樊书培、王吉螽、罗小未、翁致祥等。圣约翰大学建

图3-16 黄作燊
（来源：罗小未，李德华. 原圣约翰大学的建筑工程系，1942-1952[J]. 时代建筑. 2004（6）：24-26）

图3-17 鲍立克
（来源：罗小未，李德华. 原圣约翰大学的建筑工程系，1942-1952[J]. 时代建筑. 2004（6）：24-26）

图3-18 白兰德、钟耀华、郑观宣、黄作燊、王大闳
（来源：罗小未，李德华. 原圣约翰大学的建筑工程系，1942-1952[J]. 时代建筑. 2004（6）：24-26）

筑系在教学思想上更倾向于现代主义建筑教育。系主任黄作燊在低年级即开设建筑概论课程，讲述建筑的基本概念、建筑与生活的关系、建筑与技术的关系等；一年级的建筑初步课，内容不是一般的渲染建筑表现技巧，而是像包豪斯的设计教学，通过手工制作，用传统的简单工具教学生自己动手做陶器的造型；在建筑设计方面也提倡多进行社会调查，请设计委托单位（虚构的）直接向学生提出设计要求，由学生作设计方案，再请设计委托人评议[20]。圣约翰大学建筑系的这种教学方式具有鲜明的“包豪斯”及现代主义建筑教育的思想（图3-19、图3-20）。

图3-19 建筑系所在的斐蔚堂
（来源：http://blog. sina. com. cn/s/blog_487145f70102dt8c. html）

图3-20 学生在斐蔚堂上课
（来源：http://blog. sina. com. cn/s/blog_487145f70102dt8c. html）

1952年全国院系调整，圣约翰大学建筑系与之江大学建筑系等学校并入同济大学建筑系。

十、香港大学建筑学院

香港大学成立于1912年，是香港最早成立的一所大学，1950年增设香港大学建筑学院（图3-21），到20世纪90年代前，都是全香港唯一一所进行建筑教育的学校。此时，香港由于是英国殖民地，所以香港大学建筑系的教学内容和教学方式基本上是采用英国的教育制度，该系培养出来的建筑师能够很快适应西方国家的建筑工作环境[21]。

图3-21　香港大学建筑学院
（来源：http://baike.sogou.com/）

香港大学建筑学院的第一任院长及系主任戈登·布朗（R.Gordon Brown）教授直接由英国委任。第一届入学学生有30人。布朗任期共8年，培育了本地第一代的建筑师，包括已故王欧阳建筑工程事务所创办人王泽生及前任香港政务司廖本怀等，香港大学建筑学院老师黄赐巨也是布朗任内的香港大学毕业生。

在中国大陆结束“文化大革命”和改革开放后，国内建筑院校与香港大学建筑系的联系开始越来越多。因地理上的毗邻关系，华南工学院与香港大学的交往更显密切。两所院校以建筑学系教师经常互访参与学术会议和讲学交流，并多次举办针对内地建筑师的各类培训班，为岭南建筑教育的发展起到了积极推动作用。

第三节　中国建筑院校早期“老八校”

1951年11月，中央教育部在京召开全国工学院院长会议，提出全国工学院调整方案，开始了全国范围内有计划、有重点的院系调整工作，揭开了1952年院系大调整的序幕。这次会议提出：全国工学院的地区分布很不合理；师资设备分散，使用极不经济；学科庞杂，教学不切实际，培养人才不够专精；学生数量更远不能适应国家当前工业建设的需要。会议决定以华北、华东、中南三个地区的工学院为重点作适当调整[22]。其中对涉及建筑专业的学校调整方案有：1．将北京大学工学院、燕京大学工科各系并入清华大学。清华大学改为多科性工业学校，校名不变；2．将南开大学的工学院与津沽大学的工学院合并于天津大学；3．将南京大学的工学院划分出来和金陵大学的电机工程系、化学工程系及之江大学的建筑系（作者注：院系调整后该系实际并入同济大学）合并成独立的工学院；4．将中山大学的工学院、华南联合大学的工学院、岭南大学工程方面的系科及广东工业专科学校合并成为独立的工学院。

1952年5月，中央教育部草拟《全国高等院系调整计划（草案）》，系统提出调整原则。其中提到“工学院为这次院系调整的重点，以少办或不办多科性的工学院、多办专业性的工学院为原则。”[23]

1952年夏季，全国高校正式进行院系大调整。在经过1952年、1953年以及1955-1957年的几次全国范围的院系调整后，从此奠定了我国高等学校的基本格局。具有建筑学专业教育的高等院校在经过这几次院系调整后，分别在华中、华南、华东、西北、西南几个地区主要的七所院校中设置了建筑系，分别是：清华大学、同济大学、南京工学院、天津大学、华南工学院、重庆建筑工程学院、西安建筑工程学院。

1959年国家再次实行院系调整，东北地区的哈尔滨工业大学土建类专业分离出来成立哈尔滨建筑工程学院。至此，在中国大地上形成了分布较为均匀的八所具有建筑学本科专业教育的高等院校，俗称“老八校”。“老八校”由于其在教师组成、办学条件、科研成果等方面的优势，成为中国其他建筑类高等院校的主要学习参考对象，对中国的现代建筑教育产生了深远影响。

一、清华大学建筑系

1946年夏，时任清华大学校长梅贻琦先生接受梁思成先生的建议，在北京的清华大学建立建筑系，聘请梁思成为系主任，吴良镛为助教，首期招生15人，学制四年。办系之初，梁思成先生即明确提出“体形环境”的思想，并据此把课程分为五个类别，即：文化及社会背景、科学及工程、表现技术、设计课程、综合研究，其国际视野为清华大学建筑学科的国际同步高起点奠定了基础。20世纪50年代，清华大学建筑系的建筑教学与中国建设实践紧密结合。1952年院系调整，北京大学工学院、燕京大学工科各系并入清华大学，建筑系1952年开始实行六年制学制。1958年清华大学增设土木建筑综合设计院，为建筑系的师生提供了教学联

图3-22 20世纪50年代清华大学建筑系馆——清华学堂

（来源：http://stuweb. zjhzyg. net/2011/ 01/ 110124/index. htm）

系实践的平台，开创了中国建筑院校设立建筑与规划设计研究院作为教学实践基地的先河，“理论结合实践”、“教学结合工程设计”成为清华大学建筑教育的一大特色[24]。清华大学建筑系由于其强大的师资水平、良好的教学条件和优秀的教学质量，再加上其位于首都北京的地缘优势，成为20世纪50年代院系调整后中国首屈一指的建筑院系，是“老八校”一贯的“龙头大哥”（图3-22）。

二、同济大学建筑学系

同济大学是教育部直属重点大学，创建于1907年，早期为德国医生在上海创办的德文医学堂，取名“同济”意蕴合作共济。1912年增设工学堂，1923年被批准改名为大学，1927年正式定为国立同济大学。抗日战争期间曾内迁经浙、赣、滇入川，1946年回迁上海并发展为以拥有理、工、医、文、法五大学院著称海内外的综合性大学[25]。1952年院系调整，由交通大学、大同大学、圣约翰大学、震旦大学、之江大学、上海工业专科学校、上海交通专科学校、中华工商学校和中央美术学院的土木、建筑、测量专业各系、科、组全部并入同济大学[26]，成立同济大学建筑学系，同时开办了建筑学和城市规划专业，成为当时国内规模最大、学科最全的土建测量工程类高等学校（图3-23）。

图3-23　同济大学建筑系馆文远楼

（来源：http://w134.shu.edu.cn/worksDetail.aspx?num=208&id=11214）

三、南京工学院建筑系

南京工学院建筑系源于1927年国立中央大学的建筑系，是中国现代建筑教育的发源地之一。1949年中华人民共和国成立后，中央大学更名为南京大学。1952年全国院系调整，文、理等科迁出，以原南京大学工学院为主体，先后并入金陵大学、江南大学、武汉大学、浙江大学、复旦大学、交通大学、山东工学院、厦门大学等校的有关系、科，在中央大学本部原址建立了南京工学院（今为东南大学）[27]。在刘敦桢、杨廷宝、童寯等老一辈建筑教育家的带领下，南京工学院建筑系在中国建筑史研究、建筑设计理论研究等方面均有建树（图3-24）。

图3-24　南京工学院建筑系馆——中大院

（来源：东南大学的民国建筑. http://blog.sohu.com/）

四、天津大学建筑系

天津大学前身为创办于1895年的中国近代第一所大学——北洋大学，1951年更名为天津大学。天津大学建筑系的办学历史可上溯至1937年创建的天津工商学院建筑系，至今已有70余年的历史。1952年全国高校院系调整后，津沽大学建筑系（原天津工商学院建筑系）、北方交通大学建筑系（原唐山工学院建筑系）与天津大学土木系共同组建了天津大学建筑工程系。1954年成立天津大学建筑系[28]。天津大学建筑系的中国建筑历史研究及美术教育非常有特色，华南工学院建筑系成立之初的美术教育就是参考了天津大学建筑系的教学大纲（图3-25）。

图3-25　天津大学建筑系新系馆
（来源：天津大学建筑系馆. 筑龙图库：http://photo.zhulong.com/proj/detail30231.html）

五、华南工学院建筑工程学系

1952年10月7日，广州区高等学校院系调整工作委员会正式发函，宣布成立华南工学院筹备委员会。根据中央的调整方案，广东省、广州区高等学校院系调整委员会在调整方案中具体拟定：新设多科性的学院——华南工学院，由中山大学、岭南大学、华南联合大学的工学院和广东工业专科学校调整合并组成，校址设于广州石牌中山大学原址[29]。在经过1952年至1953年两次院系调整后，华南工学院建筑工程学系由原中山大学建筑工程系和华南联大、广州大学、湖南大学的建筑系师生合并组成。华南工学院建筑系较早确立了基于亚热带地域气候特点的建筑研究学术方向。由于教学上重视建筑技术知识的传授和带领学生进行工程实践的锻炼，从1952年成立到1966年“文革”前，华南工学院建筑系为中国特别是岭南地区培养了大量能够快速“上手”的建筑人才，为20世纪70年代和改革开放后岭南地区建筑的大发展奠定了基础（图3-26）。

图3-26　华南工学院建筑系馆——建筑红楼

（来源：作者自绘）

六、重庆建筑工程学院建筑系

1952年全国院系调整，由重庆大学、西南工业专科学校、川北大学、川南工业专科学校、成都艺术专科学校、西南交通专科学校等六所院校的9个土木、建筑系（科）合并而成重庆土木建筑学院（即重庆建筑工程学院的前身），是国内最早的八大建筑院系之一。1953年云南大学、贵州大学的土木系并入重庆土木建筑学院。1954年更名为重庆建筑工程学院，成为西南地区唯一一所建筑工程学院，也是当时中央建筑工程部唯一一所直属高等院校[30]。重庆建筑工程学院在山地建筑的研究方面具有突出的成就（图3-27）。

图3-27　20世纪90年代初建成的重庆建筑工程学院建筑系新系馆

（来源：panoramio网站：http://www.panoramio.com/photo/7062979）

七、西安建筑工程学院建筑系

1956年在全国第三次高等学校院系调整时由原东北工学院、西北工学院、青岛工学院和苏南工业专科学校的土木、建筑、市政类系（科）整建制合并而成西安建筑工程学院。1959年和1963年，曾先后易名为西安冶金学院、西安冶金建筑学院，现为西安建筑科技大学。[31]（图3-28）

八、哈尔滨建筑工程学院

哈尔滨建筑工程学院的历史最早可以追溯到1920年10月成立，隶属于“中东铁路”（1877年沙俄开始在中国建设“东清铁路”，后称“中东铁路”，1903年铁路建成，1945年抗日战争胜利后，改称“中长铁路”）的哈尔滨中俄工业学校铁路建筑科，这是由俄国在中国建立的、主要以满足俄籍铁路员工子女接受高等教育和培养专门的铁路工程技术人才为主要目的的高等院校。教学上实行学分制，学制为四年，以俄语教学。1922年学校改名为哈尔滨中俄工业大学，铁路建筑科改为铁路建筑系，学制由四年改为五年，培养目标为交通工程师。1927年铁路建筑系改为建筑工程系。1928年学校由东省特区（中国）与“中东铁路”（苏联）共管，校名改为哈尔滨工业大学，铁路建筑系改为建筑工程系。当时的工业与民用建筑专业采用建筑结构和施工并重的教学模式。到1938年末，按俄式办学培养的毕业生中，中国籍学生为30%[32]。20世纪50年代初，建筑工程系改为土木建筑系。1958年起设立建筑学专业，实行6年学制。1959年国家实行院系调整，土建类专业从哈尔滨工业大学分离出来成立哈尔滨建筑工程学院，建筑学科纳入土木工程系[33]。作为当时北方地区为数不多的几所大学之一，哈尔滨建筑工程学院对寒冷地区的建筑研究较为深入（图3-29）。

图3-28 成立之初的西安建筑工程学院
（来源：赵阿峰. 校名更迭记[J]. 西安建大报，2011年9月20日第880-881期：第二版）

图3-29 哈尔滨建筑工程学院建筑系馆——土木楼
（来源：哈尔滨工业大学建筑学院. 哈尔滨工业大学官网：http://www.hit.edu.cn/about/album.htm）

本章小结

从清朝末年开始，在西方国家和日本的影响下，中国的现代建筑教育制度逐步建立了起来。随着在欧美国家和日本学习建筑的中国留学生逐渐回国，在有识之士的帮助下，为了摆脱中国建筑业的落后面貌，提高中国建筑设计的水平，为国家建设培养更多的建筑学专业人才，全国各地纷纷建立起各类私立或公立建筑院校。这些建筑院校的建立极大地推动了中国现代建筑教育的整体发展，并逐步形成各自的教育特点。20世纪50年代初为适应新中国的社会主义工业建设需要，学习苏联的建设经验，全国开始进行院系调整，建立各类工科院校。中国的建筑类院校也正是从这一时期开始，形成了在全国范围平均布局、各有特点的建筑类“老八校”，为新中国建设培养了大量的建筑专业人才，良好的示范使“老八校”成为中国后续开办的各类建筑院校参考和学习对象。

[注释]

① 建筑专业教育的建立．当代中国的建筑业．中华魂网．2013：http://www.1921.org.cn/book.php?ac=view&bvid=50181&bid=1001

② 数据来源：建筑专业教育的建立．当代中国的建筑业．中华魂网．2013：http://www.1921.org.cn/book.php?ac=view&bvid=50181&bid=1001

③ 百度百科．张百熙．http://baike.baidu.com/view/220975.htm

④ 百度百科．张百熙．http://baike.baidu.com/view/220975.htm

⑤ 百度百科．癸卯学制．http://baike.baidu.com/view/771240.htm

⑥ 百度百科．张百熙．http://baike.baidu.com/view/220975.htm

⑦ 百度．癸卯学制资料．http://hi.baidu.com/wangchengzhou/blog/item/17e432d93e41ceea39012f1a.htm

⑧ 舒新城．中国近代教育史资料[M]．第2版．北京：人民教育出版社，1981，3：609.

⑨ 徐苏斌．比较·交往·启示——中日近现代建筑史之研究，天津大学建筑系博士论文，1991：8.

⑩ 徐苏斌．中国近代建筑教育的起始和苏州工专建筑科[J]．南方建筑，1994（3）：15-18.

⑪ 赖德霖．关于中国近代建筑教育史的若干史料[J]．南方建筑，1994年第3期：8-9。

⑫ 徐苏斌．中国近代建筑教育的起始和苏州工专建筑科[J]．南方建筑，1994（3）：15-18.

⑬ 杨苗苗．刘敦桢对中国近代建筑教育的肇始与发展的影响[J]．建筑创作，2009（3）：137-145.

⑭ 潘谷西等．东南大学建筑系成立七十周年纪念专辑[M]．张镛森；王蕙英．关于中大建筑系创建的回忆．北京：中国建筑工业出版社，1997，10：41-42.

⑮ 阳毅；徐菁．浅析童先生早期建筑教育思想与实践[J]．山西建筑，2007（7）：200-201.

⑯ 林克明．世纪回顾——林克明回忆录[M]．广州市政协文史资料委员会编．2011：14.

⑰ 上海最早正规的建筑学教育设在商学院．网大论坛．http://bbs.netbig.com/thread-2536875-1-1.html，2013，4.

⑱ 刘宓．之江大学建筑教育历史研究．同济大学工学硕士学位论文，2008，3：1.

⑲ 董鉴泓．同济建筑系的源与流[J]．时代建筑．1993年第2期：3-7.

⑳ 董鉴泓．同济建筑系的源与流[J]．时代建筑．1993（2）：3-7.

㉑ 刘燕．香港建筑教育述评[J]．建筑学报，1994（4）：56-59.

㉒ 毛礼锐，沈灌群．中国教育通史[M]第2版．济南：山东教育出版社．2005，6：63.

㉓ 毛礼锐，沈灌群．中国教育通史[M]．第2版．济南：山东教育出版社．2005，6：64-65.

㉔ 清华大学建筑学院官网．http://arch．tsinghua．edu．cn/chs/data/about/

㉕ 同济大学．360百科．http://baike．so.com/doc/2902568．html

㉖ 全国解放院系调整．同济大学档案馆：http://www.tongji.edu.cn/~archives/xszc_bntj05.htm

㉗ 东南大学校史馆．http://history.seu．edu．cn/s/49/t/30/p/1/c/12618/list．htm

㉘ 天津大学建筑学院官网．http://hgw022072.chinaw3.com/templates/t_second1/index.aspx?nodeid=63

㉙ 刘战．华南理工大学史（1952-1992）[M]第1版．广州：华南理工大学出版社．1994，7.

㉚ 重庆建筑大学．百度百科：http://baike．baidu.com/view/820671.htm

㉛ 西安建筑科技大学简介．学校查询网：http://xxcxw.com/Html/ShanXiShengXueXiao_13/2075.htm

㉜ 哈尔滨中俄工业学校．百度百科，2013年9月27。http://baike.baidu.com/link?url=pWao1MAo51JzkUiJ90thi694RZC2c19zG1qVN84tqEJBiVTONfin6H766KU92M_U

㉝ 哈尔滨工业大学建筑学院．百度百科：http://baike.baidu.com/view/1115408.htm

第四章

岭南建筑教育创立与探索时期（1932–1945）

岭南现代建筑教育，源于1932年广东省国民政府为筹建勷勤大学而在广东省立工业专科学校开设的建筑工程学系，这是岭南地区的建筑学科教育的肇始，也由此开始了岭南现代建筑教育的探索。

第一节　广东省立工业专科学校建筑工程学系（1932–1933）

一、社会背景与历史沿革

广东省立工业专科学校由晚清政府广东劝业道于1910年8月创办的广东工艺局发展而来。广东工艺局在经历了几次的停办复办之后，到1917年“设立织染、化学、美术、陶器四科，招收艺徒准定500名，所出成绩，尚受社会欢迎”。这些科目的教师都是从留学日本的高等工业学校毕业生中聘用。1918年1月经广东省长公署批准，在广东工艺局中附设工业学校，1918年8月学校改办为广东省立第一甲种工业学校（简称“甲工”），甲工是当年省立的唯一一所工业学校[①]。1921年工艺局裁撤，将原有工场设备及经费数额概归学校支配。1924年改隶中山大学，为工专部，一学期后又脱离中大复归省立。1925年2月，奉令改称广东省立工业学校，秋后再招专门学级新生，改称广东省立工业专门学校。1926年增设土木工程专修科。1930年奉教育部之令，学校再改称广东省立工业专科学校。该校分设土木工程、机械工程、化学工程三科，修业期限均为三年，并附设高级中学亦分为土木工程、机械工程、化学工程三组[②]。

“南天王”陈济棠（图4–1）在执政广东期间（1929–1936），政治上与南京蒋介石的中央政府分庭抗礼，与李宗仁、白崇禧主持的广西联合，形成“两广割据”的局面。陈济棠着力建设广东，执政期间粤中社会相对稳定，经济呈现繁荣局面。

图4-1 “南天王”陈济棠
（来源：碧泉. 长征百赋[N]. 湛江日报：2012年2月28日，A13版.）

陈济棠于1932年9月在广州的西南政务委员会上，提出并经决议通过发布“广东省三年施政计划”，他说：“三年施政计划的唯一目的，是要建成三民主义的新广东。其中一切计划，都是根据总理的建国大纲而制定的。一方面，依照训政时期的需要，积极地训练人民，使有相当的政治知识能力，藉以促进地方自治，以期人民能够行使四权；在另一方面，注重民生建设，以期满足人民衣食住行四大需要；以政府力量，为人民造产，并以适当的方法，使国民经济均匀发展”。三年施政计划的主要内容包含吏治、财政、乡村建设、城市建设等方面的具体项目，三年经济建设的范围也很广，包括农业、林业、畜牧业、水产业、矿业、冶金工业、化学工业、纺织工业等轻重工业以及公路、铁路、航运等[3]。“三年施政计划”对广东的政治、经济、文化教育等许多方面均有涉及，对广东省特别是广州的市镇建设也带来深远影响。

陈济棠先后兴建各类工厂、港口公路、大中小学等，市政建设成绩显著。他利用民力修筑了广州港和公路七千公里，修建了中山纪念堂、海珠大铁桥和市府合署，兴建国立中山大学石牌新校舍和爱群大厦等重要的广州建筑。对建设的宏伟蓝图也由此带来对建设人才需求增加。兴办教育以支援经济建设也成为陈济棠的当务之急。

陈济棠非常重视教育，曾说过“教育是立国之本，是永久的事业”。“一国之内，如不尊重学者，试问学术从何进步？文化从何增高？国将从何而立？”他认为：“现代求学者仍未脱科举时代之恶劣心理，以服务于军政机关为唯一之出路，其危险实不忍言……基于此目的，学校须增设职业课程，并增设职业学校。大学之文法、政、经等科之扩充，应适可而止，并悉力扩充农、矿、工、商等。乡村学校尤须实行农场化。”[4]

广东的高等学校，原有国立中山大学、国立广东法科学院、私立岭南大学、私立国民大学、私立广州大学、私立广州法学院、私立光华医学院、私立夏葛医学院等八所。这些大学以文学、政法、医学居多，毕业生多数服务于党政机关，工农商科较少，这与陈济棠急于发展广东地方经济的需求不相适应。时任广东省教育厅长的谢瀛洲也说道：“我们观察今日广东最需要的是什么人才呢？广东最缺的是师资及一般实际事业的人才，社会上需要这些人才，我们就要去培养训练这种人才”[5]。

1931年10月，对陈济棠有提携之恩的广东国民党元老古应芬（图4-2）（字勷勤，1873-1931年，早年参加同盟会，追随孙中山先生从事民主革命运动）意外染病去世。同年11月18日由西南政务委员会的国民党人在广州召开国民党第四次全国代表大会，会议议决："本市各大学规模伟大，设备完善者，须属不少"，"但对于工商人才之深造，职业师资之养成，尚属有限"，为"多造技术人才，实现总理实业计划"[⑥]，由广东省教育厅、广州市政府会同筹议，拟就将省立工专改为工学院，为广东工业建设培养高层次人才[⑦]。陈济棠为了纪念古应芬，将由省立工专等学校合组的大学命名为"勷勤大学"。1932年，政府依据中国国民党第四次全国代表大会议决原案，筹办勷勤大学，决定将广东工业专科学校归并勷大，改组为工学院，遂于1932年7月起着手筹备改组事宜，由广东教育厅颁令广东省立工业专科学校依照大学课程标准，添设建筑工程学系一班、机械工程学系一班，以为改大之准备；专科则停招一年级新生[⑧]。

图4-2　古应芬（字勷勤）
（来源：古勷勤先生逝世三周年纪念专刊，1934年10月）

勷勤大学工学院原筹办计划下辖三个系，分别是土木工程学系、机械工程学系和化学工程学系[⑨]，但在林克明向新任广东省立工业专科学校校长卢德（林克明在法国留学时的同学）（图4-3）倡导下，广东省立工业专科学校增设建筑工程学系，自此创建了岭南地区的建筑学科教育。林克明（图4-4）早年留学法国里昂建筑工程学院，回国后任职于广州市工务局并在省立

图4-3　广东省立工业专科学校校长卢德
（来源：广东省立勷勤大学概览，1937年）

图4-4 林克明
（来源：林克明（20世纪30年代）. 广东省立工专校刊，1933年）

工专兼任教授建筑课程。广东省立工业专科学校的建筑工程学系始开岭南现代建筑教育之先河，是中国历史上第四个由中国人自己开办的大学建筑科（专业）的高等院校，这之前有苏州工业专门学校（由柳士英于1923年创办，1927年整体并入南京中央大学工学院），东北大学建筑工程系（梁思成于1928年在东北大学创办），以及北平大学艺术学院的建筑系（1928年夏创办，系主任、教授为汪申[10]）。

二、教学体系

（一）教学思想——"学必致用"

广东省立工专自清代的工艺局艺徒学校开始，就一直是工业学校的性质，是广东省历史最悠久的学校（图4-5）。1932年卢德接任后励精图治，为改"勷勤大学工学院"做了充分的准备："扩充场厂，趋重实习，奖励学术上之研究及出品制造，而一般学生学习之兴趣，油然而生矣。盖工科学校，所学必求致用，而工科学生性尤质朴，喜作实际研究，苟领导得法，未必无相当成绩。一年以来，幸员生努力合作，本校规模，略已粗具，改大基础，亦渐稳固"[11]。卢德校长所言，明确指出广东省立工专重视实习和学术研究要求联系实际，学必致用的务实教学思想。建筑工程学系创设目的也基于此："建筑工程学系为适应我国社会需要而设。盖建筑、土木两种人才在建设上之需要，均属迫切，按欧西文明国家，此两种人才之数量，颇为均等；而我国各大学则以设立土木工程科为多，其设立建筑工程科者尚少，就本省论，如中大、岭南、民大等校，均有土木科设立，且有相当成绩；惟建筑科则付阙如。故目前找求建筑人才，仅有海外留学毕业生数十人而已。在此种情形之下，省内求学者即欲研究是科，亦无从学习；而社会上复不明了研究建筑与土木者之各有专长专责，往往以建筑事业委托土木工程师办理，

图4-5 广东省立工业专科学校校徽
（来源：湘泉雅集古玩收藏网：http://www.quancang.com/）

而土木工程之执业者，遂兼为建筑工程之事业。越俎代庖，原非得已。本校感觉此种缺点，故思从根本上补救之也”[12]。

这段话明确地阐述了省立工专创办建筑工程学系是为了纠正社会对建筑工程科和土木工程科分辨不清的现状，培养更多的建筑工程学专才，使建筑工程科与土木工程科各司其职，均衡发展，从而适应社会的发展建设需要。

林克明在设系初始，就有明确的现代建筑教育办学方向，“作为一个新创立的系，我考虑到不能全盘采用法国那套纯建筑的教学方法，必须要适合我国当时的实际情况。不能单考虑纯美术的建筑师，要培养较全面的人才，结构方面也一定要兼学”[13]。林克明在教学思想上并没有全部抛弃法国巴黎“学院派”的建筑教学方法，但更重要的是提出要走一条与中国实际相适应的、务实、注重工程技术的、全面发展的现代建筑教育之路。他的这一办学主张决定了岭南现代建筑教育重视工程技术和实践、培养全面发展建筑人才的教学方向。

（二）教学计划——偏重建筑技术及建筑师业务课程

广东省立工专对各系的教学计划有一个总体要求：“大学部各系课程，系遵照我国现行教育法规，斟酌国情，准据社会需要，及参考外国工科大学课程而订定”[14]。

基于培养全面型工程建设人才的教学思想，再加上办系之初教学经验的缺乏以及师资来源的限制，此时建筑工程学系的教学计划和课程设置上明显是加强了对结构以及材料、构造等建筑技术课程和建筑师业务课程的分量，而建筑教学中偏美术、艺术的课程则主要集中在一年级（表4-1）。

广东省立工业专科学校大学建筑系课程表（1933年7月）　表4-1

课目	第一学年		第二学年		第三学年		第四学年	
	第一学期	第二学期	第三学期	第四学期	第五学期	第六学期	第七学期	第八学期
通习	党义（0、0）	党义（0、0）	党义（0、0）	党义（0、0）	党义（0、0）	党义（0、0）	党义（0、0）	党义（0、0）
	军训（0、0）	军训（0、0）	军训（0、0）	军训（0、0）	军训（0、0）	军训（0、0）	军训（0、0）	军训（0、0）
	体育（0、0）	体育（0、0）	体育（0、0）	体育（0、0）	体育（0、0）	体育（0、0）	体育（0、0）	体育（0、0）
	英文（2、2）	英文（2、2）	英文（2、2）	英文（2、2）	英文（2、2）	英文（2、2）	英文（2、2）	英文（2、2）
必修	数学（2、2）	数学（2、2）	微积分（2、2）	微积分（2、2）	建筑构造学（4、6）	建筑构造学（4、6）	建筑管理法（1、1）	建筑管理法（1、1）
	物理（2、2）	物理（2、2）	应用力学（2、2）	应用力学（2、2）	构造分析（2、3）	构造分析（2、3）	都市设计（3、3）	都市设计（3、3）
	模型（2、4）	材料强弱学（2、2）	材料强弱学（2、2）	材料强弱学（2、2）	建筑材料及实验（2、3）	建筑材料及实验（2、3）	水道学概要（1、1）	水道学概要（1、1）

续表

课目	第一学年		第二学年		第三学年		第四学年	
	第一学期	第二学期	第三学期	第四学期	第五学期	第六学期	第七学期	第八学期
必修	建筑学原理（2、3）	建筑学原理（2、2）	建筑原理（3、3）	建筑原理（3、3）	构造分析制图（2、2）	构造分析制图（2、2）	构造分析制图（2、4）	构造分析制图（2、4）
	阴影学（1、2）	建筑学史（2、2）	建筑学史（2、2）	建筑学史（2、2）			建筑师执业概要（1、1）	建筑师执业概要（1、1）
	画法几何（2、2）	画法几何（2、2）	透视学（1、2）	透视学（1、2）			估价（1、1）	估价（1、1）
	自在画（2、6）	自在画（1、3）	测量（2、4）	测量（2、4）	钢筋三合土（2、2）	钢筋三合土（2、2）	钢筋三合土（3、3）	钢筋三合土（3、3）
	建筑学图案（3、6）	建筑图案设计（3、9）	建筑图案设计（4、12）	建筑图案设计（4、12）	建筑图案设计（4、12）	建筑图案设计（4、12）	建筑图案设计（4、12）	建筑图案设计（4、12）
	图案画（2、6）	图案画（2、6）						
选修			法文（0、2）	法文（0、2）	法文（0、2）	法文（0、2）		
设计			第一设计 第二设计 第三设计 第四设计		第五设计 第六设计 第七设计 第八设计		第九设计 第十设计 第十一设计 第十二设计	
合计	（18、31）	（19、32）	（20、33）	（20、33）	（18、34）	（18、34）	（17、27）	（17、27）

注：括弧内数字分别为（学分、每周时数）；自第二年起每年最少完成四个设计（大建筑物公共场所或机关，如学校、医院等）。

资料来源：广东省立工业专科学校大学建筑系课程表.一年来校务概况．广东省立工专校刊，1933年7月：9–10

作者整理。

从该课表可以看到，第一学年的课目最多，注重各种基本课目如数学、英文、物理等，此外关于美术基础及设计基础之课目，亦同时并重。故于一年级上学期中，如建筑学图案、图案画、模型等课目，所占时间颇多。但该系学生学习这些课目之目的，重在描写物体之外观形式，以实在的艺术方法进行表现，从而养成学生对于物体形状的美学感知，这与美术家教育志在纯粹创作方法有所不同。至于设计理论的教学，则由建筑学原理这门课程进行讲授。另外画法几何为建筑制图之基本课目，亦特为重视。一年级下学期开始着手初级建筑图案设计，循序渐进，为将来进行各种高深复杂设计做准备。第二、三年级以后，除建筑图案设计为主外，关于物理计算等科学也很重视，所以课程中还设有力学及工程构造等课目。“盖建筑工程学为美术与科学之合体，两者不能偏废也”⑮。既重视建筑形式的艺术性同时亦强调建筑技术之科学理性，成为广东省立工专建筑工程学系在最初制定教学计划时的基本原则。

1. 主要课程纲要

“学以致用”，是建筑工程学系每个课目设置的准则。其中：

“数学（两学年）：前一学年详习高等代数、解析几何及三角法，后一学年授以实用微积分（注重关于计算三合土应用之公式）；

物理学（一学年）：详习普通物理学，尤注重应用于建筑方面之力学、声学；

应用力学（一学年）：授以力之平衡、物体之移动及转动，应力施于物体所生之变形，及其他关于建筑工程方面之实用力学；

画法几何（一学年）：授以表现立体各形之方法；

透视学（一学年）：授以物体各方面不同距离之投影法，以表现建筑物之斜视立体形；

阴影学（一学年）：授以各种形体之投影及配影；

图案画（一学年）、自在画（一学年）、模型（一学期）：此三种美术课目，略与普通美术有别。其目的在使能描写物体之外观形式，由实在的艺术方法表现之，以期养成对于物体比例之感觉性及美术性；

建筑学原理（两学年）：前一学年授以建筑设计主要原理，及设计上之主要法则（ArchitectureComposition），后一学年授以各种建筑物之要素（Elements of Architecture），如学校、医院等公共建筑物设计要素。

建筑学史（三学期）：授以各时代、各国建筑格式之沿革；

建筑及图案（一学期）：授以各种建筑元素及建筑图案制作法，使明了建筑物各部分之方式，为建筑设计之准备；

建筑学图案设计（七学期）：初授以园亭台阶等简单的建筑图案设计，继授学校、衙署等各种大建筑物之设计；

材料强弱学（三学期）：授以计算材料之挤压、牵引，剪割各种抵抗力之强弱，与施于工程上最适宜之应用；

建筑材料及试验（一学年）：授以建筑材料，如砖瓦木石等之性质及其应用；

钢筋三合土学（两学年）：授以普通一切钢筋三合土建筑之设计，如楼阵楼面等之设计法及算法；

建筑构造学（一学年）：授以建筑物之构造方法，由地基至屋顶各部分之详细研究；

构造分析（一学年）：关于建筑物各部之结构，作详细之分析及讨论；

构造分析制图（两学年）：将已分析之构造部分，制成图则；

水道学（一学年）：授以关于建筑物之泄水及渠道之布置；

测量（一学年）：授以平板、水准、经纬仪等之使用及各种测量方法；

都市设计（一学年）：授以都市道路系统、公园之分配等之设计方法；

估价（一学年）：授以建筑物之估价方法；

建筑管理（一学年）：授以管理建筑工程之实施方法，及管理工人之方法；

建筑师职业概要（一学年）：授以关于建筑师之执业规程，及建筑师对于业主及承建人之关系，暨关于建造方面之法律；

设计：由第二学年起，每年须完成四个设计，由教授指导学生自行设计，关于大建筑物类，如公共场所、学校、机关、医院等全部设计。其不能完成者，不准毕业。”[16]

所有的课目，均是围绕如何进行建筑“实操”、培养全面的工程建设建筑人才来安排设置，即使是一年级的图案画、自在画、模型三门美术类科目，也是重在训练学生对形体的整体比例把握，而不是训练美术创作技巧。

2. 课外实习

广东省立工专作为工科学校，对学生的实习参观极为重视，故各系、科、组除于课程中规定实验、实习时间外，常由系主任或各教授、教员领导前往本市及各地参观各大工厂或大建筑物。春秋两季假期中，则有赴香港、澳门、佛山及北江各县参观或实习。各生于参观后须自为笔记，缴交领队教师核阅，以观心得[17]。广东省立工专的建筑工程学系在以后的发展中也一直重视这种参观实习。

（三）师资情况——以土木科出身的教师为主

广东省立工专建筑工程学系成立之初，其建筑科的师资力量还不是很强，仅仅是林克明、胡德元两人担任建筑科教授一职，由陈锡钧、楼子尘、王昌三位讲师分别担任美术科、图案画、自在画课程，其余师资则绝大部分土木工程出身，且多为林克明在工务局任职时的土木结构工程技士同事（表4-2）。

省立工专时期（1932-1933）建筑工程学系教职员表[18] 表4-2

姓名	学历	科目	职别	备注
林克明	法国里昂建筑工程学院建筑科	建筑科	教授	兼系主任
胡德元	日本东京工业大学建筑科毕业	建筑科	教授	
麦蕴瑜	上海同济医工大学十木工程师、德国工科大学土木工程师	土木科	教授	
陈昆	唐山交通大学土木工程科	土木科	教授	
陈良士	美国康奈尔大学土木工程师、市政工程硕士	土木科	讲师	
潘绍宪	美国奥华省大学下科博士，美国米西干省大学工科硕士	土木科	讲师	
李文邦	美国意利诺大学土木工程学士，美国上丹佛大学土木工程师	土木科	讲师	上学期在职
沈祥虎	美国伦敦大学矿科工学士	土木科	讲师	下学期在职
梁文翰	不详			
温其濬	天津北洋大学高等科毕业，美国华毡尼亚大学土木科毕业	土木科	教员	
李达勋	上海复旦科学士	土木科	教员	上学期在职
唐锡畴	国立同济大学土木学院毕业	土木科	教员	下学期在职
陈锡钧	美国美术学校，意国美术学校	美术科	讲师	
楼子尘	日本粟木图案词分馆毕业	图案画	讲师	
王昌	上海美术专门学校	自在画	讲师	

资料来源：《广东省立工专校刊》，1933年7月，第163～171页。

形成这种师资结构一方面是由于建筑工程学系之初具有建筑学背景的师资聘任还不到位，另一方面也是由于林克明同时兼任了两年制的土木工程专修科主任，教学上也需要有相当的土木工程背景的教师。正是这样的原因，决定了广东省立工专时期的建筑学教育，还是带有一定的土木工程技术色彩。

主要教师

（1）林克明

林克明，1900年出生于广东省东莞石龙，1918年广东高等师范学校英语系修业。1920年赴法国勤工俭学（图4-6），在里昂中法大学学习一年法语，并报

图4-6 林克明
（来源：林克明肖像，里昂市立图书馆中文部收藏）

图4-7 托尼·加尼尔
“一个工业城市——高炉”
（来源：china-up网站：http://www.china-up.com：8080/special/jingguan/architecture6/architecture6.htm）

图4-8 托尼·加尼尔“里昂，
拉莫奇屠宰场”
（来源：china-up网站：http://www.china-up.com：8080/special/jingguan/architecture6/architecture6.htm）

读进修建筑专业。在完成一年的美术学院学习素描、模型、建筑初步等美学基础课程后，次年进入法国里昂建筑学院建筑科学习，师从里昂著名建筑师托尼·加尼尔（TonyGarnier，巴黎美术学院的优秀毕业生，曾获罗马大赏赴罗马学习，法兰西政府总建筑师兼里昂市总建筑师，《一个工业城市》（图4-7）的作者，对勒·柯布西耶的“理想城市”思想有一定影响）。

里昂建筑工程学院虽然是巴黎高等美术学院（学院派建筑教育代表）建筑科的分院，但当时的里昂建筑工程学院中老师亦分为“学院派”和“自由派”两种。“学院派”指导学生按其要求的方法设计，亦步亦趋。而托尼·加尼尔属于后者。虽然出身于正统的“布扎”建筑教育体系，有着扎实的基本功，但他的教学思想较开明，设计方法比较自由。托尼·加尼尔鼓励学生之间经常交流，还经常让学生到他负责设计的项目（如里昂医院、里昂屠宰场等）（图4-8）工地实习，并要求学生工作踏实，从实际出发，要考虑环境。五年的学习，林克明自感获益匪浅，深受托尼·加尼尔的影响，留下了深刻的印象。1926年林克明毕业后，到法国巴黎著名建筑师和城市规划师阿尔弗雷德·阿加什（Alfred Agache 1875-1959）的建筑设计事务所实习，参与巴黎城市扩建设计任务，专门负责绘制民用建筑施工图和大样图。通过参观阿尔弗雷德·阿加什城市扩建规划设计的机会，林克明获得了许多在学校所没有学到的实际工作经验[19]。林克明这段法国求学和工作实习的经历，可以看到他在法国里昂建筑工程学院并非完全是接受“布扎体系”的建筑教育，而是在其导师托尼·加尼尔和建筑师阿尔弗雷德·阿加什的影响下，建立起从实际出发，注重与环境结合，自由灵活的务实设计理念，以及注重交流和工程实习的建筑人才培养方法，再加上林克明留法期间，正是现代主义建筑兴起并逐渐走向成熟的时期（1923年勒·柯布西耶出版《走向新建筑》成为现代主义建筑的纲领性口号），这些都为林克明以后创办广东省立工专建筑工程专科和进行建筑创作奠定了现代主义的思想基础。

1926年暑假，林克明因家事回国，后在汕头市任市政府工务科科长，参与制定汕头市街道规划。1928年至1933年起任广州市工务局建筑股主任兼设计科技士，1928年完成中山图书馆设计（图4-9），1929年广州市府合署设计竞赛获一等奖并成为实施方案（图4-10）。1929年完成现代主义风格的广州市平民宫建筑设计（图4-11）。1930年完成市立二中教学楼设计，1932年任改建黄花岗建筑委员，完成黄花岗七十二烈士墓牌楼。1929年至1931年任广州中山纪念堂建设委员会顾问工程师，同时还兼任广东省立工业专门学校教授，在市立第二职业学校部分钟点讲座讲授建筑课程。1932年林克明向广东省立工专校长卢德（林克明在法国留学时的同学）建议创办建筑学系得到应允，出任建筑学系及土木科主任[20]，同时辞去工务局的工作。由于成立之初建筑学师资的缺乏，林克明作为教授担任了建筑图案设计、建筑学原理及都市设计三门课程的讲授。

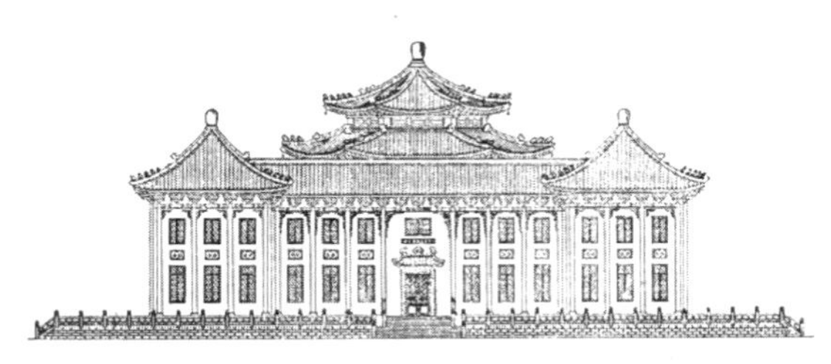

图4-9　中山图书馆立面图
（来源：广州市立中山图书馆特刊，1933年）

图4-10　广州市府合署
（来源：中国著名建筑师林克明[M]. 第1版. 北京：科学普及出版社. 1991. 9.）

（2）胡德元

胡德元，1903年出生于四川垫江，1926年7月就读日本东京高等工业学校（东京工业大学前身）建筑科，1929年3月毕业。毕业后曾任日本东京清水组建筑现场监督（实习8个月）和日本

图4-11　广州市平民宫
（来源：金羊社区：http://bbs.ycwb.com）

东京铁道省建设局技师（实习6个月）。1930年回国后到广东省立工业专科学校任教，同时在广州成立自己的建筑师事务所㉑。1932年与林克明一起共同创办广东省立工业专科学校建筑工程班。胡德元作为教授开始担任建筑图案设计和透视学、建筑学史（编有讲义）的课程讲授。

胡德元留学的日本东京高等工业学校，是由日本的一所职业技术学校发展而来，1929年4月升格为东京工业大学，其建筑教育延续了职业技术学校的特点，比较注重实践，“东京工业学校和帝国大学工科大学略有不同之处在于更重实践”㉒，“建筑科的目标是培养全面、懂得建筑工程的人才，能担负整个工程从设计到施工的全部工作”㉓。东京工业大学的这些教学主张与广东省立工专建筑工程学系的培养目标“要培养较全面的人才，结构方面也一定要兼学”几乎完全一致，应该说胡德元留学日本东京高等工业学校建筑科的经历起到了一定的作用。

（四）学生情况

广东省立工专1932年8月招收大学一年级新生49人（其中建筑工程班26人），1933年初正式增设大学部㉔，到6月添招建筑工程学系大学一年级新生一班。同年8月，广东省立工专奉命正式扩设为勷勤工学院。但据时任勷勤大学建筑工程学系教授，后曾任系主任的胡德元忆述，1936年第一届毕业生只毕业了13人，其他都因学生跟不上或对建筑专业无多大信心而中途退学㉕。尽管如此，岭南地区自此开始了建筑学专业人才自主培养的历程。

岭南现代建筑教育首批培养的13名毕业生是：关伟亮、郑文骥、杨思忠、朱绍基、余寿祺、黄培熙、龙炳芬、朱叶津、黄庭臻、赵象乾、吴耿光、陈锦文、梁耀相。

三、学术及科学研究——以“摩登”建筑为起点

广东省立工专的建筑工程学系成立伊始，教师和学生就非常注重学术研究，撰写学术科研论文、参加展览等，开始了岭南现代建筑教育学术科学研究的历史。

（一）开启岭南现代主义建筑的学术研究

1933年7月，林克明在《广东省立工专校刊》上撰文《什么是摩登建筑》（图4-12），介绍和宣传“摩登”（modern）建筑思想。这是林克明发表的第一篇学术论文，对“摩登”建筑运动及“摩登建筑”的形式、特点、手法进行了分析与总结。

林克明在文中认为“摩登”建筑运动的起源，是“基源于今日的艺术与建筑学上两者必须要的同情……是合理的反抗一般以为浪漫为夸耀者”；所谓摩登建筑，“往往系不离实用的意义，而采用‘交通的描写’，并把这个意义扩而大之，成为格

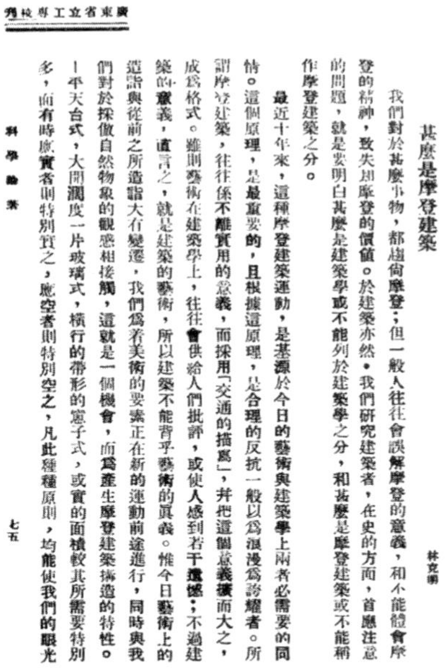

廣東省立工專校刊

甚麼是摩登建築

林克明

我們對於甚麼事物，都趨尙摩登；但一般人往往會誤解摩登的意義，和不能體會摩登的精神，致失却摩登的價值。於建築亦然。我們研究建築者，在史的方面，首應注意的問題，就是要明白甚麼是建築學或不能列於建築學之分，和甚麼是摩登建築或不能稱作摩登建築之分。

最近十年來，這種摩登建築運動，是基源於今日的藝術與建築學上兩者必需要的同情。這個原理，是最重要的，且根據這原理，是合理的反抗一般以爲浪漫爲誇耀者。所謂摩登建築，往往係不離實用的意義，而採用「交通的描寫」，并把這個意義擴而大之，成爲格式。雖則藝術在建築學上，往往會供給人們批評，或使人感到若干遺憾；不過建築的意義，直言之，就是建築的藝術，所以建築不能背乎藝術的眞義。惟今日藝術上的造詣與從前之所造詣大有變遷，我們爲着美術的要素正在新的運動前途進行，同時與我們對於採倣自然物象的觀感相接觸，這就是一個機會，而爲產生摩登建築構造的特性。1平天台式，大開濶度一片玻璃式，橫行的帶形的窗子式，或實的面積較其所需要特別多，而有時應實者則特別實之，應空者則特別空之，凡此種種原則，均能使我們的眼光

科學論叢　七五

图4-12　林克明——什么是摩登建筑a
（来源：林克明．什么是摩登建筑．广东省立工专校刊，1933，7：75）

式”；并直言：“建筑的意义，就是建筑的艺术，所以建筑不能背乎艺术的真义”，而艺术本身也在随时代的发展而变化，因此建筑的艺术同样也在发生变化，对“自然物象”的模仿，就“产生摩登建筑构造的特性”；林克明归纳了“摩登”建筑的立面形体创作原则：“平天台式”；“大开阔度一片玻璃式”；“横行的带形的窗子式”；“实的面积较其所需要特别多，而有时应实者则特别实之，应空者则应特别空之”（图4-13）；对于“摩登”建筑的形体特征有着林克明自己的理解：“这种摩登格式，在本身确有一种专特的描写，他的形体系由交通的物象演化出来，例如火车的车辆、汽车、飞机、轮船……它们动的样式，令人感觉着进步，感觉着美观……这不外是假借最能动的交通的形式为不能动的建筑物的外形，而组成具美的原则”；林克明还阐述了“摩登”建筑的评价标准：“（1）现代摩登建筑，首要注意者，就是如何达到最高的实用。（2）其材料及建筑方法之采用，是要全根据以上原则之需要。（3）‘美’出于建筑物与其目的之直接关系，材料支配上之自然性质，和工程构造上的新颖与华丽。（4）摩登建筑之美，对于正面或平面，或建筑物之前面与背面，绝对不划分界线。并没有所谓专门图案为专门目的之用，凡恰到好处者，便是美观。（5）建筑物的设

图4-13　林克明——什么是摩登建筑b
（来源：扉页插图．广东省立工专校刊，1933.7）

计，须在全体设计，不能以各件划分界限的而成为独立或片段的设计……构造系以需要为前提，故一切构造形式，完全根据现代社会之需要而成立，换言之，即愈趋于科学化也"；林克明指出"摩登"建筑最重要的是要满足需要，"目的之满足，就是建筑师之Task"，"摩登"建筑是"新的工程美术的产物，虽以简朴之线条，而能表现形体之美，以艺术的简洁（Technical neatness）和实用的价值，写出最高之美"[26]。

该文的发表也表明了建筑工程学系教师层面特别是系主任对现代主义建筑的态度，在学生中引起强烈反响，促进学生对现代主义建筑的思考和研究，以致不久后建筑工程学系的学生黎伦杰、郑祖良组织创办出版《新建筑》杂志，为现代主义建筑"摇旗呐喊"。

（二）广东全省教育展览会

图4-14　广东全省教育成绩展览会入口
（来源：东方杂志，1933年第30卷第21期）

图4-15　广东全省教育成绩展览会之勷勤大学模型
（来源：东方杂志，1933年第30卷第21期）

广东省立工专自1932年改组筹备大学以来，新招的学生也取得了一定的教学成绩，选出优秀教学成果送1933年广东全省教育成绩展览会陈列展览（图4-14）。其中建筑系及土木科的送展作品有："住宅及桥梁模型十余座、建筑工厂金字架模型六座、钢筋三合土建筑物及马路模型三座、各种建筑土木图则八十余幅"[27]，模型中包括学生制作的勷勤大学新校区的建筑模型（图4-15）。此后，建筑工程学系师生常常参加或主办针对社会大众的作业、作品展览，为大众宣传、传播建筑学的最新思潮和教学成就，普及建筑基本知识。这些活动也是广东省立工专设立建筑工程学系的初衷之一，"使社会大众明了建筑学与土木工程各有专长专责，建筑、土木两种人才在建设上均属迫切需要"。

第二节　勷勤大学工学院建筑工程学系（1933-1938）

一、社会背景与历史沿革

勷勤大学是陈济棠根据广东社会经济发展的现实需要而创办的。

1933年8月广东省立工专正式扩设为勷勤工学院，工学院由四个学系组成，李锦安任机械系主任，李文翔任化学系主任，罗明燏任土木系主任，林克明从广东省立工专创办建筑工程班开始，继续担任勷勤大学工学院建筑工程学系主任[28]。1934年7月工学院、师范学院、商学院三个学院正式合称为广东省立勷勤大学（图4-16），由省府主席林云陔兼任校长，陆嗣曾任副校长，林砺儒任教务长。

图4-16　广东省立勷勤大学校徽（来源：广东省立勷勤大学概览，1937年）

勷勤大学工学院成立之初，各系均拥有资历较深的师资若干人，教学比较认真，另外：（1）院址设在增埗，距市区远，学生不易习染城市习气，形成了良好的读书风气；（2）在工学院前身“工专”时期，屡易校长，教师变动多；改大（改为工学院）后，物色师资只讲求资历而不偏重于任何一派，且对老教授不轻易更动或调整，使教师少五日京兆之忧，安心教学；学生亦因对教师有信仰而更引起钻研的兴趣；（3）改大（改为工学院）后，因广东省主席林云陔兼任校长，有可能拨出大量资金为学院扩充费用，因而各种图书、仪器、工厂设备均充实可观，在教学上给师生以莫大的帮助及鼓舞。有了以上这些原因，勷勤大学工学院成立后培养出一批技术人才，得到社会上的好评[29]。

勷勤大学工学院扩展迅速，教室、厂房不敷应用，加上校方感到各学院分散，不易管理，于是筹建新的大学校舍，将各学院集中一处。经过一年多的选址、设计和施工建设，1936年10月，勷勤大学教育学院和工学院先后由增埗迁到广州番禺县（今海珠区）石榴岗新校址[30]，新校区的布局和建筑主要由建筑工程学系林克明教授负责设计[31]，呈现简洁的现代主义建筑风格（图4-17）。

勷勤大学因为有陈济棠的支持，再加上由省主席林云陔兼任校长（图4-18），因此在1936年前，办学经费一直是非常充足的。1936年7月18日，陈济棠因“两广事变”反蒋失败，被逼下野流亡香港，兼任勷勤大学校长的林云陔也被免去省主席

图4-17　广东省立勷勤大学石榴岗校区
（来源：广东省勷勤大学概览，1937年。）

图4-18　广东省主席勷勤大学校长林云陔

图4-19　勷勤大学第二任校长陆嗣曾

职务调往南京，接任校长职务的陆嗣曾（图4-19）与新任的省府主席吴铁城并非一个政治派系，因此勷勤大学能领到的仅是维持一般校务开支的费用，对于要求加拨扩充设备所用的资金则完全无望，学校各种建设因而转入低潮，勷勤大学从此陷入困境。1937年7月“卢沟桥事变”后，日本全面侵华，广州亦频繁遭受日军飞机轰炸，学校无法正常上课，林克明受院长之托前往云浮考察迁校地址，不久勷勤大学工学院撤往云浮县，校址设在云城龙母庙。林克明携家眷一同迁至云浮[32]，后林克明辞职转回广州，由胡德元教授接任建筑工程学系主任。1938年日寇猛攻广州，7月，一直视古勷勤为政敌的蒋介石授意国民政府教育部裁撤勷勤大学，8月勷勤大学工学院的建筑工程学系在胡德元教授的带领下，整体并入国立中山大学工学院，也由此开创了国立中山大学的建筑工程学系。

二、教学体系

（一）教学思想——培养综合性建筑专门人才

1933年8月广东省立工专正式扩设为勷勤工学院，工学院以“研究工业学术，培养高级工业专门人才以发展我国工业为任务”[33]。建筑工程学系的教学思想上继续秉承省立工专时期培养综合性建筑专门人才的理念。

（二）教学计划——重视工程技术课程

广东省立工专正式扩设为勷勤工学院后，建筑工程学系的教师逐渐增加，课程设置也更加丰富（表4-3）。

1935年度广东省立勷勤大学建筑工程学系课程表[34]　表4-3

第一学年		第二学年		第三学年		第四学年	
课程	学分	课程	学分	课程	学分	课程	学分
国文	2	数学	6	建筑图案设计	8	建筑图案设计	12
英文	8	建筑学原理	6	建筑构造学	8	钢筋混凝土构造	6
数学	4	建筑图案设计	8	建筑管理法	2	应用物理学	4
物理	3	力学及材料强弱	8	建筑材料及试验	4	都市计划	4
建筑学原理	4	外国建筑学史	4	中国建筑史	2	渠道学概要	2
建筑图案	2	透视学	2	钢铁构造	4	施工及估价	2
画法几何	4	测量	4	钢筋混凝土原理	4	建筑师业务概要	2
图案画	2	水彩画	2	地基学	4	内部装饰	4
自在画	3	英文		防空建筑		防空建筑	
模型	2	法文		英文			
建筑图案设计	2	日文		日文			
阴影学	1			法文			
化学	3						
党义							
军训							
体育							

注：表中未注明学分者为通习课和选修课。
资料来源：《勷大旬刊》，1935年9月第二期，彭长歆整理。

将1933年中央大学建筑系的专业课程设置与1933年广东省立工专建筑工程学系以及1935年勷勤大学工学院建筑工程学系的课程设置相比较，可以发现岭南现代建筑教育在创办之初的教学特点（表4-4）。

中央大学（1933年）、广东省立工专（1933年）、勷勤大学（1935年）

三校建筑学专业课程设置比较 **表4-4**

课程类别	中央大学建筑系（1933年）	广东省立工专建筑工程学系（1933年）	勷勤大学建筑工程学系（1935年）
建筑史学课程	西洋建筑史、中国建筑史、中国营造法	建筑学史	外国建筑学史、中国建筑史
专业基础课程	微积分、物理、测量、投影几何、阴影法、透视画	数学、物理、画法几何、阴影学、透视学、测量、微积分	数学、物理、化学、画法几何、阴影学、透视学、测量
美术课程	徒手画、模型素描、水彩画、美术史	自在画、模型、图案画	图案画、自在画、模型、水彩画
建筑设备课程	暖房及通风、电照学、给水及排水	水道学概要	应用物理、渠道学概要
材料构造课程	营造法、铁混凝土、铁筋混凝土层计划、铁骨构造	构造分析、构造详细制图、建筑构造、建筑材料及试验、钢筋三合土学	建筑构造、建筑材料及试验、钢筋混凝土原理、钢铁构造、钢筋混凝土构造
结构设计课程	应用力学、材料力学、图解力学	材料强弱学、应用力学、	力学及材料强弱、地基学
建筑设计课程	建筑初则及建筑画、初级图案、内部装饰	建筑学图案、建筑学原理、建筑图案设计	建筑学原理、建筑图案、建筑图案设计、内部装饰、防空建筑（选修）
规划庭园课程	都市计划、庭园学	都市设计	都市计划
建筑师业务课程	建筑师职务及法令、施工估价、建筑组织	估价、建筑管理法、建筑师执业概要	施工及估价、建筑管理法、建筑师业务概要

资料来源：

1. 彭长歆. 岭南建筑的近代化历程研究. 华南理工大学博士论文. 2004年12月：351。
2. 赖德霖.中国近代建筑史研究[M]，北京，清华大学出版社，2007年1月第一版：157。

从三校的课程比较可以看到，中央大学作为当时正统的建筑教育体制，其课程设置相对而言是比较完整齐全的。而广东省立工专刚刚设立的建筑工程学系，由于师资等方面的原因，其课程设置相对没有中央大学建筑系完整，但在专业基础课程和材料构造课程方面却没有因此而减少，甚至比中央大学还有所加强，如数学、微积分、构造分析、构造详细制图、建筑构造、建筑材料及试验等这些课程是中央大学所没有的。这一方面反映了林克明建系之初以土木工程师为主的师资班底，另一方面也体现了广东省立工专建筑工程学系重视结构计算、建筑材料、建筑构造的工程技术实践型的教学倾向。1935年勷勤大学建筑工程学系相比广东省立工专建筑工程学系时，师资力量的逐渐完备，课程设置上也进一步完善，与中央大学的课程设置更加接近，但关于美术史的课程依然没有开出，而数学、材料和构造等建筑技术课程则并未减少，体现了坚持重视工程实践的特点。

1936年勷勤大学建筑工程学系搬迁至石榴岗新校区后，随着办学条件的改善，教师队伍的扩大，各学科领域特别是建筑学出身的教师增多，教学经费的充实和教学课室以及实验、实践场地的增加，建筑工程学系在1936年该学年度的第二学期对教学计划进行调整，重新修正了四个学年的课程表[35]（表4-5）。

广东省立勷勤大学工学院建筑工程学系课程表（1936年度第二学期修正）　表4-5

课目	第一学年		第二学年		第三学年		第四学年	
	第一学期	第二学期	第三学期	第四学期	第五学期	第六学期	第七学期	第八学期
通习	党义（0、1）	党义（0、1）						
	军训（0、0）	军训（0、0）						
	体育（0、2）	体育（0、2）	体育（0、0）	体育（0、0）	体育（0、0）	体育（0、0）	体育（0、0）	体育（0、0）
	国文（1、1）	国文（1、1）						
	英文（4、4）	英文（4、4）						
必修	数学（4、4）	数学（4、4）	数学（2、2）	数学（2、2）	建筑构造学（4、4）	建筑构造学（4、4）	应用物理学（2、2）	应用物理学（2、2）
	物理（1、2）	物理（1、2）	透视学（1、2）	透视学（1、2）	建筑管理（1、1）	建筑管理（1、1）	都市计划（3、3）	都市计划（3、3）
	化学（1、2）	化学（1、2）	力学及材料强弱（4、4）	力学及材料强弱（4、4）	建筑材料实验（2、3）	建筑材料实验（2、3）	渠道学概要（1、1）	渠道学概要（1、1）
	建筑学原理（2、2）	建筑学原理（2、2）	建筑学原理（3、3）	建筑学原理（3、3）	钢骨构造（2、2）	钢骨构造（2、2）	施工及估价（1、1）	施工及估价（1、1）
	画法几何（2、2）	画法几何（2、2）	外国建筑史（2、2）	外国建筑史（2、2）	中国建筑史（2、2）		建筑师业务概要（1、1）	建筑师业务概要（1、0）
	自在画（1、2）	自在画（1、2）	测量（2、2）	测量（2、2）	钢筋混凝土原理（2、2）	钢筋混凝土原理（2、2）	钢筋混凝土构造（3、3）	钢筋混凝土构造（3、3）

续表

课目	第一学年		第二学年		第三学年		第四学年	
	第一学期	第二学期	第三学期	第四学期	第五学期	第六学期	第七学期	第八学期
必修	建筑图案（2、5）	建筑图案设计（0、5）	建筑图案设计（4、10）	建筑图案设计（4、10）	建筑图案设计（4、10）	建筑图案设计（4、10）	建筑图案设计（4、10）	建筑图案设计（4、10）
		阴影学（1、0）	阴影学（1、1）	阴影学（1、1）	地基学（2、2）	地基学（2、2）	室内装饰（2、2）	室内装饰（2、2）
选修	图案画（0、2）	图案画（0、2）	水彩画（0、2）	建筑配景画（0、2）	工程地质学（0、2）	工程地质学（0、2）	工程地质学（0、2）	工程地质学（0、2）
	模型（0、2）	模型（0、2）						
合计	（18、31）	（19、32）	（19、28）	（19、28）	（19、28）	（17、26）	（17、26）	（17、25）

注：括弧内数字分别为（学分、每周时数）。
资料来源：建筑工程学系课程.《广东省立勷勤大学概览》，1937年：2～4。
作者整理。

对比1935年度的教学计划，增加了“建筑配景画”和“工程地质学”两门选修课程，取消了原来“防空建筑”选修课。必修科目中，从对学分的安排可以看出教学上对该课目的重视度。第一学年学分最高的是“数学”（8、8），其次为“画法几何”（4、4）及“建筑学原理”（4、4）；第二学年为“建筑图案设计”（8、20）和“力学及材料强弱”（8、8）；第三学年为“建筑图案设计”（8、20）和“建筑构造学”（8、8），其次为“建筑材料试验”（4、6）；第四学年则为“建筑图案设计”（8、20），其次为“钢筋混凝土构造”（6、6）及“都市计划”（6、6）。可以看到除主干课“建筑图案设计”外，对“数学”、“画法几何”、“力学及材料强弱”、“建筑构造学”、“建筑材料试验”、“钢筋混凝土构造”等建筑工程技术课程以及“都市计划”课程的重视，而对美术类课程除“自在画”有两个学分，其他课程均不设学分。另外建筑系四年级的毕业论文要求为附有文字说明的完整设计[36]。该教学计划进一步强化勷勤工学院建筑工程学系重视工程技术的教学特点。

（三）教材建设——及时的建筑资讯

由于是初办建筑学专业，加之当时中国国内工程技术出版书籍太少，而且大多只有外文版还不易买到，图书馆关于建筑的书籍大多是日本学者撰写的日文书籍，因此没有统一正式的教材。另外聘请来的教师又多是各国留学回国的，也无法统一。不得已只有让授课教师自行选择教材，因此除少数选用英文原版以外，其他各课都是教师翻译日文书籍的笔记或编写的讲义[37]。其中，胡德元教授

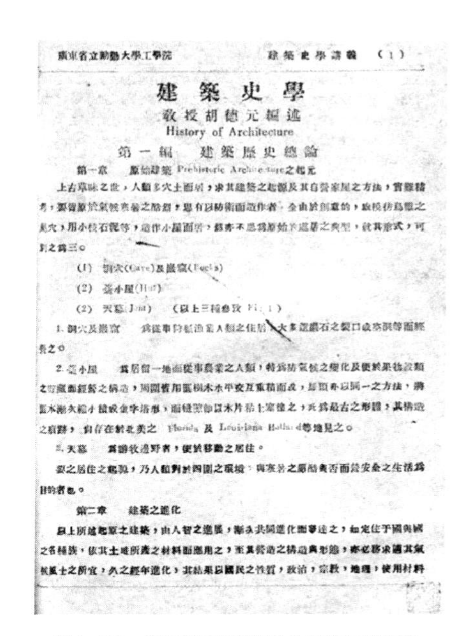
廣東省立勷勤大學工學院　建築史學講義　（1）

建築史學

教授胡德元編述

History of Architecture

第一編　建築歷史總論

第一章　原始建築 Prehistoric Architecture之起元

上古草昧之世，人類多穴土而居，求其建築之起源及其自營家屋之方法，實難稽考，[illegible]

[illegible]

(1) 洞穴(Cave)及巖窟([illegible])

(2) 茅小屋(Hut)

(2) 天幕([illegible])　（以上三種參攷 Fig 1）

1. 洞穴及巖窟　[illegible]

2. 茅小屋　[illegible]

之痕跡，尚存在於北美之 Florida 及 Louisiana [illegible]等地見之。

3. 天幕　爲遊牧邊野者，便於移動之居住。

[illegible]

第二章　建築之進化

以上所述原始之建築，由人智之進展，漸次共同進化[illegible]

[illegible]

圖4-20 《建筑史学讲义》胡德元编著a

（来源：胡德元. 建筑学讲义，约1933年）

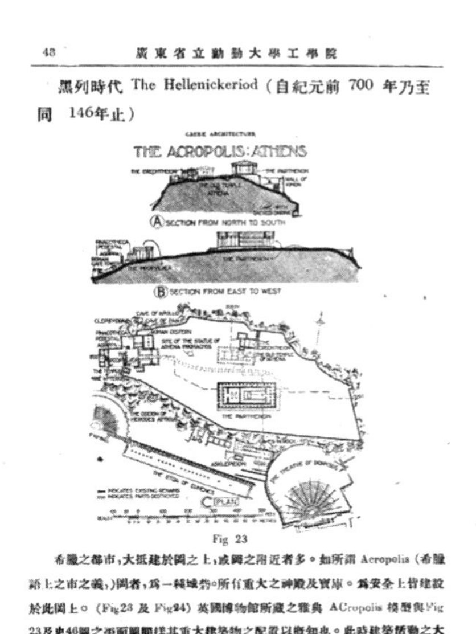
48　廣東省立勷勤大學工學院

黑列時代 The Hellenickeriod（自紀元前 700 年乃至同 146年止）

Fig 23

希臘之都市，大抵建於岡之上，或岡之附近者多。如所謂 Acropolis（希臘語上之市之義，）岡者，爲一種城砦。所有重大之神殿及寶庫。爲安全上皆建設於此岡上。（Fig23 及 Fig24）英國博物館所藏之雅典 ACropolis 模型與Fig 23及史46圖之平面圖[illegible]其重大建築物之配置以概知也。此時建築活動之大中心地，爲 Olympia Fig24B Delphi，Epidaurus，Corinth，Eleusis，南意大利之

圖4-21 《建筑史学讲义》胡德元编著b

（来源：胡德元. 建筑学讲义，约1933年）

自编了一本讲义《建筑史学讲义》（图4-20、图4-21）。该书可以说是开创了岭南建筑史学研究。讲义的主要图片资料来源于1896年英国出版的《比较建筑史》（A History of Architecture on the Comparative Method）一书（图4-22），由英国人班尼斯特·弗莱彻教授和他后来被封为爵士的儿子班尼斯特·弗莱特·弗莱彻（Banister Flight Fletcher，1866–1953）联合署名出版。《比较建筑史》至今仍旧不断再版。该书资料翔实、图片丰富、分析独到，是建筑史学研究领域的重要著作，胡德元选择其作为讲义的主要参考资料，把最新的建筑史研究成果介绍给勷勤大学建筑工程学系的学生。

图4-22 《比较建筑史》

工学院的图书馆也有一批期刊和国外的建筑书籍，作为学生的学习参考资料。建筑书籍大多为日本学者的著作，如伊东忠太的《东洋建筑史讲座》、吉村正夫的《新建筑起源》、佐藤璋美的《西洋建筑天井图集》和《西洋建筑应用图集》、森口多里的《文化之建筑》、滨冈周忠的《近代建

筑思潮》、藏田周忠的《文化建筑》上下卷等著作。建筑类期刊则有《中国建筑》、《中国营造学社丛刊》、《建筑月刊》、《建筑什志》、《建筑世界》、《国际建筑》、《新建筑》、《建筑学研究》、《建筑学工艺》，还有欧美杂志《The Architecture Forum》、《The Architect's Journal》、《Architecture》、《Architecture Review》、《Home and Gardens》、《The Ideal Home》等[38]。虽然没有统一的教材，但是教师们结合自己的经验和国外的原版参考书籍，编著了有针对性的教学讲义，另外林克明、胡德元利用日本考察的机会，亲自购置相关专业书籍，使得日本学者对西方建筑著作的翻译及对日本本国建筑理论的介绍，也能够让勷勤大学工学院建筑工程学系的学子们及时知晓。1937年4月勷勤大学工学院在林克明的建议下，专门设置了一间建筑系图书阅览室。林克明以建筑系的教授讲师“均属知名宿学，藏书自丰，特请将私人书籍杂志暂行借予该阅览室陈列”[39]，使得建筑学系的学生能够有更多的课外阅读机会，获得了更加丰富且相对较新的资讯信息，激发学生兴趣，促进了建筑学的教学和学术研究的发展。

（四）课程设计与毕业考试——训练“全面型”建筑人才

勷勤大学工学院建筑工程学系学生自第二学年起每年须完成四个设计，均由教授指导学生自行计划，不能完成者不能参加毕业考试[40]（图4-23）。

勷勤大学工学院的学生毕业除了做设计外，还要参加专门组织的毕业考试。建筑工程学系考试科目有：都市计划、钢筋混凝土构造、建筑图案设计、应用物理学、渠道学概要、施工及估价、建筑师业务概要、室内装饰。[41]学习四年后的毕业考试检验学生对建造一座建筑所需掌握的关于规划、设计、构造技术、建筑设备、室内设计、施工估价、建筑师业务等全面的工程实践知识，以达到“全面型”建筑人才的培养目标。

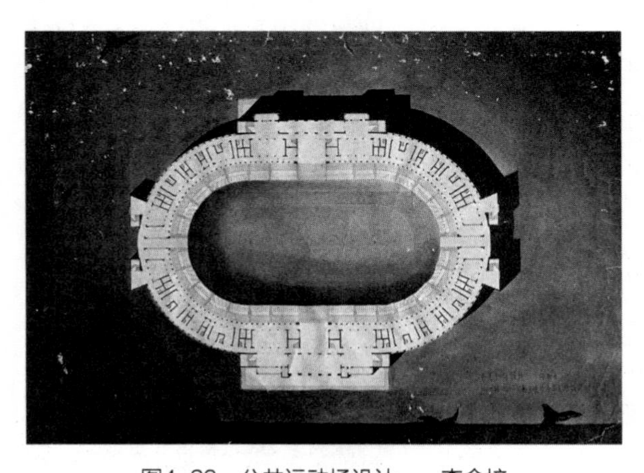

图4-23　公共运动场设计——李金培
（来源：李金培．公共运动场设计．勷勤大学建筑工程学系留学作业，1937年）

（五）课外实习——注重理性分析的调查和实践

延续广东省立工专的教学传统，勷勤大学工学院对于实习参观，均极为重视。除各系科均设有实习工厂实验室，在课程中已有规定实习实验时间及学分外，各系二、三年级以及专修科一年级学生，均遵照部章，于暑假内遣派出外实习。这种课外实习常由系科主任或各教授讲师领导前往本市及距离市区较近各地参观各机关及大工厂或大建筑物，遇有假期，则斟酌情形，赴较远地点参观实习，或为长途之修学旅行与考察。以上各项，各生均需自为笔记，缴交领队教师核阅，作为成绩的一部分[42]。

1936年6月21日，勷勤大学工学院公布暑期派遣实习学生名单，建筑工程学系和土木工程专修科一、二、三年级学生被派往省内外各地实习。其中有粤路工务处10人、广九路工务处5人、汕头市政府6人、沈阳铁路局1人、广东新电厂1人、南海建设局2人、勷勤大学工程处17人、罗定建设局1人、和平建设局5人、广州工务局8人，另外学生还被派往广州市各家个人建筑师事务所，如雷佑康工程师事务所2人，黄森光工程师事务所1人，过元熙工程师事务所2人，关以舟工程师事务所2人，陈逢荣工程师事务所2人，谭天宋工程师事务所2人，陈荣枝工程师事务所1人，胡德元工程师事务所9人等[43]。其中有相当一部分是在勷勤大学工学院建筑工程学系任教的老师开设的事务所，一方面可以看出教师事务所为学生实习所提供的便利，另一方面也显示了当时的建筑设计师资大都具有丰富建筑设计实践经验。

实习的另一种方式为调查研究。过元熙在1937年就制定了一个具体的大纲，要求学生利用寒假假期进行其所在家乡的民居调研并撰写报告。广东紫金籍学生杨炜在其调查报告《乡镇住宅建筑考察笔记》（图4-24、图4-25）中提出了材料、构造等改良措施以适应卫生及健康居住的功能，并指出这样做的原因是“现代的建筑

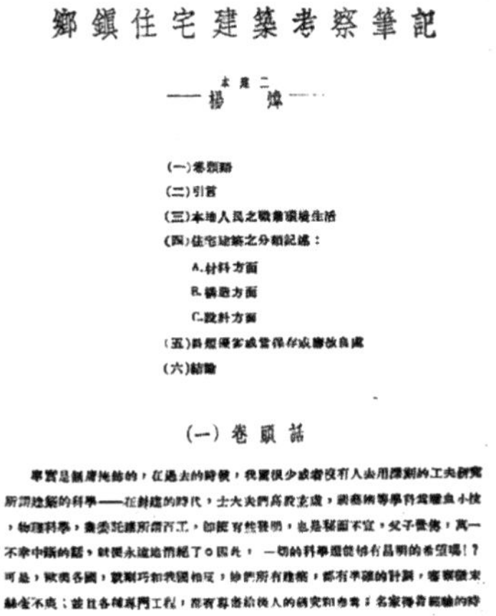

鄉鎮住宅建築考察筆記

——楊　煒——

(一)卷頭語
(二)引言
(三)本地人民之職業環境生活
(四)住宅建築之分類記述：
A.材料方面
B.構造方面
C.設計方面
(五)[illegible]
(六)結論

(一)卷頭語

[illegible]

图4-24　乡镇住宅建筑考察笔记a
（来源：杨炜，乡镇住宅建筑考察笔记，广东省立勷勤大学季刊，1937年2月，第1卷第3期）

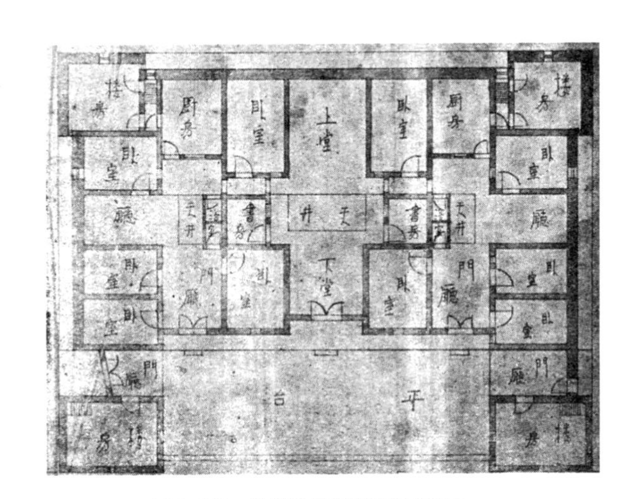

图4-25　乡镇住宅建筑考察笔记b
（来源：杨炜，乡镇住宅建筑考察笔记，广东省立勷勤大学季刊，1937年2月，第1卷第3期）

似乎已经完全侧重于如何才能适合一切实际需要方面了，换句话说，现代的建筑设计者需要时常注意着一切工程上的结构、新材料的使用、建筑上的卫生设备和机械电气化诸问题……使建筑设计完全达到合理化的境地，使建筑成为有机的结构”[44]。从报告可以看出当时学生们已经深受现代主义建筑的影响。

（六）教学方法——理论联系实际

勷勤大学工学院建筑工程学系聘任的教师，大多曾经留学美、德、法、日等国家，他们不仅掌握了先进的建筑科学知识，而且掌握到西方先进的教学与管理经验；还有一些是从事了较为长期专业工作专职或兼职教师，具有丰富的业务实际知识和经验心得。教师们也因此在教学方法上形成两大特点：（1）讲授起点高，能理论联系实际，深入浅出，学生容易领会；（2）对学生所学，要求反复实习，务求能够掌握。如工学院设有多种工场和实验室，课上、课外和假期都规定有实习任务。

当时社会上把勷勤大学的教学特点概括为具有“三性”：研究性（结合所教所学，引导开展科技研究）；实用性（把所学专业联系实际，应用于实际）；针对性（面向广东、面向国内，紧随时代步伐，掌握最先进的科技）[45]。这种“务实”的教学方法使得勷勤大学工学院建筑工程学系培养的学生得到了社会认可。

（七）初具规模的专业办学条件

勷勤大学工学院建筑工程学系为每个班级专门设置制图室，为建筑科专用的主要工作室，除上课之外的日常工作均在其中，且不与别班混合。另外各制图室的每个台面均安置电灯，以便于学生晚间制图工作[46]。

在勷勤大学工学院建校初期，经费充足的条件下，建筑工程学系和土木工程专修科设有材料试验室，备有多种材料试验设备，如万能材料试验机、硬度试验机、挠力试验机、拉力试验机、弯曲试验台、混凝土试验台、容积试验设备、凝结试验设备及沥青防水试验设备，还有各种模型和标本，各种机械仪器设备共1020台（件）。还设有水工试验室、美术画室等[47]。

另外，为了更好地完善办学条件，建筑工程学系还制定一个在经费的许可下逐步完成的三年计划：第一年建设最急迫需要的图书室两间、教授研究室五间、助教研究室两间、美术馆、自在画室、水彩画室、图案画教室、建筑图案陈列室、建筑图案储藏室、石膏模型制作室、泥土模型制作室、三合土材料试验室（附研究室）、石材试验室（附研究室）、木材试验室（附研究室）、金属材料试验室（附研究室）、各种建筑材料陈列室、各种试验材料制作室、储藏室、音响学实验室（附研究室）、防空建筑试验室之材料室、防空建筑试验室之模型室、防空建筑试验室之研究室一间；第二年完成建设摄影室（附暗室）、幻灯室、美术陈列室、木造模型制作室、纸造模型制作室、研究室一间、晒图室（附暗室）、构造力学实验室（附研究室）、物理力学实验室（附研究室）、添购图书；第三年建设弹性光学实验室（附研究室）、建筑材料耐寒实验室（附研究室）、耐热实验室（附研究室）、添购图书[48]。这个三年计划非常详尽地勾勒出林克明等教师对勷勤大学建筑工程学系办学条件的理想要求，设置全面但同时也可以看出对材料、力学、光学等建筑技术课程以及模型课程的重视。这个美好的愿望由于陈济棠反蒋失败被逼下野，勷勤大学不再有强力的经费来源而遭搁浅。1937年日本侵略中国，1938年勷勤大学遭裁撤，系主任林克明辞职避乱于越南，这个计划就再也没能实现。

（八）逐步完善的师资配比

随着勷勤大学逐步稳定走向正轨，建筑工程学系的教师队伍也得到加强。广东省立工专扩设为勷勤工学院后，林克明继续担任勷勤大学工学院建筑工程学系主任，胡德元也继续留在系里。随着教学的开展，1935年10月勷勤大学工学院建筑工程学系陆续还聘用了几位在中国建筑和土木工程领域颇有影响的建筑师和工程师作为教授（表4-6）。

勷勤大学工学院建筑工程学系1935年10月新教授讲师介绍　　表4-6

姓名	职别	籍贯	学历	经历
过元熙	教授	江苏无锡	美国本雷文尼（宾夕法尼亚）大学建筑学士；麻省理工学院建筑硕士；费城美术学院肄业	美国纽约、费城等地建筑公司任事；芝加哥万国博览会监造；实业部筹备参加万国博览会设计委员；北洋工学院教授兼建筑师
罗明燏	讲师	广东番禺	唐山大学工学士；美国麻省理工学院飞机及土木硕士；英国伦敦大学研究院航空工程候选博士	广州市政府技士、技正；广东省政府技正；第一集团军总司令部技正；第四路军总司令部技正；国立中山大学及广东省立工业专门学校讲师
林荣润	讲师	广东台山	美国康奈尔大学学士	美国桥梁公司实习；岭南大学讲师
李卓	讲师	广东开平	美国编士苑尼亚（宾夕法尼亚）大学土木工程科学士	美国钢桥公司设计委员；香港华美建筑公司工程师；新会工务局局长；广州市工务局技士；国民大学教授
谭天宋	讲师	广东台山	美国北加路连那省（北卡罗来纳州）大学工程师；哈佛大学毕业院建筑学专修生	美国各建筑公司任事6年；在美国工厂实习7年

资料来源：勷大旬刊1935年第1卷第4期：6-7。

这五个教师均曾留学美国，也都有一定的工程实践经验。过元熙曾任1933年芝加哥万国博览会监造及设计委员，但对博览会中国馆所采用的“中国固有式”建筑产生了深刻的怀疑。1935年过元熙在勷大旬刊上撰文《新中国建筑及工作》，对“中国固有式”建筑风格进行了批评。谭天宋在美国建筑公司任职六年，工程实践经验丰富。罗明燏担任过政府部门技正，在土木工程方面的具有丰富的经验。林克明不再兼任土木工程专修科主任后，改由罗明燏担任。另外林荣润、李卓也都是富有工程实践经验的工程师。

1936年度下学期勷勤大学工学院建筑工程学系新增建筑科教师概况　　表4-7

姓名	职别	籍贯	学历	经历
杨金	教授	广东南海	东京工业大学建筑系	东京BERGAMINI建筑事务所任设计主任
陈逢荣	讲师	广东台山	美国芝加哥菴麻理科大学院建筑学士	芝加哥克芝机建筑师事务所任技师一年；芝加哥汉标建筑师事务所任技师三年；广州市华粤工程公司任技师两年
谭允赐	讲师	广东开平	美国加州大学建筑工程学士	美国三藩市士丹利建筑公司绘则员；卜忌利埠中业中学教员
朱绍基	助教	四川璧山	勷勤大学工学院建筑工程学系毕业	

资料来源：工学院教职员名录．广东省立勷勤大学概览，1937年：15-23。

到1937年，工学院建筑工程学系又陆续增减若干教师，在《广东省立勷勤大学概览》中公布了1936年度下学期工学院建筑工程学系在册的全体教职员名单，建筑科除林克明、胡德元、谭天宋仍然留系之外，过元熙辞职去了广州市园林管理处。但建筑科又增加了杨金、陈逢荣、谭允赐、朱绍基等人（表4-7）。

美术科的王昌已经离职，由楼子尘和陈锡钧以及新聘的邱代明（法国巴黎国立美术专门学校毕业，曾任国立暨南大学教授、上海美术专门学校主任兼教授、上海新华艺术大学教授）担任讲师；郑可（曾任法国巴黎国立美术学院雕刻师）任陶瓷技士以及讲授室内装饰课程；土木科由罗明燏（任土木工程专修科主任、教授），叶葆定（美国麻省理工学院土木工程学士，曾任岭南大学讲师、广州市工务局技士、广东建设厅技士）担任教授，由罗济邦（美国伊利诺伊州立大学土木工程学士），霍耀南（上海交通大学土木工程学士、美国密歇根大学硕士），温其濬，罗清滨（国立同济大学及德国柏林工业大学土木工程师），司徒穊（美国华盛顿大学土木工程学士、密歇根大学硕士、意大利利奈大学研究院研究员），陶维宣（吴淞国立同济大学土木工程科毕业）担任讲师；吴国太（勷勤大学工学院土木专修科毕业）、赵尹任（国立中山大学土木工程系毕业）等担任助教；另外还有李时可教授（日本东京高等师范毕业，曾任省立梅州中学校长、汕头市政府教育科长、设计委员会秘书）担任建筑工程学系一年级导师。

1984年胡德元在《南方建筑》发表的回忆《广东省立勷勤大学建筑系创始经过》的文章中，还提及陈荣枝（广东台山人，美国密歇根大学毕业获建筑科学士，广州爱群大厦、长堤酒店设计者）、刘英智（广东廉江人，日本东京工业大学建筑科毕业）、金泽光（广东番禺人，法国巴黎土木工程大学毕业，获法国国授建筑师学位）等也曾担任建筑设计制图课程；广州市工务局长、结构工程师程占彪（留学美国）讲授钢筋混凝土；桥道专家麦蕴瑜教授（留学法国）讲授测量及土木课程；方棣棠教授（留学德国）讲授材料强弱学课程。

1938年9月勷勤大学迁移到云浮，建筑工程学系林克明教授随后避难越南，由胡德元教授接任系主任。除了副教授刘英智等，还增补黄玉瑜、胡兆辉为教授，黄维敬、黄适等为副教授[49]。（表4-8）

勷勤大学建筑工程学系1933年至1938年并入中山大学工学院之前曾任教师名单　表4-8

建筑科	林克明、胡德元、过元熙、谭天宋、杨金、陈逢荣、谭允赐、朱绍基、陈荣枝、金泽光、刘英智、黄玉瑜、胡兆辉、黄维敬、黄适等
美术科	楼子尘、陈锡钧、王昌、邱代明、郑可等
土木科	麦蕴瑜、陈昆、陈良士、潘绍宪、李文邦、沈祥虎、梁文翰、温其濬、李达勋、唐锡畴、罗明燏、林荣润、李卓、叶葆定、罗济邦、霍耀南、司徒穊、陶维宣、吴国太、赵尹任、程占彪、麦蕴瑜、方棣棠
其他	李时可

从表4-8中可以看到，土木科的教师还是占了相当大的比重。另外这些教师在执教勷勤大学工学院建筑工程学系之时，从系主任林克明到刚毕业留校的助教，几乎都不到40岁，正是充满理想和激情的年龄；加之陈济棠主粤这段时期的局势相对稳定，他们大多也都开设或参与个人事务所，对外承接实际工程，在不到四十岁的年龄就积累了相当丰富的实践经验。也正是这群几乎都曾留学欧美或日本的年轻教师们，成为岭南现代建筑教育开拓者，并将岭南现代建筑教育从一开始就深深地

图4-26 林克明
（来源：林克明.世纪回顾——林克明回忆录.广州市政协文史资料委员会编，2011：110）

打上了重视建造技术和工程实践的印记。

主要教师

（1）林克明

1933年林克明辞去广州工务局职务，任勷勤大学工学院建筑工程学系系主任及土木工程科教授兼系主任，同时开设"林克明建筑设计事务所"[50]。同时兼任两个专业的系主任，可见林克明的建筑及土木工程均有较高的专业素质（图4-26）。1934年后，罗明燏开始任土木工程系主任，林克明则专任建筑工程学系系主任。

林克明专职教学后，投入了相当多的精力。编制教学计划、面向社会举办学生优秀作业及科研论文展览、赴日本考察东京工业大学的建筑教育，鼓励学生创办学术刊物《新建筑》，并在刊物上积极撰文宣扬现代主义等，为勷勤大学建筑工程学系的发展倾注了大量心血。开办了个人事务所后，也设计了一系列具有鲜明现代主义风格的建筑，特别是勷勤大学石榴岗新校区的总平面规划和建筑设计，也因此而带动了学生对现代主义建筑研究和创作实践的学术热情。1937年日本侵华战争全面爆发，1938年林克明在安顿好勷勤大学工学院建筑工程学系迁移云浮后，为避战乱，离开中国客居越南。

（2）胡德元

胡德元教授继续作为林克明的重要合作伙伴和主要教师留在勷勤大学工学院建筑工程学系教学。与林克明一样，胡德元1934年在广州西河铺二马路开设了个人建筑师事务所[51]。胡德元积极进行教材的整理编撰。《建筑史学讲义》是胡德元结合当时最为经典的建筑史学著作《比较建筑史》（由英国人弗莱彻父子编著）所编写的讲义，作为他所承担的"建筑史学"课程的教材。1935年9月，胡德元还兼任了国立中山大学工学院土木工程学系的讲师，进行房屋建筑及设计的教学[52]。为此课程，胡德元还另外编写了《房屋建筑讲义》。

（3）过元熙

过元熙，1905年出生于江苏无锡，1926年北京清华学校（清华大学前身）毕业后赴美留学，宾夕法尼亚大学建筑系毕业，1927年获得The Walter Cope Memorial Prize一等奖，1930年6月美国麻省理工学院建筑系毕业，获硕士学位[53]（图4-27）。

图4-27　过元熙
（来源：赖德霖. 近代哲匠录[M]. 第1版. 北京，中国水利水电出版社；知识产权出版社，2006. 8. 49）

1933年过元熙在美国芝加哥任中国馆筹备设计委员会委员，监造“芝加哥百年进步万国博览会”之中国专馆“热河金亭”（图4-28、图4-29）。这段经历以及对世界其他发达国家在芝加哥博览会上建筑的观察体会对过元熙产生了重大的影响，甚至超越了就读的“学院派”宾夕法尼亚大学建筑系对他的影响力，“参观博览会一遍，胜如十年寒窗”，并因此逐渐形成自己的新建筑观点。过元熙在1934年的《中国建筑》杂志上发表了两篇文章《芝加哥百年进步万国博览会》、《博览会陈立各馆营造设计之考虑》对这段经历进行了回顾，也表达了对中国方面参会组织者上海商品协会颇有不满。过元熙在当时本已深思熟虑，设计了一个造价符合原预算要求的新中国式的专馆方案，也得到了博览会组织方的认可赞许，但作为中国参会组织方的上海商品协会代表却另外带来一个方案，并以要求过元熙“于包工开标中增价赠酬不准，遂决用彼所自带之图案。”尽管如此，过元熙还是尽量配合协助监造此中国专馆方案。但对此有着“中国传统式大屋顶”的中国专馆，过元熙认为“设计鄙陋”，造价反而高昂，施工进度缓慢，以

图4-28　芝加哥万国博览会之中国馆（过元熙监造）
（来源：过元熙. 芝加哥百年进步万国博览会[J]. 中国建筑，1934年2月第2卷第2期）

图4-29　芝加哥万国博览会之中国馆室内陈列
（来源：过元熙. 芝加哥百年进步万国博览会[J]. 中国建筑，1934年2月第2卷第2期）

图4-30 芝加哥万国博览会普通展馆
（来源：过元熙. 芝加哥博览会实地摄影三十余帧[J]. 中国建筑，1934年2月第2卷第2期：22）

至于展览会开幕后半个月，中国专馆才盖好。“此种胡调，匪特于国外万众会场中，有损国体，且亦有碍我国建筑界之基础与声誉。”博览会的建筑，是要“当然能代表一国或一地之新文化，新精神，及摹写现代生活、经济、社会变迁之状况”。过元熙认为中国专馆的设计，“自然该用20世纪科学构造方法，而其式样，当以代表我国文化百年进步为旨志，以显示我国革命以来之新思想及新艺术为骨干，断不能再用过渡之皇宫城墙或庙塔来代表我国之精神”，而且在建造方式上，“当用科学新式，俭省实用诸方法，为构造方针，以增进社会民众生活之福利，提倡民众教育之新观念为目的。”（图4-30）过元熙还进一步总结博览会建筑的设计应当“因其宗旨、地势、天时、社会情形之种种不同，故其陈列各馆之设计营造，亦因之而异”[54]。过元熙的这些观点，明确表示出他对芝加哥博览会实施建造的中国专馆采用中国传统风格和传统建造方式的不认同，并提出建筑设计要从自然环境和社会环境出发的适应性设计原则。

1933年回国后，过元熙到天津的北洋工学院任教授。1933年过元熙在上海《申报》发表《房屋营造与民众生活之关系》，显示出他对建筑要重视满足民众生活需求的功能性主张。1934年和1935年过元熙两次加入中国建筑师学会。1934年6月在《建筑月刊》发表《新中国建筑之商榷》，开始提出中国需要什么样的新建筑的探讨并号召全国从政府领袖到普罗大众，从业主到建筑师都应合力推广和探索适用于中国国情的新建筑。1935年6月，过元熙应邀参加南京国立中央博物院图案设计竞赛。同年，过元熙应聘广东省立勷勤大学工学院建筑工程学系教授，并在广州的东山三育路颐园二楼开设过元熙建筑师事务所。

过元熙于1935年11月18日总理纪念周在勷勤大学工学院礼堂发表《新中国建筑及工作》的演讲，明确指出新中国建筑不应采用当时占官方主流的“中国固有形

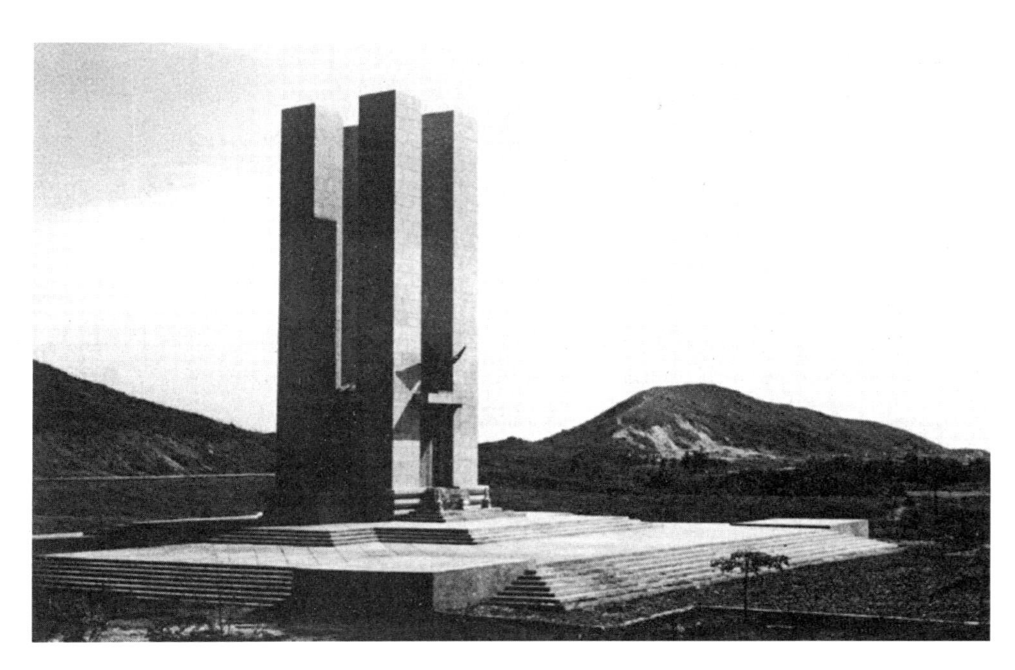

图4-31　过元熙设计的“新一军”公墓

（来源：郭秋惠. 郑可：跨越艺术与设计的大家[J]，美术观察，2007（5））

式”风格，而应从功能出发，以新的科学技术来创造新中国式建筑，并对如何实现这一责任重大的工作，提出了自己的看法。

1937年2月，过元熙在《勷勤大学季刊》发表《平民化新中国建筑》的文章，提出从城市到乡村，应当全面推广从功能合于实用出发，适应各地气候和经济环境，采用新材料、新技术，科学、卫生并且造价经济的新中国建筑。1937年过元熙离开勷勤大学到广州市园林管理处工作，1939年到香港成为注册建筑师，在香港设计了一系列建筑，1945年过元熙回广州应孙立人将军之邀设计“新一军”公墓（图4-31）。此后一直在香港工作生活。

（4）谭天宋

图4-32　谭天宋

（来源：谭天宋肖像. 华南理工大学档案馆藏）

谭天宋（图4-32），男，1896年出生于广东台山，1922-1923年在纽约美术设计院学习，1923-1924年在美国北卡罗来纳州立工农学院（Nrorth Carolina State College）土木机械纺织厂构造及建筑工程科学习，1924-1925年在美国哈佛大学建筑研究院进修。谭天宋毕业后在多家美国建筑师

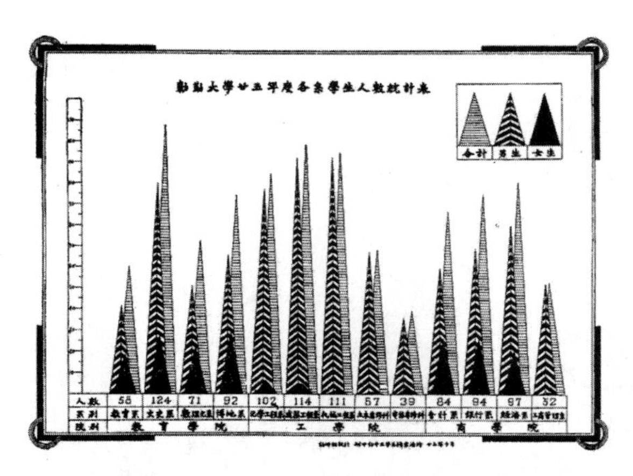

图4-33　勷勤大学1936年招生人数统计表
（来源：广东省立勷勤大学概览，1937年）

事务所任职设计师：1925年、1926年和1931年曾在美国纽约的Mckim Mead&White建筑师事务所任设计师，1927-1929年在美国纽约的Gehron&Ross建筑师事务所任设计师。1930年2-10月在美国纽约的Trowbridge&Livingston建筑师事务所任设计师。谭天宋回国后曾任广西苍梧永和永得糖业公司工程部主任，1932年至广州开设个人建筑师事务所，在华安合群保寿公司两广分行征求建筑图案竞赛中获首奖[55]。1935年工程实践经验丰富的谭天宋被勷勤大学工学院建筑工程学系聘为讲师，兼任西南政务委员会技师、广州工务局技师。1938年因勷勤大学遭裁撤，谭天宋离开建筑工程学系。

（九）学生素质全面发展

勷勤大学工学院建筑工程学系每年的招生人数，从整个勷勤大学来看，属于招生人数最多的学系之一，也是工学院招生人数最多的学系（图4-33），可见建筑工程学系在社会上越来越大的影响力。在六年的办学时间里，共毕业了三届学生，为岭南地区自主培养出一大批建筑工程师，及时地满足了岭南地区建设的需要。

1. 学生管理

勷勤大学依照训育组织大纲规定，各学院每班学生均设导师一人（相当于班主任），负责考察该班学生个性，并指导其修养，由院长特约教授或专任讲师分别担任。如1936年建筑工程学系的一年级导师是李时可先生、二年级是胡德元先生、三年级是叶葆定先生、四年级是林克明先生[56]。专业教授亲自参与学生的管理，这比一般普通老师会更加具有信服力。

2. 学生的学术科学研究

勷勤大学建筑工程学系的学生在学校就读期间，就有着高昂的学术研究热情，积极撰写学术论文、创办学术期刊，大力宣扬“新建筑”（现代主义建筑）思想。学生还积极参加设计竞赛。教师和学生们共同的学术研究激情也逐渐形成华南理工大学建筑教育的一个学术传统，有的学生如郑祖良、黎伦杰等甚至将创办学术期刊发展成为自己毕生的学术坚持。

（1）建筑工程学社

“建筑工程学社”是在学校监督下，由学生自行组织和管理运作的学生组织，每个年级均有设置，每年均会进行改选。1935年11月1日，勷勤大学建筑工程学系第一个“建筑工程学社”在三年级学生中成立，12月16日，召开社员大会，选举裘同怡（三年级副班长）、李楚白（三年级正班长）、姚集珩为常务委员，陈廷芳、李金培为文书骨干事，陈荣耀、何绍祥为事务股干事，黎伦杰、郑祖良为学术股干事，陈仕钦为候补干事[57]。建筑工程学社的成立，使学生能够自发开展有组织的学术和文娱活动。

（2）发表学术论文

1935年3月，“勷大建筑系建筑图案展览会”在中山图书馆开展，勷勤大学为此特别出版《广东省立勷勤大学工学院特刊》，勷勤大学工学院建筑工程学系教师和学生纷纷在特刊中发表学术论文，其中以三年级的学生最为积极踊跃，如黎伦杰发表《建筑的霸权时代》一文，从科学技术进步的角度来阐述二十世纪新建筑的形式：“社会的上层机构是受技术和物质的制约，20世纪的建筑是以水泥和钢铁的运用，结果冲击了束缚我们时代的装饰要素，使我们归于自然底—实用底—纪念碑底美的根本形式”[58]；郑祖良发表《新兴建筑在中国》，认为“20世纪的新兴建筑底式样的产生，正是十足能够表现现代科学的精神”，并对古典主义进行了尖锐地批判，“古典建筑实在是一种废物，毫无生气，实不足以表现新时代的精神”[59]；裘同怡（三年级副班长）发表《建筑的时代性》，认为现代建筑的出现是时代发展的必然产物，社会开始流行的“摩登”建筑“是现代建筑的进步式样：因为他能以单纯的线条、经济的费用，建筑成一种有同等价值同等实用而又具有美术化的建筑品物”，裘同怡还预见现代建筑“在建筑史上，当占一页很有价值的记载”[60]；杨蔚然发表《住宅的摩登化》，文中提出摩登住宅的标准就是：经济、实用、美观，“如此趋向于摩登化者，其唯一原因，就是求切合经济的原理，实用的原则，和一切的合理化”[61]。在如林克明、胡德元等教师们的引导下，勷勤大学建筑工程学系的学生们普遍对当时欧洲风行的现代主义建筑有相当程度地了解，也对中国的现代主义建筑充满了期待。

图4-34　勷勤大学工学院学生自治会主办杂志《工学生》
（来源：工学生. 广东省立勷勤大学工学院学生自治会，1935，4）

1935年4月，勷勤大学工学院学生自治会主办杂志《工学生》（图4-34），建筑系学生委员郑祖良、

图4-35 工学院学生自治会合影（前排左二为郑祖良）

（来源：工学院学生自治会合影.工学生，1935年4月第一卷第一期）

黎伦杰、唐萃青、李金培、李楚白（三年级正班长）、裘同怡（三年级副班长）、朱绍基（四年级正班长）、朱叶津（四年级副班长）等加入自治会下设出版股出版委员会[62]（图4-35）。

1936年1月1日，勷勤大学建筑工程学系三年级学生郑祖良在勷勤大学校报《勷大旬刊》发表文章《建筑家》，思考新时代下中国需要什么样的建筑家。文章认为现代建筑家要考虑新时代的结构、材料和卫生设备及电气化机械在建筑中的运用，大力提倡"实用者无不美"的信条。文章最后发出疾呼："中国有为的、勇敢的、天才的新建筑家何处去？！"[63]

1936年5月，勷勤大学工学院学生自治会主办杂志《工学生》出版第二期，勷勤大学建筑工程学系学生郑祖良发表《新兴建筑思潮》介绍现代主义运动的发展历程[64]。

1937年，勷勤大学工学院建筑工程学系二年级学生杨炜在《勷勤大学季刊》上发表其利用寒假回家乡广东紫金县建筑考察后所作的调查报告《乡镇住宅建筑考察笔记》（图4-24、图4-25）。报告的大纲结构由过元熙教授统一编写制定，学生根据调查情况完善其内容。杨炜在该文中细致地描述了家乡紫金的基本现状情况和建筑平面布局、立面特点、材料、结构和构造做法以及设计的基本理念，分析了这些传统民居建筑在现代生活中的优劣，提出了调整平面布局、改善采光以及针对建筑材料、门窗构造等的改良措施以适应卫生及健康居住的功能，并指出这样做的原因是"建筑的目的是在乎辅助我们社会的活动与文化生活，因此现代的建筑似乎已经完全侧重于如何才能适合一切实际需要方面了，换句话说，现代的建筑设计者须要时常注意着一切工程上底的结构、新材料的使用、建筑上的卫生设备和机械电气化诸问题，与各种公私建筑的实际需要，都应当有充分的认识和体验，使建筑的设计完全达到合理化的境地，使建筑成为有机的结构”。中国的建筑，要合乎中国的国家环境特质，“千万不能把外国的样式完全搬过来”[65]。在改良或创作中国的新建筑前，考察或调查现有的中国传统建筑也是非常有必要的步骤，只有这样，“我们才能集其大成，才知道哪一类或哪一部分是好的，应该有保存价值，哪些部分是不好的，应当有改良的必要”，只有这样才能根据中国各地的环境创造出中国的新建筑。

从这篇文章可以看到勷勤大学建筑工程学系二年级的学生在教师的指导下，已经掌握了较为成熟的建筑考察方法，建立起基于功能和材料以及结构构造技术的现代主义建筑观念。更难能可贵的是，在如何对待外国新建筑和中国传统建筑这个关键问题上，勷勤大学工学院建筑工程学系的学生已经能够在认真调查分析研究基础上，提出不能照搬国外样式，而是要在要辩证地吸收和继承中国传统建筑的基础上，根据合理的环境创作属于中国的新建筑。

（3）创办中国新建筑社与《新建筑》杂志

1936年10月，勷勤大学建筑工程学系四年级学生郑祖良、黎伦杰等人成立中国新建筑社并随后创办面向全国发行的正式刊物《新建筑》（图4-36），由勷勤大学教授林克明和胡德元任编辑顾问。这是中国近代第一份以“介绍国际新建筑运动的光辉成果及从事中国新建筑运动理论建设的探讨和行动指导”为主的刊物[66]，是岭南地区唯一的纯建筑刊物。自此，学生和老师们有了自己的一片自由发表学术观点的天地。

《新建筑》杂志创办的目的之一是要纠正普通民众对建筑的错误认识，将建筑师与“泥水工匠”区别开来，让民众了解建筑学是一门专门的学问，以提高民众的建筑素养，并为当时政府正在大力推广的“新生活”运动提供有价值的参考。针对当时中国许多城市，例如广州中心区的建筑现状，《新建筑》在1936年创刊号创刊词写道：“我们青年的建筑研究者，对于这种无秩序、不调和、而缺乏现代性的都市机构，是不能漠视的，对于这不卫生、不明快、不合目的性的建筑物是不能忍耐的。”《新建筑》正是“基于上面的不能‘忍耐’和不能‘漠视’的内心迸发的结果。他的使命是发扬建筑学术，使他从泥水匠的观念中解放出来，而人们认识建筑也是有他们专门的尺度，非泥水匠所能胜任的，再进一步使一般

图4-36 《新建筑》（创刊号）
（来源：新建筑（创刊号），1936年第1期）

图4-37 《新建筑》（第二期）
（来源：新建筑，1936年第2期）

我們共同的信念：
反抗現存因襲的建築樣式，創造適合於機能性，目的性的新建築！

图4-38 《新建筑》的口号
（来源：新建筑，1936年第2期）

图4-39 《新建筑》1938年战时刊（总第七期）
（来源：新建筑，1938年战时刊（总第七期））

人获得建筑上的一般知识，明了建筑和人类生活的密切关系而加以深切的注意。”《新建筑》认为建筑是造型艺术的一种，是“绘画、雕刻、工艺美术的综合物，更加上科学的构筑而凝成的产物”，是运用钢铁、玻璃、三合土（混凝土）等材料来创造“更高、更有意义、有目的性和机能性的艺术造型。”而建筑师，则既是画家、工程师又是工艺美术家。

《新建筑》杂志从1936年第2期开始（图4–37），每期杂志均在封面或扉页，喊出了响亮的新建筑口号：“我们共同的信念：反抗现存因袭的建筑样式，创造适合于机能性，目的性的新建筑！”（图4–38）

《新建筑》杂志主要内容包括：介绍世界各国的新建筑思潮、世界著名现代主义建筑师的介绍、世界著名建筑作品、各种类型建筑（包括各种公共建筑、住宅等）实例介绍分析、国际建筑情报、国内建筑材料市价调查以及各类与建筑有关的广告刊登。另外，由于日本加紧对中国的侵略，战争不可避免，因此《新建筑》杂志还特别开辟《防空建筑》栏目，专门进行防御空袭的建筑研究，以使民众获得“防空建筑”的知识（图4–39）。

中国新建筑月刊社不仅出版杂志，还不定期出版发行单行本的建筑丛书，并代理各地书社的有关建筑书籍，大力普及建筑知识。出版的书籍有：《新建筑论丛》（陈国任）、《防空建筑学》（刘开元译）、《通俗住宅建筑讲话》（陈国任）、《新建筑之理论及基础》（何家平译）、《近代住宅设计图集》（中国新建筑月刊社）、《近代建筑》（黄百年）、《现代都市计划》（史永浩编译）、《苏联的新建筑》（郑祖良、黎伦杰）、《防空建筑——防空避难室建筑法》（郑祖良）、《现代建筑论丛》（霍云鹤）等。

《新建筑》月刊杂志社还承办委托建筑设计及力学计算，以及调查关于建筑方面的工作，这些工作包括：关于研究建筑之书籍与文献；关于国内外之建筑状况调查；关于各地建筑材料之调查；关于楼房设计、建筑工学之询问。难能可贵的是新建筑月刊社对于委托的设计和调查除非过于繁杂，原则上不收取报酬，只是要求一切代办调查与委托设计均需在《新建筑》杂志发表。中山县监狱建筑悬赏竞赛获得首奖，就是新建筑月刊社的社员们独立完成一项实际社会招标工程，该工程的专项研究报告、设计说明书和主要图纸以及材料构造书均在《新建筑》杂志刊出。未毕业的在校学生能够获得社会公开竞选的工程招标，而且是监狱这类专业技术要求较高的建筑，这在当时来说是不多见的，这也进一步反映了勷勤大学工学院建筑工程学系的建筑教育重视工程实际的特点。

《新建筑》的两位主编郑祖良、黎伦杰是该杂志撰文最多的两位作者，为宣传现代主义建筑运动不遗余力。郑祖良先后撰写了《现代建筑计划的防空处理》、《高层建筑论》、《挽近新建筑的动向》、《论新建筑与实业计划的住居工业》、《隧道式防空洞的入口处理》、《隧道式标准防空洞之提案》、《论防空洞之容积与避难人数之决定》、《民生主义的住居形态》、《建筑家》、《论都市计划与市地国有》、《论广州市内灾区之重建与土地处理》、《建筑家与住宅计划》；黎伦杰（其中有几篇文章署名为赵平原）先后发表了《建筑与建筑家——纯粹主义者Le Corbusier之介绍》、《色彩建筑家Bruno Taut》、《苏联新建筑之批判》、《都市之净化与住宅政策》、《论近代都市与空袭纵火》、《苏联建筑通讯》、《五年来的中国新建筑运动》、《论"国力"与国土防空》、《防空都市论》、《现代建筑的特性与建筑工学》等文章。这些文章几乎都紧密地与时局背景相结合，满足当时社会的急需。值得注意的是，其中有几篇是关于社会主义苏联的城市与建筑的介绍文章，作者发出了从技术角度去"理解苏联！理解布尔什维克！"的号召。虽然1938年当时国共已经合作共同抗日，但在杂志上如此旗帜鲜明的赞扬社会主义和布尔什维克的建筑，还是不多见的。1946年在广州复刊后，《新建筑》还刊登了《苏联重建城市计划》作为抗战结束后中国恢复重建的参考。

《新建筑》杂志从1936年在广州创刊，到1938年5月因日本加紧侵略中国，改为战时刊，10月因广州沦陷而停刊。1941年在内地"陪都"重庆复刊（图4-40），仍由郑祖良和黎伦杰担任主编，且为战时刊。1943年，郑祖良在重庆举办"中国新建筑造型展"[67]。抗战结束后，1946年郑祖良回至广州，几乎完全凭一己之力复

新建築

新建築戰時刊

SIN GAINZHE
NEW ARCHITECTURE
DIE NEU BAUKUNST

一九三六年創刊・渝版第一期

A jounal of new architecture
Edited and published by
THE NEW ARCHITECTURE SOCIETY OF CHINA

復刊之話　本社同人

本期要目

0037611

图4-40 《新建筑》1941年渝版第一期
（来源：新建筑，1941年渝版第一期）

DIE NEUE
BAUKUNST

創刊十週年紀念

1　1946

鄭樑主編

新建築

一九三六年創刊　勝利版新一期

新建築社出版

图4-41 《新建筑》（1946年胜利版新一期）
（来源：新建筑，1946年胜利版新一期）

刊《新建筑》胜利版（图4-41），郑祖良一人独立担任主编。《新建筑》杂志从创办到最终停刊，总共出版约12期，但是这本完全由勷勤大学工学院建筑工程学系三年级学生创立的《新建筑》杂志，为在中国传播现代主义建筑思想，推动中国的现代主义建筑运动做出了不可磨灭的贡献。

（4）参加设计竞赛

1936年勷勤大学建筑工程学系《新建筑》编辑部中国新建筑月刊社组织社员郑祖良、黎伦杰、陈逢光等同学参加中山县监狱建筑设计竞赛，获首奖[67]。

中山县是孙中山的故乡，因其行政直接隶属中央，再加上官员和社会名流的协作促进，所以中山县各项建设势头发展迅猛。1936年中山县决定兴建一所新式监狱，并因此而举办中山县监狱建筑悬赏竞技。

勷勤大学建筑工程系《新建筑》编辑部中国新建筑月刊杂志社获悉竞赛后，专门组织社员到上海、南京、江苏等地详细考察监狱建筑，还参考欧美文明国家之监狱建筑的实例，进行了应征，设计出新式的监狱建筑方案并获得第一名（图4-42、图4-43）。

在充分调查和资料收集整理研究的基础之上，再进行设计，勷勤大学建筑工程

图4-42　中山县模范监狱设计竞技图a
（来源：中山县监狱悬赏竞技特辑[J]．新建筑，1936（2））

图4-43　中山县模范监狱设计竞技图b
（来源：中山县监狱悬赏竞技特辑[J]．新建筑，1936（2））

学系的学生展示了对建筑设计科学方法的成熟掌握，充分体现勷勤大学建筑工程学系重视工程实践和科学理性的教育特点。

3. 优秀毕业生代表

（1）郑祖良

郑祖良（图4-44），1914年出生于广东省香山县（现中山市）。1930年郑祖良进入广东省立专门学校的工科土木系学习，1932年转入林克明创办的建筑工程班。1933年广东省立工专升格为广东省立勷勤大学工学院。1935年郑祖良与黎伦杰等人发起成立学生组织建筑工程学社，并于1936年成立新建筑社，与黎伦杰、霍云鹤等人创办《新建筑》杂志，大力宣传现代主义建筑。同年与黎抡杰等七位同学参加中山监狱设计竞赛，获第一名。1937年郑祖良从广东省立勷勤大学建筑工程学系毕业后留校任助教，并在胡德元建筑师事务所任职助理工程师。1938年随勷勤大学工学院一起并入国立中山大学工学院任教。1938年7月郑祖良由原勷勤大学教授麦蕴瑜介绍到重庆兵工署第五十兵工厂任技术员，从事普通房屋设计及防空洞、防空厂房的建筑工作，后又调到兵工署建库委员会技术员，担任仓库房屋设计工作，1939年12月调任鹅公岩第一兵工厂。1940年郑祖良再经麦蕴瑜介绍认识夏昌世，一起加入重庆陪都建设计划委员会任技士，1940年7月～1941年2月担任重庆工务局技士，后与夏昌世、莫朝俊在重庆成立友联建筑工程师事务所，此期间在重庆复刊《新建筑》（渝版）。1942年2月郑

图4-44　郑祖良
（来源：广州市档案馆）

祖良与黎抡杰合组新建筑工程师事务所直到1945年。1943郑祖良在重庆创办《新市政》杂志，同年还在重庆举办“中国新建筑造型展”。1945年抗战胜利后，12月郑祖良回到广州自营新建筑工程司。1946年6，郑祖良在广州复刊《新建筑》（胜利版）；1947–1948年，郑祖良任粤桂闽产业管理局房地产科科长；1949–1952年，任霍云鹤出资的联美营造厂兼职工程师、股东；1952–1953年，由邓垦、蔡德道协调加入工联建筑师联合事务所。1953郑祖良与林克明、陈伯齐、金泽光、梁启杰等人发起成立广州市建筑学会并创办广州市设计院；从1952开始直至1978年10月，郑祖良在广州市建设局设计科任工程师、教授级高级工程师。1962年广东省园林学会成立，郑祖良任常务理事。1978–1985年，郑祖良任广州市园林局工程师、副总工程师。1979年郑祖良任《广东园林》编辑委员会委员、主编。1980–1983年，郑祖良主持1983年德国慕尼黑国际园艺展中国园——芳华园的设计与建造[68]。1981年郑祖良与林克明、莫伯治等人创办《南方建筑》杂志，郑祖良、刘管平等人任执行编辑。1985年郑祖良从广州市园林局辞职并移居美国。1994年6月郑祖良在美国逝世，享年80岁。

郑祖良一生致力于建筑及园林的学术研究，并创办了不少学术刊物。郑祖良早年在勷勤大学工学院建筑工程学系读书时，就与同学黎伦杰、霍云鹤等人创办《新建筑》，这是国内唯一一份专门为宣扬现代主义新建筑而办的杂志。郑祖良在抗战时期应时之需，专门针对日寇轰炸等破坏手段撰写防空建筑等文章，抗战胜利后又为国家的恢复建设出谋划策，甚至大力宣扬苏联社会主义国家的建设经验。郑祖良在《新建筑》上先后撰写了《现代建筑计划的防空处理》、《高层建筑论》、《挽近新建筑的动向》、《论新建筑与实业计划的住居工业》、《隧道式防空洞的入口处理》、《隧道式标准防空洞之提案》、《论防空洞之容积与避难人数之决定》、《民生主义的住居形态》、《建筑家》、《论都市计划与市地国有》、《论广州市内灾区之重建与土地处理》、《建筑家与住宅计划》；还与黎伦杰合著《苏联的新建筑》；新中国成立后郑祖良又在广州创办《广东园林》杂志，为岭南地区的园林建设服务；创办《南方建筑》杂志，使岭南地区的建筑工作者们有了一个自由交流、开展学术争鸣的园地。

郑祖良有着丰富的建筑工程实践经历，特别是新中国成立后对于岭南地区园林的建设与研究，贡献良多。郑祖良主持和参与的园林规划设计项目有：广州流花湖公园、广州越秀公园、广州荔湾湖公园和广州东山湖公园、广州起义烈士陵园大门、中苏血谊亭、中朝血谊亭、广州越秀公园听雨轩、广州白云山山庄旅舍、双溪别墅、松风轩、广州文化公园园中园院以及在德国慕尼黑的国际园艺展中国园——“芳华园”（图4–45）等。郑祖良在慕尼黑修建的“芳华园”荣获“德意志联邦共和国大金奖”和“全德造园家中央理事会大金质奖”。郑祖良在园林建筑小品“亭”的选址和设计上功力独到，设计建成各类亭子逾百座，有“亭王”的美誉。郑祖良还与专门从事岭南园林研究的金泽光、何光濂、吴泽椿等人共同编撰《广州3个人工湖》及《广州公园》等著作，全面总结了20世纪50-80年代广州公园建设的成果[69]。广州的公园建设一度在国内领先，郑祖良功不可没。

郑祖良是中国近现代重要的建筑活动家、现代主义建筑的倡导者和践行者，是社会主义新型园林的拓荒者，岭南地区现代园林设计与建设的重要人物。

（2）黎伦杰

黎伦杰，1912年生于广东番禺，曾用笔名黎宁、赵平原。黎伦杰1933年考入广东省立勷勤大学工学院建筑工程学系就读，1937年毕业。在勷勤大学就读期间，1935年与郑祖良等人共同创办学生组织建筑工程学社，1935年勷大建筑系建筑图案展览会上，黎伦杰发表《建筑的霸权时代》一文。1936年成立新建筑社，与郑祖良、霍云鹤等人创办《新建筑》杂志，大力宣传新建筑。同年与郑祖良等七位同学参加中山监狱设计竞赛，获第一名。

1939年5月，黎抡杰受聘担任国立中山大学建筑工程学系助教。1940年3月，黎伦杰以“工程技术尤贵实施与经验”和“使在校中所获之理论能得实践增益经验”为由向校长请辞获准，前往重庆。1940-1945年，黎伦杰历任中国新建筑社事务所技师，《新建筑》、《新市政》杂志主编，重庆大学建筑系讲师、副教授等职，

图4-45　德国慕尼黑中国园——“芳华园”

（来源：利建能.一代岭南园林宗师——郑祖良先生[J]. 南方建筑，1997（2）：67）

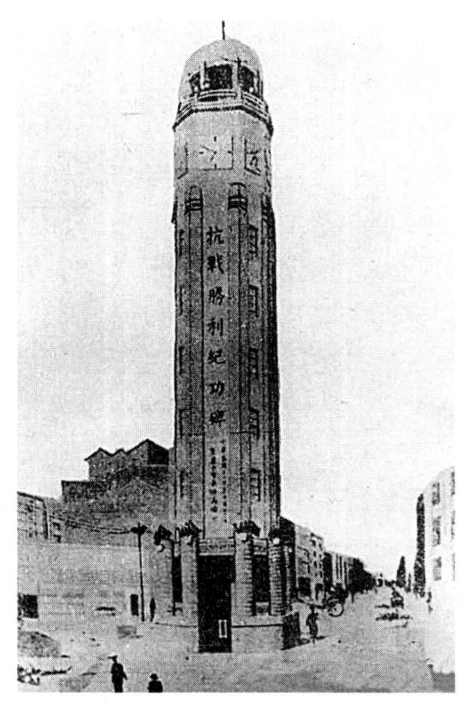

图4-46 重庆抗战胜利纪功碑
（来源：http://li201393.blog.163.com）

重庆都市计划委员会工程师；1945年抗日战争胜利，黎伦杰设计了重庆“抗战胜利纪功碑”（图4-46），美国时代周刊杂志曾经刊载了这个设计。抗战胜利后，1946-1949年，黎伦杰在广州与郑祖良合组新建筑工程司开展设计业务。1949黎伦杰移居香港，正式改名黎宁，再无从事专职建筑设计及研究工作[70]。

黎伦杰早年的建筑学术著作颇为丰富，在担任国立中山大学建筑工程学系助教时，译有《现代建筑》一书，并撰写了《防空都市计划》、《现代建筑造型理论之基础》等论文且在《新建筑》杂志上发表。黎伦杰还与郑祖良合著《苏联的新建筑》，由新建筑杂志社发行。黎伦杰在创办的《新建筑》杂志上先后发表了《建筑与建筑家——纯粹主义者Le Corbusier之介绍》、《色彩建筑家Bruno Taut》、《苏联新建筑之批判》、《都市之净化与住宅政策》、《论近代都市与空袭纵火》、《苏联建筑通讯》、《五年来的中国新建筑运动》、《论“国力”与国土防空》、《防空都市论》、《现代建筑的特性与建筑工学》。这些文章基本都是从当时社会的急需出发而撰写的。

黎伦杰在建筑学术上努力推动了岭南地区现代主义建筑理论早期研究的开展。

三、学术科学研究——对中国“新建筑”的思考

勷勤大学工学院建筑工程学系的教师和学生展示出强烈的学术研究热情：撰写学术论文介绍现代主义建筑、举办作业展览、指导学生参加设计竞赛等学术活动积极开展起来，为以后岭南现代建筑教育的学术科研传统形成奠定了基础。

（一）科研论文与著作

1. 胡德元《近代建筑样式》

1935年，胡德元在《勷勤大学季刊》上撰文《近代建筑样式》（图4-47、图4-48），较为详细地介绍和梳理了西方建筑从古埃及到近现代的发展历史脉络，并且重点分析了现代主义建筑出现前的西方各个建筑流派及其发展成因，介绍了现代

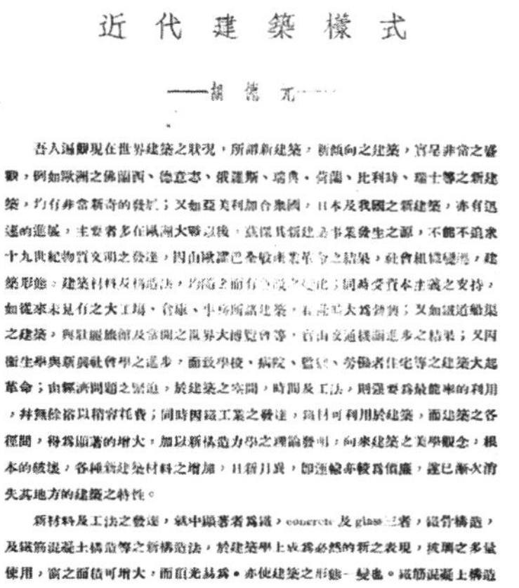

近 代 建 築 樣 式

——胡 德 元——

吾人遍觀現在世界建築之狀況，所謂新建築，新傾向之建築，實呈非常之盛觀，例如歐洲之佛蘭西、德意志、俄羅斯、瑞典、荷蘭、比利時、瑞士等之新建築，均有非常新奇的發展；又如亞美利加合衆國，日本及我國之新建築，亦有迅速的進展，主要者多在歐洲大戰以後。蓋探其新建築事業發生之源，不能不追求十九世紀物質文明之發達，因由[illegible]革命之結果，社會組織變遷，建築形態，建築材料及構造法，均隨之而有[illegible]變化；同時受資本主義之支持，如從來未見有之大工場、倉庫、事務所諸建築，[illegible]大為發展；又如鐵道船渠之建築，與壯麗旅館及[illegible]之世界大博覽會等，皆由交通機關進步之結果；又因衛生學與新興社會學之進步，而致學校、病院、監獄、勞働者住宅等之建築大起革命；由經濟問題之緊迫，於建築之空間，時間及工法，則當要為最能率的利用，并無餘裕以稍容耗費；同時因鋼鐵工業之發達，鐵材可利用於建築，而建築之各種間，得為顯著的增大，加以新構造力學之理論發明，向來建築之美學觀念，根本的破壞，各種新建築材料之增加，日新月異，即運輸亦較為便廉，遂已漸次消失其地方的建築之特性。

新材料及工法之發達，就中顯著者為鐵，concrete 及 glass 三者，鐵骨構造，及鐵筋混凝土構造等之新構造法，於建築學上表為必然的新之表現，玻璃之多量使用，窗之面積可增大，而[illegible]光易為。亦使建築之形態一變也。鐵筋混凝土構造

图4-47　胡德元《近代建筑样式》a
（来源：胡德元．近代建筑样式．勷勤大学季刊，1935年第1卷第1期：106-126）

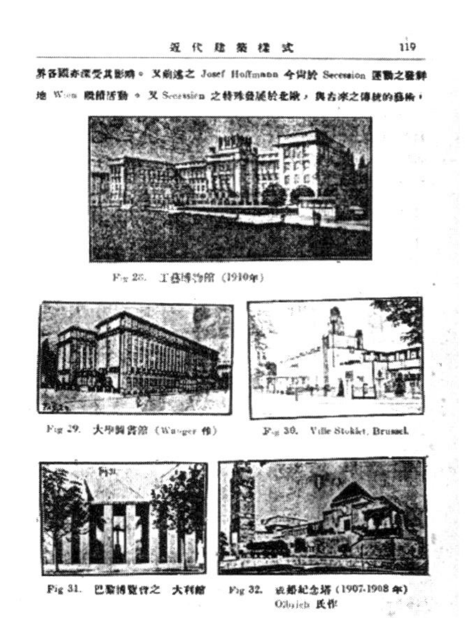

近 代 建 築 樣 式　119

界各國亦深受其影響。又前述之 Josef Hoffmann 今尚於 Secession 運動之發祥地 Wien 繼續活動。又 Secession 之特殊發展於北歐，與古來之傳統的藝術，

Fig 28. 工藝博物館（1910年）

Fig 29. 大學圖書館（Wagner 作）

Fig 30. Ville Stoklet, Brussel.

Fig 31. 巴黎博覽會之 大利館

Fig 32. [illegible]紀念塔（1907-1908 年）Olbrich 氏作

图4-48　胡德元《近代建筑样式》b
（来源：胡德元．近代建筑样式．勷勤大学季刊，1935年第1卷第1期：106-126）

主义建筑的领军人物格罗皮乌斯和柯布西耶及其作品，这对帮助学生理解当时正在欧洲兴起的现代主义建筑运动的前因后果，具有重要的价值。这也是中国比较早地系统介绍西方建筑发展历程的一篇由中国人自己撰写整理的学术论文。文章的内容是胡德元自编的建筑史课程教材《建筑史学讲义》的重要组成部分。

2. 胡德元《建筑之三位》

1953年勷勤大学工学院建筑工程学系在中山图书馆举办建筑设计图案展览会，胡德元为此在《广东省立勷勤大学工学院特刊》发表文章《建筑之三位》，认为现代建筑应包含三要素：用途、材料和艺术思想，并对形式主义作出批判："在廿世纪之今日，当建筑设计，离开用途与材料，而专注重其形式与样式，此实为不揣本而齐其末之事也"[71]。胡德元的文章从建筑的细节上分析了现代主义建筑的特点。

3. 过元熙《新中国建筑及工作》

1936年1月11日的《勷大旬刊》登出过元熙在"总理纪念周"所作的演讲讲稿《新中国建筑及工作》，从物质影响和精神影响两个方面来阐述建筑的科学性要求，并指出"现代欧美的新式建筑，亦并非为时髦'摩登'外表形式的新奇寡怪，盖实以应付今世科学时代的新环境，随着社会组织经济的变化，而是满足现代人生的需要。"强调"摩登"建筑的科学性和环境的适应性。过元熙还批评当下流行的"新中国式"的建筑，"无非下半身是抄用西洋体式，头上是戴一顶宫殿金帽。学校也、政

府公署也、商店也、住宅也、车房医院也无不若斯。结果是该建筑物一无识别，而又不合现代经济营造的原理，极可痛惜。”为了创造出中国真正需要的新建筑，过元熙提出可以从四个方面来做工作：“①要大家同胞的醒悟，无论建造何种大小房屋，必须聘请优良的专门人才来设计及规划。如此则必能经济适用，坚固美观，而且满意。②要建筑界合作，提倡建筑事业，求其进步。为社会民生谋幸福，而减去其为金钱营业私利的工具。③要市政府及政府当局，于计划公共建设及建筑时期，多聘才深学渊的专门人才来服务计划，使能适合于社会国家的新环境，而有卓著成绩的贡献。④要栽培训练一班青年的专门人才。勷大工学院建筑工程系的目的，亦就如此。[72]”过元熙的演讲，从科学的角度，指出提倡新中国建筑及工作的责任重大。

4. 过元熙《平民化新中国建筑》

1937年2月，过元熙在《勷勤大学季刊》上发表《平民化新中国建筑》一文，提出从城市到乡村，应当全面推广从功能合于实用出发，适应各地气候和经济环境，采用新材料、新技术，科学、卫生并且造价经济的新中国建筑（图4-49）。

过元熙开篇就针砭当时中国城市中的建筑现状，言辞犀利：“所见之新式建筑，大都剽窃西洋陈腐之外表，以为时髦，耗费诸多，以为富丽，造成不少建筑之遗孽，为社会贫匮破产之种子”。还有所谓的新中国建筑，“头戴不合现代经济原理而又并非适用之宫殿帽顶。下段仍是西洋格局，其光线之暗，建造费之锯，与现代科学发明，社会贫困环境，均不相应！”[73]反观西方的现代化建筑，不仅造价经济，而且诸如空调、冰箱、自来水卫生洗厕等现代化设施齐备，并且“现代之工厂学校、民众经济住宅、市区交通新村，均有专家之设计，大规模之实施”。过元熙深感中国有学习的必要。

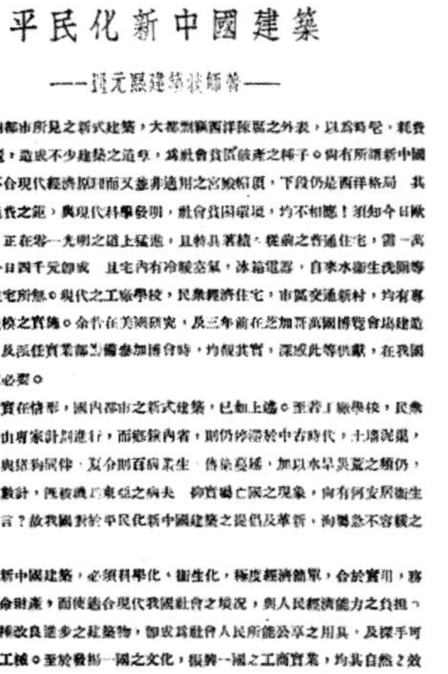

过元熙提出要走“平民化新中国建筑”的道路，这种建筑必须是“科学化、卫生化，极度经济简单，合于实用，务期能保护人类生命财产，而使适合现代我国社会之境况，与人民经济能力之负担”。过元熙还引用孙中山的《建国方略》之实业计划中提到的“发展居室计划”就是要为普罗大众预备廉价居室。为此发展“居室工业”，进而解决人生衣食住行等各方面的需要，这也是建筑师的责任。

平民化新中國建築

图4-49　过元熙《平民化新中国建筑》（来源：过元熙．平民化新中国建筑[J]．广东省立勷勤大学季刊，1937年2月，第1卷第3期：158–160）

过元熙认为“平民化新中国建筑”可以从五个方面同时开展，缺一不可：

1）经营建筑材料制造工厂

这不是一般意义上的生产普通建筑材料，而是由建筑专家、化学家、工程师合作进行研究，研究的是如何将以“国内各地之土产建筑材料”为原料，进而“制造新建筑材料，使价廉物美，可以国产代替洋货，而适应国民经济之能力”。发展能够就地取材的地方建筑新材料，是实现实用节约新建筑的第一步。

2）发明营造新法

建筑专家和工程师要应用国产的建筑材料，发明采取新的结构和构造技术，利用能够减少工期的机械设备，来进行新建筑的建设。

3）适合各地气候环境生活

各地的民生经济环境、气候环境不同，“故建筑必需适合该地民生环境之要求，以适当之办法随地解决”。

4）改良建筑营业规则

建筑学是一门专门的学科，所以无论大小建筑，必须聘请专门的建筑师设计。“建筑师、工程师、包工之责任，应各相分划，各能合作”。另外还要给予建筑师以合理的专业报酬，否则造成建筑师敷衍设计，受影响最大的还是建筑物本身和业主的利益。

5）平民化新中国建筑之团体运动

“平民化新中国建筑”的运动，从政府到民众都要发动起来，每座城市甚至每个乡村，都应设立一个由专门人才负责的计划实施机关，积极推进该项工作。这一机构不是以盈利为目的，而是“以公益责任为前提，则成绩定可卓著也。”

过元熙本着建筑师的良知和责任，认为适应国情和各地环境条件的“平民化新中国建筑”是改变当时中国建筑事业的腐败状况，根本改良为民造福的工作。

5. 林克明《国际新建筑会议十周年纪念感言》

1938年5月20，林克明在学生郑祖良、黎伦杰创办刊物《新建筑》第七期战时刊上撰文《国际新建筑会议十周年纪念感言》[74]。文章回顾了欧洲新建筑运动的起源和发展，以及1928年国际新建筑会议的经过及其宣言，总结了第一次国际新建筑会议后欧洲新建筑的成就。文章还发出呼吁，“盼望我们从事于新建筑运动的同志们和政府当局对于新建筑在国际的情况，更能获得一个比较正确的认识”。林克明对近十年来中国新建筑的发展滞后表示了忧虑，认为中国的建筑师“只知迎合当事人的心理，政府当局的心理，相因成习，改进殊少，提倡新建筑运动的人寥寥无几，所以新建筑的曙光，自国际新建筑会议后已成一日千里，几遍于全世界，而我国仍无相继响应，以致国际新建筑的趋势适应于近代工商业所需的建筑方式，亦无几人过问，其影响于学术前途实在是很重大的。”林克明还对中央政府近几年极力提倡“中国固有形式”风格建筑的理由进行了批评，认为这些理由（a.所以发扬光大本国固有之文化；b.颜色之配用最为悦目；c.光线空气最为充足；d.具有伸缩之作用利于分期建造），“稍加思度已知其无一合理者，且离开社会计划与经济计划甚远，适足以做成‘时代之落伍者’而已”。林克明在文章中还预见举国民众同仇敌忾，抗日战争的胜利指日可待，“战后创痛之余，经济社会当必有一番变化，工业艺术亦同时改进则对于建筑亦必有一番新景象”，期望青年建筑师们“以十二分的热诚爱护适合时代需要底机能性的目的性的新建筑，努力前进，领导社会人士，务使中国的新建筑提高到国际建筑的水平线上，共同信念1928年的国际新建筑会议的宣言，则我国学术定有着很光明的前途！”

林克明在1938年的这篇文章应该是国内第一篇介绍国际新建筑会议（CIAM）的文章，通过对CIAM十周年的回顾，介绍了西方进步的现代主义建筑思想的发展，同时显示了其对“中国固有形式”建筑风格的反思，由一个“中国固有形式”建筑风格的践行者转变为坚定的现代主义建筑思想的倡导者。

（二）教授演讲

勷勤大学工学院每年的总理纪念周，一定有由各系教授主讲的演讲报告。每个教授在什么时间什么地点讲授，都事先统一制定好排序表。1935年工学院建筑工程学系的林克明、过元熙、胡德元三位教授就分别安排在1935年10月7日下午一点、1935年11月18日下午一点和1935年12月9日下午一点于工学院的礼堂进行演讲[75]。林克明的演讲题目为《白蚁与建筑工程之关系》，由建筑系四年级学生梁耀相、关伟亮、余寿祺、吴耿光进行了演讲的速记练习[76]；过元熙的演讲题目为《新中国建筑及工作》。除了课堂时间的上课，各教授对全院学生做的这些演讲，也是一种普及建筑知识，吸引学生学习的教学手段。

（三）积极主动地对外学术交流

1. 935年“建筑设计图案展览会”

勷勤大学建筑工程学系成立后，随着教学的逐步开展，取得了一定的教学成果。为了向社会展示这个华南新兴的建筑教育成绩，创始人林克明教授积极组织了一次面向社会公众的对外展览。

1935年3月，在林克明的主持下，“为使社会上人士明瞭及提倡房屋建筑之革新意见”和“鼓励同学之努力，及引起社会人士对于新建筑事业之注视”，在广州文德路市立中山图书馆举办了勷勤大学建筑工程学系“建筑图案展览会”，展出第1、2、3届各级学生平时设计建筑图案（设计方案作业）300多张优秀作品和学术论文（勷勤大学建筑工程学系教师林克明、胡德元，学生黎伦杰、郑祖良、裘同怡、杨蔚然等在展览会上发表论文[77]）。这种展览在当时是首次举办，获得社会各界的好评，南京中央大学建筑系学生也专程前来参观[78]。为此还专门刊发了《广东省立勷勤大学工学院特刊》，林克明撰写了特刊发刊词《此次展览的意义》，“建筑事业是文明社会的冠冕：其效用不仅为繁盛都市表面上的壮观，而尤足以为一国的国民精神上一种有力的表现”[79]。并拟每年举行一次此种展览，“扩大其规模，充实其内容，除展览各生设计图案外，另作若干座房屋模型，及新建筑材料等，以供参观”[80]。但1936年后因为陈济棠下野，勷勤大学校长林云陔去职等政治的缘由，教学经费陡然紧张，建筑工程学系没能继续这一展览。不过这次展览也已经达到预期效果，并激发起师生不定期总结教学成果举办展览的学术热情。

2. 访问考察

由于勷勤大学工学院建筑工程学系的胡德元教授是东京工业大学毕业的留学生，因此在日本有很多关系。1935年暑假，在获得日本领事馆批准并得到庚子赔款开支项目每人500日元的补助旅费后，林克明和胡德元携带夫人共同前往日本考察。从香港乘坐4万吨级的日本邮船“蝶扶丸”号，经上海直达日本神户入境，逗留两天后再由神户至大阪、东京以及横滨。沿途为节省开支尽量选择在留日学生宿舍附近的日式民居居住，也因此而充分领略了日本人的家庭生活。在作为日本主要工业城市的大阪，林克明和胡德元参观了许多中小型的私人工厂，体会到日本工业的高效益和先进性。东京是此次考察的重点城市。东京车站的井然有序、公共服务设施的快速高效和便利、服务人员的礼貌周到、生活居住环境的卫生都给林克明留下深刻的印象。他们在东京分门别类参观了许多建筑项目，还得到日本当局的特别照顾参观了一些如横须贺港口、制造飞机及战舰的军备设施等，以宣传其军事实力。在参观完当时非常出名的由美国第一代现代主义建筑大师赖特设计的帝国大酒店后，林克明却觉得除了建筑风格比较独特外，这座为大家所关注的建筑其实并没有多少值得称道的地方。林克明一行还对胡德元留学的日本东京工业大学进行了考察。林克明在东京的书市街购买了不少有用的书籍，并对日本能够快速翻译世界最新书籍为日文出版表示赞赏。林克明对日本总体印象是安静、卫生、有秩序、治安好。从日本回国，林克明并没有直接回广州，而是在上海转乘火车赴北平参观古建筑[81]。林克明自觉这次暑假考察之旅非常圆满。在林克明的回忆录《世纪回顾》中，对这段日本考察的忆述非常详细，但对东京工业大学的参观却只一笔带过，因此我们无从得知对其对东京工业大学建筑教育的感受，以及有没有对勷勤大学工学院建筑工程学系的教学产生影响，但林克明却特别提到回国后前往北平参观国立北平图书馆（图4-50）和燕京大学等中国古建筑，得到了许多教益也增添了许多古建筑的设计思想。这大概与他设计的国立中山大学一系列

图4-50 国立北平图书馆

（来源：国立北平图书新馆. 人民网（文化）：http://culture.people.com.cn）

“中国固有形式”的校园建筑在1935年刚刚建成，以及在该年以“中国固有形式”的建筑设计获得广东省府合署竞标第一名有很大关系。

四、建筑工程实践——“中国固有形式”与“现代主义”并行

勷勤大学工学院建筑工程学系，主要的几个教师如林克明、胡德元、过元熙、谭天宋、陈逢荣、李卓等都是在广州市注册登记的执业建筑工程师或是建筑工业技师，几乎都在校外同时有自己的个人事务所，具有丰富的工程实践经验，这极大地强化了勷勤大学工学院建筑工程学系重视工程实践的教学特点。

这一时期建筑工程学系教师的工程实践并不是采取“一边倒”的某种建筑风格，即使是同一个人，其建筑创作手法也非固定，而是多种风格的并存，是“中国固有形式”与“现代主义”并行的建筑实践，这从系主任林克明教授在1933-1938年间的建筑工程实践上体现得尤为明显。

（一）国立中山大学石牌校区校园建筑设计

1924年孙中山创立的国立广东大学，1925年孙中山去世后为纪念他国民政府下令将学校改名为国立中山大学。国立中山大学原校址是在广州市内文明路广东高等师范学校，后经孙中山先生亲自选定石牌五山地区为新校址，西南政务委员会筹备巨资，由时任校长邹鲁负责新校的建设。

1931年由杨锡宗建筑师（曾经获得1925年南京中山陵设计三等奖和1926年中山纪念堂设计二等奖）负责国立中山大学石牌校区的总体规划和第一期的工程设计（图4-51）。由于是“国父”亲自创办的学校，加之在当时追求民族独立和自强的政

治大背景条件下，为继承和发扬中国传统建筑文化，因此校方对学校的公共建筑和文化建筑有强烈的官方正统需要，“指定采用民族形式设计”[82]，也即在中国建筑史上常说的“中国固有形式”的建筑风格：平面组织以满足新的功能需求为主，将中国传统官式建筑的形象和构件以及装饰符号结合现代结构和材料技术运用到新建筑形象创作上。

1933年国立中山大学石牌校区的第二期工程交由林克明负责。林克明为此专门辞去工务局的工作开设个人建筑师事务所。林克明设计了理学院生物地理地质系教室（图4-52）、化学工程系教室（图4-53）、数学天文地理系教室、农学院农林化学馆（图4-54）及工场、法学院（图4-55）、四座学生宿舍及其他膳堂等工程[83]。为了不破坏校园整体建筑风貌，工程的设计指导思想、平面布局均按照校方要求进行。林克明采用了较为丰富但也非常严谨的传统官式建筑式样，其“中国固有形式手法”甚至比同样也设计了许多其他国立中山大学校舍建筑的杨锡宗还要纯粹。林克明在设计中还对原来较为繁琐的传统官式建筑风格也做了适当的简化和调整改进，如法学院教学楼、理学院四座教学楼和农学院两座教学楼都采用了简化仿木结构形式，取消了檐下斗栱而代

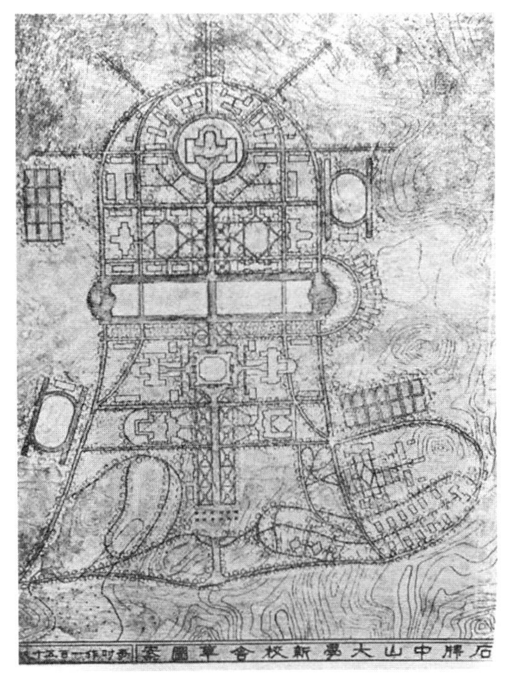

图4-51　国立中山大学石牌校园规划图
（来源：易汉文. 钟灵毓秀国立中山大学石牌校园[M]. 第1版.广州：中山大学出版社，2004，3：5）

图4-52　国立中山大学理学院
（来源：易汉文. 钟灵毓秀国立中山大学石牌校园[M]. 第1版广州：中山大学出版社，2004，3：38）

图4-53　国立中山大学化学工程系馆
（来源：易汉文主编. 钟灵毓秀国立中山大学石牌校园[M]. 第1版广州：中山大学出版社，2004，3：69）

图4-54　国立中山大学农林化学馆
（来源：易汉文主编. 钟灵毓秀国立中山大学石牌校园[M]. 第1版广州：中山大学出版社，2004，3：47）

图4-55　国立中山大学法学院
（来源：易汉文主编. 钟灵毓秀国立中山大学石牌校园[M]. 第1版广州：中山大学出版社，2004，3：31）

之用简洁的仿木挑檐构件[84]，既节省了材料又加快了施工进度，建筑形象既稳重恢宏又简洁大方。

勷勤大学工学院建筑工程学系的另一位教授胡德元也为国立中山大学设计了几座小型建筑，包括具有简洁现代主义风格特点的电话所（今华南理工大学材料楼）、工学院强电流实验室（今华南理工大学第11号楼）以及法学院前具有中国传统官式建筑特点、仿天坛基座的日晷台（图4-56）等建筑物。

（二）勷勤大学石榴岗校区规划与建筑设计

勷勤大学成立之初，各学院散处广州市内各地，不易管理，且建筑陈旧、狭窄，不适应学校的长期使用和发展。随着勷勤大学工学院迅速扩展，教室、厂房不敷应用，有建筑新校舍的需要。工学院曾经在增埗校区隔河对面择定一个地方作为兴建新校舍地点，当时已购好部分材料准备兴工建筑，后因当地农民怕在此兴建校舍会占用大片土地，群起反对，学校遂将原议取消[85]。勷勤大学筹备委员会也曾于1932年筹办勷勤大学时，根据计划纲要，原定芳村东西塱坑口为建筑校址，后因该地点离市太远，将来聘请教员及筹办进行多有不便，遂决定东西塱等地段至白鹤洞一带改为农村试验区，而校址则改择定南海县属之蟠龙岗、螺岗、石壁等处[86]，由陈荣枝（留学美国，广州爱群大厦设计者）进行了古典主义风格的新校园规划与建筑

图4-56　国立中山大学日晷台
（来源：林亦旻，何道岚. 沧桑青铜日晷藏身华工校内[N]. 广州日报，2012年10月17日：A18都市. 同声同气版）

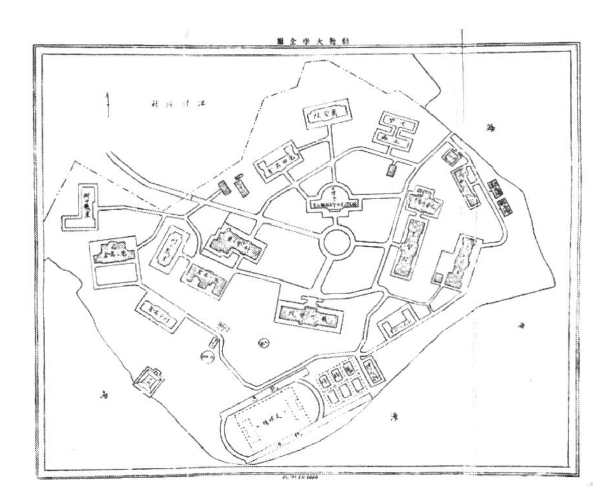

图4-57　勷勤大学石榴岗校区总平面图
（来源：广东省勷勤大学概览，1937年）

设计[87]。1933年4月间，并已将各项工程招商投标，订立了建筑合约，但也是因为蟠龙岗地方多属民田，收用不便，于是趁着还未开工兴建，决定另觅新址。1934年7月，勷勤大学正式成立，经省主席、勷勤大学校长林云陔及市长刘纪文组织教授专家等选址人员深入勘查，选定当时属番禺县境的石榴岗为新校址。该址倚山环水，地域开阔，对岸和附近都是果园，果林葱翠，风景优美，适合学子潜修。因为重新选择了校址，所以新校区的规划布局和建筑设计也与原来不同，主要由建筑工程学系系主任林克明教授负责（图4-57）。校园布局与山形地势相结合，建筑“均以实用经济为原则，故不取华丽之装饰，只求工料之坚实及适合应用”[88]，呈现鲜明简洁的现代主义建筑风格（图4-58）。

林克明完成的勷勤大学石榴岗校区的规划与校舍建筑设计，与他几乎同时在1933年创作完成的国立中山大学石牌新校址的校舍建筑截然不同，看似矛盾的建筑创作方法其实也集中体现了林克明“务实”和基于环境整体观的建筑设计创作理念。

在勷勤大学校舍建筑的设计上，林克明除了建筑单体的平面和立面构图上还保持严谨的中轴对称外，在造型上没有任何多余的装饰，采用了国际式的“摩登”

图4-58　勷勤大学石榴岗校区全景
（来源：广东省勷勤大学概览，1937年）

图4-59　广东省立工专校刊插图
（来源：扉页插图. 广东省立工专校刊，1933年7月）

工学院

教育学院

学生宿舍

图4-60　勷勤大学石榴岗校区校园建筑
（来源：广东省勷勤大学概览，1937年）

（modern，即现代主义）建筑风格。究其缘由，一方面，作为一所全新的地方性省立大学，在财政预算不是非常充分而建设任务又极其紧张的情况下，简洁的“摩登”建筑形式自然是一种不错的选择；另一方面，为响应陈济棠建设现代化新广东的需求，与国际接轨的“摩登”建筑形式代表了最新的世界建筑发展潮流，代表新生活的方向。1933年7月出版的广东省立工专校刊还专门选登出四幅鲜明现代主义风格的建筑画和建筑实例照片，显示出校方对现代主义新思想的认可和推崇（图4-59）。林克明先生在建筑工程学系的学生刊物《新建筑》上也撰文介绍“摩登”建筑，当然乐于在实际工程设计中尝试。勷勤大学规划方案由严谨古典中轴对称式的布局到结合地形自由布局的转变，以及“摩登”校舍建筑的最终建成也体现了陈济棠时代下的广东省政府对“摩登”建筑风格的支持（图4-60）。而其后，林克明的大部分建筑实践作品，除有强烈中央官方色彩的国立中山大学的教育建筑以及广东省府合署中标方案设计还仍旧为纯粹的“中国固有形式”外，其余均转向“摩登”建筑风格，这也显示出广州市的社会民众对新事物的开放和包容，紧跟时代潮流。

勷勤大学石榴岗新校园总面积在1平方公里以上，校舍建筑面积约2.5公顷（约22万多平方尺）。三所学院的楼房在校园中鼎足而立，与中心的校本部大楼相呼应，一条公路从广州直通至校本部大楼前。整个建筑工程计划分三期进行，第一期工程项目主要是教育学院和工学院教学楼及其附属的实验楼、工场及宿舍，以及平整土地与铺筑公路等；第二期工程项目主要是商学院教学大楼与宿舍、教育学院附中教室与宿舍、工学院各专业工厂和全校体育设施等；第三期工程项目主要是校本部大楼、教职员宿舍、医院、体育设施和附小教室等。第一期工程于1934年底分包给承包商并于是年底陆续开工，至1936年夏，除材料试验室（已打椿）、化学工厂、机工系实验室、机工系锻工场、勘工场等工程因款项不足未施工者外，其余各项目均已完工，接应上教育学院和工学院计划9月迁入开学的要求。三期工程量以第一期工程为最多，占了总工程量的一半，但是到一期工程完工时，工程费用已出现超支现象，而且工程预算收支计划与工程费用实际收支计划有很大出入[89]。1936年9月开始，勷勤大学在光孝路的大学校本部、在越秀书院街的勷勤大学教育学院和在西村增步的工学院先后迁到广州番禺县（今海珠区）石榴岗新校址，10月5日在新校址开课[90]。

勷勤大学新校舍的“摩登”式样，在当时来看无疑是最为新潮和时尚的建筑风格，对工学院建筑工程学系的学子们也产生了潜移默化的影响，激发了学生们研究现代主义建筑的学术激情。

（三）其他建筑实践

林克明在1933-1937年间还完成了一系列的住宅设计（图4-61），包括为他的堂哥林直勉（早期国民革命时期的革命家，孙中山的支持者）设计的住宅，为留法同学、勷勤大学工学院院长卢德设计的住宅，以及为在越秀北路及农林下路为自己设计的两栋住宅，还有为蒋光鼐、刘纪文等广东政要设计的个人住宅。这些住宅都是采用简洁的“摩登”建筑风格。另外林克明还在1934年左右设计了五座戏院建筑[91]，这类对建筑功能和交通

图4-61　林克明设计的住宅
（来源：中国著名建筑师林克明[M]. 第1版. 北京：北京科学普及出版社. 1991，9：93）

图4-62　林克明设计的广州大德戏院
（来源：中国著名建筑师林克明[M]. 第1版北京：北京科学普及出版社. 1991，9：90）

流线安排要求较高的建筑也都无一例外的采用了现代主义的建筑风格（图4-62）。

林克明这一时期“中国固有形式”与“摩登”建筑并行的建筑创作手法，其实是林克明经过深思熟虑后的选择，可以看到林克明务实的创作态度以及他一贯坚持的重视环境整体性的创作理念：“**建筑创新要面对事实，要同环境协调，重视群体观念**”[92]。在实际工程实践运用时，对政府公共建筑建筑倾向于采用“中国固有形式”的创作手法以满足官方对正统和严肃的形象需求以及与整体建筑风貌的协调，而对于民用建筑则更倾向于采用“摩登”建筑设计以满足大众追赶潮流的心态及展示设计师真正的自我追求。

第三节　国立中山大学建筑工程学系——抗战时期（1938-1945）

一、社会背景与历史沿革

图4-63　国立中山大学校训石
（来源：易汉文. 钟灵毓秀国立中山大学石牌校园[M]. 广州：中山大学出版社，2004，3：104）

国立中山大学原名国立广东大学，由孙中山于1924年亲手创办，并亲笔题写了“博学、审问、慎思、明辨、笃行”，成为国立广东大学及改名后的国立中山大学校训（图4-63）。国立广东大学是华南第一所由国人自己创办的多科性最高学府[93]。1925年孙中山逝世后，为纪念他的历史功绩，1926年8月国民政府下令将国立广东大学改名为国立中山大学（图4-64）。国立中山大学一直设有土木工程系，但也只是设在理工学院中。1932年8月，国立中山大学重组工学院筹备委员会，议决进行办法，“第一步谋既设学系内容之充实。第二步谋未设学系之添增。现在既设学系中，土木工程之科目，向以桥梁、铁路、道路、筑港为多，为适应现在需求计，对于建筑房屋之科目亦应兼施并重，至相当时期，另开一建筑学系，使土木建筑两系并立。[94]”也就是这次犹豫，使得林克明1932年在广东省立工专成立的建筑工程班占了先机，成为岭南地区建筑学科教育的先行者。1934年7月5日，国立中山大学工学院正式成立，由教务长萧冠英兼工学院院长。同时将理工学院的土木工程、化学工程两系及所属学生划入工学院，另设机械工程系、电气工程系共4个学系，原来的理工学院改称理学院[95]。同年9月，国立中山大学石牌新校第一期工程完成，农、工、法、三个学院迁入新校址办公与教学。

图4-64　国立中山大学校徽
（来源：易汉文. 中山大学编年史（1924–2004）[M]. 广州：中山大学出版社，2005，9）

1938年7月，由于日寇加紧南下，轰炸广州，勷勤大学被南京政府裁撤，经国立中山大学校长邹鲁和工学院院长肖冠英同意，勷勤大学工学院整体并入国立中山大学，胡德元继续任建筑工程学系教授兼系主任（原系主任林克明去职到越南避乱）。同年11月，国立中山大学奉命迁往云南省澄（瀓）江县，并于1939年3月1日在澄（瀓）江县复课（图4-65）。

1940年许崇清代理校长之职，因应以韶关为临时省会的广东当局和社会各界要求，8月至秋季，国立中山大学由澄（瀓）江县迁回粤北，校本部位于坪石镇，工学院位于坪石西南的三星坪和新村。1941年1月胡德元因家母病重正式辞职，虞炳烈接任建筑工程学系系主任。各学院建筑多由虞炳烈教授主持设计[96]。1941年9月虞炳烈迁居桂林，卫梓松接任建筑工程学系主任。

1944年秋，日军为了打通粤汉线大举进攻粤北，坪石告急。1945年1月16日，坪石因陷日军包围，国立中山大学紧急疏散，工学院迁往兴宁东坝朱屋及三江镇。3月开始陆续复课。3月20日，因病困留坪石的卫梓松教授，宁死不屈，服用大量安眠药自杀殉难[97]。迁往兴宁的工学院建筑工程学系由符罗飞暂代系主任一职。

1945年8月15日，日本政府宣布无条件投降，分散在各地的中大师生辗转迁

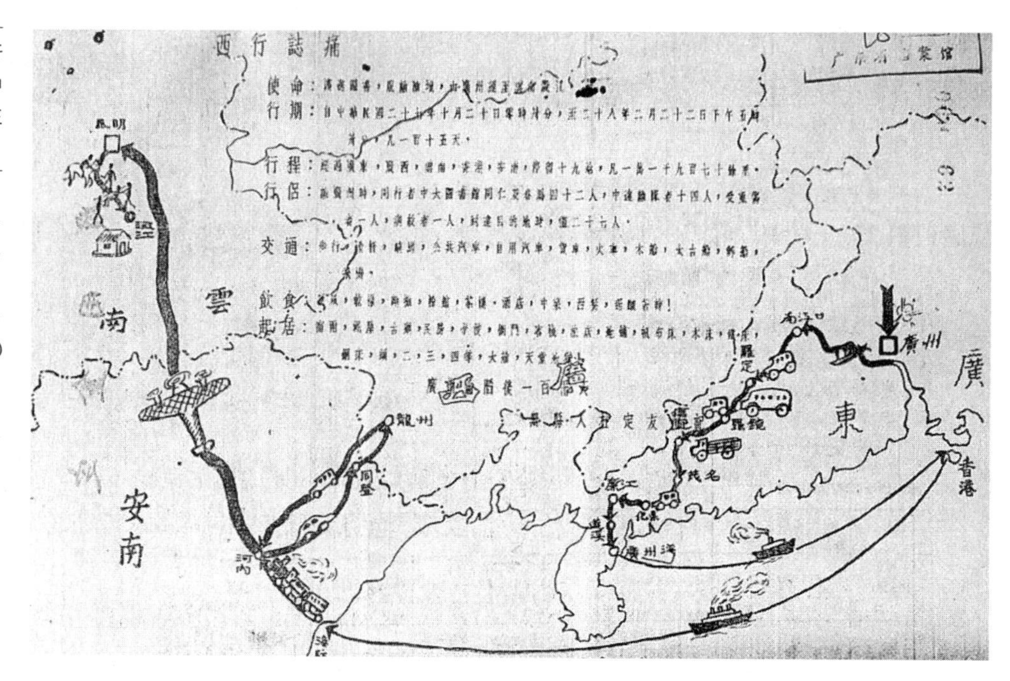

图4-65　西行诘痛——国立中山大学图书馆主任杜定友绘制

（来源：陈汝筑，易汉文．巍巍中山——中山大学校史图集[M]．广州：中山大学出版社，2004，9）

徙，于10月陆续从粤东、连县、仁化等地返回广州校本部，研究院、文、法、理、工、农各学院及天文台在石牌原校址复员办学。

二、教学体系

（一）教学思想——快速培养战时全面建设人才

1938年胡德元教授率领勷勤工学院建筑工程学系全体师生，整体并入开始颠沛流离的国立中山大学。在教学思想上仍然继续坚持原来的培养全面建设人才的方向，但也因为在战时，更多了一些培养快速建筑技能和提高社会大众建筑素质的考量。

（二）动荡变化的教学计划

1938年并入国立中山大学的原勷勤大学工学院建筑工程学系，因为师资没有太大的改变，所以在云南澄江初期基本上还是延续原来的教学计划课程，而且因为新增加了黄玉瑜、胡兆辉、黄宝勋等教师，还开出了中国建筑、近代建筑、中国营造学等新的课程（表4-9），另外因聘入毕业于德国柏林大学美术学院的丁纪凌，在美术类课程上新增了雕塑课程。

勷勤大学（1935年）与国立中山大学（1938年、1939年）建筑工程学系课程设置比较　表4-9

课程类别	勷勤大学建筑工程学系（1935年）	国立中山大学建筑工程学系（1938年、1939年）
建筑史学课程	外国建筑学史、中国建筑史	外国建筑史、中国建筑史、中国建筑、近代建筑、中国营造学
专业基础课程	数学、物理、化学、画法几何、阴影学、透视学、测量	透视学、阴影学、投影几何
美术课程	图案画、自在画、模型、水彩画	建筑美术、雕刻、水彩画、徒手画、模型设计
建筑设备课程	应用物理、渠道学概要	建筑设备
构造课程	建筑构造、建筑材料及试验、钢铁构造、钢筋混凝土构造	建筑构造学、钢筋混凝土构造、钢铁构造、构造学演习
材料结构课程	钢筋混凝土原理、力学及材料强弱、地基学	钢筋混凝土理论、材料强弱学
建筑设计课程	建筑学原理、建筑图案、建筑图案设计、内部装饰、防空建筑（选修）	房屋建筑学、工场建筑、建筑图案设计、建筑计划、建筑计划特论、室内装饰
规划庭园课程	都市计划	都市计划
建筑师业务课程	施工及估价、建筑管理法、建筑师业务概要	建筑施工法、建筑估价

资料来源：1. 彭长歆. 岭南建筑的近代化历程研究. 华南理工大学博士论文. 2004年12月：351；2. 国立中山大学教员一览（二十七年度）. 广东省档案馆；3. 国立中山大学工学院二十八年度职教员录. 广东省档案馆。

但是1940年由于国立中山大学的再度迁徙，迁回粤北韶关地区的坪石，建筑工程学系的许多教师在这一时期离开，因为战乱，想要聘任的教师基本又都无法到位，刚刚迁到粤北坪石建筑工程学系进入了一个艰难时期，不得不取消了许多课程。这种情况直到1942年后才逐渐好转。在卫梓松接任系主任后，随着黄培芬、钱乃仁、刘新科、符罗飞等人就聘，建筑工程学系原先取消的许多课程又得到了恢复。

（三）教材匮乏——抄书、描书蔚然成风

由于辗转迁徙，国立中山大学建筑工程学系的图书资料损失严重，学生们也不可能获得系统的教材，只能是上课听老师讲授，记笔记。教师们千辛万苦保存下来的个人图书资料就显得弥足珍贵。即使是在这样艰苦的条件下，教师们仍旧努力的利用手头剩有的专业资料，来编撰适用学生需要的教材讲义。

胡德元教授还亲自编写了一本《房屋建筑》讲义（图4-66）。该书应该是在其1935年兼职国立中山大学土木工程学系讲师，讲授房屋建筑学课程及设计时所编

國立中山大學　　房屋建築　　1

房屋建築

Architectural Building Construction

胡德元編

第一章　概論

第一節　建築構造之發達

建築物在發達之初期，單為遮蔽風雨已足，故極簡單，而構造亦幼稚，多以圓木組合小屋，或掘土作穴，佯結束營巢之類，寡其入口而已。人類智識漸進，其簡單之構造，不能長此滿足。故求實用的滿足之外，更加美的方面之要求，因之乃生美術的建築，其構造進步亦於實用上，更加以裝飾之意味。

建築多由宗教的精神，民族的思想，及戰勝之紀念，或政治之手段，舉其民族以從事而發達者也。故每時代之工業的技術，多於建築構造上表現之，反而言之，即觀其建築，審其構造，得可知其時代文化之程度也。茲溯古代文化之以至現代，就其建築構造進之狀態，節略言之。

（1）埃及之建築

埃及（Egypt）在西曆紀年前二千年以前，文化早已發達，如 Nile 河畔有幾多之金字塔（Pyramid），與不可思議之人首獅身的怪物（Sphinx），此外尚有殿堂（Temple）之遺跡，其裝飾於壁面間有彫刻之彫刻，濃厚之着色，所謂埃及之形式，迄今尚有遺跡可見，因其時代之建築，多為木造，又嫌其由推察上，雖亦有使用之說，然其構造之方法，尚不詳知，惟金字塔（Pyramid）均以切石重積而建築成，其中有長二十尺幅六尺之大石塊，從遠方經水陸運輸而來者，又從其塔之入口通至王室中概均為石壁砌，由其磨琢光滑如鏡之樣觀之，可知當時技術之程度也。

埃及今日所存建築物之遺跡，其重要者為殿堂（temple）耳。殿堂壁厚，窗少，用日乾煉磚砌築，其外面則以石鋪砌中間以粘土，因之壁為極度之厚，又因窗少

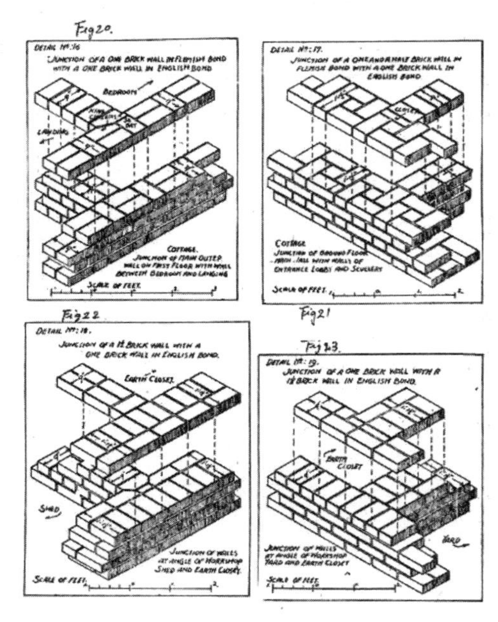

图4-66 《房屋建筑》讲义-胡德元编

（来源：胡德元．房屋建筑讲义，约1935年）

著，1936年《新建筑》创刊号曾登出售书广告。他结合在勷勤大学建筑工程学系所编写的《建筑史学讲义》的相关内容，以人类建筑的发展历史为开篇，从建筑构造的角度细述了房屋建筑的各个组成要素和特点，图片资料非常翔实，印刷质量也非常清晰，也充分体现了胡德元教授的认真和严谨，及其对岭南建筑教育事业的满腔热情。该书后来由上海群众杂志公司联合出版社出版[98]。

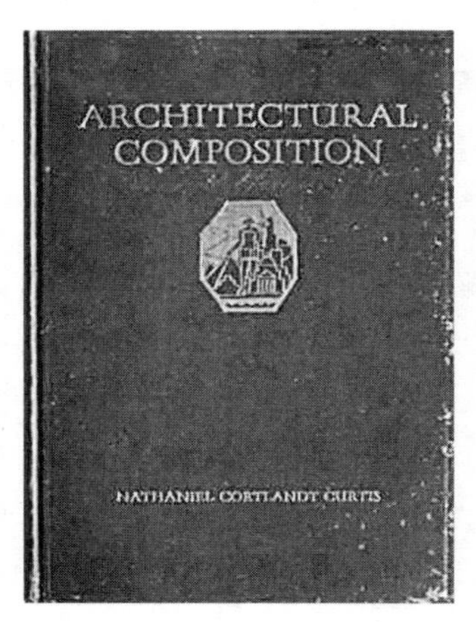

图4-67 《Architectural Composition》

（来源：彭长歆，庄少庞．华南理工大学建筑学科大事记（1932-2012）[M].第1版．广州：华南理工大学出版社，2012，11：71）

1942年应聘到国立中山大学建筑工程学系的黄培芬副教授曾是香港的执业建筑师，他主要负责一年级的建筑启蒙教学。据蔡德道忆述，黄培芬完全是按照香港所执行的英国关于建筑师事务所的从业人员必须具备的基本条件来训练。由于抗日战争时期教材的缺乏，当时学生描书、抄书比较多。黄培芬带来两本书作为教材，《Planning》和《Architectural Composition》（图4-67），这两本书成为学生们抄写的对象。这些建筑专业书籍的图片较多，也正是通过对这些书的仔细临摹抄写，学生们才会真正细致地了解世界著名建筑。

（四）教学方法——走出校门与社会相结合

国立中山大学建筑工程学系虽然是在战乱中并入，而且颠沛流离的教学环境对教学效果也自然带来很大的影响，但从勷勤大学工学院延续下来的重视走出校门，到社会调查研究，重视实习、实践，与社会需求相适应的教学特点仍然继承下来，并得到进一步发展。

国立中山大学建筑工程学系的美术教授符罗飞，在教学方法上就因人施教，不仅在课堂讲授美术写生课程，还安排室外风景写生、建筑景观写生并组织课外活动。符罗飞组织“创造社”，由学生自由参加，常到乡下写生和体验生活。符罗飞教学中不仅口授，还会展出自己创作的作品作为示范[99]，并亲自为学生示范修改图纸，言传身教，启发学生的思维。符罗飞针对理科生的特点，在美术教学中画风并不拘束，指定绘画对象，要求画出结构关系，但不一定要完全写实，表达方式也不限，“引导学生用几何形体来想象世界，有助于对事物的理解”[100]。

（五）战乱中流转变化的师资

1938年勷勤大学工学院建筑工程学系在胡德元教授的带领下整体并入国立中山大学工学院，立即随校迁到云南澄江县，此时建筑工程学系除原系主任林克明教授去了越南，黄玉瑜到达澄江约半年后离开，主要教师变动不大，还增加了新的教师。1939年10月国立中山大学澄江时期增聘吕少怀、黄宝勋、黄适为教授，丁纪凌为副教授，开出了新的课程。另外还增聘原勷勤大学毕业生黎伦杰（1939年5月到校，后因故1940年3月辞聘去四川）为助教，国立中山大学建筑工程学系1939届（第一届）毕业生杜汝俭留校任助教（后因故1940年8月辞聘），毕业生练道喜、吴翠莲等为技佐[101]。（表4-10）

国立中山大学建筑工程学系1938年、1939年主要教师及授课一览[102]　　表4-10

姓名	籍贯	学历	所授课目	到校／离校
胡德元	四川塾江	日本东京工业大学建筑科学士	房屋建筑、工场建筑、建筑图案设计、外国建筑史、建筑构造学	1938年9月/1941年
黄玉瑜	广东开平	美国麻省理工大学建筑系建筑学学士	建筑图案设计、建筑施工法、建筑计划、室内装饰、建筑估价、中国建筑	1938年9月/迁粤前
胡兆辉	安徽休宁	日本东京工业大学建筑科学士	近代建筑、建筑图案设计、建筑计划、建筑计划特论	1938年9月/迁粤前
刘英智	广东廉江	日本东京工业大学建筑科学士	建筑设备、透视学、建筑图案设计	1938年9月/

续表

姓名	籍贯	学历	所授课目	到校/离校
黄维敬	广东梅县	美国密西根大学土木工程硕士	钢筋混凝土构造、钢筋混凝土理论、材料强弱学、钢铁构造、构造学演习	1938年9月/不详
黄适	广东台山	美国奥海奥省立大学建筑科学士	建筑图案设计、阴影学、投影几何、建筑美术	1938年9月/
吕少怀	四川重庆	日本东京工业大学建筑科学士	建筑计划、施工及估价、图案设计	1939年10月/迁粤前
黄宝勋	湖北黄陂	天津工商学院工学士，巴黎E.T.P.工程师、建筑师	中国建筑史、中国营造学、外国建筑史、都市计划、建筑图案设计	1939年10月/迁粤前
丁纪凌	广东东莞	德国柏林大学美术学院毕业	雕刻、水彩画、徒手画、模型设计	1939年10月

注：教师所授课目1938-1939年度每学年均有变化，本表以第一次任职登记为限。
彭长歆整理表格。
资料来源：1. 国立中山大学教员一览（二十七年度）. 广东省档案馆；2. 国立中山大学工学院二十八年度职教员录. 广东省档案馆。

表中可以看到，在云南澄江时的国立中山大学建筑工程学系新增的教师中，毕业于日本东京工业大学建筑科的几乎占了一半，这应该与系主任胡德元教授同样也毕业于东京工业大学的留学经历有关。由于日本东京工业大学建筑科的培养目标也是全面型的建筑人才，他们的到来，更强化了教学上关于建筑技术和工程实践的课程。

1940年4月，国立中山大学校长邹鲁辞职，国民政府任命许崇清为代理校长[103]。许崇清因应以韶关为临时省会的广东当局和社会各界要求，认为国立中山大学还是应该回到广东，决定将学校迁回局势稍微缓和且日军尚未占领的粤北地区。8月至秋季，国立中山大学在许崇清代理校长主持下，从云南省澄江县迁回粤北坪石。工学院位于坪石西南的三星坪和新村。这次的迁徙对建筑工程学系的师资影响较大，人员变动频繁，教师流失严重，但好在新聘若干教师，又陆续留下一批优秀毕业生任助教，补充了部分教师队伍，使得建筑工程学系的教学得以艰难继续。

吕少怀（1941年2月正式请辞）由滇返川，黄宝勋也离开了建筑系，但又增聘了虞炳烈、金泽光等人。建筑工程学系系主任胡德元因家母病重于1940年11月请假回川，并于1941年1月向许崇清校长正式请辞获准，由从越南避难返回云南的虞炳烈接任建筑工程学系系主任。

虞炳烈早年留学法国里昂建筑学院，是林克明的校友，曾于1933-1937年在南京的中央大学建筑学系任教并从1934年开始担任三年的系主任。1940年春虞炳烈应聘在云南昆明澄江县的国立中山大学工学院建筑工程学系[104]。由于曾经担任南京国立中央大学建筑工程系系主任的经历，虞炳烈上任后积极进取，试图改善和加强建筑系的教学力量，为应付师资匮乏的局面，向许多当时有影响力的建筑工程领域的人物发出邀请，其中包括章翔（湖南人，1910年生，比利时皇家建筑学院毕业，曾任国立艺术专科学校建筑系主任和贵州某企业公司专员）、赵深（江苏无锡人，1898年生，美国宾夕法尼亚大学建筑系留学，与陈植、童寯合开华盖建筑师事务所）、过元熙、黄宝勋、龙庆忠（江西永新人，1903年生，日本东京工业大学毕业，时任重庆大学建筑工程系教授）、陈训烜（福建人，1902年生，巴黎公共工程大学毕业，时任交通部川滇公路管理处正工程师）、尚其煦（湖南长沙人，1902年生，国立北京美术专门学校毕业，法国国立里昂美术学校肄业、巴黎大学市政学院毕业，衡山忠烈祠设计者，南京中山陵设计者之一）[105]。但当时由于战乱的因素，所发出的邀请除章翔（1941年3月到校应聘教授，担任建筑图案设计及西洋建筑史等课教学）外，其他拟聘教授均因故辞聘。虞炳烈本人也在1941年9月向国立中山大学辞聘迁居桂林。

卫梓松（1909年由广州两广大学堂本科修学三年后甲班毕业，入北京大学学习土木工程）接任建筑工程学系系主任。为确保教学工作的开展，聘有教授钱乃仁（1942年8月函聘）、刘英智、符罗飞（1942年12月函聘）等四人（含卫梓松本人），副教授黄培芬（1942年8月函聘，约1949年上半年离校）一人。另外据蔡德道回忆，当时还有刘新科（香港注册建筑师）担任一年级的教学[106]。本校建筑工程学系毕业生则分别有1940届詹道光（1941年1月受聘1943年4月辞职）、1941届李煜麟（1941年8月受聘1942年2月辞职）、区国垣、卫宝葵（1941年8月受聘）、沈执东（1943年11月辞职）、1942届吴锦波（1943年7月解聘）及1943届邹爱瑜等先后担任助教[107]。由于教师的变动较大，建筑工程学系的课程不得不根据师资情况做出相应调整变化（表4-11）。

1945年1月16日，粤北坪石因陷日军包围，国立中山大学紧急疏散，时任建筑工程学系系主任的卫梓松教授则因病困留坪石，未能随工学院迁往兴宁东坝朱屋及三江镇，建筑工程学系系主任则由符罗飞代任[108]。3月20日，困留坪石的卫梓松教授，贫病交煎，宁死不屈，服用大量安眠药自杀殉难[109]。

中山大学建筑工程学系1943年度主要教师及授课一览 **表4-11**

姓名	籍贯	学历	所授课目
卫梓松	广东台山	北京大学堂土木工程科毕业	钢筋混凝土、钢筋混凝土设计、测量、钢骨构造
李学海	广东四会	国立北京大学土木系毕业	应用力学、材料力学、房屋建筑学、结构学、图解力学
钱乃仁	广东广州	美国密歇根大学建筑系毕业	建筑图案设计、建筑计划、室内装饰、建筑师业务及法令、都市计划
刘英智	广东廉江	日本东京工业大学建筑科学士	建筑初则及建筑画、投影几何、阴影学，房屋给水及排水、建筑图案设计、建筑材料、外国建筑史
符罗飞	海南文昌	意大利那不勒斯皇家美术大学研究院	徒手画、水彩画、单色水彩、模型素描
黄培芬	广东台山	菲律宾马保亚工程大学建筑工程学士、英国建筑师学会毕业	建筑图案设计、建筑计划、施工及估价、建筑图案论
区国垣	不详	国立中山大学建筑工程学系	助教
卫宝葵	广东台山	国立中山大学建筑工程学系	助教
邹爱瑜	江西丰城	国立中山大学建筑工程学系	助教

资料来源：国立中山大学校友通讯（1943年）。本表籍贯及学历由彭长歆整理。

主要教师

（1）胡德元

胡德元除了在勷勤大学工学院建筑工程学系担任教授，他从1935年起就在国立中山大学兼任土木工程学系讲师，也许正是因为这段兼职经历，使时任国立中山大学工学院院长的肖冠英对胡德元有了一定了解，再加上肖冠英在成立国立中山大学工学院的时候就有设立建筑学系的计划，这些因素使得1938年遭教育部裁撤的勷勤大学工学院建筑工程学系得以顺利地整体并入当时只设有土木工程学系的国立中山大学工学院。

胡德元教授继续担任国立中山大学建筑工程学系系主任，并随校迁到云南澄江县。虽然在云南的教学条件艰苦，但在胡德元的主持下，还陆续增聘了一些具有留学日本东京工业大学经历的新教师和留聘了一批如黎伦杰、杜汝俭等优秀的应届毕业生作为助教，使得建筑工程学系的教学和研究工作仍然能够坚持原来的教学计划继续进行。胡德元这一时期担任了房屋建筑学、工场建筑、建筑图案设计、外国建筑史、建筑构造学的教学工作，作为系主任，可以说是承担了相当繁重的教学工作。

1940年国立中山大学从云南省澄江县迁回粤北坪石。同年11月，因家母病重胡德元离开国立中山大学回四川，因为战乱，从此离开建筑教育事业。胡德元于1941年12月到重庆市建筑师事务所任建筑师，抗日战争结束后1947年6月到南京市开办胡德元建筑师事务所，当年勷勤大学建筑工程学系的学生郑祖良也是他的事务所成员；后曾任西康省（1939年成立的一个省，1955年取消建制，辖地主要为现代的川西及西藏东部以藏族为主的少数民族聚居地）水利局局长。新中国成立后胡德元于1960年与他人合作设计成都航站大楼[110]。1984年胡德元在《南方建筑》第4期杂志上发表文章《广东省立勷勤大学建筑系创始经过》，回忆他在勷勤大学工学院建筑工程学系的这段教育历程。

胡德元虽然只从1932年到1940年从事建筑教育工作，但是作为重要的岭南现代建筑教育的奠基人之一，为推动和延续岭南现代建筑教育的发展做出来不可磨灭的贡献。

（2）虞炳烈

虞炳烈，字伟成，1895年12月25日出生于江苏无锡。（图4-68）1911年虞炳烈入江苏省苏州官立中等工业学堂（1912年与在1906年曾经办过中国最早的建筑班的苏州省立铁路学堂合并为江苏省立第二工业学校，后发展为中国第一个兴办建筑科的高等学校——苏州工业专门学校[111]），1915年7月从该校机织科高等班毕业。虞炳烈毕业学历证明上的“写生画”成绩高达90.56，表明其良好的绘画素质。虞炳烈从江苏省立第二工业学校毕业后，留校任助教，之后在无锡县立乙种工业学校当过教员，还在苏州延龄织厂当过技师。

图4-68　虞炳烈
（来源：侯幼彬，李婉贞，虞炳烈[M]. 北京：中国建筑工业出版社，2012，5）

1921年，虞炳烈考取官费留学法国，10月4日进入里昂中法大学学习。1923年虞炳烈考取法国里昂建筑学院（国立巴黎美术学院建筑科之里昂分科），与同时期考入的林克明共同师从于托尼·加尼尔。在校期间，虞炳烈完成了“本科建筑设计”和“高级建筑设计”两个阶段共计33项的课程设计，其

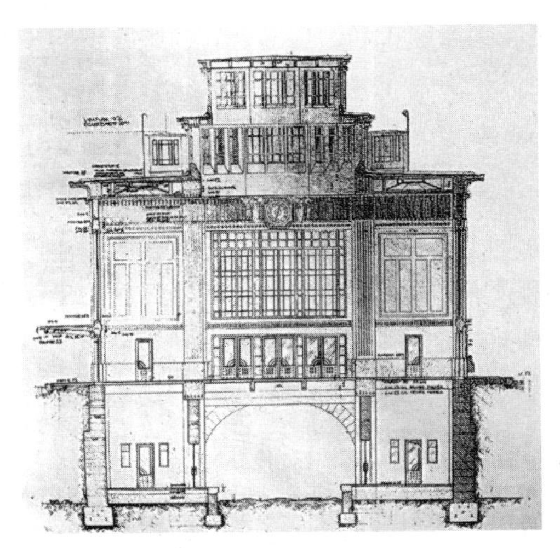

图4-69　虞炳烈——“环市铁道车站”设计图
（来源：侯幼彬，李婉贞，虞炳烈[M]. 北京：中国建筑工业出版社，2012，5：27）

中有24项是竞赛设计，获得了各类考试名誉奖证27项[112]，学习成绩相当优秀。其中在1926年的“法国全国工程建筑大设计图竞争考试”（该项竞赛还需表达方案的结构工程设计）中，虞炳烈的“环市铁道车站”设计图从四百人中脱颖而出，获得一等奖牌（图4-69）。1929年3月虞炳烈在法国还完成两项中国国民政府的“政府公署”和“国民大会堂”建筑设计方案（图4-70）[113]，这些方案都是虞炳烈主动设计提交国民政府的方案，并非采用“中国固有形式”，而是简洁大方的“装饰主义”风格。制图相当细致严谨，造型大气磅礴，充分展示了虞炳烈的建筑设计才华。

1929年6月，虞炳烈从法国里昂建筑学院毕业，参与了里昂市新医院工程和巴黎市大规模经济公寓楼工程两项工程实习。为获得建筑工程实践的经验，学习先进的施工技术，投入了全部的精力，一直延续到1930年上半年。

1930年6月虞炳烈申请“法国国授建筑师”学位考试，选题为巴黎大学城中国学舍建筑设计。在托尼·加尼尔的指导下，虞炳烈提交了尝试中国传统风格探索的完善建筑设计[114]，并于1930年11月12日获得“法国国授建筑师学位”[115]。1931

图4-70　虞炳烈——中国“政府公署”设计方案
（来源：侯幼彬，李婉贞，虞炳烈[M]. 北京：中国建筑工业出版社，2012，5：54）

年春虞炳烈成为法国国授建筑师学会会员并于夏进一步获得最优学位奖牌和奖金。1932年月虞炳烈凭巴黎大学城的中国学舍设计获得法国国家艺术展览会奖牌。同年，勒柯布西埃设计了巴黎大学城的瑞士楼。由于资金筹措的困难，巴黎中国学舍最终并未能够建成，但虞炳烈所获得的一系列奖项也说明他的“中国固有形式”风格的建筑设计尝试得到了国外的认同。

1931-1933年，虞炳烈在法国巴黎期间，到巴黎大学市政学院进修都市计划和市政工程，师从杜富拉斯（Alphonce Defrasse）（罗马大奖获得者、法兰西银行总建筑师、曾任法国国授建筑师学会会长）。1933年，虞炳烈与夫人一同参加法国留法艺术学会（研究会）。

1933年，虞炳烈在徐悲鸿的资助下，携夫人回国，应聘南京国立中央大学工学院建筑工程系教授，担任“都市计划”课程的讲授，1934年起至1937年兼任系主任[116]。虞炳烈在南京的这段时间完成了十余项的建筑设计，其中包括建成的国立中央大学新宿舍和国立编译馆，以及因战乱未能实施的与刘福泰合作设计的国立中央大学新校舍规划（南京石子岗）、未能完工的镇江金江中学等一批工程。在执教国立中央大学期间，虞炳烈加入了中国建筑师学会，还兼任私立金江中学建筑师、国立戏剧音乐院设计顾问、中国工程师学会全国学术联合会会所竞选图案评判委员、江苏省立国学图书馆新库建筑师等职[117]。

1937年7月，虞炳烈离开南京国立中央大学建筑工程系。10月来到重庆，受聘为复旦、大厦联合大学土木工程系教授。1938年1月虞炳烈设计了位处沙坪坝的重庆大学采冶地质研究室大楼。1938年3月，虞炳烈受聘出任云南省建设厅技正兼省政府建设委员会工程师。虞炳烈在任不到一年的时间内，完成了四项市区规划设计和三十几项建筑设计，1939年3月离职。

1939年4-6月，虞炳烈避难到越南海防，期间曾与同在海防避难的法国里昂建筑学院的校友林克明碰面，商议回国应聘内迁到云南澄江县的国立中山大学事宜[118]。林克明因故没有回去，但虞炳烈则于1940年春前往云南澄江国立中山大学工学院建筑工程学系应聘教授并兼任系主任[119]。1940年6-7月期间，虞炳烈曾短暂前往越南河内应聘总建筑师，后返回云南的中山大学。8月开始至10月，国立中山大学逐渐迁往粤北坪石，虞炳烈担任了中大坪石建校工程建筑师，负责设计、监造了包括工学院、文学院、理学院、法学院、医学院、师范学院和校本部在内的整套校舍工程。虞炳烈任国立中山大学建筑工程系系主任后，为了改善师资匮乏的局面，向国内许多建筑工程领域有影响力的人物发出邀请聘书，但由于战乱纷扰，极少人能够应聘。虞炳烈也在1941年9月辞职离开坪石迁居桂林。

1941年10月，虞炳烈在桂林开办“国际建筑师事务所”，一人包办所有建筑、结构、造价等所有事务，先后完成了二十余项工程设计，一直到1944年上半年。1944年6月，虞炳烈应蒋经国之邀迁居赣州，参与“建设新赣南”的建筑设计工作，完成赣闽师范学院的学舍设计。1945年2月，日寇进逼赣州，虞炳烈退避到赣州乡间。因生疔疮，乡下缺医少药，于3月1日不幸因病去世。

虞炳烈的建筑观点，留下文字的甚少，从其目前唯一留下的写于1943年为桂林展览会所做的讲稿可以一窥端倪。他在讲稿中提到建筑师的任务，不仅要“对于文化的公共建筑物应致大力”，对于“全民居住问题”、“工业化方面之大规模工厂”以及“定时的博览会场”等建筑，都应该用“真、善、美”的建筑设计，则民众生活在“高尚优美之环境，德智体三育并进，工厂生产力盛，国家富强”。“真、善、美”建筑的产生有赖于四个先决条件：①需要经过专业培训和多年实践经验的、具有崇高道德品质的优良建筑师；②建筑师从草图开始到竣工完成都能始终全权负责的、职权专一；③业主应支付建筑师合理的报酬，政府和社会也应尊敬、保护和奖励建筑师，才能使建筑师再接再厉，后继有人；④要由政府制定建筑材料的标准，要规定合理的价格和造价。虞炳烈在讲话稿中还对政府鼓励推行的“中国固有形式”风格进行了批评，认为“过渡表现帝王时代的宫殿色彩，繁杂奢华”，以至于“耗费巨万之金，尚未臻真善美建筑物上乘境域”。这大概也是他对早年在法国设计的“中国固有形式”风格的中国学舍因为造价太高而无法筹措到建设资金，以致最终不能够实现建成的反思。对于欧洲国家的现代主义建筑运动，虞炳烈则表达了强烈的赞同，认为“一切代表科学及‘新工业时代’的建筑物，宜采用迎头截击的‘国际式STYLE UNIVERSAL’，内容完备，外观简朴，雄伟有力，省却不切实际的繁琐装饰与线条……省出建筑造价，以补国防，而同时与世界各国之新建设并驾齐驱。”虞炳烈最后预见了中国的抗日战争必将胜利，战后的重建工作非常艰巨，所需建筑师也必然数量大增，因此期望现在的建筑师教育培养工作不仅要重视量也要有质的提高，希望“青年学子多多选择此优美高尚之‘建筑工学’，奋起直追，乘时研究。而已成之青年建筑师，亦须加紧努力充实学习”。虞炳烈还认为“女子对于美术建筑性质特宜，各国建筑学院及我国中央、中山大学之自建筑工程系毕业而为女建筑工程师者亦渐多”，特别鼓励女子选择学习建筑工程[120]。从这篇讲话稿，我们可以看到一个爱国敬业、具有丰富实践经验的成熟建筑师对中国抗日战争胜利的信心和对未来中国建筑事业良性发展的期望，以及对青年一代建筑师培养的鼓励和殷切希望。

虞炳烈虽然在国立中山大学建筑工程学系的时间不长，但他的到来，及时填补了建筑工程系系主任的空缺，并借助其法国留学的背景和曾经在国立中央大学任系主任的资历，积极推动建筑工程学系的建设。虽然因为客观的历史原因，师资建设上仍然举步维艰，但其发挥个人设计专长，利用当地的环境和建设条件，帮助刚刚迁徙到粤北坪石的国立中山大学设计、建造了急需的绝大部分校舍，为教师和学生及时复课开展教学和研究创造了条件。

（3）符罗飞

图4-71　符罗飞
（来源：与祖国共度时艰的符罗飞．华南理工大学校友会：http://59.42.201.173：8010/aascut/hgr/18c1hjnt4ngla.xhtml）

符罗飞，1897年8月13日出生于海南文昌一个贫苦渔民家庭，原名符福权[121]（图4-71）。自幼受父亲和做民间艺人的四叔影响，对美术产生兴趣。迫于生计，11岁便随四叔下南洋，到过越南、新加坡、婆罗洲和印度尼西亚，先后当过矿工、铁匠、木工、侍应、鞋匠、泥水匠、伙夫、橡胶工人和海员，这些社会底层的经历使符罗飞自少年就懂得与苦难命运抗战，同时，这些经历也深深的印刻在符罗飞的脑海里，成为他以后艺术创作的原动力。

1915年符罗飞回家乡成亲，1917年又离开家乡到马来西亚谋生，先后做过泥水工、木工和山林里的橡胶工人，因生痢疾回马来西亚瑞天咸港在一所中华职业学校半工半读做杂工。1919年国内爆发“五四运动”，青年符罗飞受影响开始思考人生的价值，产生了追求新的政治理想的愿望。同年职业学校被当局查封，符罗飞得到同乡、学校董事符建章的资助和推荐，回国考入南京暨南学校师范科就读。

1921年在校长的支持下，符罗飞考入日本士官学校学陆军，但因哮喘病一年后不得不辍学返回中国。贫病交加，让符罗飞一度沮丧到杭州落发为僧，但就连寺院也无处不在的等级压迫激起了他抗争的勇气。1922年符罗飞先在暨南商学院后到江苏省教育会暨南招待所工作，并以半工半读的形式考入上海美专学习美术，从此开始接受正规美术教育。1923年符罗飞暂停美专学业到南京暨南学校商科女子部任美术教员，因带学生到下关游街声援上海五卅运动，与校长不合而辞职。1924年回到上海在同济大学预科任图画教员同时恢复上海美专学业，还积极参与进步学生运动。1925年美专毕业后在上海筹办新华艺术大学，组织“云涛画会”。1926年加入中国共产党。1927年上海爆发“四·一二”事变，符罗飞避难到了新加坡。

图4-72　道贺——符罗飞作
（来源：符罗飞．道贺．藏于广州美术馆）

1929年符罗飞决定前往法国深造美术，但途中因哮喘发作滞留在意大利的那不勒斯，在那不勒斯工艺美术学校半工半读学画陶瓷。1930年秋考入那不勒斯意大利皇家美术大学研究院的绘画系，因勤奋好学又有才气，受到系主任的赏识。1933年在研究院格鲁塞.卡兹罗（Glusep Gaschro）院士和中国领事的支持下，符罗飞在那不勒斯举行了一次隆重的个人画展。画展由当时的意大利皇后和皇太子主持开幕，并带头认购符罗飞的画作。符罗飞成为当地颇有名气的画家，生活条件和工作条件也得到极大的改善。随着生活的安定，符罗飞专程到法国鉴赏各派名画，并在法国、英国、奥地利等国旅行作画和展出。1935年符罗飞应邀参加威尼斯国际艺术赛会，3幅画作入选展出，随后出版《符罗飞油画集》。符罗飞被意大利评论界称作“罕见的心灵画家”。1935年符罗飞以优异成绩从意大利皇家美术大学研究院绘画系毕业后留校任教，后任教授。

1937年卢沟桥事变，日本全面侵华。在意大利的符罗飞不顾家人和同事的劝阻，毅然决定回国参与抗日斗争。1938年5月符罗飞抛开了意大利的一切回到中国。在香港进行了一段时间的创作后，符罗飞在香港举办了一次“抗战画展”（图4-72），并由香港石印局出版《抗日画集》，蔡元培专门题词：“以中国制的笔，作西洋式的画，意到笔随，心精力果。”符罗飞在香港结识了不少文艺界的朋友，1939年决定与好友施征军经桂林赴延安，1940年因为身体原因留在桂林。符罗飞在桂林曾做过省参议员，后因经费压缩被裁，到桂岭师范教图画，1941年到桂林美专兼课，生活才有着落。

1942年10月初，符罗飞受国立中山大学坪石时期的校长金曾澄聘请，在国立中山大学建筑工程学系任绘画教授并兼中大师范学院的美术课，从桂林迁居粤北坪石。符罗飞受到国立中大一些进步教授的影响，创作手法开始有些转变：从写实主义的创作路线到在写实基础上的夸张和变形的浪漫手法，以此突出对象的精神特征，由追求“形似”转变到追求“神似”。

1942-1945年间，符罗飞创作了大量的画作，并先后来往于桂林、坪石、衡阳、柳州、株洲等地举办过10期画展，社会反响极大。1943年符罗飞受聘为湖南工专（校址在衡阳）建筑系教授及系主任。4月，符罗飞在粤北坪石举办个人画展，展后由香港石印局出版《同志的死》画集[122]。1944年符罗飞还为抗日演剧七队担任过舞台美术指导。符罗飞在坪石期间，引导国立中山大学的学生成立一些进步社团如“又社”、“南燕社”等，以绘画的形式开展了许多抗日宣传活动。

1945年1月16日，坪石因陷日军包围，国立中山大学紧急疏散，工学院从坪石迁往兴宁东坝朱屋及三江镇。3月，国立中山大学分散各地师生陆续复课。在兴宁的国立中山大学工学院建筑工程学系由符罗飞暂代系主任[123]（图4-73）。8月15日，日本投降，抗战结束。符罗飞带领建筑工程学系随国立中山大学迁回广州石牌，在建筑工程学系任教授[124]。

随着极富传奇色彩，有着复杂人生经历的符罗飞教授的到来，使得国立中山大学建筑工程学系的美术教育也极具特色。符罗飞教美术不是只在教室画石膏，描摹古希腊、罗马柱式，而是经常带学生到乡下写生，去街头、野外、乡村去做采访速写，描绘社会的底层民众，不仅“形似”更求“神似”，使得学生们在绘画的过程中去体会劳动人民的疾苦，去创作具有强烈现实主义和浪漫主义的作品。而这种重视人们的基本需求，从实际出发的创作理念也正是国立中山大学建筑工程学系建筑教育的培养目标之一。

（六）战时生源与毕业生大幅减少

1938年勷勤大学工学院建筑工程学系整体并入国立中山大学工学院，建筑系三年级学生34名，二年级学生35名，一年级学生30名转入国立中山大学。建筑工

图4-73　国立中山大学工学院1945年兴宁毕业合影

（来源：易汉文. 中山大学编年史（1924-2004）[M]. 广州：中山大学出版社，2005，9）

程学系于1940年毕业一个班，1941年毕业一个班，两个班总共毕业建筑系学生64人，先后在重庆、贵阳、云南各工厂和机关就业工作[125]。在时任系主任胡德元教授的带领下，勷勤大学建筑工程学系得以整体保留，学生们在国立中山大学继续接受建筑教育。

由于战乱的影响，1945年前国立中山大学建筑工程学系的招生情况就不像在时局稳定时期那么理想。据1944年入学的蔡德道先生回忆，战争时期，“学建筑只能设计房子，是很难找到工作的，而学土木不光是建房子，还可以修桥、修路、修水库，去向可以比较多”[126]。此时只有高分数才能考入土木系，而建筑系则招生及毕业人数明显减少。

但建筑工程学系学生的学术活动并未间断，仍然在省内外积极开展各种建筑图案作业展览。（图4-74）。

优秀毕业生代表

（1）杜汝俭

杜汝俭（图4-75），男，1916年6月出生于广东顺德。1939年8月毕业于国立中山大学建筑学系。杜汝俭毕业后1939-1940年7月留校在建筑工程学系任助教。1940年7月-1943年12月杜汝俭先后在昆明西南运输处帮工程司和昆明金城营造

图4-74 毕业设计——抗战建国纪念塔（詹道光作）

（来源：詹道光. 毕业设计——抗战建国纪念塔，指导教师：胡德元、吕少怀，1940年6月）

厂工程司任职。1944年2月到8月，杜汝俭在韶关省政府任技士。在1944年8月-1952年7月在国立中山大学建筑工程学系任讲师，后晋升副教授。1945年抗战胜利后在广州开设正平建筑工程师事务所。1949-1952年又回到国立中山大学建筑工程学系任教，主要作为夏昌世的助手进行教学。1952年院系调整后，杜汝俭调入华南工学院建筑工程学系任教。1979年1月杜汝俭晋升为教授，1986年12月退休。2001年12月，杜汝俭教授在广州去世。

图4-75 杜汝俭
（来源：广州市档案馆）

杜汝俭曾任华南工学院建筑学系副系主任，兼任高教局教授职称评审委员，广东省政协第四届、第五届委员。杜汝俭长期从事建筑设计及城市规划的教学与学术研究，主讲过建筑理论与设计课程、一年级建筑初步等课程。曾主持和参加广州市、江门市公共及居住建筑设计、深圳市城市规划设计，任广州市白天鹅宾馆、花园酒店的设计评审，参与华南工学院图书馆、1号楼、2号楼设计，以及暨南大学华侨医院门诊部平面规划设计等项目[127]。主要学术著作有与李恩山、刘管平合编的《园林建筑设计》，1986年由中国建筑工业出版社。

（2）邹爱瑜

邹爱瑜（图4-76），女，1917年11月生于江西丰城。1936年从广州国立中山大学附属中学高中毕业，1943年邹爱瑜毕业于在粤北坪石的国立中山大学建筑工程学系，毕业后留校任助教，及时补充了当时严重不足的师资。1952年院系调整后，邹爱瑜调入华南工学院建筑工程学系任讲师，1961年任副教授[128]，1981年晋升为教授，1986年12月退休。邹爱瑜曾任建筑设计学术委员会副主任委员。邹爱瑜主要从事住宅建筑设计标准化及使用灵活性建筑技术预制装配化研究。在《华南土建》、《南方建筑》等刊物上发表《关于大板住宅建筑工业化的几个问题》、《南方商业建筑设计的问题》、《深圳商业建筑的特点》等论文[129]。

图4-76 邹爱瑜
（来源：华南工学院建筑学系教职工登记表，1972年）

邹爱瑜曾主讲画法几何、阴影及透视、房屋构造、房屋建筑学、建筑原理及设计等课程。主要学术著作有1954年编著的教材《阴影法》、《透视学》；1972年编著的教材《房屋建筑基本知识》；1983年曾任《中国大百科全书》副主编。

三、通过各类展览来展示学术及科学研究成果

抗战时期，即使是在颠沛流离的日子里，国立中山大学建筑工程学系的师生们也仍然保持对学术科研的热情。建筑工程学系学生各类学术活动并未间断，仍然积极开展。

（一）举办展览

1. 1942年、1943年同德会建筑图案展览

1942年2月26日-3月1日，在粤北坪石的国立中山大学建筑工程学系的学生社团——建筑工程学会，“为增进学术研究及使社会人士认识建筑工程学术之内容起见”，在学校同德会举办建筑图案展览，展出各种作品百余帧，“均为平日习作，内分纪念建筑、宗教建筑、住宅建筑、交通建筑、教育建筑、商业建筑、防空建筑、都市计划及美术作品等，琳琅满目，连日各界参观者众，极得良好评价”[130]。建筑工程学会随后又将图案展览扩大到校外及外省展出，均得到好评。1942年10月10号，国立中山大学工学院在坪石举办展览，其中建筑工程系展出建筑工程图案及模型[131]。1943年6月5日、6日，国立中山大学建筑工程学会“为谋建筑学术之发扬起见”，再次通过校本部同德会举行建筑图案及模型展览[132]。几次展览均获得比较好的社会反响，进而扩大了建筑工程学系的影响，也让社会大众对建筑有了更深的认识。

2. 符罗飞个人画展

1942年，符罗飞前往粤北坪石，任职国立中山大学建筑工程学系教授，兼中大师范学院美术课程；组织学生进步社团“又社”；筹办“元培艺术学院”；在韶关青年教育馆及中大同德会馆举办个人画展。[133]

1943年4月2日～4日，粤北坪石的国立中山大学工学院符罗飞教授在校本部同德会举行个人画展。此次展览内容有南宁战地习作、桂林生活、徭山特写、曲江速写及坪石新作等琳琅满目、异常精彩[134]。展览结束后符罗飞出版《同志的死》画集[135]。

符罗飞的画作极富个性，并且具有强烈的社会现实主义特点，反映了抗战时期的各个阶层特别是社会底层老百姓的生活状况，激发人们抗日的斗志（图4-77）。

3．钱乃仁个人画展

1943年4月21日-22日，国立中山大学工学院建工系副教授钱乃仁在坪石上街

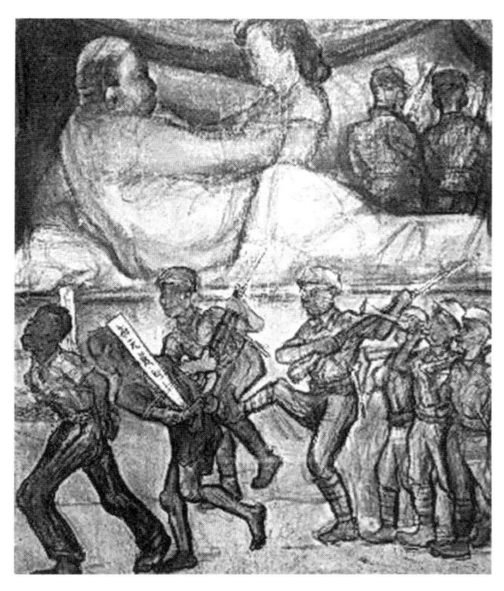
图4-77 一元几粒——符罗飞作
（来源：广州美术馆藏）

学生服务社举办个人画展，钱先生早年留学美国，对于西洋艺术造诣甚深，在公作之余，喜欢写生作画，故作品颇多。钱教授的多年作品均留在香港，这次展览是他离开香港后所创作，共四十余幅，多属水彩风景人像画及速写等画作。[136]

（二）中英文论文竞赛

为了加强学生研究风气，提高学生中英文程度，1944年5月，国立中山大学工学院决定每学期举办一次一年级生中英文竞赛，选出成绩优等生5名分别颁奖。第一次举办的英文论文竞赛，经评定由建筑工程学系的高彼得获得第一名[137]。在如此艰难的学习条件下，学生还能通过英文来撰写论文，从中可看到建筑工程学系学生学习的刻苦认真。

四、建筑工程实践——坪石国立中山大学校舍

1940年8月至秋季，国立中山大学在新任校长许崇清的主持下，从云南省澄江县迁回粤北坪石。工学院位于坪石西南的三星坪和新村。各学院建筑多由刚从避难越南海防市归国，应聘建筑工程学系主任的虞炳烈教授设计主持及监造[138]。

1938年后，由于日寇对广东沿海城市的侵占，粤北小镇坪石逐渐成为广东的大后方，许多政府机关和学校均内撤迁徙至此，又给坪石带来了生机，被誉为“小广州”。也正是这个原因，广东省政府觉得广东省的国立中山大学还是应该回到广东办学，加之云南澄江的物价飞涨，于是本已内迁到此的国立中山大学又再次迁徙到粤北坪石。

虞炳烈临危受命，担负起设计国立中山大学坪石校舍的艰巨任务。从1940年11月至1941年4月，除了位于坪石镇的校本部、研究院和先修班外，虞炳烈给位于塘口村的理学院、位于三星坪和新村的工学院、位于清洞的文学院、位于武阳司的法学院、位于管埠的师范学院、位于车田坝的一年级军训大队以及位于乐昌县城的医学院这七处散布的校舍分别做了总平面规划[139]（图4-78）。虞炳烈还为散布

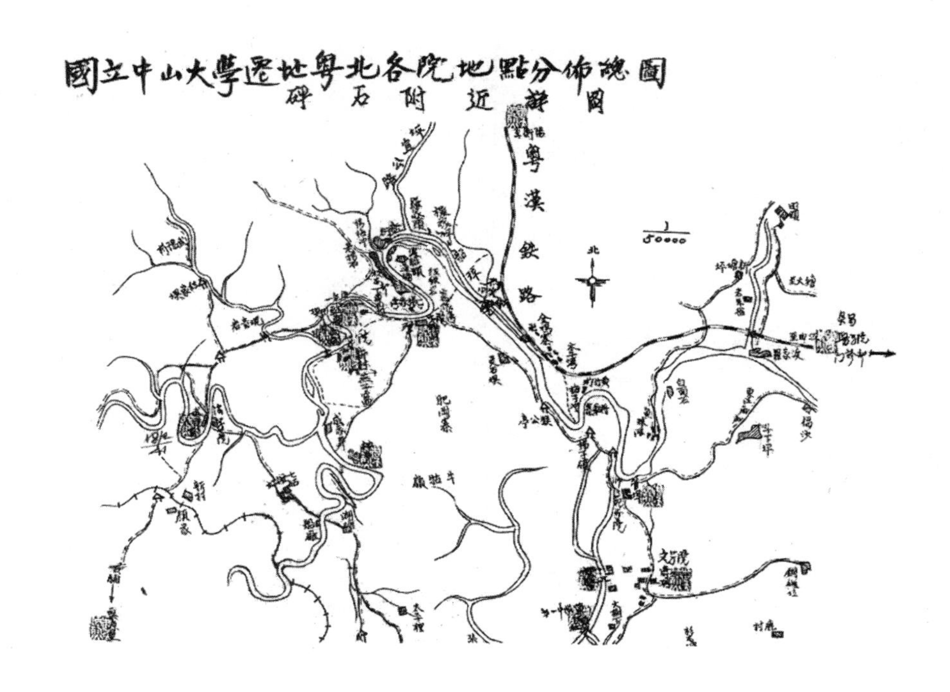

图4-78 国立中山大学迁址粤北坪石各院分布总图

（来源：侯幼彬，李婉贞，虞炳烈[M]. 北京，中国建筑工业出版社，2012，5：140）

在各处的理、工、文、法、医、师、军训大队、校本部、先修班的设计近190座建筑。这些建筑包括教室、宿舍、办公用房、礼堂建筑、实验室建筑、实习工场建筑等六大类。

在这大概半年的时间内，虞炳烈展现了自己高超的设计才能，充分利用当地环境条件和有限的资金，高效率地设计了大量低造价但又满足功能需求的房屋建筑。这些建筑除天文台功能需要为二层楼房外，其余均为坡顶单层平房（图4-79）。建筑平面布置紧凑，功能分区明确。建筑的材料全部采用当地盛产的杉木和竹子：杉木桁架为主要屋顶结构；杉木柱子；杉木皮为屋顶，以竹竿压顶，半圆大竹为脊；外墙为木质“鱼鳞板”或“竹笪（一种用粗竹篾编成的类似竹席板状物）”，由于造价原因，价格较高

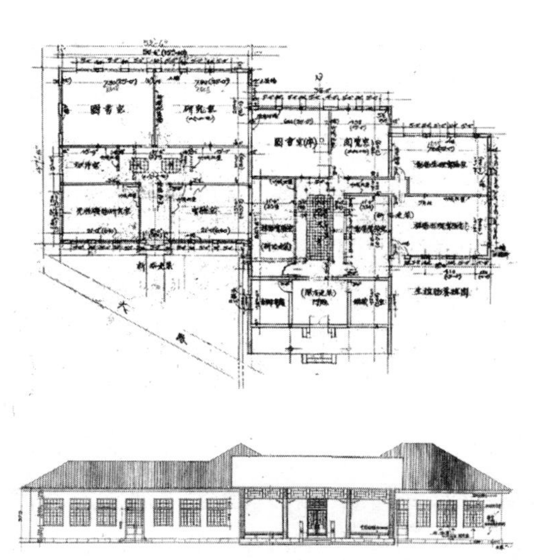

图4-79 塘口村理学院生物、地质系实验室设计图

（来源：侯幼彬，李婉贞，虞炳烈[M]. 北京：中国建筑工业出版社，2012，5：150）

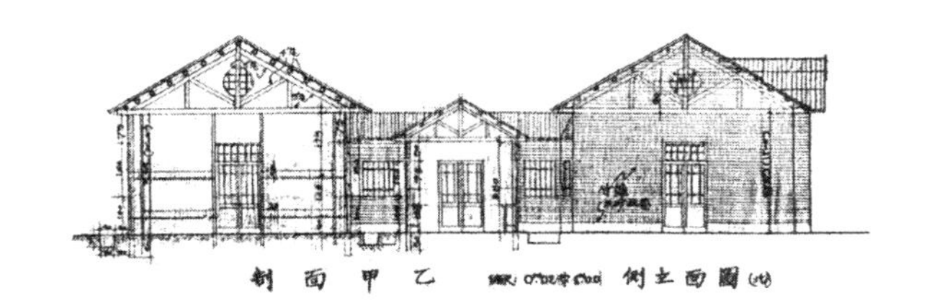

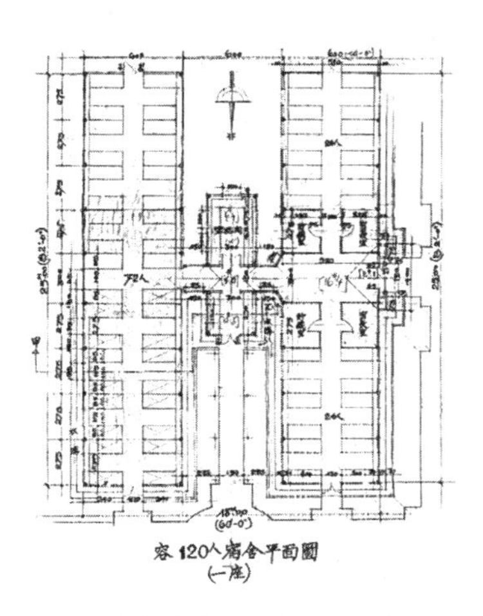

图4-80　国立中山大学武阳司法学院宿舍工程图
（来源：侯幼彬，李婉贞，虞炳烈[M]. 北京：中国建筑工业出版社，2012，5：142）

的鱼鳞板建筑主要适用于宿舍建筑，以满足一定的保温舒适性，价低的竹笪建则筑适用于浴室、厕所、膳堂等防水防潮要求不高的建筑以及大量兴建的课室、制图室等建筑；地面多为三合土；窗户多为板窗，只有要求较高的医学院手术室才采用玻璃窗[140]。所有的建筑物造型整体简洁大方但又有一定的地方特色。建筑工程学系的学生们亲身体验了如何在困难条件下设计建造适用的现代建筑（图4-80）。

边设计边施工，虞炳烈在短时期内规划设计的这批建筑基本上满足了国立中山大学在艰苦条件下的教学需求。1941年1月开始，各学院逐渐复课，随着教学条件的改善和教学秩序的逐步稳定，学生和教师的人数也得以逐渐增加，显示了国立中山大学坚持抗战办学的决心。建筑工程学系虞炳烈等教师们以大无畏的爱国主义精神，为抗战建设做出重要贡献。

本章小结

陈济棠治下的广东经历了8年相对稳定的时局。为顺应广东建设的需要，在林克明的倡议下，岭南地区的建筑教育在1932年广东省立工业专科学校建筑工程学系的基础上建立起来，第二年升格为勷勤大学工学院建筑工程学系，开始了岭南地区正规的大学建筑教育。从建系之初只有两个建筑科背景的教授，发展到建筑科、土木科、美术科齐备的完整师资架构，勷勤大学工学院建筑工程学系的教学计划也相应地越来越完善，建立起以培养全面型建设人才为目的的教学体系，初步形成了注重理性分析、重视工程实践和建造技术的教学特点。林克明、胡德元、过元熙等教授通过撰写宣扬现代主义新建筑、反思政府推行的“中国固有形式”建筑风格的学术论文，林克明则更是以勷勤大学石榴岗新校区的让人耳目一新的“摩登”新建筑风格的工程实践，引导勷勤大学工学院建筑工程学系的学生进行西方现代主义新建筑的广泛研究和讨论，激发了学生的学术热情，三年级学生郑祖良、黎伦杰等人还自发组成“建筑工程学社”、“新建筑社”并创办正式出版的专业刊物《新建筑》，旨在宣传现代主义建筑及其在中国的推广。更为难能可贵的是对于西方现代主义建筑运动，勷勤大学建筑工程学系的教师和学生在深入调查和理性分析研究的基础上，不是采取简单的“拿来主义”，而是采取辩证吸收的态度，提出在结合中国各地气候自然环境和社会经济环境条件的基础上，利用西方的先进建筑技术来创造适宜中国的新建筑。学生完成的假期调查报告中就可以看出当时勷勤大学工学院建筑工程学系的师生们对“新建筑”的深刻理解。这些都为将来岭南建筑学派注重地域性设计研究的特点打下了基础。

但是随着陈济棠的下台，1936年后勷勤大学开始陷入经费困境，教学条件无法达致预期理想。特别是1937年“卢沟桥事变”后，日本全面侵华战争的爆发，使得勷勤大学不得不迁至云浮。1938年广州沦陷后，勷勤大学更是遭到南京中央教育部的裁撤。幸得胡德元教授带领建筑工程学系整体并入国立中山大学工学院，一同迁往云南澄江，保持了相对稳定的教学队伍，教学及学术研究得以继续。1940年国立中山大学的再次回迁粤北坪石，则对建筑工程学系的教学队伍带来较大的影响。教师的流转变化频繁，教学计划也不得不随之改变。因为战乱及动荡的迁徙，即使是曾任国立中央大学建筑工程系系主任的虞炳烈教授的到来，也无法聘请到理想的教师。好在虞炳烈教授充分展示其高超的设计才能，在短时期内设计和监造了大部分国立中山大学在粤北坪石的校舍，使得国立中山大学的学生在艰苦条件下能及时复课，教学秩序得以逐渐稳定，学术科学研究也得以继续开展。1945年初日寇对坪石的围攻再次使得国立中山大学陷入动荡，时任建筑工程学系系主任卫梓松教授也宁死不屈，自杀殉国。在符罗飞教授的带领下，国立中山大学建筑工程学系避难到广东兴宁，直至日本投降，广州光复后辗转迁回石牌。

1932-1945年，由于客观的历史因素，从广东省立工专建筑工程学系到勷勤大学工学院建筑工程学系再到因抗战并入国立中山大学建筑工程学系，岭南建筑教育的主体脉络得以整体延续下来。岭南建筑教育在这段创立和艰苦探索的时期，逐渐建立起以培养全面型建设人才为目的的专业教学体系，初步形成了注重理性分析、重视工程实践和建造技术，具有鲜明现代主义风格的建筑教学特点。

[注释]

① 樊雄．对广东省立勷勤大学沿革的再探讨．广东革命历史博物馆，2009，10：http://blog.sina.com.cn/s/blog_5f8c5e6c0100fbn0.html

② 工学院沿革．广东省立勷勤大学概览，1937，1.

③ 百度百科．陈济棠．http://baike.baidu.com/view/99794.htm

④ 百度百科．陈济棠．http://baike.baidu.com/view/99794.htm

⑤ 樊雄．对广东省立勷勤大学沿革的再探讨．广东革命历史博物馆，2009年10月：http://blog.sina.com.cn/s/blog_5f8c5e6c0100fbn0.html

⑥ 决议通过筹办勷勤大学计划．广东省政府公报，1932(193)：72.

⑦ 樊雄．对广东省立勷勤大学沿革的再探讨．广东革命历史博物馆，2009年10月：http://blog.sina.com.cn/s/blog_5f8c5e6c0100fbn0.html

⑧ 工学院沿革．广东省立勷勤大学概览，1937：1.

⑨ 筹办勷勤大学计划纲要．广东省政府公报，1932(193).

⑩ 赖德霖．中国近代建筑史研究[M]．第1版．北京：清华大学出版社，2007，1：157.

⑪ 卢德．序．广东省立工专校刊，1933：2.

⑫ 一年来校务概况．广东省立工专校刊，1933：4。

⑬ 林克明．世纪回顾——林克明回忆录[M]．广州市政协文史资料委员会编．2011：14。

⑭ 一年来校务概况.广东省立工专校刊．1933：7。

⑮ 一年来校务概况.广东省立工专校刊．1933：8。

⑯ 一年来校务概况.广东省立工专校刊．1933：11-13。

⑰ 一年来校务概况.广东省立工专校刊．1933：7。

⑱ 彭长歆．岭南建筑的近代化历程研究．华南理工大学博士论文．2004，12：351。

⑲ 林克明.世纪回顾——林克明回忆录[M]．广州市政协文史资料委员会编．2011：8。

⑳ 广东省立工专聘书．1932年．来源：林沛克先生提供。

㉑ 赖德霖.近代哲匠录[M]．第1版．北京：中国水利水电出版社，知识产权出版社，2006，8：47.

㉒ 徐苏斌.东京高等工业学校与柳时英[J].南方建筑，1994（3）：10.

㉓ 徐苏斌.中国近代建筑教育的起始和苏州工专建筑科[J].南方建筑，1994（3）：17.

㉔ 一年来校务概况.广东省立工专校刊．1933：7-8.

㉕ 胡德元.广东省立勷勤大学建筑系创始经过[J]．南方建筑，1984（4）：24-25.

㉖ 林克明．什么是摩登建筑．广东省立工专校刊，1933，7：75.

㉗ 一年来校务概览．广东省立工专校刊，1933，7：24-25.

㉘ 注：勷勤大学工学院的正式文件皆称为“建筑工程学系”，只是在一些其他图表文字里略称为“建筑工程系”。

㉙ 林克明；蔡桐坡.省立勷勤大学．广州文

史网：http://www.gzzxws.gov.cn/gzws/gzws/ml/52/200809/t20080916_7933_1.htm

㉚ 广东省立勷勤大学概览，1937年。

㉛ 广东省立勷勤大学校友会，广东省立法商学院校友会．广东省立勷勤大学校史[M]．2005，12.

㉜ 据胡德元文章《广东省立勷勤大学建筑系创始经过》林克明未去云浮，但据林克明回忆录《世纪回顾》，林克明曾奉工学院院长之托前往云浮考察迁校地址，并随后确有前往云浮。

㉝ 工学院．广东省立勷勤大学概览，1937，2。

㉞ 彭长歆．岭南建筑的近代化历程研究．华南理工大学博士论文．2004，12：349-350.

㉟ 广东省立勷勤大学概览，1937：2-4。

㊱ 第一次院务会议录.勷大旬刊1935年第1卷第6期：17。

㊲ 胡德元.广东省立勷勤大学建筑系创始经过[J].南方建筑，1984（4）：24-25.

㊳ 工学院新购图书一览[J].勷大旬刊，1935年第1卷第4期：32-33、第10期：61、1935年第1卷第16期：36-38。

㊴ 工学院建筑系扩充图书阅览室进行[J].勷大旬刊，1937年4月17日第2卷第21期：5。

㊵ 工学院．广东省立勷勤大学概览，1937：3。

㊶ 广东省立勷勤大学第二届学生毕业试验委员会第一次会议录[J].勷大旬刊，1937年6月11日第2卷第27期：8。

㊷ 工学院．广东省立勷勤大学概览，1937年：3。

㊸ 勷大工学院建筑工程学系、土木专修科一二三年级暑期派遣实习一览．勷大旬刊，1936年6月21日，第28期：9-12。

㊹ 杨炜，乡镇住宅建筑考察笔记，广东省立勷勤大学季刊，1937年2月，第1卷第3期：224。

㊺ 广东省立勷勤大学校友会；广东省立法商学院校友会合编．广东省立勷勤大学校史[M]．2005：54。

㊻ 工学院.《广东省立勷勤大学概览》，1937：15。

㊼ 广东省立勷勤大学校友会；广东省立法商学院校友会合编．广东省立勷勤大学校史[M]．2005，17。

㊽ 工学院．广东省立勷勤大学概览，1937，15。

㊾ 国立中山大学工学院二十七年度教员一览，1938，广东省档案馆藏：46

㊿ 林克明.世纪回顾——林克明回忆录[M]．广州市政协文史资料委员会编．2011：110

51 广州市执业建筑工程师介绍[J]．新建筑，1936年第2期

52（中山大学工学院）教职员履历表．国立中山大学工学院概览，1935年.

53 赖德霖．近代哲匠录[M]．第1版．北京，中国水利水电出版社；知识产权出版社，2006，8：42-43.

54 过元熙．博览会陈列各馆营造设计之考虑[J]．中国建筑，1934年第2卷2期：12-14。

55 赖德霖.近代哲匠录[M].第1版北京：中国水利水电出版社，知识产权出版社，2006，8：133.

56 工学院二十五年度下学期各班导师一览[J]．勷大旬刊，1937年4月1日，第2卷第12期：9。

57 勷大旬刊，1935年12月1日，第10期：18-19。

58 黎伦杰．建筑的霸权时代[J]．广东省立勷勤大学工学院特刊，1935，3.

59 郑祖良．新兴建筑在中国[J]．广东省立勷

勤大学工学院特刊，1935，3：5-6.

⑥⓪ 裘同怡．建筑的时代性[J]．广东省立勷勤大学工学院特刊，1935，3：8-10.

⑥① 杨蔚然．住宅的摩登化[J]．广东省立勷勤大学工学院特刊，1935，3：11-13.

⑥② 彭长歆．岭南建筑的近代化历程研究．华南理工大学博士论文．2004，12：355。

⑥③ 郑祖良．建筑家．勷大旬刊，1936年1月1日，第1卷第13期：5-7.

⑥④ 彭长歆．岭南建筑的近代化历程研究．华南理工大学博士论文．2004，12：355.

⑥⑤ 杨炜．乡镇住宅建筑考察笔记11广东省立勷勤大学季刊，1937年2月，第1卷第3期：224。

⑥⑥ 新建筑新技术时代（代复刊词）[J]．新建筑，1946（1）：7.

⑥⑦ 中山县监狱悬赏竞技特辑[J]．新建筑，1936（2）：33-36.

⑥⑧ 周宇辉，郑祖良生平及其作品研究，华南理工大学硕士学位论文（导师：肖毅强教授），2011，6：33.

⑥⑨ 莫少敏，谭广文．岭南园林名家——郑祖良[J]．广东园林，2007（1）：78.

⑦⓪ 彭长歆，庄少庞．华南理工大学建筑学科大事记（1932-2012）．第1版.广州：华南理工大学出版社，2012，11：41.

⑦① 胡德元．建筑之三位[J]．广东省立勷勤大学工学院特刊，1935年.

⑦② 过元熙．新中国建筑及工作[J]．勷大旬刊，1926年1月11日，第1卷第14期：29-32.

⑦③ 过元熙．平民化新中国建筑[J]．广东省立勷勤大学季刊，1937年2月，第1卷第3期：158-160.

⑦④ 林克明．国际新建筑会议十周年纪念感言[J]．新建筑，1938（7）：1.

⑦⑤ 本学期工学院教授演讲表[J]．勷大旬刊，1935年第1卷第3期：14-15.

⑦⑥ 工学院消息二则[J]．勷大旬刊，1935年第1卷第6期：5.

⑦⑦ 彭长歆，庄少庞．华南理工大学建筑学科大事记（1932-2012）第1版.广州华南理工大学出版社，2012，11：24.

⑦⑧ 林克明.世纪回顾——林克明回忆录[M]．广州市政协文史资料委员会编．2011：14.

⑦⑨ 广东省立勷勤大学建筑图案展览会特刊发刊词．广东省立勷勤大学工学院特刊，1935：1。

⑧⓪ 广东省立勷勤大学概览，1937：15.

⑧① 林克明.世纪回顾——林克明回忆录[M]．广州市政协文史资料委员会编．2011：17.

⑧② 中国著名建筑师林克明[M]．第1版.北京：科学普及出版社．1991，9：66.

⑧③ 国立中山大学证明书．证明林克明在国立中山大学所设计的建筑．1947年11月13日．林沛克提供。

⑧④ 中国著名建筑师林克明[M]．第1版．北京：科学普及出版社．1991年9：5.

⑧⑤ 林克明；蔡桐坡.省立勷勤大学．广州文史网。http://www.gzzxws.gov.cn/gzws/gzws/ml/52/200809/t20080916_7933_1.htm

⑧⑥ 呈报变更勷勤大学校址.广东省政府公报，1932年第207期：85-86。

⑧⑦ 赖德霖.近代哲匠录[M]，北京：中国水利水电出版社，知识产权出版社，2006，8：11.

⑧⑧ 广东省立勷勤大学概览，1937年。

⑧⑨ 广东省立勷勤大学校友会，广东省立法商学院校友会．广东省立勷勤大学校史[M]．2005，12。

⑨⓪ 广东省立勷勤大学概览，1937年。

⑼ 中国著名建筑师林克明[M]. 第1版. 北京：科学普及出版社. 1991，9：174.

⑼ 中国著名建筑师林克明[M]. 第1版. 北京：科学普及出版社. 1991，9：14.

⑼ 黄义祥. 民国时期的国立中山大学. 广州文史第五十二辑《羊城杏坛忆旧》http://www.gzzxws.gov.cn/gzws/gzws/ml/52/200809/t20080916_7964.htm

⑼ 萧冠英.国立中山大学工学院筹设之经过及对于高等工业教育之管见[J].三民主义月刊，1933(4)：146。

⑼ 易汉文. 中山大学编年史（1924-2004）. 第1版[M].广州：中山大学出版社，2005，9。

⑼ 黄义祥. 中山大学史稿（1924-1949）[M]. 第1版. 广州：中山大学出版社，1999，10.

⑼ 黄义祥. 中山大学史稿（1924-1949）[M]. 第1版. 广州：中山大学出版社，1999，10.

⑼ 赖德霖.近代哲匠录[M].第1版.北京：中国水利水电出版社，知识产权出版社，2006，8：47.

⑼ 广东美术馆，华南理工大学. 华南理工大学名师——符罗飞[M].第1版. 广州：华南理工大学出版社，2004，11：377.

⑽ 施瑛. 蔡德道先生访谈. 2011年6月8日。

⑽ 彭长歆，庄少庞. 华南理工大学建筑学科大事记（1932-2012）.第1版.广州：华南理工大学出版社，2012，11：46.

⑽ 彭长歆. 岭南建筑的近代化历程研究. 华南理工大学博士论文. 2004，12：359.

⑽ 易汉文. 中山大学编年史（1924-2004）[M].广州：中山大学出版社，2005，9：35.

⑽ 侯幼彬，李婉贞. 虞炳烈[M]. 第1版. 北京：中国建筑工业出版社，2012，5：198-199.

⑽ 彭长歆. 岭南建筑的近代化历程研究. 华南理工大学博士论文. 2004，12：360.

⑽ 施瑛. 蔡德道先生访谈. 2011年6月8日.

⑽ 彭长歆，庄少庞. 华南理工大学建筑学科大事记（1932-2012）第1版.广州：华南理工大学出版社，2012，11：58.

⑽ 施瑛. 蔡德道先生访谈. 2011年6月8日。

⑽ 黄义祥. 中山大学史稿（1924-1949）[M]. 第1版. 广州：中山大学出版社，1999，10：410.

⑾ 赖德霖.近代哲匠录[M].北京：中国水利水电出版社，知识产权出版社，2006，8：47。

⑾ 侯幼彬，李婉贞. 虞炳烈[M]. 北京：中国建筑工业出版社，2012，5：4.

⑾ 侯幼彬，李婉贞. 虞炳烈[M]. 北京：中国建筑工业出版社，2012，5：23.

⑾ 侯幼彬，李婉贞. 虞炳烈[M]. 北京：中国建筑工业出版社，2012，5：31.

⑾ 侯幼彬，李婉贞. 虞炳烈[M]. 北京：中国建筑工业出版社，2012，5：31.

⑾ 侯幼彬，李婉贞. 虞炳烈[M]. 北京：中国建筑工业出版社，2012，5：62.

⑾ 侯幼彬，李婉贞. 虞炳烈[M]. 北京：中国建筑工业出版社，2012，5：95.

⑾ 侯幼彬，李婉贞. 虞炳烈[M]. 北京：中国建筑工业出版社，2012，5：110-111.

⑾ 林克明.世纪回顾——林克明回忆录[M]. 广州市政协文史资料委员会编. 2011：23.

⑾ 侯幼彬，李婉贞. 虞炳烈[M]. 北京：中国建筑工业出版社，2012，5：115.

⑿ 侯幼彬；李婉贞. 虞炳烈[M]. 北京，中国建筑工业出版社，2012年5月第1版：187-190。

⑫① 广东美术馆，华南理工大学．华南理工大学名师——符罗飞[M]．第1版．广州：华南理工大学出版社，2004，11：383.
⑫② 广东美术馆，华南理工大学．华南理工大学名师——符罗飞[M]．广州：华南理工大学出版社，2004，11：387.
⑫③ 施瑛．蔡德道先生访谈．2011年6月8日。
⑫④ 本书编写组．华南理工大学教授名录[M]．广州：华南理工大学出版社，2002，10：395-396.
⑫⑤ 胡德元.广东省立勷勤大学建筑系创始经过[J].南方建筑，1984（4）：24-25.
⑫⑥ 施瑛．蔡德道先生访谈．2011年6月8日。
⑫⑦ 本书编写组．华南理工大学教授名录[M]．广州：华南理工大学出版社，2002，10：203.
⑫⑧ 华南工学院建筑学系教职工登记表，1972年。
⑫⑨ 本书编写组．华南理工大学教授名录[M]．广州：华南理工大学出版社，2002，10：230-231.
⑬⓪ 黄义祥．中山大学史稿（1924-1949）[M]．中山大学出版社，1999，10.
⑬① 双十.劳军[J].国立中山大学校友通讯，1942，(19)：2.
⑬② 学院鳞爪[J].国立中山大学校友通讯，1943，(34)：7.
⑬③ 广东美术馆，华南理工大学．华南理工大学名师-符罗飞[M]．广州：华南理工大学出版社，2004，11：387
⑬④ 学院鳞爪[J].国立中山大学校友通讯，1943(30)：6。
⑬⑤ 广东美术馆，华南理工大学．华南理工大学名师——符罗飞[M]．广州：华南理工大学出版社，2004，11：387.
⑬⑥ 学院鳞爪[J].国立中山大学校友通讯，1943(29)：7。
⑬⑦ 工学院动态[J].国立中山大学校友通讯，1944(第54、55合期)：3。
⑬⑧ 黄义祥．中山大学史稿（1924-1949）[M]．第1版．中山大学出版社，1999，10.
⑬⑨ 侯幼彬；李婉贞．虞炳烈[M]．第1版．北京，中国建筑工业出版社，2012，5：139.
⑭⓪ 侯幼彬，李婉贞．虞炳烈[M]．第1版．北京：中国建筑工业出版社，2012，5：151.

第五章
岭南建筑教育的定位与起步（1945-1966）

第一节　国立中山大学建筑工程学系——广州复课（1945-1952）

1945年国立中山大学回到广州石牌旧校区复课，到1952年院系调整前，虽然其中也经历了1949年新中国成立前后的社会动荡，但整体而言，建筑工程学系逐渐进入相对稳定的时期。夏昌世、陈伯齐、龙庆忠的到来，以及原勷勤大学建筑工程学系创始人林克明的回归，使得岭南建筑教育遇到了前所未有的发展机遇。

一、社会背景与历史沿革

抗战结束，国立中山大学师生于1945年10月开始陆续回到广州，12月金曾澄代校长因年老有病请辞获准。教育部任命王星拱为中大校长（1945年12月-1948年6月任职）（图5-1）。王星拱在孙中山创校时就曾参与具体筹备工作，继任校长后除修复被占领日军破坏的校舍，添置设备、图书资料外，学术自由的他还特意从各地聘请一批教授补充教师队伍。[①]

图5-1　国立中山大学校长王星拱（来源：陈汝筑，易汉文. 巍巍中山——中山大学出版社，2004,9）

1945-1946年，夏昌世、陈伯齐、龙庆忠先后应聘来到国立中山大学建筑工程学系担任教授。

内战期间，为了反抗国民党反动派的黑暗统治，一直是岭南地区各种民主运动先锋的国立中山大学青年学生，学习之余，常常把精力投入到各类游行示威和政治活动中（图5-2）。1946年1月30日，国立中山大学学生举行声援昆明“一·二一”爱国民主运动的示威游行[②]。1947年5月31日，以国立中山大学为主体的广州学生举行大规模的“反饥饿、反内战”示威游行。6月1日，梅龚彬、邱琳、廖华扬等国立中山大学教授、学生被无理拘捕。国立中山大学学生工作委员会发出《国立中山大学全体学生为抗议“五·卅一”血案及“六一”非法逮捕事件告社会人士书》[③]。

1949年新中国成立前夕，广州国立中山大学的大部分师生员工都反对国民党反动政府的统治，拥护新中国的建立，在中共地下党的组织下，与反动势力展开斗争。7月23日凌晨，广州警备司令部派出便衣特务和军警1000多人包围有“小解放区”之称的中大校园，闯入校园抓捕中大师生员工167人，秘密监禁在广州西村监狱（图5-3）。中大地下党和地下学联成立营救被捕师生员工的委员会，经过大量的营救工作和社会舆论的压力，终于迫使国民党释放被捕师生[④]。但广州国民党政府加紧了对国立中山大学的控制，安插便衣入校园监控教师和学生。有进步言论、刚正不阿的建筑工程学系龙庆忠教授在9月抵达香港。

1949年10月14日广州解放，为避免国民党抓捕而在香港避难的刘渠、王越、龙庆忠等教授在《大公报》发表新中国成立贺信，龙庆忠随后回到广州。1949年从香港由海路赴北平参加第一届全国文代会的符罗飞教授也随军南下到广州。1950年1月20日，广州军管会任命刘渠、王越、丁颖、龙庆忠、钟敬文、陈伯齐、符罗飞等18人为国立中山大学临时校务委员会委员，刘渠为副主任兼秘书长，并代理主任。另外任命龙庆忠为中山大学工学院院长兼任建筑学系系主任[⑤]。校务委员会中有三人为建筑工程学系的教师，足见建筑工程学系教师对于建设新中国的积极热情和受到的认可。

新中国成立后，为恢复国民经济，政府主导开展了各类政治运动，这些运动都不可避免地对当时中国的高等教育产生直接影响。

1950年2月14日，中国和苏联在莫斯科签订《中苏友好同盟互助条约》、《中苏关于中国长春铁路，旅顺口及大连的协定》、《中苏关于贷款给中华人民共和国的协

图5-2　国立中山大学的学生运动

（来源：易汉文．中山大学编年史（1924-2004）[M]．广州：中山大学出版社，2005，9）

图5-3　1949年7月23日军警入中山大学逮捕师生

（来源：陈汝筑，易汉文．巍巍中山——中山大学校史图集[M]．广州：中山大学出版社，2004，9）

定》[⑥]。中国开始全面学习苏联的社会主义建设经验。

图5-4　中山大学校长许崇清
（来源：陈汝筑，易汉文．巍巍中山——中山大学校史图集[M]．广州：中山大学出版社，2004，9）

1950年6月25日，朝鲜战争爆发。7月16日，国立中山大学龙庆忠教授在校刊《人民中大》发表关于《反对侵略保卫世界和平》的笔谈，号召"无论是工人、农人、商人以及一般知识分子，应该一致挺身起来参加和平签名运动，以积极的行动来打碎美帝侵略台湾并武装干涉朝鲜人民的解放战争。"[⑦]

1950年9月9日，中央教育部批复中南军政委员会教育部：经政务院核定，公立学校概不加冠"国立"、"省立"、"县立"或"公立"字样。根据这一规定，"国立中山大学"改称为"中山大学"[⑧]。1951年1月，中央人民政府批准任命许崇清（图5-4）为中山大学校长（1951年2月-1968年9月在任），冯乃超为副校长。中山大学临时校务委员会宣告解散，中山大学的学校工作从此走上正轨。陈伯齐教授在1951年任建筑工程学系系主任，教学体系日趋完整。教师们积极参与学校及广州市的各项建设工作，初步形成基于地域气候、注重解决实际问题的功能技术理论与工程实践相结合的建筑教育特色。

1950年开始到1953年，"土地改革运动"在新中国全面开展起来。为配合"土地改革运动"，中山大学工学院的师生们也被发动起来参加军干学校以便配合完成各地的土地改革，时任工学院院长的龙庆忠在校刊《人民中大》上号召同学响应政府号召参加军干学校，并指出："中大在响应政府号召的工作上一直是华南青年的带头者，今天也应该在参加军干学校的运动中起带头作用"[⑨]。一边参加"土改"，一边不放松业务学习，成为这一时期中大师生的常态。

为了严厉打击残留反革命破坏新中国建设的行为，从1950年12月开始，全国范围开展了大规模的镇压反革命运动，到1952年底基本结束，除少数地区外，基本肃清了残留的反革命分子和帝国主义间谍，维护了国内安定团结的局面，保证了抗美援朝、"土地改革"和国民经济恢复工作的顺利进行[⑩]。这次运动几乎让每个人都卷入其中，每家每户都要如实报告家庭背景，举报可疑人员，进行严格的家庭成分划分。龙庆忠教授也因为亲属的原因，不得已主动辞去了工学院院长和系主任的行政职务。

1951年11月30日，中共中央发出《关于在学校中进行思想改造和组织清理工作的指示》，要求在学校教职员和高中以上学生中普遍开展社会主义政治思想改造学习运动，号召他们认真学习马列主义、毛泽东思想，联系实际，开展批评和自我批评，进行自我教育和自我改造，并指出这次运动的目的，主要是分清革命和反革命，树立为人民服务的思想[11]。思想改造学习运动于1952年秋基本结束。这场运动是为了改变教师和学生的政治思想面貌，从而适应社会主义建设的需要。

1951年12月1日，中共中央作出《关于精兵简政，增产节约，反对贪污，反对浪费和反对官僚主义的决定》，"三反"运动在全国展开[12]。1952年1月26日，中共中央发出《关于在城市限期展开大规模的坚决彻底的"五反"斗争的指示》，要求在全国大中城市，向违法的资产阶级开展一个大规模的、坚决彻底的反对行贿，反对偷税漏税，反对盗窃国家财产，反对偷工减料和反对盗窃经济情报的斗争。"三反"、"五反"运动，揭发出基本建设方面的巨大浪费现象，特别是私营建筑营造业存在的严重偷工减料、偷税漏税等不法行为。为加强建筑事业的管理，1952年8月7日，中央人民政府委员会第17次会议，通过《关于调整中央人民政府机构的决议》，决定成立中央人民政府建筑工程部。运动于1952年10月结束[13]。"三反"、"五反"运动打击了私营经济，巩固了国营经济的领导地位。此后，各大城市成立了国营的建筑公司和设计院，打击了私人建筑事务所。

1949年至1952年是新中国成立之后的国民经济恢复时期，这一时期一系列的政治运动安定了国内局势，稳定了市场物价，为国家的第一个"五年计划"的实施奠定了基础。这些政治运动，对中山大学建筑工程系也产生了直接的影响。像陈伯齐、夏昌世、龙庆忠、谭天宋、杜汝俭等教授、副教授除了在学校执教外原本还在社会上开设了个人私营建筑师事务所，也因各类运动的影响而受到了一定冲击，不得不关闭了各自的事务所。这对于实践性要求非常强的建筑教育来说，使学生们失去一些跟老师共同参与实际工程项目的机会。

二、教学体系

（一）教学思想——实用、经济和重视建筑技术和工程实际

1945年开始，留学德日的夏昌世、陈伯齐、龙庆忠以及岭南地区建筑教育的创始人、重视全面型建筑人才培养的林克明等四位教授逐渐齐集广州国立中山大学建筑工程学系。夏昌世早年留学德国，陈伯齐留学日本和德国，龙庆忠留学日本，他们所接受的德国和日本的建筑教育与英美法等国的主流"布扎体系"建筑教育有所不同，更加注重建筑结构和构造技术与建筑实用功能的结合，反而没有过于强调"布扎体系"更为重视的纯建筑美学上的类型、范式研究。1940年陈伯齐创办

重庆大学建筑系后，就把夏昌世和龙庆忠也聘任到重庆大学。当时的重庆大学和在重庆的中央大学学生分为两派，一派倾向于重庆中央大学的英美“布扎体系”建筑教育，另一派倾向于重庆大学实行的德日体系建筑教育，有中央大学的学生去重庆大学听陈伯齐、夏昌世的课，也有重庆大学的学生去中央大学听课[14]。由于第二次世界大战中轴心国（德、意、日）和同盟国（英、美、苏、中、法）对立的政治历史背景，1943年两派斗争得比较激烈，最后国民党教育部直接干预，由留学美国麻省理工的黄家骅接替陈伯齐任系主任，陈伯齐、夏昌世、龙庆忠被逼离开重庆大学，到了较为强调工程技术的同济大学建筑工程系任教。1945年抗战结束后，夏昌世、陈伯齐、龙庆忠三位教授又相聚在广州国立中山大学建筑工程系，再加上创立岭南现代建筑教育时就对现代主义新建筑大为推崇的林克明的回归，他们给国立中山大学建筑工程学系带来了重功能、技术和实践的现代主义建筑理念，并引入了基于地域特点的适应性建筑创作思想。虽然有“内战”以及各类“运动”影响，国立中山大学建筑工程学系的正常教学受到干扰，未能建立起较为完善的建筑教育体系，但这几位教授的到来为岭南地区建筑教育大发展注入了新的动力。

据1948届校友、广州市设计院总工蔡德道忆述：“我在中山大学建筑系4年，实在说学到的知识很少。由于一年级我只上课两个月，坪石一个月，兴宁一个月。二年级回广州，上学期没有上课，只是在下学期上课4个月。三、四年级是恰好经历解放战争，罢课罢教，上课也不正常。另外因没有国内教材，教授上课是按外国教材讲，讲的是中文但专业名词是外文，做设计作业也可以用英文。但现在回顾还是得益不浅。因为老师讲了许多外国现代建筑的基本理念，当时听不懂但文字记住了。毕业后，在工作中慢慢理解，就像现在三岁小孩背三字经，不知内容但留下印象，长大了也没有忘记，慢慢理解了。所以在中山大学听到的建筑理念使我受用终身。当时的教育特点理性，不是感性，理性的严格训练。非此即彼，而不是亦此亦彼，读大学时我从来不知道建筑是凝固的音乐，石头的史诗，未听过。但是对柯布西耶《明日之城市》的学习却是在这里，这是我对中山大学最深刻的印象，对世界进步的向往，知道世界是怎么回事。”[15]教师们重技术、重实践的现代建筑设计理念通过言传身教，使学生留下了深刻印象。

广州解放后，时局逐渐平稳。1950年夏，中央人民政府教育部公布：“中华人民共和国的高等教育的宗旨，为根据人民政治协商会议共同纲领关于文化教育政策的决定，以理论与实际一致的教育方法，培养具有高度文化水平、掌握现代科学与技术的成就并全心全意为人民服务的高级建设人才”[16]。这成为国立中山大学在新中国成立之初努力的办学方向。理论与实际相结合，也正是自国立中山大学建筑工程学系自从广东省立工专创办建筑学科教育以来，所一直秉承的教学理念。

1952年7月2日-17日，政务院财政经济委员会总建筑处召开第一次全国建筑工程会议。[17]8月20日，中共中央对全国建筑工程第一次会议总结报告的进行批示，提出“设计方针必须注意适用、安全、经济的原则，并在国家经济条件许可下，适当照顾建筑外型的美观，克服单求形式美观的错误观点。”[18]

以林克明、夏昌世、陈伯齐、龙庆忠、谭天宋、黄适、杜汝俭等为代表的岭南建筑教育家们一贯坚持的重视功能和建筑技术，以及强调实际工程、经济适用原则的教学和建筑创作思想与此时国家提出的建筑设计总方针不谋而合。在1951年的华南土特产展览交流大会的规划与建筑设计、中山大学图书馆的复改建、1952年中山医学院附属第一医院门诊部设计等工程项目上都体现出的实用、经济、注重气候条件和建筑技术的适应性设计原则。

因此，在新中国成立之初的国民经济恢复时期（1949-1952年），岭南建筑教育的主导教学思想基本是老一辈教育家们一贯坚持的实用、经济和重视建筑技术和工程实际教学思想的延续，与国家此时的建筑设计方针保持了一致。

（二）教学计划——延续对理性分析与工程技术的重视

1945年抗日战争胜利之后，直到1952年全国院系调整前，国立中山大学建筑工程学系随着留学德国、日本的夏昌世、陈伯齐、龙庆忠等教授以及具有丰富工程实践经验的林克明、谭天宋等教授的到来，延续了岭南建筑教育注重理性分析和建造技术、强调工程实际的教学特点，这直接反映在这一时期的教学计划安排上（表5-1）。

战后中山大学建筑工程学系课程设置分析表[19] **表5-1**

课目类别	课目名称	学分 / 权重
公共课程	英文 / 国文 / 伦理 / （法文*）	14/8.43%
建筑史学课程	外国建筑史 / 中国建筑史* / （近代建筑*）	6 / 3.61%
专业基础课程	数学 / 物理 / 物理实验 / 投影几何 / 阴影学 / 透视学 / 测量学 / 微分工程*	28 / 16.87%
建筑美术课程	徒手画 / 素描 / 水彩画水 / （建筑模型）*	10 / 6.02%
建筑设备课程	建筑卫生 / 建筑设备 / 建筑声学	6 / 3.61%
材料构造课程	房屋建筑（原名营造法）/ 中国营造法 / （木构建筑*）/（构造设计*）/ 建筑材料*	14 / 8.43%
结构设计课程	应用力学 / 材料力学 / 图解力学 / 钢筋混凝土 / 钢筋混凝土设计* / 钢骨构造* / 结构学 / 材料实验*	28 / 16.87%

续表

课目类别	课目名称	学分 / 权重
建筑设计课程	建筑初则及建筑画 / 建筑图案设计 / 建筑设计 / 建筑计划 / 都市计划 / 内部装饰* / 庭园设计* / 毕业设计 / 毕业论文 / （建筑原理）*	48 / 28.92%
建筑师业务及应用课程	实业计划 / 建筑师业务及法令 / 经济学 / 估价学 / 工厂实习* / 建筑施工 / 木工*	12 / 7.23%

注：1. 本表系以1948年毕业生莫俊英、邝百铸、刘玉娟、金振声等历年成绩表统计而成，必修与选修课程仅从上述四份成绩表中进行推断：带*者应为选修课目。2. 上述四份样表中总学分以邝百铸所修174分为最高，以莫俊英所修165分为最低，本表以总学分为166分之金振声样表对各课程类别在学分分布及权重进行分析，有（ ）标记课程未被金所选。

资料来源：国立中山大学毕业生历年成绩表（工学院建筑工程系），广东省档案馆藏，彭长歆整理。

从这份分析表可以看到夏昌世、陈伯齐、龙庆忠等教授到来后，在中国建筑史研究上得到了加强，并且在构造类课程中特别加入了“中国营造法”、“木构建筑”，建筑设计课程中也增加了“庭园设计”等课程，使得岭南建筑教育的课程设置更加完善，为将来岭南建筑教育的学科全面发展打下基础。

1. 课程设置

（1）设计分析训练

课程设置除了基本功训练和类型建筑设计外，还比较重视设计分析训练。据蔡德道（1944级）回忆，刘新科和黄培芬两位老师主持平面的理性分析训练：建筑设计要求先做出合理的平面，充分比较和推敲好平面的各类空间关系。参考书籍是英国E.&O.E出版的《Planning（平面布置）》，注重理性的平面组合分析训练（Planninganalyze），这本书最后演化为《美国建筑师手册》。夏昌世则是教授建筑立体形态的分析：完成建筑平面关系后，用投影方法做出建筑的体量，立面上先不开门窗，不加柱式，屋顶也不作处理，先推敲形体关系是否恰当。夏昌世曾经画过一张示范效果图，没门没窗，只有体量。[20]这种纯粹的建筑设计分析训练对于提高学生对设计的理解有着重要的意义，直到今天都有其重要价值。

（2）建筑结构和设备

建筑工程学系的数学要求学习微方程。据蔡德道忆述，数学由当时国立中山大学的数学系系主任许淞庆来担任教学。该门课程学习比较深，按夏昌世要求，只学板梁柱的钢筋混凝土结构不够，要学到钢架结构，二年级继续学数学便于三年级计算钢架结构。学生毕业的时候，要求会做钢筋混凝土三层楼的框架结构计算，同时要画出施工图[21]。另外，还要学习建筑卫生、建筑声学以及采暖与通风（刘英智教授主持）等建筑设备课程。

（3）法语

林克明在任勷勤大学工学院建筑工程学系系主任时就要求学生学习法语，因为那时候的英文建筑参考书大多是“学院派”的建筑参考书，只有法文、德文、日文的参考书是“非学院派”的，所以法语作为第二外语的学习也非常重要，便于学生及时掌握国外“非学院派”建筑知识。

（4）建筑施工图训练

国立中山大学建筑工程学系的教授大多是执业建筑师，陈伯齐、林克明、夏昌世、谭天宋、黄培芬等教授都是既会做建筑设计也会亲自绘制施工图。夏昌世的施工图绘制尤其有特点，虽然不尽工整，但是却非常详尽（图5-5）。能够绘制建筑施工图是国立中山大学建筑工程学系对毕业生最起码的要求[22]。教师们娴熟的施工图绘制能力给学生起到了很好的示范作用。

（5）毕业设计

尽管时局动荡，在夏昌世、龙庆忠和陈伯齐几任系主任的努力下，国立中山大学建筑工程学系尽量想建立正常的教学秩序，特别是对于毕业班的学生，为了保证毕业生的教学质量，对四年级的毕业设计题目进行了系统的设置，并建立起较为有效的评图机制。

（6）与教育部颁发建筑系课程草案初稿相适应

1951年4月，新中国刚组建不久的教育部颁发了建筑系课程草案初稿。该初稿明确了高校建筑系的任务，并列出了详细的课程要求。

建筑系课程草案初稿明确指出建筑系的任务是培养学生以正确的观点和方法，掌握有关建筑各方面的基本理论与技术，针对着国家经济建设、文化建设的需要，

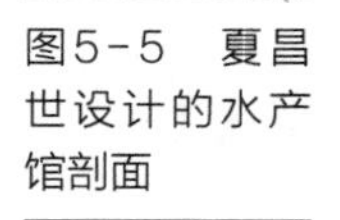

图5-5　夏昌世设计的水产馆剖面

（来源：文化公园档案室）

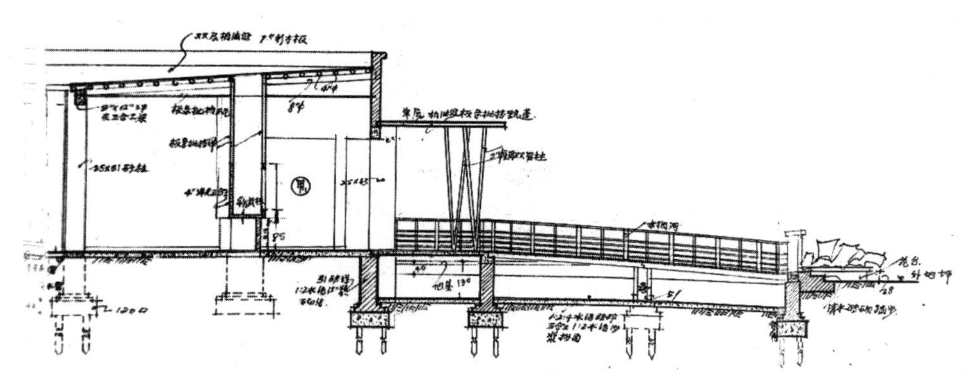

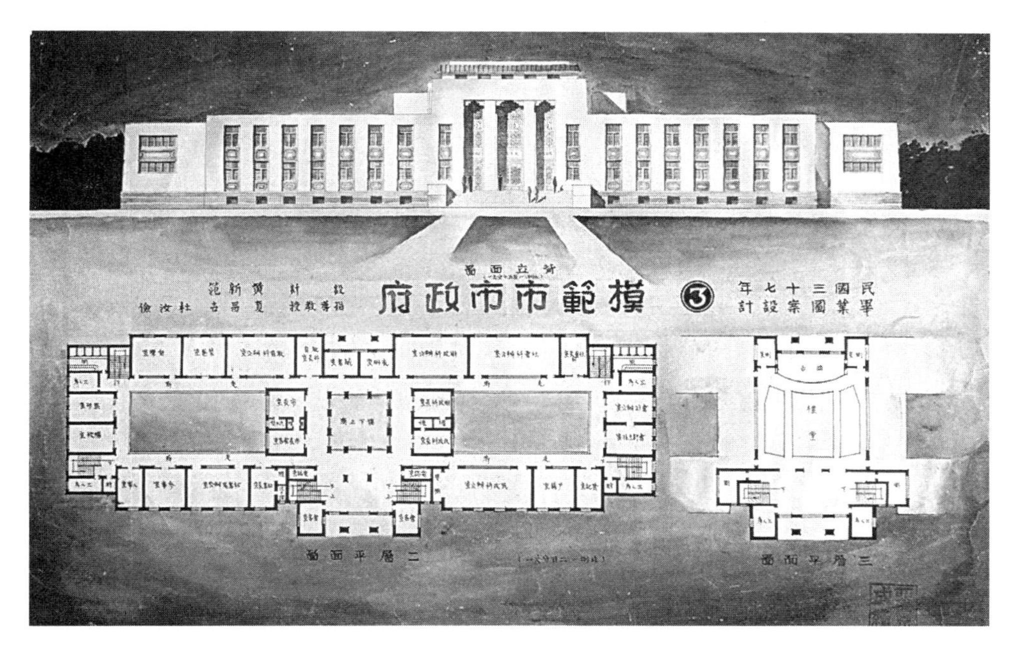

图5-6　1948年毕业设计——模范市市政府（黄新范作）

（来源：黄新范．毕业设计——模范市市政府．夏昌世、杜汝俭指导，1948年，华南理工大学建筑学院藏）

使学生能成为：建筑设计方面的高级技术人员（建筑师）；建筑结构方面的高级技术人员（建筑工程师）；建筑设备方面的高级技术人员（建筑设备工程师）；市镇规划设计方面的高级技术人员（市镇计划师）；专科以上学校的师资及科学研究机关的研究人员。[23]

这一任务要求明显体现了教育部希望建筑系培养的是全面型的建筑人才，这与新中国刚刚成立，国家迫切需要大量的建筑人才来进行社会主义建设的需求相适应。回顾1932年林克明创立广东省立工专建筑工程学系时所阐明的办学方向：“……必须要适合我国当时的实际情况。不能单考虑纯美术的建筑师，要培养较全面的人才，结构方面也一定要兼学”[24]，可以看到岭南建筑教育创办之初也是以培养全面的建筑人才为目标。

针对培养任务，教育部的建筑系课程初稿给出了详细的课程参考（表5-2）：

教育部颁发建筑系课程草案初稿（1951年4月）[25]　　**表5-2**

课程分类	课程名称	授课内容
政治、社会，文化背景课程	*政治课	社会发展史及新民主主义论
	*西方建筑史	西方建筑系统的演变过程，包括史前、埃及、西亚、罗马、初期基督教罗蔓、高直、文艺复兴及近代建筑

续表

课程分类	课程名称	授课内容
政治、社会，文化背景课程	*东方建筑史	东方（中国、印度、日本）建筑发展的概略
	西方绘塑史	介绍西方各时代绘画雕塑的风格及作为一个建筑师对绘画雕塑应有的认识
	中国绘塑史	介绍中国各时代绘画雕塑的风格演变及作为一个中国人民的建筑师对本国绘画雕刻应有的认识
自然科学及工程课程	*工场劳作	木工练习
	*微积分简程	讲授有关工程学科上应用的微分和积分
	*静力学及图解力学	静力学中之图解问题
	*材料力学	分析材料内部的应力应变的关系，各种静定不静定梁的变形与内力，柱的理论等
	*房屋结构学	有关房屋结构应力与分析原理，包括力学之复习、静定及超静定结构之解法结构之变位及空间结构等
	*房屋结构设计	各种房架设计及钣梁设计的练习绘制总图及大样等，并包括计算
	*钢筋混凝土的结构	各种梁接板柱及受旁力柱基脚挡土墙等理论及细节
	钢筋混凝土设计	挡土墙房屋钣梁等
	*房屋应用科学	房屋声学电熠学
	*房屋建造学	房屋建造的材料和施工方法，包括基础工程，泥水工程，木作工程，钢筋混凝土工程和钢铁工程
	房屋机械设备学	暖气通风水电的装置及设计
	*简单测量	测量仪器的构造，简单测量工作的原理和方法
	*施工图说	施工图、施工说明书
	业务及估价	建筑师的业务范围和执行方法，并包括组织及管理、建筑法规工程文件、估价方法、施工程序等
表现技术课程	*素描	训练学生观察能力，并能精确的徒手绘画
	*建筑画	包括1．建筑制图绘图仪器之使用； 2．画法几何（空间中点线面立体之各种形象及关系）； 3．阴影画法（点线面各种立体，建筑部分及阴影求绘法） 4．透视画法（一点、两点、三点透视法，室内透视图，鸟瞰图等）
	*绘画	铅笔画、钢笔画、水彩画、摄影
	*雕塑及模型制作	建筑模型及装饰雕塑

续表

课程分类	课程名称	授课内容
综合研究课程	*建筑设计概论	建筑设计的一般理论，如建筑之定义原理，建筑的形式结构，装饰，建筑的单位，种类，建筑物与人的关系……
	*市镇计划理论	人民的基本生活需要，研究城市的功能，城乡体型，我国城市问题及发展趋势，城市设计理论思潮
	工艺美术概论	介绍我国及西方的工艺美术
	*专题演讲及讨论	
	*造园学	庭园设计理论与技术
	*建筑设计（一～六）	
	建筑设计（七～八）	
	工艺美术及室内设计	室内设计及家具等物的全部设计
	论文	
	校外实际工作实习	校外实际工作上的实习是辅助校内教学的不足，这一段实习最恰当的安排，是在四年级下学期，即从寒假开始到暑假结束为止，一个完整的工程季节，包括设计绘图，结构计算，招标，订约，请照，全部施工，直到完工的完整过程，予以整个的认识和观摩
*选修课程	（未列入）	

注：*表示本系必修共同课。
资料来源：《之江大学建筑系档案》，浙江省档案馆。

将教育部的这份1951年的建筑系课程草案初稿与1948年国立中山大学建筑工程学系的课程设置（表5-1）进行仔细比对，除了中国绘塑史和西方绘塑史这两门课程外，教育部的这份草案是与国立中山大学建筑工程学系的课程设置基本一致。可以看到，中山大学建筑工程学系的课程设置安排，基本符合新中国成立之初国民经济恢复时期，对全面型建筑人才的培养要求。

2. 课外实习

广州解放后随着社会的逐步稳定，国立中山大学建筑工程学系学生参与生产实习的教学安排也逐步开展起来。

1950年7-8月暑假期间，国立中山大学建筑工程学系三年级学生由林克明、谭天宋等带领，到广州市建设局结合生产项目进行教学实习。林克明负责指导越秀山公园规划设计，谭天宋负责指导海珠广场设计等，广州建设局也派人协助，金泽光总工程师参与指导。这是建筑系在新中国成立后第一次将教学实习与生产实践相结合，学生从设计实践中得到进一步锻炼[26]。同期，由金泽光指导，建筑工程学系二年级学生参加了海珠市场、北京路禺山市场等的测绘工作[27]。1950年广州女子师范学校委托中山大学工学院建筑系设计校园建筑。中山大学工学院建筑系为此将工程设计与教学活动结合起来，建筑工程学系二年级的居住建筑设计课由陈伯齐主持，结合女师学生宿舍设计进行，建筑工程学系三年级公共建筑设计课由夏昌世主持，结合女师教学楼设计进行，从方案设计至施工图设计，均由二、三年级同学完成。两项工程建成后得到社会好评[28]。课堂学习与课外实习相结合，强化了学生对建筑知识的掌握和对实际工程技术的认识。

（三）与世界同步的专业参考书籍

国立中山大学拥有当时全中国最新的英文专业书籍，基本掌握西方国家知识发展的最新动态。尽管经历了抗战的颠沛流离，但在杜定友等老一辈图书馆学家的细心而艰难的呵护下，仍然保存了相当数量的外文图书资料。

另外，教师也常常为学生提供原版的外文专业书籍作为教材。而学生们也一直有手抄这些原版书的传统。据蔡德道回忆，除大学一年级《国文》教材是中文，其余都是英文教材。一年级《微积分》、《物理》（DUFF）、《化学》（DEMING），有龙门书店的盗版书，《建筑制图》（GRAPHIC STANDARD）只有老师有书。二年级以后，有E.&O.E出的《Planning》、N.C.CURTIS的《ARCHITECTURAL COMPOSITION》、以及《ARCHITECTURAL SHADES&SHADOWS》、HUNTITONG写的《BUILDING CONSTRUCTION》、COHEN的《APPLIED MECHANICS》（应用力学）等。郑鹏与蔡德道从进校开始就从46届的学长俞蜀瑜（郑鹏同乡）处借他的手抄本。两人总共抄了4本书，上课时坐在一起。黄培芬与刘新科上课时拿原作讲，他们在台下拿手抄本听课。这些都是专业领域的名著，是当时英美国家建筑院校上课的教材，直到现在还在再版。N.C.CURTIS的《The SECRETS OF ARCHITECTURAL COMPOSITION》2011年还再版了不加修改的原著（图5-7）。贝聿铭92岁高龄时设计的伊斯兰博物馆在谈及设计理念时还提到《The SECRETS OF ARCHITECTURAL SHADES&SHADOWS》（图5-8）。蔡德道在美国耶鲁大学访问时看到和当年他在中山大学读书时使用到的一样的教材，诺曼·福斯特当年在耶鲁大学读研究生时使用的也是这些教材[29]。在教材缺乏的情况下，学生手抄书籍的传统一直延续到了20

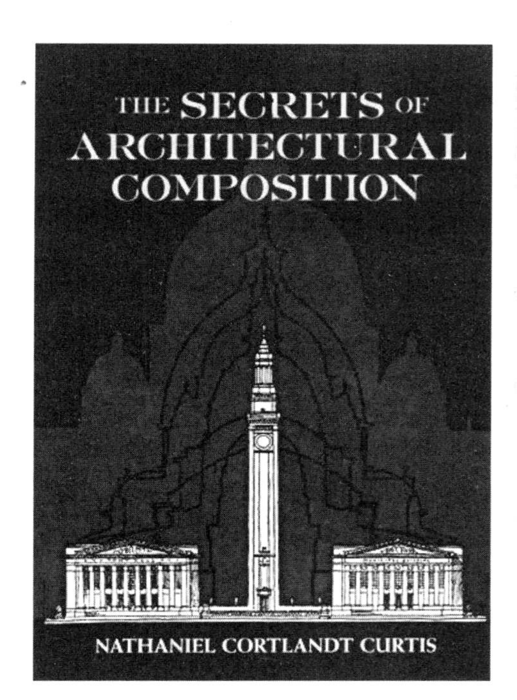

图5-7 《The Secrets of Architectural Composition》
（来源：Nathaniel cortlandt curtis. The Secrets of Architecture Composition[M]. New Your：Dover Publications，INC，2011）

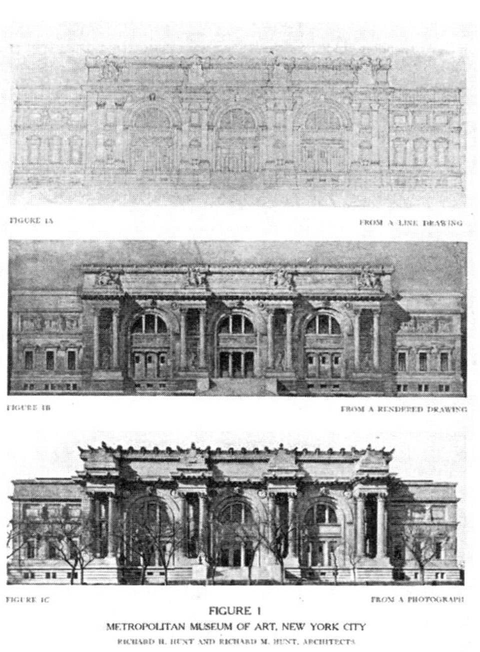

图5-8 《Architectural Shades&Shadows》
（来源：Henry Mcgoodwin. Architectural Shade&Shadow[M].Boston，Bates &Guild Company，1904）

世纪五六十年代（图5-9），中国工程院院士、国家设计大师、现任华南理工大学建筑学院院长何镜堂教授当年读书时也曾经手抄了多本外文专业著作。

1949年广州解放前，美国新闻处有一批最新的建筑专业书籍赠送给国立中山大学。美国赠送的书籍中有普林斯顿大学出版的一本关于建筑遮阳的书，当时也只有夏昌世读过，这也成为他以后研究亚热带遮阳的理论根据[30]。对信息资讯的掌握，使得此时建筑工程学系的教师保持着与世界建筑潮流的基本同步。

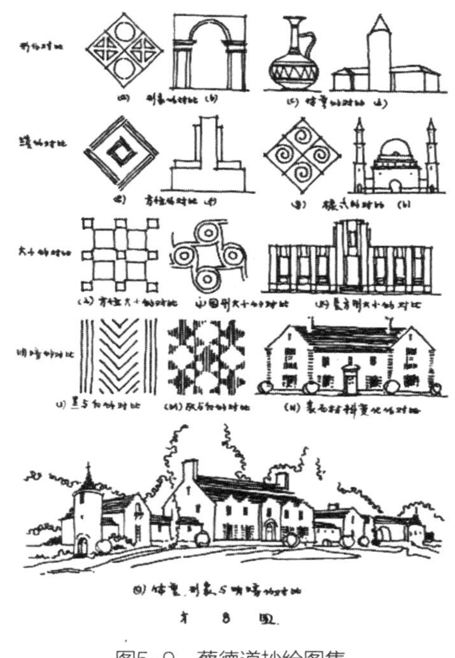

图5-9 蔡德道抄绘图集
（来源：蔡德道抄绘图集. 2011）

（四）教学方法——多年级混班教学

混班教学是陈伯齐教授任建筑工程学系系主任时非常认同的一种教学方式，可以促进不同年级学生之间的交流与观摩。据1951级校友、国家设计大师袁培煌回忆："我进校时班上同学30人，全系加起来不足百人，设计课都在一个大教室里，因此高班同学的课程设计成为我们观摩、学习的范本。有些场景令我至今记忆犹新：一位高班同学的中学教学楼设计，将各个教室组成数个围合形空间平面，很有特色；又有一位同学在解决朝向时，将平面做成锯齿状，这些对我后来的课程设计有极大启发和帮助；还有一位女同学看见高班的小住宅设计时提问，你们为什么不做平顶钢窗，高班同学回答'坡屋顶隔热、排水更好，木门窗更经济实用'。女同学理解了，但从此得了'平顶钢窗'的雅号。建筑设计课，高年级带低年级，优秀生启发同班生，具有潜移默化的作用，对提高教学质量大有裨益。当前某些学校强调统一教学，淡化设置建筑专业教室，以致不同年级缺少交流，实为不妥"[31]。51级校友、华南理工大学建筑学院退休教授魏彦钧也回忆："一、二、三年级在一个大课室做设计，一年级学得最多，因为有高年级的带动，高年级都可以教我们"；"老师跟高年级讲课我们都去听，怎么样渲染、怎么样做设计……"；"一年级学了好多东西，好多底子都是一年级打下的"。48级校友、华南理工大学建筑学院退休教授陆元鼎回忆：大班上课时，"有时教授讲课时也不知道围着的学生是哪个年级的，一起听"；"有很多展览也在一起，给你一种熏陶"[32]。这种混班教学的方式，使得各年级之间交流非常密切，学生也能够不断地巩固各年级的知识，高年级指导低年级，低年级在给高年级帮忙赶图的过程中也能提前学到新的知识，因此这种教学方法所带来的直接效果就是学生的独立工作能力普遍较强，而且较早就能开始进行复杂、完整的建筑设计。这种教学方式在现在的欧美国家以及中国台湾地区的许多建筑院校中仍然采用。

（五）逐步完善的专业教学设施建设

抗日战争后，回迁至广州石牌的国立中山大学建筑工程学系在夏昌世、龙庆忠、陈伯齐等历任系主任的带领下，克服困难条件，进行了一些现代化的教学设施建设[33]（图5-10中11号楼即建筑工程学系与土木工程学系合用的教学大楼）。例如购置了幻灯机、晒图机、材料实验室仪器，建立了晒图室和可以为各系研究实习服务的材料实验室，改建了一个三面可采光的适合四年级的绘图室，东、南、北有教授讲课室、休息室，教授、讲师、助教工作室（图5-11）。后期又建立了一个机械工程系和建筑工程系共用的木工间，配备木工系统的实验设施，对建筑系来说，是作为建筑模型的制作场所。

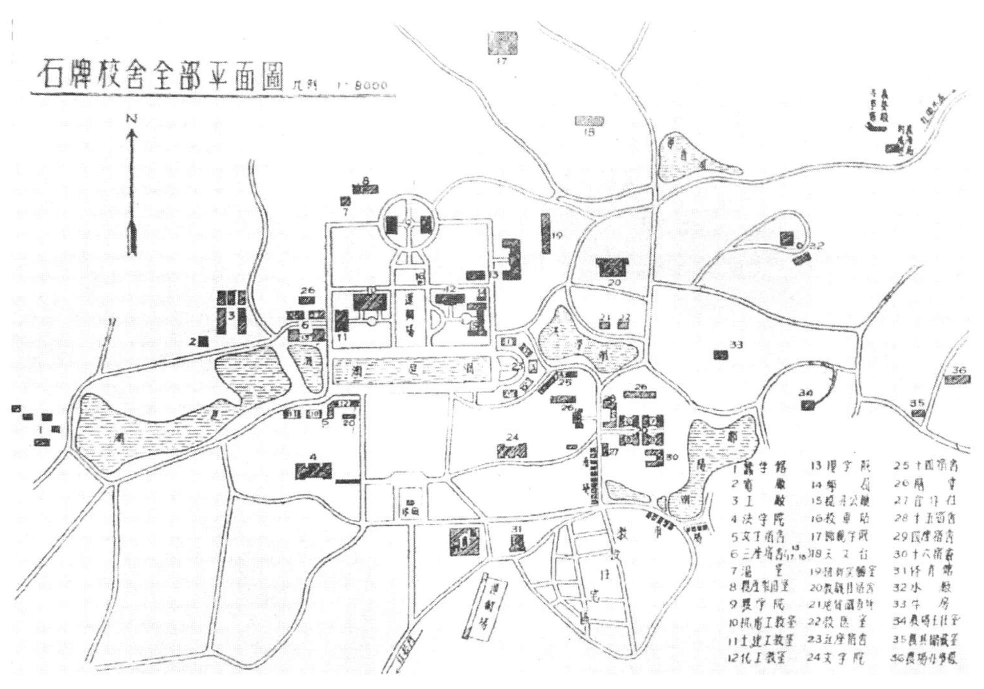

图5-10　国立中山大学总平面图（1950年）

（来源：易汉文．钟灵毓秀国立中山大学石牌校园．广州：中山大学出版社，2004，3：6.）

图5-11　国立中山大学建筑工程学系与土木工程学系教室

（来源：[石牌风云]国立中山大学石牌校区建筑群．影像涂鸦_天涯社区：http://bbs.tianya.cn/post-731-10-1.shtml）

（六）为岭南建筑教育发展积蓄了重要的师资

1945年8月15日，日本宣布无条件投降，抗日战争结束。10月，国立中山大学师生陆续从粤东各县、连县、仁化等地，复员广州原校址办学[34]。1945年11月，曾在重庆大学任教的夏昌世（留学德国）应聘来到广州国立中山大学担任教授，兼任建筑工程学系系主任。1946年，原创办重庆大学建筑学系的陈伯齐教授（留学日本和德国）也应聘来到国立中山大学。1946年8月，时任同济大学教授的龙庆忠（留学日本），接受王星拱之邀来广州担任国立中山大学建筑工程学系教授。1946年11月，岭南建筑教育的创始人林克明也从越南回到广州，继续执教原来由他一手在勷勤大学创办，后被胡德元教授整体带入国立中山大学的建筑工程学系。至此，对岭南建筑教育发展起重要作用的四位教授齐聚国立中山大学建筑工程学系（表5-3）。

1947年因部分学生对夏昌世教学上的“潇洒”个性不满向学校投诉，夏昌世因而辞去系主任一职，转由龙庆忠继续任系主任。1950年1月20日，广州军管会任命刘渠、王越、丁颖、龙庆忠、钟敬文、陈伯齐、符罗飞等18人为国立中山大学临时校务委员会委员，刘渠为副主任兼秘书长并代理主任，另外任命龙庆忠为工学院院长[35]。

1949年度上学期中山大学建筑工程学系主要教师名册及担任课程[36] **表5-3**

姓名	职别	讲授课程
陈伯齐	教授	房屋构造（1）、房屋构造（2）、建筑设计、建筑计划
夏昌世	教授	建筑设计、内部装饰、建筑计划
龙庆忠	教授	建筑制图、中国建筑史、外国建筑史、中国营造法
林克明	教授	建筑设计、都市计划、建筑计划、近代建筑
刘英智	教授	投影几何、阴影学、透视学、外国建筑史、房屋给排水、声音日照学
丁纪凌	教授	建筑雕刻、图案设计、模型设计
符罗飞	教授	水彩画、徒手画、模型素描
李学海	教授	材料强弱学、应用力学、图解力学、钢筋、混凝土学、房屋建筑学
许淞厦	副教授	微分工程、最小二乘方
邹爱瑜	助教	透视学、投影几何
杜汝俭	助教	建筑意匠学（即前建筑原理）、施工估价学、建筑师职务及法规
卫宝葵	助教	建筑初则、建筑画、房屋建筑学，图解力学
陶　乾	助教	材料试验

资料来源：广东省档案馆，彭长歆整理。

1950年9月，国立中山大学更名为中山大学，龙庆忠继续担任中山大学工学院院长兼建筑工程学系系主任㊲。1950年末，林克明离开中山大学建筑工程学系调任广州市建设局下属的城市建设计划委员会副主任㊳。

自1945年开始到新中国成立初，随着夏昌世、陈伯齐、龙庆忠、林克明、谭天宋、符罗飞、丁纪凌等知名教授的加入，以及新中国成立前优秀应届毕业生杜汝俭、邹爱瑜、金振声和1951年、1952年，优秀应届毕业生胡荣聪、林其标、陆元鼎、罗宝钿等陆续留校任教，为岭南建筑教育的大发展积蓄了强大的师资力量。

主要教师

（1）夏昌世

1905年5月24日，由于父亲夏佐邦在江西省萍乡煤矿担任副总工程师，祖籍广东新会的夏昌世出生于江西省萍乡市，与兄长一道跟随父亲又迁往湖南衡阳水口山矿。在衡阳接受了多年传统私塾的蒙学教育后，1917年夏昌世回到广州就读于基督教会学校——培正中学。

1923年1月，夏昌世随兄长夏安世一道共同赴德国求学。1923年4月，抵达德国的夏昌世到柏林大学德语专修班进修德语（图5-12）。1924年4月，夏昌世被图宾根大学化学系录取。在学期休假时，由于在兄长就读的德累斯顿工业大学见到建筑系学生绘图，深受感染，遂决定学习建筑。1925年3月，夏昌世转到卡尔斯鲁厄工业大学建筑系学习建筑。夏昌世受到三位教授的影响：系主任卡尔·恺撒（Karl Caesar）教授、卡尔·沃林格（Karl Wulzinger）教授、赫尔曼·比林（Hermann Billing）（图5-13）教授，前两位对新设计风格的推崇和对新技术与建筑相结合推动影响了夏昌世的设计思想。比林教授是夏昌世的直接辅导导师，有个人工作室，对“新建筑运动”持开放态度（图5-14），教学上所采取的严格“作坊课程”

图5-12　夏昌世
（来源：Eduard Kögel. Between Reform and Modernism. Hsia Changshi and Germany 在革新与现代主义之间：夏昌世与德国[J]. 南方建筑，2010（2）：16）

图5-13　赫尔曼·比林教授（Hermann Billing）
（来源：Archinform官网：http://eng.archinform.net/arch/648.htm）

图5-14 Ettlinger-Tor广场（赫尔曼·比林设计1924-1930年）

（来源：Archinform官网：http://eng.archinform.net/projekte/4611.htm）

制度，高强度的绘画制图和建筑设计作业，则是让夏昌世的设计和绘图能力得到了充分的训练。1927年夏天，夏昌世和同学一道对欧洲进行考察旅游，途经德国、奥地利、意大利、瑞士、法国、比利时、荷兰、丹麦和瑞典。1927年底夏昌世基本完成大学课程之后，还进行了为期七个月的实习。夏昌世首先在海德堡的一家水泥厂参与水泥施工，一个月后进入图宾根的Gustav Staehle建筑师事务所工作，直到实习结束。1928年5月21日，夏昌世获得了卡尔斯鲁厄工业大学建筑系工程学位证书，获得的评语是"在艺术性方面表现活跃"[39]。1928年夏昌世结识德国女护士白蒂丽（Ottilie Bretschger），两年后两人结婚。1928年夏至1929年末，夏昌世曾在勒·柯布西耶在巴黎的工作室工作，这时正是现代主义建筑运动在欧洲蓬勃开展的时期，柯布西耶正在设计萨伏伊别墅。

1929年夏昌世回到图宾根大学攻读艺术史博士学位，师从艺术史学家乔治·魏斯（Georg Weise）。夏昌世曾经帮魏斯教授的著作《西班牙大厅式教堂》绘制了全部插图（图5-15）。夏昌世的博士研究课题是《法国北部晚哥特时期殿堂式教堂》（图5-16）。夏昌世花了数月的时间对法国北部城市与村庄的超过50座教堂进行了调查，并对部分教堂进行了实测。夏昌世对这些走访过的教堂在论文中都或繁或简地进行了逐一描述。1932年2月27日，夏昌世进行了博士学位论文答辩。导师魏斯教授评价其论文："这项工作的价值在于，对德国研究有重要影响的建筑首次得到了分析与记录"[40]。1932年2月29日夏昌世论文获得通过被授予博士学位。这次博士论文的撰写可以说对夏昌世的学术研究影响至深，使夏昌世掌握了进行学术研究

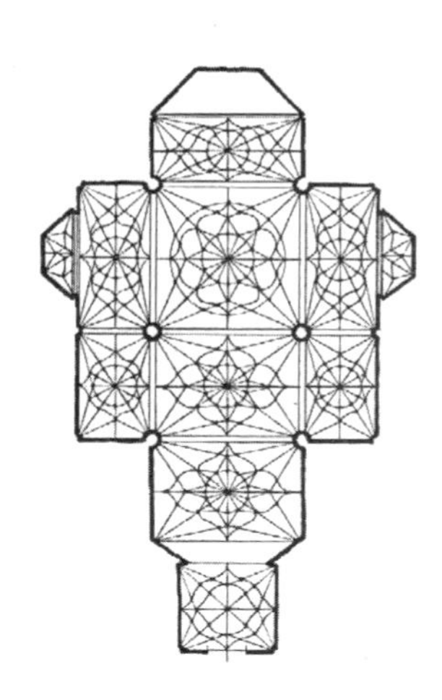

图5-15　乔治·魏斯《西班牙大厅式教堂》夏昌世绘制插图
（来源：Eduard Kögel. Between Reform and Modernism. Hsia Changshi and Germany 在革新与现代主义之间：夏昌世与德国[J]. 南方建筑，2010（2）：19）

图5-16　比利时列日的圣十字教堂——夏昌世博士论文插图
（来源：Eduard Kögel. Between Reform and Modernism. Hsia Changshi and Germany 在革新与现代主义之间：夏昌世与德国[J]. 南方建筑，2010（2）：19）

的科学方法，即学术观点的形成是建立在对大量的客观事实进行仔细调查记录的基础之上，然后进行理性的研究和分析，才能得出合理的结论。在夏昌世其后的学术生涯中，无论是对江南园林的研究、对岭南庭园的研究，还是对基于岭南亚热带气候特点的建筑降温措施研究以及在建筑设计过程中的前期资料收集整理阶段都可以看到他这种重视客观实际、进行大量案例调查分析比较的研究方法，这也成为夏昌世从事建筑教育后要求学生所必须掌握的学术研究方法。

1931年夏昌世曾短暂回国三个月，国内相对稳定的局势使夏昌世决定学成后回国建设国家，并成为留德时同学奚福泉在上海创办的启明建筑事务所合伙人。1932年3月，夏昌世在德国取得博士学位两个星期后，携德国夫人白蒂丽和小孩举家回到中国，在启明建筑事务所工作到11月份，年底被南京铁道部部长顾孟余聘为铁道部技士。

1934年在铁道部工作的夏昌世，接受了一项顾孟余特意安排的任务，陪同1933年第二次来中国的德国建筑史学家、德国的中国古建筑研究鼻祖、奚福泉的德国老师恩斯特·鲍斯曼（Ernst Boerschmann，1873-1949年）进行调研考察旅行（图5-17）。鲍斯曼在1902年第一次调研中国建筑之后，出版了关于中国庙宇、塔和其他相关中国建筑历史的七部著作。1924年鲍斯曼开始在柏林理工大学当教授，教中国建筑，是一位受到在欧洲的中国留学生尊重的学术权威，几乎每一个建筑学学生都去拜访过他家或者听过他的课（比如后来成为同济大学院长的冯纪忠在1936年曾在柏林与他会面）。1929年奚福泉成为鲍斯曼第一位取得博士学位的弟子。1932年鲍斯曼主动与中国营造学社联系并寄送其论文《中国宝塔》到学社[41]，获接纳成为学社“评议”。陪同鲍斯曼考察中国建筑的这次游历对夏昌世职业生涯产生了重大影响。1934年2月，夏昌世陪同鲍斯曼到北京拜访了梁思成、刘敦桢以及中国营造学社；3月份在苏州乘船游历直到太湖；4月份到安徽佛教圣地九华山；5-7月从南京到徐州，再到河南开封和郑州，参观白马寺和龙门石窟后又到陕西潼关和西安，之后返回南京途中又到河南嵩山少林寺参观，经武汉回到南京。1934年岁末，鲍斯曼在南京夏昌世家度过圣诞。1935年1月8日，鲍斯曼离开中国回到德国[42]。夏昌世在1934年与广东新会“老乡”梁思成相识后于同年加入中国营造学社并任校里[43]。1935年9月，夏昌世受梁思成和刘敦桢邀请，与卢树森一道，对苏州古建筑及苏州园林做了调查及测绘工作[44]

1936年夏昌世转到交通部任平汉铁路局顾问。1937年2月夏昌世曾经回到广州在新建筑工程司事务所任职，但由于抗战爆发后，日寇进逼广州，夏昌世不得不离开广州去往西南，回到铁路局工作，直到1939年。夏昌世也因此而结识1936年刚刚从广州国立中山大学土木工程系毕业在滇缅铁路做施工的莫伯治，两人从此成为莫逆之交，新中国成立后共同进行了岭南庭园的合作研究。（图5-18）

1940年，夏昌世受留德时的同学，时任国立艺术专科学校校长的滕固邀请，前往在昆明的国立艺术专科学校担任教务长，并由夏昌世主持开设了一个建筑班。半年后，夏昌世离开该校到同在昆明避难的同济大学任教授。1941年夏昌世携家去往重庆，在沙坪坝自建住宅居住。夏昌世同时担任当时在同一校园内的国立中央大学和重庆大学建筑系的教授。另外还与勷勤大学建筑工程学系1937届毕业生郑祖良等人合办重庆友联建筑工程司事务所兼任建筑师。1943年7月激进的重庆大学学生将陈伯齐、龙庆忠、夏昌世等具有德日留学背景的教师驱离，而代之以有英美留学背景的教师。离开教学岗位的夏昌世仍然在重庆友联建筑工程司事务所任建筑师，同时还兼任了重庆陪都建设计划委员会技正、《市政评论》杂志编辑顾问直到1945年11月。

1945年12月，夏昌世接受时任广州国立中山大学校长王星拱的邀请，前往广

图5-17　1934年岁末，夏昌世（左一）与恩斯特·鲍斯曼（左二）、夏夫人白蒂丽（左四）等在南京
（来源：Eduard Kögel. Between Reform and Modernism. Hsia Changshi and Germany 在革新与现代主义之间：夏昌世与德国[J]. 南方建筑，2010（2）：20）

图5-18　20世纪80年代夏昌世与莫伯治在香港会面
（来源：曾昭奋. 岭南建筑艺术之光：解读莫伯治[M]. 第1版. 广州：暨南大学出版社. 2004. 09）

州担任该校建筑工程学系教授，并于1946年出任抗战胜利后的首位系主任。夏昌世在重庆大学建筑系执教时的同事陈伯齐、龙庆忠也随后不久相继受聘来到广州的国立中山大学建筑工程学系，三位曾经的同事又再次在广州聚首，继续他们所坚持的重视建筑技术与工程实际的建筑教育之路。

图5-19　夏昌世与46级学生合影
（后排左起第四人戴墨镜者为夏昌世）
（来源：夏. 梁崇礼提供照片）

夏昌世在教学上有其自己的特点。也许是个性潇洒，凡事看得“比较化”，因而在教学纪律上也要求比较松散，辅导学生有重点选择。据蔡德道忆述，由于夏昌世建筑设计能力较强，对学生也比较严厉，因而在学生中有很高的威信，很受学生崇拜（图5-19）。学生对他提出的修改意见基本是照单全收，很是信服[45]。

1946年，时任国立中山大学建筑工程学系系主任夏昌世教授设计了国立中山大学女生宿舍，为一砖木结构平房。这是夏昌世来广州后的第一个设计作品，全部施工图与效果图均由其亲笔绘制。据当时是学生的蔡德道先生忆述，夏昌世上课时向他们展示全部设计图纸，绘制虽然不是很严谨，但“详尽而挥洒自如”。虽然没有用仿宋字书写，但字体流畅清晰。画在黑纸上的透视效果图用几笔白色和其他彩色线条进行勾画，使当时花了不少时间在西洋古典建筑渲染上的蔡德道眼前一亮，看到“另一样的建筑”[46]。

1947年夏昌世设计的中山县参议会会堂落成（图5-20）。会堂位于中山县烟墩山半山腰上，占地面积约1300平方米，包括参议院大楼、会堂和小广场三部分[47]。这是夏昌世在新中国成立前设计的一座具有“中国固有形式”风格的一座政府建筑。但不像其他的“中国固有形式”建筑，夏昌世做了适当的立面简化处理。没有复杂的古典柱式和繁琐的斗栱，简洁的立面只是在窗间墙和窗户上采用了不同的材质处理和线条划分，入口门廊突出主体。如果把中式大屋顶去掉，就是一座简洁大方的现代主义建筑，其主立面的设计甚至与四年后的中山大学图书馆改建项目的主立面设计如出一辙。从1947年11月至1949年10月，中山县参议会曾在此举行过六次大会。20世纪50年代因召开各界人民代表会议中山县人民代表大会改称“人民会堂”，成为中山重要的会议及演出场所之一。20世纪60年代一度被改作茶室。

1947年夏昌世辞去国立中山大学建筑工程学系系主任的职务，由龙庆忠教授接任。

1951年夏昌世设计了其新中国成立后的第一个重要建筑作品——华南土特产展览交流大会水产馆。夏昌世的水产馆设计注重建筑功能的实用性与建筑主题形象相结合，是其对功能需求和气候及文化适应性的建筑设计代表作之一，成为大会最为独特的展馆。同年其改造设计的中山大学图书馆（院系调整后为华南工学院图书馆），放弃了原方案造价高昂的“中国固有形式”风格，从华南亚热带气候特点出

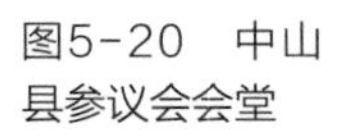
图5-20　中山县参议会会堂

（来源：http://weibo.com/jdmba）

发，结合图书馆的实际功能需求、流线组织和布局特点，用简洁的现代主义建筑形式语言创造了新中国高校图书馆形象。

1951年夏昌世还设计了广州女子师范学校教学楼（今广东工业大学东风路校区内）。夏昌世经梁思成推荐，应铁道部邀请还主持了江西南昌新火车站方案设计[48]（图5-21）。

这一时期的夏昌世开始在建筑设计上注意与华南地域气候特点的结合，并初步进行建筑遮阳的研究。

（2）陈伯齐

陈伯齐，字家正，1903年7月出生于广东侨乡台山市汶村镇沙坦村，父亲曾经是美国旧金山的华侨劳工。陈伯齐自幼就热爱读书，刻苦勤奋，而且热衷于绘画，经常独自到家族祠堂欣赏和临摹建筑中的绘画装饰。少年时的陈伯齐由于对绘画的热爱，以致经常不够钱来购买颜料而招致父母的责备。由于陈伯齐的学习成绩在村中年年第一，因此获得了汶村"公偿"制度（由村里的公共收入来资助学习费用）的鼎力相助，1920年17岁的陈伯齐到广州文明路就读"国立广东高师附属师范学校"。1924年陈伯齐从师范学校毕业后，在广州教小学。

1928年，25岁的陈伯齐来到了由梁启超倡办的日本神户华侨同文学校教书，在此期间，激发了对建筑的热爱。1930年陈伯齐回到广州考取广东省公费留学，赴日本东京高等工业学校（东京工业大学前身）攻读建筑学专业。在校期间，陈伯齐与1925年到东京求学的江西人龙庆忠（1931年从东京工业大学毕业）相识，同年同月生的两人成为好友，此后两人曾一同在重庆大学、同济大学、国立中山大学和华南工学院共同执教直至去世，成为终生挚友。由于当时日本加紧侵略中国，陈伯齐在日本加入了地下反日组织，积极投身反日活动，也因此而结识后来成为他夫人的郭剑儿女士。1931年"九·一八"事件爆发后，在日本的中国留学生掀起抗日和归国浪潮。陈伯齐也在这次大潮中归国，由于身患头痛疾病，回到家乡

图5-21　20世纪50年代的江西南昌火车站

（来源：新浪博客：http://blog.sina.com.cn/s/blog_48c7b2e20100itno.html）

汶村修养。

1934年，陈伯齐休养好后决定自费赴德国柏林工业大学继续攻读建筑学。陈伯齐学习勤奋，得到老师的赏识，1939年以优异的成绩提前半年毕业，并留校建筑设计部工作。留学五年，每个假期陈伯齐都外出游历考察建筑，足迹遍及德国、法国、荷兰、比利时、卢森堡、英国、爱尔兰等30多个欧洲国家，为其增加了广泛而丰富的建筑阅历，使其后来从事建筑设计和建筑教育事业时均能“信手拈来”。（图5-22）

图5-22 德国留学时的陈伯齐（左二）
（来源：陈伯齐百年纪念展览. 华南理工大学建筑学院，2003）

图5-23 德国归来的陈伯齐（右二）
（来源：陈伯齐百年纪念展览. 华南理工大学建筑学院，2003）

1940年，陈伯齐决定离开德国回到中国，利用自己的所学报效祖国。1940年初陈伯齐来到陪都重庆，与相恋多年的郭剑儿结婚，并在重庆大学土木工程系任职教授（图5-23）。同年，陈伯齐向重庆大学建议开办建筑学系获准，并任建筑系首届系主任，是当时中国开办建筑系的高校中唯一一位留学德国的系主任[49]。与此同时，陈伯齐还兼任了重庆建设计划委员会建设组组长、重庆浮图关体育场总工程师直到1943年。

陈伯齐出任重庆大学建筑系系主任后，聘请了同样留学德国的夏昌世以及留学日本时的好友龙庆忠来校任教，使得重庆大学建筑工程系的教学具有强烈的德日建筑教育注重建筑技术和工程实践的特点，与在同一校园的国立中央大学（图5-24）建筑工程系注重“美术”基础的“布扎”建筑教育体系有明显不同。两校的学生初

图5-24　抗日战争时在重庆大学松林坡的国立中央大学

（来源：新华网重庆频道：http://www.cq.xinhuanet.com/2013-04/25/c_115540897.htm）

期还互有来往学习，但是由于第二次世界大战同盟国和轴心国的政治军事对立，最终也影响到非政治的学术教育上，1943年陈伯齐、夏昌世、龙庆忠等人被热衷于英美“布扎”建筑教育体系的重庆大学激进学生驱赶离开重庆大学建筑工程系，毕业于美国麻省理工学院的黄家骅接任重庆大学建筑工程系主任[50]。

1943年，离开重庆大学的陈伯齐到同济大学土木系任教授兼建筑组主任，同时还担任了重庆市都市计划委员会委员兼建筑组组长。1944年，了解到处于经费困境中的中国营造学社无法将研究成果汇集出版，收入并不富裕的陈伯齐和龙庆忠出于对祖国建筑文化的无比热爱，毅然慷慨解囊各自捐款1000元（相当于当时大学教授两个多月的工资收入），资助中国营造学社汇刊第7卷第1期的出版[51]。1945年抗战胜利后，陈伯齐回到广东，曾任职湛江市政府建设科科长、电灯局局长。

1946年，在继夏昌世被聘任到广州国立中山大学建筑工程学系后，陈伯齐也接受了国立中山大学校长王星拱的聘书，到建筑工程学系任职教授，而好友龙庆忠也随后于同年8月份受聘来到国立中山大学。三位在重庆大学时被同时驱离的同事又在相对开放包容的广州国立中山大学建筑工程学系聚首，继续他们重技术的建筑教育理念并进一步发展了基于地域特征的建筑学术研究，开创了岭南建筑教育的新局面。1948年，陈伯齐为家乡广东台山汶村的乡亲设计了一栋基于华南气候特点的住宅[52]。1949年2月，陈伯齐赴日本考察建筑教育[53]。由于时局的动荡，陈伯齐并没有办法把考察获得的日本建筑教育经验马上应用于教学。

1950年1月，陈伯齐被广州军管会任命为国立中山大学临时校务委员会委员。陈伯齐还于1950年末受聘为广州城市建设计划委员会顾问，参与广州工业区布局的规划讨论[54]。1951年9月，陈伯齐接替龙庆忠任中山大学建筑工程学系系主任，并配合着手进行全国院系调整工作。

1952年前的陈伯齐除了都市规划，设计的建筑工程项目数量并不多，有影响的是重庆浮图关体育场和1951年华南土特产展览交流大会中央轴线上具有鲜明现代主义建筑风格的省际馆和中央表演台。

陈伯齐把更多的精力投入到了建筑教育事业上。由于曾经受过师范学校的专业训练，在家乡和在日本时都做过教师，因此陈伯齐是一个很好的建筑教育家，在教学方法上非常严谨，但教学态度平易近人，注重循循善诱和耐心细致讲解，能够敏锐地纠正学生作业中的错误。

（3）龙庆忠

龙庆忠，原名文行，字非了，号睘吟，1903年7月出生于江西永新县下南乡陂下老居村。龙庆忠自幼学习认真刻苦，在家乡接受了传统的私塾教育和理学教育，为其日后古籍和数理方面的研究打下坚实的基础。1919年龙庆忠考入县城的新式小学——秀水高等小学。第二年永新县成立私立禾川中学，龙庆忠借用“南乡人龙庆忠”的毕业证考上禾川中学，从此便使用“龙庆忠”的名字。四年的中学生涯，龙庆忠发奋读书，各门功课均名列第一，获得校长的赏识，特许免除学杂费。

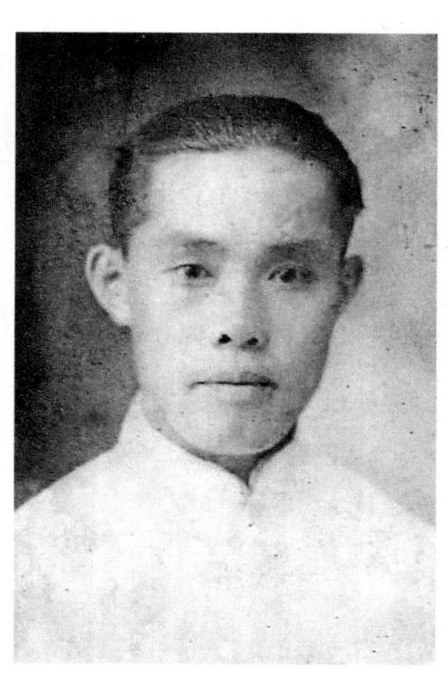

图5-25 留学日本的龙庆忠
（来源：本书编写组. 龙庆忠文集[M]. 北京：中国建筑工业出版社，2010，12：5）

龙庆忠中学毕业后到上南乡一所小学任教。1925年受到在日本留学后回家探亲的同乡的影响，龙庆忠怀揣父老乡亲们借来的留学费用，由县城至吉安，再到南昌、上海，登上轮船前往日本东京求学（图5-25）。在经过预备学校的相关学科和日语学习后，1927年龙庆忠通过努力考取了东京高等工业学校（1929年改制为东京工业大学）。由于自然和美术成绩优秀，龙庆忠获得了五年的公费资助并进入建筑科学习。大学期间，龙庆忠学习成绩优异，并进行了大量的专业书籍阅读，培养了独立思考和自学的能力，东京高等工业学校（东京工业大学）注重学习方法和思维方法的培养方式，也给龙庆忠留下来深刻的印象，成为其以后在教学上常常采用的方法。在就读期间，还与曾到东京工业学校短暂留学的陈伯齐相识并结为好友。

1931年3月，龙庆忠从东京工业大学毕业。按规定一般要实习一年后才能获得学士学位，龙庆忠到清水组东京工业大学现场实习，由于勤奋好学，实习半年后即顺利拿到学位。

1931年7月，龙庆忠从日本回国，到沈阳南满铁路局任工程师。1931年“九一·八事变”后，龙庆忠不愿继续在日本人掌控的铁路局工作，借故离开沈阳避难到了上海，在商务印书馆任临时翻译员。1932年1月，日本攻打上海，龙庆忠在2月离开，赴河南省建设厅任技士（图5-26），因设计和施工、监理河南省政府合署大楼工程，受到河南省政府主席刘峙（与龙庆忠是同乡，也是江西省吉安人）的赏识，后转到河南省政府技术室工作。期间受刘峙委托，龙庆忠为其在家乡吉安设计和修盖一座“思父亭”、一所刘峙资助的中学——“私立扶园学校”以及校内的一栋住宅洋房。龙庆忠出色完成任务后，得到刘峙的信赖和感激，被提升为省政府技术室技正兼代主任，负责河南全省的土木、水利建设，尤其是黄河治理及市政建设技术等问题。这份工作使得龙庆忠得以利用工作之便，对黄河沿岸建筑进行考察，并积累了许多防灾治水的经验，为其以后在建筑领域的防灾研究积累了丰富的实践知识[55]。1933年，龙庆忠与曾育秀结婚。因不满官场上的不正之风而又不愿同流合污，龙庆忠开始把兴趣转到对中国古建筑的学术研究之上。

图5-26　1932-1933年在河南开封工作时的龙庆忠
（来源：本书编写组．龙庆忠文集[M]．北京：中国建筑工业出版社，2010，12：19）

河南省是中原文化的发源地，省府开封又是历史古都，加上工作上的便利，龙庆忠潜心钻研中国古建筑，撰写出三篇有分量的学术文章《开封之铁塔》、《穴居杂考》、《中国鸟览》。前两篇文章分别在梁思成和刘敦桢主编的《中国营造学社汇刊》的三卷四期（1932年11月出版）（图5-27）以及五卷一期（1933年3月出版）发表（图5-28）。《开封之铁塔》是龙庆忠第一篇正式发表的学术论文，考据充分，现场考证也非常细致，从历史记载、材料构造、物理力学、风灾、地震等方面科学地、

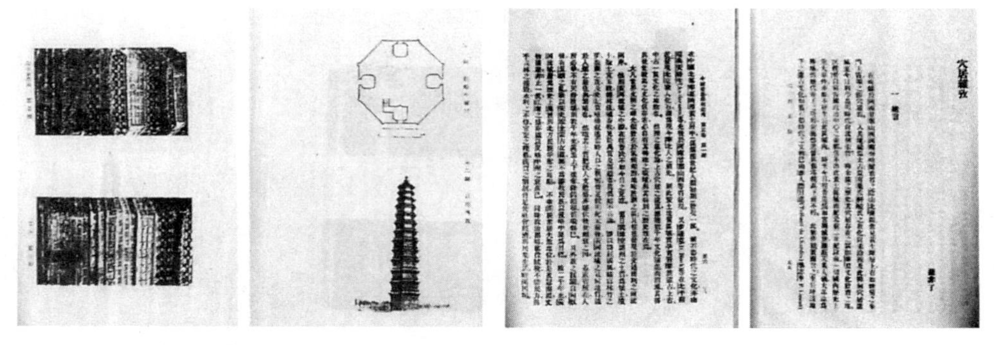

图5-27 开封之铁塔
（来源：龙庆忠. 开封之铁塔[J]. 中国营造学社汇刊三卷四期，1932，11月：62）

图5-28 穴居杂考
（来源：龙庆忠. 开封之铁塔[J]. 中国营造学社汇刊五卷一期，1933，3月：55-56）

审慎地分析了开封铁塔稳定不倒的原因，驳斥了鬼神护塔的谬论[56]。《穴居杂考》对黄河流域的窑洞民居进行了细致的典籍考据和田野考察研究，做了许多数据详细的窑洞测绘工作，分析了中国人穴居演变之经过，是较早关于此类民居的中国学者研究论文，为后人研究黄河流域的穴居提供了重要的参考，曾经获得梁思成先生的推崇。1936年5-6月，刘敦桢带领中国营造学社社员考察河南古建筑，龙庆忠专程陪伴，两人结下了深厚的友谊。

1937年“卢沟桥事变”后，河南省政府撤离疏散，龙庆忠辞职携家人回到家乡。1938年龙庆忠夫妇在吉安乡村师范教书，后至国民政府汉阳兵工署第二兵工厂任职营缮课长兼工程师，并随厂迁至重庆。

1941年7月，不擅长官场应酬的龙庆忠接受了创办重庆大学建筑工程系的好友陈伯齐的聘请，到重庆大学任职教授，同时他还接受避难迁到重庆，同在一个校园的国立中央大学邀请，兼任国立中央大学教授。1943年因为重庆大学建筑系学生对留学德日教授的“驱赶”，陈伯齐、龙庆忠、夏昌世等人离开重庆大学。龙庆忠、陈伯齐受邀前往位于李庄的同济大学土木工程系任教。1944年，龙庆忠、陈伯齐向中国营造学社各捐款1000元，资助中国营造学社汇刊第7卷第1期的出版[57]。1945年抗日战争胜利，同济大学开始着手回迁上海，龙庆忠也同时受到多个大学的聘书。

1946年，龙庆忠决定接受广州国立中山大学校长王星拱以及该校建筑工程学系系主任、原重庆大学的同事夏昌世邀请，到国立中山大学建筑工程学系任职教授，在他到来前，好友陈伯齐也已经接受了国立中山大学的聘书。12月，龙庆忠一家搬到广州，三位在重庆大学一道被“驱离”的老同事又重新聚首，继续他们坚持的建筑教育之路。

然而由于中国在抗战后又陷入内战，国立中山大学学生们受时局动荡影响，也无法潜心学习，纷纷举行各种民主爱国运动来反抗国民党的统治。龙庆忠十分同情和支持这些运动，1947年经中山大学教授王越介绍加入了民主同盟，并参加了国立中山大学教授会（由中共地下组织秘密领导），任会长[58]。1947年龙庆忠出任建筑工程学系主任。

1949年新中国成立前夕，龙庆忠由于同情和支持中国共产党领导的各种革命活动，成为了国民党军警要抓捕的对象。1949年7月23日，广州警备司令部派出便衣特务和军警闯入中大校园抓捕进步师生。因抓捕人搞错了住址，龙庆忠得以侥幸漏网，在陈伯齐教授的帮助下，躲藏到居住在市内西堂的美术教师丁纪凌家中避祸几天，后迁回学校。但由于时局的紧张，在符罗飞教授的建议下，9月龙庆忠随陈伯齐教授一家到香港暂居避难。龙庆忠不受他人劝说利诱，没有去美国或中国台湾，坚持认为中国古建筑的学术研究就应该扎根于中国，支持新中国建设。

广州解放后，1950年1月20日，龙庆忠、陈伯齐、符罗飞等18人被任命为国立中山大学临时校务委员会委员，另外任命龙庆忠为国立中山大学工学院院长[59]。1950年7月16日，龙庆忠教授在国立中山大学校刊《人民中大》发表关于《反对侵略保卫世界和平》的笔谈，号召“无论是工人、农人、商人以及一般知识分子，应该一致挺身起来参加和平签名运动，以积极的行动来打碎美帝侵略台湾并武装干涉朝鲜人民的解放战争”[60]。1951年，龙庆忠被聘为广州市文物管理委员会委员、古建筑组组长，一直到1992年5月[61]。同年2月10日，中山大学图书馆修建委员会成立，时任工学院院长龙庆忠教授任委员会主任，刘英智教授任副主任，由夏昌世、陈伯齐、杜汝俭、林克明、方棣棠、邝正文等人组成设计小组，开始图书馆的修复改建工作[62]。

图5-29　中山大学时期的龙庆忠
（来源：本书编写组. 龙庆忠文集[M]. 北京：中国建筑工业出版社，2010，12：7）

作为工学院院长兼建筑工程系系主任，龙庆忠教授热情高昂、废寝忘食地投入到新中国的建设工作中（图5-29）。为充实教师队伍，他写信到香港工务局召回毛子玉回校任教；为尽快恢复和建立正常的教学秩序，常常提前上班，到工学院各系检查上课情况[63]。但由于家庭的原因，龙庆忠陷入新中国成立初期的阶级斗争漩涡，1951年无奈辞去所有行政职务在建筑工程学系专任建筑史教授。

抗日战争后到新中国成立初期这段时间由于中国时局的动荡变化，国立中山大学建筑工程系的师生们无法建立起正常的教学秩序，科学研究工作也只能艰难开展。就在这样的情况下，龙庆忠尽力排除各种干扰，甚至冒着被抓捕的危险在学校潜心钻研学问。1948年5月，中国民族学会西南分会在国立中山大学文学院历史学研究所人类学部举行年会，龙庆忠教授在会上宣读其重要学术论文《中华民族与建筑》。1948年12月15日，应国立中山大学工学院院长陈大可之请，龙庆忠教授正式发表《中国建筑与中华民族》一文于《国立中山大学校刊》第18期[64]。该文章从中国建筑的角度去理解中华民族的特性，使对建筑的本体研究上升到民族精神的高度，全文处处彰显一位中国建筑历史研究的学者对中国建筑的自豪和赞美，以及对中华民族文化精神的自信。《中国建筑与中华民族》成为龙庆忠教授学术思想代表作之一。

（4）林克明

1945年抗战胜利后，林克明从越南回到广州。在国立中山大学教务长邓植仪的介绍下，去到建筑工程学系任教。这是林克明在1933年创办的勷勤大学工学院建筑工程学系的延续，1938年在胡德元的带领下整体并入国立中山大学工学院。林克明在抗日战争后到国立中山大学建筑工程学系执教可以说是对岭南建筑教育的回归，回到了自己亲手创办的建筑工程学系。林克明这一时期主要负责建筑设计、都市计划、建筑计划、近代建筑等课程（图5-30）。尽管当时国内局势较为混乱，林克明教授仍然坚持教学。

图5-30　1948年林克明在国立中山大学建筑工程学系教学
（来源：冯江，龙非了：一个建筑历史学者的学术历史. 建筑师，2007（1））

1949年10月14日广州解放前，林克明在建筑系发表公开信，号召学生们努力学习以配合解放，并投入新中国的建设。广州解放后，11月2日，中国人民解放军广州市军管会文教接管委员会正式接管国立

图5-31　华南土特产展览交流大会（前方为林克明设计的工矿馆）

（来源：石安海．岭南近现代优秀建筑．1949—1990卷[M]．北京：中国建筑工业出版社．2010，7：41）

中山大学。林克明为接管委员会委员之一，参与了部分接管工作[65]。

1950年春，在时任广州副市长朱光和建设局局长邓垦的诚恳邀请下，林克明离开中山大学建筑工程学系，调任广州市黄埔建港管理局规划处处长。1950年末林克明任新成立的城市建设计划委员会副主任。1951年林克明主持了华南土特产展览交流大会的规划和建设工作（图5-31）。1952-1965年任建筑工程局副局长、局长，后调任广州市设计院院长、总工程师。1952-1981年林克明曾任广州市建筑学会理事长、中国建筑学会副理事长。1958年林克明曾参加北京十大工程方案讨论，1959年主持广州十大工程的设计和建设。"文化大革命"期间，广州地区的建筑工作尽管困难重重，但在周恩来总理和广州市相关领导的支持下，仍然有不少设计优秀的外贸工程建成。1973年林克明任广州重点外贸工程设计组组长，1975年调任广州基本建设委员会副主任兼总工程师。

林克明在1950年离开中山大学建筑工程学系后，一直从事广州地区的城市和建筑的行政管理工作，而且还进行了大量的规划和建筑的创作实践，完成了诸如广州中苏友好大厦（图5-32）、广东科学馆、广州体育馆（图5-33）、羊城宾馆、广东出口商品陈列馆（图5-34）、广州十大工程等广州标志性建筑和重要工程项目。

在繁重的工作中，林克明仍然心系岭南建筑人才的培养工作。新中国成立初期广州非常缺少建筑人才，受广州市领导委托，1954年林克明在广州市设计院举办了一个短期培训班，培训内容包括建筑设计和结构施工，教师由工程师兼职，吸收

图5-32　广州中苏友好大厦

（来源：石安海. 岭南近现代优秀建筑.1949—1990卷[M]. 北京：中国建筑工业出版社. 2010，7：70）

图5-33　广州体育馆

（来源：石安海. 岭南近现代优秀建筑.1949—1990卷[M]. 北京：中国建筑工业出版社. 2010，7：101）

成分好的党员为学员，大部分从工人中抽调。培训班学制一年半。毕业后学员回原来单位或到设计院、施工现场工作，后来大多成为技术骨干。1958年广州市建工局开办建筑工程学校，林克明任第一任校长。这是一所专业设置较为齐备的正规中等专业学校，培养了许多专业人才。另外由林克明发起成立的"科学技术联合会"（后改为科学技术协会）从1958年起也成为培育建筑专业人才的单位。林克明将其发展成为业余大学，与华南工学院建筑系系主任陈伯齐合办建筑班，由华南工学院

图5-34　广东出口商品陈列馆

（来源：石安海．岭南近现代优秀建筑.1949—1990卷[M]．北京：中国建筑工业出版社．2010，7：124）

的几位教师授课，在课程、教师和教育方法等方面均初具规模。20世纪50年代林克明主持或参与举办的这些培训班效果均较好，学生成绩不错，为岭南地区培养了大量的急需建筑人才，推动了岭南地区建筑教育事业的发展[66]。

"文革"结束后，1976-1977年广东省建筑学会恢复活动，培训人才也是学会的一项重要工作。林克明提议举办业余大学专科培训班，后应学员要求，与高教局协调改为四年制的大专班，培养建筑设计方面的在职干部[67]。林克明离开中山大学后仍然利用各种可能的机会为岭南地区培养了大量的建筑专科人才，推动了岭南建筑事业的发展。

1979年林克明受华南工学院党委书记张进和建筑学系的邀请，担任华南工学院建筑系兼职教授，着手筹备华南工学院建筑设计研究院，并任首任院长。1984年因年龄原因退居二线担任华南工学院建筑设计研究院荣誉院长。此后林克明将主要精力放在人才的培养教育工作上，参与辅导硕士研究生。1983年林克明招收第一届建筑设计方向的硕士研究生三人：陈雄、翁颖和朱立本。第二批招收研究生为城市规划方向两人：陈霖峰、王茂生[68]。林克明即使是在晚年仍然坚持在岭南建筑教育的第一线上，为华南培养高素质的建筑人才。

林克明还非常关心岭南地区建筑学术的研究和成果总结推广。1981年3月，

图5-35 《南方建筑》创刊号
（来源：封面[J]. 南方建筑，1981年第一期创刊号）

图5-36 《中国著名建筑师林克明》
（来源：中国著名建筑师林克明[M]. 北京：北京科学普及出版社. 1991年9月第1版：封面）

世紀回顾
——林克明回忆录
广州市政协文史资料委员会编
主编 罗途 副主编 彭颂涛 编辑 马平

图5-37 《世纪回顾——林克明回忆录》
（来源：林克明.世纪回顾——林克明回忆录[M]. 广州市政协文史资料委员会编. 1995：封面）

在林克明提议下，中国建筑学会广东分会创办建筑学术性刊物《南方建筑》（图5-35）。这份刊物至今仍在出版发行，并成为华南理工大学建筑学院的重要组成机构，是岭南建筑教育的主要学术园地。

1987年在华南工学院建筑系的杜汝俭和陆元鼎两位教授的提议下，成立了5人编委会编著出版《中国著名建筑师林克明》（图5-36）。这是林克明先生个人历年的学术论著和设计作品的集成。1995年广州市政协文史资料委员会编辑出版《世纪回顾——林克明回忆录》（图5-37）。

1999年林克明在广州去世，享年99岁。

林克明一生都在为岭南地区的建筑事业而奋斗。岭南地区建筑事业的许多个“第一”都与林克明有直接的关系：早年创办岭南地区第一个大学的建筑系——勷勤大学工学院建筑工程学系，岭南建筑教育由此展开；撰写出第一篇介绍现代主义建筑的学术论文《什么是摩登建筑》，开创华南建筑学术研究；新中国成立后任岭南地区第一个中专学校——广州市建设局建筑工程学校第一任校长；岭南地区成立第一个岭南地区建筑学术团体——广东建筑学会；创办学会的专门学术刊物《南方建筑》；创办广州市设计院；创办广州业余大学建筑专科培训班；创办华南工学院建筑设计研究院……这许许多多的“第一次”，显示了林克明先生对于华南建筑事业的整体发展所倾注的心血，也一次次地践行着自己坚持理论要与实践相结合，“只有实践，再实践，才能得到科学检验”的建筑追求。林克明是华南建筑事业的先驱，更是岭南建筑教育事业的先驱，为岭南建筑教育做出了不可磨灭的贡献。

（5）符罗飞

1945年抗战胜利后，符罗飞带领避难到兴宁的国立中山大学建筑工程学系师生回到广州，仍然担任建筑工程学系的教授（图5-38）。

1946年4-8月，湖南、广西爆发大饥荒，富有强烈同情心和责任感的符罗飞教授前往湖南灾区为湘桂大灾荒写生，返穗后，于8月在广州举行题为《饥饿的人民》展览[69]。符罗飞教授的这批画作，体现了他对劳苦大众的同情、理解和质朴无华的爱[70]（图5-39）。12月，符罗飞教授又到香港继续举办赈灾画展，画展由著名进步作家夏衍主持。展览引起了轰动，并在艺术界和新闻界引起很大反响，评论界称符罗飞为“中国人民的艺术家”、“填补了革命艺术史的这一段空白”、“是灰暗中的彩虹”。展览引起了美国芝加哥美术学院对符罗飞的关注，并在1948年发出聘书聘请符罗飞担任学院教授。

符罗飞在文化青年中组成“民主画廊”，在进步学生中成立“创作社”、“南燕剧社”、“自然科学研究社”等组织，在香港发起“人间画会”，担任第一届会长，开展“反内战”、“反迫害”、“反饥饿”、“反帝”、“反蒋”的宣传活动，因而招致国民党反动派的关注。1948年4月，符罗飞在香港重新加入中国共产党，并在党组织的安排下迁居到香港，为迎接全国的解放做宣传准备工作（图5-40）。符罗飞因此

图5-38　符罗飞自画像a（1947年）
（来源：搜狐网：http://roll.sohu.com/20130803/n383284741.shtml）

图5-39 《饥饿的人民》（1946年）
（来源：饥饿的人民. 符罗飞画集，新中国书局发行，1949年）

图5-40　符罗飞自画像b（1948年）
（来源：搜狐网：http://roll.sohu.com/20130803/n383284741.shtml）

谢绝了美国芝加哥美术学院的聘任。

1949年5月符罗飞作为岭南地区美术工作者的代表之一，专程从香港经海路由天津到达了北平，参加第一届全国文学艺术工作者代表大会。会后参加组建北京美协的工作。1949年8月16日符罗飞参加了解放军南下工作团，10月19日广州解放后第五天回到广州，作为叶剑英领导下的广州军事管制委员会的军代表，负责接管广州的文艺机构和学校[71]。

1950年初，符罗飞被广州军管会任命为18人的国立中山大学临时校务委员会委员之一。1951年6月，广州市人民政府决定于同年10月在穗举办华南土特产展览交流大会，符罗飞被聘请为交流大会美术工作委员会副主任委员（主任委员由曾任广东省人民政府文教厅副厅长的欧阳山担任），兼征集布置处副处长（处长由时任华南分局办公室主任林西担任），主持展馆美术设计工作。符罗飞同时还再次担任了中山大学建筑系教授、美术教研室主任，并任广东美术家协会副主席。1951年华南工学院筹委会成立，符罗飞接受聘书任该院建筑工程系素描科兼职教授。[72]

1952年4月符罗飞参与华南文联的筹建工作并任党组委员，后任广州市文联创作研究部部长。1953年为普及美术知识，符罗飞经常到广州市工人文化宫为业余美术爱好者上课。教学之余，符罗飞坚持深入农村和工厂，以劳动模范为题材创作了大量绘画和雕塑作品。

从抗日战争结束到新中国成立初的这段时期，由于国内时局的动荡，符罗飞无法在国立中山大学潜心美术教学，忧国忧民的他投入到这一社会变革的浪潮中，并利用自己手中的画笔记录下社会劳苦大众的生活。新中国成立后符罗飞在教学之余，又积极投身到新中国的文化建设事业上，体现了一个爱国知识分子建设新中国的满腔热情。

（6）谭天宋

1948年，谭天宋在广州登记成为甲等建筑师，开设私人事务所。曾经在勷勤大学建筑工程学系任教的谭天宋于1950年到广州中山大学建筑工程学系任教授，一直到1952年院系调整后调入华南工学院建筑工程学系任教。

由于多年开设个人建筑事务所，所以谭天宋具有非常丰富的工程实践经验，尤其对私人住宅设计有较深的研究。谭天宋认为住宅设计是训练建筑师设计的基础，要求学生反复推敲，充分利用好空间与面积，只有住宅设计好了，才能将大型公共建设做好。谭天宋非常反对抄袭别人成功的建筑作品，强调设计的原创性。谭天宋设计注重平面功能布局，他时常告诫学生建筑物不是单纯的艺术品，不要从形式出发。为了加深学生对住宅功能布局的清晰理解，他挑选了许多不同空间的平面设计图进行比较讲解，以说明各自的优劣，并带学生到其设计的私人住宅去参观，进行生动的现场设计课教学，使学生有更具体的认识，给学生留下深刻的影响。51级校友、国家设计大师袁培煌回忆了当时上课的情景："当时通过一个绿荫密布的小花园，看见一幢片石砌筑、十分别致的住宅，其入口有一开敞的凹廊，放了一张躺椅，客厅有二层高，有旋转楼梯上至二层，显得十分宽敞，先生引我们下了几个台阶进入一个圆形的小厅，周围全是大片落地玻璃窗，室外有一水池点缀着几块石头，四周布满了花卉绿荫，室内外融为一体，仿佛置身于园林中，这种室内外空间交流的构思，使我感到新奇，对谭先生充满敬仰之情。同学们围成圆圈坐下，谭先生拿出住宅平面图讲解他的设计构思，给我们上了一堂十分生动的设计课"[73]。谭天宋这种带领学生现场参观讲解的设计课教学方式，也常常被建筑工程学系其他教师采用，进一步加深学生对建筑的直观认识和理解。

1951年广州举办华南土特产展览交流大会，谭天宋设计了其中的展馆之一"物资交流馆"，体现了其一贯坚持的简洁现代主义建筑风格，并通过天井院落和锯齿状竖向长窗的运用，使建筑适应了华南的气候条件。

（七）逆境下培养出优秀建筑人才

中国在1945年抗日战争结束后不久即进入解放战争，社会的动荡使国内的建筑业陷于停滞，建筑工程学系毕业生找工作很困难。但这一时期特别是在1949年后的三年培养出的建筑人才仍然相当优秀。

据48届毕业生蔡德道回忆，46届开始国立中山大学建筑工程学系的成批毕业生应胡德元邀请去了台湾，1948年与蔡德道同班的去了两人。另外，由于在建筑工程学系任教的黄培芬从45届开始便选人去香港，另一位教师刘新科（香港注册建筑师）也在LEIGH&ORANGE（即现在的利安设计公司）招人，所有在香港的著名建筑师事务所都有国立中山大学建筑工程学系的毕业生，有的人成为事务所的骨干。香港大学建筑系在1950年才成立，所以那时香港很缺建筑人才。抗日战争结束后，国立中山大学建筑工程学系的毕业生将去香港工作视为努力方向[74]。这些毕业生大多成为香港建筑界的栋梁，为日后香港和内地的交流起到了重要的促进作用。

这一时期的国立中山大学建筑工程学系培养了许多为中国的建设和建筑教育事业做出了突出贡献的优秀建筑人才。

优秀毕业生代表

（1）彭佐治

彭佐治，1942届国立中山大学建筑工程学系毕业生。后获美国伊利诺依州立大学建筑系硕士学位及德国亚亨大学建筑系博士学位，曾于美国几所大学任教，后任德州工业大学建筑系国际城市发展中心主任、联合国计划开发署顾问，是城市规划方面的知名学者，并曾到国内多所高校讲学，1996年1月1日因病去世。

图5-41 彭佐治与龙庆忠教授
（来源：龙庆忠百年纪念展览. 华南理工大学建筑学院，2003）

彭佐治曾作为联合国专家参与了最早的东莞县城总体规划，在其建议下，东莞老城的西城楼得以保留[75]。1980年5月21-31日，时任联合国计划开发署顾问、美国德克萨斯州工业大学都市计划及建筑系教授、美籍华裔学者彭佐治博士和美国亚利桑那州立大学建筑学院院长勃格斯教授访问华南工学院并讲学（图5-42）。并应广州对外科技交流中心和省建筑学会的邀请，在广东科学馆礼堂分别作题为“欧美都市的景观与新城发展的趋势”、“住居计划与住宅建筑的发展”的学术报告[76]。彭佐治博士和勃格斯教授在华工做了九场讲座，内容涵盖了从建筑到城市规划以及景观设计、建筑教育的理论和实践，是对欧美发达国家的建筑、城市规划、景观设计最新思想的全面介绍。这对处于改革开放前沿的华南工学院建筑工程系来说是一次非常及时和有意义的对外学术交流活动，也打开了一扇与欧美发达国家进行学术互访的窗口。

1981年华南工学院建筑学系聘请彭佐治博士为名誉教授[77]。1983年6月，应华南工学院邀请，美国德克萨斯州工业大学彭佐治与汤普森教授二人抵穗，两校就“亚热带、热带地区城市规划与建筑的综合研究”方向签订学术合作和交流协议[78]。1985年6月，彭佐治等一行三人来到华南工学院建筑学系进行了为期一周的讲学和学术交流[79]。

图5-42 郑鹏
（来源：资料来源：金振声教授提供）

随后几年，彭佐治还多次来华南工学院交流并积极促进华南工学院建筑系与美国建筑院校的互访和合作。

（2）郑鹏

郑鹏（图5-42），1923年11月生于浙江温州。1948年郑鹏毕业于国立中山大学建筑工程学系。1948年7月被国立中山大学建筑工程学系黄培芬教授推荐到香港建新建筑工程公司任技术员。1951年7月郑鹏回到广州中山大学建筑工程学系工作。1979年华南工学院高等学校建筑设计研究院成立，郑鹏任首任常务副院长、总建筑师，校学术委员会委员（建筑学组）。1985年郑鹏晋升为教授。1989年11月郑鹏在华南理工大学退休。

郑鹏曾在华南工学院建筑系建筑设计教研组任教多年，主讲建筑设计课程。1959年郑鹏参编华南工学院建筑学系编写的《人民公社建筑规划与设计》一书，负责集体福利建筑的撰写；1992年参与编写《中国著名建筑师林克明》。

图5-43　金振声
（来源：华南工学院建筑学系教职工登记表，1972年）

郑鹏主要从事规划设计与建筑设计的研究。1958年郑鹏带领华南工学院师生到海南府城“人民公社”进行规划设计；其主持的“解放军医院设计竞赛方案”1964年获中国建筑学会三等奖；参与的“广州华侨医院门诊部设计”1987年获广东省优秀设计二等奖；主持的“东莞市体育中心——体育场”1995年获国家教委设计二等奖和国家建设部优秀设计表扬奖[80]。

（3）金振声

金振声（图5-43），1927年5月出生于浙江杭州，1944年考入抗战时在粤北坪石的国立中山大学建筑工程学系，1945年抗战胜利后到广州国立中山大学建筑工程学系继续学业，在校期间就是一位积极投身爱国民主运动的青年。1948年本科毕业后，金振声曾到湖北武昌任市政府建筑科技士，但因对当时国民党反动统治不满，他经常阅读进步书刊并与进步友人书信来往，被国民党反动政府发现后遭逮捕入狱，后被家人设法保释出来。1949年金振声去到江西永新任四维中学数学教员。1950年金振声由当时在国立中山大学任工学院院长兼建筑工程学系系主任的龙庆忠教授（江西永新人）介绍，回到广州国立中山大学建筑工程学系任教[81]。1952年华南工学院成立后，金振声曾长期担任华南工学院建筑系第一任教学秘书。1957年金振声曾前往北京市设计院和城建部民用设计院进修半年。1958年华南工学院建筑学系成立亚热带建筑研究室，陈伯齐任主任，金振声任副主任。1960年金振声晋升为副教授。1968年11月-1971年11月金振声被下放位于韶关凤湾的华南工学院“五七干校”。1981年金振声晋升为教授、硕士导师。1981-1984年金振声教授任华南工学院建筑学系系主任。1991年1月金振声在华南理工大学退休。2014年2月金振声因病在广州去世。

金振声教学之余还热心参与社会工作，在建筑界具有较高的学术地位，曾兼任中国建筑学会建筑创作学术委员会委员、广东省建筑学会常务理事、建筑设计学术委员会员、广东省土木建筑学会村镇建设学术委员会副主任委员、广州市城市环境艺术委员会委员、广州市村镇建设学会副理事长、广州市规划局《广州城市规划》编委会顾问、广东省城市规划协会顾问、广东省工程咨询总公司技术顾问、广东省国际工程咨询公司项目评议专家、华南理工大学老教授协会理事、建筑专业委员会主任、华南理工大学建筑设计研究院顾问等职。

金振声任系主任期间大力推动华南工学院建筑系与欧美发达国家和香港等地区建筑院校之间的学术交流和互访，为改革开放后的岭南建筑教育尽快跟上时代的步伐做出了重要贡献。

1981年2月18日-3月12日，根据教育发展和中美文化交流合作项目的规定，教育部派出了一个为期3周的8人中国土木工程与建筑教育赴美考察团。时任华南工学院建工系系主任的金振声参加了由部属五所高等院校，清华大学、同济大学、天津大学、南京工学院和华南工学院等组成的考察团（图5-44）。此次主要考察美国土木、建筑教育的培养目标、专业设置、教学内容和方法，以及美国工程界对美国土木、建筑教育的评价。金振声从美国考察回来后，还分别向建筑系教职工及同学作了报告[82]。

1983-1984年，金振声推动国内首个由香港培华教育基金会资助的“室内设计”专题讲座培训班在华南工学院正式举办，培训班面向全国招收学员，在当时引起了较大的反响。1984年6月应华南工学院香港校友会主席蔡建中先生之邀请，金振声率领教师赴港进行为期10天的考察，与在港校友就城市规划、高层建筑等方面的学术问题进行交流、探讨。1986年3月1-14日，应香港大学建筑系系主任黎锦超邀请，金振声与时任华南工学院建筑学系系主任张锡麟赴港参加“建筑教育学

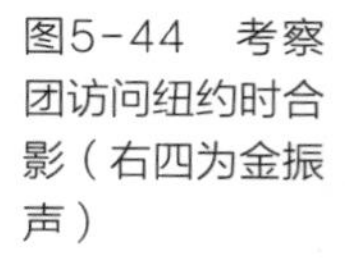

图5-44　考察团访问纽约时合影（右四为金振声）

（来源：金振声教授提供）

术交流研讨会”，做为期半个月的讲学和学术交流活动[83]。1990年金振声代表华南理工大学建筑学系参加在香港召开的首次中国建筑教育研讨会。

金振声多年主讲住宅建筑原理与设计课程，指导硕士生6名。1960年曾率华南工学院建筑系应届毕业生前往广西南宁进行广西民族饭店现场设计。1986年金振声还指导了两名香港大学建筑系五年级学生邝慕凡，李荫国的毕业论文:《广州居住建筑》和《粤剧之训练及演出场地》[84]。

金振声一贯主张并坚持教学与科研、实践相结合。他的主要学术研究方向为“南方住宅建筑”，并在该领域取得了许多重要的研究成果。20世纪五六十年代金振声就带领学生在广州地区率先做了很多传统城市住宅的调查和测绘整理工作，编有《广州旧住宅调查测绘图集》。金振声结合调查和实践，在《华南工学院学报》等刊物及学术会议上发表7篇科研论文，主要有《广州旧住宅建筑降温处理》、《南方地区城市住宅建筑设计多样化研究》、《珠江三角洲地区农村住宅居住环境设计问题》，后者于1989年获广州市科协优秀论文二等奖。金振声主要学术著作有1961年参编由中国建筑工业出版社出版的《房屋建筑学》; 1980年参编由中国建筑工业出版社出版的《住宅建筑设计原理》等。

金振声积极把住宅研究成果应用于实践，取得了较大的成就。1957年金振声组织教师参加“全国厂矿职工住宅设计竞赛”，所提交方案获三等奖（一、二等奖空缺）; 1979年“广东省城市住宅设计方案竞赛”评选，金教授主创的两个设计作品分获二等奖和三等奖（一等奖空缺），其中“45单元式”方案获得二等奖，“天井式”方案获得三等奖[85]; 改革开放后，金振声还主持及参与设计了如深圳园岭居住小区等大量住宅建筑工程实践项目，为岭南地区的住宅规划及设计理论的发展做出了巨大贡献。

（4）蔡德道

蔡德道，1928年10月生于广州，祖籍福建龙溪。1944年入读国立中山大学建筑工程学系，1948年毕业后从国立中山大学毕业后曾到香港建筑师事务所工作（图5-45），后任广州市建筑设计院副总建筑师、高级工程师。1985年曾经被公派出国工作。1987年获国家科技进步二等奖。1991年蔡德道任中国高等学校建筑学专业评估委员会委员，1992年经国务院批准享受政府特殊津贴。1994年蔡德道从广州市设计院退休。1996年任广厦建筑设计事务所总建筑师。1986年4月起还兼任华南工学院建

图5-45 蔡德道（1948年）
（来源：蔡德道先生提供，2011）

图5-46 莫俊英
（来源：莫俊英：把广州规划建设得更美好. 广州文史网站：http://www.gzzxws.gov.cn，2009）

筑系顾问教授、广州美术学院院外教授。

蔡德道长期从事工程设计工作，参与和主持多项重大工程的设计，包括新爱群大厦扩建、广州宾馆、白云宾馆、白天鹅宾馆、中山温泉宾馆、海南三亚南中国大酒店等，具有丰富的实践经验。1982年起蔡德道在《建筑学报》、《建筑师》等多种刊物上发表建筑设计理论及评论文章。蔡德道是1984年4月20日成立的“现代中国建筑创作研究小组”的首届成员，这是一个对中国现代建筑创作产生重要影响的学术组织。蔡德道还曾是中国高等学校建筑学专业评估委员会的校外专家委员，多次参与中国高等院校的建筑学专业评估工作。蔡德道退休后还撰写多篇学术论文，并提供第一手资料，在八十多岁的高龄还热心指导多名华南理工大学建筑学院的研究生撰写硕士论文、博士论文，为岭南建筑教育的发展和岭南地区现代建筑的发展贡献自己的力量。

（5）莫俊英

莫俊英，1923年出生，祖籍东莞，1944年考入国立中山大学建筑工程学系，1949年2月毕业（图5-46）。毕业后莫俊英曾在一所私人建筑事务所工作了一段时间。1950年莫俊英跟随林克明到黄埔建港管理局工作规划处工作，任助理工程师，主要从事住宅建筑设计，工作期间曾一度被借调到海军部队从事技术设计。1952年莫俊英任广州市城市建设规划委员会（广州市规划局的前身）工程师，曾参与广州市1954-1957年间的总体城市规划工作。1970年莫俊英任广州市规划局规划设计室副主任，1983年任市规划局副总工程师，1983-1988年为广州市第八届人大代表兼城建组组长，1987年被省科协授予高级建筑师，1990年6月退休[86]。

莫俊英主持或参与了大量广州20世纪50年代-70年代的重要规划建设项目和园林式建筑的设计工作，华侨新村、员村一条街、萝岗等详细规划，新爱群大厦、广州宾馆、从化温泉别墅、泮溪酒家、北园酒家、广州酒家、莲香楼等单体设计和园林景观设计，莫俊英都投入了大量的心血，并撰写了多篇论文在《建筑学报》、《广东园林》发表。莫俊英在20世纪五六十年代还受命于广州市陶铸书记和林西副市长，到桂林、南宁、武汉、衡阳等地协助兄弟单位发展景区建设，把岭南园林建筑艺术的创作手法推广出去。莫俊英为岭南地区现代建筑创作的繁荣做出了贡献。

（6）胡荣聪

图5-47　胡荣聪
（来源：华南工学院建筑学系教职工登记表，1972年）

胡荣聪，1928年8月生于广东开平。1952年1月胡荣聪本科毕业于中山大学建筑工程学系后留校任助教（图5-47）。1952年院系调整后胡荣聪调入华南工学院建筑工程学系，1959年任讲师，1985年晋升为教授。1985年10月胡荣聪副教授赴美国德克萨斯州工业大学考察讲学。胡荣聪教授曾任中国建筑学会第六届理事、广东省土木建筑学会第一届常务理事及建筑创作学术委员会副主任。1982年胡荣聪获广东省高教局教学优秀奖，1985年被评为广东省高教战线先进工作者。1991年1月胡荣聪在华南理工大学退休。

胡荣聪长期从事建筑教学，曾主讲建筑设计课程，指导硕士研究生6名。其主要学术著作有1978年、1980年由中国建筑工业出版社出版的《单层厂房建筑设计》；1988年参编由中国大百科全书出版社出版的《中国大百科全书》。

胡荣聪多年坚持建筑设计与理论的研究，在《华南土建》、《南方建筑》等刊物和学术会议上发表论文10余篇。主要论文有《华南工学院教学主楼设计的几点体会》、《The integration of modern and traditional architecture in the design of tall buildings in china》、《岭南建筑的时代性和地方性》等。胡荣聪注重与实践相结合，承担了20余项建筑设计工程。主要项目有韶关剧院、广州机电大厦、华南理工大学一号楼及四号楼、广东水利三局综合楼及医院、佛山大学图书馆等[87]。胡荣聪为岭南建筑教育的发展奉献良多。

图5-48　林其标
（来源：20世纪50年代华南工学院建筑系教工活动照片）

（7）林其标

林其标，1925年10月生于福建闽侯。1952年林其标本科毕业于中山大学建筑工程学系（图5-48），毕业后分配留校任助教。1955-1956年林其标到清华大学进修。1956年1月，林其标由助教晋升为讲师，1983年晋升为教授，1992年起享受政府特殊津贴。林其标曾任建筑学系副主任、亚热带建筑物理实验分室主任、亚热带建筑研究室主任。1990-1995年先后在深圳大学、华南城建学院兼任教师。林其标曾兼任国家城乡建设环境保护部高等院校建筑学与城市规划专业教材编审委员会委员，中国建筑学会建筑物理学术委员会第二届至第六届学术委员、名誉委员，广东省土木建筑学会副理事长、顾问等。1991年1月林其标在华南理工大学退休。2006年林其标在广州逝世。

林其标曾主讲建筑物理、建筑构造、建筑设计、居住区规划、环境与建筑防热、建筑人居环境、建筑气候等课程，指导硕士研究生5名。

林其标长期从事建筑物理环境的研究。1958年8月，在北京召开了全国建筑气候分区会议，时任副系主任陈伯齐指派青年教师林其标代表华南工学院建筑系参加了此次会议[88]。此后林其标一直在华南工学院从事亚热带建筑物理的研究。1961年林其标参与《建筑气候区划标准》与《民用建筑热工设计规范》的制订工作。1962年林其标任亚热带建筑研究室下属的亚热带建筑物理实验分室主任[89]。1965年7月林其标随以梁思成为团长的中国建筑师代表团前往法国巴黎出席国际建协第八届大会及九届代表会议[90]。"文革"期间，林其标带领建筑物理实验室的教师在艰苦的条件下，坚持开展实验研究。1978年林其标主持完成的"亚热带建筑的遮阳与隔热"研究获全国科学大会奖；1980年主持完成的"混凝土空心砌块隔热研究"获广东省优秀科技奖。在《华南理工大学学报》、《建筑师》等刊物和学术会议上发表论文30多篇。主要论文有《从环境·人·建筑的关系谈建筑科学的发展趋势》、《环境是建筑创作构思的源泉》、《我国热带、亚热带地区的气候特征、建筑特色和设计原则》等[91]。主要学术著作有1999年的《亚热带建筑》，由广东科技出版社出版；1999年编著《住宅人居环境设计》，由华南理工大学出版社出版；1997年编著《建筑防热》，由广东科技出版社出版；1996年合著《人与物理环境》，由中国建筑工业出版社出版。

林其标还积极参与建筑设计规划实践，林其标还在1971年带教师组成的设计小分队，到韶关市韶关钢铁厂、韶关剧院、黄冈钢铁厂进行规划及建筑设计工作。

林其标为华南理工大学建筑学系基于华南亚热带气候特点的建筑物理研究，特别是遮阳隔热自然降温的研究做出了巨大的贡献。

（8）陆元鼎

陆元鼎，1929年10月生于上海。1948年从上海私立震旦大学附属中学高中毕业后考入广州国立中山大学建筑工程学系。1952年7月陆元鼎毕业于中山大学建筑工程学系，毕业后留校任建筑工程学系助教（图5-49）。1956年1月，陆元鼎由助教晋升为讲师。1958-1984年任华南工学院建筑学系建筑史教研组主任。1981-

1984年任华南理工大学建筑工程学系副系主任。1985年陆元鼎晋升为教授，1990年被国务院学位委员会批准为博士生导师，1992年起享受国务院颁发的政府特殊津贴。1989-1991年陆元鼎被聘为香港大学建筑学院客座教授，1994年起为江西工业大学建筑系兼职教授，1998年起为广东工业大学建筑系兼职教授。陆元鼎曾任华南工学院建筑学系副系主任、曾兼任中国建筑学会建筑历史与理论学术委员会委员、中国建筑学会理事、中国建筑学会建筑史学会副会长。陆元鼎还曾兼任中国民族建筑研究会副会长，中国文物学会常务理事，中国文物学会传统建筑园林委员会常务理事，中国民族建筑研究会民居建筑专业委员会主任委员，中国传统民居专业学术委员会主任委员，《中国美术全集·建筑艺术》编委，《小城镇建设》学术委员会委员，《古建园林技术》、《华中建筑》、《新建筑》等杂志名誉编委。1993年陆元鼎获国家建设部村镇建设司颁发的“全国村镇建设优秀科技人员”荣誉称号[92]。1996年陆元鼎获首批国家一级注册建筑师资格。

图5-49　陆元鼎
（来源：华南工学院建筑学系教职工登记表，1972年）

陆元鼎长期从事建筑史和中国传统民居的教学，曾主讲中国建筑史、外国建筑史、俄罗斯建筑史、中国传统民居、亚热带建筑的传统特征及其经验、中国古代建筑构图等课程。指导硕士生19名、博士生15名。1961年建筑科学研究院建筑理论与历史研究室召集各有关高等院校在江苏南京召开中国建筑史编写会议，陆元鼎作为华南工学院的唯一代表参加了此次会议，20世纪60年代初陆元鼎等人编写的《中国解放后建筑》（教材稿）成为《中国建筑简史》的中国现代建筑史部分（中华人民共和国建筑十年史）的初稿蓝本。1965年4-8月陆元鼎曾经专程去南京，在中国老一辈的建筑史学家刘敦桢的指导下开展《中国建筑史》的教材编写工作。陆元鼎作为主编之一参与了《中国建筑简史》的中国现代建筑史部分的编写工作。陆元鼎后来成为华南工学院建筑史教研组负责人、学术带头人。

陆元鼎多年坚持中国建筑史和中国传统民居的科学研究。陆元鼎在《建筑学报》、《建筑师》等刊物上发表论文多篇，主要论文有《南方地区传统建筑的通风与防热》、《广东潮汕民居》、《创新·传统·地方特色》、《粤东庭园》等。陆元鼎主要学术著作有1988年由中国建筑工业出版社出版的《中国美术全集·建筑艺术编·民居建筑》，该书获1999年首届全国优秀科技图书部级奖一等奖，1993年获国家图书奖一等奖；1990年由中国建筑工业出版社出版的《广东民居》；1992年由上海科技出版社出版的《中国民居装饰装修艺术》；1999年由中国建筑工业出版社出版的《中国建筑艺术全集21卷宅第建筑.南方汉族》。2003年11月，由陆元鼎主编、杨谷生副主编的广东省重点图书《中国民居建筑》由华南理工大学出版社出版。该书获得2004年全国第14届中国图书奖，以及广东省第七届优秀图书一等奖。陆元鼎主持过2项国家自然科学基金项目。"南方民系民居和现代村镇居住模式研究"、"广东民居系列研究"获1994年广东省自然科学三等奖和广东省高教系统自然进步二等奖[93]。

陆元鼎为加强岭南建筑教育的教学与科研、实践相结合，做了许多工作。1959年陆元鼎负责组建华南工学院高校设计院，并任设计院书记。1973年从"五七干校"回来的建筑系教师组成新的建筑设计室，陆元鼎任室主任[94]。陆元鼎主持和参与了大量古建筑工程的设计及实施。1997年陆元鼎完成广东南雄市珠玑巷胡妃纪念馆和珠玑巷博物馆工程设计；1996-2003年完成了广州光孝寺方丈室、僧舍、斋堂与寮舍建筑设计和祖师殿复原工程，2001年完成广东德庆县悦城镇程溪书院复原设计，2002年完成广东从化市太平镇钱岗村广裕祠和神岗镇邓氏公祠修复工程设计，2003年完成广东从化学宫修复工程及月台复原设计。主持完成的广东潮州饶宗颐学术馆获2007年广东省优秀设计二等奖，为继承、复原传统建筑文化和发展有地方特色的新建筑进行了积极探索。2003年11月，陆元鼎主持的广裕祠修复工程获联合国教科文组织亚太地区文化遗产保护杰出项目一等奖。

1988年陆元鼎开始组织中国民居学术会议，首届中国民居学术会议在华南理工大学召开，此后十多年来与有关单位联合主持，截至2003年，在各地召开的12届中国民居学术会议，1995-2003年又主持和联合主持了五届海峡两岸传统民居青年学者学术会议，举办了两次中国传统民居国际学术研讨会议，四次小型传统民居专题研讨会，出版了会议论文集《中国传统民居与文化》六辑，国际会议论文集《民居史论与文化》和《中国客家民居与文化》两辑以及《中国传统民居营造与技术》专辑等书，为传统民居建筑文化的交流起到了较好的媒介和宣传作用，也为弘扬祖国优秀传统建筑文化，发掘和保护传统民居遗产、交流学术经验、培养中青年学者，起到了重要的推动作用，使得华南工学院的传统民居建筑研究走在全国的前列。

（9）罗宝钿

罗宝钿，1929年3月生于广东花县。1948年广东省立广雅高级中学毕业后就读于国立中山大学建筑工程学系。1952年9月毕业于中山大学建筑工程学系，毕业后被分配到华南工学院建筑工程学系任助教（图5-50）。1952年11月-1954年10月罗宝钿到哈尔滨工业大学建筑教研室攻读研究生，1955年11月清华大学建筑系城市规划教研组研究生毕业，回到华南工学院建筑学系任助教，1956年任讲师，1987年晋升为教授。1958-1962年任华南工学院建筑系城乡规划教研组主任，1962年到"文化大革命"前协助负责城规住宅小组工作。1968年11月-1972年8月被下放韶关凤湾华南工学院"五七干校"劳动。罗宝钿曾任中国建筑学会城市规划学术委员会第三、第四届委员，广州城市环境学术委员会委员，广东省城市科学研究会常务理事，深圳市建筑顾问委员会委员，深圳城市规划委员会顾问，广州市城市规划设计单位资格审查委员会委员[95]。1996年罗宝钿获首批国家一级注册建筑师资格。1993年8月罗宝钿在华南理工大学退休。2010年6月9日罗宝钿在广州逝世。

图5-50　罗宝钿
（来源：华南工学院建筑学系教职工登记表，1973年）

罗宝钿长期从事城市规划和住宅区规划的教学和研究。罗宝钿曾主讲城市规划、建筑设计、城市设计、现代城市规划理论等课程。1965年罗宝钿等教师指导华南工学院建筑工程系由建筑学、工民建两专业毕业设计组师生53人组成的现场设计组，完成广州市螺岗住宅区规划设计[96]，并指导硕士研究生1名。罗宝钿撰写的学术论文《南方城市住宅设计及其群体布局对用地经济影响的几个问题》，1963年在江苏无锡召开的中国建筑学会年会上，由陈伯齐教授代为宣读；1987年由成都市建筑学会及西南地区建筑标准设计协会等单位联合举办的"新一代住宅优秀设计方案"竞赛，罗宝钿与他的研究生陶杰合作的设计获竞赛佳作奖；发表的学术论文《南方城市住宅区规划创作新尝试——深圳园岭住宅区规划设计构想》于1990年获广东省科技进步三等奖。主要学术著作有参编1959年华南工学院建筑学系编写的《人民公社建筑规划与设计》一书，负责编写规划部分；1994年作为主编之一编写《广州百科全书》，由中国大百科全书出版社出版。

罗宝钿注重把教学、科研和实践有机结合。1958年华南工学院开展"人民公社"规划设计运动，罗宝钿率领师生参加支援番禺人民公社建设工作，负责规划和建筑设计。改革开放后，罗宝钿又积极参与城市的规划建设，主持的"深圳园岭住宅区规划及建筑设计”和参与的“广州华侨医院门诊部设计”同获1985年广东省优秀工程设计二等奖；主持的“中山市孙文纪念公园规划”1999年获广东省优秀工程设计二等奖。他还设计了广州黄埔开发区首期开发、广州天河中心住宅区、广州中保广场、深圳华侨城东方花园、深圳兴业大厦、中山市紫马岭公园、中山市别墅式办公区、中山市小杭新区、江门中旅广场、从化新城市中心、从化新城市花园、南海三山经济开发区等一大批重要项目。

罗宝钿为岭南建筑教育中的城市规划学科建设和广东省的城市规划建设做出了重大的贡献。

这一时期优秀毕业生代表还有1948届的何浣芬（曾任武汉市副市长、全国人大常委会委员）、1950届梁崇礼（曾与夏昌世合作设计中山医学院门诊部大楼）等。

三、学术科学研究

（一）论文著作代表《中国建筑与中华民族》

由于内战和时局的动荡，学生运动也风起云涌，国立中山大学工学院建筑工程学系的正常教学秩序逐渐受到影响，但就是在这种情况下，教师们仍然尽量坚持着教学和学术研究。龙庆忠的一篇论文是这一时期国立中山大学建筑工程学系学术研究的重要代表。

1948年5月，中国民族学会西南分会在国立中山大学文学院历史学研究所人类学部举行年会，时任国立中山大学建筑系系主任龙庆忠教授在会上宣读论文《中华民族与建筑》[97]。1948年12月15日，应国立中山大学工学院院长陈大可之请，龙庆忠教授将这篇宣读的论文继续修改，撰写成为其重要的学术著作之一《中国建筑与中华民族》，正式发表于《国立中山大学校刊》第18期。

该文章从中国建筑的角度去理解中华民族的特性，使对建筑的本体研究上升到民族精神的高度。文章开始就提到：“建筑之表现，常为其中所使用人特性之表现，若扩而言之，则一国建筑之表现，常可反映其中所使用之民族之特性也。”为了避免让人有自我夸大的嫌疑，龙庆忠先举出世界知名学者和建筑家如日本建筑史学家伊东忠太、现代建筑大师勒·柯布西耶（Le Corbusier）、英国人爱迪京（Gose Ph Edkin）和叶慈（W.Perseval Yatls）、乾隆时期的西洋画师王至诚（Ferire Attiret）等人对中国建筑的赞誉之词，以表明中国建筑的伟大优秀早已为世界所认同。接着龙庆忠从十二个方面论述了中国建筑所展示中华民族特征：“从中国建筑之伟观堂皇而观之我民族性；从中国建筑之壮丽而观之我民族性；从中国建筑之整体美以观之我民族性；从中国建筑之布局而观之我民族性；由中国建筑之进化而观之我民族性；从中国建筑之历史悠久而观之我民族性；从中国建筑分布范围而观之我民族性；由中国建筑之以住宅为本位而观之我民族性；从中国建筑之千篇一律而观之我民族性；从中国建筑之构造技巧而观之我民族性；从中国建筑之明快爽垲而观之我民族性；从中国建筑中之庭园布置而观之我民族性"，"观上所论，可知我民族之伟大，实与其文化所表示之印象（中国文化乃世界文化史上五大文化之一，中国建筑即由此文化中所产生之一现象也）为一致也"[98]。龙庆忠教授在细致分析的基础上，提出中国建筑之特性源于中华民族之特性、中国建筑之优秀源于中华民族之优秀，并指出文化上优秀是与所处的土地条件有密不可分的关系。全文字字铿锵，处处彰显一位中国建筑历史研究的学者对中国建筑的自豪和赞美，以及对中华民族文化精神的自信。龙庆忠对于中国建筑与中华民族发展联系的阐述，在当时的建筑历史研究领域并不多见。《中国建筑与中华民族》一文成为龙庆忠教授学术思想的代表作之一。

图5-51 《中国建筑与中华民族》
（来源：华南工学院建筑学系教职工登记表，1973年）

1990年10月，以《中国建筑与中华民族》命名的华南理工大学龙庆忠教授论文集由华南理工大学出版社出版（图5-51）。该书收集了龙庆忠教授1934年以来发表的和部分尚未发表过的专题论文及文章，向世人展示了老一辈岭南建筑教育家、建筑史学家对中国传统建筑研究的高深造诣和科学严谨的治学态度，激励了许多年青学子投身于中国建筑史学研究。

（二）办、参与各类展览

时局刚刚稳定，建筑工程系便开始着手安排对建筑学来说非常重要的建筑参观实习教学，通过各种方式来筹集教学经费和寻找专业实习机会，其中举办和参与各种展览是当时比较常用的方式。

1. 图案展览

1946年6月14-16日，国立中山大学建筑工程系为赴香港考察建筑工程，一连三天举办图案展览，筹集经费。[99]

2. 符罗飞举办画展

1946年4-7月，湖南饥荒祸及全省，截至8月，湖南饥荒祸及400万人，仅衡阳地区就饿死9万余人[100]。7月，国立中山大学建筑工程学系符罗飞教授专程前往湖南灾区为湘桂大灾荒写生[101]。8月23-25日，符罗飞教授返穗后，在广州惠爱中路市立第十一小学礼堂举行题为《饥饿的人民》展览，素描、水彩、粉画作品总计二百余幅，分“饥饿的人民”、“一群孤儿”、“黑色的旋律”、“街头拾遗”、“随笔”、“正义”六个部分展出[102]。该展览获得社会巨大反响。1946年12月，符罗飞教授在香港举办个人画展。1947年1月，在香港组织画家成立“人间画会”并任会长[103]。1947年7月15-19日，符罗飞教授画展《饥饿的人民》再次在香港干诺道甸街38号宇宙俱乐部举行，夏衍先生主持召开香港文化界、新闻界关于此次画展的座谈会。[104]

1948年2月符罗飞在广州举办个人画展；8月6日符罗飞到新加坡举办个人画展；同年秋，符罗飞放弃赴美之行，回香港绘制毛泽东、朱德、列宁、斯大林等画像，为迎接广州解放作宣传准备[105]。

符罗飞教授第一时间对湖南饥荒所作的新闻报道式的写实性绘画，充分体现了其作品关注社会和底层劳苦人民的现实主义特点，展示了一个爱国知识分子所应有的社会责任感。他把自己的这一创作特色也贯彻到了建筑工程学系的美术教育中。

3. 广东省工农业展览会布展

1950年6月16-22日，国立中山大学建筑工程系参加广东省工农业展览会的工作，表现出高度的服务精神。参加工作的教授同学一共有三十多人，所负担的是筹备会的设计处和展览会的工作。在设计方面，担任了大会图表组的全部工作，完成的图表共八十余幅。此外还负担大会一部分别的设计工作和展览处标语组及装置组的一部分工作[106]。所有工作都在开幕前一天顺利完成。这也是建筑工程学系新中国成立后第一次师生集体参与，为新中国的建设提供专业技术服务。

（三）访问交流

1949年2月，陈伯齐教授赴日本考察建筑教育[107]。新中国成立前夕，陈伯齐的这次建筑教育考察工作并没有在查阅到的历史文献中有更多的记录，因此考察的结果如何不得而知。

四、岭南地域特色与现代主义相结合的建筑工程实践探索

内战期间，全国的建设基本停滞，但1949年新中国成立后，百废待兴，国立中山大学建筑工程学系的教师们以饱满的热情，积极投入到社会主义新中国的建

设中。

1950年7-8月暑假期间，林克明、谭天宋等带领国立中山大学建筑工程学系三年级学生到广州市建设局结合生产项目进行教学实习。林克明负责指导越秀山公园规划设计，谭天宋负责指导海珠广场设计等[108]。1950年广州女子师范学校委托中山大学工学院建筑系设计校园建筑。中山大学工学院建筑系为此将工程设计与教学活动结合起来，陈伯齐主持女师学生宿舍设计，夏昌世主持女师教学楼设计，从方案设计至施工图设计均由二、三年级同学完成。两项工程建成后得到社会好评[109]。1950年末，中山大学建筑工程学系教授谭天宋、罗明燏、陈伯齐、夏昌世等人受聘为广州城市建设计划委员会顾问，参与广州工业区布局的规划讨论[110]。

新中国成立后，中山大学建筑工程学系的教师还承担了多项在全国范围内都有一定影响力的重要工程项目，初步展示了华南建筑师的现代主义建筑设计理念和基于地域气候特点的独特设计手法。代表项目有：广州华南土特产交流大会展馆建筑、中山大学图书馆改建工程。

（一）华南土特产展览交流大会——岭南建筑师的一次集体亮相

1949年新中国成立后，西方国家对新中国在经济上采取“封锁”、“禁运”政策。作为应对，1951年5月28日，中央财政经济委员会发出《关于美帝操纵联合国大会非法通过对我实行禁运案后对各项工作的指示》。时任主管全国财政经济工作的政务院副总理陈云同志组织和领导有关部门，在经济领域开展反“封锁”、“禁运”斗争。陈云认为，“扩大农副土产品购销，不仅是农村问题，而且也是目前活跃中国经济的关键”，他倡导有计划、有准备地召开县、省、大区三级土产交流会和物资交流展览会以打开国内市场，活跃城乡经济。为了响应这个号召，全国各地均举行了各种形式的土产交流会和物资交流展览会，掀起了全国性城乡物资交流高潮。天津市、武汉市等地先后通过搭棚（临时建筑）的简易方式举办了土特产展览会，展出时间为1个月[111]。上海市在6月也举办了土特产展览。华南土特产展览交流大会是在中南区和广东各专区举办土特产展览交流大会的基础上举行的，是继华东、中南之后全国第三个大规模的展览交流大会[112]。

1951年6月，广州市人民政府决定于同年10月在穗举办华南土特产展览交流大会，会址选在日本侵华时轰炸广州造成的西堤灾区。7月成立筹委会，筹委会办公厅下设秘书、总务、财务、宣传、征集布置、联络、警卫、业务处，还成立业务指导、建筑工程、美术工作三个委员会。筹委会有党政部门的领导、专家、工商界人士，人才济济。建筑委员会差不多包括全市第一流的建筑工程技术人才，如邓垦、林克明、佘清江、金泽光、杜汝俭、夏昌世、陈伯齐、郭尚德、符罗飞、冯禹能、

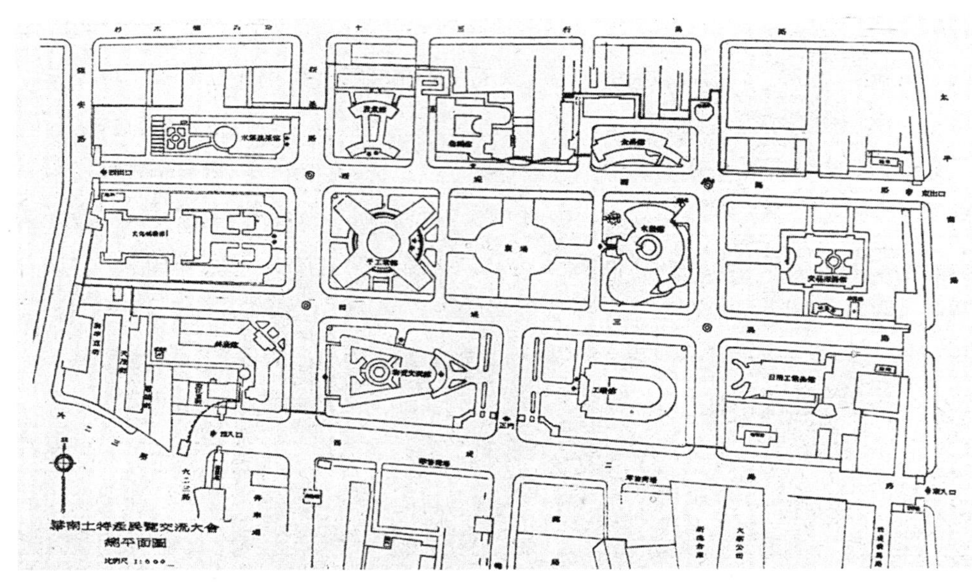

图5-52 华南土特产展览交流大会总平面图

（来源：香港大公报馆编．华南土特产展览交流大会画刊，1952，6：32）

图5-53 华南土特产展览交流大会鸟瞰图

（来源：中国著名建筑师林克明[M]．北京：北京科学普及出版社．1991，9：97）

黄适、黄远强、谭天宋等[113]。负责规划设计的人员由广州市建设局推选，分别来自广州5个单位的11位建筑师以集体创作、个人负责的方式进行设计。

在勷勤大学建筑工程学系创始人、时任广州城市建设计划委员会副主任、总工程师林克明先生（1950年末，林克明离开中山大学建筑工程学系调任广州市建设局下属的城市建设计划委员会副主任[114]）的建议下，大会建筑修建为半永久性建筑以利于展会结束后的继续使用。由林克明负责总体规划（图5-52），中山大学建筑工程学系教授陈伯齐、夏昌世、黄适、杜汝俭、谭天宋等负责设计了12座建筑中的其中5座建筑设计。

在主管领导、时任广州市副市长朱光和华南分局办公室主任林西的支持信任和

图5-54　华南土特产展览交流大会

（来源：彭长歆，庄少庞. 华南理工大学建筑学科大事记（1932-2012）[M]. 广州：华南理工大学出版社，2012，11：79）

鼓励下，华南土特产展览交流大会的建筑师们大胆创作，设计工作非常高效。两周内设计人员就完成了相关技术设计图纸的绘制，开创了广州市以专家为首，集中优秀设计人员进行集体创作的先例[115]。虽然当时中国已经号召全面学习苏联，但对建筑界的创作还未产生直接影响，因此华南土特产展览交流大会的建筑师们充分展示了各自一贯的建筑设计理念和设计风格（图5-53、图5-54）。

华南土特产展览交流大会规划用地南临西堤二马路，北临十三行路，东侧为太平南路，西侧为镇安路，总用地面积117260平方米，共有12座建筑单体，包括10座展馆和2个部，分别为物资交流馆、工矿馆、日用品工业馆、手工业馆、食品馆、农业馆、水果蔬菜馆、林产馆、水产馆、省际馆、交易服务部、文化娱乐部[116]。展览大会主路网呈"井"字形布局，二纵二横，把用地划分为13个规整的地块，分别用作12座独立的展览、办公建筑以及中心广场的建设（表5-4）。展览会的东、西入口分别设在用地南侧西堤二马路两端，太平南路与镇安路分设东、西出口。按照从西到东的顺序，总平面各建筑物分别为（1）南部：林产馆、物资交流馆、主入口门楼、工矿馆、日用品工业馆；（2）中部：文化娱乐部、手工业馆、水产馆、交易服务部；（3）北部：水果蔬菜馆、农业馆、省际馆、食品馆[117]。

华南土特产展览交流大会单体建筑设计项目一览　**表5-4**

序号	项目	设计人	设计单位
1	生产资料馆（工矿馆、生产器材馆）	林克明	广州市建设委员会
2	文化娱乐部（文娱剧场）	林克明	广州市建设委员会
3	门楼	林克明	广州市建设委员会
4	省际馆	陈伯齐	中山大学建筑工程系
5	水产馆	夏昌世	中山大学建筑工程系

续表

序号	项目	设计人	设计单位
6	物资交流馆	谭天宋	中山大学建筑工程系
7	交易服务部（贸易服务馆、交易服务馆）	黄适	中山大学建筑工程系
8	林产馆（山货馆、山货林产馆）	杜汝俭	中山大学建筑工程系
9	食品馆	冯汝能　朱石庄	广州市设计院
10	水果蔬菜馆	黄远强	广东省设计院
11	丝麻棉毛馆（农业馆、丝麻纤维馆）	余清江	广州市设计院
12	手工业馆	郭尚德	广州铁路局

资料来源：石安海主编．岭南近现代优秀建筑.1949—1990卷[M]．北京：中国建筑工业出版社．2010年7月第一版。

注：括弧内馆名为不同刊物报道时的馆名。

1．省际馆——陈伯齐设计

省际馆由中山大学建筑工程学系陈伯齐教授设计（图5-55）。主要展示华南以外各省区的工农产品，包括农副产品、油脂、矿产、国药、化工原料、毛皮等，展品综合多样。展厅以大行政区划分为东北区、中南区、西南中国现代建筑史纲区和西北区、华东区及北京等六大部分，建筑面积1136平方米[118]。省际馆位于展览大会中央南北轴线北端，位置显著，因此为呼应和强化中央轴线，建筑划分为左中右三部分，中间设置为中心广场的背景墙，两侧分别为展览馆和各省代表办公室。展厅流线设计合理实用，在有限的空间里营造了充分的展览路径。为了突出中央的中心广场背景墙，建筑采用简洁的形体组合，并充分利用色彩和材质质感的划分，以及墙体的错落来取得立面造型的变化。

图5-55　省际馆——陈伯齐设计

（来源：林凡．人民要求建筑师展开批评和自我批评[J]．建筑学报，1954，（2）：122-124）

2．水产馆——夏昌世设计

水产馆由中山大学建筑工程学系夏昌世教授设计，是大会最为特别的一座几乎完全由曲线组成的建筑（图5-56）。该馆主要通过图表、标本、水族箱等方式展示岭南地区在新中国成立后渔业各方面的发展情况，建筑面积1056平方米，是在新中国成立后

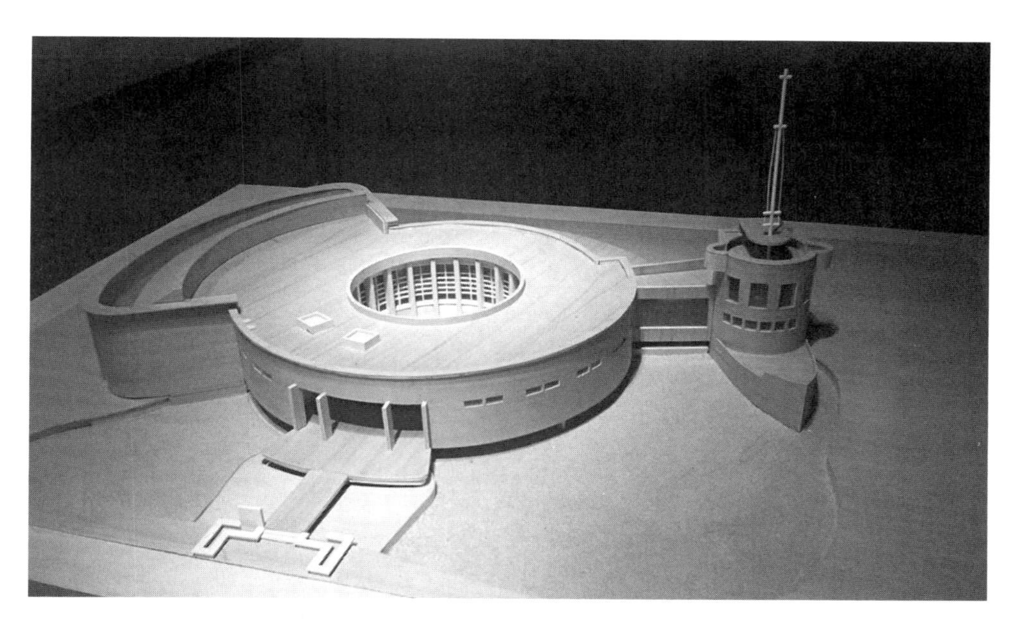

图5-56　水产馆模型

（来源：华南理工大学建筑学院制，2012）

中国第一个水产馆。

水产馆位于中心广场的东面，主入口安排在东西向轴线上，朝向中心广场（图5-57）。水产馆建筑设计从展览主题“水产”出发，充分运用形象思维来进行空间的组织和建筑造型的设计（图5-58）。建筑主体平面为圆形，室外环境结合场地的布置。西面主入口通过加在水池上的一座桥梁进入（图5-59），主入口区域外部场地设计为下沉式，模仿海洋和沙滩的自由形状，东面零售区外也围有一圈水池，两处水池池中放养各种鱼类，水面还放置有电动捕鱼船模型。建筑内部空间根据展览的功能需要布置了多层的同心环状空间，中心为露天水池（图5-60）。内部流线组织合理顺畅，将公共参观流线和内部管理流线进行了恰当的区分，并结合圆形尽量布置了充分的展览空间。建筑造型也从主题出发，主体建筑宛如漂浮在海上的渔船，特别是南边出口的独立建筑造型，完全模仿一艘扬帆的渔船，更加

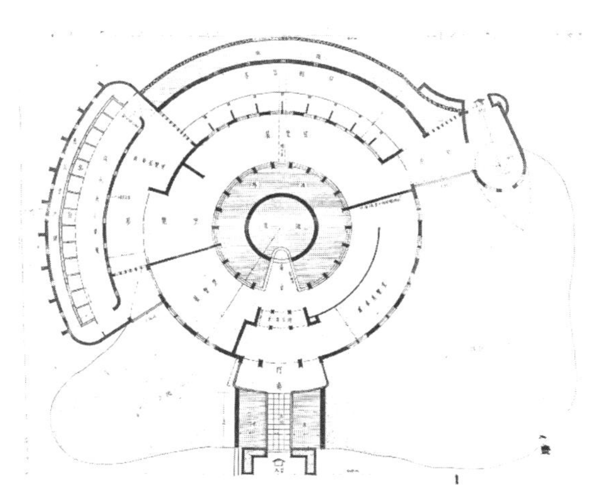

图5-57　水产馆平面图

（来源：水产馆平面图. 文化公园档案室藏）

图5-58 水产馆剖面图

（来源：夏昌世绘制．水产馆施工图．华南理工大学建筑学院藏）

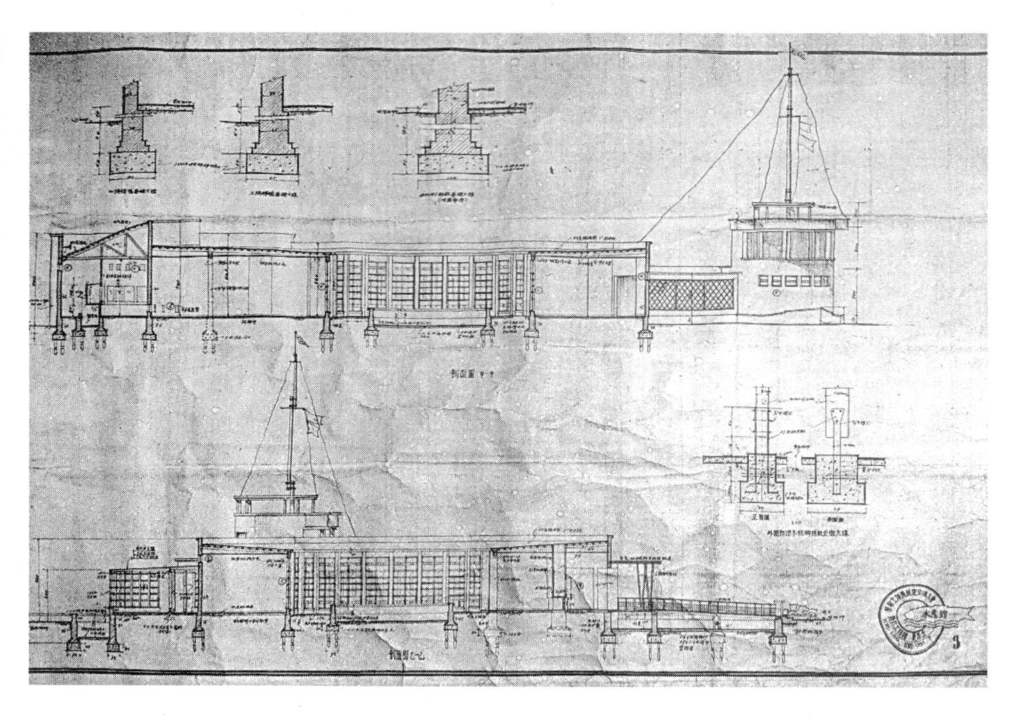

图5-59 水产馆入口

（来源：香港大公报馆编．水产馆．华南土特产展览交流大会画刊，1952，6：27）

图5-60 水产馆鸟瞰

（来源：文化公园．家乡网：http://www.gzwhgy.com/）

直接地展现出水产馆的展览主题（无独有偶，同年6月上海举办的土特产交流大会水产馆的整体建筑造型也是一艘巨大的轮船）。更加值得一提的是建筑采光设计，完全是结合使用功能的需求进行。建筑立面造型除东面零售展厅从销售的角度考虑为大面积落地玻璃窗格外，整体较为封闭，只开高侧窗，在交通过渡连接区域开设了若干通透的落地格栅，但围绕露天中庭水池的墙面则全部为大窗格，这样设计的目的是为了尽可能多的提供用于挂设展品的实墙面，同时也能照顾到采光的需要（图5-61）。特别是淡水鱼池区域的采光设计尤为巧妙，观众观赏区域完全没有开窗，而是通过背面鱼池管理区的顶棚开设天窗，通过投射下来的自然光线直接照射在一个个鱼池中来采光，使得鱼池在相对幽暗的环境显得更加生动艳丽（图5-62）。

夏昌世在两个星期左右的时间设计并绘制了水产馆的施工图，为了仔细推敲还同时设计了两个平面布置方案进行比较，其设计效率之高让人叹服。另外，由于建设资金的缘故，原设计中许多采用钢筋混凝土的部分最终不得不用木质材料替代，夏昌世在施工图中也做了详细注明，这也造成水产馆建成后经过一段时间就不得不进行维修，以致现在的水产馆与建成时的差异较大，不能不说是一种遗憾。水产馆的设计展示夏昌世完全从功能需求出发，结合展览建筑的主题特性，基于场地和建筑技术条件进行设计的现代建筑理念。水产馆建筑造型上所蕴含的鲜明象征性，又超越了纯粹的功能主义，呼应了人们对建筑的精神需求，使建筑具有更加丰富的内涵，现在看来甚至是“后现代主义”建筑在中国的提前亮相。

水产馆建成后，国家领导人毛泽东曾在1954年和1956年两次参观水产馆并指示“华南沿海要发展海洋业”，“要很好开发，为社会主义服务”[119]。

3. 物资交流馆——谭天宋设计

物资交流馆由中山大学建筑工程学系谭天宋教授设计（图5-63）。物资交流馆是一个综合性展馆，主要结合自新中国成立后两年来岭南地区各种经济建设工作情况的展示，进行国家政策的宣传，展览以地图、图表、模型等形式介绍岭南地区工

图5-61 水产馆露天庭园
（来源：龚德顺，邹德侬，窦以德. 中国现代建筑史纲（1949-1985）[M]. 天津：天津科学技术出版社. 1989，5：38）

图5-62 水产馆鱼苗展厅
（来源：香港大公报馆编. 水产馆. 华南土特产展览交流大会画刊，1952，6：27）

图5-63　物资交流馆——谭天宋设计

（来源：林凡. 人民要求建筑师展开批评和自我批评[J]. 建筑学报，1954，(2)：122-124）

矿、农林、水利、财政、金融、贸易、合作、交通、邮电等各业的现状，及以“在生产中，交流中贯彻‘公私兼顾、劳资两利；城乡互助、内外交流’的政策”[120]。交流馆总建筑面积为1373平方米。

物资交流馆位于展览交流大会正门的左侧，平面为中轴对称的倒圆角梯形，将办公管理部分放置在中间的大天井中，使完整的展览空间环绕四周（图5-64）。立面造型也是严谨的中轴对称，简洁大方，没有过多的装饰，曲尺形的竖向长侧窗的运用营造了丰富的形体肌理，加上天井院落的采用，使得建筑适应了华南的气候条件。

4. 交易服务部——黄适设计

贸易服务馆由中山大学建筑工程学系黄适教授设计。该馆主要服务于此次大会的各方的贸易交流。贸易服务馆位于会场东端东出口处。主入口设在西面朝向中心广场。平面设计简洁，采用中轴对称的长方形平面，平面中央设置一个大天井解决内部空间

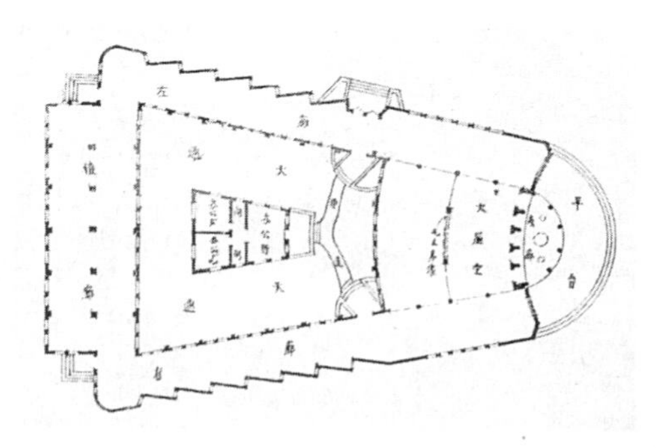

图5-64　物资交流馆平面图

（来源：石安海. 岭南近现代优秀建筑.1949—1990卷[M]. 北京：中国建筑工业出版社. 2010，7：39）

图5-65　交易服务部——黄适设计
（来源：林凡．人民要求建筑师展开批评和自我批评[J]．建筑学报，1954年第2期：122-124）

图5-66　林产馆——杜汝俭设计
（来源：林凡．人民要求建筑师展开批评和自我批评[J]．建筑学报，1954年第2期：122-124）

的采光和通风。建筑造型也较为简洁，为丰富造型将主入口处理为内凹的弧形，并在入口旁设置一高耸的标志塔，打破长方形的体量。开窗采用竖长的落地窗扇，并利用窗与窗之间的竖向立柱，起到竖向遮阳的作用，对岭南地区亚热带气候有一定的考虑。（图5-65）

5．林产馆——杜汝俭设计

林产馆由中山大学建筑工程学系杜汝俭设计（图5-66）。林产馆以造林、护林、扩林结合防洪、防旱、保安、发展水利、保障农业生产为主题，展览分为“林产部”和“兄弟民族出品部”两部分，展品包括各种木材、竹材、柴炭、药材、兽皮、松香、桂皮等，总建筑面积830平方米[121]。林产馆位于大会场地的西端，紧挨物资交流馆。建筑平面为曲尺形，在朝向会场道路交叉口处设置主入口，半围合的布局留出了大面积的室外场地，场地中用篱竹搭建了一座临时建筑物——有中国传统文塔建筑风格的九层高竹塔，塔高二十余米，是展览交流大会的最高建筑，显示篱竹用途的广泛（图5-67）。林产馆的建筑造型为简洁的立方体，为强化主入口的标志性，主入口两边墙面局部墙面上围绕窗户做了色彩材质和锯齿状窗框的凹凸变化。

图5-67　林产馆内的篱竹塔
（来源：华南土特产展览交流大会，家乡网：http://www.jiaxiangwang.com/）

11位广州建筑界的设计精英充分展示其设

计水平，克服了建设时间、建设资金、物资与建筑技术条件的限制，并结合各个展馆的主题，充分利用地方建筑材料，高效经济地设计出满足展览功能，流线合理，建筑单体造型变化丰富，但建筑群又整体统一的展览建筑，圆满地完成设计任务。

华南土特产展览交流大会是广州设计精英的集体创作，是新中国成立后岭南地区优秀建筑师的第一次成功集体亮相。从设计到建成仅历时四个月，耗资90多万元，于1951年10月14日开幕，盛况空前。整个会场集展览、交易、饮食、娱乐于一体，开幕后一度成为全广州最热闹最繁华的一个地区。同年12月4日展览交流大会结束，共接待参观人次达153万余人，成交总值达人民币11，831多亿元（旧人民币），取得圆满成功，成为当时具有政治意义的重要历史事件[122]。

华南土特产展览交流大会在展览会在结束后，改变展览建筑用途作为广州市人民群众的文娱用地使用。1952年，华南土特产展览交流大会易名“岭南文物宫”，会场用作广州市群众的文娱场所，1956年再次更名为“广州市文化公园”（图5-68），三次命名均由叶剑英亲笔题名。毛泽东、周恩来、邓小平、陈毅、陶铸、刘少奇、朱德、郭沫若等国家领导同志也多次视察广州文化公园，朝鲜的金日成、越南的胡志明、苏联的马林科夫以及苏联著名芭蕾舞演员乌兰诺娃等外国友人也曾到访参观。

1954年初，《建筑学报》第二期刊登了一封由《人民日报》读者来信组转来的

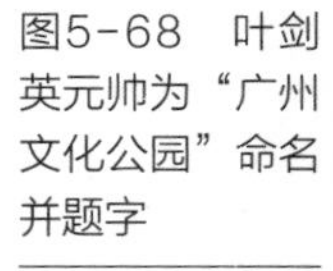

图5-68　叶剑英元帅为“广州文化公园”命名并题字

（来源：文化公园历史的旧照片．广州文化公园官网 http://www.gzwhgy.com/photoDetails.asp?id=17&classid=12）

读者来信《人民要求建筑师展开批评和自我批评》，对已易名“岭南文物宫”的华南土特产展览交流大会建筑群进行了猛烈抨击，认为这些展馆建筑是“把美国式的、香港式的‘方匣子’、‘鸽棚’、‘流线型’的建筑硬往中国搬”，“像香签一样细的柱子”，“像蝉翼一样单薄的阳台”，是“资本主义国家的臭牡丹”[123]。当然今天看来，这些都不过是基于1954年当时已经上升为国家意志的“社会主义内容，民族形式”建设方针，对之前岭南建筑师们的建筑创作所做的出于政治需要的检讨和批评。

1989年出版的《中国现代建筑史纲》第一次在正式出版物上肯定了华南土特产展览交流大会建筑群是新中国成立之初国内设计水准很高的“摩登建筑”之一。

（二）中山大学图书馆改建

中山大学图书馆原为抗战前的国立中山大学图书馆总馆，由中国早期著名的图书馆学专家、国立中山大学图书馆主任杜定友教授主持与筹划，由岭南近现代著名建筑师、国立中山大学的规划设计师杨锡宗负责设计。原方案为三层半高的大屋顶“中国固有形式”风格建筑。1936年11月20日国立中山大学与广州兴兴建筑公司约11个月完成建造。完成首层楼面混凝土工程后，由于抗日战争爆发，日寇南侵广州，图书馆被逼停建。1938年10月21日，国立中山大学被日寇侵占，图书馆工地沦为倭寇马厩。1945年抗战胜利后，国立中山大学回石牌复课，杜定友教授为图书馆的续建四处筹款未果，直到1949年10月14日广州解放后，图书馆的续建工作才得以开展。

1951年1月31日，中山大学召开新中国成立后首次修建图书馆总馆工程意见征求会。1951年2月10日图书馆修建委员会成立，由时任工学院院长龙庆忠教授任主任，刘英智教授任副主任，设计小组由夏昌世、陈伯齐、杜汝俭、林克明、方棣棠、邝正文组成，总务韦懿、谢汉曾、陈满，监理朱福熙。因为国家处于新中国成立初期的国民经济恢复时期，建设资金有限，不可能再按原来造价高昂的“中国固有形式”建筑方案进行建设，委员会广纳众议，决定在原工程建设基础上修改设计，采取以夏昌世为首的设计小组提出的取消中国传统宫殿式大屋顶，去除装饰、简练的建筑设计方案（图5-69）。1951年5月7日，中山大学图书馆全面复工，分10期工程，由广州市国营建筑公司301工区承建。1952年10月广州区高等院校院系调整，原中山大学石牌校址调整给新成立的华南工学院，图书馆也就成为华南工学院图书馆续建。1954年3月31日图书馆主要工程完成，5月全部竣工，建筑面积8842.4平方米，耗资45.1万元[124]。

图书馆的建设经历了18年，是社会发展变化的一面镜子。建成的华南工学院

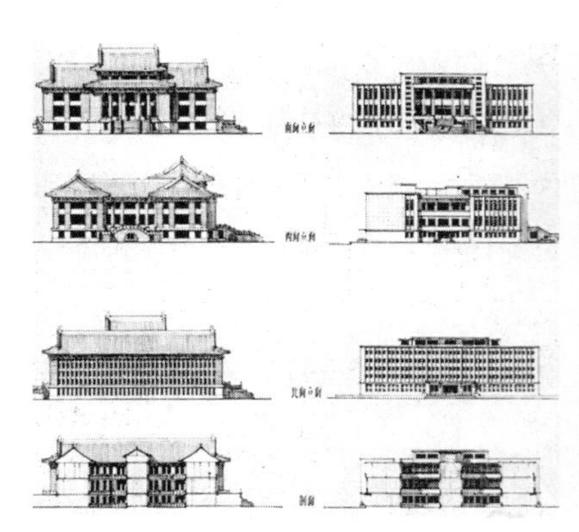

图5-69　中山大学图书馆原方案与改建方案对比
（来源：华南理工大学建筑学院系史展览，2008）

图5-70　华南工学院图书馆南主入口
（来源：华南工学院图书馆主入口，华南理工大学档案馆藏，2010）

图书馆功能布局合理，增加了北向出入口，去除东西向入口的一层高大台阶，只保留南向主入口大台阶（图5-70），使得流线更加清晰；造型简洁大方而又不失稳重，结合图书馆的功能房间进行外立面的开窗，东西向增加檐廊以遮挡东西向阳光，使得立面虚实有度；并在有限的建设资金条件下，巧妙地利用原建筑方案的工程基础，充分考虑岭南地区的气候特点，利用天井院落和天井周围房间不加玻璃的高侧窗，解决了图书馆大进深空间的散热和通风。该图书馆的建成塑造了新中国岭南地区高校图书馆建筑的典范。

1989年因藏书增加和功能扩展的需要，对图书馆进行了向南面的扩建，原主入口立面成为室内中庭的一个立面，而新扩建的图书馆主入口立面设计则呼应了旧馆的主入口立面。

第二节　华南工学院建筑工程学系（建筑学系）（1952-1966）

一、社会背景与历史沿革

1952年10月7日，广州区高等学校院系调整工作委员会正式发函，宣布成立华南工学院筹备委员会。根据中央的调整方案，广东省、广州区高等学校院系调整委员会在调整方案中具体拟定：新设多科性的华南工学院，由中山大学、岭南大学、华南联合大学的工学院和广东工业专科学校调整合并组成，校址设于中山大学原址（石牌）[125]。11月17日，华南工学院隆重举行首届开学典礼，庆祝一所新型正规工科院校的诞生。新成立的华南工学院设立了5个系，15个专业，14个专修科。

1953年暑假，根据中央高等教育部《1953年全国高等工业学校专业调整方案》的要求，华南工学院的系、专业又进行了一次局部的调整，有专业调出，也有外校专业或专科调入。1953年8月华南工学院土木工程系的铁路建筑专业、桥梁与隧道专业以及土木系桥梁结构专修科调到中南土木建筑学院。1953年8-9月湖南大学工业与民用建筑结构（本科学生34人）、建筑设计专修科（学生80人）分别调入建筑工程系；南昌大学工业民用建筑结构专修科（学生63人）、土木学结构组（本科学生25人）调入土木工程系；武汉大学工业民用建筑结构（本科学生38人）、土木工程测量专科（学生80人）、土木学结构组（学生5人）调入土木工程系。1953年华南工学院经再次调整后专业设置和系的设置均有缩减，分为5个系，设9个4年制的本科专业和4个2年制的专修科。其中：土木工程系本科为工业与民用建筑专业、工业与民用建筑结构专业；专科为工业与民用建筑工程测量专修科。建筑工程系本科为房屋建筑学专业。

经过1952-1953年两次院系调整后，以原中山大学工学院建筑工程学系为主体，在合并了华南联大、广州大学、湖南大学等学校的建筑系后，成立了华南工学院建筑工程学系。1954-1957年，华南工学院的学系及专业仍有局部调整、更名与变动，1954年9月建筑工程学系更名为建筑学系，专业也由建校之初的房屋建筑学专业更名为建筑学专业。

从1958年到1960年，华南工学院结合国家的政治和经济形势又进行了频繁的院系和专业的调整。1958年9月为适应国民经济"大跃进"的形势，华南工学院一分为二，正式成立华南化工学院和华南工学院，一门"两校"。调整后的华南工学院最初只存有3个系3个专业：机械工程系机械制造专业；土木工程系工业与民用建筑专业；建筑学系建筑学专业。1958年下半年增加到7个系27个专业，其中土木工程系有工民建、道路桥梁、城市建设、农村建筑、建筑机械、建筑材料与构件6个专业；建筑学系有工业建筑、民用建筑、城市规划3个专业[126]。1958年的这次专业调整固然有"大跃进"所带来的盲目性，专业方向太多、太细。在1959年1月中央"调整"、"巩固"、"提高"的教育方针提出后，又做了适当的专业整合，土木系合并城市建筑和农村建筑专业，建筑学系合并工业建筑和民用建筑。另外从1959年开始，根据中华人民共和国教育部关于几个专业改变名称的通知，"城市规划"专业更名为"城乡规划"专业[127]。1960年5月，华南工学院建筑学系与土木工程系合并为建筑工程系（第三系），设建筑学、工业与民用建筑、城乡规划三个5年学制专业和一个道桥4年学制专业[128]。1961年后全校各专业均统一实行5年制。1962年上半年，建筑工程系取消城乡规划，调整为建筑学、工业与民用建筑2个专业。

1958年8月，在北京召开了全国建筑气候分区会议。华南工学院建筑学系派林其标老师参加了此次会议[129]。这次会议一定程度上推动了华南工学院建筑学系确定基于亚热带气候特点的建筑研究为主要学术方向。

1959年，华南工学院建筑学系陈伯齐教授任系主任，致力将华南工学院建筑系办成一个独具特色的学系。为此陈伯齐提出了以能反映岭南亚热带地区的建筑理论与建筑设计为中心的办学宗旨[130]，并在当时院党委指导下，华南工学院建筑学系确定了以亚热带地区建筑问题作为今后在学术上较长远的活动领域[131]。自此，岭南建筑教育正式明确了基于亚热带气候特点建筑教育研究的学科定位。

1960年10月22日，中共中央发布《关于增加全国重点高等学校的决定》，重点高等学校从原来的20所增加到64所。华南工学院属这次新增加的重点学校之一。根据教育部《关于全国重点高等学校暂行管理办法》，作为国家重点学校的华南工学院，其领导体制由原来属广东省领导，改为由教育部与地方双重领导，经常性的工作由广东省负责领导[132]。成为国家重点高校的华南工学院从此进入新的重要发展阶段。

从1952年到1966年“文革”前，尽管经历了社会主义建设初期的各种“运动”，华南工学院的建筑教育逐渐进入历史发展的第一个高潮。无论是学习苏联经验还是走中国自己的建筑发展道路，华南工学院的建筑教育紧跟时代步伐，较早形成“学、研、产”相结合的教学特色，并确定了以探索适应岭南地区亚热带气候特点的建筑研究为主要的学术方向，取得了初步的成就。

这段时期，华南工学院的建筑教育为岭南地区建筑的大发展打下了坚实的基础，培养出众多优秀的建筑人才，他们中许多人在今天已经成为岭南地区乃至全国建筑界的中坚骨干力量。

二、教学体系

（一）与国家政治紧密相联的教学思想

1952年以后，出于社会主义建设的政治和经济需要，新中国高校的专业教学思想与国家大政方针开始长期紧密结合，特别是在高等院校的建筑教育领域，这使得新中国成立后的中国高校建筑教育的发展与其他国家建筑教育有所不同。岭南建筑教育重功能、重技术、重实践的“求真务实”的主导教学思想，在这一时期也不可避免的受到国家各个阶段各种政治运动和建筑主导方针的影响。

1. “社会主义内容、民族形式”

1932年苏联党中央决议取消一切文艺派别，并确立“社会主义现实主义的创作方法”，“社会主义的内容、民族形式”的文艺创作原则，具有现代主义设计思想的构成主义遭到严厉的批判，取而代之的是“优秀的民族传统”的建筑——带巴洛克色彩的俄罗斯古典主义建筑，“学院派”思想又占上风。在中华人民共和国成立之初，在“一切向苏联学习”的国家政策下，苏联建筑界仍在提倡的“社会主义的内容、民族形式”建筑方针，随同援助中国的项目一起带到中国[133]。

1952年9月，建筑工程部设计处召开群体布置技术研究座谈会，苏联专家穆欣在发言中提出“建筑术是一种艺术，是修建美丽方便的住宅、公共建筑及城市的艺术”，“建筑艺术在人民思想感情上起很大的教育作用，提高人民觉悟，告诉人民社会主义时代的光明伟大[134]”。新中国在经历了1951年的知识分子“思想改造运动”后，高校教师们普遍树立起为社会主义建设无私奉献的思想。

1953年10月14日，《人民日报》发表社论《为确立正确的设计思想而斗争》。社论说：“要提高设计水平，改进设计质量，克服设计中的错误，就必须批判和克服资本主义的设计思想，学习社会主义的设计思想，特别是向苏联专家学习，学习苏联帮助我国所作的设计文件，从检查我们设计的错误，总结我们的设计经验中学习”[135]。1953年10月23-27日，中国建筑学会前身——“中国建筑工程学会”在北京宣告成立。第一届理事长为周荣鑫，副理事长梁思成、杨廷宝，秘书长为汪季琦。会议号召学习苏联把“社会主义内容与民族形式”结合起来的经验。提倡学习、摸索和大胆创作具有新生命力的“民族形式”[136]。

在苏联的影响下，建筑的民族性、艺术性逐渐成为中国建筑师们建筑创作和建筑教育家们教学科研上的主要追求。普通民众也将“社会主义内容、民族形式”作为了社会主义建筑审美的最高标准，以至于对新中国成立之初岭南建筑师们所进行的现代主义建筑创作风格进行了无情的讥讽和批判。1954年《建筑学报》第二期刊登了一封《人民日报》转来的读者来信《人民要求建筑师展开批评和自我批评》，该文对结合了地域气候特点并呈现鲜明现代主义建筑风格的“岭南文物宫”建筑群（1951年广州华南土特产展览交流大会建筑群，其中五座展馆由华南工学院建筑系的教师陈伯齐、夏昌世、黄适、谭天宋、杜汝俭分别设计）进行了猛烈的抨击。这种批判对当时岭南建筑师们的创作形成了一定的压力。

老一辈岭南建筑教育家们在20世纪30年代就对当时风行“中国固有形式”风格有不同的意见，即使是设计了许多“中国固有形式”风格建筑的林克明后来也明确表示出对这一形式的批判。但老一辈教育家们即使是思想上对这种纯粹从“复古形式”出发的建筑创作方式不太认同，本着为社会主义建设服务的无私奉献精神，仍然投入到“社会主义内容，民族形式”的建筑方针学习中，并在教学、科研和实践中都有所贯彻。

华南工学院1952年建校初期，响应国家号召，几乎是完全照搬学习苏联教学建设经验。从1952年到1955年初，“社会主义内容，民族形式”成为在新中国刚刚成立初期统一全国建筑思想，为社会主义建设服务的建筑方针。在这一方针的指引下，华南工学院建筑学系的师生开展了对中国的民族形式的学习，在教学中贯彻对中国民族形式的理解和运用。教师首先开展学习，由夏昌世、陈伯齐、龙庆忠教授等老教师带领青年教师们赴各地参观调研中国古建筑，专门设立中国建筑研究室，购置彩画、斗栱等古建筑构件、申请文物、举办展览，教授们开展关于“民族形式”的讲座，以提高师生对中国古建筑的认识。紧接着由教师带领学生前往各地进行古建筑的参观和调查测绘工作，如1954年夏天为了使学生更多的了解中国传统优秀建筑，在龙庆忠教授、陈伯齐教授带领下，参与教师十余人、建筑系二年级学生60人分赴河南登封、洛阳开展古建筑实习，参观考察古建筑[137]；同年龙庆忠教授与助教陆元鼎带领53级学生到潮州作古建测绘实习[138]；该年夏昌世教授还主持对粤中庭园进行了一次普查工作[139]。

1954年教育部在天津召开有苏联专家指导的统一教材修订会，建立以苏联建筑教育为模板的新中国建筑教育体系。这一时期苏联的建筑教育体系具有强烈的法国巴黎美术学院“学院派”特点，注重绘画技巧和基本功训练。为响应中央号召，华南工学院的教学计划也做出了相应的调整。此时的教学课程设置更加强化一年级的传统建筑构件渲染练习，使这一时期的一年级建筑设计初步教学具有鲜明的重视渲染表达基础的“学院派”风格。教学中给学生展示了清华大学、南京工学院建筑系的渲染画作作为示范。另外美术教育引进了一批同济大学等其他院校分配来的具有较好美术基础的教师如李恩山、赵孟琪、马次航等，符罗飞也作为全职教授正式调入华南工学院建筑学系，加强了美术教学力量。另外还加强了对天津大学建筑系美术教育的学习，并结合本院的实际情况修订了教学大纲。学生课程设计鼓励采用中国传统建筑风格进行立面设计（图5-71）。不过即使是采用“民族形式”，华南工学院的建筑教育仍然坚持一贯的注重建筑构造的训练，要求学生绘制出“民族形式”的剖面构造大样详图（图5-72）。

这些工作使得岭南建筑教育及时跟上了国家的建设要求。对“民族形式”的探究学习，从另一方面讲，也带动了岭南建筑教育中的中国建筑史教育的发展。

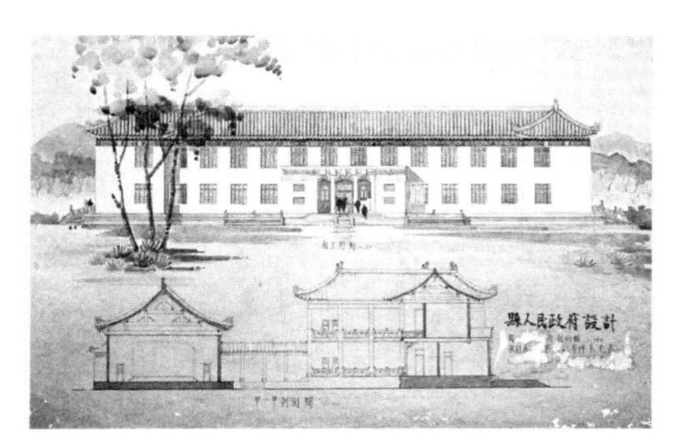

图5-71　李光义——县人民政府设计（1954年）
（来源：李光义．县人民政府设计，1954年，华南理工大学建筑学院藏）

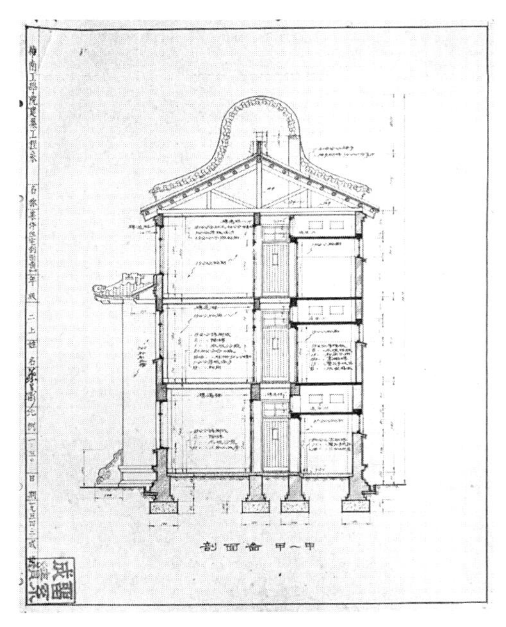
图5-72　蔡景彤——集体住宅剖面图（1954年）
（来源：蔡景彤．集体住宅剖面图，1954年．华南理工大学建筑学院藏）

这一时期华南工学院建筑系教师们的建筑工程实践，与新中国成立初期相比有了一定的变化，对“社会主义内容、民族形式”做出了适当呼应，但与其他地方具有强烈“复古主义”色彩的“民族形式”建筑不同，华南工学院建筑系教师们的“民族形式”建筑创作显得更为收敛，是在坚持功能、技术、经济和场地、气候等条件的适应性前提下，在建筑形式上做出了较为简练而又不失民族特点的巧妙处理。夏昌世教授的华南工学院2号楼院本部设计以及华南医学院病理楼、肇庆鼎湖山教工休养所等工程项目都是岭南地区“社会主义内容、民族形式”的建筑典范。

2．“适用、经济并在可能条件下注意美观”

1954年9月23日，周恩来在第一届全国人民代表大会第一次会议所做的政府工作报告中，批评建设中的许多浪费现象，指出：“不少的基本建设工程还没有规定适当的建设标准。而不少城市、机关、学校、企业又常常进行一些不急需的或者过于豪华的建筑，容易耗费国家有限资金”[140]。这是国家对在国内广泛推行“民族形式”建筑后，在建筑上出现的浪费问题的第一次反思。

1954年11月30日，中国派出以周荣鑫为首的代表团参加苏联召开的全苏建筑工作者会议。苏联国内新领导人赫鲁晓夫作了长篇报告，比较突出地批判了苏联建筑艺术中存在的问题，并对建筑设计中轻视技术，轻视功能及搞多余装饰和脱离工业化的现象进行了批评[141]。从1954年底开始，苏联开始反思斯大林时代的“社会主义内容、民族形式”的创作原则。这次会议的精神被传达到中国，正在认真学习苏联经验的中国，自然也将这些苏联正在反思和调整的经验学习到国内，对中国的建筑工作产生了直接的影响。“社会主义内容，民族形式”的建筑方针在中国开始受到了质疑，对中国传统建筑的调查研究和在设计中的对“民族形式”的运用成为“复古主义”、“形式主义”的表现，并开始受到批判。

1954年12月27日-1955年1月8日，第一次全国省市建筑工程局长会议在北京举行。会议提出在设计工作中必须贯彻的原则，首先是适用、经济，其次才是美观。对过去强调美观，而不顾适用和经济效果的形式主义思想和一概接收古代建筑艺术形式的复古主义思想必须加以批判[142]。1955年2月4日-2月24日，建筑工程部召开设计及施工工作会议。会议根据党对建筑事业的方针政策和全苏建筑工作者会议精神，进行了批评和自我批评。批判了脱离建筑的适用和经济，只注意或过多地追求外形的美观和豪华装饰；批判了以“民族形式”为主要旗帜的复古主义。会议向中央报告初稿中提出：“**中央提出的适用、经济和美观的设计原则是正确的，必须把它作统一的完整的理解，不能孤立地强调某一方面。尤其在我国目前条件下更应特别注意适用和经济，在可能条件下讲求美观。**”此次会议揭开了建筑界第一次反浪费运动的序幕。3月28日，人民日报发表社论《反对建筑中的浪费现象》，从反对建筑浪费运动演化为反梁思成为代表的资产阶级唯心主义建筑思想及相关建筑师；社论论述了党和政府的“适用、经济并在可能条件注意美观”的建筑原则，指出当前建筑中的主要错误倾向“就是不重视建筑中的经济原则”。社论所列举的建筑中的浪费现象是：不分轻重缓急，盲目建筑；追求所谓“七十年近代化一百年远景”以提高建筑标准；建筑师的形式主义和复古主义思想；以及施工中的严重浪费[143]。“适用、经济并在可能条件注意美观”的建筑原则正式在中国提出，成为之后中国贯彻三十多年的基本建筑方针。

1955年4月20日建筑工程部下达关于组织学习全苏建筑工作者会议文件的决定。同月，华南工学院土木和建筑两系学习赫鲁晓夫关于建筑工作报告等文件，开始结合教学批判建筑思想上的“复古主义”和“形式主义”[144]。此时的中国，建筑已经成为政治思想意识形态的典型体现，建筑系也因此在华南工学院受到格外关注，一系列关于“建筑思想”的座谈会开始了。

1955年10月4日，华南工学院为领导土建两系建筑思想批判，召集土木和建筑两系主任和秘书等，座谈关于在土建两系开展建筑思想批判问题，并成立“建筑思想学习委员会”。会上建筑系提出该系初步订出的计划，要求以“经济、适用、在可能的条件下适当照顾美观”的原则来批判形式主义、复古主义、结构主义等资产阶级思想。学习的方法采取学习文件、参观典型建筑物、结合教学思想，展开批评与自我批评。委员有：罗明燏、张进（主任委员）、陈永龄、罗雄才、冯秉铨、李曼晖、罗崧发、黄适、朱福熙、关振文、周履、方棣棠、龙庆忠、陈伯齐、符罗飞、王大望、金振声、杨钟华等[145]。

1955年10月8日，华南工学院建筑思想学习委员会下午举行了土建两系全体教师座谈会，座谈关于开展建筑思想学习问题[146]。10月11日，华南工学院建筑系下午各教研组教师分小组漫谈了关于开展建筑思想学习问题，教师们都表示要响应学院的号召，端正态度，投入学习[147]。学校党委书记张进亲自参与领导“建筑思想”座谈，从系领导到全体教师再到各教研组分组深入讨论，对旧的“建筑思想”的批判和新的“建筑思想”的学习逐步全面铺开（图5-73）。

1955年11月8日，华南工学院建筑设计教研组进行了建筑思想学习的第二次讨论。围绕如何认识“适用、经济并在可能条件下注意美观”的原则和如何把在这一国家建筑原则贯彻到教学工作等问题，教师们进行了热烈的交流。教师认为，最主要是要从思想上重视在教学中结合实际工程的成就，并鼓励启发学生研究采用这些成就，鼓励学生大胆创造的精神。教学不单应与实际工程紧密结合，而且应该展开科学研究，从而在思想上、理论上和技术上都赶过实际工程、能够指导实际工程。学生提出的问题未解决或缺乏具体资料，也可和有关教研组联系研究解决办法，或作为从事科学研究的题目。另外还要推广标准设计，这是建筑工厂化和施工机械化、提高建筑效率和降低成本的一个重要条件。教学中要通过介绍标准设计的性质内容和它的先进性、通过评选标准设计、通过提倡同一设计上的各种构件、材料种类规格尽可能划一，并考虑到如何才便于工厂制造及机械化施工等方式，把标准设计的精神贯彻到教学中[148]。华南工学院就建筑系学术思想批判逐步深入。

图5-73　建筑设计教研组正在座谈关于开展建筑思想学习问题
（来源：杨永生. 梁思成[M].北京：中国建筑工业出版社，2012：19）

1955年11月22日、29日，华南工学院建筑系两次全系教师大会上，夏昌世、陈百齐、谭天宋、龙庆忠、杜汝俭、黄适等教授相继发言，本着实事求是和虚心学习的态度开展争论。建三、建四的同学参加了这两次大会的旁听[149]。12月24日，华南工学院工会部门召开了建筑思想座谈会，27日，华南工学院建筑系举行第四次建筑思想批判讨论会，会上教师开展了自我批评，部分同学也发了言[150]。1956年1月10日，华南工学院建筑系举行了座谈会，会上教师漫谈了个人的体会与心得，一致认为建筑思想批判进一步培养了批评与自我批评风气，并感到集体力量是改正缺点搞好教学的保证。会上大家一致认为仍应继续深入的进行学习[151]。1月15日，建筑史教研组主任龙庆忠教授准备先做出他个人提高计划，然后再在组内讨论铺开，制定全组各教师的培养提高计划[152]。

为了使学生也能充分认识到国家的“适用、经济、在可能的条件下注意美观”的设计原则，在教学计划安排上毕业设计还增加了对于施工计划编制的要求，安排学生通过建筑工地的施工实习来切身体会国家的这一建筑方针。

在短短三个月左右的时间内，华南工学院建筑系密集开展了大大小小的建筑思想讨论会，目的就是为了纠正建筑系前两年开展得如火如荼的对中国传统建筑的调查研究和借鉴“民族形式”的建筑教育以及建筑创作所带来的“形式主义”、“复古主义”思想，使之符合这一时期“适用、经济，可能条件下注意美观”的新的建设方针。但其实真正受到较大影响和冲击的是龙庆忠教授带领下的中国建筑史的调查和研究，以及一贯不受重视，才刚刚开展起来的美术教育。

龙庆忠在一次建筑思想座谈会上提到：“我参加这次学习，最初有些顾虑，又认为‘中国建筑史’这门课很难教，容易犯错误，往往不是犯形式主义、复古主义的错误，便是跑到结构主义的另一端去。但我是迫切要求在这次学习中提高自己的，只有这样才能改正错误，提高教学。[153]”龙庆忠教授当时的困惑，其实也是许多建筑系教师的困惑。

座谈会对于陈伯齐、夏昌世、谭天宋等教师而言，反而是解开了他们受到的“民族形式”的束缚，使他们能够重新继续原来所坚持的从建筑技术、工程实际角度，以适用、经济的原则进行建筑创作的道路。当然这条路也绝不是过去的老路，而是在新的思想认识高度上的一条社会主义现实主义的创作之路。陈伯齐谈到了对这次建筑思想学习的强烈支持：“我以兴奋的心情，严肃的态度，投身这次学习中去，端正自己的思想与立场，搞好业务，在祖国伟大的社会主义工业建设高潮中，贡献自己的一份力量[154]”。这一时期夏昌世、陈伯齐、谭天宋等人的建筑工程实践如：华南工学院三、四号教学办公楼、一号教学楼、化工教学楼的设计，以及中山医学院第一附属医院住院大楼和教学建筑群的设计等工程项目，都可以看到这种纯粹从亚热带气候条件、建筑降温措施和建筑技术方面，综合材料和施工造价的考虑来进行建筑设计的创作理念。

3. “百花齐放、百家争鸣”

针对当时各级党组织中存在轻视、歧视知识分子的宗派主义，1956年1月，周恩来专门做了《关于知识分子的报告》，指出知识分子六年来面貌发生了很大的改变，已经成为工人阶级的一分子，要充分动员和发挥知识分子的力量，为社会主义建设服务。报告极大地鼓励了知识分子建设社会主义的热情。

为了使中国落后的科学技术尽快赶上世界水平，1956年国务院制定《1956年～1967年科学发展远景规划》。发展科学事业就必须充分调动知识分子的积极性。1956年4月28日，毛泽东在中央政治局扩大会议上说："'百花齐放，百家争鸣'，我看这应该成为我们的方针。艺术问题上百花齐放，学术问题上百家争鸣。"5月2日，毛泽东在第七次最高国务会议上宣布：我们党对文艺工作主张"百花齐放"，对科学工作主张"百家争鸣"[155]。在经历了"民族形式"的探索和"反浪费运动"的曲折之后，建筑工作者们曾一度陷入创作思想的"两难"局面，中央"双百方针"方针的提出，又让他们的创作思想重新活跃起来。

华南工学院建筑学系的师生们以实际行动响应"双百方针"和"向科学堡垒大进军"的号召。

华南工学院在1956年6月举行全院第一次科学报告会，报告会包括全院大会、系室的报告会及教研组的科学报告座谈活动等形式。报告的内容包括已完成的科学论文报告、未完成而已经告一段落的研究报告、读书心得报告、学术思想批判报告，以及重要的教学法问题研究报告等[156]。华南工学院建筑系的建筑设计教研组、建筑历史教研组、建筑技术教研组都准备了相关的论文。教学不再是岭南建筑教育唯一关注的重点，结合教学和工程实际开展科学研究也逐渐成为华南教育的另一个重心，这种转变为亚热带建筑实验室的建立做好了充分的准备。

1957年2月12日–2月19日，中国建筑学会第二届代表大会在北京召开。会议在总结成绩的基础上，就当前建筑师在创作中普遍存在的"执笔踌躇、莫知所从，左右摇摆、路路不通"等苦闷思想进行了广泛的讨论。这次会议讨论了贯彻中央勤俭建国的精神，统一了对建筑方针的认识，提倡大胆创作、开展批评，踊跃参加设计竞赛[157]。林克明当选第二届理事会常务理事，夏昌世、陈伯齐当选理事会理事[158]。这次会议最重要的成就是解决了当时建筑工作者们在建筑教育和建筑创作思想上的困惑，开拓了思路。

这次会议后，华南工学院建筑系的教学也呈现了新的局面。

在教学计划的执行过程中，教师注意了参考资料的选择，力求全面和详细。在设计任务开展之前，学生纷纷到图书馆、资料室阅读相关参考资料，并进行细致地建筑参观学习，绘制平面、立面并从功能、平面的分区联系、对人的关怀、经济、结构、材料、建筑物的性质表达等方面来分析所参观的每个建筑物。设计过程中对经济指标计算得认真严格，力求设计的经济性以降低更多的造价，坚决贯彻“适用、经济、在可能条件下注意美观”的建筑原则。对于“民族形式”的建筑，师生们明确了要设计出具有我们优秀的民族形式的建筑物，就必须更好地学习我国古代建筑，吸取我国的优秀民族遗产[159]。师生们消除了迷茫，也端正了态度，基本理清了教学和建筑创作上的思路。

4. “整风运动”

1957年4月27日，中共中央发出《关于“整风运动”的指示》，中央认为有必要按照“从团结的愿望出发，经过批评和自我批评，在新的基础上达到新的团结”的方针，在全党重新进行一次以正确处理人民内部矛盾为主题，普遍的、深入的反官僚主义、反宗派主义、反主观主义的整风运动，提高全党的马克思主义的思想水平，改正作风，以适应社会主义改造和社会主义建设的需要。“整风运动”随后展开。在整风过程中，极少数右派分子向党和新生的社会主义制度发动进攻[160]。

1957年5月，中央邀请民主党派和无党派人士及高级知识分子举行“鸣放”座谈会，帮助共产党整风。华南工学院党委主持的“鸣放座谈会”将正在西北考察的龙庆忠教授叫回参加。龙庆忠教授在此次会议上关于“五个矛盾”言论，随后被认为是对党和社会主义制度的攻击。在6月8日中共中央发出《关于组织力量准备反击“右派”分子的进攻的指示》之后，“整风运动”转向“反右派”斗争。龙庆忠也因为他的“五个矛盾”言论被划作“右派”，1959年才得以平反[161]。“反右”被盲目扩大，不少教授学者遭受到错误的打击。

在反击“右派”之后，“整风运动”继续进行，1957年12月13日华南工学院院刊刊登“大字报选登”，建筑学系陈伯齐教授、胡荣聪、钟辉汉等人向学院提出了诚恳的建议。陈伯齐教授结合其波兰建筑师代表团来访的见闻，以及刚刚6~8月访问苏联和罗马尼亚的见闻经历，提出让在学校从事教学的教师有机会参加实际建筑创作。“三年前波兰建筑师代表团来我国访问时，了解了我国的建筑师有两套；一套光教学不参加实际设计，另一套光参加设计，不钻研理论，甚表惊奇。罗马尼亚布加勒斯特建筑学院的教师100%参加生产岗位的工作，苏联莫斯科建筑学院的教师80%参加实际设计工作，没有参加的20%是年老退休的建筑师，除教学外还从事专门的著述。希望领导——院领导、高教部、设计院，定出一套制度，让教学的建筑师能有机会参加实际的设计创作工作。如在学校的建筑师用2/3时间教学，1/3时间参加生产，在设计院的建筑师2/3的时间在设计院工作，1/3来学校教学，这样理论与实际相结合，双方既不增加人员，也不增加开支，不但可以提高教学质量，而且还可以提高设计水平。[162]”虽然陈伯齐教授的主张在当时没有完全真正实现，但其对教师应当参加实际设计创作，教学与实践相结合的观点，充分体现了其务实的教学态度，这直接促成了1958年7月华南工学院建筑、土木两系师生合办能接受校内外生产任务的“建筑设计院”和“建筑工程公司”，使教师能够得到充分的实践锻炼，逐渐克服了教学上纸上谈兵、脱离实际的教学模式，从而提高了教师的业务水平和教学水平。

5. “大跃进”、“多快好省地建设社会主义”

1958年2月2日，《人民日报》发表社论《我们的行动口号——反对浪费，勤俭建国！》该社论根据南宁会议精神提出了国民经济“全面大跃进”的口号。2月8日，《建筑》杂志发表社论:《反对浪费，反对保守，争取建筑事业上的“大跃进”》。设计单位着手检查并修改设计。3月9日–26日，中共中央在成都召开会议，讨论和通过了《关于1958年计划和预算第二本账的意见》等37个文件。毛泽东讲话中提出了“鼓足干劲、力争上游、多快好省地建设社会主义”总路线的基本观点。3月29日，《人民日报》发表社论《火烧技术设计上的浪费和保守》，对设计中的“保险系统”和“个人杰作”等思想进行了批判。高等学校建筑系在反对浪费，反对保守的“双反”运动中批判了当时的教学体系和建筑设计思想，进行“教改”活动。5月5日–23日，中共第八次全国代表大会第二次会议通过了根据毛泽东提出的“鼓足干劲，力争上游、多快好省地建设社会主义”的总路线。会议号召在15年或者更短的时间内，在主要工业产品产量方面赶上和超过英国。毛泽东讲话号召，破除迷信，解放思想，发扬敢说敢做的创造精神。会后在全国各条战线上，迅速掀起“大跃进”的高潮。建筑界全面开展以技术革新、技术革命、快速设计、快速施工为中心的建筑活动[163]。

1958年华南工学院土木、建筑两系师生成立的建筑设计院全力投入，不分昼夜的绘制施工图，在“七一”前完成造价170多万元的住宅设计任务[164]。结合反对浪费、反对保守和争取建筑事业大跃进的精神，华南工学院建筑系的师生又开展了“反洋气、反阔气、与资产阶级设计思想斗争”的活动。自1955年批判了建筑中的“复古主义”倾向，和接着批评了“只求经济放弃适用”的片面观点以后，又对学生作业中从1956年开始出现的崇拜欧美的设计倾向，以及设计中存在的不符合中国实际情况，为了追求形式，放弃适用，不管经济，甚至立面和平面也可不相符合等造成浪费的设计作业进行了批判，号召向苏联学习。

6. “人民公社化运动”、“教育与生产劳动相结合”

1958年8月17日–30日，中共中央在北戴河召开会议，讨论了1959年的国民经济计划统筹问题，制定了一批工农业生产的高指标（如生产钢1070万吨）。并决定在农村普遍成立人民公社，会后很快形成全民炼钢和人民公社化运动的高潮。建筑界也投入了炼钢活动，学校停课参加炼钢等各种社会生产活动。同时许多设计单位和高等学校的有关系和专业，参加了农村人民公社的规划活动[165]。

华南工学院建筑学系也很快投入到这场运动中去。

在建筑系党总支的直接领导下，一方面通过大字报、辩论会揭露批判“中游思想”、“本位主义”和“个人主义”；另一方面组织实际行动：四年级部分同学组成了两个工作队分别到中山、番禺支持人民公社建设；二年级、三年级参加修铁路，为“钢元帅”开路；一年级参加炼焦，为“钢元帅”找“粮食”；五年级和留校的老师，积极进行生产和科研，要在最短期间内革新设计院，从思想上、组织制度上和技术上来一次大革命，使设计院成为先进的设计院[166]。

1958年在“人民公社”运动正式开展前，华南工学院建筑系54级的26位同学就主动开展对农业建筑和农村规划的研究。在密结合实际、向农民请教之后，学生们完成了广州市郊棠下乡的新村规划，农村标准住宅及猪舍等一系列以前从未接触过的设计，同时还写了19篇科学论文，得到了教师们的肯定。8月，报纸上一发表河南省遂平县成立了“人民公社”之后，华南工学院建筑系根据学院党委的指示，立即派出一队由11名师生组成的“尖兵”到遂平去搞人民公社规划工作。他们做了社中心的总体规划、公社区域规划、办公大楼及住宅标准设计及一份详细的关于当地原有建筑的调查报告，还写了一篇有关这一次规划设计的科学论文，在1958年的一期《建筑学报》上发表[167]。学生此次的规划设计活动充分贯彻了教学、科研与实践的“三结合”。

1958年9月19日，中共中央、国务院发出《关于教育工作的指示》，提出：“党的教育工作方针，是教育为无产阶级的政治服务，教育与生产劳动相结合”，“教育的目的，是培养有社会主义觉悟的有文化的劳动者”[168]。

在这一指示下，华南工学院建筑系明确教学思想，要为“人民公社”运动服务，提供规划与建筑设计。为了贯彻教学要和生产劳动相结合，建筑系立即进行教学改革，调整了教学计划安排。1958年11月17日校庆后，华南工学院建筑系全系师生全部下放海南、潮汕等各专区的人民公社参加规划工作，通过生产劳动来结合教学。

此后，“人民公社化”运动和“城市人民公社化”运动在中国各地轰轰烈烈地展开。从1958年10月开始，华南工学院建筑系全体师生和土木系部分师生共400多人分6个工作队，在番禺、中山、高要、澄海、惠阳、海南岛等地，替人民公社搞公社建设规划、土地测量、房屋设计和施工、试制新建筑材料和训练建筑干部等项工作[169]（图5-74）。1959年又发动全系的力量，以陈伯齐为主编，编写了在当时全国范围都有一定影响力的《人民公社建筑规划与设计》。

图5-74　1956级建三班下放归来（海南队）在建筑红楼前合影

（来源：五十年岁月之歌. 华南理工大学建筑系（1956-1961）届同学纪念册. 华南理工大学建筑学院办公室藏：44）

华南工学院建筑系对党的“教育为无产阶级的政治服务，教育与生产劳动相结合”教育方针的贯彻，使学生在政治觉悟、专业理论知识，实际经验各方面，更有了根本的变化。在实际工作和生产劳动中，由于理论与实际的结合，既丰富了感性知识和实际经验，也提高了理论认识，充实了教学内容，提高了教学质量。建筑系学生在下放参加人民公社规划设计和在建筑设计院的工作中，许多人成为“多面手”，他们的设计已不再像过去一样只是“空中楼阁”，而是已建成为可以捉摸的真正建筑物。1959年建筑系毕业班同学的九江缫丝厂设计，被广东省轻工业厅推荐为标准设计。这些都说明了岭南建筑教育在培养学生理论与实际相结合方面，做出了较好的成绩。

7.“教学、生产劳动和科学研究三结合”

1958年11月17日，华南工学院建筑学系副系主任陈伯齐教授在华工院刊上撰文《六年来我们在不断进步》，总结建校六年来建筑学系的发展，并提出教学改革，教师学生全部下放公社参加规划，通过生产劳动来结合教学，展开科学研究与锻炼思想感情，做到生产、教学、科研与锻炼“四结合”，摸索经验，创造新的教学方法与形式，为多快好省地培养又红又专的建设干部而奋斗[170]。这是岭南建筑教育首次正式提出生产、教学、科研与锻炼的“四结合”。12月华南工学院党委第一书记张进在全校师生员工大会上做题为《认真学习六中全会决议，全面贯彻党的教育方针》的报告，指出要从实践中去探索“教学、生产、科研三方面结合的经验”。

1959年1月，中共中央召开教育工作会议，提出1959年教育工作的方针主要是“巩固、整顿和提高，在这个基础上有重点的发展”[171]。1月29日，华南工学院务委员会召开全体会议，根据全国教育工作会议确定的1959年工作“巩固、整顿、提高”的方针，提出当前的迫切任务是重新调整专业设置，加强师资培养，修改教学计划，加强基础理论教学，加强政治理论和思想政治教育，尤其是要使教学、生产、科研三者进一步结合起来整顿[171]。2月21日，华南工学院在院刊发表评论《围绕以学习为主的三结合原则，积极开展团的活动》，提出“*在当前进一步贯彻党的教育方针中抓住以学习为主的教学、生产劳动和科学研究三结合的原则*”[172]。

为了更好地在岭南建筑教育中贯彻党的教育方针和教学、生产劳动和科学研究三结合原则，1959年陈伯齐提出了新的五年教学计划安排。这一计划对于教学内容、生产劳动和实习都做了具体的安排，确立了“3+0.5+1+0.5”的学制模式，这一模式至今仍基本在沿用。其中前三年不分专业共同学习基础理论和专业技术知识的教学安排，一直延续到现在，一定程度上也形成了岭南建筑教育中建筑学、城乡规划和风景园林三个学科都基于建筑学设计基础的学科特点。

8. “以亚热带地区的建筑理论与建筑设计为中心的办学宗旨”

1958年建筑气候分区列为国家建筑科学重点研究项目之一。通过分区，工业民用建筑更能充分利用和适应自然气候条件，更能因时因地进行建设，并且可以为普遍提高建筑设计质量，提高建设投资效果，缩短设计周期，编制推广标准设计提供有利的条件[173]。1958年8月，在北京召开了全国建筑气候分区会议（图5-75）。华南工学院建筑学系派林其标老师参加了此次会议[174]。会后各地建筑、气候、卫生、地理以及数学等有关生产单位、科学研究单位和高等院校的协作，经过四个月时间，在全国范围内进行了建筑气候的初步调查和分析。12月在北京共同编制了“建筑气候分区初步区划草案”。1959年4月，建筑工程部和中央气象局在上海召开了全国建筑气候分区学术讨论会议，对初步区划草案进行了鉴定。会议讨论一致认为综合自然气候条件以及与之有关的地理环境、人民生活习惯和民族特点等地区因素应在建筑上有所反映，这一区划原则是符合现实条件和建设要求的。这个初步区划草案划分7个大区：东北和内蒙古、华北、西北、华东华中、华南、西南、青藏高原和新疆地区[175]。岭南地区被正式划分为一个具有独特气候条件的区域。

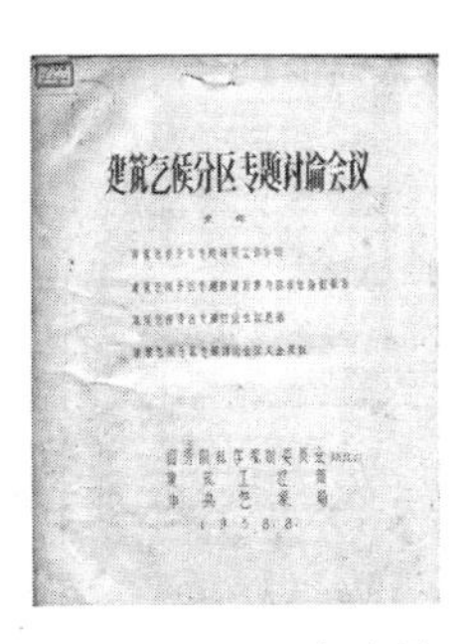
建筑气候分区专题讨论会议

图5-75　1958年建筑气候分区专题讨论会议（来源：国务院科学规划委员会建筑组、建筑工程部、中央气象局、建筑气候分区专题讨论会议，1958年8月）

1958年10月6日至17日，建筑工程部建筑科学研究院建筑理论与历史研究室在北京主持召开全国建筑理论及历史讨论会。华南工学院建筑系的陆元鼎和金振声作为广东省的代表出席了此次会议。此次会议还制定针对每个省制定了重点工作提纲。华南工学院建筑系作为广东省的主要负责单位，会同省城建局、设计院、文化局、广州市城建局、建筑学会、建工部建筑科学研究院，开展多方面的调查和研究，包括：（1）人民公社的规划及建筑；（2）广州市及广东省解放前规划及建筑；（3）客家民居；（4）侨乡（梅县、台山、江门）的建设；（5）海南岛黎族建筑；（6）海南岛革命根据地的建筑；（7）港澳近代建筑资料；（8）解放后建筑；（9）热带建筑特点；（10）汕头的发展、规划及建筑[176]。这个工作提纲成为华南工学院建筑系这一时期的主要学术科研重点，一定程度上也促进了岭南建筑教育学科特色的形成。在华南工学院建筑系师生的共同努力下，这个工作提纲基本都得到了落实。

正是基于以上客观原因，再加上岭南建筑教育本身所具备的地域性建筑研究基础，1959年华南工学院建筑学系陈伯齐教授任系主任，致力将华南工学院建筑系办成一个国内独具特色的学系。陈伯齐认为“地处亚热带的南方，无论在气候条件与人民生活习惯等各个方面，都有其独特的地方，与我国北方已不尽相同，与远隔重洋的欧美，更相去十万八千里。在南方，全盘搬用西方高纬度国家的住宅建筑方式与规划手法，其不能适应地方情况与满足要求，是显而易见的。南方的住宅建筑，应以我们的传统为基础，弃其糟粕，取其精华，加以革新发展，创造新的有浓厚地方风格的南方住宅建筑，是我们建筑工作者共同努力的方向。[177]”岭南地区的建筑研究应以岭南地区的传统为基础，取其精华，弃其糟粕，加以革新发展，创造新的有浓厚地方风格的南方建筑，是岭南建筑工作者共同努力的方向。为此陈伯齐教授提出了以能反映岭南亚热带地区的建筑理论与建筑设计为中心的办学宗旨[178]。在院党委指导下建筑学系确定了以亚热带地区建筑问题作为今后在学术上较长远的活动领域，并相信在具有典型性地理条件的岭南地区，一定可以把这些研究成果扩大影响到整个东南亚[179]。自此对于华南工学院建筑系基于华南地域亚热带气候特点的适应性建筑研究，开始由个别教师的独立探索转变为华南工学院建筑教育的整体学术特色方向。

1961年经学校正式批准，华南工学院建筑工程系成立亚热带建筑研究室，陈伯齐任主任，金振声任副主任。同时还成立了下属的亚热带建筑物理实验分室[180]。岭南建筑教育在教学内容安排的地点选择上，也主要是以岭南地区为主开展生产实习、调查测绘和科学研究。经过多年的努力，基于亚热带气候特点的建筑研究已经成为岭南建筑教育最重要的学术特色方向。

9.“调整、巩固、充实、提高”

从新中国成立后到20世纪60年代以前，中国一直在摸索社会主义建设的途径。在经历了一系列的政治运动后，中国的社会主义建设进入国民经济的调整时期。尽管有着苏联从中国撤走后造成的各种不利局面，但中国坚持自力更生，在认真总结前面经验教训的基础上，反而使这一时期国家的各个方面都逐渐走上平稳发展的道路。

1961年10月，建筑工程部设计局根据《国营工业企业工作条例（草案）》（即工业70条）的精神，拟定《设计工作条例》（即设计80条），对设计工作进行了全面的总结。条例提出设计单位不搞群众运动，应先破后立，努力创造建筑新风格，并提出较大的建筑物应在适当地方标明设计单位。在此前后，全国各条战线陆续制定了各种工作条例（如农业、商业、手工业、高教等）。11月，建筑工程部召开厅局长扩大会议，贯彻工业七十条精神和“调整、巩固、充实、提高”的八字方针，总结三年来的经验教训。会议指出：过去设计方面片面节约，不适当的降低结构质量；施工方面片面求快，放松了质量管理以及实行了所谓“三边”（边设计、边施工、边投产）等不正常的作法。要求各单位按照能进则进，该退则退的精神积极安排生产[181]。1964年11月17日-12月3日，第二届全国人民代表大会第四次会议在北京举行。针对苏联施加的经济压力，会议着重指出了我国在社会主义建设中坚持自力更生方针的重大意义[182]。

岭南建筑教育在确立了以能反映华南亚热带地区的建筑理论与建筑设计为中心的办学宗旨和亚热带地区的建筑问题为学术主要研究领域之后，从1961年到1964年上半年这段时间，在陈伯齐、夏昌世、龙庆忠、谭天宋等老一辈建筑教育家的带领下，通过不断地调整、巩固、充实、提高，在教学、科学实验研究和建筑创作上都呈现繁荣的局面，取得了许多重要的科学研究成果，同时创作出一批具有鲜明岭南地域特色的建筑作品，使岭南建筑教育迎来其历史发展的第一个高潮。

10. “设计革命运动”

1964年8月，毛泽东提出一系列革命的要求，如“要革计划工作的命”、要“企业管理革命”、“经济管理革命”、“设计革命”等。11月1日，毛泽东做出批示要求在全国设计会议之前，发动所有的设计院，都投入群众性的设计革命运动中去。设计革命运动也就此展开。12月4日，建筑工程部政治部发出《关于设计革命运动的指示》。指示认为，开展群众性的设计革命运动，是设计部门中社会主义教育运动的一个重要组成部分。在谈到设计中的问题时指示说：“实际上我们还是按照苏联的框框、资本主义的框框以至封建主义的框框搞设计，在设计思想上表现为教条主义、形式主义、复古主义和名利思想，再加上规章制度、文牍上的繁琐哲学，严重的脱离生产、脱离实际、脱离群众、铺张浪费”。指示提出整改的总方向是：（1）设计思想革命化；（2）设计队伍革命化；（3）加快设计速度；（4）提高设计技术水平；（5）改进管理体制和规章制度。[183]设计革命运动也就此在全国建设设计单位和建筑院校中展开。

1965年2月20日，华南工学院建筑工程系举行了“设计革命”动员大会。该系全体教职工和四、五年级学生以及学院基建室和院产科有关人员均参加了大会[184]。会上院党委第一书记张进同志做了动员报告，阐明建筑工程系搞群众性设计革命运动的必要性和这次设计革命运动应该如何进行这两个问题。张进指出：“‘设计革命’运动是意识形态上两种思想和两条道路的斗争，要解决的是设计指导思想和工作方法问题。要把设计革命搞好，首先要强调思想革命化。这就要求我们要有自我革命的精神，要敢于破资产阶级思想，立无产阶级的思想。过去有的教师在设计上是资本主义的设计思想占主导地位，今天应该让社会主义的设计思想占主导地位”[185]。

“设计革命”运动，再一次把教师们推入到阶级斗争的漩涡中，“所有设计单位设计人员下到基层、工地，反浪费、学大庆，不能纸上谈兵，下到农村、工地”[186]。“设计革命”运动使得岭南建筑教育刚刚确立和开展起来的基于岭南地域特色的求真务实教学思想和适应性建筑技术的研究又带上了浓厚的政治色彩。老一辈岭南建筑教育家们的教学思想和创作观念又再一次受到了严厉地批判。

1966年5月16日，中共中央政治局扩大会议通过毛泽东主持制定的《五一六通知》，提出了无产阶级“文化大革命”的理论、方针和政策，要求“高举无产阶级“文化大革命”的大旗，彻底揭露那批反党反社会主义的所谓‘学术权威’的资产阶级反动立场，彻底批判学术界、教育界、新闻界、文艺界、出版界的资产阶级反动思想。夺取在这些文化领域中的领导权”[187]。“文化大革命”正式开始。老一辈岭南建筑教育家们受到了更加激烈的批斗，岭南建筑教育步入了艰难曲折的发展时期。

在“文化大革命”之前的这段历史时期，国内的各种政治运动对岭南建筑教育一贯坚持的重功能、重技术和工程实践教学主导思想的影响，既有强化的一面，也有削弱的负面影响。“运动”中不断地引起关于“形式与功能”、“传统与创新”、“实用与美观”等建筑本质问题的思考和探讨，最终反映在岭南建筑教育理论和实践上，是老一辈岭南建筑教育家们对理性原则的坚持而非一味盲从于政治化的口号。总体而言，岭南建筑教育自创办以来就一直带有的实用主义色彩，基本与国家这一时期出于社会主义实际建设需要而开展各种政治运动相适应。

（二）以建筑学为基础、重视工程实践和建筑技术的教学计划

在新中国成立之初，我国的社会主义高等教育基本上是一张白纸，为了尽快为国家培养急需的社会主义建设人才，除了可以借鉴解放区革命大学的经验外，学习

苏联教育经验是完全必要的，事实上也取得了相当大的成绩：例如根据国民经济建设和社会发展设置专业；明确培养人才的目的性、计划性；制订教学计划和教学大纲，改革旧的教学内容和方法；加强基础理论，建立实习制度和毕业设计制度，理论联系实际；设立马列主义理论课程，并列入教学工作计划；建立思想政治工作制度等都是直接学习苏联的经验。当然也存在不顾中国国情和实际条件，生硬学习苏联经验的倾向，如照搬苏联的“六节一贯制”的作息制度安排；把教学计划和教学大纲各个环节的掌握都绝对化，甚至成为不可逾越的金科玉律，因而造成急于求成，要求过高，课程分量过重的状况，这不仅带来学生负担过重，也在一定程度上影响了学生独立工作能力的培养[188]。

1952年华南工学院建校初期正是全国“学习苏联老大哥的先进经验”的高潮时期，学校的专业设置、教学组织、教学计划、教学内容、教学方法等各方面，基本上是照搬“苏联模式”。但由于在全盘“苏联化”的过程中，也不断出现了许多新的问题，因此从1953年开始，政务院文化教育委员会提出要“整顿巩固、重点发展、保证质量、稳步前进”的文教工作方针。7月，中央高教部全国高等工业学校行政会议通过关于“稳步进行教学改革，逐步提高教学质量的决议”和提出“学习苏联先进经验并与中国实际相结合”的教学改革方针[189]。华南工学院建筑学系也积极响应学校号召，贯彻中央提出的教学改革方针，在实践中结合本院的特点不断地总结经验，逐步克服学习苏联中存在的问题，在探索中前进。

1. 学制和专业的探索

国立中山大学建筑工程学系一直只设建筑学一个专业，学制是4年。1952年华南工学院建校后，建筑工程学系设立了房屋建筑学和建筑设计两个专业，学制分别为4年本科和2年专科。1953年只设房屋建筑学一个专业，学制改为5年。1954年9月，华南工学院建筑工程学系更名为建筑学系，下设的房屋建筑学专业也更名为建筑学专业，学制仍为5年。1958年9月华南工学院划分为华南化工学院和华南工学院两个学校后，仍在华南工学院的建筑学系开设了工业建筑、民用建筑、城乡规划三个专业，学制均为5年。1959年又调整为城乡规划和建筑学两个5年学制专业。1960年5月华南工学院建筑学系与土木工程系合并为建筑工程系（华工内部称“第三系”），设城乡规划、建筑学两个5年制专业和道桥、工业与民用建筑（工民建）两个4年制专业。从华南工学院建校到“文革”前的这段时期，由于国内的高等院校都基本是在学习苏联的经验下，结合当时的国内建设需要，逐步摸索适应中国自己的高等院校学科设置，因此建筑学科的专业设置这段时间也变动较大。

2. 以国家急需社会主义建设专门人才为培养目标

岭南建筑教育的培养目标与国家社会主义建设对人才的要求始终是保持一致。这从历年的华南工学院建筑系的招生简章中可以看出。通过比较，也可发现其中随着国家建设方针变化所带来的差异（表5-5）。

华南工学院建筑工程系建筑学专业招生简章比较（1963-1965年） **表5-5**

	1963年的建筑工程系建筑学专业招生简介[190]	1964年的建筑工程系建筑学专业招生简介[191]	1965年的建筑工程系建筑学专业招生简介[192]
报考条件	须具有较好的绘图基础	须具有较好的绘画基础	须具有一定的绘画基础
培养目标	培养从事工业厂房和民用建筑的设计工作以及城市规划工作的专门人才	培养从事于工业厂房和民用建筑的设计工作以及城市规划工作的专门人才	培养从事工业厂房和民用建筑的设计工作以及城乡规划工作的技术人才
培养要求（建筑方向）	要深入生活，了解生产的要求，然后根据生活和生产的需要，设计出适用，经济而又美观的工业厂房、公共建筑，居住建筑和农业建筑	—	建筑设计是在“适用，经济，在可能条件下注意美观”的原则指导下决定建筑物的平面布局和立面造型
培养要求（规划方向）	要根据国民经济发展的要求，结合每一地区的自然条件和特点去进行一个地区或一个城市的总体规划	—	规划是指一个厂矿、乡村、街坊的总体规划
与其他专业的关系	要经常地和结构工程，施工工程、设备工程等各方面的工程技术人员配合协作，综合地处理问题	—	要求具有广泛的有关建筑材料、工程结构，建筑物理等方面的科学技术知识
人才素质（思想）	要求一个建筑专业的人才在思想上以马克思列宁主义（包括马克思列宁主义美学）武装起来	要求一个建筑专业的人才在思想上以马列主义（包括马列主义美学）武装起来	要求一个建筑专业的人才在思想上以毛泽东思想武装起来，学好毛主席有关文艺方面的著作
人才素质（专业技能）	具有一定的实际生产操作技能，广泛的设计理论知识，以及生活经验和广泛的科学技术知识	具有一定的实际生产操作技能，广泛的设计理论知识，以及生活经验和广泛的科学技术知识	要求拜工人为师，掌握一定的生产操作技能，具有广泛的设计理论知识，要求到现场，到群众中去进行调查研究，努力体验生活，了解生产要求

续表

	1963年的建筑工程系建筑学专业招生简介[190]	1964年的建筑工程系建筑学专业招生简介[191]	1965年的建筑工程系建筑学专业招生简介[192]
人才素质（史学修养）	要求通晓建筑的历史发展，能批判地接受建筑遗产	要求通晓建筑的历史发展，能批判地接受建筑遗产	要求通晓建筑的历史发展，能批判地接受建筑遗产
人才素质（艺术表现）	还要有一定的绘图表现能力和艺术修养	还要有一定的绘图表现能力和艺术修养	要求有一定的绘图表现能力和艺术修养
培养方式	高年级以后，本专业一般分为工业建筑、民用建筑和城市规划三个方面内容，以便在广泛共同的一般建筑学基础上，培养出较有专门特长的工程技术人才	高年级以后，本专业一般分为工业建筑、民用建筑和城市规划三个方面内容，以便在广泛共同的专业基础上，着重培养某方面较有特长的专门人才	—
毕业去向	可从事建筑设计和规划工作，也可从事相应的科学研究和教学工作	—	—

表格来源：作者整理。

对比从1963年到1965年华南工学院建筑系的招生专刊中的介绍，可以看到一贯坚持和变化的地方：

一贯坚持：报考生需要有绘画基础；培养目标是从事于工业厂房和民用建筑的设计工作以及城市（乡）规划工作的专门（技术）人才；专业技能掌握要求具有一定的实际生产操作技能和广泛的设计理论知识；通晓建筑的历史发展，能批判地接受建筑遗产；在高年级进行工业建筑、民用建筑和城市规划专门化，强调有共同的建筑学专业基础。

有所变化：对于报考生的绘画基础要求逐渐降低；对建筑设计的理解有了变化，降低了对个人生活需求和美观需求的考虑，更加强调对国家基本建设原则的坚持；对规划的理解有了变化，从根据国民经济需求进行区域规划或城市规划缩小到只是厂矿、乡村、街坊的规划，淡化了城市的规划概念；与其他专业的关系也从要“密切协作、综合处理”转变为个人要掌握其他专业的知识；思想上的要求从坚持马列主义武装变为要坚持毛泽东思想武装；专业技能的获取转变为要求走群众路线，向工人学习。

岭南建筑教育坚持的基于建筑学专业基础上进行不同方向的培养发展，这就决定了岭南建筑教育中的城市规划是更加偏向于物质空间的规划，这与其他院校的经济地理型城市规划是有区别的，这种特色一直保持到了今天。

岭南建筑教育重视对建筑史的教学，对建筑遗产的态度要批判的继承。这与龙庆忠教授等老一辈建筑史学家的多年坚持学术研究并取得重要有价值的成果是分不开的。

岭南建筑教育坚持学生要掌握实际生产操作技能和广泛的设计理论知识，从而更好的理论联系实际。

岭南建筑教育1963年到1965年的变化，直接反映了中国社会当时的政治形势发展趋势，降低的专业要求和更高的政治思想要求也预示着中国社会的发展即将走入一个完全不同的时期。

3. 教学、生产劳动和科学研究三结合的教学计划

1950年中国与苏联在莫斯科签订《中苏友好同盟互助条约》，中国开始全面学习苏联，对旧的教学制度、教材内容、教学方法进行改革，这对摆脱旧的教育模式的羁绊，促进我国教育事业发展与社会主义建设相适应是有益的，但也出现不顾中国的国情与特点，机械照搬苏联模式的情况。从1953年下半年开始，国家对于在全面学习苏联社会主义建设经验过程中出现的“机械照搬”等新问题进行了一定程度的反思，提出“整顿巩固、重点发展、提高质量、稳步前进”的方针，扭转原来重量轻质、贪多冒进、要求过急的偏向，兼顾需要与可能，在巩固的基础上稳步前进。同年8月16日，《人民日报》以“稳步地推进高等工业学校的教学改革”为题发表社论，强调学习苏联“应该根据我国实际情况正确地加以运用”。各系根据中央关于修订教学计划的原则，结合本院师资、设备和国家建设需要等情况，以苏联专业教学计划为蓝本，在若干程度上降低了要求，减少教学的总时数，并在课程上作了适当的调整[193]。新调整的教学计划有效地解决了学生和教师因超学时和偏废现象而致使教学质量下降的问题。

1954年8月17日，高等教育部决定废止1950年全国高校校历，从1954~1955学年起，全国高校执行新的统一校历。高等教育部于1954年8月26日发出通知，全国工科院校执行统一的教学计划，同年11月3日再次通知，全国工科院校制本科执行统一的教学大纲。华南工学院要求各系根据国家统一的教学大纲、教学计划制定出详细而切实可行的教学工作计划，指导各系教学工作的具体实施。

陈伯齐制定1959年建筑系教学计划

1958年9月19日，中共中央、国务院发出《关于教育工作的指示》，提出："党的教育工作方针，是教育为无产阶级的政治服务，教育与生产劳动相结合"，"教育的目的，是培养有社会主义觉悟的有文化的劳动者"[194]。1959年基于当时的中国政治运动的背景和党的教育工作方针指引，时任华南工学院建筑系副系主任的陈伯齐教授结合1958年以来建筑系进行"人民公社"规划和参加设计院设计的实践经验，对原有的教学计划、教学大纲进行了修订，进一步贯彻"以教学为主的教学、生产劳动和科学研究三结合的原则"。3月28日，陈伯齐教授在华工院刊上撰文《崭新的教学计划》，较为详细地介绍了建筑系新的五年教学计划安排（表5-6）：

"经过下放公社与参加设计院工作，在一定的理论基础上，通过实践，理论与实际相结合，对理论的巩固与进一步的提高，对设计能力与技巧的培养，对同学的独立思考、独立工作的习惯的养成与结合生产展开科学研究，效果非常显著，成绩巨大，这是全体师生所一致肯定了的意见。这种已经为事实所证明的新的结合生产来进行教学的方式，应该在新的教学计划中贯彻下去。

建筑系仍为五年制，将五年的教学进程划分为前后两个阶段。前三年的三个专业共同学习阶段，学习一般的基础知识与专业的基础理论。在这个阶段的学习结束以后，就下放到公社进行规划设计工作，把三年中学得的知识与理论，作一次总和的运用于实践，使理论与实际紧密地结合起来，通过实践，更得到巩固与提高。

第四年开始，就进入各专业分开教学，四年级上学期学习一学期之后，即转入设计院通过生产来进行教学。在设计院的工作，除了满足多面手的要求之外，基本上是按照专业性质来安排同学的学习。在设计院的时间为一年，即四下至五上（四年级下学期至五年级上学期），这样，也保证了设计院的工作，可以连续正常进行。

五年级下学期是毕业设计时间，毕业设计可以在设计院或其他地方进行，以能满足目的和要求来决定。同学们经过了四年半的学习，其中还下放公社与参加设计院工作，在理论方面与实践方面都具备了一定的能力。再通过一次要求较高而且全面的总结性的毕业设计来作进一步的提高，是有好处的，而且可以反映整个学习的成绩。平常的课程设计，要求尽量结合实际，视条件的适合与可能，才结合生产。

体力劳动是锻炼的重要环节，每年安排一次为期六至七周的集体体力劳动，在下学期结束之后，即七月中旬至八月底的期间举行。除三年级结合下放公社在农村参加劳动外，其余的基本上要求结合专业，在建筑工地参加各工种的劳动（图5-76）。建筑构造、材料、施工等课，适当地结合工地生产劳动进行现场教学，以提高教学质量。对建筑系的毕业生，要求具有独立解决中小型建筑的结构与施工的能力。

1959年教学计划总体安排表（专业调整前，包含工业建筑、民用建筑、城乡规划三个专业）　表5-6

学年	学期	教学进度安排（周）																											基础理论教学	专业理论教学	考试	集中生产劳动	下放公社劳动	设计院生产实习	毕业设计	建筑测量	美术集中周	小计
		1	2	3	4	5	6	7	8	9	10	11	12	13	14	15	16	17	18	19	20	21	22	23	24	25	26	27	A	B	C	D	E	F	G	H	I	
一	1	A	A	A	A	A	A	A	A	A	A	A	A	A	A	A	A	A	A	C	C								18	0	2	0	0	0	0	–	–	20
	2	A	A	A	A	A	A	A	A	A	A	A	A	A	A	A	A	A	A	C	C	H	H	H	D	D	D	D	18	0	2	4	0	0	0	3	–	27
二	3	A	A	A	A	A	A	A	A	A	A	A	A	A	A	A	A	A	A	C	C								18	0	2	0	0	0	0	–	–	20
	4	A	A	A	A	A	A	A	A	A	A	A	A	A	A	A	A	A	A	C	C	I	D	D	D	D	D	D	18	0	2	6	0	0	0	–	1	27
三	5	A	A	A	A	A	A	A	A	A	A	A	A	A	A	A	A	A	A	C	C								18	0	2	0	0	0	0	–	–	20
	6	A	A	A	A	A	A	A	A	A	A	A	A	A	A	A	C	C	I	E	E	E	E	E	E	E	E	E	15	0	2	0	9	0	0	–	1	27
四	7	B	B	B	B	B	B	B	B	B	B	B	B	B	B	B	B	B	B	C	C								0	18	2	0	0	0	0	–	–	20
	8	F	F	F	F	F	F	F	F	F	F	F	F	F	F	F	F	F	F	F	F	F	F	F	F	F	F	F	0	0	0	0	0	27	0	–	–	27
五	9	F	F	F	F	F	F	F	F	F	F	F	F	F	F	F	F	F	F	F	F	F	F	F	F	F	F	F	0	0	0	0	0	27	0	–	–	27
	10	G	G	G	G	G	G	G	G	G	G	G	G	G	G	G	G	G	G	D	D	D	D	D	D	D			0	0	0	7	0	0	18	–	–	25
合计（周）																													105	18	14	17	9	54	18	3	2	240

注：1. 基础理论教学包括：一般的基础知识与专业的基础理论；2. 设计院生产实习：按照专业性质来安排；3. 毕业设计可以在设计院或其他地方进行；4. 集中生产劳动包括：结合专业，在建筑工地参加的各工种劳动；适当地结合工地生产劳动进行建筑构造、材料、施工等课的现场教学；5. 三周的建筑测量课，其中一周讲授理论，两周实习；6. 美术课采用平常学习与集中学习相结合的方式，一、二年级平常学习四个星期，在二年级与三年学年结束后集中学习一周；7. 每周星期六一整天统一安排政治与时事学习，另自修九学时；8. 每周安排一个完整时间（如一个下午）协助教师进行科研资料的讨论、分析和整理的科学研究工作；9. 俄文在一年级学习两个学期，二年级由学生在自修时间自学，教师课外辅导，三年级上学期前一阶段为一般的俄文学习，后阶段是专业书籍阅读的学习；10. 五年级毕业设计完后，再参加七周的体力劳动锻炼，结束五年学习全部过程，才分配到工作岗位上去。

（根据陈伯齐.崭新的教学计划 [N]. 华南工学院院刊. 1959年3月28日第203期：第3版整理）。

在时间的安排上，全系各年级在上课、考试、放假与集中劳动都全体一致，全年放假五周，考试四周，集中生产劳动七周。其余三十六周为上课时间，分为上下两学期，每学期基本上为十八周。除三年级下学期因下放公社而缩为十五周外，其余学期的周数，基本上是一致的。”[195]

图5-76 华南工学院建筑学系学生生产劳动
（来源：20世纪50年代学生参加生产劳动. 华南理工大学建筑学院藏）

该教学计划基本采用“3+0.5+1+0.5”的模式，其中前三年不分专业共同学习基础理论和专业技术知识的教学安排，一直到今天仍为华南理工大学建筑学院的五年制教学计划安排中所保留的部分，一定程度上也形成了今天华南理工大学建筑教育中建筑学、城乡规划和风景园林三个学科都重视基于建筑学基础的学科特点。

平常的课程设计尽量结合实际，视条件的可能结合生产；毕业设计强调建筑系的毕业生要具有独立解决中小型建筑的结构与施工的能力，这些教学上的举措充分体现了对“教育与生产劳动相结合”教育方针的贯彻，也奠定了岭南建筑教育重视理论与实践相结合、扎实务实的教学作风，形成了华南工学院建筑系毕业生“扎实”、“上手快”、“动手能力强”的业务特点。

1959年度华南工学院建筑学专业课程表 表5-7

第一学期		第二学期		第三学期		第四学期	
课程	每周学时（课内/课外）	课程	每周学时（课内/课外）	课程	每周学时（课内/课外）	课程	每周学时（课内/课外）
马列主义课	3/3	马列主义课	3/3	马列主义课	3/3	马列主义课	3/3
外语（Ⅰ）	3/6	外语（Ⅰ）	3/6	外语（Ⅰ）	3/6	外语（Ⅰ）	3/6
体育	2/0	体育	2/0	体育	2/0	体育	2/0
高等数学	6/9	高等数学	8/11	建筑构造	3/4	建筑构造	3/4

续表

第一学期		第二学期		第三学期		第四学期	
课程	每周学时（课内 / 课外）	课程	每周学时（课内 / 课外）	课程	每周学时（课内 / 课外）	课程	每周学时（课内 / 课外）
测量学	3/3	投影几何与阴影透视	3/5	建筑力学	5/7	建筑力学	5/7
投影几何与阴影透视	3/5	建筑原理与设计	7/6	建筑原理与设计	7/10	建筑原理与设计	7/10
建筑原理与设计	7/6	美术	3/1	美术	4/3	美术	4/3
美术	3/1						
第五学期		第六学期		第七学期		第八学期	
课程	每周学时（课内 / 课外）	课程	每周学时（课内 / 课外）	课程	每周学时（课内 / 课外）	课程	每周学时（课内 / 课外）
马列主义课	3/3	马列主义课	3/3	马列主义课	3/3	马列主义课	3/3
外语（Ⅰ）	3/6	外语（Ⅱ）	3/6	外语（Ⅱ）	3/6	建筑物理	3/5
建筑材料	3/3	建筑施工	3/3	建筑施工	2/2	建筑设备	5/5
建筑结构	2/6	建筑结构	3/5	建筑结构	5/6	地基基础	3/3
建筑原理与设计	7/10	建筑原理与设计	7/10	建筑物理	3/5	建筑原理与设计	8/12
美术	3/3	建筑史	4/4	建筑原理与设计	7/12		
建筑史	4/4						
第九学期		第十学期		生产实习			
课程	每周学时（课内 / 课外）			第一学年：建筑构造 12 学时；测量实习 2 周 第二学年：建筑构造 2 学时；美术 8 学时 第三学年：建筑施工 6 学时			
马克思主义美学	3/3	毕业设计					
建筑原理与设计	10/15						

注：平均每学年有四周的生产劳动。

资料来源：1959年8月《华南工学院建筑学教育计划》，作者整理。

1959年下半年，华南工学院又对建筑学系的专业设置进行了调整，为了与土木工程的专业设置相区别，建筑系的专业调整为两个：建筑学专业和城乡规划专业。对教学计划也做了针对性的调整。（表5-7、表5-8）

1959年度华南工学院城市规划专业课程表 **表5-8**

第一学期		第二学期		第三学期		第四学期	
课程	每周学时（课内/课外）	课程	每周学时（课内/课外）	课程	每周学时（课内/课外）	课程	每周学时（课内/课外）
马列主义课	3/3	马列主义课	3/3	马列主义课	3/3	马列主义课	3/3
外语（Ⅰ）	3/6	外语（Ⅰ）	3/6	外语（Ⅰ）	3/6	外语（Ⅰ）	3/6
体育	2/0	体育	2/0	体育	2/0	体育	2/0
高等数学	6/9	高等数学	8/11	建筑构造	3/4	建筑构造	2/3
测量学	3/3	测量学	3/3	建筑力学	5/7	建筑力学	5/7
投影几何与阴影透视	3/5	投影几何与阴影透视	3/5	建筑原理与设计	8/10	建筑原理与设计	9/10
建筑原理与设计	7/6	建筑原理与设计	6/5	美术	4/3	美术	4/3
美术	3/1	美术	3/1				

第五学期		第六学期		第七学期		第八学期	
课程	每周学时（课内/课外）	课程	每周学时（课内/课外）	课程	每周学时（课内/课外）	课程	每周学时（课内/课外）
马列主义课	3/3	马列主义课	3/3	马列主义课	3/3	马列主义课	3/3
外语（Ⅰ）	3/6	外语（Ⅱ）	3/6	外语（Ⅱ）	3/6	建筑物理	2/3
建筑材料	3/3	建筑施工	4/4	建筑物理	2/3	建筑原理与设计	6/12
建筑结构	2/6	建筑结构	4/6	建筑原理与设计	6/12	城市工程管网	2/2
建筑原理与设计	6/10	建筑原理与设计	6/10	城市用地工程设备及公共设施	2/2	城市用地工程设备及公共设	4/4

续表

第五学期		第六学期		第七学期		第八学期	
课程	每周学时（课内/课外）	课程	每周学时（课内/课外）	课程	每周学时（课内/课外）	课程	每周学时（课内/课外）
美术	4/3	城市与建筑发展史	4/4	城市经济	4/4	城市道路及交通	3/3
城市与建筑发展建筑史	4/4			水文气象地质	3/3		
				区域规划	4/4		
第九学期		**第十学期**		**生产实习**			
课程	**每周学时（课内/课外）**			**第一学年：建筑构造 12 学时；测量实习 2 周 第二学年：美术 8 学时 第三学年：建筑施工 6 学时**			
马克思主义美学	3/3	毕业设计					
建筑原理与设计	8/12						
城市工程管网	4/4						
城市绿化	3/3						

注：平均每学年有四周的生产劳动。
资料来源：《华南工学院建筑学教育计划》，1959年8月，作者整理。

华南工学院建筑系之后的教学计划，直到“文化大革命”前，基本上是在1959年陈伯齐制定的教学计划的基础上，结合每个时期的主要教育方针和当时社会的需求进行的局部调整。

4. 研究生教育的建立

1961年以前，华南工学院是以本科教育为主。1961年华南工学院进入“调整、巩固、充实、提高”阶段，开始稳步发展前进。华南工学院的研究生教育开展起来。1961年华南工学院建筑工程系开始试招收硕士研究生，1956级学生何镜堂和范会兴本科毕业分配留校教书同时攻读硕士研究生，但当时并未选定导师[196]。

为了加强研究生的教育工作，华南工学院在1962年12月举行的院务委员会六届二次会议上，成立了研究生招生委员会，院长罗明燏为主任委员，副院长张进、冯秉铨、康辛元为副主任委员[197]。

1962年华南工学院建筑工程系正式招收硕士研究生，何镜堂、范会兴按学校通知补入学考试，才确定研究生导师，何镜堂攻读夏昌世教授的硕士研究生，范会兴攻读陈伯齐教授的硕士研究生，谭天宋教授招收硕士研究生陈伟光[198]。另外，龙庆忠教授招收硕士研究生伍乐园，1963年招收硕士研究生石安海[199]。（图5-77）

图5-77　华南工学院建筑系首批硕士研究生
（从左至右依次为伍乐园、范会兴、何镜堂、陈伟光、石安海）
（来源：周莉华．何镜堂——建筑人生[M]．广州：华南理工大学出版社，2010，4：16）

但因为“设计革命”运动的开展以及随即而来的“文化大革命”，使得华南工学院建筑工程系暂停了硕士研究生招收，直至“文革”结束后才恢复。20世纪60年代华南工学院建筑系的硕士研究生教育虽然只有短短几年，然而却培养出了非常杰出的人才：何镜堂成为中国建筑设计大师、中国工程院院士、华南理工大学建筑学院院长；伍乐园后任广州市设计院总建筑师（广东省美术馆等广州重要作品的主创建筑师）；石安海后任广州市副市长、副市委书记、政协副主席。

5．抓基础、重实践的课程设置

（1）课程设计

课程设计也是在教学设置上学习苏联的其中一点，是培养学生独立工作能力的一个重要教学环节。与以往以专业分类式的课程安排不同，课程设计更为细致。

1959年建筑学专业“建筑原理与建筑设计”课程时间分配表　**表5-9**

科目	共计	一年级		二年级		三年级		四年级		五年级
		上学期 18周	下学期 16周	上学期 18周	下学期 14周	上学期 18周	下学期 14周	上学期 14周	下学期 14周	上学期 14周
建筑概论	36	2/周								
建筑初步	170	5/周	5/周							
民用原理	110		2/周	2/周					3/周	
民用设计	230			5/周	5/周				5/周	
工业原理	78				3/周	2/周				
工业设计	160					5/周	5/周			

续表

科目	共计	一年级		二年级		三年级		四年级		五年级
		上学期 18周	下学期 16周	上学期 18周	下学期 14周	上学期 18周	下学期 14周	上学期 14周	下学期 14周	上学期 14周
城乡原理	56						2/周	2/周		
城乡设计	70							5/周		
专门化设计	84									6/周
专门化原理	56									4/周
周课时数	68/周	7/周	7/周	7/周	8/周	7/周	7/周	7/周	8/周	10/周
总课时数	1050	126	112	126	112	126	98	98	112	140

资料来源：《华南工学院建筑学教育计划》，1959年8月，作者整理。

课程设计由各个教研组拟定，负责安排教学计划和教学进度。课程设计须先由教师试作，这样教师可以初步掌握会遇到的重要关键问题，虽然真正开展课程设计后还会出现新的问题，但许多困难都能及时克服。很多系教研组为课程设计专门建立了资料室。

1955年，华南工学院建筑学系开出了一年级的建筑设计初步，二年级的居住建筑设计，三年级的公共建筑设计等专项建筑设计课程。教师在指导过程中一般能注意学生设计的实际工作进展，帮助同学掌握进度，及时发现和解决问题。建筑学系二年级的居住建筑课程设计，第一个集体住宅设计，存在严重的超学时现象，教研组总结了第一个设计的经验教训，调整了第二个设计的要求、改进了指导工作，因而使第二个设计能够顺利完成，基本不超学时[200]。（图5-78）

图5-78　建筑系二年级学生进行设计答辩
（来源：本院各专业学生普遍作了课程设计[N].华南工院，1955年6月4日第97期：第2版）

课程设计的难度也循序渐进，较以往有了增加，例如1957年建筑学四年级的学生就有三个课程设计同时进行：工业建筑设计（年产二万二千吨中型机器制造厂），城市规划（五千居民）和建筑结构计算

（二层钢筋混凝土楼房结构计算）。这样的安排对教师和学生的要求也更加提高，也更加锻炼学生的独立思考能力（图5-79）。

1959年在进行了大规模的“人民公社”规划和设计后，华南工学院的课程设计也结合生产实践有了一定程度的调整。学生在经过实际规划工作以后，体会到不仅要精通建筑设计，而且要掌握建筑结构计算。这时的建筑设计课是按照教学与生产结合的方针进行的，实行了课程设计与设计院生产分组轮换制。课程设计也不再是按理想的条件在纸上玩弄平面、构图，而是选择实际的题目，并采用了新的设计方法——在个人分别设计后综合方案，集体深入设计和绘图，这样既提高了独立工作能力又达到了共同学习的目的，而且大大提高了设计进度[201]。这种结合实际工程的课程设计自然会使学生的实际工作能力得到锻炼，毕业之后能够更快上手工作。但因为时间的紧凑，也会使学生缺少了对设计进一步独立思考的时间。

1959年后，华南工学院建筑学系调整为两个建筑学和城市（乡）规划两个专业，在前三年共同专业基础学习后，分别进行专门化方向的学习。由于国家建设的需要，工业建筑始终是各个专业不可忽略的重点。1960年后，建筑学系与土木工程系合并为建筑工程系，又对专业进行了一系列的调整，但所设置的课程基本还是延续了原来的内容。

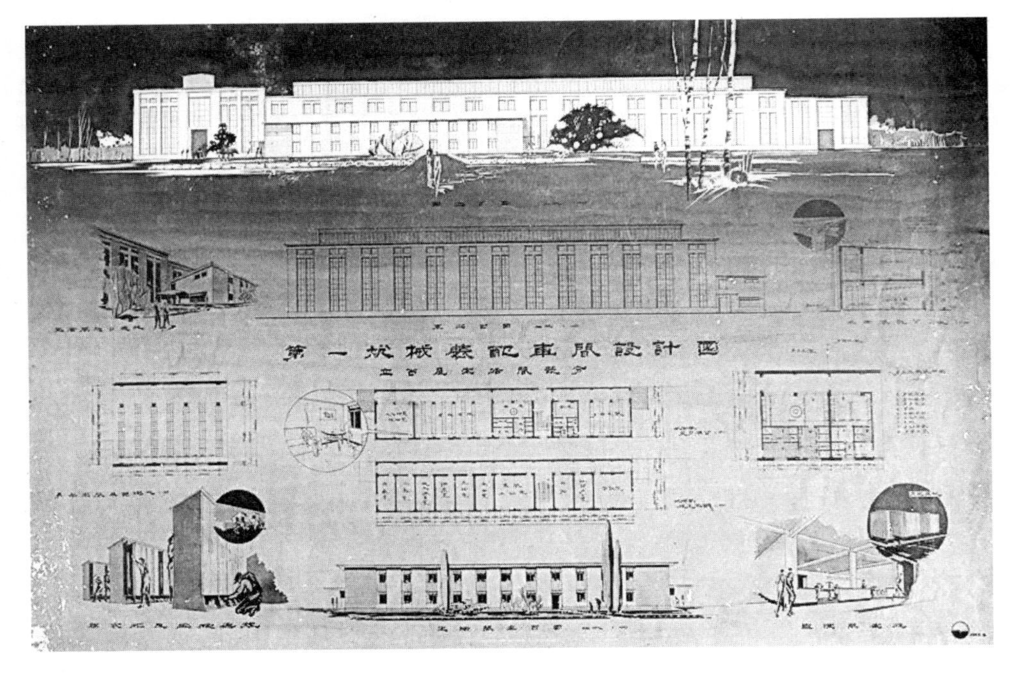

图5-79　第一机械装配车间设计图（1957年）

（来源：第一机械装配车间设计图（1957年），华南理工大学建筑学院藏）

1959年城市规划专业“建筑原理与建筑设计”课程时间分配表　　表5-10

科目	共计	一年级		二年级				三年级				四年级			五年级
		上学期18周	下学期16周	上学期		下学期		上学期		下学期		上学期14周		下学期14周	上学期14周
				8周	10周	7周	7周	9周	9周	7周	7周	7周	7周		
建筑概论	36	2/周													
建筑初步	154	5/周	4/周												
民用原理（包括农业建筑原理）	90		2/周	2/周										3/周	
民用设计	150			6/周	6/周		6/周								
工业原理（包括生产性农业建筑）	34				2/周					2/周					
工业设计	70					6/周				4/周					
城乡规划原理	78					3/周	3/周	2/周	2/周						
城乡规划设计	394							4/周	4/周		6/周	6/周	6/周	6/周	8/周
周课时数	100/周	7/周	6/周	8/周	8/周	9/周	9/周	6/周	6/周	6/周	6/周	6/周	6/周	9/周	8/周
总课时数	1006	126	96	64	80	63	63	54	54	42	42	42	42	126	112

资料来源：《华南工学院建筑学教育计划》，1959年8月，作者整理。

到1965年“设计革命”运动前，岭南建筑教育的教学体系已经基本完备，并围绕基于华南亚热带气候特点的适应性建筑研究方向，开出了各类课程（表5-9、表5-10），包括：理论课程[建筑设计初步与概论、工业建筑原理、化工建筑概论、民用建筑原理及设计、房屋建筑学、城乡规划原理及设计、建筑物理、建筑物理（热工部分）、给水排水、建筑理论和中国建筑史、建筑史]；课程设计（民用建筑课程设计、居住建筑课程设计、医院建筑课程设计、城乡规划课程设计）；毕业设计（学校建筑毕业设计、城乡规划毕业设计、工业建筑毕业设计、公共建筑毕业设计、医院建筑毕业设计、建筑学毕业设计）以及美术。

（2）建筑设计初步课程

建筑初步课程在我国各建筑院校的建筑教育中一直占较重要的位置，历来也是各建筑院校教育改革的重点，几乎所有的建筑院校都会针对该课程进行改革，有的进行局部调整，有的全面更新，各有特色。

岭南建筑教育历来重视一年级的基础课程教学。华南工学院成立前，因为中山大学建筑工程学系学生人数尚不多，系主任陈伯齐教授提倡采用的“混班教学”（所有年级在一个大课室上课绘图的方式），因为有高年级的带动和自由的听课方式，当时一年级的同学获益最多。

建筑初步课程是包括建筑学、城市规划、景观等专业在内的建筑学科中最重要的专业基础课程，它是整个建筑学科的奠基石，不仅肩负对初学者的启蒙教育之重责，对其未来建筑师、规划师或景观设计师的职业生涯也会产生深远的影响。该课程为建筑学科下的各专业的学生提供较为丰富的设计基础理论和知识的准备，同时以及扎实的建筑表达技能的学习训练，成为华南工学院建筑系的一门特色课程。

华南工学院建筑工程学系在1952年成立之初，即在一年级设置了建筑设计初步课程，主要是以建筑表达训练为主，包括字法训练，墨线练习，建筑物平、立、剖面墨线制图练习，西方建筑柱头练习，斗栱制图练习，色阶渲染，西方古典柱范渲染，中国建筑细部渲染，组合渲染以及单体建筑立面渲染[202]（图5-80～图5-82）。因此这一时期的建筑设计初步教学主要还是以“学院派”的严格训练方式为主，以便使学生掌握扎实的建筑表达基本技能，另外也可增加学生对中国古建筑知识的了解，以便适应“社会主义内容，民族形式”的建筑方针的需要。建筑设计初步在课堂上同时也配合进行建筑序论、建筑原理、古建筑概论等理论知识的讲授。但即使是开始注重“民族形式”的训练，岭南建筑教育仍然在其中加入一贯坚持的对构造大样的训练，而非仅仅是对“民族形式”立面的描摹（图5-83）。

1957年后，华南工学院建筑系的建筑设计初步课程进行了调整，增加了占有最大学时数的小住宅实测[203]（图5-84～图5-86）。另外还要求学生绘制出门窗或者墙体的构造大样（图5-87）。这种建筑认知训练和建筑构造训练的加入，显示出华南工学院建筑

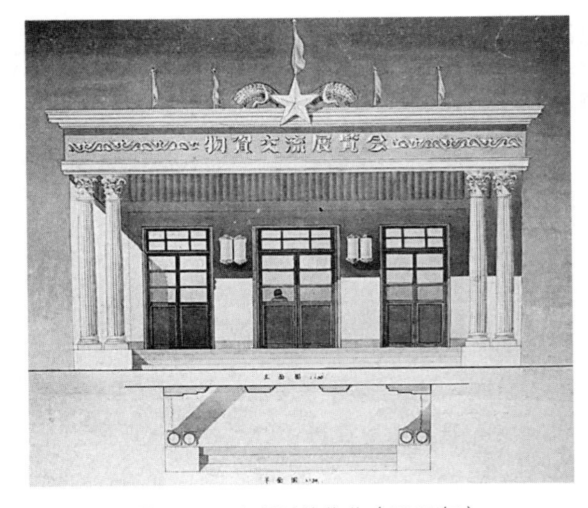

图5-80 一年级渲染作业（1953年）
（来源：53级学生杨以乐一年级渲染作业，华南理工大学建筑学院藏. 2008）

图5-81　叶荣贵——文渊阁碑亭（1956年）
（来源：叶荣贵. 文渊阁碑亭，1956. 华南理工大学建筑学院藏）

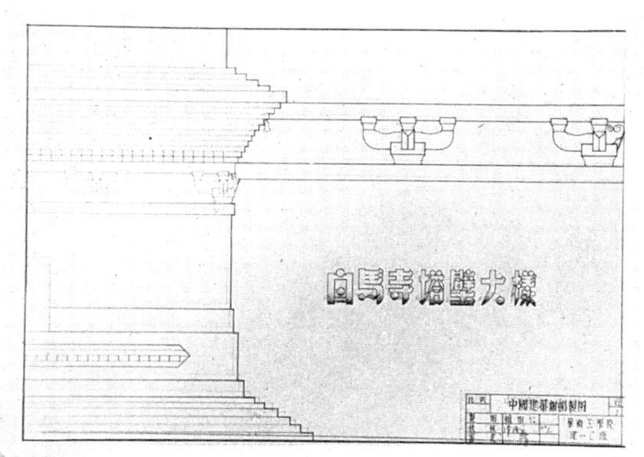

图5-82　赵伯仁——中国建筑细部制图
（来源：赵伯仁. 中国建筑细部制图. 华南理工大学建筑学院藏）

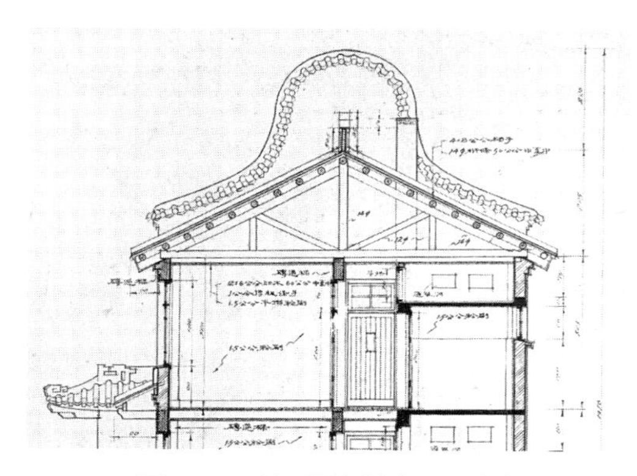

图5-83　剖面图大样（1954年）
（来源：蔡景彤. 集体住宅剖面图，1954年. 华南理工大学建筑学院藏）

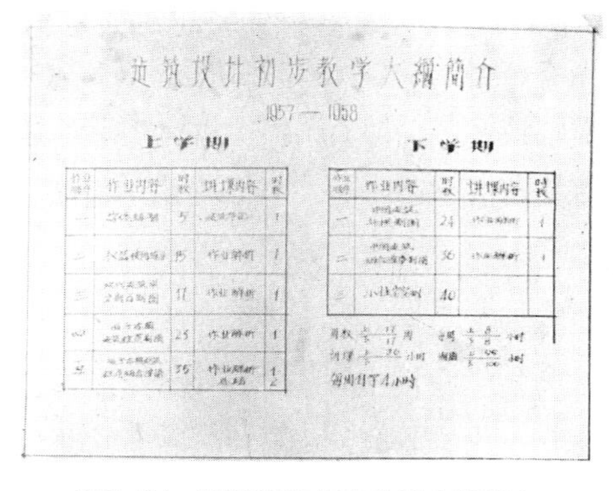

图5-84　建筑设计初步教学大纲简介
（来源：建筑设计初步教学大纲（1957-1958）. 华南理工大学建筑学院藏）

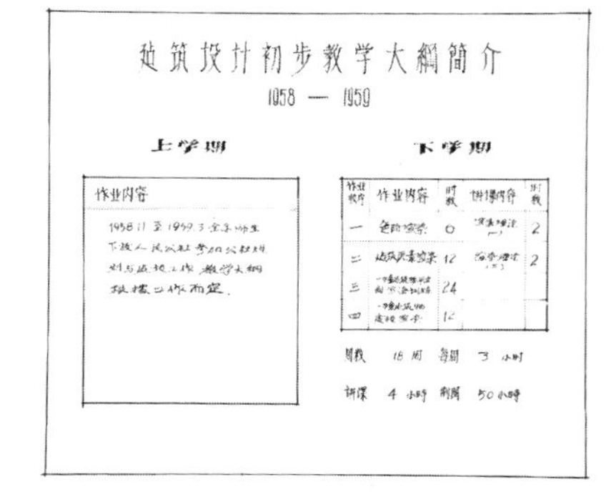

图5-85　建筑设计初步教学大纲简介
（来源：建筑设计初步教学大纲（1958-1959）. 华南理工大学建筑学院藏）

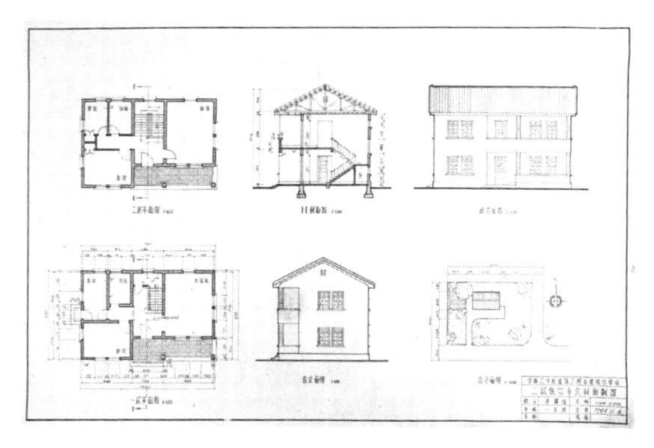

图5-86　两层住宅制图（1961年）
（来源：两层住宅制图. 华南理工大学建筑学院藏）

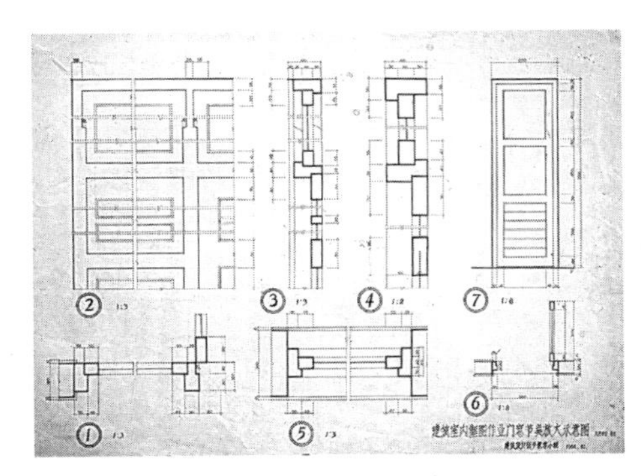

图5-87　室内制图门窗节点放大示意图
（来源：建筑设计初步室内制图门窗节点放大示意图．华南理工大学建筑学院藏）

教育从低年级开始就重视工程实际，让学生详细了解实际建成建筑。

1958年全国“大跃进”，“人民公社”运动也如火如荼地开展。1958年11月到1959年3月，华南工学院建筑学系这一年上学期的全系师生下到各地的“人民公社”参加公社规划与建设工作[204]，包括一年级新生，在实际工作中进行建筑的学习。

1959年开始华南工学院建筑学系的建筑设计初步课程再次进行调整，除了对建筑平立剖面图的绘制训练外，还加入了对门窗及台阶大样图的制图和渲染训练。另外在下学期还结合华南工学院建筑学系逐步开展的广东地区传统民居的调查研究，训练学生进行广东地区典型民居平立剖面的绘制[205]。建筑设计初步课程的逐步改革调整进一步强化了一年级学生对建筑构造知识的理解，也启发了学生对岭南地域性建筑与亚热带气候相适应的了解。

华南工学院的建筑初步课程一直都受到系领导的重视，基本都是系主任、教授亲自负责主持。龙庆忠、陈伯齐、黄适等教授做系主任时，都曾亲自主持一年级的建筑初步课程，可见岭南建筑教育历来就非常看重一年级基础课程的教学，希望学生在一年级就能打下扎实的基础。

据陆元鼎教授忆述，由于华南工学院建筑系“对功能技术抓得很紧，所以当时的教学计划里，一年级都是配备最强的教师，杜汝俭做副系主任时，他说我自己讲，他不让别人教一年级，龙庆忠做院长、系主任，一年级也是他自己教，要求严格”[206]。

随后多年，经过许多教师的努力，建筑设计初步课程一直在改革中不断进步。

1987年开始，华南工学院建筑设计初步课程在原教学计划基础上引入了德国“包豪斯”建筑教育中的“形态构成”概念，进行平面构成、立体构成、空间构成和色彩、肌理构成的训练，在建筑基本表达技能训练的基础上，以期激发学生的创造性思维，提高学生对设计的理解和信心。1994建筑设计初步课程进行了较大的调整，改变以往的分项独立的初步训练方式，借鉴国外大学建筑设计基础教育的经验，以建筑设计带动各种建筑基本表达技能和认知基础的学习，形成认知型的建筑设计初步教学。建筑设计初步课程也更名为建筑设计基础课程。这次改革也带动了全国范围的建筑设计初步改革[207]。1998年该课程获得广东省省级教学成果一等奖和国家级的教学成果二等奖，课程本身也被评为广东省重点课程。

2000年开始，华南理工大学的建筑设计基础课程又再次进行调整，有机融合传统经典的基础训练型和现代的认知设计型教学体系各自的优点和特色，取长补短。另外配合建筑设计基础课程专门开设人居环境学概论理论课的讲授。对于原来采用普适性的工艺美术类构成训练也进行了改革，建立了基于建筑学的形态构成系列课程，从平面构成到立体构成再到空间构成，循序渐进，前后衔接，完成构成的同时要求学生利用构成知识进行建筑的构成分析，达到学以致用，加深学生对建筑中形态构成的理解（图5-88、图5-89）。建筑设计基础课程也逐渐形成了由建筑认知基础、建筑表达基本技能、建筑形态构成基础、人居环境学概论四大模块组成的基于建筑学的专业设计基础教育体系。

在几代教师的努力下，由老一辈岭南建筑教育家们开创的华南工学院建筑设计初步课程不断发展，2007年获评全国首个建筑设计基础类的国家精品课程，2013年又获评首批国家精品资源共享课程。

（3）建筑构造训练

培养全面型的建筑人才一直是建筑系的教学目标。学生毕业就能绘制建筑施工图，上手快也正是华南工学院建筑系毕业生的特点，这与陈伯齐任系主任时对建筑

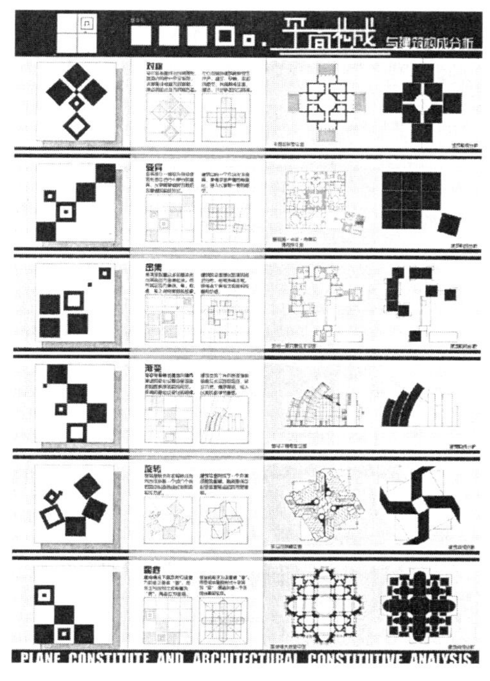

图5-88　平面构成

（来源：平面构成，2011. 华南理工大学建筑学院藏）

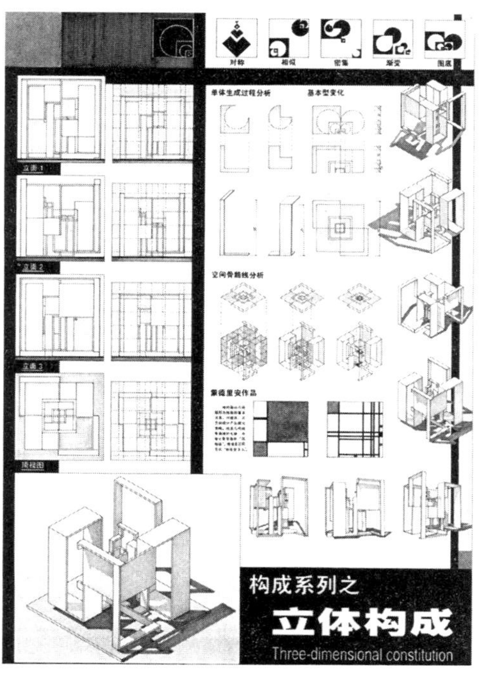

图5-89　立体构成

（来源：立体构成，2011. 华南理工大学建筑学院藏）

技术课程特别是建筑构造的强调分不开。

陈伯齐在教学中十分强调学习建筑必须弄清建筑物各部分构造，扭转学生只重视方案与渲染图的偏向。据51级校友，国家设计大师袁培煌回忆，在广州苏联展览馆工地实习时，陈伯齐指着一些正在施工的檐口、吊顶询问学生其构造做法，当答不上时就要学生回去翻阅施工图，经过实物对照后，学生对建筑的构造有了较为明确的概念。在学生所做设计图中，陈伯齐总要求学生画出外墙剖面大样图，以加深对建筑构造的了解[208]。

华南工学院邓其生教授忆述陈伯齐上课时，总是对学生强调要仔细了解建筑物的各个构件和规范性功能，比如建筑安全条例、防爆条例等，只有把一个建筑的方方面面都理解透了，才能真正去做好设计图[209]（图5-90）。44级校友、广州市设计院总工蔡德道忆述，陈伯齐要求华南工学院学生在毕业前能画出一张多层楼房从屋顶到基础剖面的构造大样图，而且比例必须在1：50以上。要求甚为严格，如果画不出就不是华南工学院毕业的学生。得益于陈伯齐对建筑构造设计的严格要求，此后华南工学院建筑系毕业的学生基本能够“扎实”地掌握建筑技术知识，得到用人单位的一致好评。

（4）实习

根据苏联的教学经验，高等院校非常重视学生的实习。实习的方式分为认识实习、生产实习和毕业实习三种，其目的在于印证、巩固和丰富学生所学知识，使学

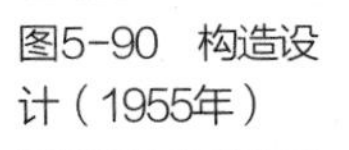

图5-90 构造设计（1955年）

（来源：本院各专业普遍作了课程设计[N]. 华南工院. 1955年6月4日第97期：第2版）

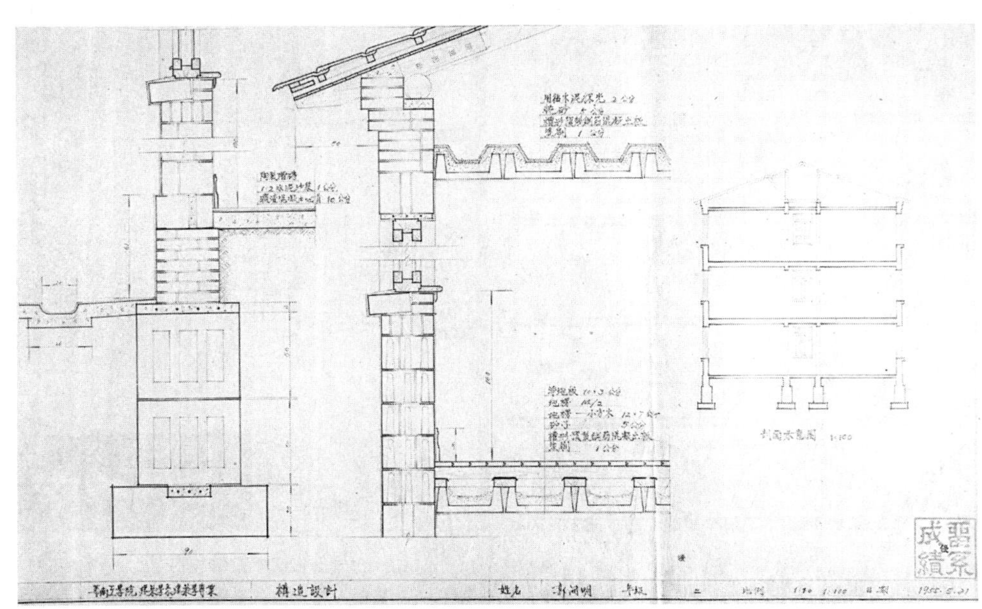

生获得一定的生产和工作的技能以及进行科学研究的能力，以保证学生毕业后很快就能担负起一定的工作。建筑系的认识实习主要是建筑参观或是工地参观，在教师的带领下，使学生对建筑有一个初步的认识，为专业课学习打下感性认识的基础。生产实习是让学生们结合自己所学的理论和知识，对整个建筑设计过程和建筑施工有一个较明确的实践认识。将书本上的理论，抽象的概念，变为实在的东西，将理论认识运用到生产实际中去。毕业实习基本上也是采用这种方式。

1）认识实习

参观认识实习，是建筑系学生认识和体验建筑的一个非常重要的学习手段。岭南建筑教育历来都非常重视这一环节。每年都有专门的教师带领学生到全国各地进行参观认识实习。

1954年夏，为了使学生更多地了解中国传统优秀建筑，在龙庆忠、陈伯齐带领下，参与教师十余人，建筑系二年级学生60人分赴河南登封、洛阳开展古建筑实习，参观考察古建筑。实习结束后，其中一队经郑州、南京、苏州抵上海（图5-91），另一队由郑州抵苏州、上海参观[210]。此次认识实习，让师生对“社会主义内容、民族形式”的国家建筑方针有了进一步的理解和认识。1964年，华南工学院教师杨宝晟带领建筑系学生到北京进行为期九天的参观实习。在北京参观了各种新老建筑和园林名胜古迹[211]。

图5-91　南京中山陵参观（1954年8月）
（来源：南京中山陵参观，1954年8月.华南理工大学建筑学院藏）

2）设计、施工实习

1953年7月28日开始，华南工学院1000余学生分批到各工厂企业中进行为期一个月的生产实习。这次实习是把学习苏联先进经验、贯彻理论联系实际的教学方针相结合，有准备、有计划地进行新型生产实习的开始。华南工学院建筑工程系二年级本科一个班49人到广州市建筑公司实习[212]。1953年华南工学院学生的暑假生产实习情况被《广州日报》在十月份专门报道：“通过生产实习，同学们还巩固和丰富了课堂的理论知识，也证明了生产实习是克服理论脱离实际的有效办法”。报道还特别指出们同学“明确了课堂设计如何与实际联系的问题，认识到了图面上每一条线会起什么作用和它的实际意义；而且对一座建筑物从开始施工直至完成的全部过程也有了丰富的认识，不但巩固了房屋结构的知识，而且对如何设计一座经济耐用且美观的建筑物也有了初步的认识”[213]。学生们通过生产实习认识到其对于建筑设计学习的重要性。

1955年5月，华南工学院建筑学系四年级毕业班学生结合毕业设计要求，在广州苏联展览馆建设工地进行一个星期的施工实习[214]。在老师指导和工地工程师技术员及工人们的帮助下，同学们发挥了互助合作的集体钻研精神，了解了施工组织设计的重要性，体会到在建筑设计时要考虑到实际施工的可能性与经济性。另外通过对单位工程进度计划编制及施工总平面布置的了解，给学生的毕业设计起到了重要的启发。学生深刻体会到建筑设计必须要有全面的设计思想来指导，并且要树立经济核算观点，考虑具体的施工条件，严格掌握每平方米建筑造价，从而将设计、结构、施工三者有机地密切联系起来，达到实用、经济和美观的设计原则（图5-92）。

图5-92 教师带学生施工现场考察
（来源：教师带学生施工现场考察.华南理工大学建筑学院藏）

由于学生集中在一个时间实习，需要做好各方面的协调工作，故从1954年开始，每年暑假前，学校成立“生产实习指导工作委员会”，由学校领导及各系负责人组成，全面领导学生的暑期实习工作。此后，无论哪个年级，也无论是否是教学计划的必须要求，利用假期参与各种建筑实践活动成为华南工学院建筑系学生自觉进行的寒暑假假期主要活动之一。

（5）与实际紧密结合的毕业设计

毕业设计是学生在学校学习的最后作业，也是学生最为重视的一个作业。毕业设计是对学生在校期间所学习和掌握知识的检验和总结，也由此可以看出一个学校在某个时期内对学生的专业培养目标和专业教学特色。

1955年的华南工学院建筑学系的毕业设计要求包括了建筑设计、结构计算、施工计划编制三个部分，这三个部分使毕业学生对一座建筑物从草图设计到施工完成有全面的了解和明确的掌握，通过建筑设计、结构和施工组织密切的配合，将使毕业设计达到设计的全面性、整体性。为此教学上还专门安排毕业班的学生到正在施工建设的广州苏联展览馆进行施工实习，切身体会设计、结构、施工三者有机密切联系，充分理解国家提出的“适用、经济和在可能的条件下注意美观”的设计原则。

1956年是华南工学院正式成立以来的第一个有完全由华工培养的毕业生的年份，也是对华南工学院各系各专业培养水平的第一次毕业检查，因此各系都十分重视。1956年4月，华南工学院各专业毕业设计陆续全面开始。各教研组都重视发挥集体力量，加强教师指导作用。参加毕业设计的土木建筑两系的毕业设计题目有“城市规划”、“街坊设计”、“文化宫”、“医院”、“电影院”、“体育馆”、“饭厅（兼膳堂）”、“机械厂”、“热电站”、“纺织厂”、“金属结构加工厂”、“铸工车间”、“水泥厂”、“麻袋厂”、“甘蔗糖厂”等，并建立了毕业设计的专用课室和资料室[215]。为配合毕业设计的开展，系里还举办了清华大学、同济大学、天津大学、南京工学院和本院建筑系学生的毕业设计、课程设计和美术作品等资料展览[216]。可以看到，这一时期土建类毕业设计题目是着重于功能相对综合并且是以社会所急需的建设项目为主，以便于学生毕业后能够尽快上手投入祖国建设（图5-93）。

图5-93　建筑系学生在进行毕业设计答辩
（来源：华南理工大学建筑学院系史展览，2008）

为了贯彻党的教育方针“教育为无产阶级政治服务，教育与生产劳动相结合”，根据华南工学院党委决定：毕业设计必须结合“真刀真枪”进行，同时做到教学、生产劳动、科研三结合，以提高教学质量。“教育与生产劳动相结合”的方针，从1958年开始对华南工学院建筑系的教学计划产生了深远影响，各个年级的课程设计安排都开始充分考虑与实际生产的结合，甚至在1958年校庆后，全系师生都下到各地农村去进行“人民公社”的规划和建筑设计。

1959年3月19日，华南工学院建筑学系毕业班（建五班）全体同学出发到南海进行毕业设计，这是华南工学院建筑学系第一次将毕业设计与实际生产相结合，进行紧密配合生产，完成生产建设任务的毕业设计。建五班同学曾分别在公社和学院的建筑设计院进行过一段时间设计实习工作，积累了实践工作的经验。这是“建筑系几个月来参加公社规划、设计中得出经验后在教学上的一个措施。这次设计紧密结合生产，完成公社的有关建设任务[217]”。这次毕业设计对南海六十多平方公里土地内的80多个自然村、十三个管理区（生产大队）开展了细致的调查研究工作，进行了土地利用规划和并村定点工作（图5-94）。通过此次规划，同学们拜访了许多“土专家（农民）”，向他们学习，到实地勘察和他们一起共同研究。在“土专家”的耐心帮助下，大家学到了不少东西，并且初步掌握了有关生产方面的知识。毕业班的同学更加认识到“建筑的规划是要以生产规划为依据的。如果忽视了这一点，要把规划搞得符合于客观的要求是不可能的”[218]。

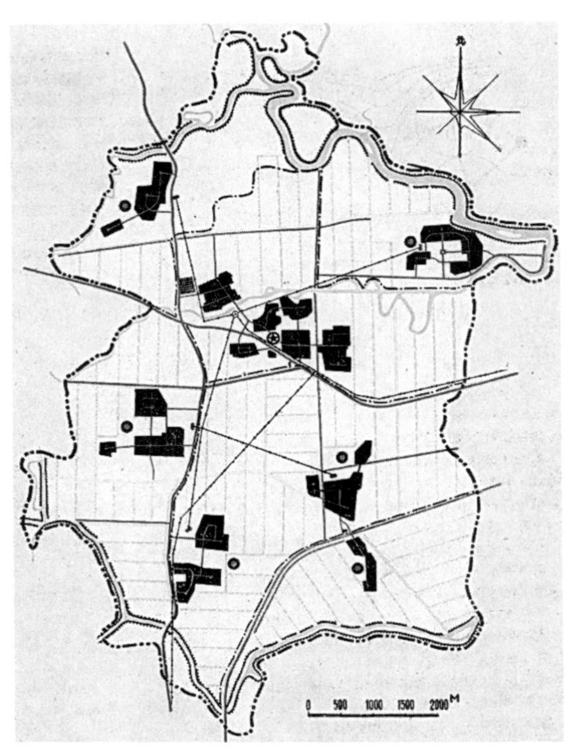

图5-94　南海大沥公社中心居民点分布规划
（来源：华南工学院建筑系. 人民公社建筑规划与设计[M]. 华南工学院建筑系出版，1959：24）

1960年华南工学院建筑系应届毕业生的毕业设计都与实际工程项目相结合，强调到现场去，由教师带毕业班学生在当地驻扎一段时间，现场进行调研，现场设计，现场评图，完成正式的设计任务，即所谓“真刀真枪”的进行毕业设计。毕业设计不仅仅是完成最后的设计图纸，对资料收集工作也相当重视，强调对设计过程成果的资料积累和理论总结。每个毕业设计课题都会要求学生做相关资料汇编，以使学生主动熟悉和了解项目的基本特点和功能要求。

1960年华南工学院建筑系毕业班分成六个小组，分担六个具有规模大、要求高的项目，有的甚至是从未接触过的项目，经过四个多月的工作，发挥集体的力量，完成毕业设计成果，而且大部分都用于施工。同时还写出了9篇共10万字左右的科研论文，收集了14册达27万字的设计参考资料[219]。学生的毕业设计贯彻实现了教学、科研与实践的“三结合”。

1960年2月，华南工学院建筑学系五年级（55级）同学到北京进行为期两个月的“真刀真枪”毕业设计，分别完成“大型钢铁联合企业总图运输设计”及“新型半露天式化学工业厂房”设计等多个实际设计项目。建五班黑色金工厂毕业设计小组在设计院的总图运输科的工程师和技术员的指导下，敢想敢干，边学边干，进行了面积为600万平方米的巨型钢铁联合企业的总图运输设计，集体提出了六个方案。经过总工程师、工程师、技术员、苏联专家和厂方代表的会审，最后从该组和厂方的方案中选择了该组的方案。他们还参加了该企业的初步设计与技术经济指标的计算工作；为面积达500万平方米的另一大型钢铁联合企业的总图运输设计提供了三个方案，这三个方案都得到工程师和工程负责同志的热烈赞赏；他们又在设计院的土建科同志的帮助下，完成了某钢铁联合企业六个不同车间的建筑施工图设计，图纸21张；完成了另一钢铁厂六个车间的初步设计图纸6张，同时，还修改、校对、描绘了图纸共132张。该组同学还在设计院搜集了有关钢铁厂设计的许多宝贵资料，编写出了达七万字的黑色冶金工厂总图运输设计，五万字的轧钢车间设计与四万字的炼钢车间设计；还收集了黑色冶金工厂各车间整套的技术规范和图集。这些资料弥补了建筑系工业建筑中钢铁联合企业设计的空白点。建筑系毕业设计工业二组十四位师生，在毕业设计中创造出巨大成绩。在短短的一个月里，该组便完成了合成橡胶厂的整套技术设计图纸与大部分施工图，共计完成图纸63张，其中技术设计图纸22张，施工图31张。他们在北京进行某化工厂装置设计中，对压缩车间、压缩工段进行了半露天式的厂房设计。他们在仅仅972平方米的一个工段设计中，为国家节约了36，500元，占全部投资的23%[220]。受到企业总工程师重视和表扬。华南工学院毕业班的学生敢于思考，不因循旧制，独立思考和创新的能力在毕业设计中得到了充分的锻炼。

1960年3月，华南工学院建筑系应届毕业生由金振声老师带队，前往广西南宁现场进行“广西僮（壮）族自治区人委招待所”（也即广西民族饭店）设计[221]。在学院党委，系党总支以及广西僮族自治区人委的大力支持和协助下，曾经参观调查了大量广州、北京和南宁地区的饭店宾馆如：广州华侨大厦、羊城宾馆、北京民族饭店、北京饭店、前门饭店、新侨饭店、和平宾馆、南宁国际旅行社、南宁饭店等宾馆，另外还参考了国内外的一些旅馆设计资料，经过三个星期的时间，于三月底完成了第一方案的初步设计。与此同时该毕业小组进行了旅馆设计的科研，总结了过去旅馆设计的一些经验并结合南方地区旅馆设计进行一些研究和探讨，写成《旅馆设计》一书初稿[222]。第一阶段的成果完成后，华南工学院还专门组织夏昌世、陈伯齐、陆能源等老师赴南宁进行教学评图（图5-95、图5-96）。

1960年3月27日，华南工学院建筑学系城乡规则专门化小组的毕业设计小组到潮州进行《潮州改建扩建规划》[223]。经过在潮州的一个多月初步工作，他们绘制了地质情况、工业分布、人口分布、郊区现状、绿化系统、公共建筑分布、民居调查、下水管网等现状图，为规划工作做了充分准备。他们共做了十几个总体规划方案，最后综合出比较满意的方案。

1962年华南工学院建筑学专业毕业班的居住建筑毕业设计，既考虑到教学实际，又适当地提高要求，贯彻了全面训练，填平补齐的精神，以个人为主，每人做一套毕业设计，每个设计在建筑、结构、施工各部分，又均有一定独立的要求。在主要的建筑部分，从总体到个体以至局部设计，均有一定分量。从而使同学能够综合运用所学知识，并进一步获得对建筑设计工作的全面认识。这次毕业设计的题目，是结合生产，结合实际拟定的。如广州员村职工实验性住宅设计及本院教授住宅设计几个题目，就都是根据实际任务提出的。还结合设计组织参观，调查研究，进行了集体讨论及请生产单位参加评图等工作，使同学们大大提高了解决实际问题的能力。由于设计目的明确，要求恰当，在设计中同学们都能发挥独立钻研的精神，使毕业设计的质量有了较好的提高。[224]

1963年，华南工学院教师陆元鼎带领5个学生（许少石、陈贤智、彭其兰、刘捷元、丘淑卿）到广东各地（主要是潮汕地区和客家地区）调查民居，并以此调查

图5-95　广西民族饭店现场设计师生
（来源：广西民族饭店现场设计师生，金振声提供，2012年）

图5-96　广西民族饭店现场设计评图
（来源：广西民族饭店现场设计评图，金振声提供，2012年）

研究报告为毕业设计[225]。陆元鼎带领的这次教学活动开创了华南工学院建筑系以调查研究和学术报告作为毕业设计研究型课题的先例。

1965年华南工学院建筑工程系由建筑学、工民建两专业毕业设计组师生53人组成现场设计组，完成广州市螺岗住宅区规划设计（图5-97）。该项目是由广州市城建委领导，住宅公司主持。华南工学院建筑工程系两专业前后参加指导的教师有：陈伯齐、罗宝钿、黎显瑞、杨庆生、刘管平、刘捷元、陈止戈、冯铭硕、李丽明等；住宅公司参加指导的有：苏宝义、潘树、陈伟廉等同志[226]。12月，由华南工学院建筑工程系罗宝钿执笔，朱良文协助完成插图，在华南工学院学报发表《广州市螺岗低造价住宅区规划与住宅设计的几个问题》，对该毕业设计进行了系统的总结。

华南工学院建筑系的毕业设计选题向来重视真实性和实际性，使得培养的学生能够很快适应实际工程项目的设计工作，并能解决不少实际工作中遇到的问题。“上手快”、“动手能力强”几乎成为所有用人单位对华南工学院建筑系毕业学生的统一评价。

（6）美术教学

1952年华南工学院成立后，由于知名画家符罗飞教授、丁纪凌教授等人的加

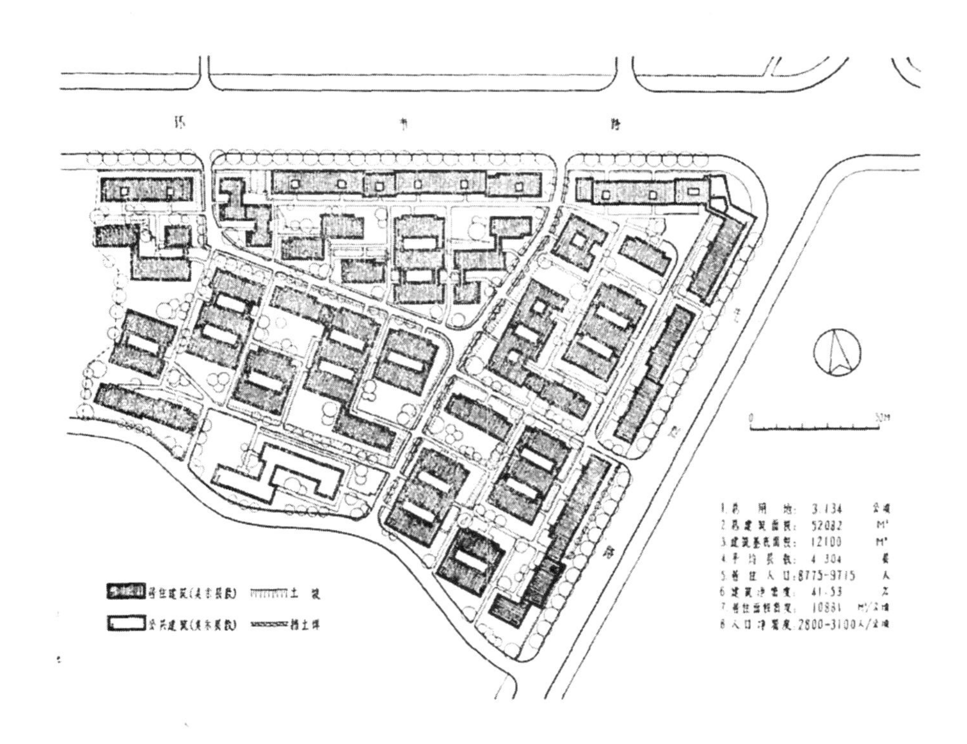

图5-97 用“密集抽空”手法布置的螺岗住宅区总平面图

（来源：广州市住宅建筑公司技术室、华南工学院螺岗毕业设计组. 广州市螺岗低造价住宅区规划与住宅设计的几个问题[J]. 华南工学院学报，1965年12月17日第3卷第4期：35-48）

入，建筑工程学系的美术教育也与以往有了不同。

由于符罗飞一开始是兼职教授，实际在广州文联任职，所以1953年11月由丁纪凌教授负责组建美术教研组。曾经在20世纪30年代留学德国的丁纪凌教授，以多年的教学经历，亲自积极设计了48件教学模型，以解决学生对“空间”、“透视”等概念的理解[227]。

20世纪50年代初，为贯彻“社会主义内容、民族形式”的建筑方针，岭南建筑教育特别加强了建筑美术教育，引进了一批同济大学等其他院校分配来的具有较好美术基础的教师，如李恩山、赵孟琪、马次航等，符罗飞也作为全职教授正式调入华南工学院建筑学系，加强了美术教学力量（图5-98、图5-99）。1954年符罗飞正式调入华南工学院建筑工程学系，任美术教研室主任。符罗飞教授认为美术要为人民服务，是社会现实政治、经济和文化生活的反映，它同时又具有时代性、民族性、地方性和各种流派、个人艺术风格；艺术具有思想性和艺术性两重意义[228]。这正符合岭南建筑教育上一贯坚持的现实主义特点。华南工学院建筑系的美术教育重视教学课题要反映生活的主题思

图5-98　1962年符罗飞与马次航、赵孟琪讨论教学工作

（来源：1962年符罗飞与马次航、赵孟琪讨论教学工作. 华南理工大学建筑学院系史展览，2008）

图5-99　马次航画作

（来源：马次航画作. 华南理工大学建筑学院藏）

想性，注重写实与创意相结合的艺术造型训练，以写实为基础带动创意，最后达到创作阶段以创意带动写实[229]。美术教育不只是为了训练学生对真实世界的再现，而是训练学生对周边事物的观察、理解、抽象和再现，使学生从更高的层次来理解艺术，来创作具有思想性的形态，形成思想性与艺术性的完整统一。

符罗飞教授的建筑美术教学思想和艺术创作方法在教学中不仅培养和提高了学生的艺术修养，而且也极大地带动了青年教师业务和教学水平的提高，使得华南工学院建筑系的美术教育也独具特色。

1954年5月28-31日，华南工学院建筑工程学系美术课教师为了使同学们互相观摩，提高创作思想和学习兴趣，在该系素描水彩课室举行绘画展览，内容有教师作品和同学作品，分素描、水彩、粉彩、油画等。美术课吸收了天津大学建筑系美术课的教学经验，并结合本院的实际情况修订了教学大纲，在教学上有了不少改进。此次展出后，部分作品还参加了广东省及广州市的建筑艺术展览[230]。

1956年4月4日～4月5日，华南工学院建筑系美术教研组搭船去中山县、珠海县唐家湾组织了一次旅行写生[231]（图5-100）。符罗飞教授非常强调艺术创作要到人民群众中去，去描写普通劳动人民的生活，因此华南工学院美术教研组经常组织学生到各地写生，强调对绘画对象的真实体验。

美術教研組

組織了一次旅行寫生

四月四日我們搭船去中山縣，五日到達珠海縣唐家灣，我們接觸了不少勤勞、樸實的漁民。

我們到中山縣翠亨村，住在中山紀念中學，參觀孫中山先生故居。景色幽美的翠亨村各處均可入畫，大家努力收集好些素材。我們也特地翻過山崗，訪問了農業合作社，社員們正在改變天然災害，把高達一百九十公尺的山，開鑿出一支通向大海的排水渠，修建了巨大的水閘，兩個宏大的工程，充份地證實了正在日益發展中的社會主義農村，只有走組織起來的道路，才是不可戰勝的力量。（諸澌）

說明 ㊀開水渠。㊁推拉機下水田。㊂老漁民像。（諸澌、馬次航作）

图5-100 美术教研组组织的一次旅行写生
（来源：美术教研组组织了一次旅行写生[N]. 华南工学院院刊. 1956年4月21日，第119期：第3版）

另外值得一提的是1959年新制定的教学计划中，在五年级上学期，有一门“马克思主义美学”课程，这门课程由时任华南工学院党委书记的张进亲自担纲[232]。在“人民公社化运动”时，建筑系全体师生下到地方做规划设计，张进也跟随下到地方给学生上这门“马克思主义美学”课，足见学校对建筑系美学教育的重视。

6. 与地域气候特点相结合的学生作业

由于华南工学院建筑系教授夏昌世、陈伯齐等人对建筑技术的重视，特别是基于华南亚热带气候特点的适应性建筑研究成为华南工学院建筑系的主要学术方向，因此必然会在教学上产生重要影响，从这一时期华南工学院建筑系的学生作业就可以清晰地看到这种影响（图5-101、图5-102）。学生的作业还被作为遮阳隔热的案例选录入《建筑设计资料辑》第二辑。对于遮阳措施的不同处理和屋顶砖拱隔热的运用，经常出现在学生的设计作业中，显示出学生对适应亚热带气候特点的建筑技术措施的理解和重视。

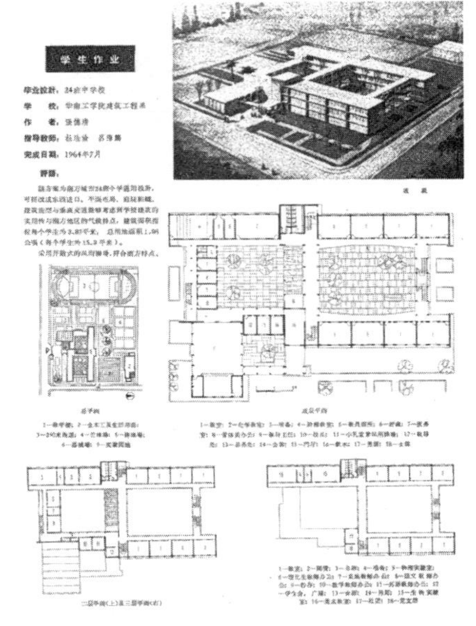

图5-101　遮阳的运用——中学设计

（来源：北京工业建筑设计院. 建筑设计资料集二选[J]，建筑学报，1964年第10期：39）

（三）专业教材的全面建设

1. 广泛开展的教材编写

根据高等教育部对教学大纲的统一要求，这一时期的教材内容也进行了重大修订，基本上采用苏联的一套模式。1953年底，全校的95门课程中，有46门采用苏联教材，其中有27门是全部采用，有19门是部分采用。没有采用苏联教材的有49门，其中包括不必采用苏联教材的如政治理论课、体育课、中国建筑史、水彩画、素描和雕刻等，有的则是因为没有苏联教材的译本或原本。至1954年上半年，全校的课程中，全部或部分采用苏联教材的已占79%之多。为了学习苏联，华工掀起了学习“俄文

图5-102　遮阳的运用——小学设计

（来源：北京工业建筑设计院. 建筑设计资料集二选[J]，建筑学报，1964（10）：38）

热”。1953年年底，全校有97位教师参加了俄文评定考试，均获得好成绩。有100多位教师基本掌握了文法，80多位教师能够阅读俄文专业书籍，21位教师能够独立进行翻译俄文教材，5位教师被中央高教部指定进行翻译苏联教材的工作[233]。华南工学院建筑学系也在全面学习苏联的这段时期，购买了大量的苏联建筑设计资料参考图集和教学挂图以供学生参考学习。

1952年华南工学院成立后，建筑工程学系的教师从以前纯粹利用国外的专业出版物作为教材，开始转变为以教师自编的教材为主。在那个资讯远不如现代发达的时代，学生获取参考资料比较困难。由于教研组、教学小组的设立，课程设计的推行，教师们为了更好地执行课程设计，积极主动地利用各种手段和途径，自编各类针对性的参考资料用于学生课程设计学习与参考。

华南工学院建筑学系在确立了亚热带建筑研究方向后，从20世纪60年代前后开始，教材编写工作也广泛展开。1958-1959年间，“人民公社”运动进行得热火朝天，华南工学院建筑学系在进行了大量的公社规划和建筑设计后，及时总结经验，在系主任陈伯齐的带领下，全系发动，在短时间内写出了《人民公社建筑规划与设计》一书，作为今后规划的参考教材资料。

1961年2月，华南工学院建筑工程系建筑史教研组编撰《外国建筑史图集（上、下）（近、现代资本主义国家建筑图集）》，华南工学院教务处出版科印（图5-103）。

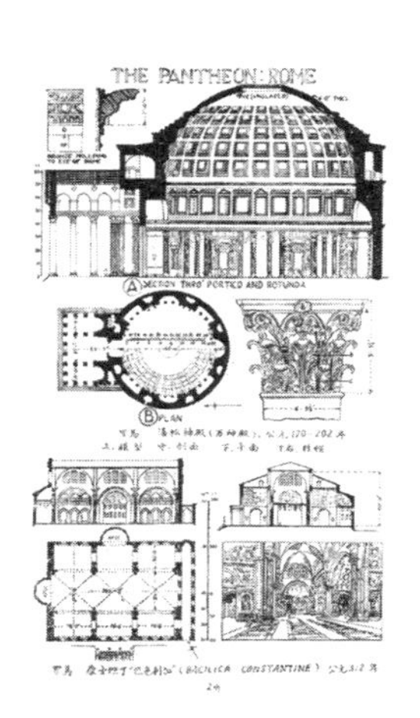

图5-103　外国建筑史图集
（来源：华南工学院建筑工程系建筑史教研组编．外国建筑史图集(上下册)．华南工学院教务处出版科印，1962年2月）

1962年，华南工学院建筑工程系汇编《华南工学院建筑物理文集》，作为建筑物理教学交流参考资料。林其标、刘炳坤、高焕文、孙煜英等人在文集中发表多篇论文。[234]

1964年华南工学院建筑工程系参编教育部委托的《糖厂建筑设计原理》参考书，建筑系教师胡荣聪、张锡麟、杨宝晟等教师参与编写；金振声副教授主编《住宅设计参考》教材，参编教师还有叶吉禄；邹爱瑜副教授编写《建筑构造》补充教材；杜一民编写《水力学及给水排水工程》教材；肖裕琴编写《房屋建筑学》参考教材；马次航编写《素描与钢笔画技巧》；赵孟琪编写《树木画法示图集》。

各个课程设计的教师在没有统编教材的情况下，也大多结合自己的资料情况和实践经验，编写包含课程教学大纲和详细说明的课程教材，比如1963年建筑设计教研组编有《工业建筑设计原理教学大纲及说明》等。

教师们编写的针对性教材逐渐增多，丰富了学生们的专业知识，拓展了视野，为岭南建筑教育的深入开展做了很好的学术积累。

2. 中国建筑史统编教材的编撰

华南工学院建筑工程系的建筑历史教研组利用自身的人力条件和资源，积极进行关于建筑历史教材和讲义的编著，以满足教学需要。如《中国解放后建筑》、《外国建筑史图集》（1962年2月）等。同时华南工学院还积极参与全国性的建筑历史教材编写工作，与多个部门和高校合编的《中国近代城市建设史初稿》（油印本）（1960年7月）等。

《中国近代城市建设史初稿》（油印本）由建筑科学研究院、同济大学、南京工学院、华南工学院和武汉城市建设学院合编。华南工学院参与编写的教师有陆元鼎、马秀之、伍乐园、黄文浩（广东建筑工程专科学校进修教师）。该教材在建工部建研院历史室的领导和具体帮助下，于1960年3月至5月编写讨论大纲及集中资料，6月中旬集中上海编写，至7月下旬完成初稿。这本初稿主要是按照城乡规划专业或建筑学专业的城市建设史的教材要求编写[235]。

1961年4月21日，建筑科学研究院建筑理论与历史研究室召集各有关高等院校在江苏南京召开中国建筑史编写会议，参加人员大部分都是来自各高等院校建筑历史教研组从事中国建筑史教学的青年教师，其中有南京工学院三人（刘敦祯、郭湖生、潘谷西），西安冶金学院二人（赵立赢、林宣），同济大学二人（喻维国、董鉴泓），华南工学院一人（陆元鼎），清华大学一人（吴光祖），重庆建筑工程学院一人（吕祖谦），武汉城市建设学院一人（黄树业），哈尔滨建筑工程学院一人（侯幼彬），文化部一人（陈明达），再加上建研院历史室有关领导及研究人员（汪之力、刘祥祯、范国骏、张静娴、王世仁、王绍周等），共计二十余人。此次召开建筑史编写会议的目的，主要是遵照当时教育部的指示和部署，再次采取全国集体协作的方式完成《中国建筑简史》（古代、近代、现代）的高等学校教材稿，并对苏联建筑科学院主编的多卷集《世界建筑通史》的中国古代建筑史部分进行审查修订[236]。

从1961年4月下旬开始，至8月底止，《中国建筑简史》的中国现代建筑史部分（中华人民共和国建筑十年史）经过四个多月的时间选编与改写完成。选编工作由建筑工程部建研院历史室、城乡建筑研究室主持，参加选编工作的有建筑科学研究院、华南工学院、同济大学、清华大学等单位。本教材的第一稿是以华南工学院《中国解放后建筑》（教材稿）为基础，按国民经济建设时期来叙述建筑发展的分期编写法，参考了南京工学院和西安冶金学院的有关讲义编写而成。最终稿经领导审查，采用部分分类编写法，利用建筑科学研究院城乡建筑研究室和建筑历史与理论研究室的专题成果和资料，做了较全面的补充和修改而最后完成[237]。该教材由华南工学院的陆元鼎、建筑科学研究院的王华彬、孙增蕃主编。

20世纪50年代末到20世纪60年代初，在建筑工程部主持下开展的一系列全国集体大协作编写建筑历史教材的活动，一方面对中国的建筑历史的教学和研究起到了重要的推动作用，另一方面对于参与编写活动的各高校的从事建筑史教学的青年教师来说，也是一个难得的进修提高机会。华南工学院陆元鼎在交流时提到："我们很爱参加每年一度的会议，收获大，提高快，只要建工部建筑科学研究院一通知，大家就很快集中在一起，以后还希望建工部建筑科学研究院组织大家一起写史或搞专题，并把协作的范围再搞大一些，让新成立的院校也来参加会议"[238]。青年教师通过向老一辈学者学习，相互之间进行学术探讨和交流，使得青年教师的业务水平有了很大的提高，这些青年教师许多成为今天中国建筑史学界的学术权威。

1965年，"设计革命"运动和"四清"运动后，建工部建筑科学院的建筑理论与历史研究室被撤销，由刘敦桢先生负责组织编写，历经六年，八易其稿的《中国古代建筑史》被束之高阁。刘敦桢先生又受建筑史教学大纲修订会议的委托，投入到《中国建筑史》教材的主编工作中。刘敦桢先生安排同济大学的喻维国等、哈尔滨建工学院的侯幼彬等以及华南工学院的陆元鼎、马秀之当他的助手，分别参编古代部分、近代部分和现代部分。因为"四清"和"教育革命"运动，各校教师的编写工作受到干扰。1965年9月，在刘敦桢的运筹帷幄下，分散在各校的《中国建筑史》教材编写组成员，非常难得的聚集到南京，开始在刘敦桢先生身边5个月的集中编写工作。华南工学院的陆元鼎、马秀之也前往南京参加编写工作。这次集中编写对各校青年教师来说获益良多，不仅可以阅读到大量的有关中国建筑的藏书，而且刘敦桢先生还定期进行专题讲座，讲解知识，开拓大家思路，并将自己最新的建筑历史科研成果和见解毫无保留的传授给青年教师。刘敦桢先生还利用这段日子，带领青年教师参观考察，现场讲解建筑历史知识。另外为了使青年教师更深入和全面了解各自负责的部分，还特地安排访谈近代有影响力的老一辈建筑师。这是"文革"即将到来的"山雨欲来风满楼"的日子，据哈尔滨建筑大学侯幼彬先生回忆，"这半年的写史，我们是在凛冽的大环境和温馨的小环境的极度反差中度过的"[239]。与刘敦桢先生相处的这些日子，刘敦桢先生渊博的学问让各校青年教师获益匪浅，也受到刘敦桢先生一丝不苟治学态度的深深影响。这些教师其后都成为各自学校建筑历史教学和研究领域的中流砥柱。

1979年，南京工学院、华南工学院、哈尔滨建筑工程学院再次合作编写《中国建筑史》教材。华南工学院以1961年现代史部分为基础撰写了“现代中国建筑”部分，但由于当时的外部环境不具备刊出条件，该部分被删除。2000年2月，由华南理工大学陆元鼎教授担任主审在南京召开了八校（清华大学、哈尔滨建筑大学、天津大学、东南大学、西安建筑科技大学、重庆建筑大学、华南理工大学、武汉工业大学）中国建筑史教师会议，对《中国建筑史》（教材）书稿进行了一次认真讨论，提出了许多意见。其中有关现代建筑部分，虽然最为敏感，也最易产生歧见，仍由主编潘谷西教授提出纳入教材中，并得到了主审华南工学院陆元鼎教授的支持[240]（图5-104）。

“文化大革命”前，华南工学院建筑系建筑历史教研组在老一辈建筑历史学家龙庆忠教授等人的带领下，对建筑历史及其理论的研究以及古建筑、传统民居的调查一直持续不断，取得了丰硕的研究成果。由于广州远离政治中心和历史上一贯的开放通商地位，华南工学院的建筑历史研究较早开展中国近代和现代建筑史的研究，也因此而受到内地建筑史学家们的关注，华南理工大学建筑历史教研组的青年教师们得以向众多知名建筑史学家学习并开展广泛而持续不断的交流，使得华南工

图5-104 1965年刘敦桢先生与参加《中国建筑史》编写的五院校青年教师（左起：侯幼彬、乐卫忠、喻维国、刘敦桢、杜顺宝、陆元鼎、马秀之、杨道明、叶菊花）

（来源：1965年12月29日，刘敦桢先生带领参加编写《中国建筑史》的五院校青年教师参观南京瞻园，资料来源：刘叙杰（殷力欣提供））

学院的建筑史研究也一直能够保持在较高的水平，为以后岭南建筑历史教育和研究培养了诸如陆元鼎、邓其生、马秀芝吴庆洲等优秀人才，打下了厚实的建筑史学学术基础。

（四）苏联经验影响下的教学方法

华南工学院成立后到1966年“文化大革命”前的这一时期，由于前期全面学习苏联模式，所以在教学方法上不可避免地留下苏联的印迹，即使是1960年中国与苏联外交恶化后，苏联教学方式的影响也长期延续了下来。从华南工学院建校到1960年前，苏联的教学方式一直是华南工学院最为主要教学方式：

1. 苏联经验

（1）六节一贯制：中国高校在新中国成立初期的教学方法上对苏联的全盘照搬，也带来一定的盲目性。从1953年5月开始，华南工学院曾实行过一段时间由苏联传过来的“六节一贯制”。“六节一贯制”课程全部排在上午。据华南理工大学建筑系陆元鼎教授回忆：“从最早36学时，一天6学时一个星期上6天，机械学习苏联。苏联是36学时，为什么？上午一个年级上课，下午课室很紧张，人也多，所以6节课都排在上午，学生上到两点，上完课回家，没有住宿条件。我们的学校学生都住校，中午还要休息，但也学苏联，排课全排到一个上午，上午四节课上到11点，学生生活代表就拿着面粉袋到饭堂打馒头，每人一个，休息半个小时后接着上两节课到一点钟左右，下午学生没事情睡懒觉”[241]。这一制度由于确实不符合中国国情，1954年1月中央高教部发出《关于停止实行“六节一贯制”问题的通知》。同年华工筹委会决定停止实行“六节一贯制”。

（2）发挥教师集体力量，根据学生的能力来教学，争取在课堂上就能使学生理解懂得所学知识。教学工作以学生懂了多少为指标，而不是以教师教了多少为指标。

（3）开展课堂习题讨论（课堂实习），学生回答，教师提问并辅导总结的方式来开展教学，解决课堂辅导。其目的在于训练学生科学的思维方法与培养学生独立解决问题的能力。

（4）建立了听课制度，教师之间互相听课。听课目的不是为了检查教学质量，而是为了互相交流教学经验，改善教学方法，提高教学水平。

（5）教师到学生宿舍进行课后答疑和特别辅导。课后答疑是为了替学生解决一般性的和较深层的疑难问题，特别辅导则是为了帮助成绩较差的学生赶上进度。

（6）学生学习成绩的评定推广苏联的四级分制。四级分制为优、良、及格、不及格，也即5分、4分、3分、2分。

（7）口试制度：1954年下半年开始，在全校范围内推行考查及口试制度。考查是根据学生平日的实验、实习、课外作业、课程设计和测验等成绩来评定学生对该门功课的掌握是否及格。口试是由主讲教师拟定考签，学生抽签后根据考签上提出的问题进行口头回答。华南理工大学建筑系陆元鼎教授回忆："所有科目除笔试外基本上还要口试，防止作弊。那个时候教师晚上还要去学生宿舍辅导，学习苏联要对学生全面负责。"建筑系魏彦钧教授回忆："当时考试也学苏联，每个人抽签，抽到题目就去面试一个个回答，每个人题目都不同，比如抽到钢结构、钢的成分是什么等，因为题目是抽签，抽到容易的就好，抽到难的就不及格"[242]。据邓其生教授回忆："五十个人考，大概有三到五类题目，学生对题目抽签，在四十五分钟准备后，由两到三个老师在那里主考。一个人进去后先要讲讲抽到题目的作答，然后老师会针对你的回答问问题，看你理解了没有，讲得对会深入问你，讲得不对会提醒你，这种面对面的交流训练学生口才，比较公平，深度也够。采用五分制，有条例规定，答对题目五分占三分，还要看你的表达和口才，这跟我们现在研究生的毕业答辩类似，也有个答辩的时间"[243]。这种笔试加口试的考查方式，相对来说比较公平，而且还能在考试中与教师交流，及时解决困惑，受到学生们的肯定。

教师们还学习苏联著名教育家凯洛夫提出的直观性、自觉性、量力性、巩固性、系统性"五个原则"进行教学。在教学上充分利用挂图、模型、实物等来帮助说明；使学生能自觉地积极去追求理解，而不要完全采用填鸭式的注入法；充分掌握和了解学生的情况进行教学，使自己所讲授的课大部分学生能听懂；课后课前小结或用提问的方法进行巩固课堂知识；讲课教材内容在备课时要有系统布置，条理清楚。[244]

华南工学院结合实际情况，在学习苏联经验的基础上不断总结经验，做出适应性调整，取得了一些教学经验，形成了一定的岭南教育特点。

2. 教学与生产实践相结合

1958年开始，中央教育方针调整为"教育要为无产阶级的政治服务，教育与生产劳动相结合。"教育与生产劳动相结合，可以说是把教学与实践相结合的一种形式。但在"政治挂帅"的那个年代，这种结合也一度走向另一个极端，生产劳动甚至成为代替一切教学手段的唯一方法。

1958年10月20日，华南工学院建筑学系四年级学生六十人，教师十人，土木系四年级学生十人，前往中山、番禺两县的人民公社，进行了为期两个月的中山、番禺两个县建设全县人民公社的全面规划工作，"为了适应今后工、农业的大发展，在规划中要进行一些在农村中前所未有的建设。他们一到达番禺县，立即就展开三个重要设计，一个是适应全县今后交通运输的大汽车站，一个是为了方便今后公社会议、接待的千人旅馆，再一个是公社的大会场。而在农村规划上，要把现在的村落都建成共产主义新村，交通四通八达，把整个农村彻底改变面貌，因此，他们的工作是全新的，过去在书本上没有很好学过，要求他们根据需要进行创造性的劳动”[245]。

华南工学院建筑学系系主任陈伯齐教授在1958年11月17日的华工院刊上撰文总结《六年来我们在不断进步》，“为了进一步贯彻党的教育为无产阶级的政治服务，教育与生产劳动相结合的教育方针，华南工学院建筑系全系师生，于校庆后的第二天，全部下放海南、潮汕等各专区的人民公社参加规划工作。这是彻底地改革教学的正确的重要措施，我们要打破旧的教学陈规，通过生产劳动来结合教学，展开科学研究与锻炼思想感情，做到生产、教学、科研与锻炼四结合，摸索经验，创造新的教学方法与形式，为多快好省地培养又红又专的建设干部而奋斗”[246]。“建筑系的学生，在下放参加人民公社规划设计和在建筑设计院的工作中，许多人成为多面手，他们的设计已不再像过去一样的空中楼阁’，而是已建成为可以捉摸的真正建筑物，建筑系毕业班同学的九江缫丝厂设计，已为省轻工业厅推荐为标准设计”[247]。

在生产实践中进行教学和学习，1958年参加支援番禺人民公社建设工作队的教师和学生都谈到了自己的收获：“……一些同志还谈到四结合问题，通过实际工作可以使理论与实际相结合、教育与生产劳动相桔合、知识分子与工农相结合和脑力劳动与体力劳动相结合……何乃铎同志对这点体会特别深刻，他说：‘边干边学，学的既全面又完整，从访问调查、拟定设计任务至设计，从测量到施工全部参加了，规划、工业建筑、公共和居住建筑都搞过了，这样我们就会成为多面手。’罗宝钿老师对结合实际讲理论课有体会，这里的同学都没有学过规划课，罗老师针对规划工作的问题讲了一次课，很受同学欢迎，大家觉得结合实际用什么教什么是最好的教学方法。另一位老师说通过实际工作不仅培养了同学而且也培养了新型的教师，不仅支持了建设，而且也搞好了科学研究”[248]。教学与生产实践彻底地结合当然有政治因素的影响，存在一定的不合理性，但也确实锻炼了学生一定的实际工作能力。

1959年3月，系主任陈伯齐教授结合下放农村进行人民公社规划活动和学生参加设计院生产工作的经验，对教学计划进行了一定程度的调整，在教学方法上也做了许多新的尝试。“建筑设计课是按照教学与生产结合的方针进行的，实行了课程设计与设计院生产分组轮换制，而课程设计也不再是按理想的条件在纸上玩弄平面、构图，而是选择实际的题目，并采用了新的设计方法——在个人分别设计后综合方案，集体深入设计，绘图，这样既提高了独立工作的能力又达到了共同学习的目的，而且大大提高了速度。例如现在五个星期完成的大型精密仪器厂设计，在过去就得花上大半个学期。参加设计院生产的同学，则在老师辅导下承担了中大生物楼及石油学校四层宿舍等大型工程的设计任务。[249]"

1960年中共华南工学院委员会在华工院刊上对这一阶段的教学工作进行了总结："以生产任务带动教育质量的全面提高。凡是可以结合生产实践的教学环节，从制图作业、生产劳动、教学实习、课程设计，以至毕业设计都尽可能承担国家委托的生产任务或科研任务，真刀真枪地进行……建筑工程系二年级教学实习，承担山区路线测量；三年级和四年级的课程设计，承担水上居民新村设计和花山人民公社规划与设计任务（图5-105）。至于毕业班的毕业设计，则全部真刀真枪进行。承担生产任务之后，学生直接参加到热火朝天的社会主义经济建设中，可以受到深刻而生动的社会主义思想教育，而敢想敢干和拼命工作；可以从低年级起给学生以工程师的全面训练；可以理论联系实际，提高独立工作能力，可以学得更多、更全、更新、更透。毛泽东同志说过：'你要有知识，你就得参加变革现实的实践。'他又说：'判定认识或理论之是否真理，不是依主观上觉得如何而定，而是依客观上社会实践的结果如何而定。真理的标准只能是社会的实践。'同时这种做法，又

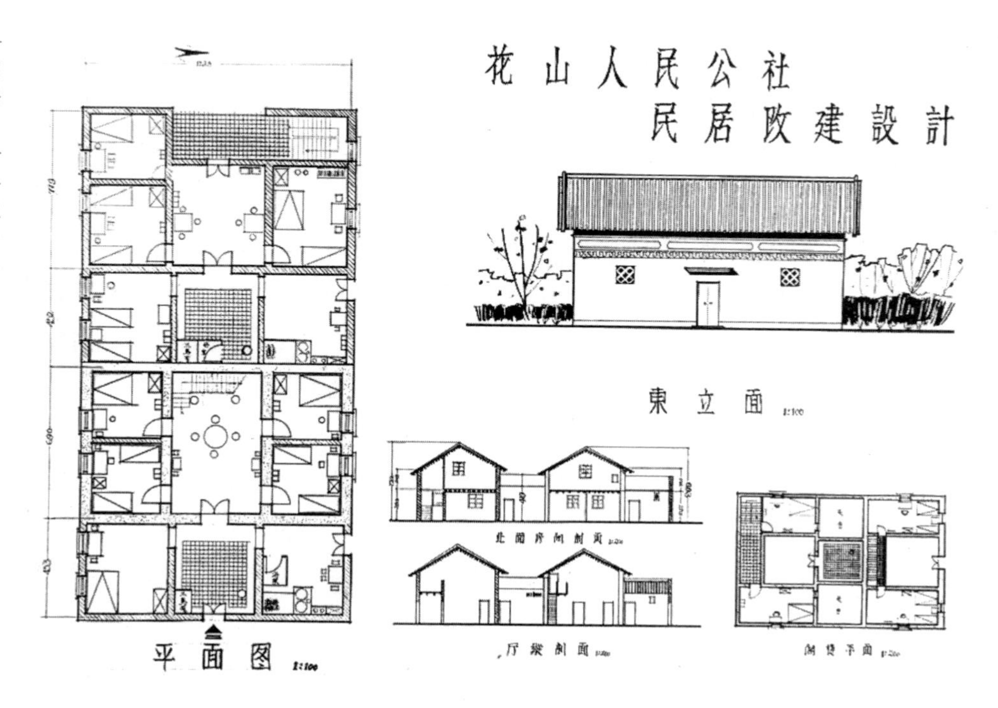

图5-105 花山人民公社民居改建

（来源：花山人民公社民居改建（1960年），华南理工大学建筑学院藏）

是社会主义建设事业大跃进的必然产物。大跃进迫切要求学生一毕业之后，就能够负担起实际工作。这种要求，只能用真刀真枪教学来解决。总之，用任务带动学习是符合总路线要求的，它本身也必然是多快好省的。”[250]

从历史背景来看，华南工学院建筑系这一时期的一系列教学与实践相结合的活动，固然是在响应政治号召，从随后取得的一系列规划实践成果和对成果进行科研总结的论文、书籍来看，这种实习在短期内训练了学生的实际工作能力和研究总结能力，起到了一定的积极教学效果。但如果以生产实践作为主要甚至是唯一的教学手段，则忽视了对学生基础理论和技能的培养，使之缺乏循序渐进的知识体系，虽然能很快上手做设计，但缺乏对设计理论的全面认识和深入思考研究。

3. 设计前期调查研究

在设计之前，对所要设计的内容进行相关资料的调查研究，是岭南建筑教育从解放前的勷勤大学时期就一直强调的环节。许多老一辈的建筑教育家如夏昌世、陈伯齐、谭天宋等人在教学中都十分注意要学生认真完成这个环节。

夏昌世教授当年在德国留学时为了完成其关于哥特教堂的博士论文，对法国和德国的大部分哥特教堂做了耗时几个月的大量调查研究。从20世纪50年代到60年代初研究岭南庭园时，夏昌世教授带领学生进行了大量广东庭园的调查测绘（图5-106）。夏昌世认为学术观点的形成是建立在对大量的客观事实进行仔细调查记录的基础之上，然后进行理性的研究和比较分析，才能得出合理的结论。夏昌世教授要求学生重视掌握建筑设计过程中的前期资料收集整理，从大量客观实际案例中调查分析比较的研究方法。

作为夏昌世唯一的硕士研究生，何镜堂深有体会，并且从毛泽东的著作《农村调查》的序言和跋中得到启示。何镜堂细读了毛主席的《农村调查》后，懂得了“要了解情况，唯一的方法是向社会做调查”，懂得了要做好调查，“第一是眼睛向下，不要昂首望天”，要“放下臭架子，甘当小学生”，“必须有调查纲目，还必须自己口问手写，并同到会的人展开讨论”。要态度端正并采取正确的方法。何镜堂

图5-106　顺德清晖园实测

（来源：顺德清晖园实测图，华南理工大学建筑学院藏）

在设计广西医学院附属医院门诊部大楼项目时，到中山医学院调查搜集设计资料，事前做好充分准备，多问多记，一科一科的观察，一个一个医务人员请教。为了合理布置药房，就去了解各科治疗过程，要设计急诊部，就去观察重病人的抢救过程。通过这次调查，何镜堂搜集了一套比较完整的设计资料，为教学实习打下了基础，也为设计提供了丰富的参考资料。何镜堂体会到学习毛主席著作不但能提高思想觉悟，而且能直接指导专业学习[251]。当然这与夏昌世教授对其的严格要求设计前进行充分的调查也不无关系。

1960年3月，华南工学院建筑系应届毕业生由金振声老师带队，前往广西南宁现场进行《广西僮（壮）族自治区人委招待所设计》[252]。为了搞好此次毕业设计，师生们在学院党委，系党总支以及广西僮族自治区人委的大力支持和协助下，参观调查了大量广州、北京和南宁地区的饭店宾馆如：广州华侨大厦、羊城宾馆、北京民族饭店、北京饭店、前门饭店、新侨饭店、和平宾馆、南宁国际旅行社、南宁饭店等宾馆。学生们大力开展科研，参考国内外的一些旅馆设计资料，汇编了一本了旅馆设计的参考资料，总结了过去旅馆设计的一些经验并结合南方地区旅馆设计进行一些研究和探讨，写成《旅馆设计》一书初稿[253]（图5-107）。对设计前期资料收集的重视，一方面当然是因为资讯信息的不发达，必须发动最大量的人力物力来进行整理，另一方面也显示了岭南建筑教育对于实际工程经验的重视。训练学生对设计中可能出现多种情况的比较，在尽可能掌握全面资料的条件下进行研究，从而得出合理结论的科学研究态度（图5-108）。这个教学环节，即使是在“文革”期间也没有省略，学生做影剧院设计时，认真地编写出《影剧院

图5-107　旅馆设计（初稿）
（来源：广西民族饭店现场设计，金振声提供，2012年）

图5-108　广西民族饭店现场设计——模型制作
（来源：广西僮（状）族自治区人委招待所毕业设计小组. 旅馆设计（初稿），1960年4月. 金振声提供，2012年）

建筑设计调查报告》及图集。设计前期的撰写调查研究报告环节，一直在岭南建筑教育中得以延续直到现在。

（五）完备的岭南建筑教育师资架构

1. 华南工学院成立之初建筑系的教师组成

1952年华南工学院成立，以原中山大学建筑工程学系为主体，合并华南联大建筑系，共同组成了华南工学院建筑工程学系。新成立的建筑工程学系中原中山大学的教师是绝对的主体（表5-11）。但据华南理工大学陆元鼎教授回忆，因为原中山大学建筑工程学系的资深教师陈伯齐、夏昌世、龙庆忠、谭天宋、杜汝俭等人均曾开设过个人建筑师事务所，在新中国成立之初的“三反”、“五反”运动中还有未落实清楚的问题，所以反而是原华南联合大学的建筑学系系主任黄适教授担任了合并之后的华南工学院建筑工程学系三人行政小组组长，而陈伯齐、谭天宋则是行政小组的另外两个组员。1953年后黄适正式成为华南工学院建筑工程学系系主任，直到1959年后由陈伯齐教授正式接任。

1952年华南工学院建筑工程系师资来源一览　表5-11

来源	职别	姓名	专长科目	可担任科目	简历
中山大学	教授	陈伯齐	建筑设计	建筑设计、房屋构造、市镇设计	德国柏林工科大学毕业。曾任重庆大学工学院教授，重庆市建筑计划委员会建筑组组长，湛江市政府建设科科长，中山大学工学院教授等职
中山大学	教授	谭天宋	建筑设计	—	美国哈佛大学建筑学院毕业。曾任广西苍梧永和永得（实）业公司工程部主任；广西桂林中国工业合作协会东南盟军服务处建筑总工程师；昆明美军第三工程区工程顾问；中山大学工学院、勷勤大学工学院教授等职
中山大学	教授	龙庆忠		建筑史、中国建筑	日本东京高等工业专门学校毕业。曾任河南开封建设所、省府秘书处技术室技士技正；江西吉安乡村师范教员；湘川第二兵工厂工程师；重庆大学、中央大学、同济大学等校工学院教授；中山大学工学院教授等职
中山大学	教授	夏昌世	建筑设计	室内装饰	德国卡鲁斯工科大学毕业。曾任南京铁道部技士；汉口平汉铁路工程师；桂林及重庆交通部技正；同济大学、重庆大学等校工学院教授；中山大学工学院教授等职

续表

来源	职别	姓名	专长科目	可担任科目	简历
中山大学	教授	丁纪凌	雕刻美术、绘画、建筑模型	庭园布置、喷水池设计	德国柏林联合美术大学雕刻系修业。曾任德国柏林世界运动场助理雕刻师；仲元中学美术教员；中山大学工学院副教授；华南联大工学院兼任教授等职
联合大学	教授	黄适	建筑设计、投影几何、透视、阴影学	建筑概论	美国俄亥俄州立大学建筑工程系学士。曾任广州市工务局技正；国立中山大学工学院讲师至教授；昆明、重庆、贵阳四建建筑师事务所金城营造厂建筑师、工程师；广州大学联合大学教授兼系主任等职
中山大学	教授	罗清滨	结构学、钢筋三合土学	静力学、材强学、结构学、钢筋三合土设计	德国柏林工科大学土木工程师。曾任广东大学，广东公路处工程学校、国民大学工学院、勷勤大学工学院、中山大学工学院等校教授等职
中山大学	副教授	杜汝俭	建筑设计、建筑构图原理	—	国立中山大学工学院建筑工程系毕业。曾任昆明西南运输处帮工程司（师）；昆明金城营造厂工程师；韶关市政府技士；中山大学工学院助教、讲师、副教授等职
中山大学	讲师	卫宝葵	建筑画	建筑画、房屋建筑、图解力学	中山大学工学院建筑工程系毕业。曾任中山大学工学院助教、讲师及兼任秘书等职
中山大学	讲师	邹爱瑜	工程画	建筑制图、建筑设计	中山大学工学院建筑工程学系毕业。曾任中山大学工学院助教、讲师等职
联合大学	讲师	梅仑昆	绘画	—	美国芝加哥艺术学院毕业。曾任广州中大附中、台山端芬中学、广州市立一中、广州大学附中等校教员；广州市立美术专门学校、广州市立艺术专科学校教授；广州大学、华南联大讲师等职
中山大学	助教	金振声	—	建筑制图、房屋建筑	中山大学工学院建工系毕业。曾任武昌市政府技士、帮工程师；中山大学建工系助教等职
中山大学	助教	郑鹏	建筑设计	建筑设计、房屋建筑	中山大学工学院建筑系毕业。曾任香港建新建筑公司建筑设计工作；中山大学工学院建筑系助教等职

续表

来源	职别	姓名	专长科目	可担任科目	简历
中山大学	助教	莫介沃	—	—	中山大学工学院建工系毕业。中山大学工学院建工系助教
中山大学	助教	罗宝钿	—	—	中山大学工学院建工系毕业。中山大学工学院建工系助教
中山大学	助教	陆元鼎	—	—	中山大学工学院建工系毕业。中山大学工学院建工系助教
中山大学	助教	周爽南	—	—	中山大学工学院建工系毕业。中山大学工学院建工系助教
中山大学	助教	林其标	—	—	中山大学工学院建工系毕业。中山大学工学院建工系助教

资料来源：作者根据华南理工大学档案馆1952年10月华南工学院师资调查表整理。

从表中可以看到成立之初的建筑工程学系教学师资中对建筑历史教学师资的缺乏，而其他的建筑设计及建筑技术课程的师资则相对充足。在教学计划正式确定后，华南工学院建筑工程学系又增聘了一批教师以解决个别课程师资的不足（表5-12）。

1952年华南工学院建工系教师任课情况　　**表5-12**

姓　名	性别	年龄	职别	所负责工作性质范围
黄　适	男	47	教授	系行政工作小组、一年级设计初步
谭天宋	男	56	教授	系行政工作小组、三年级概论与建筑设计
陈伯齐	男	46	教授	系行政工作小组、二年级房构（2）、建筑技术概论
夏昌世	男	47	教授	四年级概论与建筑设计
龙庆忠	男	50	教授	中国建筑史、市镇计划
丁纪凌	男	37	教授	素描、水彩
梅仑昆	男		讲师	素描、水彩
杜汝俭	男	36	副教授	二年级概论与建筑设计

续表

姓　名	性别	年龄	职别	所负责工作性质范围
刘英智	男		教授	外国建筑史
邹爱瑜	女	33	讲师	投影几何、二年级建筑设计
卫宝葵	男	36	讲师	一年级设计初步、土木三年级房屋设计
符罗飞	男	52	教授	素描
金振声	男	25	助教	一年级构图原理与设计初步
郑鹏	男	29	助教	三年级建筑设计
周爽南	男	26	助教	三年级建筑设计
林其标	男	26	助教	一年级建筑设计初步
罗宝钿	男	23	助教	派往哈尔滨大学深造
陆元鼎	男	23	助教	暂在湛江垦殖局工作
莫介沃	男	26	助教	一年级设计初步
胡荣聪	男	31	助教	暂在湛江垦殖局工作
郭明瞻	男	31	技术员	技术绘图及助教工作
欧阳楚屏	男	36	事务员	事务工作

资料来源：作者根据华南理工大学档案馆1952年11月9日华南工学院使用干部情况调查表整理。

从这张表可以看到对于美术课程也开始受到重视，由丁纪凌、符罗飞两位教授和梅仑昆一位讲师来承担建筑工程学系的建筑美术课程。

2.“调整、巩固、充实、提高”时期的师资组成

至1964年，岭南建筑教育的师资力量已经相对齐备。此时华南工学院建筑系的师资结构为：教授6人、副教授3人、讲师14人、助教27人。以讲师、助教为主体的师资结构，显示了建筑系开始稳步发展，并为未来积蓄了人才力量。

此时建筑系的每位教师都基本确定了今后发展的研究方向，老一辈建筑教育家们根据这些方向进行“传、帮、带”的青年教师培养，使岭南建筑教育的教学理念和学术传统得以延续传承。这些研究方向有：陈伯齐教授带领的居住建筑原理研究、规划与居住建筑研究、南方住宅建筑研究；夏昌世教授带领的庭园研究、民用建筑设计研究、亚热带建筑通风隔热遮阳研究；谭天宋教授、黄适教授带领的民用建筑设计研究；龙庆忠教授带领的古代建筑史研究。另外还开展了学校建筑研究、中国建筑构图研究、亚热带地区住宅设计研究、医院建筑研究、亚热带地区工业建

筑设计专题研究、广东珠江三角洲地区农村居民点规划问题研究、广东珠江三角洲地区农村布局调查研究、南方建筑装修美术研究、南方建筑装饰艺术研究、庭园建筑艺术研究、农村住宅建筑研究、农业生产性建筑研究、商店建筑研究、潮汕民居调查研究、中国古代建筑尺度研究、南方建筑降温措施研究、建筑气候与热工研究、射流水力计算研究、教学法研究等。即使暂时没有确定研究方向的青年教师，除了从事教学工作外，也先投入到各项已经开展的调查研究和科研中去，例如参加“新会农村居民点调查”、“广东珠三角农村居民点调查”和参加“潮州规划设计”、“华南工学院总平面规划设计”等科研活动。基于岭南地区亚热带气候特点的各种建筑问题研究蓬勃开展起来（表5-13）。

1964年华南工学院主要教师任课情况和研究方向　**表5-13**

姓名	职别	教研组	任课	研究方向
陈伯齐	教授	建筑设计及原理	指导研究生	规划与居住建筑、居住建筑原理
夏昌世	教授	建筑设计及原理	指导研究生	庭园、民用建筑设计
谭天宋	教授	建筑设计及原理	指导研究生	民用建筑设计
黄　适	教授	建筑设计及原理	民用建筑原理及设计	民用建筑设计
杜汝俭	副教授	建筑设计及原理	公共建筑毕业设计	小学校建筑、中国建筑构图
金振声	副教授	建筑设计及原理	居住建筑课程设计	亚热带地区住宅设计研究、住宅设计参考教材
郑　鹏	讲师	建筑设计及原理	医院建筑毕业设计、课程设计	医院建筑研究
胡荣聪	讲师	建筑设计及原理	工业建筑毕业设计	亚热带地区工业建筑设计专题研究、参编教育部委托的《糖厂建筑设计原理》参考书
付肃科	讲师	建筑设计及原理	城乡规划原理及设计、课程设计	珠江三角洲地区农村布局调查研究
谭国荣	讲师	建筑设计及原理	建筑设计初步与概论	南方建筑装修美术
李恩山	讲师	建筑设计及原理	民用建筑原理及设计、课程设计	庭园建筑艺术
罗宝钿	讲师	建筑设计及原理	城规毕业设计	广东珠三角农村居民点规划问题研究

续表

姓名	职别	教研组	任课	研究方向
张锡麟	讲师	建筑设计及原理	工业建筑毕业设计	亚热带地区工业建筑设计专题研究、参编教育部委托的《糖厂建筑设计原理》参考书
陈其桑	讲师	建筑设计及原理	公共建筑毕业设计	农村住宅建筑研究
黎显瑞	讲师	建筑设计及原理	医院建筑毕业设计	农村住宅建筑研究
魏彦钧	讲师	建筑设计及原理	—	整理资料
何陶然	助教	建筑设计及原理	工业建筑原理	—
杨宝晟	助教	建筑设计及原理	化工建筑概论	参编教育部委托的《糖厂建筑设计原理》参考书
史庆堂	助教	建筑设计及原理	医院建筑毕业设计	医院建筑研究
吕海鹏	助教	建筑设计及原理	学校建筑毕业设计	学校建筑研究
刘管平	助教	建筑设计及原理	公共建筑毕业设计	农业生产性建筑研究
张载龙	助教	建筑设计及原理	—	—
叶荣贵	助教	建筑设计及原理	建筑设计初步与概论	南方建筑装饰艺术研究
朱炳智	助教	建筑设计及原理	民用建筑原理及设计	—
杨庆生	助教	建筑设计及原理	城规毕业设计	参加“新会农村居民点调查”
刘　玲	助教	建筑设计及原理	城规毕业设计	参加“广东珠三角农村居民点调查”
梁杰材	助教	建筑设计及原理	城规课程设计	参加“潮州规划”、“本院总平面”科研
贾爱琴	助教	建筑设计及原理	—	参加“新会农村居民点调查”
叶吉禄	助教	建筑设计及原理	—	参编《住宅设计》参考资料（教材）
谭伯兰	助教	建筑设计及原理	建筑学毕业设计	协助陈伯齐教授进行“南方住宅建筑”问题研究
朱英昊	助教	建筑设计及原理	—	—
朱良文	助教	建筑设计及原理	—	亚热带建筑研究室专职人员
邹爱瑜	副教授	建筑技术	房屋建筑学	商店住宅、农村住宅研究、编写建筑构造补充教材
林其标	讲师	建筑技术	建筑物理	南方建筑降温措施研究

续表

姓名	职别	教研组	任课	研究方向
杜一民	讲师	建筑技术	给水排水	射流水力计算研究、编写《水力学及给水排水工程》教材
高焕文	助教	建筑技术	建筑物理热工部分	—
陈桂民	助教	建筑技术	实验室建设	参加“亚热带建筑通风隔热遮阳”研究
蓝子洲	助教	建筑技术	—	—
魏长文	助教	建筑技术	—	—
刘炳坤	助教	建筑技术	实验室建设	建筑气候与热工
赵伯仁	助教	建筑技术	房屋建筑学	—
肖裕琴	助教	建筑技术	房屋建筑学、建筑学课程设计	编写《房屋建筑学》参考教材
符罗飞	教授	建筑史与美术	美术	—
龙庆忠	教授	建筑史与美术	—	古代建筑史
陆元鼎	讲师	建筑史与美术	建筑理论和中国建筑史	潮汕民居调查、中国古代建筑尺度研究
马次航	讲师	建筑史与美术	美术	编写《素描与钢笔画技巧》
赵孟琪	讲师	建筑史与美术	美术	编写《树木画法示图集》
黄梓南	助教	建筑史与美术	美术	教学法研究
马秀芝	助教	建筑史与美术	建筑史	—
李献心	助教	建筑史与美术	建筑设计初步与概论	参加南方建筑装饰艺术研究
邓其生	助教	建筑史与美术	—	协助龙庆忠教授整理古代建筑资料

资料来源：作者根据华南理工大学档案馆1964年1月教工名册整理。

3. 苏联模式的教学组织和领导体制的建立

华南工学院建校初期的教学组织，基本上是参照苏联模式，实行专业设置和设立教研室、教学小组。各个专业和专修科都是一个教学单位，根据全国统一的教学大纲和教学计划，拟订出教学工作计划。学生经过专业4年或专修科2年的学习，毕业后即可成为某一方面的专门人才，担当起工程师或其他相当职务。这个时期建立起教研室、教学研究小组和教学小组，教师们都在教研组的统一组织下，统一编制教材，统一教学方法，有时还集中备课[254]。

在课程设计推广后，教研组还负责课程设计的制定工作。经过较慎重和周详考虑，并通过教师试作，拟定教学计划和进度，发挥教研组的集体力量进行讨论和研究。教研组为了课程设计还专门设立资料室，为学生准备相关课程设计的资料参考。

1953年度华南工学院建筑工程系建立的教研（室）组、教学小组及人员情况有：建筑原理及设计教研组（14人）、营造学教学小组（3人）、历史教学小组（3人）以及美术教学小组（人数不详）。陈伯齐任建筑原理及设计教研组主任，丁纪凌任美术教学小组主任。1956年设立建筑史教研组，龙庆忠任组长。1959年华南工学院拆分为华南工学院和华南化工学院后，建筑学系设立了建筑史与建筑初步教研组（8人）、民用建筑教研组（10人、夏昌世任组长）、工业建筑教研组（10人）、城乡规划教研组（6人）、美术教研组（4人）。

1959年1月29日，华南工学院院务委员会召开全体会议，根据全国教育工作会议确定的1959年工作"巩固、整顿、提高"的方针，提出当前的迫切任务是重新调整专业设置，加强师资培养，修改教学计划，加强基础理论教学，加强政治思想理论教育，尤其是要使教学、生产、科研三者结合起来整顿[255]。1960年华南工学院建筑学系与土木工程系合并为建筑工程系，1961年设立的教研组有：1）建筑设计教研组（张锡麟任教研组副主任；何陶然任教研组秘书）；2）城乡规划组国；3）建筑设计初步与建筑学组（金振声任教研组主任；叶荣贵任教研组秘书）；4）建筑史与美术组（符罗飞、陆元鼎任教研组正副主任，马秀芝任教研组秘书）；5）建筑物理与建筑设备组（林其标任教研组主任、高焕民任教研组秘书）；6）施工组；7）结构组；8）建筑材料组；9）测量组；10）地基组；11）建筑力学组。

为了加强基础课的教学，华南工学院建筑系于1961年成立了"建筑设计初步与建筑学"教研组[256]。新教研组成立后，对课程安排做了较大调整。建筑设计初步教研组改变了以往以渲染练习为主的建筑表达基础训练，增加了建筑测绘和建筑平、立、剖面及透视绘制的训练。经过教师们共同努力，各教学小组根据各门课程的要求，分门别类地搜集和整理出系统的教学资料，包括蓝图、照片、文字数据等；同时根据课堂作业和课程设计的特点，按照各个教学阶段，绘制了新的示范图（包括草图阶段，修整草图和正图阶段）共18套。还在原有教学资料基础上作了较大补充，包括蓝图、照片、幻灯片、模型等，充实了原有教学准备参考资料，整理出系统、完整的教学示范图。该教研组的青年教师，通过这个整理工作，进一步熟悉了各个教学环节，提高了业务水平。

1962年对华南工学院建筑工程系教研组进行了局部调整，设立了：1）建筑设计教研组（杜汝俭、张锡麟任教研组正副主任；何陶然任教研组秘书）；2）城乡规划组（罗宝钿任教研组主任）；3）建筑初步教研组（金振声任教研组主任、叶荣贵任教研组秘书，12月教研组与建筑设计教研组合并）；4）建筑史与美术组（符罗飞、陆元鼎任教研组正副主任）；5）建筑物理教研组（12月改为建筑技术教研组，林其标任教研组主任，高焕民任教研组秘书）；6）建筑施工教研组；7）工程结构教研组；8）建筑材料教研组；9）测量教研组；10）地基基础教研组；11）建筑力学教研组。[257]

1964年华南工学院建筑工程系中建筑系的教研组有：1）建筑设计及原理教研组；2）建筑技术教研组；3）建筑史与美术教研组。将城乡规划和建筑初步教研组又并入了建筑设计教研组。

由于建筑学科专业教育的特殊性，从按专业方向分类的角度，华南工学院建筑系参考苏联经验建立起来的这套以教研组（教学小组）为基本架构的教学组织形式基本一直延续了下来。

4. 师资的培养建设和提高

华南工学院建校初期，突出问题是师资质量参差不齐，适应不了教学需要。建筑工程学系的讲师和助教太少，教授则相对饱和（表5-14、表5-15）。通过采取老教师带新教师、专题演讲、互相听课、互相交流的办法提高教师业务水平以外，还派出青年教师到外校进修提高。

1952年中山大学、岭南大学、华南联大、广东工专调入华南工学院教师数[258]　表5-14

系别	土木系			化工系（含化学科）			机械系（含机械科）			电机系			建筑系			水利科		小计
师资	教授	讲师	助教	教授	讲师	助教	教授	讲师	助教	教授	讲师	助教	教授	讲师	助教	教授	助教	—
中山大学	10	7	—	7	3	5	8	2	8	7	3	6	9	2	2	—	—	79
岭南大学	5	2	6	—	—	—	2	—	—	1	—	—	—	—	—	—	—	16
华南联大	7	1	1	—	—	—	3	3	1	3	2	1	1	1	—	—	—	24
广东工专	—	—	—	3	—	2	4	—	2	—	—	—	—	—	—	3	2	16
合计	22	10	7	10	3	7	17	5	11	11	—	7	10	3	2	3	2	135

注：1. 土木系教授22人中属水利科者5人。2. 关于岭南大学部分教师数不甚准确。

1953年9月建筑工程学系陈伯齐、夏昌世、龙庆忠、杜汝俭一道带领青年教师陆元鼎、胡荣聪等北上考察中国古建筑近一个月，并于10月返校后成立中国建筑研究室，夏昌世任所长，陈伯齐任副所长[259]。老教授带青年教师去国内考察，这种“传、帮、带”培养青年教师的方法，华南工学院建筑系是开展得比较早和比较多的，也是师资培养比较突出的地方，形成了华南工学院建筑系师资梯队培养的传统。

1953年初各系及教研室专任教师数[260] **表5-15**

系别	教授	副教授	讲师	助教	合计
土木系	12	5	6	18	41
水利系	4	3	—	10	17
建筑系	7	1	3	8	19
机械系	11	5	7	16	39
电机系	10	3	7	13	33
化工系	24	4	9	35	72
政治课教研室	2	3	1	1	7
数学教研室	6	6	—	8	20
物理教研室	3	2	1	8	14
普通化学教研室	—	—	—	—	—
俄文教研室	1	—	3	1	5
体育教研室	3	—	1	2	6
合计	83	32	38	120	273

1954年，华南工学院制订了第一个《教师职责规定》，对教师的教学工作提出了具体要求。1955年底，华南工学院又制订《培养和提高师资长期计划办法（草案）》，要求全校教师在1958年年底以前都有能力执行《教师职责规定》中的各项要求。1956年初，各系和各教研室（组）根据学校的培养师资的《办法》，均订出了培养和提高师资的“三年规划”。“规划”一般都包含了下列内容：（1）根据今后三年内的教学任务，确定专业教研组应培养的教师人数；（2）根据将来的教学任务并结合目前教学情况，把确定下来的教师进行分工，将各年度的教学工作量进行分配；（3）各教师培养和提高的目标及时限；（4）各教师进修和提高的课程科目及其进行办法；（5）选派优秀教师赴国外（主要是苏联）或国内先进工业大学进修

一年或二年，进修期间指定研究某专业的某科目，学成回校任教；（6）确定科学研究题目和人力配备，指定教授进行指导和领导研究工作。各教研室的教师，又根据室、组的计划订出个人的“三年提高计划”。有计划地扎扎实实地培养提高师资工作，收到了明显的效果。1956年全院有45名助教提升为讲师，5名讲师提升为副教授，晋级教师数量之多，是建校以来的第一次[261]。1956年1月，华南工学院建筑系陆元鼎、莫介沃、林其标由助教晋升为讲师[262]。

由于建筑学系的专业特殊性，教师具有实际工程经验更加有利于教学的开展，因此华南工学院建筑系除了对教师的教学水平有一定要求外，对于教师的业务水平也一贯重视。陈伯齐在担任副系主任期间，曾专门结合其个人的国外考察经历和个人经验，就建筑系教师的组成等问题在华南工学院院刊上撰文《让在学校教学的建筑师有机会参加实际创作》，向学校建议建筑系师资组成构想：“三年前波兰建筑师代表团来我国访问时，了解了我国的建筑师有两套；一套光教学不参加实际设计，另一套光参加设计，不钻研理论，甚表惊奇。罗马尼亚布加勒斯特建筑学院的教师100%参加生产岗位的工作，苏联莫斯科建筑学院的教师80%参加实际设计工作，没有参加的20%是年老退休的建筑师，除教学外还从事专门的著述。希望领导——院领导、高教部、设计院，定出一套制度，让教学的建筑师能有机会参加实际的设计创作工作。如在学校的建筑师用2/3时间教学，1/3时间参加生产，在设计院的建筑师2/3的时间在设计院工作，1/3来学校教学，这样理论与实际相结合，双方既不增加人员，也不增加开支，不但可以提高教学质量，而且还可以提高设计水平”[263]。虽然陈伯齐的这一师资构想并未真正完全实现，但也可看出华南工学院建筑学系对教师适当从事实际生产设计实践，从而使理论与实际相结合的支持态度。

1952年，刚刚留校任教的青年教师罗宝钿即被派往哈尔滨工业大学建筑学专业攻读研究生，1955年11月毕业于清华大学建筑学（城市规划）专业后，回到华南工学院任教[264]。1955年至1956年青年教师林其标到清华大学进修。1957年系青年教师、教学秘书金振声前往北京市设计院和建工部的民用设计院进修，历时半年，学习实际工程经验，并对于设计的程序和技术要求有了较为全面的了解[265]。1963年魏长文前往上海同济大学物理研究室进修建筑物理一年。此后，陆续有一些教师前往其他高校和设计单位进修学习。由此可见，华南工学院建筑系非常重视青年教师通过校际交流进修学习提高，也鼓励教师到设计单位进修从而掌握一定的工程实践经验，这进一步延续了岭南建筑教育重视建筑技术和工程实践的教学特点。

到20世纪60年代初期，在陈伯齐、夏昌世、龙庆忠、谭天宋等老一辈岭南建筑教育家们的“传、帮、带”下，建筑系的青年教师们也逐渐成长起来，他们较好地

图5-109 1964年华南工学院建筑工程系教师合影

【第一排左起：陆能源（土木）、夏昌世、罗崧发（土木）、陈伯齐、张毅强（书记）、何宝玮（副书记）、杜汝俭、黄适、凌崇光（土木）；第二排：肖裕琴（左二）、徐振之（左三）、陆元鼎（左五）、孙庆文（土木，右三）、陈眼云（土木，右二）、刘玲（右一）；第三排：林其标（左二）、金振声（左四）、郑鹏（右二）、史庆堂（右一）】

（来源：1964年华南工学院建筑工程系教师合影．金振声教授提供，2012年）

传承了先辈们的"求真务实"的岭南建筑教育理念，坚持亚热带气候适应性建筑研究和探索，为岭南建筑教育的持续发展打下了重要的师资基础（图5-109）（表5-16～表5-19）。

华南工学院建筑工程系1961年12月教工名册（建筑） 表5-16

教研组	教授	副教授	讲师	助教	见（实）习助教	备注
建筑设计教研组	谭天宋、陈伯齐、夏昌世	杜汝俭	张锡麟、胡荣聪、魏彦钧、黎显瑞、郑鹏、陈其燊	杨宝晟、肖裕琴、何陶然、谭伯兰、吕海鹏、史庆堂、张载龙	—	教研组副主任：张锡麟 教研组秘书：何陶然
城规教研组	—	—	罗宝钿、付肃科	刘管平、贾爱琴、梁杰材、杨庆生、冯绍田、全永祚、刘玲、朱良文	傅定亚、黄光华	—

续表

教研组	教授	副教授	讲师	助教	见（实）习助教	备注
建筑初步与建筑学教研组	—	金振声、邹爱瑜	李恩山、谭国荣、胡星明	邓其生、赵伯仁、叶荣贵、陈伟廉、朱英昊、朱炳智、冯德行	—	教研组主任：金振声 教研组秘书：叶荣贵
建筑史与美术教研组	符罗飞、龙庆忠	—	梅仑昆、马次航、陆元鼎	李献心、黄梓南、赵孟琪、马秀之	叶吉禄	教研组主任：符罗飞 教研组副主任：陆元鼎 教研组秘书：马秀之
建筑物理及建筑设备教研组	—	—	林其标、彭福镇、杜一民	魏长文、刘炳坤、高焕文、熊振民、陈桂民、蓝子洲、何乃锋	—	教研组主任：林其标 教研组秘书：高焕文

资料来源：作者根据华南理工大学档案馆1961年12月31日教职工统计名单和1961年12月教师名册整理。

华南工学院建筑工程系1962年11月教工名册（建筑）　表5-17

教研组	教授	副教授	讲师	助教	见（实）习助教	备注
建筑设计教研组	谭天宋、夏昌世、黄适	杜汝俭	张锡麟、胡荣聪、魏彦钧、黎显瑞、郑鹏、胡星明	刘管平、杨宝晟、何陶然、吕海鹏、史庆堂、张载龙	—	教研组主任：杜汝俭 教研组副主任：张锡麟 教研组秘书：何陶然
城乡规划教研组	—	—	罗宝钿、付肃科	贾爱琴、梁杰材、杨庆生、冯绍田、全永祚、刘玲	—	—
建筑初步教研组（1964年后教研组与建筑设计教研组合并）	陈伯齐	金振声、邹爱瑜	李恩山、谭国荣、陈其燊	赵伯仁、叶荣贵、朱英昊、朱炳智、肖裕琴、谭伯兰	叶吉禄	教研组主任：金振声 教研组秘书：叶荣贵

续表

教研组	教授	副教授	讲师	助教	见（实）习助教	备注
建筑史与美术教研组	符罗飞、龙庆忠	—	梅仑昆、马次航、陆元鼎	李献心、黄梓南、赵孟琪、马秀之	—	教研组主任：符罗飞 教研组副主任：陆元鼎 教研组秘书：马秀之
建筑技术教研组	—	—	林其标、彭福镇、杜一民	魏长文、刘炳坤、高焕文、陈桂民、蓝子洲	—	教研组主任：林其标 教研组秘书：高焕文

注：朱良文、邓其生、冯德行抽调入实验室当实验员。
资料来源：作者根据华南理工大学档案馆1962年12月31日教职工统计名单和1962年12月教师名册整理。

华南工学院建筑工程系1963年3月教工名册（建筑） **表5-18**

教研组	教授	副教授	讲师	助教	见（实）习助教	备注
建筑设计教研组	谭天宋、夏昌世、黄适	杜汝俭	张锡麟、胡荣聪、魏彦钧、黎显瑞、郑鹏、胡星明	刘管平、杨宝晟、何陶然、吕海鹏、史庆堂、张载龙	—	教研组主任：杜汝俭 教研组副主任：张锡麟 教研组秘书：何陶然
城乡规划教研组	—	—	罗宝钿、付肃科	贾爱琴、梁杰材、杨庆生、刘玲	—	
建筑初步教研组（1964年后教研组与建筑设计教研组合并）	陈伯齐	金振声、邹爱瑜	李恩山、谭国荣、陈其燊	赵伯仁、叶荣贵、朱英昊、朱炳智、肖裕琴、谭伯兰、叶吉禄	—	教研组主任：金振声 教研组秘书：叶荣贵
建筑史与美术教研组	符罗飞、龙庆忠	—	梅仑昆、马次航、陆元鼎	李献心、黄梓南、赵孟琪、马秀之	—	教研组主任：符罗飞 教研组副主任：陆元鼎 教研组秘书：马秀之
建筑物理教研组	—	—	林其标、杜一民	魏长文、刘炳坤、高焕文、陈桂民、蓝子洲	—	教研组主任：林其标 教研组秘书：高焕文 系科研秘书：魏长文

注：朱良文任亚热带实验室实验员、邓其生任建筑师研究室实验员、冯德行任建筑物理实验室实验员。
资料来源：作者根据华南理工大学档案馆1963年3月教工名册整理。

华南工学院建筑工程系1964年1月教工名册（建筑） 表5–19

教研组	教授	副教授	讲师	助教	院内职务	院外兼职
建筑设计及原理教研组	—	杜汝俭、金振声	郑鹏、胡荣聪、付肃科、谭国荣、李恩山、罗宝钿、张锡麟、魏彦钧、陈其燊、黎显瑞	何陶然、史庆堂、吕海鹏、刘管平、张载龙、叶荣贵、朱炳智、杨庆生、刘玲、梁杰材、贾爱琴、叶吉禄、谭伯兰、朱英昊、朱良文	系副主任、教研组主任：杜汝俭教研组副主任：金振声；教研组副主任：郑鹏；系秘书：刘玲；亚热带建筑研究室专职科研人员：朱良文	陈伯齐：中国建筑学会理事，广东建筑学会副理事长，广东建筑创作委员会主任。夏昌世：中国建筑学会理事，广东园林学会副理事长。谭天宋：广东省政协委员。黄适：广东省建筑学会理事。杜汝俭：广东省建筑学会理事金振声：广东省建筑学会常务理事谭国荣：广东省园林协会理事
建筑史与美术教研组	符罗飞、龙庆忠	—	陆元鼎、马次航	赵孟琪、黄梓南、马秀之、李献心、邓其生	教研组主任：符罗飞；院务委员，专职科研人员：龙庆忠；教研组副主任：陆元鼎；龙庆忠教授助手（专职科研）：邓其生	符罗飞：中国美术协会理事，广东省美协副主席
建筑技术教研组	—	邹爱瑜	林其标、杜一民	高焕文、陈桂民、蓝子洲、魏长文、刘炳坤、赵伯仁、肖裕琴	教研组主任：林其标；系教学秘书：肖裕琴	—

资料来源：作者根据华南理工大学档案馆1964年1月教工名册整理。

5. 主要教师

（1）陈伯齐

1952年，陈伯齐与夏昌世、龙庆忠、谭天宋、杜汝俭等合作成立“联合建筑师事务所”，事务所地址位于中山四路[266]。

1952年全国院系调整，原国立中山大学建筑工程学系调整入华南工学院建筑工程学系，陈伯齐也继续担任华南工学院的教授，同时还是学院成立之初系三人行政工作小组成员之一。稳定的时局使得陈伯齐得以全身心投入到建筑教育事业中（图5-110）。

图5-110　20世纪50年代的陈伯齐教授
（来源：作者自绘）

1）重视基本功和建筑技术的教学理念

1952年，陈伯齐负责讲授二年级的房屋构造课程以及建筑技术概论课程，显示其教学上对建筑构造和建筑技术的重视。1953年陈伯齐任建筑系“建筑原理及设计教研组”主任[267]，主持这个建筑设计主干课程的教学工作。1955年2月，华南工学院成立院务委员会（学术委员会），主要职责为审查学期和学年的工作计划，检查和总结教学工作、教学法工作，讨论科学研究工作、学生的政治思想教育工作计划，以及生产实习计划、基本建设计划等。主席由罗明燏担任，副主席为张进、陈永龄，建筑工程系陈伯齐、符罗飞、黄适、龙庆忠为委员会委员[268]。1959年陈伯齐任建筑学系系主任。他结合当时的实际情况和自己多年的教学实践经验，制定了一份新的五年教学计划，并在华南工学院院刊上刊登《崭新的教学计划》一文，对这份教学计划进行了详细的介绍[269]。虽然时过境迁，这份教学计划的许多内容都发生了改变，但其所确立的华南工学院建筑系“3+2”的培养模式，至今仍在执行，足见陈伯齐教授的卓越远见。

据陆元鼎老师忆述，新中国成立后华南工学院第一次教授评级，当时林克明已经调出华工，陈伯齐、夏昌世、龙庆忠三个开始都是三级，当时系里党委收到学校通知可以有一个二级教授的指标，但系不好选，最后是工学院党委根据陈伯齐在建筑教育方面的投入和获得的成就，直接指定陈伯齐为二级教授。

1962年华南工学院建筑工程系正式招收硕士研究生，陈伯齐教授招收56级应届毕业生范会兴为硕士研究生[270]。这也是他唯一的一位研究生。

2）注重调查研究和理性分析的科学研究态度

陈伯齐教授是个教育实干家，也是个实事求是、严谨的科学工作者。

1953年为响应“社会主义内容，民族形式”建筑号召，6月6日，陈伯齐向全系做专题报告《关于建筑的民族形式问题》[271]，介绍其在北京汇报期间对北京新建筑中对“民族形式”运用的体会和自己对“民族形式”的理解。为了进一步学习中国传统建筑的优秀经验，提高教师队伍对祖国“民族形式”的认识，1953年9月陈伯齐与夏昌世、龙庆忠、杜汝俭一道带领青年教师陆元鼎、胡荣聪等北上考察中国古建筑，历时近一个月，并于10月返校后成立中国建筑研究室，夏昌世任所长，陈伯齐任副所长[272]。研究所成立后举办了一系列的中国传统建筑展览，并开展相关的研究工作。

陈伯齐重视在试验的基础上，通过客观的数据整理和分析研究之后得出结论，因此他对住宅建筑的南方适应性研究，多是建立在实验的基础之上，而不是完全凭感觉和经验。所以在他的主持下，建立起亚热带建筑研究所及下属的建筑物理实验室，以便开展各项建筑的试验和指标数据的测算。

1958年，陈伯齐教授创办亚热带建筑研究所（亚热带建筑科学国家重点实验室的前身），陈伯齐任所长，秘书是金振声[272]。亚热带建筑研究所的成立标志着华南工学院建筑系确立亚热带建筑研究为主要特色学术研究方向的开始。1961年年底，经学校正式批准，华南工学院亚热带建筑研究室成立，陈伯齐任主任，金振声任副主任，其后还有几位助教朱良文、高焕文、叶吉禄、詹益平、刘捷元等人陆续加入[273]。研究室首先作了珠三角地区农村住宅调查工作[274]。

1959年5月至6月，中国建筑学会和建筑工程部在上海召开“住宅建设标准及建筑艺术座谈会”，这是一次对全国的建筑创作思想和方向有重要影响的会议，5月27日，陈伯齐教授在会上做《对建筑艺术问题的一些意见》发言，较为细致地阐述了其对“适用、经济和在可能条件下注意美观”建筑方针的认识，以及对岭南地区炎热气候条件下导致的建筑形式上的特征做了分析，证明了“在功能的基础上来处理建筑的艺术问题，是合理的，也是非常自然的”[275]。陈伯齐的发言给与会者留下了深刻的印象。对于岭南地区的建筑风格，陈伯齐在当时会议上提出广州的居住建筑“秀薄而伸展开放，轻快疏朗，与东北的厚重而集中，各具其趣”，是由于岭南地区的炎热气候使建筑造型“形成了体型秀薄，立面具有许多深远的阳台或阴廊的特征”。

1963年，华南工学院建筑工程系在陈伯齐教授的主持下，通过其领导的亚热带建筑研究室在广州市东郊员村住宅区设计修建了两座试验性的住宅。为了达到试验的目的，特意建成两种不同类型的住宅：一为南外廊式，另一为天井式，以供比较研究。对该试验项目跟踪测量数据调查一直持续到1965年[276]。陈伯齐通过进行住宅建筑试验，对实际建造出来的外廊式和天井式两种不同试验性住宅的建筑舒适度，进行长期的数据跟踪研究后，得出与1959年“住宅建设标准及建筑艺术座谈会”上其论述华南建筑特点几乎相反的结论：体型秀薄并不能很好地解决华南炎热地区的通风散热，反而“对外适当封闭而不是尽量开放”才能达到更好的隔热降温的效果。广州传统民居的小面宽，大进深，多院落（天井），横街窄巷的建筑特点，也是出于对岭南地区亚热带气候条件的适应性考量。因此20世纪60年代有一年在广州开会讨论“南方风格”，陈伯齐的发言就说“不能为未来规定岭南建筑的教条，不能为岭南建筑编顺口溜，什么轻巧、通透、小巧玲珑，我们不能够限制未来建筑师的思维”[277]。这也证明了他的“建筑的形式与风格没有固定的公式和样本，而是随着时代的前进不断发展”的论断以及实事求是，敢于自我否定的严谨学术态度。

1962年11月14日，华南工学院从开始举行为期一个月的科学报告会。陈伯齐领导下进行的《太阳辐射热与居室降温问题》和《建筑遮阳中有关热工的几个问题》等专题研究都有收获，陈伯齐撰写的《南方住宅建筑的几个问题》论文引起到会者的重视[278]。

1963年12月，中国建筑学会在江苏无锡召开年会，讨论城市居住区规划和城市住宅建设问题[279]。作为中国建筑学会理事的陈伯齐教授出席会议并在会上宣读其研究的成果《南方城市住宅平面组合，群数与群组布局问题——从适应气候角度探讨》的学术报告，他还宣读了华南工学院建筑系罗宝钿讲师《南方城市住宅设计及其群体布局对用地经济影响的几个问题》的学术论文[280]，为优秀青年教师打开知名度。

1965年12月，华南工学院建筑工程系陈伯齐教授在华南工学院学报发表《天井与南方城市住宅建筑——从适应气候角度探讨》[281]。这是对1963年开始的广州员村住宅建筑试验所做的研究总结报告和拓展研究。文章指出借鉴岭南地区传统住宅对天井运用的经验，对现代南方住宅建筑的自然降温有重要的意义。

3）基于地域特色、重功能实用的建筑创作实践

20世纪50年代开始，在华南工学院成立后到“文革”前，陈伯齐教授完成了多项具有一定影响力的工程实践项目。

1953年1月开始，陈伯齐、夏昌世、胡荣聪等人带领几乎全部应届毕业生，实行教学与实践相结合，参与到当时的全国重点建设项目之一——武汉中南三校（原华中工学院、中南动力学院、中南水利学院）的设计工作中，陈伯齐负责总平面的规划设计。3月份陈伯齐携规划方案到北京进行汇报，获得了教育部的肯定并在苏联专家的指导下，进行了方案修改调整。陈伯齐在华南工学院校报《原华南工院》1953年7月第24期专门撰文《苏联专家给我们的启发》，总结在北京期间与苏联专家一道参与华中三校规划设计的经验[282]。

1954年11月，华南工学院教授陈伯齐、黄适等人参与组织了广州华侨新村设计委员会，并共同进行规划和建筑设计。

1958年8月，全国开始推行“人民公社”，华南工学院建筑系的师生带着政治上的敏感觉悟组成专门的工作队，自发前往全国第一个“人民公社”——河南省遂

平县“嵖岈山卫星人民公社”，做出“人民公社”的规划，包括社中心的总体规划、公社区域规划、办公大楼和住宅标准设计和一份详细的关于当地原有建筑的调查报告。并在《建筑学报》上发表一篇有关这次规划设计的科学论文[283]。到1959年3月，华南工学院建筑学系的师生为全国各地特别是广东省各地做出了近二十个“人民公社”的规划设计，累积了不少规划建设经验。1959年7月，华南工学院建筑系在系主任陈伯齐教授组织下，由陈伯齐亲自主编，全系投入，建筑系教师集体编写，仅仅利用两个月的时间完成二十万字、图文并茂的《人民公社建筑规划与设计》一书。该书一经面世，即在当时全国范围内产生了广泛的影响，成为当时全国规划设计单位、建筑工作者在进行“人民公社”规划设计时的重要参考和高等学校建筑系及建筑专科学校的教学参考书。

1958年秋到1959年，陈伯齐教授还作为广东建筑学会的代表之一，两次前往北京参加国庆十大工程设计组的集体讨论和建筑设计[284]，是北京人民大会堂的设计者之一。1961年陈伯齐参加了桂林风景区城市规划工作[285]。

4）注重师资建设，培养青年教师

陈伯齐还注重培养青年教师的业务素质，除了如前所述亲自带年青教师参观考察外，还给年青教师提供机会参与重要的全国性调查研究和会议。

1958年8月，在北京召开了全国建筑气候分区会议。建筑气候分区被列为国家建筑科学重点研究项目之一。陈伯齐指派青年教师林其标代表华南工学院建筑系参加了此次会议[286]。1961年华南工学院建筑工程系成立的亚热带建筑物理实验分室，林其标成为实验室的负责人[287]，此后一直在华南工学院从事亚热带建筑物理的研究。

1961年3月，为了开展全国农村住宅的研究工作，建筑工程部建筑科学研究院与广东省建筑设计院、华南工学院一起到广东省几个地区作了一次农村住宅调查，调查持续到12月[288]。时任华南工学院建筑系系主任的陈伯齐教授有意识锻炼青年教师队伍，特别委派青年教师傅肃科、邓其生加入调查组，前后历时约一年，通过采访、测绘、摄影等手段，调查组较为全面地掌握了广东地区汉族及少数民族村落民居的空间布局、结构、构造、建筑造型及使用方式等特点。在此基础上，建筑系傅肃科完成了“南方住宅布局问题”的研究论文，邓其生撰写了详细的调查报告[289]。这次调查活动也进一步加强了华南工学院建筑系对广东地区传统民居建筑的研究力量，也使得青年教师得到一次难得的锻炼。

1961年4月，陈伯齐派华南工学院建筑系青年教师陆元鼎、马秀之赴南京参加建筑史学家刘敦桢主持的中国建筑史编写会议，为岭南建筑教育的建筑史学方向培养了后继师资力量。

5）广泛的社会交流，扩大岭南建筑的影响

陈伯齐还积极参与中国建筑界特别是广州地区建筑界的各类活动，为岭南地区建筑的发展贡献力量。

1953年陈伯齐与林克明、金泽光、郑祖良、梁启杰等创办广州市设计院[290]，以及广州市建筑学会，陈伯齐任副理事长。陈伯齐还于1953年开始担任《建筑学报》编委会副主任委员。1957年开始，陈伯齐教授还连续三届当选中国建筑学会理事，直到“文革”开始。陈伯齐还担任了中国城乡规划委员会及建筑创作委员会委员[291]。1957年6月28日，陈伯齐教授随中国建筑师代表团经苏联访问罗马尼亚，历时一个月。此次访问使华南工学院建筑系与苏联莫斯科建筑学院建立了联系[292]。1962年，陈伯齐任高等工业学校建筑学教材编审委员会副主任委员。从1960年到1963年，陈伯齐连续任广东省政协第二、三届委员[293]。

1963年9月至10月，中国建筑师代表团参加国际建协（UIA）在古巴哈瓦那召开第七届会议。陈伯齐作为代表团成员之一参加此次会议，并参与了广州市设计院提交的古巴吉隆滩纪念碑国际竞赛纪念碑方案（图5-111）。

1966年3月23日-31日，中国建筑学会第四次代表大会及学术年会在革命圣地延安举行，陈伯齐前往参会并当选中国建筑学会理事。（图5-112）

图5-111　陈伯齐在古巴考察
（来源：陈伯齐百年纪念展览. 华南理工大学建筑学院，2003）

图5-112　陈伯齐在延安考察
（来源：陈伯齐百年纪念展览. 华南理工大学建筑学院，2003）

6）亲力亲为的行政管理

1960年5月华南工学院建筑系与土木工程系合并为建筑工程系（华工内部称“第三系”），陈伯齐任第一系主任（建筑系主任）直到1968年“文革”初期（图5-113）。

图5-113　陈伯齐教授
（来源：陈伯齐百年纪念展览.华南理工大学建筑学院，2003）

陈伯齐在教学计划的制定、师资的培养、对外交流、学生工作等行政事务上亲力亲为。每年毕业生分配，务求所有毕业生都能学以致用。据当时在广州市设计院工作的蔡德道回忆，陈伯齐为了学生工作分配，“亲自来设计院跟我们说：‘我做为老师，保证我们的毕业生到设计院是最快上手的，能够独立工作的’，同时他又对学生们讲：‘我已经向社会承诺了，你们出去不是仅仅会写文章、画画，而是马上会画施工图’”[294]。可见其对学生实际动手设计和画施工图能力的重视。

1966年“文化大革命”开始。“文革”初期，由于陈伯齐良好的人缘关系，他并未受到多少冲击，然而随着“文化大革命”运动的扩大和深入，最终陈伯齐教授也不能幸免，被作为“学术反动权威”被打倒，全家也被罗列了许多“莫须有”的“罪状”，一次次的接受批斗。由于身心的极具疲惫，身体状况急剧恶化，陈伯齐教授不幸患上了肺癌。1972年，陈伯齐住进了医院。病榻上的他仍然心系学术研究，着手翻译德文版《非洲近代建筑》，期望能为中国援助非洲国家的建设贡献力量。1973年10月4日，陈伯齐因病抢救无效去世，享年70岁。

陈伯齐在学生的印象中是一位平易近人的长者，在教师眼中是一位容易沟通、谦虚祥和的同事。据51级校友袁培煌回忆，曾有人把陈名字中“齐”字错读成“斋”，后来按广东称呼，大家都叫他“斋叔”，久而久之他也欣然接受[295]。

陈伯齐性格坦荡开朗、敦厚温和、风趣幽默，但对待学术研究又认真严谨，因而得到学生和教师以及社会的广泛赞誉和尊重。陈伯齐担任系领导的十余年时间，是华南工学院建筑教育在新中国成立后重新起步和确立发展定位的关键时期，在他的主导下，建筑系确立了基于地域特点的亚热带地区建筑研究学术方向，建立起亚热带建筑研究室和亚热带建筑物理实验室，为岭南建筑教育在21世纪的兴起奠定了扎实的学术基础。

（2）夏昌世

1952年，华南工学院成立后，夏昌世继续在华南工学院建筑工程学系任职教授（图5–114）。1962年华南工学院建筑工程系正式招收硕士研究生，夏昌世教授在何镜堂按学校通知补研究生入学考试后，正式招收其为硕士研究生[296]。何镜堂也是夏昌世教授唯一招收的研究生。1965年何镜堂硕士毕业并留华南工学院任教。

图5–114　夏昌世教授
（来源：作者自绘）

1）大师风范

“潇洒”、“乐观”、“率直”、“风趣”是华南工学院师生们对夏昌世先生的统一评价。

“潇洒”这一点可从夏昌世先生的服饰和生活习惯中看出。在那个全国上下都是白衬衫或南布衣的时代，夏昌世先生的花衬衫就显得特别扎眼，但他依然我行我素，眼戴墨镜、一手拿烟斗，一手拿拐棍，一个潇洒的文人才子跃然眼前，再加上其高超的设计能力，以致成为学生们崇拜的偶像。这也成为其在“文革”期间被认为“作风有问题”而招致批判的缘由之一。夏昌世的教学也不仅仅是在课堂上，茶楼也是其经常跟研究生讲课的地方。

“乐观”是夏昌世对生活的态度。夏昌世来广州后做的第一个设计是国立中山大学女生宿舍，自己绘制施工图的。图纸落款签名设计者是夏昌世，绘图者叫夏日长。夏日长也即夏昌世。蔡德道曾问夏昌世为什么叫“夏日长”，他回答说：“人皆苦炎热，我爱夏日长”。亲力亲为地绘制施工图，也是夏昌世之所以能够关注和解决许多建筑细节问题的关键。

“率直”、“风趣”体现在夏昌世对学生作业的评价中，如渲染色彩选择不当，他会直接说“像什么人底裤的颜色”，立面设计笨重，他会说“你这么蠢的，这个做的这么蠢”，画泥土填充图例，有的学生画得很长（突出边界），他就会用广州话说“你画的这么长，好像女仔长胡须”，空间中柱子位置不恰当，他会说“中间千祈（千万）不要摆柱，就一定要空的，要不然空间难看”[297]。夏昌世提倡启发式教学，评图不会说你哪里不好，直接告诉你应该怎么做，常常十分精辟地指出设计中的关键所在。一次设计课评图，针对有些同学设计时只着重建筑外观，他说：“不能仅重视房屋外观，要多为住在房子里的人考虑，如果你们坐在屋内看到外面景致十分枯燥、乏味好吗？[298]”一语点出建筑精髓是丰富的空间感和景观与建筑整体性创作的重要性，给学生留下了深刻印象，这恰恰也是夏昌世本人建筑设计作品的重要特点。

夏昌世说话还非常幽默。据袁培煌回忆，当年的设计教室十分杂乱，同学在绘渲染图时常常把蘸饱墨水的画笔随手一甩，弄得墙上、地上墨迹斑斑，有的同学一面绘图一面哼着小调吹着口哨，正好夏昌世进来，看见后即改名句并随口吟道“歌声与墨色齐飞，图纸共墙面一色”。学生们听后哄堂大笑，从此建筑系杂乱与不羁的状况也大有改观[299]。

对于教学方法，夏昌世教授有自己的观点，在1957年5月“鸣放”会上，他做了清晰的阐述：“教学法问题，几年来建筑系也很重视，但我反对。我认为过分强调教学法，就好像在教学上耍把戏，弄魔术。挂图等办法在一定场合下是好的，但有的图应在黑板上做出来，使学生能理解其程序，由浅入深。而讲课最主要的还是提纲挈领地讲，使学生接受最重要最主要的知识，并训练他们记笔记，培养他们独立思考的能力”[300]。这种敢于直言的性格，使夏昌世经常受到批判。

2）“传、帮、带”培养青年教师

夏昌世也非常注意提携青年教师，帮助青年教师尽快成长。杜汝俭、胡荣聪、李恩山、陆元鼎等华南工学院建筑系教师都直接受过他的指导。杜汝俭长期作为其教学上的助手协助夏昌世进行教学（图5-115）。

图5-115　夏昌世、杜汝俭、梁崇礼南京考察合影
（来源：夏昌世、杜汝俭、梁崇礼南京考察合影. 梁崇礼提供）

1952年11月，华南工学院建筑系夏昌世和陆元鼎与胡荣聪两个助教一起带着毕业班学生到湛江华南垦殖局作苏联专家招待所设计，画出整套施工图，包括结构施工图，还编制了一整套橡胶种植场及拖拉机站的标准设计图集。[301]

1953年9月，华南工学院夏昌世、龙庆忠、陈伯齐、杜汝俭带领助教陆元鼎、胡荣聪到北京进行古建筑考察。10月考察完成回校，成立中国建筑研究室，夏昌世任所长，陈伯齐任副所长[302]。

1959年胡荣聪和李恩山在夏昌世指导下完成华南工学院三号楼和四号楼的设计。每天白天由胡荣聪和李恩山等青年教师绘图设计，晚上夏昌世亲自收回图纸修改指正，第二天青年教师再根据意见进行图纸修正，周而复始，直至完成设计。

"放手而不放任"是胡荣聪回忆这段经历时对夏昌世指导设计工作的体会。

3）开创岭南庭园的学术研究

从20世纪50年代开始，夏昌世就带领教师和学生以及相关工作人员对岭南地区的庭园进行系统普查测绘和研究，并于20世纪60年代初与广州市城市规划委员会的莫伯治工程师合作编写了《岭南庭园》一书[303]。不是提"园林"而是"庭园"，夏昌世有其独到的观点：风景是自然为主，人工物为辅；园林则人工物分量增加，但自然分量仍是超过建筑屋宇；庭园则是建筑的从属部分，是宅旁园，有一定的自然成分量。所以广东的"四大名园"不能称之为"四大园林"，而是"四大庭园"[304]。1962年10月26日，教育部直属高等学校"建筑学和建筑历史"学术报告会于南京举行[305]。华南工学院建筑系夏昌世和金振声参加此次会议并做论文报告，夏昌世论文报告即为《岭南庭园》。由于在岭南庭园研究方面取得的成就，1962年11月夏昌世当选广东省园林学会常务副理事长[306]。夏昌世对岭南庭园的调查研究开创了岭南地区的景观学术方向，为华南理工大学风景园林教育的发展奠定了坚实的基础。

4）基于岭南地域气候和场地特点的建筑创作实践

1952年，夏昌世与陈伯齐、谭天宋、龙庆忠、杜汝俭合组"联合建筑师事务所"。从20世纪50年代初到60年代初，是夏昌世建筑创作和学术研究的高峰时期，形成了其成熟的基于功能及经济条件、自然环境气候条件和文化的理性思考的建筑创作理念。

1953年1月22日，原华中工学院、中南动力学院、中南水利学院联合建校规划委员会成立，夏昌世是委员之一，担任了规划设计处处长，还兼任了设计组组长，审定所有建筑设计图纸。

1954年的鼎湖山教工休养所的设计则充分展示了夏昌世面对复杂建筑环境和自然地理环境的娴熟设计技巧，成为在历史建筑环境中改造更新旧建筑和恰当嵌入新建筑，以及山地建筑设计的典范。1954年的华南工学院中轴线山岗上的二号楼以及1957年三号楼和四号楼办公教学建筑群的设计，也是夏昌世尊重自然环境，巧妙利用地形地势，对场地适应性的建筑设计手法的代表。

从1953年的中山医学院门诊楼开始，到中山医学院的教学楼建筑群，以及鼎湖山教工休养所，再到1957年中山医学院基础科教学楼和华南工学院化工楼、三号楼、四号楼等等工程项目，夏昌世进行了基于亚热带气候特点和适应场地环境的建筑遮阳、通风和隔热等建筑降温措施的设计研究，特别是对于窗户和墙面的遮阳设计以及屋顶的隔热设计，进行了持续的研究和总结，至1957年的华南工学院化工楼设计，夏昌世已经总结出一套成熟的、基于岭南亚热带气候特点的遮阳设计体系。夏昌世关于建筑降温研究的代表性研究成果《亚热带建筑的降温问题——遮阳、隔热、通风》在《建筑学报》1958年第10期上发表，反映了其在总结广州传统住宅降温经验基础上，结合现代的科技手段和材料，对现代岭南建筑低成本降温措施创造性的研究成果。“夏氏遮阳”开创了现代岭南建筑的新形式。1958年夏昌世还在华南工学院建筑学系的自办刊物《建筑理论与实践》上发表《砖拱屋面结合通风隔热的发展及其经济价值》的文章，对基于气候条件下的建筑通风隔热进行了系统的研究。夏昌世教授为岭南现代建筑对气候的适应性研究做出了非常重要的贡献。

1958年夏昌世还主持设计了华南工学院电讯楼、教学和物理楼。同年夏昌世应叶剑英和华南农垦局邀请，设计海南儋州那大华南热带作物研究所。另外夏昌世还参加了古巴吉隆滩纪念碑设计竞赛[307]。1963年夏昌世主持桂林漓江风景区规划与设计、桂林饭店、阳朔饭店等建筑设计；设计南海大会堂；应陶铸邀请与黄远强、佘畯南、莫伯治组成专家组，参与湖南韶山毛泽东旧居陈列馆、广西桂林伏波楼和白云楼建筑设计[308]。

5）身陷囹圄、客走他乡

由于夏昌世个性上的“潇洒”和不拘小节，因此20世纪60年代后历次的“运动”，他都受到冲击。尽管如此，但他仍然坚持教学和设计。

1966年“文化大革命”开始，夏昌世被关进学校“牛棚”劳动一年[309]。1967年至1968年11月，夏昌世又被迫到农村接受再教育[310]。1968年11月16日，夏昌世被关进广州市黄华路监狱。1969年，夏昌世夫人白蒂丽也被关进广州市黄华路监狱，与夏昌世同一座楼不同楼层，两人无法见面[311]。直到1972年7月，由于中国和联邦德国之间力图建立邦交，鉴于夏昌世太太的德国身份，通过外交努力和中央领导人的直接干预，夏昌世夫妇从监狱中被释放[312]。1973年8月，夏昌世夫妇取道香港，移居德国弗莱堡市[313]。（图5-116）

图5-116　夏昌世与夫人白蒂丽在瑞士（1976年）
（来源：谈健，谈晓玲. 建筑家夏昌世[M]. 广州：华南理工大学出版社，2012年11月：31）

6）心系祖国

离开中国的夏昌世仍然关注中国的建设事业。由于夏昌世先生早在20世纪50年代就设计了中山医学院的一系列医疗和科研建筑，积累了丰富的经验，特别是对适应华南气候特点的遮阳措施的熟练运用，使其在医疗建筑设计方面享有较高的声誉。1980年华南工学院与华南工学院香港校友会联合承担华侨医院建筑设计，时任华南工学院院长张进及华南工学院建筑系邀请移居德国的夏昌世先生回国参与暨南大学附属华侨医院设计。华侨医院是广州暨南大学附属第一医院，于1981年由中央组织部牵头、中央侨务委员会主办，从全国各地抽调著名医学专家和医疗骨干成立。1981年夏昌世先生受华南工学院建筑系香港校友蔡建中邀请暂居香港[314]。1982年华侨医院门诊部大楼扩大初步设计获批，5月7日，华南工学院副院长李伯天写信邀请夏昌世先生回广州参加为期半年的广州暨南大学附属华侨医院的施工图设计[315]。夏昌世先生欣然前往，往来于香港和广州两地，参与施工图设计工作并亲自绘图，其在夏日炎炎中光膀绘图的情景给当时一起参与工作的人留下了深刻的印象。

夏昌世在华侨医院门诊楼的设计中，继续其对华南气候条件的适应性处理，平面空间组织中对天井的充分利用，以及在立面设计中对遮阳措施的合理考虑，使该建筑成为一座实用高效和适应广州炎热气候特点的建筑。1987年广东省建委对全省1984-1985年建成投产（使用）的优秀工程设计项目组织了评选，广州华侨医院门诊部设计获得省级优秀设计项目二等奖[316]。

1982年11月，夏昌世教授向华南工学院要求平反，并提出办理退职，学院根据相关文件同意其离职。1986年，夏昌世教授再次写信给工学院要求退职和领取退职费。学院研究后同意其办理离职手续，发给离职费共6396元（按1949年参加工作，每月工资266.50元，离职费按24个月计）[317]。

7）迟来的桂冠

1993年11月19日，中国建筑学会首次颁发“中国建筑学会优秀建筑创作奖”，夏昌世在20世纪50年代设计的中山医学院医疗教学建筑群获奖，是20世纪50年代这一时期的广东省唯一获奖项目[318]，对夏昌世而言，则是“迟来的桂冠”。

在国外夏昌世重新整理和撰写其在20世纪60年代就完成，后遭到毁坏遗失的、其对中国园林研究的重要著作《园林述要》，1995年在华南工学院香港校友会会长蔡建中的资助下，由华南理工大学出版社出版。

1996年12月4日，移居德国的夏昌世教授逝世于德国弗莱堡市，享年91岁[319]。

夏昌世唯一的硕士研究生，现任华南理工大学建筑学院院长何镜堂院士曾评价夏昌世先生：“他作为一个根，他的创作设计思想、他的文化根基、他对学建筑的理念和实践相结合的办法，以及建筑师应该具有怎么样的素养，一直影响着华南理工大学（建筑学科教育），传承到现在”[320]。夏昌世注重让学生掌握建筑设计工作方法的启发式教学方式，使许多学生获益终生，也培养出像何镜堂院士等优秀的建筑设计师和建筑教育工作者。夏昌世多年坚持致力于通风、隔热和遮阳等建筑降温措施的研究，并结合大量的工程实践进行了广泛的运用，特别是对建筑遮阳的系统研究，发展出独特的、被人称之为"夏氏遮阳"的建筑构造体系，对于岭南现代建筑的发展产生了重要影响。另外夏昌世教授对于中国园林特别是岭南庭园的研究也非常深入，开创了岭南建筑教育中的园林景观研究方向，其对于建筑设计要注意室内外空间应充分结合场地自然风景的创作观点和在实际工程中的应用，影响了一代岭南建筑师。

夏昌世是岭南现代建筑教育发展历程中的重要学术开创者和推动者，是推动岭南现代建筑发展的关键人物之一。

（3）龙庆忠

1952年院系调整，华南工学院成立。龙庆忠继续在华南工学院建筑工程学系任教授，并担任建筑历史教研组组长（图5-117）。同年还与夏昌世、陈伯齐、谭天宋、杜汝俭合组"联合建筑师事务所"[321]。

华南工学院成立后，确立了建筑领域要执行苏联斯大林时代提出的"社会主义内容、民族形式"建筑方针。1953年9月，龙庆忠教授、夏昌世教授、陈伯齐教授、杜汝俭副教授、陆元鼎助教、胡荣聪助教到北京进行古建考察[322]。

1954年5月开始，为了在建筑设计上进一步结合"民族形式"，建筑系全体教师都参加龙庆忠教授主讲的"中国建筑史"的学习，每周学习五小时[323]（图5-118）。1954年夏，龙庆忠、陈伯齐带领教师十余人、建筑系二年级学生60人分

图5-117　龙庆忠教授
（来源：作者自绘）

图5-118　龙庆忠教授讲解古建筑
（来源：华南理工大学建筑学院系史展览，2008）

赴河南登封、洛阳开展古建筑实习，参观考察古建筑[324]。同年，龙庆忠教授与助教陆元鼎带领53级学生到潮州做古建古民居的调查和测绘实习[325]，开始了华南工学院系统调查广东传统民居的研究工作。

1955年龙庆忠、陈伯齐、符罗飞、黄适等人担任华南工学院院务委员会委员[326]。1955年2月，中国根据苏联全苏建筑工作者会议精神，对以“民族形式”为主要旗帜的复古主义进行了批判，并提出了“适应、经济、在可能的条件下讲求美观”的新建筑方针。4月开始，华南工学院土建两系决定学习赫鲁晓夫同志关于建筑工作报告等文件，结合教学批判建筑思想上的复古主义和形式主义[327]。从清华大学批判梁思成“大屋顶”开始，全国工科大学内开展“批判华而不实”的政治运动，南京工学院批判刘敦桢，华南工学院批判龙庆忠。在经历了一系列的建筑思想批判会以后，1956年1月，时任建筑史教研组组主任龙庆忠教授被迫首先做出检讨。

1956年5月，为使中国落后的科学技术尽快赶上世界水平，中国开始“百花齐放、百家争鸣”运动。1957年4月，中央正式下文《关于“整风运动”的指示》，鼓励知识分子积极发言提意见。1957年4月，龙庆忠前往北京参加建筑工程部建筑科学研究院的建筑理论及历史研究室组织召开的第一次中国建筑科学研究座谈会（图5-119）。会议认为中国建筑历史的研究应以民居为重点，除注意建筑艺术外，还应该更多关注建筑技术问题[328]。5月，龙庆忠在甘肃出差考察古建筑后，正准备转往新疆考察，被华南工学院叫回参加党委主持的帮助党整风的“座谈会”。随后龙庆忠却因在此次会议上的“五对矛盾”的言论，被认为是“反党反社会”，从而被划作“右派”，受到了一系列的批判，直到1959年才得以平反[329]。

图5-119 1957年龙庆忠教授（前排右五）在北京参加第一次中国建筑科学研究座谈会

（来源：1957年第一次中国建筑科学研究座谈会，资料来源：殷力欣）

1962年，华南工学院建筑工程系正式招收硕士研究生，龙庆忠招收伍乐园为硕士研究生（后任广州市设计院总建筑师）。1963年龙庆忠招收硕士研究生石安海（后历任广州市副市长、市委副书记、广东省政协副主席）[330]。但随后又因为历史的原因，中断了研究生招生。

1）潜心钻研建筑史学

尽管一直受到不公正待遇，龙庆忠并没有气馁，而是把心思和精力全部投入到学术研究中去，潜心钻研建筑防灾学，撰写了许多文章，但是真正拿出去发表的并不多。《中国古建筑之系统及营造工程》是龙庆忠1956年就开始撰写的一篇关于中国古建筑构件数理关系的文章，断断续续写了近30年，直到1986年才完成，1990年收入龙庆忠文集《中国建筑与中华民族》一书，而到1995年才正式在《华中建筑》杂志整理发表[331]。

1962年11月14日，华南工学院从开始举行为期一个月的科学报告会。龙庆忠在此次科学报告会上做了《中国古代建筑的避雷措施与雷电学说》、《论建筑风格创造的客观规律及其特点》两篇论文报告[332]。报告会举行得非常热烈，引起了与会者的重视。

1963年，龙庆忠在《建筑学报》第一期发表《我国古建筑的避雷措施》，该论文通过大量史料以及翔实的数据、公式推导和精辟的论述证明我国古建筑采取避雷措施早于富兰克林近千年，这是中国建筑史研究的重要发现[333]。这是这一时期龙庆忠在正式刊物上发表的唯一一篇论文。

1963年5月中旬，教育部推行教授休假制度，龙庆忠利用此次休假时间，带领青年教师邓其生北上洛阳、西安、兰州、敦煌、呼兰浩特、北京等地进行古建筑综合调查，以进一步了解和发掘祖国建筑遗产，并考证有关史料，搜集教学和科学研究资料。在洛阳、西安等地主要考察汉唐古城遗址、古陵墓、古宫殿、寺院、桥塔等。在西北地区，主要考察敦煌、麦积山等地石窟，研究古建筑与外来影响，并搜集西北地区古建筑防风、防震、防寒等建筑技术史料。在呼兰浩特和北京主要了解蒙古族建筑风格。调查工作进行至7月底[334]。这次的调查，龙庆忠收集了大量的资料，为中国建筑防灾学说的确立打下了坚实的基础。为了使建筑历史的教学后继有人，龙庆忠教授亲自挑选勤勉好学的邓其生转入历史教研组，培养他从事建筑历史的教学和研究，并多次带领他到各处考察研究。邓其生通过龙庆忠教授的共同调查，进一步提高了自己的业务水平，成为后来华南工学院建筑史教学的骨干力量。

2）顽强坚持，谨言慎行

1966年“文化大革命”开始后，龙庆忠又被当成是“反动学术权威”、“牛鬼蛇神”一再遭受到批斗，但性格倔强的他在夫人的支持下，带着各种病痛，顽强的坚持了下来。

1969年2月，年近七十的建筑工程系龙庆忠教授被下放至韶关凤湾乡管制劳动改造[335]。不过即使是在下放劳动期间，龙庆忠也不忘带着专业书籍读书钻研。由于年迈多病，1970年1月在下放劳动了近一年后，龙庆忠被送回广州到中山医院附属第一院医治，由于得到医生的细心治疗和照顾，身体才逐渐好转。

1974年底，广州市文化局在中山四路大院地表5米以下发现了大量古代木结构遗存物。1975年1月，广东工学院龙庆忠教授参加广州中山四路考古遗址研讨会议，结合自己多年研究中国古建筑的经验，龙庆忠在翻阅了大量古籍，多次现场考证后，力排众议，提出了遗址并非“造船遗址”而是“宫殿遗址”的论断[336]。1975年6月，龙庆忠应华南师范大学曾昭璇之邀，撰写“中山四路秦汉遗址研究”一文[337]，阐述了自己的观点，1990年龙庆忠在《羊城考古》第6期以“广州南越王台遗址研究”为标题发表了这篇文章。

3）老当益壮，抓紧培养研究生

“文化大革命”结束后，1979年，华南工学院为龙庆忠教授进行了彻底的“平反”，龙庆忠得到了政治上的解放。自知年事已高，龙庆忠更是觉得要抓紧时间钻研学问，培养学生来继承他的研究。1978年华南工学院恢复研究生招生，1979年龙庆忠教授招收了恢复研究生招生后的第一个硕士研究生吴庆洲，研究方向是建筑防洪。同年10月，龙庆忠带领青年教师付肃科、邓其生以及硕士研究生吴庆洲等人考察广西民居[338]，历时整整一个月。

1979年5月，中国建筑学会建筑历史与理论学术委员会在江西景德镇市举行成立会议，华南工学院建筑系龙庆忠教授、陆元鼎副教授参加了会议。77岁高龄的龙庆忠教授作了“我国古代建筑材契的起源”、“广州怀圣寺光塔的研究”两篇学术报告，受到与会者的好评。龙庆忠教授还对建筑史研究的方向和对古建筑保存等问题提出了自己的见解，受到会议和有关部门的重视。龙庆忠教授当选为中国建筑学会建筑历史与理论学术委员会副主任委员[339]。

1980年11月10日-17日，为修复潮州开元寺，龙庆忠率吴庆洲等学生到潮汕一带考察[340]。12月5日-8日，龙庆忠教授率吴庆洲等学生到肇庆考察[341]。在考察过程中，龙庆忠言传身教，急切地想把自己的知识和学术研究成果毫无保留的传授给学生。

1981年，龙庆忠教授应邀担任第一届建筑教育学位评审委员[342]。1981年经国务院批准，华南工学院为首批博士和硕士学位授予单位，其中建筑历史与理论专业方向获批有权授予博士学位，龙庆忠教授获批为博士导师[343]。1982年3月经教育部批准，华南工学院学位评定委员会成立，龙庆忠教授为委员之一。1982年7月，龙庆忠硕士研究生吴庆洲的硕士学位论文《两广建筑避水灾之调查研究》以优秀成绩通过答辩[344]。同年，龙庆忠招收沈亚虹（现哈佛大学教授）为城市规划方向硕士研究生[345]。1983年3月，龙庆忠招收吴庆洲为博士研究生，研究方向仍然为城市防洪[346]，3月16-21日，龙庆忠带吴庆洲参加昆明召开的第一届全国古代技术史学术会，并对昆明古建进行考察[347]。同年龙庆忠教授还招收了肖大威为硕士研究生，研究方向为城市防火[348]。1983年4月29日，八十高龄的龙庆忠教授，经学院党委批准，加入中国共产党[349]。尽管遭受了那么多的不公正对待，龙庆忠始终对共产党有着坚定的信念，最终实现了他多年的夙愿。

1983年11月17日，华南工学院校庆日隆重举行建筑系校友会成立大会。龙庆忠、林克明担任该校友会名誉会长[350]。

1983年，龙庆忠教授参加扬州城市规划会议，发表论文《古番禺城的发展史》[351]。1984年5月10日，中国建筑出版社在越秀宾馆召开了“中国历史文化名城丛书”编委会议，龙庆忠教授受聘担任编写“中国历史文化名城丛书”中的《广州》一书顾问[352]。同年，龙庆忠教授指导完成南海神庙修复[353]。1985年龙庆忠、陆元鼎、邓其生参编的《中国建筑技术史》由科学出版社出版[354]。1986年华南工学院成立建筑防灾实验室[355]。龙庆忠建立的建筑防灾学术体系有了专门的研究机构。

1987年1月，龙庆忠教授培养的华南工学院建筑学系第一位博士生吴庆洲，通过论文答辩，其论文题为《中国古代城市防洪研究》。参加这次答辩评审委员会的除龙庆忠教授外，还有科学院学部委员、中国建筑学会副秘书长、清华大学吴良镛教授，南京工学院郭湖生教授，国家建设部城市规划局高级建筑师、高级技术顾问郑孝燮，广东省防汛、防旱、防风总指挥部负责人李概增，以及华南工学院金振声教授、林其标教授、冯掌教授等。专家们对吴庆洲的研究成果给予了较高的评价，一致通过了博士论文答辩[356]。这是我国自行培养的建筑学科第一位建筑历史与理论专业方向的博士。1987年11月，吴庆洲被派往英国牛津理工大学进修城市建设史，1989年5月学成归校。

1987年12月7日，龙庆忠教授的博士研究生沈亚虹的举行了毕业论文答辩会。沈亚虹答辩论文的题目是《潮州古城规划设计研究》。沈亚虹不仅是华南工学院自己培养的首位女博士生，也是我国建筑学专业自己培养的第一位女博士生[357]。

1990年5月31日，龙庆忠教授的博士研究生肖大威通过博士论文《中国古代建筑防火研究》答辩[358]。1991年7月15日，龙庆忠教授的博士研究生郑力鹏获得博士学位[359]。1992年，龙庆忠教授的博士研究生张春阳（女）的学位论文《肇庆古城研究》通过答辩，获博士学位[360]。

龙庆忠从1962年开始招收硕士研究生，“文革”中断，“文革”后1979年，近80岁高龄重新开始再招硕士研究生，1982年开始招收博士研究生，一直到1993年因病无法继续教学工作才停止招生。龙庆忠抓紧时间，呕心沥血的为国家培养了近二十位硕士、博士，这些学生有的成为国内大学知名教授、博士导师（如吴庆洲、肖大威、郑力鹏、张春阳、程建军），有的成为国外名校教授（如沈亚虹，现哈佛大学教授），有的成为建筑设计领域的佼佼者（如伍乐园，广州市设计院总建筑师）、国家设计大师（陶郅，华南理工大学建筑设计研究院教授级高工、副院长），有的从政成为政府领导（石安海，历任广州市副市长、副市委书记、政协副主席），有的在国外工作（如谢少明、邹洪灿）等，他们在各自的领域为社会做出了重要贡献。（图5-120）

1990年龙庆忠教授获教育部、建设部、中国建筑工程协会颁发“从事建筑教育五十年”教书育人荣誉奖[361]。同年10月，在华南理工大学党委书记张进的支持下，龙庆忠教授论文及著作集汇编《中国建筑与中华民族》一书由华南理工大学出版社出版。

1991年，88岁高龄的龙庆忠教授被评为华南理工大学优秀研究生导师，并获国家教委荣誉证书[362]。同年，龙庆忠教授的第一位毕业博士、华南理工大学建筑学

图5-120 龙庆忠与他的研究生

（来源：华南理工大学建筑学院系史展览，2008）

系教师吴庆洲等人完成的“中国古代建筑和城市防洪研究”获广东省高校科技进步三等奖[363]。1994年5月，龙庆忠教授的毕业博士、华南理工大学建筑学系教师郑力鹏、吴庆洲老师的“沿海城镇防风灾、防潮灾的历史经验”获年度广东省高校科技进步奖三等奖[364]。

1993年7月6日，中国建筑学会建筑史学分会在北京成立。龙庆忠教授担任顾问，陆元鼎教授担任副理事长，邓其生、吴庆洲、程建军任委员[365]。

1996年3月17日，华南理工大学建筑学院龙庆忠教授逝世，享年93岁[366]。

2010年12月，《龙庆忠文集》由中国建筑工业出版社出版。

4）注重建筑技术的建筑史学研究

由于在日本东京工业大学留学时接受的日本建筑教育具有鲜明的重视建筑技术教育的特点，龙庆忠教授在建筑史教学和学术研究上都有非常鲜明的注重建筑技术、工程实践的倾向。

龙庆忠曾经在给研究生上课时说过，他上课会有三个特点：第一是“搞土木、重技术”，美学也重要，但要以技术为主；第二是重视建筑防灾，特别是防洪、防风、防火、防震；第三是研究一定要理论联系实际，找寻解决问题的办法与途径，不能凭主观决定[367]。龙庆忠重技术、重实践的教育与学术研究思想恰恰也是岭南建筑教育所一贯坚持的教学特点。

在日本留学期间，龙庆忠锻炼出来较强的独立思考和自学能力。龙庆忠教授为了获得更多国家的建筑文化知识，自学了多国语言。除了早年在中国读书时学过英语和在日本留学时学过日语，龙庆忠利用在四川李庄同济大学任教的时间，到德语系自学德语、法语，以便能够直接阅读欧洲的建筑资料。新中国成立后，利用国家提倡学习苏联的机会，龙庆忠又自学了俄语，达到能够直接阅读俄文建筑文献的程度。对多国语言的掌握拓展了龙庆忠的知识面，开拓了眼界，丰富了对中外建筑史资料的了解，使龙庆忠教授在教学时能够旁征博引，更好地启发学生。

因为自幼就打下了坚实的蒙学和理学基础，龙庆忠教授对中国的传统文化具有深厚的感情，这也构成了其中国建筑史研究的宏观历史背景。从龙庆忠教授的研究论文成果中，时刻都可以感受到其对中华民族文化的自信和热爱。《中国建筑与中华民族》一文就是龙庆忠教授这一学术思想的代表作之一。

龙庆忠教授知识渊博，对于历史和民间艺术都有其独特的见解，上课时循循善诱，中文、日语、英语甚至古文常常随口而出，生动有趣，让学生叹服。建筑史的教学，图画挂板非常重要，龙庆忠常常是自己亲自绘制古建筑的构造图集。龙庆忠曾经在发黄的毛边粗纸上，亲自用毛笔细细地勾绘了一张《营造法式》大木作厅堂剖透视轴测图，将厅堂结构从柱础至脊檩表示得十分清楚，并工整地注上每个构件的名称。其字体端庄，线条优美，绝对是一幅图画精品。当龙庆忠讲到屋面出檐起翘时指着檐椽上的挑木用手大力向上挥出一道弧线说这叫“飞子”[368]，龙庆忠这时的动作和神态，是如此的生动形象，给学生留下了深刻的印象（图5-121）。

图5-121 龙庆忠教授在给研究生上课
（来源：华南理工大学建筑学院系史展览，2008）

龙庆忠对中国古建筑的研究具有异常丰富的古代文献基础，但他的研究并不只是限于考据，而是着重于传统建筑形式所产生的功能作用，比如为什么传统建筑的屋顶为什么会像抛物线这样，人们不理解，他说这样可以“去水疾而流远”，水就不会直接滴到檐口下[369]。

5）心系岭南建筑教育，开创岭南建筑史学研究新方向

对于岭南现代建筑教育的整体发展，龙庆忠一直倾注了大量精力。解放初任中山大学工学院院长兼建筑工程学系系主任时期，为建筑系恢复正常的教学秩序，废寝忘食地做了许多工作。后因历史原因被“靠边站”，龙庆忠也一直关注着建筑系的教育发展方向。“文革”结束后，1979年龙庆忠撰写了一篇《怎样改革华工建筑系》，表达了自己长期思索的成果。这篇文章简单回顾了华工的建筑学科教育从新中国成立前的国立中山大学时期到新中国成立后“文革”前以及“文革”中和“文革”结束初期建筑系的基本情况，指出了好的经验传统和其中的不足之处。龙庆忠在这篇文章中对“建筑”下了自己的定义：建筑是用工学技术来创作的艺术。建筑是我们日常生活、生产、活动所必需的人工建造物，既是物质文明，又是精神文明的体现场所，它是按美的法则来设计，构成完善的工程[370]。龙庆忠在文章中对建筑进行了分类，并参考日本的建筑教育经验，对建筑学专业的主要学习内容进行了细致地规划，强调教学中建筑技术与建筑艺术的结合，同时还应综合人文学科、社会学科、自然科学等诸多方面的知识来开展建筑学教育。非常遗憾的是这篇文章因为某种原因当时并未送到相关院系领导手中，但今天重读依然会发现其对岭南建筑教育的重要参考价值。

龙庆忠毕生从事建筑教育事业，并致力于从宏观历史角度进行中国建筑史研

究，注重对中华民族优秀传统文化的传承，把文化艺术和科学技术相结合，创立了中国建筑与城市防灾学，建立了由防灾学、建筑、园林、城镇规划以及建筑修缮保护学构成的一整套建筑学科研究体系，并以天道、地道、人道与建筑的关系为基础，提出了建筑史研究的十一个方向，包括："四防"——建筑防火、建筑防风、建筑防洪、建筑防震；"三保"——建筑保护、建筑保修、建筑保管；"四法"——中国建筑设计法、中国城市规划设计法、中国园林规划设计法、中国建筑环境规划设计法[371]。在龙庆忠于1980年和1990年分别制定的建筑历史博士点十年教学研究建设计划中，对这十一个研究方向进行了阐述，并在各个研究方向都分别培养了博士生或研究生。

图5-122　提倡养生之道的龙庆忠教授
（来源：龙庆忠百年纪念展览. 华南理工大学建筑学院，2003）

回顾龙庆忠教授的一生，他既是坎坷的，又是幸运的（图5-122）。在他人生精力旺盛，年富力强的时期，却遭遇战争和"文革"的动荡，无法专心致志的进行学术研究。但龙庆忠教授凭借顽强的毅力和坚定的信念，在"文革"结束后，以近八十岁的高龄开始，一直到九十岁，在生命的最后十余年，为国家重新培养了近二十位硕士、博士。龙庆忠教授在岭南建筑教育领域和建筑史研究领域都作出了突出的贡献，梳理出中国建筑研究的整体理论架构。并建立起完善的中国建筑与城市防灾学说体系，开创了岭南建筑历史教育的地域性研究方向并奠定建筑与城市防灾学术方向的坚实基础，使岭南建筑历史教育始终能够在中国建筑史学研究中居于重要的地位。

（4）谭天宋

1952年华南工学院成立，谭天宋调入华南工学院建筑工程学系任教授，同时还是学院成立之初系三人行政工作小组成员之一（图5-123）。1896年出生的谭天宋是当时建筑系年

图5-123　谭天宋教授
（来源：袁培煌. 怀念陈伯齐_夏昌世_谭天宋_龙庆忠四位恩师_纪念华南理工大学建筑系创建70周年[J]. 新建筑. 2002年第五期：48）

龄最大的教师。谭天宋负责教授三年级建筑概论与建筑设计，由于有曾在美国工厂实习的经历和丰富的实际工程经验，后调入工业建筑教研组负责工业建筑设计课程及建筑设备课程的讲授。1953初华南工学院建筑工程学系与基建处联合成立设计室，谭天宋教授担任设计室主任[372]。1962年，谭天宋招收硕士研究生陈伟光[373]。谭天宋还兼任了广州市城建委员会、广州市建设局顾问，1963年至1970年任广东政协委员。1970年8月，谭天宋在广州逝世，享年74岁[374]。

谭天宋在教学上对学生要求是非常严格的。他要求学生绘制的施工图要像一张布告，清楚、完整、明晰，否则将来在工作岗位上就会给国家带来损失。另外谭天宋要求学生要有严格的时间观念，对于设计进度要把控好，不应该“前松后紧”甚至造成“超学时”现象。谭天宋向学生指出“按期交图”的重要性，将来在工作岗位上假如不能按期交出设计图来，就会使国家建设计划受到影响[375]。实践工程经验丰富的谭天宋在教学中也时刻提醒学生要按实际工程要求来进行设计，以使学生尽早适应实际工作的需要。

谭天宋还有一句关于建筑师素质的名言，在教师和学生中流传至今。他认为建筑师必须具有“科学家的头脑，艺术家的风度，商人的手段，外交家的口才”[376]。这句话简明扼要地概括了建筑师所应具备的基本素质，既是有着严谨科学理性思维的工程师，又是具有美学素养的艺术家，还要熟悉各种建筑师的业务，善于与人交流。只有这样才能创作出即满足甲方需求，合理规范又具有艺术创造力的建筑，并通过建筑师的协调，使得各方理解创作意图并共同努力使之付诸实现。这句话是谭天宋教授多年实践经验的精炼总结，然而也正因为这句话，使得他在多次的政治运动中被扣上了“资产阶级思想”的帽子而一再的受到批判。但事实证明，谭天宋教授的这句“真言”，直到今天都是一个成功建筑师的真实写照。“求真务实”是谭天宋教授多年建筑教育所一贯坚持的教学主张，也是岭南建筑教育的特点之一。

（5）黄适

黄适，1903年生于广东台山[377]。1931年在美国俄亥俄州立大学建筑工程系获学士学位，毕业后美国企城扶兰俾鲁画则建筑公司实习。新中国成立前曾先后任广州市工务局技正；广东勷勤大学筹备委员会建校设计技正；广州市市立第二职业学校教员；广州市执业建筑师；1935年在国立中山大学工学院土木工程系任建筑美术讲师；1938年任广东勷勤大学副教授；1939年9月至1941年任国立国立中山大学工学院建筑工程学系副教授，讲授建筑原理、投影几何、阴影学、建筑设计等课程；1941年后曾任昆明、重庆、贵阳四建建筑师事务所、金城营造厂建筑师、工程师；广州大学、华南联合大学建筑工程系教授兼建筑系系主任等职。

1952年黄适调入华南工学院建筑工程学系任教授，同时还是建筑工程学系三人行政工作小组组长（图5-124）。1952年至1970年黄适任建筑系三级教授。1953年至1959年黄适曾任建筑学系主任。黄适任教期间曾主讲一年级建筑设计初步、建筑概论、投影几何等课程。

（6）符罗飞

1954年1月6日，符罗飞自广州文联调入华南工学院建筑工程学系长期担任教授及美术教研室主任，主讲绘画与工业美术。1961年符罗飞教授任建筑史与美术教研组主任（图5-125）。由于符罗飞是知名的画家，在他的带领下，美术教研室的学术研究气氛非常浓厚。

符罗飞教授常常自己动手制作美术教学材料，带领教师到广州陈家祠翻制浮雕石膏模型，创作大型雕塑“学习”供学生绘画。作为知名画家，符罗飞站在华南工学院建筑系美术教学的“最前线”，亲自教授一年级基础美术课程“素描”。他指导

图5-124 黄适教授
（来源：彭长歆，庄少庞. 华南理工大学建筑学科大事记（1932-2012）[M]. 广州：华南理工大学出版社，2012年11月第1版：49）

图5-125 符罗飞教授
（来源：广东美术馆，华南理工大学编著. 华南理工大学名师——符罗飞[M]. 广州：华南理工大学出版社，2004年11月：扉页）

学生平易近人、深入浅出、生动活泼。据华南理工大学建筑系邓其生教授回忆，符罗飞教导学生要“破中求立，重视心灵的表现，画出自己的感受，不要见什么就画什么，不要画公仔画出肠（广州方言，意即不要做不必要的细致表达）”，符罗飞在教学上提倡“艺术来自生活”、“法师自然”、“大众化、普及化”、“雅俗共赏”等等，这些都对邓其生教授的学术观点产生了较大的影响[378]。

符罗飞教授对同事热情真诚，非常关心和帮助青年教师提高思想和业务水平，曾派从事美术教学的青年教师到建筑工地和广东佛山石湾陶瓷厂，学习工人师傅的品质和生产技能以提高业务水平[379]。符罗飞教授教学要求也较严格。他要求教师上课要写出教学提示、画示范画、讲示范课，采取集体评审的方式来批改学生的作业，这对青年教师教学水平的提高有很大帮助。

由于患有严重的哮喘病，符罗飞教授上课时常叫妻子携带针剂陪伴，课间休息通过打针来控制病情。学生无不为之动容[380]。

教学之余，符罗飞仍然坚持到各地写生和创作，并多次举行个人画展（图5-126）。1961年中国美术馆收藏符罗飞作品12幅。1963年11月，上海美协与华南工学院在上海美术展览馆联合举办“符罗飞画展”。1964年应米谷同志（中国著

图5-126　夏收夏种（符罗飞画作）

（来源：符罗飞——灰暗中的虹彩．华工新闻网：http://news.scut.edu.cn/newsdtl.action?ids=16294）

名画家，曾任香港《文汇报》漫画双周刊主编、《解放日报》编委兼艺术组长、《漫画》月刊主编）之邀，准备集结作品由人民美术出版社出版《符罗飞画集》[381]，后因“文革”被逼取消出版计划。

新中国成立后符罗飞教授还连任全国文代会第一、二、三届代表、全国美协理事、美协广东分会副主席、广州市政协连续三届委员、对外文化协会理事、“保卫世界和平大会”代表。1966年“文化大革命”开始后，符罗飞教授受到了不公正待遇，长期遭受迫害。1971年12月1日，符罗飞病逝于广州，享年74岁。

1984年4月15日-5月24日，符罗飞教授的遗作三百余幅作品，在广州美术馆展出。此外，还有画评、专访、个人笔记等文字资料近十万字。展览深受欢迎，反应强烈，延期十天结束[382]。同年8月，人民美术出版社编辑出版的《符罗飞画集》。2004年11月广东美术馆、华南理工大学编著《华南理工大学名师——符罗飞》，由华南理工大学出版社出版。符罗飞教授的作品19幅收藏于北京中国美术馆，有97幅收藏于广州美术馆，有165幅收藏于广东美术馆，一千多幅留在了意大利[383]。

符罗飞教授认为艺术是社会现实政治、经济和文化生活的反映，它同时又具有时代性、民族性、地方性和各种流派、个人艺术风格；艺术具有思想性和艺术性两重意义[384]；艺术要为人民服务。这恰恰也是华南工学院建筑系许多从事建筑设计教学的教师的建筑观点，可以说华南工学院建筑系的美术教育也是贯彻了建筑教育上一贯坚持的现实主义特点。

符罗飞教授对艺术上的独特理解使得岭南建筑教育中的美术教学也与众不同。在教学中重视教学课题要反映生活的主题思想性，注重写实与创意相结合的艺术造型训练，以写实为基础带动创意，最后达到创作阶段以创意带动写实[385]。建筑学的美术教育不是为了训练学生对真实世界的再现，而是训练学生对周边事物的观察、理解、抽象和再现，使学生从更高的层次来理解艺术，来创作具有思想性的形态，形成思想性与艺术性的完整统一。

符罗飞教授的建筑美术教学思想和艺术创作方法在教学中不仅培养和提高了学生的艺术修养，而且也极大地带动了青年教师业务和教学水平的提高，使得华南工学院建筑系的美术教育也独具特色，为岭南建筑美术教育做出了巨大贡献。

（7）丁纪凌

丁纪凌，1913年11月出生于广东东莞。1934年7月丁纪凌毕业于广州市美术专科学校西洋画系。1935年至1938年丁纪凌前往德国，在德国柏林国立综合美术大学建筑雕刻系学习，曾任德国柏林世界运动场助理雕刻师。回国后曾任广州番禺仲元中学美术教员。1939年在昆明任自由职业雕刻师，同年加入在云南澄江县的国立中山大学建筑工程学系任美术副教授、华南联大工学院兼任教授，1945年抗战胜利后在国立中山大学晋升教授。由于其兄丁纪徐是国民党早期的空军将领，1949年丁纪凌曾受共产党人委托前往香港中国航空公司，促使机组负责人陈民惠率机队回国[386]。1952年院系调整后丁纪凌调入华南工学院建筑工程学系任美术教授，建立美术教学小组并任组长（图5-127）。1958年至1972年调到广东建筑专科学校任教，1972年至1980年在广东省建筑设计院工作，1980年调回华南工学院。2001年9月丁纪凌去世。

主讲雕刻美术、绘画、建筑模型、庭园布置、喷水池设计等课程[387]。丁纪凌的绘画风格与符罗飞是两个不同的方向，由于是雕刻系出身，所以对人体美学比较擅长，而且画风细腻，追求古典的美感。1956年受学校委托，丁纪凌教授设计了华南工学院二号楼门前游泳池中的鱼雕塑（图5-128）。1989年丁纪凌教授和赖锡康教授受邀为新加坡南洋华侨中学铸造陈嘉庚铜像。

图5-127 丁纪凌
（来源：华南工学院建筑学系教职工登记表，1972年）

图5-128 石鱼——丁纪凌设计
（来源：新浪博客：http://blog.sina.com.cn/s/blog_5e3bc49c0100rk5f.html）

（六）人才辈出的岭南建筑教育学子

1. 面向全国（包括港澳）的招生制度

1952年中山大学、岭南大学、华南联大、广东工专调入华南工学院学生数（本科）[388]表5-20

科别	本科学生																				
系别	土木系				化工系				机械系				电机系				建筑系				小计
年级	一	二	三	四	一	二	三	四	一	二	三	四	一	二	三	四	一	二	三	四	—
中山大学	53	56	29	24	64	46	25	14	57	46	27	30	56	49	34	19	32	34	18	15	728
岭南大学	5	50	60	30	—	—	—	—	—	—	—	—	40	40	—	—	—	—	—	—	225
华南联大	1B	27	38	42	—	t	—	—	19	21	13	9	17	21	13	9	13	9	7	2	278
广东工专	—	—	—	—	—	—	—	—	—	—	—	—	—	—	—	—	—	—	—	—	
合计	76	133	127	96	64	46	25	14	76	67	40	39	113	110	47	28	45	43	25	17	1231

注：岭南大学学生数是概数。

新中国成立初期广东高等学校的招生是在广东省高等学校招生委员会统一领导下进行，通过统考，各校根据考生成绩及德、智、体各方面的条件择优录取。华南工学院院长罗明燏多次担任广东省、广州市招生委员会副主任委员。广东全省招生分别在广州、梅县、海口、汕头4个考区进行。华南工学院从建校开始，便面向全国招生，除西藏、青海、新疆几个省外，几乎全国各省都有招生指标（表5-20、表5-21），其中以广东、广西、湖南、湖北、江西、河南等省的学生居多，港澳生占10%左右[389]。1956年的华南工学院建筑系招收的七十个学生中就有二十个是港澳生。这充分显示了华南工学院的建筑教育在当时岭南地区的影响力。

2. “义不容辞”的服从国家统一分配

学生毕业由国家统一分配工作。具体分配工作是学校组成“协助毕业生分配工作委员会”，在“广东省高等学校毕业生统一分配工作委员会”的直接领导下进行。毕业生集中进行短期学习《革命青年干部的修养》等书，学完后写个人的收获总结。通过学习，提高毕业生的思想认识，使他们大都自觉自愿愉快地走上学校分配的工作岗位。学校协助毕业生分配工作委员会对毕业生进行动员教育及具体执行计划分配工作。这一时期的毕业生分配工作按照“集中使用，重点配备”的方针进行，大多被分配到国家工业建设重点工程，这些重点工程大部分是从头开始，条件相当艰苦，工作困难很多，但他们表现出强烈的工作热情和社会责任感，斗志高昂地战斗在工作岗位上[391]。

中山大学、岭南大学、华南联大、广东工专调入华南工学院学生数（专科）[390] 表5-21

科	专科										
系	土木系		建筑科		水利科		机械科		化学科		小计
年级	1	2	1	2	1	2	1	2	1	2	—
中山大学	—	—	—	—	—	—	—	—	—	—	—
岭南大学	—	—	—	—	—	—	—	—	—	—	—
华南联大	11	6	3	—	2	—	—	—	—	—	22
广东工专	—	—	—	—	25	18	29	37	23	28	160
合计	11	6	3	—	27	18	29	37	23	28	182

毕业生们从思想上端正态度，认为服从国家分配，便是履行自己“义不容辞”的责任，有了社会主义国家的前途，才会有整个青年一代的前途。应该把国家的需要、国家的利益放在第一位，把个人的兴趣、个人的需要、个人的利益放在从属的地位[392]。这一时期华南工学院建筑系的毕业生坚决服从国家分配，甚至包括1961届毕业生中的二十多位港澳学生，也热情洋溢的投入祖国各地的建设中去。这些分配到全国各地的毕业生，许多人都后来成为各自岗位上的技术骨干，取得了重要的学术科研成就，为中国的建筑事业的发展进步贡献了自己的力量。（图5-129）

由于华南工学院位置上毗邻港澳，加之新中国成立前的国立中山大学建筑工程学系都有比较多的港澳学生，学生毕业后也有相当一部分人前往港澳地区和新加坡工作。新中国成立前仅在香港，就有三四十人的国立中山大学建筑工程学系毕业生在那儿工作[393]，到20世纪80年代初，华南工学院在港澳地区的校友有三百多人，分布于各个行业，其中以建筑业为多，因此岭南建筑教育与港澳地区的学术交流也能较早展开。这些校友们热心促进港澳和内地的交流，资助内地学者到香港考察学习、开办各类设计培训班、开展与内地高等院校建筑学科的学术交流互访、组织联合设计和评图等，在一定程度上开拓了岭南建筑教育工作者的视野，为“文革”后岭南建筑教育的发展做出了相当大的贡献。

这一时期的毕业生中，每年几乎都有优秀的学生留校任教。在华南工学院建筑教育师资力量较为缺乏的时期，这批留校的青年教师有力地充实了建筑系的教学力量，为岭南建筑教育以后的发展打下了坚实的师资基础。在老一辈岭南建筑教育家们的“传、帮、带”下，青年教师们传承了岭南建筑教育求真务实的教学作风，坚持亚热带气候适应性建筑的研究，为岭南建筑教育在“文革”期间的顽强坚持，以

图5-129　建筑学专业1961年毕业班与教师合影

（前排左一为林其标、左二为马次航、左五为陈伯齐、右一为胡荣聪、三排右六为何镜堂）

（来源：五十年岁月之歌．华南理工大学建筑系（1956-1961）届同学纪念册．华南理工大学建筑学院办公室藏：3）

及"文革"后的重新起步积累了重要的人才基础。

3. 优秀毕业生代表

（1）李允鉌

李允鉌，1953年毕业于广州华南工学院建筑工程学系。祖籍广东，出身书香世家，其父李研山是著名的岭南画家、书法家和诗人，被誉为岭南"山水画大师"。李允鉌自幼便打下了扎实的中国传统艺术与文化基础。李允鉌从建筑工程学系毕业后，曾先后在沈阳、北京、香港、曼谷、新加坡等地从事建筑设计、城市设计及室内设计工作。除了设计工作，李允鉌多年潜心研究中国建筑设计传统，长期实地考察东西方建筑，博览中外建筑经典典籍。

李允鉌在为其父亲编完《李研山书画集》后，从1975年开始，根据其自身的设计经验、考察体会和学术积累进行《华夏意匠》的编著。由于其对研究的严谨态度，经过多年撰写和反复修改，几易其稿，从写作内容和体裁上都有了新的突破，终于1982年在香港出版他的研究专著《华夏意匠》（图5-130）。

《华夏意匠》借鉴西方建筑设计理论方法，参考李约瑟（Sir.J.Needham）

的《中国科学技术史》（Science and Civilization in China）的写作方法，从现代建筑设计理论研究的角度，以现代建筑科技的观点和语汇对中国传统建筑进行全面阐述和分析，验证了中国自古便存在具有中华民族特色的建筑和规划理论，其中许多设计思想及技法属中国独有或首创，在世界都居于领先地位，进而充分肯定了中国古典建筑设计理念是中国悠久历史文化的结晶，也是世界建筑文化艺术宝库中的瑰宝。《华夏意匠》总结了中国古典建筑设计原理，对中国古典建筑文化鲜明地提出自己的见解，驳斥了少数西方人傲慢、狭隘的版面学术观点，批评了某些中国“学者”缺乏民族自信心的西化倾向，字里行间不时流露出一位学者对祖国的拳拳热爱之情和对优秀民族文化的自豪感。《华夏意匠》涉及的学术范围非常广泛，除了直接相关的艺术和科技之外，还包括了历史、哲学、文学、政治、宗教等学科。它的内容意涵深邃，语言亲切隽永，堪称中国建筑文化领域中的“传世之作”。对于建筑师、设计师、美术家、考古学家、历史学家等专业人士以及从事一般文化艺术活动或爱好中国文化艺术的人士，它都是一本不可多得的参考书[394]。华南工学院龙庆忠教授和陆元鼎副教授为该书审稿并作序言，高度评价该书的研究成就，认为该书是一本不可多得的研究中国建筑历史的参考书籍。《华夏意匠》的问世，对于刚刚走出“文革”阴霾、成果贫乏的中国建筑历史研究来说，在一定程度上具有重要影响。

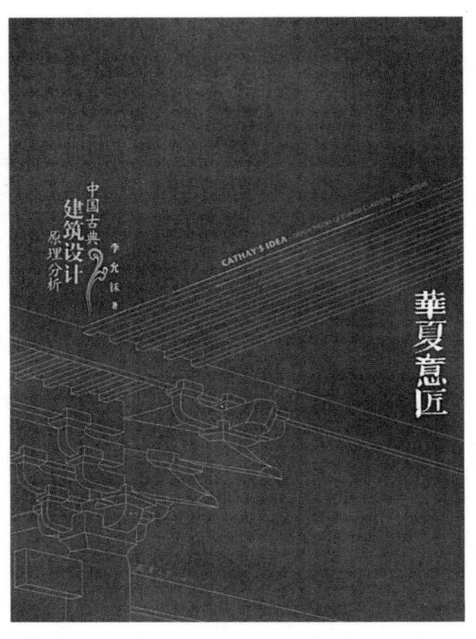

图5-130 李允鉌著作——《华夏意匠》
（来源：李允鉌著. 华夏意匠[M]. 天津：天津大学出版社，2005，5：封面）

1985年12月17日，香港校友李允鉌先生应广东省建筑学会和华南工学院建筑学系邀请，在省科学馆作了题为“广州五羊新城规划设计”的专题学术报告。[395]

（2）李宗泽

李宗泽，1950年入学老中山大学建筑工程学系，1954年毕业于华南工学院建筑工程学系，毕业后分配到北京市建筑设计院。1984年李宗泽与日本著名建筑师黑川纪章合作设计了北京的“中日青年交流中心”（图5-131），在当时的中国和日本建筑界产生了重大的影响。

1987年华南工学院35周年校庆，李宗泽应邀回华南工学院作了《我的创作道路》的学术报告。

（3）袁培煌

袁培煌，1932年生（图5-132）。1951年就读中山大学建筑工程学系，1955年毕业于华南工学院建筑学专业。国家设计大师、中美互认注册建筑师、中国建筑学会理事、湖北建筑师学会会长、中南建筑设计院顾问、总建筑师、华中科技大学建筑与城市学院名誉院长、华中科技大学文华学院兼职教授、城市建筑工程学部主任。曾任中南建筑设计院总建筑师（1980-1993），华中理工大学建筑学院院长（1997-2004），第一、二届“梁思成”建筑奖评委会委员，并多次任建设部优秀设计评审委员会委员及主任委员。现任华中科技大学建筑与城市学院名誉院长、华中科技大学文华学院兼职教授、城市建筑工程学部主任。

袁培煌长期从事建筑设计工作，在建筑创作方面获得了重大成就，完成的设计项目近百项，获得多项国家及省部级奖。袁培煌设计的深圳国际贸易中心成为我国80年代具有代表性的高层建筑，是深圳改革开放建设的象征和标志。20世纪90年代初，袁培煌设计的深圳贤成（洪昌）大厦是以钢筋混凝土作为束筒结构的又一国内设计先例。袁培煌在武汉东湖楚文化游览区项目建设中担任设计总指导，创作出了楚城、楚市、楚天台等一系列具有地域文化的建筑群，得到了社会的认可。袁培煌在规划设计方面同样取得成就，由他参与规划设计的武当山风景区受到了专家的好评。在珠海西区三灶岛总体规划设计竞赛中，袁培煌所作的规划方案获得了一等奖，并得到了逐步实施。此外，袁培煌还作了肇庆市科技城总体规划方案等。另外

图5-131　中日青年交流中心
（来源：感知中国：http://www.china.com.cn/chinese/zhuanti/zrgx/922374.htm）

图5-132　袁培煌
（来源：华南理工大学建筑学院系史展览，2008）

袁培煌对建筑标准设计及专业规范，以及推动注册建筑师考试工作等方面都做出了贡献[396]。2002年在华南理工大学校庆50周年时，袁培煌专门撰文《怀念陈伯齐、夏昌世、谭天宋、龙庆忠四位恩师》，在《新建筑》杂志上第五期发表。

（4）林开武

林开武，1929年生于广东饶平黄冈镇，1955年毕业于华南工学院建筑工程学系，毕业后分配到北京市建筑设计院，历任设计组长、援外专家组组长、第三设计所主任建筑师、教授级高级建筑师。林开武参加了国内外许多大型建筑工程设计，曾被评为北京市建筑行业的优秀人物。

林开武于1956年至1964年间参加的国内外方案竞赛中，杭州西湖馆获优秀奖，北京住宅竞赛获二等奖，古巴吉隆滩纪念碑获国内评选第一名。1964年至1978年，林开武作为中国驻外设计代表，从事援外设计工作，先后完成阿尔及利亚博展馆、中国驻阿尔及利亚使馆、扎伊尔人民宫等项工程，其中博展馆获国家金质奖，人民宫获扎伊尔总统蒙博托亲自签署和颁发的豹子国家勋章和奖状[397]。

1958年林开武参与设计新中国著名的“十大建筑”之一“北京工人体育场”（图5-133），并作为现场设计代表主持建筑施工。北京工人体育场这座可容纳八万人的体育场，已成功地举办过国际、国内多次大型竞赛，包括作为第一至第四届全运会的主会场。1986年至1990年，林开武又负责把它设计、改建为第十一届亚运会主会场，举办亚运会开幕式及亚运会足球赛。通过结构加固、装修和设备更新，使这座三十年前兴建的运动场具有现代体育建筑的风貌和内涵。林开武还主持设计了一批其他重要工程：如北戴河中央直属工程、东郊小型使馆、国家专利局大楼方案、美国驻中国使馆工程等。林开武还获得过全国优秀设计一等奖、院优秀设计荣誉奖等。林开武晚年仍孜孜不倦为祖国四化建设贡献力量，并指导青年建筑师进行方案设计。1993年受到国务院表彰，并获得国务院特殊津贴[398]。

图5-133 北京工人体育场
（来源：中国网：http://www.china.com.cn/photochina/2007-01/30/content_7806118.htm）

（5）黎显瑞

黎显瑞，1929年10月生于广西玉林。1955年7月本科毕业于华南工学院建筑学专业，毕业后留校任教。1987年晋升为教授（图5-134）。1988年5月黎显瑞曾在法国巴黎维尔曼建筑学院作中国古典私家园林讲演，并参与对法国学生的广州二沙岛规划设计的评讲。黎显瑞1984年到1989年曾任华南工学院建筑学系副主任，主管生产活动。黎显瑞曾任广东省政协第六届委员。1992年11月黎显瑞在华南工学院退休。

图5-134　黎显瑞
（来源：华南工学院建筑学系教职工登记表，1972年）

黎显瑞长期从事建筑设计及理论及亚热带建筑的研究。其参与的《亚热带建筑研究——建筑防热》研究项目1978年获国家科学大会奖；主持的“广东省城市公共食堂标准设计”1960年获省建委颁发的竞赛二等奖；1971年参与肇庆市西江柴油机厂规划设计工作；1979年黎显瑞等人参加广东省住宅标准设计，其中“45单元式”方案获得二等奖，“天井式”方案获得三等奖[399]；1985年黎显瑞完成广西梧州大学规划和广东司法厅司法大专学校设计；1985年黎显瑞等人设计了佛山大学教学主楼及教授、副教授、讲师、学生宿舍；1988年黎显瑞等人等完成佛山大学理工科实验大楼设计；1992年黎显瑞完成佛山大学风雨操场设计、佛山大学校门设计、佛山大学学生活动中心设计、佛山大学医院及行政楼设计以及广东工学院番禺市隆辉分院校园规划。黎显瑞在《建筑师》、《建筑学报》等刊物上发表《湿热地区住宅建筑设计》、《人.社会.建筑》、《漫谈“岭南建筑”》、《多功能大厅》等论文6篇[400]。黎显瑞主要学术著作有1978年参加编写的《建筑防热设计》，由中国建筑工业出版社；1991年9月，黎显瑞等人编写的《中国著名建筑师林克明》，由科学普及出版社出版。

黎显瑞曾主讲公共建筑设计原理、建筑美学等课程。1965年黎显瑞等教师指导华南工学院建筑工程系由建筑学、工民建两专业毕业设计组师生53人组成的现场设计组，完成广州市螺岗住宅区规划设计[401]。黎显瑞还指导了硕士研究生6名。

（6）张锡麟

张锡麟，1932年1月生于上海。1955年7月张锡麟本科毕业于华南工学院建筑学专业并留校任教（图5-135）。1955年9月至1968年11月，张锡麟任助教、讲师并兼任建筑设计教研组副主任。1968年至1972年被下放广东韶关凤湾华南工学院“五七干校”劳动。1972年返校后任建筑学教研组副主任。1982年至1983年张锡麟在美国德州工业大学建筑系做访问学者。1986年张锡麟晋升为教授。1984年至1989年张锡麟曾任华南理工大学（华南工学院）建筑学系系主任。张锡麟还曾任中国建筑学会建筑创作委员会委员；曾兼任广东省建筑学会城市规划学术委员会副主任、广州市环境艺术委员会委员。1994年3月张锡麟在华南理工大学退休。

图5-135　张锡麟
（来源：华南工学院建筑学系教职工登记表，1972年）

张锡麟任教期间主讲建筑设计、城市设计等课程。指导硕士研究生8名。

张锡麟长期从事建筑设计、城市设计、教育与建筑设计的研究。合作项目"广州市黄花岗剧院设计"1988年获广东省优秀设计二等奖；"广州五山石牌规划与建筑设计"1984年获广州市城建委"创作奖"；"珠海昌盛花园规划与设计"1993年获广东省优秀设计三等奖。张锡麟在《南方建筑》、美国德州工业大学《TECHNOLOGY》等刊物上发表《试谈建筑空间组合的几个问题》、《国外几组中小型建筑的空间处理》、《新城镇设计构思模式简述》等论文8篇，在全国性建筑画刊上入选建筑画5幅。张锡麟主要学术著作有1985年参编的《校际城市建设研究文选》，由美国德州工业大学城市研究所编印[402]。1980年12月，张锡麟等人主编高等学校试用教材《单层厂房建筑设计》由中国建筑工业出版社出版[403]。

1984年至1989年张锡麟任华南理工大学（华南工学院）建筑学系系主任期间，在教学、对外联系和交流方面都做出了一定成就的改革。在教学上加强建筑设计基础方面的训练，促使了建筑设计初步课程的改革；强调培养学生的独立思考、独立工作、独立设计能力；针对在社会上对学生方案设计能力不够强的反映，注重加强8小时快题设计训练，提高了学生的综合设计能力，取得很好的效果；对外加强联系，鼓励学生积极参加各类国际、国内的设计竞赛，取得较好的成绩；加强与国外和港澳地区建筑院校的合作，开展国际交流，合作的院校有美国德州工业大学、香港大学、瑞士的苏黎世理工学院等，拓展了教师和学生视野；鼓励教师教学与社会实践相结合，并以设计实践提高教学质量，通过创作来搞科研，相互促进[404]。张锡麟教授任系主任期间的这些教学改革举措，使得改革开放后的岭南建筑教育得到进一步的发展。

（7）陈开庆

陈开庆，1932年3月生于湖南常德（图5-136）。1952年陈开庆考入华南工学院建筑工程学系，1953年7月，由于表现优秀，陈开庆在二年级时即作为华南学生代表到华沙出席世界学生第一次代表大会[405]；1954年3月10日，陈开庆作为学生代表正式当选为华南工学院出席白云区人民代表大会的代表[406]。1956年陈开庆本科毕业于华南工学院建筑学专业。1956年至1960年在四川省城市规划设计院工作，1960年至1973年在西藏工业建筑勘测设计院工作，任设计院院长，1973年调入华南工学院建筑工程系[407]。从1979年开始在华南工学院建筑设计研究院工作，任设计院副院长。1984年陈开庆继任华南工学院建筑设计研究院院长。在陈开庆的努力下，1985年华南工学院建筑设计研究院通过学校邀请莫伯治、佘畯南作为华工院顾问教授，并调回在北京工作的何镜堂担任两位教授的助理，辅助研究生教学[408]。莫伯治和佘峻南的到来，极大提升了华南工学院建筑设计研究院的设计水平，因为他们的影响力，也为华工设计院带来了一批重要的合作建筑设计项目如广州西汉南越王墓博物馆、岭南画派博物馆等，对研究生的培养也使两位建筑设计大师的岭南建筑创作理论和设计思想在华工设计院得以传承和发展。1992年陈开庆晋升为教授。1996年陈开庆获得首批国家一级注册建筑师资格。

图5-136　陈开庆
（来源：荣耀与悲哀：第一二代 建筑大师作品之今昔[N]. 新快报，2012年8月25日：A08版）

陈开庆长期从事城市规划及建筑设计的教学、科研和设计工作。主讲城市规划课程。20世纪80年代由广州市城市规划勘测设计研究院、广州市城市建设开发总公司、华南工学院建筑设计研究院和香港梅刘建筑及工程设计顾问事务所合作，陈开庆等人任总负责完成广州市天河区总体规划[409]。陈开庆任华南工学院建筑设计研究院院长后，使设计院的发展步入新的轨道，更因为引入莫伯治、佘峻南等知名建筑师、以及调回何镜堂等优秀设计人才，进一步推动了岭南现代建筑教育在建筑工程实践方面的发展。

（8）王广鎏

王广鎏，1934年11月出生于广州（图5-137）。1952年9月王广鎏考入华南工学院建筑工程学系，1956年7月毕业于该校建筑学专业。1956年8月王广鎏分配到纺织工业部基本建设局设计公司（现中国纺织工业设计院），历任工程师、设计室副主任、设计院副总工程师、高级工程师、第一副院长、教授级高级工程师、院长等职务。王广鎏于1988年11月起担任中国纺织工程学会理事、中国纺织工程学会纺织设计专业委员会主任；1991年至1995年10月，任中国勘察设计协会副理事长；1993年至2003年，当选第八届、第九届全国政协委员；1989年被国家授予“中国工程设计大师”称号。

图5-137　王广鎏
（来源：王广鎏. 百度百科：http://baike.baidu.com/view/4302717.htm?fr=wordsearch）

1957年，王广鎏被派往保定化纤厂，学习化学纤维工厂设计，参加了南京、新乡化纤厂的选择厂址、总图规划和主车间建筑设计。1964年，王广鎏设计的南京化纤厂建成投产，该工程作为我国基本建设项目“自力更生”的样板向全国推广。王广鎏及时总结、撰写了《甲类生产建筑防爆设计的几个问题》一文。1964年至1966年，王广鎏先后参加北京维尼纶厂和贵阳维尼纶厂的设计工作，在承担前者的总图和配套工程设计中，他认真分析引进技术的特点，学习、消化并吸收国外化纤项目的设计技术，并结合我国情况，灵活用于贵阳维尼纶厂工程设计中，使化纤厂的建筑设计水平大幅度提高。1968年时值“文化大革命”，王广鎏校友被委任为工程设计负责人，率领几十位设计人员开展现场设计，日夜奋战，耗时三年之久，完成了年产万吨的强力粘胶帘子线工厂设计任务。王广鎏任副总工程师、副院长后，仍指导各项工程设计，审核设计文件，为我国最大的化纤基地的建设付出了心血。

1980年初王广鎏参加由联合国工业发展组织举办的“工业可行性研究培训班”，系统学习建设项目可行性研究的基本方法和决策分析理论，随即在本院和纺织系统推动开展此项工作。他还受聘担任中国国际工程咨询公司专家委员会委员，多次参加和主持大型纺织、化纤、石油化纤项目可行性研究报告的评估、论证。在石油化纤建设项目的可行性研究、投资与决策中发挥作用。

1992年从领导岗位退下来后，王广鎏工作热情仍不减当年，除参加和主持大、中型建设项目的评估、论证工作外，又参与或亲自动手编制仪化四期工程及山东、江苏、浙江、河南、安徽、福建、广东、上海、天津等地区或企业的纺织、化纤、石油化工的发展规划和项目规划工作，并时常应邀参与纺织、化纤及其原料等宏观发展的专题调研，撰写专题报告。王广鎏为我国纺织、化纤、石油化纤工业的发展作出了重要贡献。[410]

（9）刘管平

刘管平，广东大埔人，1934年11月出生于新加坡，1942年随家人回国。1953年从广东梅县东山中学毕业后考入华南工学院建筑学系。53级是第一届实行五年学制的年级。刘管平在校期间学习积极努力，多次获评“三好学生”、“积极分子”、“优秀团员”等称号（图5-138）。1958年6月，刘管平出席在苏联彼得格勒举行的国际建筑学生第四届代表大会，11月刘管平出席在北京举行的全国青年建设社会主义建设积极分子大会[411]。1958年7月刘管平本科毕业于华南工学院建筑学专业并留校任教。1959年至1960年前往同济大学城市规划专业进修。1984年刘管平晋升为副教授，1986年12月晋升为教授，1992年起享受政府特殊津贴，1994年被评聘为博士生导师，1996年获得首批国家一级注册建筑师资格。1992年至1995年担任华南理工大学建筑系系主任，曾兼任全国高校建筑学学科指导委员会委员、中国城市规划学会理事、中国风景园林学会名誉理事、中国风景名胜专业委员会委员、中国园林规划设计专业委员会委员、广东省土建学会常务理事、广东园林学会理事、中国建筑装修装饰协会会员、《建筑师》从刊编委、《华中建筑》常务编委、《华南理工大学学报》编委、广东风景园林协会顾问、华南建设学院西院客座教授、第四届广州市科协委员等职。2008年1月刘管平在华南理工大学退休。

图5-138　刘管平
（来源：华南工学院建筑学系教职工登记表，1972年）

2012年11月，广东园林协会成立50周年之际，刘管平等10人获得广东园林协会颁发的“终身成就奖”，以表彰其对于岭南园林继承与创新中作出的突出贡献[412]。

刘管平长期从事园林建筑规划设计的教学与研究。1963年参与夏昌世带队的桂林漓江风景区规划设计组前往桂林参加考察和设计工作，1964年参与桂林伏波楼设计，也因此确定以园林研究为主要研究方向。刘管平在其主持和参加的48项实际工程中，一项获英国皇家艺术中心的国际设计竞赛荣誉奖；两项国内设计竞赛二等奖；完成了一项经国家鉴定的国家级风景名胜区——贵州省黔东南阳河风景名胜区总体规划。1986年刘管平的“论庭园景观与艺术表达”研究论文被评为国家级重大科技成果；他撰写的《培养高质量建筑设计人才的园林建筑学科系统教学》论文荣获华南理工大学教学成果一等奖、1993年广东省高校教学成果二等奖；1993年“岭南园林建筑研究”项目获广东省科技进步二等奖；1996年完成国家自然科学基金资助项目“发达区域中城乡（镇）开发与旧城改造及保护研究”[413]。《岭南古典庭园初探》等三项获广州市优秀学术论文奖；《广州庭园》电教材料被选入法国波尔多城举行的首届国际建筑电影节，并获省电教优秀奖[414]。刘管平在《新建筑》、《建筑学报》等刊物上发表《关于园林建筑小品》、《广州庭园》、《岭南古典园林》、《惠州西湖的形成及其园林特色》等35篇论文。刘管平教授出版学术著作13本，主要学术著作有1980年3月，刘管平、李恩山主编的《建筑小品实录》由中国建筑工业出版社出版；1980年由中国建筑工业出版社出版《关于园林建筑小品》；1984年编著《论庭园景观与意境表达》，由新建筑出版社；1986年5月，华南工学院建筑系教师杜汝俭、李恩山、刘管平、叶荣贵、邓其生合编的《园林建筑设计》，由中国建筑工业出版社出版；1987年主编《岭南古典园林》，由中国建筑工业出版社出版；1987年8月，刘管平教授主编的《建筑小品实录2》由中国建筑工业出版社出版；1993年6月，刘管平教授主编的《建筑小品实录3》由中国建筑工业出版社出版（图5-139）。

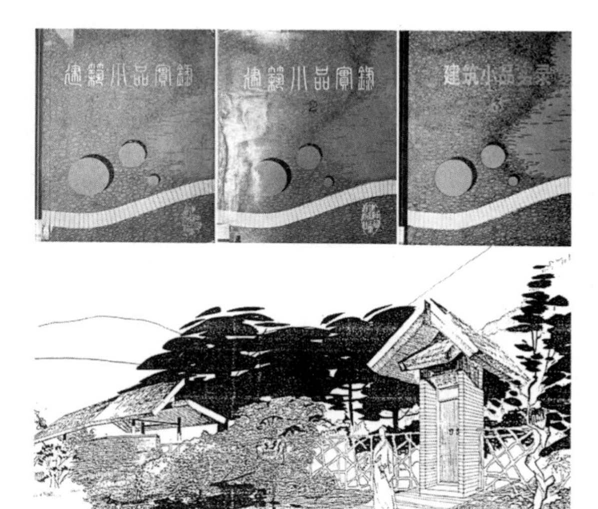

图5-139 刘管平作品
（来源：华南理工大学建筑学院系史展览，2008）

刘管平任教期间主讲园林建筑设计与理论课程。刘管平教授教学严谨，培养指导了风景园林专业方向的20多名硕士生和7名博士生。

在刘管教授任华南理工大学建筑学系系主任期间，建筑学系迎来了全国高校建筑学的第一次专业评估。经过认真细致的准备和大量辛勤的劳动，在刘管平教授的带领和全系师生的努力之下，1994年华南理工大学建筑学系建筑学专业以优秀级通过全国高等学校建筑学专业评估，获得授予“建筑学学士学位”的资格。1995年11月，建筑学专业研究生教育也以优秀级通过专业评估，获得授予“建筑学硕士学位”的资格。刘管平教授推动了华南理工大学的建筑教育与中国注册建筑师制度的衔接，使华南理工大学的建筑教育迈上新的台阶，保持了在全国建筑教育界的先进地位。

（10）谭伯兰

谭伯兰，女，籍贯广东台山，1936年9月出生。1954年谭伯兰于汉口市一女中毕业后考入华南工学院建筑学系，1959年7月本科毕业。为满足教学需要，1958年9月谭伯兰提前留校任教（图5-140）。1993年谭伯兰晋升为教授，1995年4月在华南理工大学退休。1996年谭伯兰获得首批国家一级注册建筑师资格。

图5-140　谭伯兰
（来源：华南工学院建筑学系教职工登记表，1972年）

谭伯兰曾兼任中国卫生经济学会医疗卫生建筑专业委员会理事、中国建筑师学会医院建筑专业委员会委员、广东省现代医院管理研究所研究员。1996年谭伯兰赴法国、荷兰、比利时等国进行医院建筑考察[415]。谭伯兰教授长期从事民用建筑设计的研究，先后完成有关居住建筑、商业建筑、医院建筑、学校建筑等20余项建筑设计。1979年谭伯兰等人参加广东省住宅标准设计，其中“45单元式”方案获得二等奖，“天井式”方案获得三等奖[416]；1980年谭伯兰设计广州华师附中图书馆。1994年谭伯兰主持的“医院建筑设计研究”课题通过鉴定，同年获广东省高校科技三等奖。谭伯兰在《建筑学报》、《建筑师》等刊物和有关国际会议上发表论文12篇，主要论文有《医院建筑空间环境与心理》、《现代医院设计中不可回避的几个问题》、《建筑布局与构思新探——广东遂溪人民医院设计》等；主要学术著作有1959年参与华南工学院编著的《人民公社建筑规划与设计》，负责住宅建筑的编写；1986年由中国建筑工业出版社出版的《农村医院建筑设计》。

谭伯兰任教期间主讲医院建筑设计、民用建筑设计等课程，并培养指导了2名硕士研究生，是医院建筑设计方面的专家。

（11）邓其生

邓其生，1935年12月生于广东五华。1954年考入华南工学院建筑系，1959年因教学需要，邓其生提前毕业留校于建筑系设计教研组任教（图5-141）。1972年邓其生任讲师，1983年晋升为副教授并开始招收硕士研究生，1992年晋升为教授，1994年被评聘为博士生导师，1999年起享受政府特殊津贴。邓其生曾受聘为香港大学建筑学院客座教授，兼任中国建筑学会历史与理论、生土建筑研究会理事，广东省文博学会理事，广东省房地产学会常务理事，广东省文管会委员等。1996年邓其生获得首批国家一级注册建筑师资格。2008年邓其生在华南理工大学退休。2008年10月邓其生在华南理工大学逸夫人文馆举行个人作品展。该展览分规划、建筑设计作品和书法、绘画、篆刻等艺术创作两部分，获得建筑界、美术界专家学者的高度评价。

邓其生教授长期从事建筑理论与历史的教学与研究，主持和参与包括国家自然科学基金在内的项目20多项。邓其生早年刚参加工作时，就在老一辈岭南建筑教育家陈伯齐教授和龙庆忠教授的指导和影响下，参与建筑历史教学的调查和研究，并由龙庆忠亲自点名从建筑设计教研组转到建筑历史教研组。邓其生1961年曾加入全国农村调查组调查广东地区的农村住宅并写出调查报告；1962年带领学生参与广州旧住宅调查；1963年随龙庆忠北上历时两个月考察中国古建筑；1979年又随龙庆忠考察广西民居；还曾随龙庆忠到哈尔滨中国科学院工程力学研究所调研。在龙庆忠的亲自指导下，邓其生得到了充分的锻炼，进一步提高了自己的业务水平，为其日后在建筑历史方向的研究打下了坚实的基础。

邓其生主持重建或修复的文物建筑有肇庆披云楼（图5-142）、三水孔圣园、高州冼太庙、海康雷祖祠、虎门炮台、儋县东坡书院、海口五公祠、东莞观音堂与黄旗道观、化州文庙、高要梅庵与丽礁楼、南雄三影塔与张昌故居、番禺莲花山古

图5-141　邓其生
（来源：华南工学院建筑学系教职工登记表，1992年）

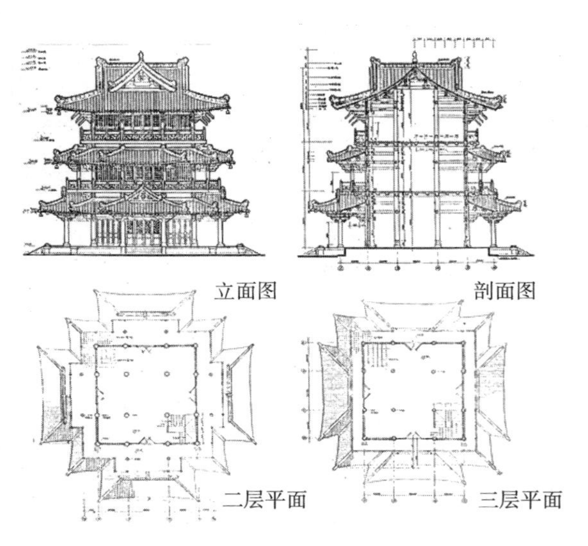

图5-142　肇庆古城墙披云楼重建
（来源：华南理工大学建筑学院系史展览，2008）

城与36.8米观音铜像、南华寺藏经阁、钟鼓楼、深圳天后宫等。邓其生对广东古塔研究造诣颇深，主持修理了：南雄宋三影塔、河源宋龟峰塔、英德宋蓬莱塔、仁化宋华林塔、番禺明莲花塔、海康明三元塔、罗定明文塔、连县宋慧光塔等11座；并主持设计了鹤山雁山仿宋大塔、河源龟峰塔、英德蓬莱塔、罗定文塔、海康三元塔、鹤山雁塔等几十处[417]。邓其生还设计了五华县第一中学综合办公楼和五华县水寨中学教学楼设计、番禺海韵阁、阳西政治文化中心建筑群、广州科贸中心、雅园宾馆、海康宾馆、顺德生态陵园、肇庆世纪明珠标志塔与盘古龙王庙景区、广州帽峰山新世纪生态花场、台山市省税务培训中心与下川岛“山情水趣”建筑群等。[418]

邓其生共发表论文70余篇，初期着重中国建筑技术史的研究，主要论文有《中国古建筑防水、防潮技术》、《中国古建筑基础技术》、《中国古建木材防腐技术》等。邓其生还对园林建筑与风景旅游建筑作了较深入的研究，发表了《庭园与环境保护》、《城镇园林化刍议》、《岭南园林山石与盆景》、《论传统园林的因借手法》、《东莞可园》、《番禺余荫山房布局特色》、《番禺横档岛与罗浮山旅游区规划构想》、《南雄珠玑巷旅游模式开发思考》、《塑造广州旅游总体形象》等论文近20篇，《塑造广州旅游总体形象》获2000年旅游论文一等奖。邓其生在古建筑修理技术、旧城改造与文物保护、建筑创作理论等也进行了多方面的研究，发表了《城市的历史与未来》、《名城保护与开发》、《潮州广济桥变迁与修复》、《开放与创作》等论文10余篇。邓其生在岭南建筑方面研究也取得了许多成果，在国家自然科学基金的资助下，研究了岭南建筑的历史与现状，开拓了发展岭南建筑的思路，发表的著作与论文有：《岭南古建筑》、《广州建筑与海上丝绸之路》、《论广州石室艺术形象》等10余篇。邓其生教授学术研究范围广博，在中国建筑传统与革新方面有自己独特见解，在国内外有一定影响。他在国际生土建筑、国际民居会议上和在香港大学讲学中均论证了中国建筑的中华民族精神根基的深厚与辉煌，认为坚持走中国自己建筑发展之道路，才能立足于世界建筑之林[419]。

邓其生教授主要学术著作有1985年参编由科学出版社出版的《中国建筑技术史》；1986年5月与华南工学院建筑系教师杜汝俭、李恩山、刘管平、叶荣贵合编的《园林建筑设计》，由中国建筑工业出版社出版；1991年由广东科技情报出版社出版《岭南古建筑》；1993年由中山大学出版社出版《广州建筑与海上丝绸之路》；1999年由广东地图出版社出版《广州古塔》；2001年由天马图书有限公司出版《弘扬岭南建筑文化》等著作。

邓其生教授任教期间主讲建筑历史与理论、岭南古建与园林、中国古典园林理论与历史、中国技术史、世界艺术史等课程。邓其生教授学识渊博，治学严谨，平易近人但对破坏历史文物的建设行为敢于大胆批评。他坚持“授人以鱼，不如授人以渔”的教学理念，注重学生对基本设计技能的掌握，启发学生开展独立思考，并亲自带领学生亲身实践、调查测绘，体会古建的维修和建筑创作。邓其生教授培养了硕士研究生二十余名、博士研究生近二十名，为岭南建筑教育中的地域建筑历史研究和广东地区的文物保护工作以及岭南现代建筑的发展做出了重要贡献。

（12）赵伯仁

赵伯仁，1935年10月生于湖南湘潭。1954年8月赵伯仁从湘潭第一中学毕业后到华南工学院办公室工作，一年后考入华南工学院建筑学专业，1960年5月建筑学专业本科提前毕业后留华南工学院第五系（无线电与自动控制系）工作，一年后调回建筑工程系任教[420]。赵伯仁任教期间主讲建筑设计、建筑构造等课程（图5-143）。1988年赵伯仁晋升为教授，培养了多名硕士研究生。赵伯仁教授还兼任广州市环境艺术委员会委员。

图5-143 赵伯仁
（来源：华南工学院建筑学系教职工登记表，1972年）

1992年，赵伯仁教授入选由《世界建筑》杂志主编、清华大学建筑学院曾昭奋教授等主编的《当代中国建筑师》第二卷[421]。1996年赵伯仁获得首批国家一级注册建筑师资格。1999年5月赵伯仁在华南理工大学退休。

赵伯仁教授长期从事建筑设计的研究，特别是在公共建筑设计方面有较丰富的实践经验。曾负责设计的“广州华侨医院门诊部”、“广州黄花岗剧院”（图5-144）、“海南华侨宾馆”、“广州湖天宾馆”四项建筑设计在1985年至1994年获广东省优秀设计二等奖2个和三等奖2个。赵伯仁教授还主持设计了“韶关剧院”、“南方医院门诊部”、“海口市少年宫”、“琼山县少年宫”、“广州空军通讯楼”、“广州六中敬师斋”、“湖南大厦”、“海南华侨宾馆”、“汕头工人文化宫”、“东莞市福星印染公司”、“捷得纺织公司”、“广州市星海音乐厅设计”、“广东机械学院教学楼”、“广州市档案馆”等建筑。

赵伯仁教授还在《世界建筑》、《建筑学报》等刊物上发表《观众厅的灵活空间》、《海兹——毕那设计事务所的旅馆室内设计》、《突破鞋盒式音乐厅的探索》、《剧院建筑》等多篇论文[422]。

赵伯仁教授在“文革”期间与留校未下放的部分教师仍然努力坚持教学和学术研究与实践，1971年韶关影剧院的设计是他这一时期的代表作，1973年在《广东

图5-144　黄花岗剧院透视图

（来源：赵伯仁.黄花岗剧院透视图. 赵伯仁教授提供资料）

工学院学报》上赵伯仁执笔《2000座位剧院建筑设计》，对韶关影剧院的设计进行了详细的总结，也奠定了其在剧院建筑设计上的专长基础。

1984年11月，赵伯仁教授与清华大学许宏庄、李晋奎合作编著《剧院建筑设计》，由中国建筑工业出版社出版。1984年赵伯仁与叶荣贵合作拍摄了《中国大酒店》、《香港建筑风采1、2、3、4辑》由华工音像出版社出版发行。赵伯仁与叶荣贵合作于1986年设计的海南华侨宾馆获得1991年省优秀建筑设计三等奖，与杨适伟在1988年合作设计的湖天宾馆获得1993年省优秀建筑设计三等奖。赵伯仁教授为繁荣岭南地区现代建筑的创作做出来积极贡献。

（13）林永祥

林永祥，1936年10月生于广东广州。1960年本科毕业于华南工学院建筑学专业。林永祥毕业后先后在福州大学、华侨大学土建系任教，在福建省建设厅设计院任技术员，1984年11月调入华南工学院，1995年晋升为研究员，1996年获得首批国家一级注册建筑师资格（图5-145）。林永祥还兼任广州市环境艺术委员会委员、广州市建设科技委员会专家组成员。现任华南理工大学建筑设计研究院总建筑师。2001年被评为"1999-2000年度广州市建设科技委员会优秀专家"。林永祥长期从事建筑学研究、教学和设计。其主持并担任建筑设计的项目"星海音乐厅"设计2000年获国家银奖；"华南理工大学研究生院楼"设计1988年获教育部三等奖；"新会客运联检楼"设计1998年获教育部表扬奖。在《世界建筑》等刊物上发表《星海音乐厅建设可行性研究报告》、《突破鞋盒式音乐厅的探

图5-145　林永祥

（来源：荣耀与悲哀：第一二代建筑大师作品之今昔[N]. 新快报，2012年8月25日：A08版）

索》、《合作中的一点体会》等论文[423]。

林永祥还曾主讲建筑学系的中国建筑史、外国建筑史、建筑设计、建筑师业务等课程，并培养了7名硕士研究生。

（14）曾昭奋

曾昭奋，广东潮安县人，1955年就读华南工学院建筑学系，1960年毕业后分配到清华大学建筑系任教。曾昭奋是当时唯一一位由华南工学院毕业分配到清华大学，进入吴良镛工作室工作的毕业生。曾昭奋后任清华大学建筑系教授，《世界建筑》杂志的主编直到退休，是著名的建筑评论家，主编或合作编辑多本学术著作。曾昭奋还是圆明园研究专家、中国圆明园学会常务理事。

图5-146 曾昭奋
（来源：荣耀与悲哀：第一二代建筑大师作品之今昔[N]. 新快报，2012年8月25日：A08版）

曾昭奋是第一个提出中国现代建筑创作可分为“京派”、“海派”、“广派（岭南）”三大流派的建筑师，事实证明其独特见解是建立在其多年的、准确的建筑观察基础之上，为建筑学界普遍认同。曾昭奋还负责整理校对夏昌世、莫伯治的学术研究成果出版。1995年，曾昭奋负责整理校对夏昌世的《园林述要》，由华南理工大学出版社出版。1996年，该书获得国家建设部全国优秀建筑科技图书部级二等奖。2008年，曾昭奋整理夏昌世、莫伯治先生在20世纪60年代就已写好的遗作《岭南庭园》，由中国建筑工业出版社出版。曾昭奋不遗余力地为岭南地区的建筑理论研究发展“添砖加瓦”。

（15）叶荣贵

叶荣贵，祖籍广东东莞，1937年12月生于。1955年，叶荣贵广州师范附中毕业后考入华南工学院建筑学系，1960年7月本科毕业后留校建筑学系任教。1969年至1974年，其被下放至韶关凤湾“五七干校”劳动学习。1974年5月，叶荣贵被派往广东曲江山子背空军后勤部水泥厂支援基建。1980年4月，返回华南工学院任教。1989年至1992年，叶荣贵任华南理工大学建筑系系主任，1993年12月晋升为教授，1996年获得首批国家一级注册建筑师资格，1997年被评聘为博士生导师[424]。1993年10月起享受政府特殊津贴。1997年，叶荣贵教授获广东省“南粤教书育人优秀教师”称号；1999年被广州市建委评为“广州市建设科技委员优秀专家”。1999年获得华南理工大学1997-1998年度“三育人”先进个人称号，教学优秀一等奖。叶荣贵教授曾兼任广州市建设科技委员会委员、广州城市环境艺术委员会委员、广州城市雕塑艺术委员会委员、广州市建设工程评标专家、《建筑画》编委等[425]。2008年1月，叶荣贵教授在华南理工大学退休（图5-147）。2008年7月，叶荣贵教授因病去世。

图5-147　叶荣贵
（来源：华南工学院建筑学系教职工登记表，2002年）

叶荣贵教授长期从事建筑设计及其理论、现代建筑环境创作与理论领域的教学与研究，涵盖了城市空间、风景园林、建筑室内外环境、庭园设计以及住区环境等诸多方向。其主持完成的“广州番禺莲花山景区修建工程（七五期间）”于1991年被国家旅游局评为全国先进工程；“海南华侨宾馆”（合作）于1991年获广东省建筑评优三等奖；“新会口岸联检楼”（合作）于1995年获国家教委表扬奖；华南理工大学“逸夫工程馆”（合作）于1997年被国家教委评为邵逸夫先生6～8批捐资项目一等奖第一名，该项建筑论文收录在《中国建筑科技文库》中；以及肇庆鼎湖山宝鼎园设计（图5-148）等工程项目。科研工作除建筑教育领域外，叶荣贵教授主要致力于旅馆建筑、银行建筑和现代建筑环境、绿色生态建筑等建筑领域。在《建筑学报》、《装饰总汇》等刊物上发表论文近50篇。主要论文有《酒店大堂的空间艺术》、《论杂交、找差距、展未来》、《建筑教育要倍加重视生产实践与建筑技术》等，后者于1998年获“广东省土木建筑学会优秀论文奖。”1984年，叶荣贵教授与赵伯仁教授合作编导的教学录像“广州庭园”（获省优秀奖）、“白天鹅

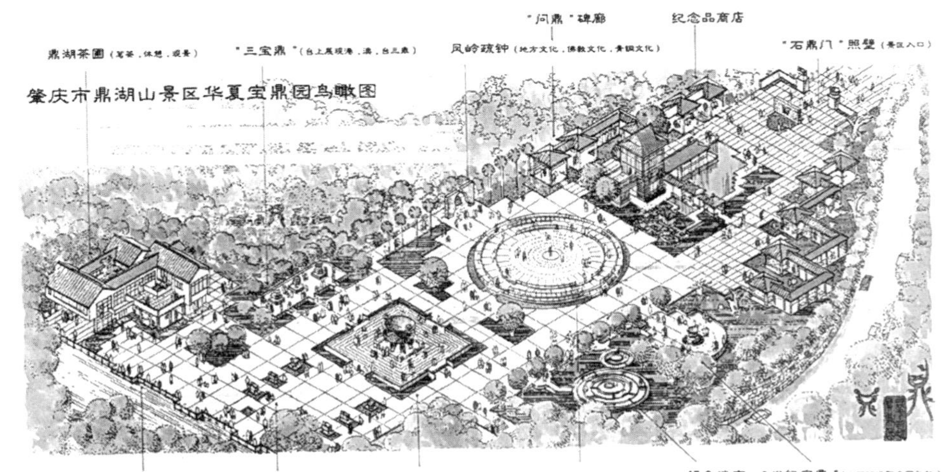

图5-148　肇庆宝鼎园鸟瞰图
（来源：华南理工大学建筑学院系史展览，2008）

宾馆”、“中国大酒店”、“香港太古城”、“香港建筑风采1、2、3、4辑”等七部电教片，由华工音像出版社出版发行获得校级一、二等奖。其主要学术著作有：1986年参编《园林建筑设计》，由中国建筑工业出版社出版；1993年参编《建筑小品实录（3）》，由中国建筑工业出版社出版；负责编写《建筑设计资料集》第二版（10）中“银行建筑主要用房布局和构造大样”部分；2002年主编《快速建筑设计的思维模式与表达》，由中国建筑工业出版社出版。

叶荣贵从教48年，任教期间主讲建筑设计、比较建筑学、现代建筑环境艺术、建筑设计方法形体学和建筑速写与线描画等本科和研究生课程。叶荣贵教授治学严谨认真，知识广博，诲人不倦，重视生产实践与教学相结合，教学中强调解决实际问题，求真务实。叶荣贵教授培养了硕士研究生39名、博士研究生9名、访问学者4名。叶荣贵教授是一位充满社会责任感的建筑教育家和建筑师，一生致力于现代建筑与环境研究和创作，他带领学生对于岭南地区的现代园林景观、高层建筑、银行建筑、旅馆建筑以及绿色生态住区规划适应华南地域性特点的探索，取得了丰硕的成果。

（16）蔡建中

蔡建中，男，1934年出生于广州市一个书香门第，祖籍广东东莞人。（图5-149）

1948-1951年，蔡建中在由美国人创办的教会学校广州市培英中学西关分校读小学及初中，对西方的科学、音乐、体育、美术有了初步的接触，并产生兴趣。在学校的时候，蔡建中曾经是广州学生管弦乐团的首席小提琴手及乐团指挥、广州市田径代表队的成员，曾经是广州市400米中栏记录的创造者。1956年蔡建中从广州第六中学高中毕业，考入华南工学院建筑系。

图5-149　蔡建中
（来源：蔡建中大学一年级实习在鼎湖山留影. 情系四十六年（1956-2002）. 华南理工大学建筑学系（1956-1961届）同学纪念册，2002）

1957年“反右”期间蔡建中被划成右派，开除学籍，遣送到广州重型机器厂附属农场劳动。1962年蔡建中辗转去了香港。当时香港经济正处于攀升的初期，建筑业十分蓬勃，蔡建中先生在华南工学院建筑系的校友帮助下在建筑事务所工作。经过几年的努力，蔡建中建立了一定的社会及人际关系，并积累了一定的资金。

1966年开始外国商人到中国订购货物都经香港，香港的轻工业由此起飞，尤其是纺织漂染业、制衣工业。地产市场则因中国的政局不明朗而停滞。在这个历史时刻，蔡建中把握机遇，及时由建筑行业转入漂染行业。

1969年，蔡建中和朋友集资港币15万元开设高泰染厂，在多层工业厂房的四楼租了7000多平方英尺（约为650平方米）作为生产之用。由于蔡建中熟悉建筑设计，解决了过去一般漂染厂因排水及排蒸气的问题，大多都只能设于地面层的问题，而且把厂房的利用发挥到最有效的水平。在两位华工校友刘家汉、霍建立的指导和帮助下，使工厂第一年的利润即超出投资的两倍。蔡建中又将所有利润投资到生产设备及扩大生产上去。

中国改革开放后，香港很多工厂都搬到大陆生产。蔡建中还和内地及香港一些中资机构合作，在东莞长安镇开设福安纺织染整厂，第一期投资即1.2亿港元，厂房设计完全由华工建筑系及建工系负责，保证了质量与速度，仅在一年的时间内就能投入生产，之后还在不断地扩充，所有的厂房仍是由华工代为设计。

蔡建中的公司还向海外发展，和斯里兰卡当地的商人合作开设织染厂，负责生产及管理。在蔡建中先生的领导下互太纺织有限公司发展成纺织印染行业举足轻重的业界明星。至2011年，集团市值近80亿元。据国家海关总署统计，互太针织品的出口量在全国为第三位。互太公司也被国家统计局评为2004年全国重点行业针棉制品类10佳之一。历年来，政府也多次对互太公司为地方和国家作出的成绩和贡献给予肯定和嘉奖。

蔡建中的事业成功以后，积极投入教育慈善事业，他为社会各界捐资已数千万元，特别是对于教育事业的投入。蔡建中的中学，大学的母校都得到了他无私慷慨的捐助：他曾为广州市中学教育提供赞助资金和建议；曾为初中母校广州培英中学西关分校及高中母校广州六中分别捐献数百万元；还由华南工学院建筑学系赵伯仁副教授设计，蔡建中在广州市六中校园内捐建了第一座敬师斋；还专门为当年的小提琴老师何安东老师的何安东音乐奖学金基金捐献了近百万元；多次为大学母校华南理工大学捐款，2002年在华工建校50周年之际，蔡建中伉俪捐赠1000万港元，用于母校建设励吾科技大楼，这是当时华工建校以来获得的单笔最高捐款（图5-150）；2012年为庆祝母校60周年华诞，蔡建中伉俪捐赠2000万港元作为校园基本建设基金，主要用于华工建筑学院大楼27号楼（建筑学专业制图教学楼）的改造。[426]

蔡建中还积极为促进华南工学院（华南理工大学）建筑系与港澳地区的交流贡献力量，经常安排华工建筑系教师访问香港交流学习，并尽量挤出时间热情接待并

图5-150　蔡建中先生伉俪向母校捐赠的仪式
（来源：蔡建中先生伉俪向母校捐赠的仪式. 情系四十六年（1956-2002）. 华南理工大学建筑学系（1956-1961届）同学纪念册，2002）

给予帮助。蔡建中还是香港华工校友会会长。移居德国的原华工建筑系夏昌世教授在20世纪80年代回国参加广州华侨医院的设计工作，期间在香港居住，就是由蔡建中负责安排。夏昌世教授关于中国园林的著作《园林述要》在20世纪60年代就已写就，但由于各种原因没有出版，后在蔡建中的资助下于1995年由华南理工大学出版社出版。

1998年9月，蔡建中被授予“番禺市荣誉市民”称号。2000年9月，蔡建中被授予“广州市荣誉市民”称号。2010年，蔡建中荣获企业管理者终身成就奖。蔡建中还是华南理工大学香港校友会的永远荣誉会长。

（17）赵祖望

赵祖望，1960年毕业于华南工学院建筑系建筑学专业。毕业后分配到航天部建筑设计研究院，国家一级注册建筑师。在职期间，赵祖望任院副总建筑师、院研究员。

赵祖望主要设计作品有航天城游乐园方案；北京十三陵九龙游乐园；深圳石岩湖温泉浴室；一汽青岛分厂规划及生产科研楼设计；泰州商业中心规划及设计；敦煌旅游区规划；门头沟碧云天度假村规划及设计；阳江海陵岛戏水乐园方案；航天空间技术中心设计（建筑面积3万平方米，多动尖端试验中心的群体组合）；济南市中心经一路街道改扩建工程；北戴河宾馆式公寓规划及设计（建筑面积6万平方米，酒店式宾馆）；大连市经济开发区入口广场规划及设计；济南黄旗山国际花园小区（用地面积300公顷，建筑面积300万平方米，国际花园式住宅小区，得到有关部门的高度评价）；北京国际建材城；兰州铝业办公楼方案；河北动漫游戏产业发展基地；社会主义新农村一耿辛庄无公害渔业新村。赵祖望完成的北京空间技术研制试验中心规划和设计获国家级金奖[427]。另外，其还有设计作品曾获航空航天部优秀设计一等奖、中国航天基金奖。赵祖望被航空航天部评为部级“有突出贡献专家”、获得“航天工程荣誉建设者”称号。2000年赵祖望评为勘察设计大师。

（18）彭继文

彭继文，1956年就读华南工学院建筑系建筑专业，1961年毕业于华南工学院后一直在香港政府建筑署从事建筑设计及管理工作至退休。彭继文曾主持参与香港湾仔人民入境处等一批大楼的设计或项目管理等工作；其间也参与国内一些工程的设计。他热爱建筑专业，有较深的建筑造诣。彭继文十分关心母校华南工学院建筑系的发展，1991年为建筑系设立“彭氏奖学金”，为学校建筑人才的培养作出贡献。同年，彭继文先生被聘为华南理工大学建筑系第一个顾问教授[428]。

图5-151　2002年彭继文（右）为获奖学生颁奖
（来源：2002年彭继文（右）为获奖学生颁奖，华南理工大学建筑学院藏）

“彭氏奖学金”是华南理工大学建筑系第一个由个人捐资的奖学金，旨在奖励在建筑设计主干课上具有创新精神并取得优秀成绩的建筑系学生，激励学生奋发图强、不断进取的学习精神和热心服务社会的责任意识，并将优良的学风和社会责任届届相传，弘扬母校优秀传统。“彭氏奖学金”每年颁发一次，迄今已奖励过近六百人，是在华南理工大学建筑系学生中最有影响力的“奖学金”。（图5-151）

（19）冯宝霖

冯宝霖，1937年12月出生于广州。1961年毕业于华南工学院建筑工程系，分配到肇庆市城建委任技术员，从事城市规划设计与管理工作。1964-1966年曾任单位规划技术主要负责人。“文革”中冯宝霖受到冲击，1972恢复职务。1979年冯宝霖组建肇庆市规划设计室，任负责人。1981-1988年任肇庆城建局副局长、局长，分管规划工作（图5-152）。1988-1998年任广东省肇庆市城建规划局局长。冯宝霖还曾任肇庆市科协副主席、中国城市规划学会风景环境学术委员会委员，中国风景园林学会理事，广东省城市规划协会副理事长。

图5-152　冯宝霖
（来源：五十年岁月之歌. 华南理工大学建筑系（1956-1961）届同学纪念册. 华南理工大学建筑学院办公室藏：118-119）

冯宝霖从事城市规划和设计工作多年。1962年主持的住宅设计方案在广东省住宅设计竞赛中获奖。冯宝霖主持了肇庆市、高要市、广宁县等城市总体规划编制；主持制订《肇庆市城市建设管理实施细则》等多项地方性规划管理规章；1964年首次建立并完善肇庆市城市规划建设管理土地征拨、建设、用地、许可证、施工执照等管理制度。冯宝霖有多篇规划学术论文分别发表于日本《都市计画》、我国《建设学报》、《城乡建设》、《城市规划汇刊》、《广东园林》等刊物上，部分学术成果为《城市规划资料集》、《建设小品实录》等专业书录用。1995年10月冯宝霖被国家建设部评为"全国城市规划先进工作者"，2005年12月广东省城市规划协会授予其"广东省城乡规划行业资深规划工作者荣誉奖"[429]。

（20）何镜堂

何镜堂，男，汉族，1938年4月2日出生于广东东莞。1956年东莞中学毕业后何镜堂考入华南工学院建筑学系，1961年本科建筑学专业毕业，开始硕士研究生课程学习（图5-153）。1962年华南工学院正式开始招收硕士研究生，何镜堂的导师是夏昌世，他也成为夏昌世唯一的硕士研究生（图5-154）。1965年何镜堂研究生毕业后留校任教。1967年何镜堂调至湖北省建筑设计院工作，1973年又调往北京轻工部设计院工作，1983年在原华南工学院院长陈开庆的帮助下，何镜堂调回华南工学院建筑设计研究院。

1989年，何镜堂任华南理工大学建筑设计研究院副院长，1992年晋升为教授，任设计研究院院长，1993年起享受政府特殊津贴，1994年被评为"中国工程勘察设计大师"，1996年获得首批国家一级注册建筑师资格，1997年被评聘为博士生导师，1999年当选为中国工程院院士。2000年何镜堂被评为广东省劳动模范，2001获得首届中国建筑界最高奖"梁思成奖"，2004年荣获"全国模范教师"称号，2005年度"全国劳动模范称号"。何镜堂还兼任了国务院学位委员会专家评议组成员、全国高等学校建筑专业教育评估委员会会员、广东省科学技术协会副主席、中国

图5-153 何镜堂
（来源：《当代中国建筑师》丛书编委会. 当代中国建筑师——何镜堂[M].北京：华南理工大学出版社，2000，9：12）

图5-154 1963年夏昌世与何镜堂在桂林七星岩
（来源：五十年岁月之歌. 华南理工大学建筑系（1956-1961）届同学纪念册. 华南理工大学建筑学院办公室藏：164）

建筑学会理事、中国建筑学会教育建筑学术委员会主任、广东省注册建筑师协会会长、广东省土建学会副理事长、广东省建筑学会环境艺术学术委员会主任、广州市环境艺术学术委员会副主任、广州市建筑科技委员会副主任、广州市文物管理委员会委员、国家大剧院专家组成员。何镜堂还担任了全国政协第九届委员，广东省政协第八届委员、常委[430]。1997年至今何镜堂院士任华南理工大学建筑学院院长兼建筑设计研究院院长、亚热带建筑科学国家重点实验室学术委员会主任。

何镜堂教授长期从事建筑设计及城市规划的教学研究与工程实践，主讲现代建筑创作课程。自1983年调回华南工学院建筑设计研究院，何镜堂主持设计的工程项目多次获奖。其中五邑大学教学主楼获1987年全国教育建筑优秀设计二等奖；深圳科学馆（图5-155）获1989年全国优秀设计二等奖；桂林博物馆获1991年度国家教委系统优秀设计三等奖。与莫伯冶合作的广州西汉南越王墓博物馆（图5-156）获1988年广东美梦杯十优建筑奖、国家教委、建设部1991年度优秀设计一等奖及国家金质奖；与莫伯冶合作的岭南画派纪念馆获1993年度国家教委系统优秀设计一等奖等。

至20世纪90年代末，何镜堂教授累计主持了80多项重大建筑工程设计项目，获国家、部、省级优秀设计奖32项，其中国家金奖1项、铜奖2项、一等奖8项、二等奖9项。何镜堂教授在《建筑学报》等刊物上发表多篇学术论文，主要论文有《文

图5-155　深圳科学馆

（来源：华南理工大学建筑学院系史展览，2008）

化环境的延伸与再创造》、《超高层办公建筑可持续发展研究》、《鸦片战争海战馆创作构思》等[431]。主要学术著作有2000年由中国建筑工业出版社出版的《当代中国建筑师——何镜堂》；2006年主编的《当代大学校园规划与设计》和2009年主编的《当代大学校园规划理论与设计实践》由中国建筑工业出版社出版；2010年主编的《2010年上海世博会中国馆》由华南理工大学出版社出版；2012年由华中科技大学出版社出版的著作《何镜堂文集》等多部专著。

进入21世纪，何镜堂院士又主持创作了大量优秀建筑，包括校园规划和教育建筑设计项目近200个，以及文化博览建筑如南京大屠杀遇难同胞纪念馆扩建工程（图5-157）、2010上海世博会中国馆（图5-158）等一批具有国际影响的国家级标志建筑。获得国家级金奖2项、银奖3项、铜奖4项，省部级以上奖项30余项。[432]

何镜堂院士（图5-159）带领华南理工大学建筑学院创建了卓有成效的“学研产”相结合的人才培养模式和创新机制，在创作出大量优秀工程设计成果的同时，又培养了一大批富有创新精神、高素质的建筑英才。何镜堂院士培养了一大批硕士研究生、博士研究生，他们大都成为各自岗位上的技术骨干。

何镜堂院士在总结实践经验的基础上，提出了“两观”（整体观、可持续发展观）、“三性”（地域性、文化性、时代性）的建筑创作思想，进一步拓展了老一辈岭南建筑家如夏昌世、陈伯齐等人的基于地域特点和条件进行建筑创作的理念，具有重要的理论学术价值和实践指导意义。何镜堂院士至今仍在为岭南建筑教育事业和华南建筑的发展不断做出重要贡献。

（21）伍乐园

伍乐园，1962年考入华南工学院建筑工程系建筑历史专业硕士研究生，师从于

图5-156　西汉南越王博物馆
（来源：作者自摄）

图5-157　侵华日军南京大屠杀遇难同胞纪念馆扩建工程
（来源：侵华日军南京大屠杀遇难同胞纪念馆扩建工程. 华南理工大学建筑学院）

图5-158 上海世博会中国馆
（来源：上海世博会中国馆，华南理工大学建筑学院，2010）

图5-159 何镜堂院士
（来源：作者自绘）

岭南著名建筑史学家龙庆忠教授，是岭南建筑教育培养的第一位女硕士研究生（图5-160）。1965年毕业后留校任教，后调至广东省煤矿机械厂及广东省石油化工设计院工作。1984年调入广州市设计院，历任建筑师、高级建筑师、副总工程师、总建筑师。2001年从广州市设计院退休。2006年在广州因病去世。

伍乐园主持和参与的主要项目包括珠江新城东区、中区的规划与设计、广东美术馆、健力宝大厦、广州殡仪馆、广州东山广场、荔湾区中心医院、广州大厦等广州新地标建筑项目以及中国驻塞浦路斯大使馆的设计。

（22）石安海

石安海，1940年8月出生于四川省达县（图5-161）。1963年石安海从清华大学建筑系毕业后，考入华南工学院建筑工程系，攻读建筑历史与理论方向的硕士研究生，其硕士导师是著名岭南建筑历史学家龙庆忠教授。

图5-160 伍乐园
（来源：华南建筑史教育展，2010）

石安海硕士毕业后，1968-1982年在广州市建筑工程局下属建筑公司工作，先后任公司党委副书记、革委会副主任、副经理等职务；1983-1991年任广州

图5-161　石安海
（来源：华南理工大学建筑学院建筑系系史展览，2008）

图5-162　岭南近现代优秀建筑
（来源：华南理工大学建筑学院建筑系系史展览，2008）

市副市长，兼市城建委主任、党组书记；1992年任广州市委常委、副市长；1993年任广州市委副书记，兼市委政法委书记；1996-2000年任广州市委副书记，兼市纪委书记；2001-2006年任广东省政协副主席。石安海2006年退休[433]。2010年7月石安海主编的《岭南近现代优秀建筑.1949-1990卷》由中国建筑工业出版社出版，对新中国成立后到20世纪90年代前的岭南地区建筑发展历程做了详尽的记录（图5-162）。

这一时期优秀毕业生代表还有1958届饶维纯（云南省设计院总工程师、中国工程设计大师）；1962届的林兆璋（广州市城市规划勘察设计研究院总工程师、广州规划局总工程师、副局长，广州建筑师学会会长、理事长）；黎佗芬（中国建筑西南设计研究院总建筑师、中国工程设计大师、教授级高级工程师）；1968届的蒋伯宁（广西华蓝设计（集团）有限公司总建筑师）等人以及留在华南工学院建筑系任教的1955届魏彦钧、岳特伯，1956届李献心、陈其燊、何陶然，1959届魏长文，1959届肖裕琴，1960届叶吉禄、刘炳坤、陈伟廉，1963届詹益平等人。

三、学术科学研究——基于亚热带地域环境和气候特点的建筑研究

1956年初，周恩来总理作了《关于知识分子问题的报告》，并代表党中央在第二届政协二次会议上发出“向科学进军”的号召。在党中央的号召鼓舞下，同年6月7日，华工隆重举行了第一次科学报告会。这是对几年来特别是1955年以来全院科研工作的一次总结，也是有组织、有领导地开展科研工作，提高学术水平的一次动员。参加这次大会的有本校全体教师、广州市各有关生产单位代表、各高校代表等500多人。大会安排了多次学术交流，共有129篇研究论文、专题报告在会上交

流，150多位教师参加了大会交流活动，于7月5日闭幕。这次科学报告会，总结了经验，也指出了存在的问题，为今后开展科研工作起到承前启后的作用。[434]

1956年6月16-18日，华南工学院建筑系举行科学报告会。建筑设计教研组、建筑历史教研组、建筑技术教研组分别提交了多篇论文[435]。1956年12月，华工学术性刊物《华南工学院学报》正式创刊（内部发行）。建筑工程系的教师在刊物上积极撰稿，发表学术研究成果。

随着学术科学研究工作的逐渐开展，明显地带动和促进了岭南建筑教育教学和学术水平的提高。

（一）科研机构

1. 中国建筑研究室

1953年，全国掀起学习苏联建设社会主义经验的高潮，中国的建筑学界自然也首当其冲，“社会主义内容，民族形式”这一早在1932年苏联斯大林时代就提出的文艺创作方针成为当时中国最为提倡的建筑口号。1953年9月，刚刚成立一年的华南工学院建筑工程学系特别组织了一个中国建筑考察小组，由老教授夏昌世、陈伯齐、龙庆忠带领讲师杜汝俭、助教胡荣聪、陆元鼎，去北京进行传统建筑的考察。1953年10月回校后成立中国建筑研究室，陈伯齐任所长、夏昌世任副所长。研究所成立后购置了大量彩画，制作了斗栱等古建构件，向文物单位申请明器等文物，并设立专门的资料参考室（图5-163、图5-164）。当时在国内其他高校同样

图5-163 1957年建筑史陈列室
（来源：华南工学院建筑史陈列室，1957年.华南理工大学建筑学院藏）

图5-164 1957年建筑史陈列室—明器
（来源：华南工学院建筑史陈列室，1957年.华南理工大学建筑学院藏）

也存在类似这样的研究室，例如在南京工学院就有刘敦桢先生主持的中国建筑历史与理论研究室。

夏昌世专门请人画了很多彩画，并花了一年的时间制作和写了说明[436]（图5-165）。该室所搜集的资料，内容包括各种珍贵的建筑图片三千多幅；拓本、出土的汉瓦当、石窟中的石雕佛像、建筑上应用的各种琉璃制品；各种雕刻（木雕、金漆木雕、雕漆、刻石、刻碑等）；建筑物和石窟中的壁画，和中国建筑的木制模型等[437]。

图5-165 1957年建筑史陈列室——彩画
（来源：华南理工大学建筑学院系史展览，2008）

1954年4月，华南工学院建筑工程学系为更好地学习“社会主义内容民族形式”的建筑设计，使同学们和老师更系统地了解中国建筑艺术的发展和热爱中国传统建筑艺术，中国建筑研究室设在文学院三楼的资料参考室举办“伟大的中国建筑艺术”展览，展示从上古时代到明清时代的建筑图片[438]。1954年5月，华南工学院建筑工程学系全体教师，为了在建筑设计上进一步结合“民族形式”，全系教师都开始参加“中国建筑史”的学习，每周学习五小时[439]。对中国传统建筑文化的学习进入一个高潮，民族形式的建筑大行其道，连设计工业厂房甚至公共厕所都要加上大屋顶的传统样式。然而仅仅一年后，由于苏联新领导人赫鲁晓夫的上台，开始批判建筑上的“复古主义”，与苏联亦步亦趋的中国也同样开始进行建筑思想中的“形式主义”、“复古主义”、“结构主义”批判。华南工学院中国建筑研究室也就不了了之了，但建筑历史资料陈列室还是保留下了其中许多珍贵藏品。

2. 亚热带建筑研究室

早在勷勤大学时期，1937年建筑工程学系的过元熙教授在《广东省立勷勤大学季刊》上发表《平民化新中国建筑》一文，就提出建筑要“适合各地气候环境生活”的观点[440]。1946年后，随着夏昌世、陈伯齐、龙庆忠、林克明、谭天宋等一批具有现代主义建筑思想的教师来到广州国立中山大学，直到新中国成立后成立的华南工学院，通过不断的建筑创作实践和科学研究，进行理论和方法的总结，逐步建立起了基于亚热带地域环境和气候特点的、注重理性分析、重视建筑技术和工程实践的岭南建筑教育体系。

1958年8月，在北京召开了全国建筑气候分区会议。华南工学院建筑学系派林其标老师参加了此次会议[441]。1959年，华南工学院建筑学系陈伯齐教授任系主任后，他认为："**中国幅员广大，分布在各不同地区的建筑应各有其特色，方符合国情的需要**"。为此提出了以能反映亚热带地区的建筑理论与建筑设计为中心的办学宗旨[442]。在院党委指导下建筑学系确定了以亚热带地区建筑问题作为今后在学术上较长远的活动领域[443]。

亚热带建筑研究所也正是基于这种地域性建筑研究的需要而建立的。1958年，华南工学院建筑工程学系成立亚热带建筑研究所，陈伯齐任所长，金振声任秘书[444]。

1961年经学校正式批准，华南工学院建筑工程系成立亚热带建筑研究室，陈伯齐任主任，金振声任副主任，还有四位助教朱良文、高焕文、叶吉禄、詹益平[445]。同时还成立了下属的亚热带建筑物理实验分室[446]，由林其标任主任（图5–166）。研究室的工作主要是从事亚热带湿热环境、规划与设计的综合研究以及中国古代建筑科学技术的研究[447]。研究室成立后立即开展地域建筑的调查研究，首先作了珠三角地区农村住宅调查工作。

1962年夏，华南工学院建筑学专业3014班同学暑期实习对广州旧住宅进行调查实测，并对所获得的资料进行分析整理，参加实习指导教师有金振声、陆元鼎、李恩山、傅肃科、陈其燊、贾爱琴、邓其生、黄梓南、朱良文、梁杰材、傅定亚等[448]。以陈伯齐教授为领导，组织教师对这些调研成果进行了细致的理性分析整理，并总结撰写多篇重要的关于地域气候适应性建筑研究的论文。

1962年11月14日，华南工学院各系室开始举行为期十天的科学报告会。建筑工程系陈伯齐教授做了《太阳辐射热与居屋降温问题》、《南方住宅建筑的几个问题》等专题研究报告；金振声副教授提出的《广州旧住宅的降温处理》调查报告，探讨

图5–166　20世纪60年代的热工实验场地

（来源：六十年代的热工实验场地，华南理工大学建筑学院藏）

了南方住宅建筑的通风降温与防潮湿问题[449]，夏昌世教授的《岭南庭园》、金振声、李恩山的《广州市旧住宅调查》、龙庆忠教授的《中国古代建筑的避雷措施与雷电学说》、《论建筑风格创造的客观规律及其特点》、林其标、孙煜英的《建筑遮阳中有关热工的几个问题》、魏长文的《住宅楼层隔绝撞击声性能》、胡荣聪的《大跨度单层厂房的发展趋势及其空间与平面布置问题》、黎显瑞的《多功能大厅》等论文和报告[450]。他们的报告引起了与会者的重视，《南方日报》还专门进行了报道。

在陈伯齐教授的领导下，华南工学院建筑工程系于1963年在广州市东郊员村住宅区设计修建了两座试验性的住宅。为了达到试验的目的，特意建成两种不同类型的住宅：一为南外廊式，另一为天井式，以供比较研究（图5-167、图5-168）。对该试验项目跟踪测量数据调查一直持续到1965年。通过对试验获得数据的分析，得出了结论："地处亚热带的南方，无论在气候条件与人民生活习惯等各个方面，都有其独特的地方，于住宅建筑中设置天井，即所谓天井式住宅，是我们优良传统的处理手法之一。带有天井的住宅，无论在防热与降温，使用与经济等几个方面，都有一定的好处，也为南方人所习惯使用，优点很多。特别在降低居室气温，增加凉快舒适感方面，有着显著的实效。这就在一定程度上解决了南方住宅建筑中最主要的问题——夏季的自然降温问题。所以，天井在南方住宅建筑中，有其特殊的现实意义。"[451]

1964年11月，华南工学院建筑工程系建筑物理组编写建筑物理实验指导书，从实验目的、原理、设备、步骤、结果整理分析等方面对每个实验做了详尽的指导

图5-167 员村试验性住宅（南廊式）
（来源：员村试验性住宅（南廊式），1963年，华南理工大学建筑学院藏）

图5-168 员村试验性住宅（天井式）
（来源：员村试验性住宅（天井式），1963年，华南理工大学建筑学院藏）

描述。这些实验有：建筑日照、放热系数测定、玻璃的辐射热透过系数测定、颜色的辐射吸收系数测定、建筑气候观测、空气中声速测定、水波比拟声场分布[452]。

1965年12月，金振声在华南工学院学报发表《广州旧住宅的建筑降温处理》，对广州旧住宅，在适应当地气候条件隔热、通风降温方面的建筑处理手法，进行了调查研究，对其有关措施，进行了初步归纳，分析了其使用效果，并对这些措施的应用，提出了一些意见[453]。

在陈伯齐教授、夏昌世教授等人的带领下，华南工学院的亚热带地域性建筑的研究在20世纪60年代就取得了一定的成果，特别是在亚热带建筑遮阳与隔热方面，在全国范围内都有影响力。其他社会主义国家也纷纷派代表团来专程考察学习（图5-169）。当时中国支援非洲国家的建设，中国的"老八校"中唯有华南工学院研究亚热带气候条件下的建筑，与非洲较为接近，陈伯齐也曾经翻译过非洲建筑的相关学术论文，因而在援助非洲建设的工作中起到比较重要的作用。梁思成先生率团去巴黎参加UIA会议，指定给华南工学院从事亚热带建筑研究的教师一个名额，当时还是讲师的林其标先生获得了这个难得的机会[454]。这也说明华南工学院建筑系注意培养青年教师专注于地域性亚热带建筑的研究，使该项研究成为华南工学院长期坚持并不断取得成果的学术特色。林其标教授此后一直专门从事亚热带建筑物理技术的研究，成为其毕生坚持的学术方向并取得了较为丰硕的成果。

值得一提的是，陈伯齐教授、夏昌世教授等人不仅仅只是进行亚热带建筑技术的科学研究，更重要的是将科研成果运用到工程实践中，创作出许多具有适应岭南

图5-169　华南工学院亚热带建筑研究室接待越南建筑物理考察团（20世纪60年代）

（来源：华南工学院亚热带建筑研究室接待越南建筑物理考察团（20世纪60年代），华南理工大学建筑学院藏）

亚热带气候特点的优秀建筑作品，形成了鲜明的岭南建筑风格。如中山医学院教学楼、中山医学院第一附属医院、肇庆鼎湖山教工休养所、华南工学院教学楼群和图书馆等，夏昌世教授的建筑设计更是形成了独特的“夏氏遮阳”建筑立面风格。

“文革”期间，中国的教育和科研事业遭受了极为严重的冲击，几乎停滞，就是在这样的条件下，在亚热带建筑研究室的正副主任都被下放的情况下，研究室的剩余成员顶住压力和困难，坚持建筑物理方面的科学试验。

图5-170 《建筑防热设计》
（来源：华南工学院亚热带建筑研究室．建筑防热设计，中国建筑工业出版社，1978年）

粉碎“四人帮”后，科学得到了解放，到1978年，由于一直坚持研究，亚热带建筑研究室的科研工作和实验室建设上都取得了一些成绩，打下了比较坚实的亚热带建筑研究基础。这些成果主要在建筑遮阳与隔热研究方面，如遮阳研究、通风屋顶研究、空心砌块隔热研究等。研究成果汇编出版了专著《炎热地区建筑降温》、《建筑防热设计》（图5-170），并在有关学报上发表了科研论文[455]。

时任亚热带建筑研究室负责人林其标提出，科研必须走在生产前面，研究室着重于生产实际应用方面的科学研究，注意科学发展和经济建设需要，深入实际调查研究，征求有关设计、生产和科研单位的意见，并力求同设计部门和施工单位密切合作。研究室从1975年到1978年，对利用“三废”和地方材料进行墙体改革，对各种空心砌块和大型板材等进行了认真的研究，为设计、生产单位和援外工程等提供了参考数据，也给教学增添了新内容。除了完成国家下达的科研任务之外，研究室还尽力为生产部门生产上急需的项目服务，如韶关南水电站扩建工程、龙川枫树坝水库工程岩石性能的抗冻试验等[456]。研究室还在设备和资金以及人力都存在困难的条件下，充分发挥集体和个人的智慧和力量，自己动手制作仪器，建设能供屋顶和墙体做热工试验的比较先进的实验室，可人工模拟湿热地区的室外气象条件，进行各种方案的砌块传热试验。在1978年3月召开的全国科学大会上，亚热带建筑研究组的科研成果《亚热带建筑遮阳与隔热》获国家优秀科技成果奖[457]，《广东省可能最大暴雨等值线图》获广东省优秀科技成果[458]，为建筑科学的发展做出了贡献。

1978年经教育部正式批准华南工学院成立亚热带建筑研究室，成为当时国内和东南亚地区唯一一所亚热带建筑科学研究的专门科研机构[459]，主要从事亚热带湿热环境、规划与设计的综合研究以及中国古代建筑科学技术的研究[460]。

华南工学院建筑系亚热带建筑研究室负责人林其标教授主持的科研项目《混凝土空心砌块隔热性能研究》获1979年广东省高教科技进步三等奖，建筑系完成的科研项目《广东省可能最大暴雨图集》以及建筑系杜一民负责的科研项目《室内排水立管的排水能力及排水系统通气方法》和《法国若干住宅建筑工业化体系的经验及其工艺》获1979年广东省高教科技进步四等奖；《广州荔湾区环境污染调查及环境质量评价》获得1980年广东省科技成果四等奖[461]。华南工学院建筑系亚热带建筑研究室在20世纪80年代还先后参加了JGJ24-86、GBJ118-88、GB50176-93等国家标准的编制工作。

正是由于华南工学院在建筑物理研究上的突出成就，1979年9月2-9日，华南工学院建筑工程系受中国建筑学会建筑物理委员会的委托，在广州主持召开了全国建筑热工学术会议，来自全国各地的建筑设计、科研、生产和高等学校的五十二个单位的代表参加了会议。这次学术会议是建筑物理委员会恢复活动以来第一次举办的全国性学术交流活动。会议由建筑物理委员会建筑热工专业组副组长、华南工学院建工系林其标副教授主持。[462]

华南工学院建筑系自1986年以来就依托建筑设计学科点先后培养了建筑热工学、建筑声学方向的研究生，建筑技术科学专业成为国内建筑院系中少数博士点之一，并设有博士后流动站。2000年华南理工大学组成建筑技术科学“兴华人才工程”研究团队，并成立建筑技术科学研究所[463]。2005年华南理工大学设立亚热带建筑科学教育部重点实验室。2007年初在原亚热带建筑教育部重点实验室的基础上，经科技部批准建立亚热带建筑科学国家重点实验室，同年11月正式启动建设，是当时全国高等学校建筑领域唯一的国家重点实验室。[464]

华南理工大学建筑学系的亚热带建筑研究室作为岭南建筑教育重要的科学研究基地，从建立之初到成为国家重点实验室，充分发挥大学的科研优势，努力构建基于亚热带地域特点的建筑设计和建筑技术领域内的基础理论，为使我国建筑设计和建筑技术领域内的基础理论研究跨入世界先进行列贡献了自己的力量。

（二）教学及学术科研展览会

1. 华南工学院建校初期

举办各种教学及学术科研展览一直是岭南建筑教育的传统。

1954年12月27日-1955年1月3日，华南工学院在新办公大楼六号楼举办“工业与民用建筑专业课程设计、毕业设计资料展览”及“本学期我院各系课程设计资料展览”两个展览会。建筑系展出的有该系一、二、三、四年级的建筑设计，包括居住建筑设计、公共建筑设计等，设计的题目有独院住宅、集体住宅、学生宿舍、招待所、室内装饰、医院、合作社、火车站、人民大会堂等。[465]

1956年4月19日，华南工学院建筑系为配合毕业设计的开展，在该系楼下课室举办了清华大学、同济大学、天津大学、南京工学院和本院建筑系学生的毕业设计、课程设计和美术作品等资料展览。[466]

1956年12月10日至12月底，清华大学、天津大学、南京工学院、同济大学、华南工学院、东北工学院及重庆大学七院校建筑系学生设计成绩展览会，在华南工学院建筑系大楼展出。展出设计图纸共401张，包括毕业设计及各年级课程设计，对教与学起到了很大的帮助。[467]

这些直接与教学相关的展览，对象主要是面对学生，一方面向学生展示各年级的学习成果，另一方面，在资讯不是很发达畅通的那个时代，通过组织这些展览也直接为学生提供了宝贵的学习参考资料。

2. 华南工学院进入教育发展和探索时期

1958-1965年，华南工学院进入教育发展和探索时期。对教学和科研、生产的成果举办展览，是这一时期华南工学院建筑学系在展示学术成果，促进学术交流上的一个重要举措。

1958年开始，华南工学院建筑学系师生组织工作队，主动下放到全国各地农村，进行为期四个月的“人民公社”的规划活动，每个工作队在规划工作结束后，都会在当地举办一个人民公社规划设计展览会，展出规划设计成果，包括规划和单体建筑设计：有公社规划和办公大楼、工厂、文化宫、医院、百货大楼、敬老院、托儿所、公共食堂、集体宿舍等的设计图[468]。

1959年3月9日，华南工学院建筑系在建筑红楼举行“参加人民公社规划设计成绩汇报展览会”，展览会由“番禺馆”、“惠阳馆”、“设计院馆”、“高要馆”、“中山馆”、“海南馆”、“澄海馆”组成，吸引了一批批的参观者，院党委第一书记张进、书记李独清等领导也专门到会参观并对展览会展出的规划成果高度评价[469]。

1959年4月4-14日，华南工学院建筑系教授、美协广州分会副主席符罗飞在广州文德路文艺俱乐部举办作品观摩展览[470]，展出的作品，大部分为反映我国社会主义建设的，内容丰富，有素描、速写、水彩、彩墨画等200幅。

1962年6月7日，由广东美协与华南工学院联合举办的华南工学院建筑系教授“符罗飞画展”在广州画苑举行，展出风景、花鸟、人物等作品62幅[471]。

1962年为庆祝建校10周年，华南工学院建筑系在11月14日举行了为期十天的科学报告会，同时还举办了建筑系十年教学与科学研究成绩展览会以及符罗飞创作画展[472]。

1963年11月，由上海美协与华南工学院联合举办的华南工学院建筑系教授“符罗飞画展”在上海美术展览馆举行，展出风景、花鸟、人物等作品62幅。[473]

这些展览扩大了华南工学院建筑系的影响力，进一步提升了华南工学院建筑系在中国建筑教育上的重要地位。

（三）调查测绘

在华南工学院成立后，建筑工程系的教学逐步步入正轨，因战乱而中断的由教师带领学生进行的社会调查和建筑测绘工作也重新列入教学安排。

1. 园林调查

1952年，夏昌世带领青年教师罗宝钿和学生对广东现存四大名园之一的顺德清晖园进行实测工作，这是针对岭南庭园最早开展的、有系统的调查工作（图5-176）[474]。1954年，由夏昌世教授主持，对粤中庭园进行了一次普查。1961年秋，又由华南工学院建筑学系及广州市城市规划委员会协作，再次进行了有系统的岭南庭园调查工作，并由夏昌世教授、莫伯治工程师合作编写了《岭南庭园》一书书稿[475]。因历史的原因，该书稿直到2008年才得以出版。

进入20世纪60年代后，夏昌世带领研究生何镜堂还北上进行了江南园林和北京皇家园林的考察工作（图5-171～图5-173）。

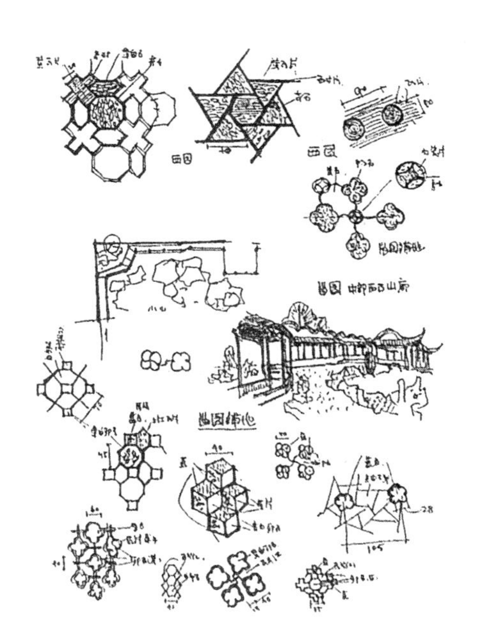

图5-171　何镜堂研究生时期园林调研手稿a（来源：《当代中国建筑师》编委. 当代中国建筑师何镜堂. 北京：中国建筑工业出版社，2000，9：14）

2. 北京古建筑考察

1952年华南工学院成立后，适逢中央决定一切向苏联学习建设社会主义，确立了建筑领域要执行苏联斯大林时代提出的“社会主义内容、民族形式”的建筑方针。1953年9月，龙庆忠教授、夏昌世教授、陈伯齐教授、杜汝俭副教授、陆元鼎助教、胡荣聪助教到北京进行古建筑考察[476]，历时近一个月，期间还收集

图5-172 何镜堂研究生时期园林调研手稿b
（来源：《当代中国建筑师》编委. 当代中国建筑师何镜堂. 北京：中国建筑工业出版社，2000，9：28）

图5-173 何镜堂研究生时期在承德外八庙调研
（来源：《当代中国建筑师》编委. 当代中国建筑师何镜堂. 北京：中国建筑工业出版社，2000，9：11）

购买了许多古建筑的图片。回到广州后还专门请人绘制彩画、制作斗栱模型以及向广州市文化局申请了一批陶瓷、汉代明器等文物作为建筑史教学的实物资料（图5-174、图5-175）。10月份华南工学院建筑工程学系成立中国建筑研究室，夏昌世任所长，陈伯齐任副所长。为普及中国传统建筑知识，举办了一系列的中国传统建筑展览和座谈会，并开展相关的研究工作。

3. 潮州古建测绘

1954年，华南工学院龙庆忠教授与助教陆元鼎带领53级学生到潮州做古建测绘实习[477]。获得了粤东地区民居和庭园的大量一手资料，陆元鼎后来据此写出了《广东民居》、《粤东庭园》等学术著作。

4. 河南古建筑调查

1954年夏，龙庆忠、陈伯齐带领教师十余人、建筑系二年级学生60人分赴河南登封、洛阳开展古建筑调查实习，参观考察古建筑。实习结束后，其中一队经郑州、南京、苏州抵上海，另一队由郑州抵苏州、上海继续参观[478]。1957年龙庆忠教授还带队考察了河南太原天龙山石窟（图5-176）。

图5-174 顺德清晖园实测
（来源：顺德清晖园实测图，华南理工大学建筑学院藏）

图5-175 1957年建筑史陈列室——建筑构件
（来源：华南工学院建筑史陈列室，1957年.华南理工大学建筑学院藏）

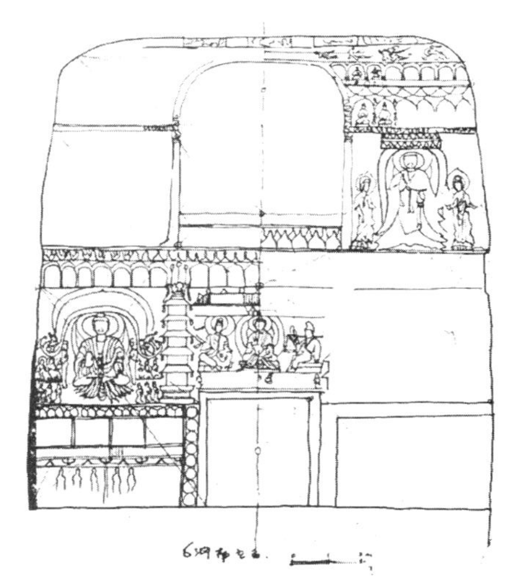

图5-176 河南太原天龙山石窟测绘手稿
（来源：龙庆忠绘，本书编写组. 龙庆忠文集[M]. 北京：中国建筑工业出版社，2010，12：311）

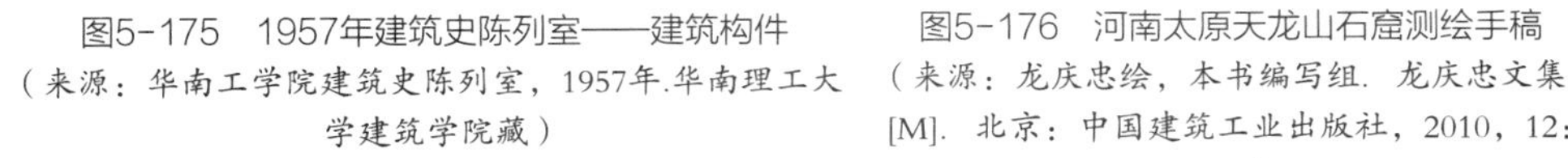

5. 协助考古调查

1957年，华南工学院建筑系协助广东省文物管理委员会和广东省文化局文物工作队，并同中国科学院广州分院、省及市博物馆、中山大学、华南师范学院历史系等单位一道，完成了佛山专区、海南行政区、韶关专区的英德、翁源、清远、佛岗共四十一个县市的文物普查，并且还配合新丰江水库工程进行了第二次考古调查，对合浦、钦县、海康、连县、阳山的古代建筑物和湛江专区1898-1899年遂溪人民抗法斗争的史迹进行了专门的稠查，发现和登记了各种文物古迹1191项[479]。这是华南工学院建筑系第一次参与协助大规模的岭南地区建筑考古工作。

1961年3月，为了开展农村住宅的研究工作，建筑工程部建筑科学研究院与广东省建筑设计院、华南工学院一起到广东省几个地区作了一次农村住宅调查，调查持续到12月。[480]华南工学院建筑系系主任陈伯齐委派青年教师傅肃科、邓其生加入，与建科院农村建筑研究组方若柏、蒋大卫、吴小丫、彭斐斐、倪学成等，以及广东省建筑设计院邓尚、李奋强、卢文骢、龚捷声等人员组成的联合调查组。调查组在1961年上半年调查了珠江三角洲新会、中山、番禺、南海、花县等县，下半年调查了粤东兴宁、揭阳、潮阳、博罗，粤北乐昌、曲江，粤西茂名、阳江等县，以及海南海口、崖县、通什、三亚等地，前后历时约一年。通过采访、测绘、摄影等手段，调查组较为全面地掌握了广东地区汉族及少数民族村落民居的空间布局、结构、构造、建筑造型及使用方式等特点。在此基础上，建筑系傅肃科完成了“南方住宅布局问题”的研究论文，邓其生撰写了详细的调查报告[481]。这次调查的成果由建筑工程部建筑科学研究院的方若柏、彭斐斐、倪学成专门在1962年第十期的建筑学报发表。

6. 广州旧住宅的调查测绘

1962年夏，在金振声、陆元鼎等教师的带领下，华南工学院建筑学专业3014班同学暑期实习对广州旧住宅（主要是对于荔湾区逢源街的“西关大屋”）进行了仔细地调查实测，并对所获得的资料进行分析整理。参加实习指导教师有金振声、陆元鼎、李恩山、傅肃科、陈其燊、贾爱琴、邓其生、黄梓南、朱良文、梁杰材、傅定亚等[482]。1964年到1965年又做了补充调研，编辑绘制了详尽的《广州旧住宅调查图集》（图5-177）。1965年12月，金振声等教师据此调查测绘成果进行研究后，在华南工学院

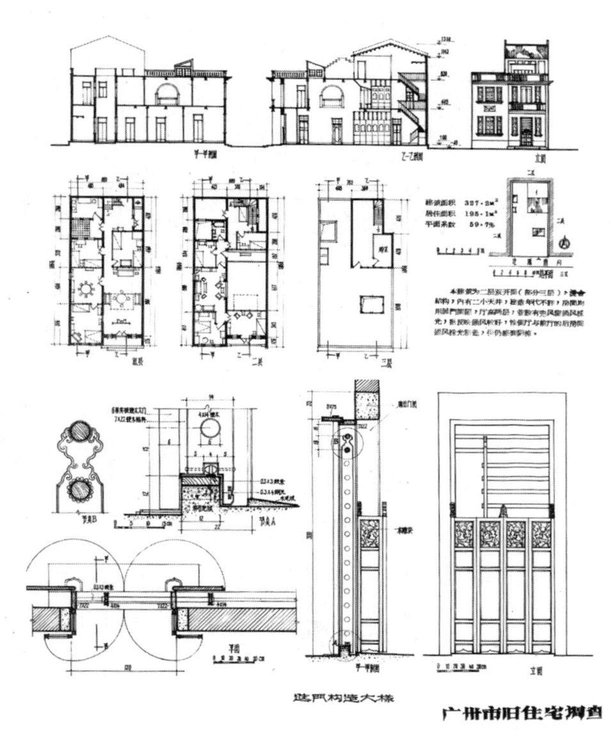

图5-177　广州市旧住宅调查图集

（来源：金振声等.广州市旧住宅调查图集，1965年.华南理工大学建筑学院藏）

学报发表了《广州旧住宅的建筑降温处理》[483]。文章对广州旧住宅在适应当地气候条件的隔热、通风降温方面的建筑处理手法，进行了调查研究；对其有关建筑降温措施，进行了初步归纳并分析了其使用效果，并对这些措施的应用提出建议。

7. 龙庆忠北上进行古建筑综合调查

1963年5月中旬，华南工学院建筑工程系建筑史教研组龙庆忠教授，北上洛阳、西安、兰州、敦煌、呼兰浩特、北京等地进行古建筑综合调查，以进一步了解和发掘祖国建筑遗产，并考证有关史料，搜集教学和科学研究资料。在洛阳、西安等地主要考察汉唐古城遗址、古陵墓、古宫殿、寺院、桥塔等。在西北地区，主要考察敦煌、麦积山等地石窟，研究古建筑与外来影响，并搜集西北地区古建筑防风、防震、防寒等建筑技术史料。在呼兰浩特和北京主要了解蒙古族建筑风格。调查工作进行至七月底[484]。

据陆元鼎教授回忆，龙庆忠教授此次是利用教育部推行的教授休假制度，由学校安排其第一批休假的时间来进行科研考察。一同前往的还有龙庆忠教授助手，青年教师邓其生[485]。通过这次综合调查，收集了大量中国古建筑的资料，并编辑整理了许多教学参考材料，如《敦煌壁画中的古代建筑素材》等（图5-178）。

这一时期华南工学院在龙庆忠、夏昌世、陈伯齐、金振声、陆元鼎、邓其生等教师的带领下，对华南大部分地区的传统建筑以及部分北方地区的传统建筑进行了细致的调查和测绘，收集了大量珍贵的建筑历史一手资料（图5-179），为华南建筑史学教育的发展做出了非常重要的学术资料积累，也锻炼了建筑史学教学和研究的师资队伍，为以后岭南建筑教育中的建筑史学教育保持在全国前列打下了基础。

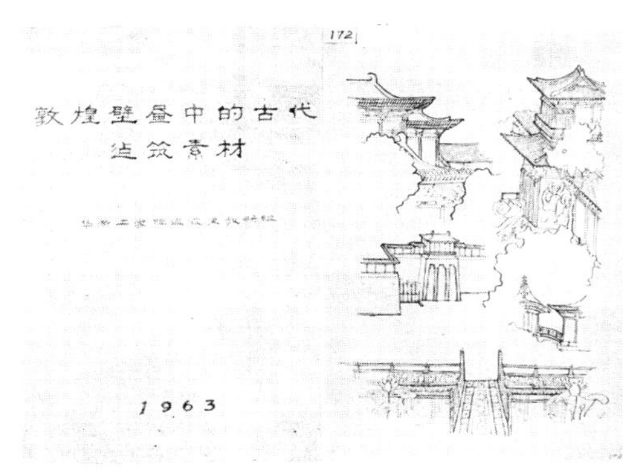

图5-178 《敦煌壁画中的古代建筑素材》
（来源：龙庆忠、邓其生. 敦煌壁画中的古代建筑素材. 1963年. 华南理工大学建筑学院藏）

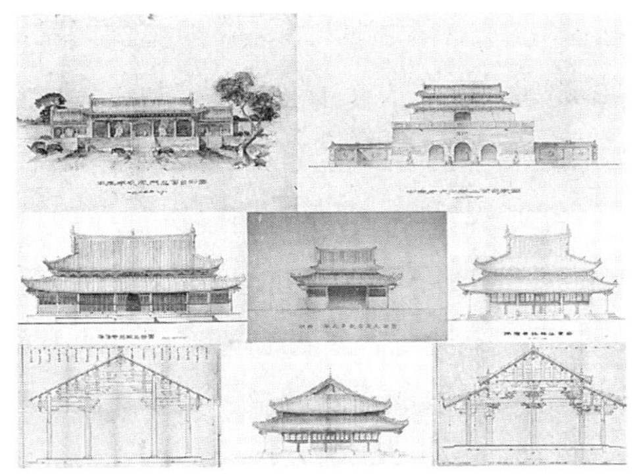

图5-179 建筑调查测绘图集
（来源：华南理工大学建筑学院系史展览，2008）

（四）民居研究

对中国传统民居的关注和调查研究，一直为岭南建筑教育家们所重视。

早在1933年，龙庆忠任河南开封建设厅任技士时期，曾撰写《穴居杂考》，1933年3月发表于《中国营造学社汇刊》第五卷第一期[486]。文章对黄河流域的窑洞民居进行了细致的典籍考据和田野考察研究，做了许多数据详细的窑洞测绘工作，分析了中国人穴居演变之经过，是较早开展此类民居研究的中国学者。直到新中国成立后1957年刘敦桢撰写的《中国住宅概说》中，才开始对窑洞民居新的研究。1952年梁思成在全国第一届考古工作人员训练班上曾专门提到“穴居之风，盛行于黄河流域，散见于河南、山西、陕西、甘肃诸省，龙非了先生在《穴居杂考》一文中，已讨论得极为详尽。”东京工业大学博士生八代克彦在其博士论文《中国黄河流域的窑洞民居》中引用了《穴居杂考》一文的观点，他在1993年专门写信给龙庆忠，感谢龙先生早期开展的研究工作对他有很大的启发和帮助[487]。

1937年勷勤大学工学院建筑工程学系过元熙教授曾亲自制定调查研究大纲，要求学生利用假期对家乡传统住宅建筑进行调查，撰写调查报告并提出改造意见。广东紫金籍学生杨炜提出了非常详尽的调查报告《乡镇住宅建筑考察笔记》，在《勷勤大学季刊》上发表。报告对其家乡紫金县的住宅建筑现状作了仔细地测绘和描述，并提出了改造研究。这是岭南建筑教育中第一次正式对传统民居开展的调查研究。

新中国成立后，对岭南地区大量存在的民居建筑进行调查研究，一直是岭南建筑教育中非常重视的一个科学研究领域。在华南工学院建筑系任教的龙庆忠先生继续带领教师和学生进行传统民居的考察。1954年在龙庆忠教授带领下，华南工学院建筑系师生去潮州进行古建筑古民居测绘实习，开启了华南工学院建筑系传统民居研究的学术方向，随后又对梅州客家民居、粤中、广西的传统民居也进行了调研和测绘。陆元鼎教授、邓其生教授等华南工学院的教师延续和发展了这一学术研究方向，取得了丰硕的研究成果。

1956年在北京成立的建筑工程部建筑科学研究院，为开展对中国建筑历史的研究，于1956年10月成立建筑理论与历史研究室。据现在的中国建筑设计研究院建筑历史与理论研究所傅熹年、孙大章回忆，研究室成立后开展了相当规模的民居研究，如王其明主持的“北京四合院”研究，刘致平的“内蒙山陕甘古建民居”的调查，张驭寰的“吉林民居”调查等。这些研究引起当时建工部领导的重视，曾颁发文件要求各地设计部门在工作之余开展对各地特色民居的调查。调查成果涵盖陕南、关中、苏州、湘南、湘西、浙东、晋中、江西吉安、广西壮族、云南白族、湘黔桂的侗族、羌族、藏族等十余个地区，开拓了民居研究的思路及范围，同时这些调研成果是由建筑设计院或高校教师参与完成，扩大了民居研究的队伍，为以后的民居研究工作奠定了人力资源基础[488]。

建筑理论及历史研究室在1957年4月组织召开第一次中国建筑科学研究座谈会。会议认为中国建筑历史的研究应以民居为重点，除注意建筑艺术外，还应该更多关注建筑技术问题[489]。华南工学院龙庆忠教授作为代表参加了此次会议。

1958年5月中共第八次全国代表大会第二次会议通过了根据毛泽东提出的“鼓足干劲，力争上游、多快好省地建设社会主义”的总路线。会后在全国各条战线上，迅速掀起“大跃进”的高潮。建筑界全面开展以技术革新、技术革命、快速设计、快速施工为中心的建筑活动[490]。在“总路线”和“大跃进”的指引下，“人民公社”运动也随即从8月份开始如火如荼的展开。

正是在这种政治背景下，1958年10月6日至17日，建筑工程部建筑科学研究院建筑理论与历史研究室在北京主持召开全国建筑理论及历史讨论会。参加会议的有来自全国十所高校和若干设计部门的代表以及建筑科学研究院建筑理论与历史研究所的工作人员共计92名，其中教授9名，工程师5人，讲师4人，青年助教13人[491]。华南工学院建筑系的陆元鼎和金振声作为广东省的代表出席了此次会议。

参会单位提交的全国各地十三个地区的民居调查报告以及有关“人民公社”的规划设计报告成为这次会议关注的一个焦点。会上围绕“民居研究要不要为人民公社服务？”“地主官僚的房子要不要进行研究？”“建筑通史研究应该以劳动人民的建筑为主还是以统治阶级的建筑为主？”“近代建筑史研究应该以劳动人民建筑为主还是以帝国主义建筑为主？”“建筑史应不应该是社会发展史的注解？”“建筑有没有阶级性？”等当时政治色彩浓郁而颇为敏感的问题展开争论。形成了两种意见，一种认为“建筑是物质财富，也是劳动人民的创造，过去被统治者掠夺了。在统治阶级的这些建筑中集中表现了劳动人民的智慧，也是中国建筑精华的集中表现”，“研究这些的建筑史就是劳动人民的建筑史”、“劳动人民一无所有，建筑简陋不堪。如果一定要以劳动人民建筑为主也写不出历史”；另一种则认为“由于生活奢侈条件富裕，在建筑上追求豪华的形式，不是中国建筑发展的真正方向。劳动人民的建筑虽简单，但适应生产和生活的需要的，在很差的经济条件下能就地取材，因地制宜，且在可能条件下求得美观。因此劳动人民的建筑是代表了建筑发展的方向的”[492]。在当时的政治背景下，第二个意见最终占了上风，形成了这次讨论会的其中一个最后决议：“建筑历史研究应该全面投入到‘人民公社’建设中去，从‘人民公社’入手，为‘就地取材’、‘因材致用’、‘土洋结合’的建设方针服务，并组织研究如何利用与改造现有的居民村镇，来适应‘人民公社’的新要求。‘人民公社’是建筑理论工作的起点，也是建筑历史研究的中心，建筑科学与技术、建筑历史研究等一切都要为‘人民公社’的建设服务”[493]。民居被正式规定成为中国建筑史学研究的重点，全国范围的民居调查研究工作全面开展。

此次会议还制定了编撰“中国建筑通史”“中国建筑近代史”、“建国十年来的建筑成就”三史的工作计划，几乎针对每个省都制定了重点工作提纲。华南工学院建筑系作为广东省的主要负责单位，会同省城建局、设计院、文化局、广州市城建局、建筑学会、建工部建筑科学研究院，开展多方面的调查和研究，包括：1.人民公社的规划及建筑；2.广州市及广东省解放前规划及建筑；3.客家民居；4.侨乡（梅县、台山、江门）的建设；5.海南岛黎族建筑；6.海南岛革命根据地的建筑；7.港澳近代建筑资料；8.解放后建筑；9.热带建筑特点；10.汕头的发展、规划及建筑[494]。这个工作提纲成为华南工学院建筑系这一时期的主要学术科研方向。一定程度上促进了岭南建筑教育学科特色的形成。对岭南地区大量传统民居建筑进行调查和研究，成为岭南建筑教育中取得重要成就的一个科学研究领域。

在华南工学院建筑系师生的共同努力下，这个工作提纲基本都得到了落实，特别是对于人民公社规划及建筑和广东地区民居的调查和研究工作，华南工学院建筑系举全系之力，积极认真而且有组织地开展细致的调查研究及总结工作，成立亚热带建筑研究室，在教学计划中加入人民公社规划和民居调查研究等课题，逐步形成了华南工学院建筑系基于地域性的学术研究方向和风格。

1958年11月17日，在开展广州郊区民居调查的基础上，陆元鼎、马秀之、魏长文在系办刊物《建筑理论与实践》上撰写了《广州郊区民居调查及对居民点建筑的意见》。

1959年，华南工学院建筑系总结几个月来到农村进行民居调查和规划设计的经验，在系主任陈伯齐教授的组织下仅仅利用两个月的时间编写出二十万字且图文并茂的《人民公社建筑规划与设计》一书，作为向国庆十周年献礼的重点项目。

1961年3月开始，为了开展农村住宅的研究工作，建筑工程部建筑科学研究院与广东省建筑设计院、华南工学院一起到广东省几个地区作了一次农村住宅调查，调查持续到12月[495]。华南工学院建筑系系主任陈伯齐委派青年教师傅肃科、邓其生加入，与建科院农村建筑研究组方若柏、蒋大卫、吴小丫、彭斐斐、倪学成等，以及广东省建筑设计院邓尚、李奋强、卢文骢、龚捷声等人员组成的联合调查组。调查组在1961年上半年调查了珠江三角洲新会、中山、番禺、南海、花县等县，下半年调查了粤东兴宁、揭阳、潮阳、博罗，粤北乐昌、曲江，粤西茂名、阳江等县，以及海南海口、崖县、通什、三亚等地，前后历时约一年。通过采访、测绘、摄影等手段，调查组较为全面地掌握了广东地区汉族及少数民族村落民居空间布局、结构、构造、建筑造型及使用方式等特点。在此基础上，建筑系傅肃科完成了“南方住宅布局问题”的研究论文，邓其生撰写了详细的调查报告[496]。这次调查的成果由建筑工程部建筑科学研究院的方若柏、彭斐斐、倪学成专门在1962年第十期建筑学报发表。

1962年华南工学院建筑系组织建筑学专业学生暑期实习期间对广州市的旧民居住宅进行细致的调查和测绘，对所获得的资料进行分析整理，参加实习指导教师有金振声、陆元鼎等[497]。在1962年的华南工学院科学报告会期间，金振声副教授提出的《广州旧住宅的降温处理》调查报告，探讨了南方住宅建筑的通风降温与防潮湿问题，并且在论文中介绍了外廊式住宅的优点并提出了积极建议[498]。另外还有陈伯齐教授的《南方住宅建筑的几个问题》，夏昌世教授的《岭南庭园》，金振声、李恩山的《广州市旧住宅调查》等[499]，都是在对广东地区民居调查测绘的基础上，分析整理总结出来的有重要价值的民居研究成果（图5-180、图5-181）。

1962年底至1963年华南工学院建筑工程系教师陆元鼎带领5个应届毕业生（许少石、陈贤智、彭其兰、刘捷元、丘淑卿）组成毕业设计小组到广东各地（主要是潮汕地区和客家地区）调查民居，并以此次民居调查研究报告为毕业设计[500]。这是华南工学院建筑工程系首次尝试以调查研究报告毕业论文的形式来完成毕业设计，在毕业设计教学内容和教学方法上做了积极的探索。

图5-180　广州市逢源街旧住宅调查（20世纪60年代）
（来源：广州市逢源街旧住宅调查，20世纪60年代，华南理工大学建筑学院藏）

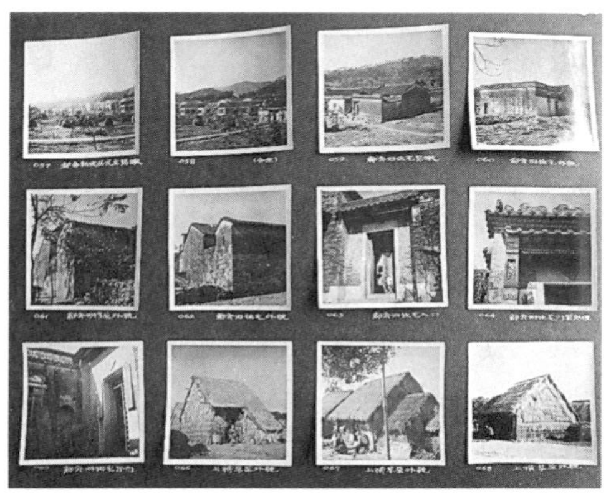

图5-181　新会民居调查（20世纪60年代）
（来源：新会民居调查，20世纪60年代，华南理工大学建筑学院藏）

1964年华南工学院建筑工程系亚热带建筑研究室金振声副教授组织编撰“广州旧住宅调查图集”，由朱良文、叶吉碌、刘捷元等人对所实测图例进行了整理、补充与绘正。1965年暑期由金振声、叶吉禄、刘捷元、朱良文对有关内容再次调查补充和绘正完成。手绘的完整而丰富的广州旧民居建筑图集成为非常珍贵的建筑历史材料。

对于广东地区民居的研究，华南工学院建筑工程系不仅仅是停留在田野调查和考据的基础之上，还把这些调查研究的成果应用于岭南地区的现代民居创作，将教学科研与实践进行很好的结合（图5–182）。

1958年由国家建设委员会委托中国建筑学会组织的，新中国成立后第一次全国范围的建筑设计竞赛“全国厂矿职工住宅设计竞赛”结果公布，华南工学院建筑系教师金振声、李恩山、赵振武、欧阳泽祥、史庆堂设计的“广州地区平房住宅”获三等奖（一、二等奖空缺），另外建筑系教师李恩山单独设计的“广东地区平房住宅”也获得优良方案[501]。两个方案均对南方地区的民居特点有所借鉴，采用庭院和天井进行空间的组织，因地制宜，利用地方材料，采用民间做法适应南方地区的生活习惯和气候特点。

1963年华南工学院建筑工程系在广州市东郊员村住宅区设计修建了两座试验性的住宅。系主任陈伯齐亲自领导本项试验。工程由金振声具体负责，罗宝钿和李恩山参与建造。为了达到试验的目的，特意建成两种不同类型的住宅进行比对研究：一座为南外廊式，另一座为天井式，以供比较研究。对该试验项目跟踪测量数据调查一直持续到1965年。通过对试验获得的数据分析，得出了结论：“地处亚热带的南方，无论在气候条件与人民生活习惯等各个方面，都有其独特的地方，于住

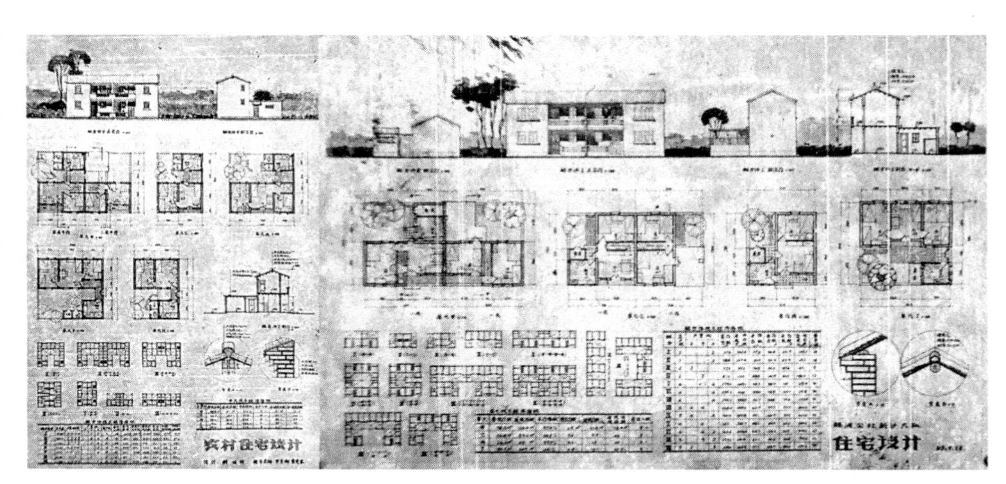

图5–182　华南农村住宅设计

（来源：本报编辑组.全国厂矿职工住宅设计竞赛结果的报道[J].建筑学报，1958（3）：1）

宅建筑中设置天井，即所谓天井式住宅，是我们优良传统的处理手法之一。带有天井的住宅，无论在防热与降温，使用与经济等几个方面，都有一定的好处，也为南方人所习惯使用，优点很多。特别在降低居室气温，增加凉快舒适感方面，有着显著的实效。这就在一定程度上解决了南方住宅建筑中最主要的问题——夏季的自然降温问题。所以，天井在南方住宅建筑中，有其特殊的现实意义[502]。"

党的十一届三中全会后，华南工学院建筑系陆元鼎教授等人感到，要创造中国社会主义的、具有民族特色的现代化建筑，其中民居是重要借鉴内容之一，于是继续有计划、有步骤地再次开展民居调查。有些毕业班同学也愿意选择民居调查作为毕业论文专题，如刘苹苹、张行彪、穆磊、丘刚、陈欣、刘坚、郑永鑫、韩莉莉和其他一些同学[503]。1986年12月，在这些调查研究的基础上，陆元鼎教授和魏彦钧教授合著《广东民居》（图5-183），较为系统地总结了华南工学院建筑系对广东传统民居调查研究的成果。

图5-183 《广东民居》

1988年以华南理工大学建筑学系为牵头单位，在陆元鼎教授的组织下，成立了中国民居专业与学术委员会，并于1988年11月8-14日，在华南理工大学科技交流中心召开了第一届"中国民居学术会议"。时任华南理工大学副校长李伯天出席开幕仪式并代表学校向参加会议的近六十名专家、学者、教授表示热烈欢迎[504]。此后"中国民居学术会议"从未间断，每两年一次在中国各地（包括港澳台地区）召开，成为中国民居研究的权威性学术会议。

到20世纪90年代，中国文物学会传统建筑园林委员会传统民居学术委员会和中国建筑学会建筑史分会民居专业学术委员会相继成立，中国民族建筑研究会民居建筑专业委员会于2003年成立，三个专业委员会均以华南理工大学建筑学院为主要依托单位，同时也汇集了全国各地高等院校、设计单位和研究机构的专家学者，在陆元鼎教授、陆琦教授等人的带领下，至今召开了近二十届的中国民居学术会议和近十届海峡两岸传统民居理论（青年）学术研讨会，以及多届中国传统民居国际学术研讨会和其他专题研讨会。每次会议均出版发行会议论文集和组织编写相关著作。陆元鼎教授主编的《中国民居建筑》（三卷本），2004年获得了全国第14届中国图书奖；2010年主编了《中国民居建筑丛书》（18卷本）。

通过这些学术会议，把中国民居建筑的研究扩大到包括港澳台地区在内的全中国的村镇和城市街区，把传统民居和村镇、旧城区保护、利用、改造和持续发展结合起来，把总结传统民居的特征和优秀经验应用到我国新建筑的民族和地方特色创作上来，使民居建筑研究有了发展和推动的力量，为广大农村和城市的民居建设服务，也更好地为中国的现代建筑创作服务[605]。

基于华南理工大学在民居学术研究上的成就和地位，2012年广东省委农办、省农业厅与华南理工大学合作成立了“岭南乡村建设研究中心”，作为共建基地，更好地为农村的民居规划建设服务。

通过二十多年来的研究，华南理工大学建筑学院确立了其在中国民居学术研究中的重要地位，民居建筑研究已成为建筑历史专业下的一个子学科。岭南建筑教育中的民居研究，无论在学术交流、论著出版还是在研究观念、方法上都取得了较明显的成绩，为中国的传统民居建筑的保护和更新以及新民居的规划建设做出了重要贡献。

（五）举办校内座谈会与学术讨论会

根据社会现实需要，响应政府和学校号召，结合教师和学生实际状况，不定期地举办具有针对性的座谈会，以解决在教学和学习上的疑虑，统一教学思想。这是华南工学院建筑系成立初期经常进行的一种学习研究方式。

1956年4月3日下午，华南工学院建筑系三年级学生举行了以“向科学进军”为主题的漫谈会[606]。会上同学们回溯了旧中国的贫穷落后面貌，畅谈了自己的远大理想，许多同学都表示要积极争取入党入团，把自己的青春献给亲爱的祖国。

组织师生开展学术讨论会，是这一时期的华南工学院建筑系的重要学术科研活动之一。

1959年4月下旬，华南工学院建筑系教师在贯彻党的“百家争鸣、百花齐放”的方针下，组织了有关建筑风格问题的第一次学术讨论会。这次会议，大家一致明确了“社会主义的实用、经济、在可能条件下注意美观的建筑方针”，同时也开展了“争鸣”，例如对于古代建筑的评价问题，是否仅仅从为阶级服务出发，满足那个阶级的需要就是好建筑，还是要看其实用、经济、美观的处理如何，看其是否表现了劳动人民的智慧程度来评判；对于中国民族风格建筑，认为民族形式应从其合理结构，充分利用地区性材料，巧妙地配合环境，发挥富于民族风格的多样性装饰中去发展，以创造出有代表性的民族风格；对结构主义进行了批判，认为结构主义看起来从“合理结构”出发，构图简单、朴素、宁静，但其本质乃是资产阶级的欺骗性的广告手段，资产阶级的建筑师完全从形式出发去追求曲线、颜色、奇怪的几何形体，否认艺术的传统性及民族性，以此来掠夺殖民地，麻痹人民，因此是反动的；新材料、新结构、新形式必须和新内容密切结合起来，这是建筑艺术形式与内容统一的不可分割性。

这次讨论会，对于资本主义国家的建筑设计也不是一味的批判，比如“有人提到新风格与建筑材料有很大的关系，资本主义国家一些建筑师设计的大玻璃窗很好看，这与建筑材料很有关系。正像目前我们不可能用土坯墙盖出像爱群大厦一样的建筑物。有人还提到建筑的形式与社会的经济条件也有很大的关系，如古罗马的建筑之所以这样雄伟、成功，是因为罗马帝国统治势力的庞大。阿房宫的规模，也是因为统治者控制了巨大的财富。”[507]

学术讨论会的目的，就是让参与者大胆学习，分析批判，从讨论和实践中进行学习、总结，然后再来指导实践。华南工学院开展的一系列学术讨论会，虽然受到政治气候的一定影响，但也确实活跃了师生们在建筑创作和理论研究方面的思路。

（六）科学报告会

1958年，全国实行教育事业“大跃进”和“教育大革命”，华南工学院的师生们一面大办工厂，一面兴起了科学研究热潮。在这以前，学校的科学研究活动开展还并不普遍，全校教师撰写的学术论文数量不多，高质量的研究成果就更少。参加科学研究的教师只占教师总人数的10.3%。1958年下半年开始，随着“双改”（教学改革、科研改革）的展开，师生科学研究的积极性空前高涨，90%的教师和大部分学生都投身于大搞科学研究的群众运动中去。他们在实践中发挥了敢想敢干的精神，在不长的时间内，完成了不少科研项目，特别是在组织力量向尖端科学进军方面，取得了良好的开端[508]。

1962年8月，华南化工学院和华南工学院正式合并为华南工学院。为庆祝建校10周年，华南工学院各系各教研室分别举行为期十天的科学报告会，建筑系在11月14日也率先举行了科学报告会。建筑学专业教师提出了24篇报告，总结了近几年的科学研究成果，特别是针对适应地域气候特点的建筑研究成果，内容涵盖住宅建筑、园林艺术、建筑物理、工业与民用建筑、建筑理论与历史等几个方面。

住宅建筑方面有建筑系系主任陈伯齐撰写的《南方住宅建筑的几个问题》，提出了在南方城市中建造一楼一底的低层住宅建筑的新的看法。认为南方气候炎热，应尽量利用树荫造成凉斑的微小气候和满足人民喜爱的户外生活的习惯；夏昌世教授的《岭南庭园》一文是在调查了广东地区三四十个庭园的基础上，综合分析了广东庭园的特点、平面类型、建筑布局、庭园植物品种与成长特征等问题；龙庆忠教授的《中国古代建筑的避雷措施与雷电学说》，提出了古代建筑平面中的减去金柱法，木构架中的推山、收山法，脊饰中的正吻、刹顶等处理都与避雷有关的见解，他还在《论建筑风格创造的客观规律及其特点》一文中，分析了创造建筑风格的三个规律，论述了规律中的主要矛盾和次要矛盾，并且指出了建筑师加紧世界观的自我改造和提高艺术与技术的素养对创造建筑新风格的重要意义；另外还有建筑系教师金振声、李恩山的《广州市旧住宅调查报告》、陆元鼎的《潮汕民居调查报告》等。

在建筑物理方面的论文有陈伯齐、林其标撰写的《太阳辐射热与居室降温问题》；林其标、孙煜英撰写的《建筑遮阳中有关热工的几个问题》以及魏长文撰写的《住宅楼层隔绝撞击声性能》等。

此外，还有胡荣聪撰写的《大跨度单层厂房的发展趋势及其空间与平面布置问题》和黎显瑞撰写的《多功能大厅》等报告；并举办了系十年教学与科学研究成绩展览会和符罗飞创作画展。[609]

科学报告会的开展极大地调动起师生科研的积极性，也促进了这一时期岭南建筑教育科学研究活动的开展。

（七）学术论文与著作

华南工学院成立到“文化大革命”前的这段时期，是华南工学院建筑教育的重要发展时期，也是岭南建筑教育的第一个发展高潮。基于岭南地区亚热带气候条件下的适应性建筑研究学术方向逐渐明确清晰，学术相关著作也越来越丰富。既有对中国传统建筑的建造经验探讨，也有对规划和建筑设计理论的探讨以及结合建筑工程实践的设计经验总结，还有专门的以探索适应地域性气候特点的各项建筑物理实验报告以及建筑调查报告等。

1. 龙庆忠《论中国古建筑之系统及营造工程》

《论中国古建筑之系统及营造工程》是龙庆忠1956年就开始撰写的一篇关于中国古建筑构件的数理关系的文章，断断续续写了近30年，直到1986年才完成，1990年收入龙庆忠文集《中国建筑与中华民族》，而到1995年才正式在《华中建筑》杂志整理发表[610]。

该文借对《营造法源》、《清式营造算例》和《营造法式》内容的研究，从中国古建筑木构架基本系统的面阔及递减率、柱径和柱高的关系、柱径与榑径的相关性等，通过大量的数据比对和公式的总结，得出中国古建筑木构架系统构件之数理关系，指出中国古建筑构件的系统化、通用化、标准化有利于设计规划、度材估料、施工管理及监督验收的[611]。文章最后指出这种对建筑构件的系统化、通用化和标准化的处理，不仅是要满足生活方式的要求，更主要是要满足“圣人之道”的需要，其次是为着“不违农时”，能够在秋收冬藏的时节，快速、经济地建造房屋。

这篇文章是龙庆忠从营造的角度来研究中国古代建筑，从建筑材料的数理关系上来证明中国古代劳动人民的建筑智慧。

2.《建筑理论与实践》杂志

在1958年中国共产党的总路线“鼓足干劲，力争上游，多快好省建设社会主义”的指引下，全国人民群情激昂的投入祖国建设中，先后开展的“大跃进”、“人民公社化”运动，华南工学院建筑系全体师生均以饱满的热情积极参与其中，通过下放农村做规划设计和建设活动，也取得了一定成果，并在全国范围产生了一定影响力。

正是在这种氛围下，华南工学院建筑系为了更好地贯彻“教育为无产阶级的政治服务，教育与生产劳动相结合”的方针，促进教学、科研和生产的三结合的教学改革，总结宝贵实践经验来丰富理论，从而更好地指导生产实践，提高教学质量和生产技术以及科学水平，在1958年11月17日，华南工学院校庆日，由建筑系创办的《建筑理论与实践》刊物第一期出版（图5-184）。这本刊物作为师生们在教学、科研、生产等工作上开展理论与实践经验交流的园地，以期提高教学质量、设计思想和科学技术水平。

图5-184 《建筑理论与实践》
（来源：华南工学院建筑系编，建筑理论与实践，1958年11月17日：封面）

《建筑理论与实践》创刊号刊登了华南工学院建筑系卫星人民公社规划工作队的《河南省遂平县卫星人民公社第一基层社规划设计简介》；广州大学生支援海丰城市规划组的《广东省海丰县赤山社会主义农村的规划简介》；陆元鼎、马秀之、魏长文撰写的《广州郊区民居调查及对居民点建筑的意见》；林其标、李培杰、金振声撰写的《18公分厚空斗墙研究》；夏昌世撰写的《砖拱屋面结合通风隔热的发展及其经济价值》以及林其标联合土木系朱锦年、中山医学院放射科刘子策撰写的《防御放射性的重晶石混凝土构造研究》。文章内容从规划设计到建筑设计、建筑技术等都有所涉及，而且对跨学科合作研究也积极支持。

《建筑理论与实践》第二期“人民公社规划与建筑设计专辑”于1959年4月13

日出版。刊载了有关广东沿海地区、丘陵地区人民公社规划的实践和理论探讨的文章。

《建筑理论与实践》由于各种原因在出版两期后没有继续办下去，但作为20世纪50年代末期华南工学院建筑系的教学和生产、科研学术交流的主要学术园地，在土建领域中进行理论探讨及推广新技术、新经验等方面都起了一定的积极作用。

1979年6月，华南工学院建筑工程系为了检阅教学和科研成果，交流经验，决定恢复出版原来中断了的刊物《建筑理论与实践》和《华南土木》（土木工程系早期创办），定名为《华南土建》。

3. 夏昌世《亚热带建筑的降温问题——遮阳、隔热、通风》

1958年8月，在北京召开了全国建筑气候分区会议。由华南工学院建筑系教授夏昌世撰写的《亚热带建筑的降温问题——遮阳、隔热、通风》在《建筑学报》1958年第10期上发表（图5-185）。这篇文章代表了岭南地区建筑气候研究的一些成果，也是夏昌世对1958年以前其所主持的建筑项目，在适应南方亚热带地区气候条件的建筑遮阳、隔热和通风等被动式建筑降温技术上的一次设计经验的阶段性总结。

（1）关于遮阳

夏昌世认为："建筑设计采用遮阳板，成为今天的现实问题；遮阳板的设置，是做成了对墙壁及窗户防御过多阳光照射的第一重壁面，它既不会遮盖建筑的立面、反而产生显明的阴影对比，增加了建筑物的立体感，并产生一种新的建筑形式"[612]。对适应岭南地区亚热带气候特点所做的建筑构造上的技术措施，并不会对建筑的形象造成破坏，反而可以创造出新的具有地域特色的而又实用的建筑形象，改变了广州地区过去采用搭凉棚的这种不经济又影响建筑立面，同时还有防火安全隐患的遮阳处理方式，这是夏昌世先生的重要建筑贡献之一。

亞热带建筑的降温問題

遮阳·隔热·通风

夏昌世　（华南工学院）

图5-185 《亚热带建筑的降温问题》
（来源：夏昌世. 亚热带建筑的降温问题[J]. 建筑学报. 1958年第10期：36-40）

对于建筑遮阳的效果及其经济价值，

夏昌世客观指出是与正确的设计有关系，“既不应过分夸大，也不必虚设装饰，应从经济上、技术上着眼，慎重的决定哪处要遮阳，什么时候要遮阳。”[513]应当结合当地的太阳运行轨道、太阳方位角和照射角进行设计，才能起到很好的作用。夏昌世对建筑的阴影进行了实用性的研究，总结了三种遮阴板的基本投影法，分别是水平向板形成“弓形阴影罩”、垂直向板形成“半径形阴影罩”、综合式板形成“综合形”阴影罩，其中综合式的遮阳所遮的面积范围大，遮阳效果全面。

从1952年开始到1957年的中山医学院教学建筑群，以及鼎湖山教工休养所、华南工学院化工楼等实际工程中，夏昌世逐步进行了建筑中遮阳板设计实验，研究出全部预制构件的“个体综合式遮阳”，造价节省，施工方便而且效果良好。但具体采用何种形式的遮阳板，夏昌世认为要结合房间遮阳的要求来决定。夏昌世通过实践证明只要设计合理，有遮阳板的建筑物，并不会提高单位面积的建筑造价。

（2）关于隔热

在调查研究的基础上，夏昌世总结了传统广州民居的建筑隔热措施：少开窗、加高楼层高度、厚墙壁、铺多层瓦面及采用“几顺一横”的空斗砖墙砌筑方式等。后来所做的改进也只是天面加贴面阶砖、极力避免东西朝向、加搭凉棚等，增加了投资但收效不大。在过去的隔热方法的基础上，夏昌世进行了局部的改进，通过不断的建筑实践，进一步进行了优化发展。初期采用肋形空心砖天面板，利用密闭空气层隔热，效果一般。吸取经验后，采用砖砌通风道架空天面大阶砖隔热层、正脊上作烟楼的做法，利用夏季的主导风作对流通风散热处理，起到了一定的隔热效果，但由于荷载较重，不太经济。通过实验，采用砌筑1/4砖或1/2砖的单曲拱屋面，与水平混凝土屋面板之间形成弧形通风道，能够加速热量交换，增加隔热性能，还能减轻自重、节省造价以及加快施工进度，建筑立面造型上也丰富了屋顶面的线条。

（3）关于通风

夏昌世通过研究发现：基于广州的亚热带气候条件，夏季炎热，湿度也较大，好在还有一定的风流量（以南风为主，兼有东风、西风），因此为了充分利用自然风，广州传统民居多采取半开敞式，如入口大门采用“推拢”和“脚门”，在保证安全和隐私的前提下，增加对自然风的导入；利用小天井来拔风；阳台多为通透栏杆；南向和北向开排窗以争取大通风面，但这些措施又与防止阳光辐射相矛盾，因此又不得不挂帘幕或搭凉棚和风兜来处理，这又降低了通风效率。

夏昌世总结广州地区的通风应该主要利用风压，因此建筑设计时房屋的朝向应尽量争取朝南偏东15° ~18° ，充分利用东南风；通风系统尽量采用过堂通风最为合适，平面较为复杂或采用内廊式布局时，应该在过廊内墙开上下通风气窗或门脚通气百页；门窗处理南向进风口尽量降低高度，装置疏风栏板以增强通风性能，窗扇上设胎窗，窗台下设气窗，以应对不同季节的通风需求。

夏昌世通过几年来对遮阳、隔热、通风处理的实践经验证明，利用提高楼层来解决房间降温的说法不能成立，经苏联专家的检测提高楼层反而会造成浪费。亚热带的建筑可以把楼层高度从以往惯用的3.5米降到3米，即使增加了亚热带建筑降温的建筑技术措施，也还是能降低建筑整体造价[614]。

文章还提出了根据苏联专家指导所做的建筑降温措施改进意见如：用陶土砖替代煤渣砖、砖拱隔热或阶砖平顶隔热中脊增设通气口或烟楼、瓦顶在瓦脊加烟楼、隔热层面用浅色粉刷、烟楼用黑色粉刷以加速气流的换散等。

该文是夏昌世在调查研究的基础上，系统总结南方地区传统民居适应气候条件的建筑降温措施，并在此基础上研究和发展适用于时代条件的现代建筑遮阳、隔热、通风措施。文章行文客观严谨，并通过大量的研究数据进行了科学论证，可以看到夏昌世对建筑形象创造与建筑技术之间的理性思考。

4. 陈伯齐《对建筑艺术问题的一些意见》

1959年5月18日至6月4日，中国建筑学会和建筑工程部在上海召开“住宅建设标准及建筑艺术座谈会”。座谈会用了4天的时间讨论住宅标准问题。其余时间讨论建筑艺术问题。建工部长刘秀峰就建筑艺术问题做了总结发言，题为《创造中国的社会主义的建筑新风格》[615]。这是一次对全国的建筑创作思想和方向有重要影响的会议。5月27日，参加会议的华南工学院陈伯齐教授座谈会上做了《对建筑艺术问题的一些意见》发言[616]。陈伯齐的发言较为细致地阐述了其对中国共产党的“适用、经济和在可能条件下注意美观”建筑方针的认识。

陈伯齐认为：“适用，是满足生产上与生活上的使用要求”。“适用”是多方面的，“要同时满足意识形态、文化传统、风俗习惯以及地理气候等自然条件各方面的要求。条件情况不同，建筑的处理方法就不一致。”但他认为适用即美的功能主义是“走到了功能的极端，是非常片面”。

关于“经济”，他认为是：“通过合理的建筑面积与体积，材料与结构的合理性，为施工创造有利条件，直至建筑的全部工业化。通过一系列这样的措施，来达到节约资金的目的。”“用普通的材料和较低的造价，也可以建造出非常美观的房子。”

“美观”不同于“豪华”，“美观是通过建筑体型组合与艺术处理而取得的效果。这个效果是在满足功能的基础上和经济合理基础上来达到的”。陈伯齐总结了在合理节约的基础上来考虑的建筑美观的形式，“那就是朴素大方，装饰不多，线条简明，比例合宜的建筑表现”。

陈伯齐认为：“建筑艺术的处理，是根据风俗习惯、文化传统与自然条件，而在满足使用功能与经济合理的基础上来完成的。所以，东方的建筑风格与西方的就自然有所差异，完全相同是不可能的。就是我国各民族各地区，也不完全一致。”他分析比较和总结了南方广州地区的建筑形式与北方地区的不同，广州的居住建筑“秀薄而伸展开放，轻快疏朗，与东北的厚重而集中，各具其趣”。岭南地区的炎热气候使建筑造型“形成了体型秀薄，立面具有许多深远的阳台或阴廊的特征，这就证明了在功能的基础上来处理建筑的艺术问题，是合理的，也是非常自然的。”陈伯齐的这段话，给当时也参加座谈的清华大学青年教师吴良镛留下了深刻的印象[517]。

陈伯齐还探讨了建筑的“内容”与“形式”的关系，强调“形式与内容的一致性”。他也指出“建筑是有艺术性的一面，但主要的仍是使用上的功能。它不同于绘画与雕塑等造型艺术能以形象直接表达思想意识。”

陈伯齐还以南方地区的骑楼建筑形式为例，来阐明对于外国建筑形式的态度：“只要对我们适用，群众欢迎的，我们应加以改进和发展，使之成为我们自己的东西。”

陈伯齐总结认为建筑的形式与风格因地而异，没有固定的公式和样本，而是随着时代的前进不断发展。要深入群众，充分考虑群众的意见，这对建筑艺术处理工作是非常有利的。“在党的领导下，走群众路线，科学技术艺术与群众相结合，土又洋，通过实践，为群众所喜爱的，有民族气氛的新的建筑风格，就会逐渐形成，这是创造新的民族建筑形式的康庄大道。”

陈伯齐的发言虽然有对政治环境的回应，但基本上也是他个人多年专业经历后形成的对建筑艺术的理解和他个人建筑创作理念的阐述，特别是其对于建筑艺术与风俗习惯，文化传统、自然条件关系的论述、关于使用功能与经济合理的论述，都鲜明地体现岭南建筑师注重建筑艺术的地域性、文化性和时代性的建筑创作特征。陈伯齐对广州建筑特点的论述，在20世纪60年代中期，通过其领导的亚热带建筑研究室进行建筑试验，对实际建筑出来的外廊式和天井式两种不同试验性住宅的建筑舒适度，进行长期的数据跟踪研究后，得出了与座谈会上论述的几乎相反的结论。因此，陈伯齐教授在20世纪60年代初在广州召开的一次“南方风格”座谈会上发言说：“不能为未来规定岭南建筑的教条，不能为岭南建筑编顺口溜，什么轻巧、通透、小巧玲珑，我们不能够限制未来建筑师的思维”[518]。这也证明了他的“建筑的形式与风格没有固定的公式和样本，而是随着时代的前进不断发展”的论断以及通过科学实验数据来进行建筑技术研究的理性思考方法和实事求是的科学钻研精神。

5. 陈伯齐《人民公社建筑规划与设计》

在“人民公社”运动中，华南工学院建筑系深感到规划工作对保证“人民公社”各项经济的协调发展，合理安排各项基建工程，具有极其重要的意义，也是建筑工作者必须不断深入研究的新问题。1959年华南工学院建筑系在系主任陈伯齐教授的组织下，全系投入，仅仅利用两个月的时间编写出二十万字、图文并茂的《人民公社建筑规划与设计》一书，作为向国庆十周年献礼的重点项目（图5-186）。

图5-186 《人民公社建筑规划与设计》
（来源：华南工学院建筑系. 人民公社建筑规划与设计[M]. 华南工学院建筑系出版. 1959年：封面）

该书根据当时党中央有关“人民公社”的方针政策，结合建筑系在广东地区的“人民公社”规划设计经验，对“人民公社”总体规划的任务、依据、指导思想及工作方法；“人民公社”居民点分布规划（并村定点、居民点规则、大地园林化）；居民点的新建与改建规划；住宅、集体福利建筑和几项工业建筑设计等问题，进行了综合分析和较系统的研究，提出了“人民公社”规划设计原则、方法和适合于广东地区的参考定额[519]。

该书从专业角度对“人民公社”进行了简要介绍，指出：“人民公社”是工农商学兵相结合的、政社合一的社会主义社会结构的基层单位，是政治、经济、军事、文化的统一组织，同时是集体生产和集体生活的组织者。在贯彻工农业（其中农包括农林牧副渔）并举、自给性生产和商品性生产并举的方针后，农村经济获得了更进一步的飞跃发展；随着这些发展，不断出现规模宏大的水利工程、矿山、工厂和交通运输业的建设。此外，在生产发展的基础上，由于不断改善人民物质生活和文化生活的需要，将兴建大量的住宅、文教卫生及其他公共与集体福利事业，引起改建旧居民点，建设新型的、园林化的居民点等一系列的规划设计及建设问题。对这些问题应该怎样进行全面安排，统一规划，具有重大的意义，也是对建筑规划工作者提出的新任务[520]。

该书由系主任陈伯齐教授主编，建筑系教师集体编写成的。参加总编工作的还有黄适、夏昌世、谭天宋、杜汝俭、金振声、郑鹏、杨钟华、罗宝钿、胡荣聪。

在保证教学的基础上，从各教研组选派出教师，组成汇编人民公社规划工作组。该组由陈伯齐教授领导，由城规、民用、工业三个教研组主任组成核心小组，下设规划、民用（居住和公共建筑）及工业三个小组，另设资料组[521]。其中规划编写教师有：罗宝钿、傅肃科、陈其燊、杨宝晟；住宅建筑编写教师有：陈伯齐、金振声、李恩山、谭伯兰；集体福利建筑编写教师有：杜汝俭、夏昌世、郑鹏、吕海鹏；工业建筑编写教师有：谭天宋、胡荣聪、胡星明、莫介沃。参加该书编绘插图工作的有陈其燊、刘管平、冯德行、黄莘南、贾爱琴等及部分学生，由谭国荣、马秀芝负责出版工作[522]。

我国古建筑的避雷措施

龙非了

一、中国古人对于雷电的认识

图5-187《我国古建筑的避雷措施》
（来源：龙非了．我国古建筑的避雷措施[J]．建筑学报，1963年第10期：28）

《人民公社建筑规划与设计》一经面世，即在全国范围内产生了广泛的影响，成为当时全国规划设计单位、建筑工作者在进行“人民公社”规划设计时的重要参考和高等学校建筑系及建筑专科学校的教学参考书。

6．龙庆忠《我国古建筑的避雷措施》

1963年，华南工学院龙庆忠教授在《建筑学报》第一期发表《我国古建筑的避雷措施》（图5-187），该论文通过大量史料以及翔实的数据、公式推导和精辟的论述证明我国古建筑采取避雷措施早于富兰克林近千年，这是中国建筑史研究的重要发现[523]。文章从考据和对古建筑构造细部的考察以及运用现代数学进行计算的角度，列举出中国古建筑上的避雷措施；通过对雷击实验所得结果的仔细分析研究，从屋顶结构不同的雷击部位的分布、瓦屋顶房屋的雷击部位两个方面来对比中国古建筑防雷构造的细节尺度特征；通过考据列举了中国历史上的雷电事故，并指出古中国人对于雷电的认识及其雷电学说。在文章的最后，龙庆忠教授也科学地指出要进一步充分地研究古中国建筑上的避雷措施给我们的启示，并结合现代避雷措施，探索一套新的建筑避雷方法。

7．夏昌世、莫伯治《漫谈岭南庭园》

1963年，夏昌世、莫伯治在《建筑学报》当年第三期发表《漫谈岭南庭园》的论文。该论文是夏昌世和莫伯治从20世纪50年代到60年代初，合作调查岭南地区近四十个住宅庭园之后的研究成果。（图5-188）

文章对“庭园”和“园林”从功能上进行了区分：

图5-188 《漫谈岭南庭园》

（来源：夏昌世、莫伯治. 漫谈岭南庭园[J]. 建筑学报，1963年（3）：11）

“庭园”是以适应生活起居要求为主，以建筑为主要景观依托，适当结合水石花木来增加自然气氛和观赏价值。对庭园中景色的玩赏，一般以“静态”为多。通常结合日常起居生活空间，特意创造出两三个“点”式“对景”，与自然空间相结合。

“园林”则规模较大，以自然空间为主，建筑是园内景色的“点缀物”。园内布景以“动态”游线组织，可供人行走游憩观赏。景点创造强调“步移景异”。

论文从布局方式对岭南地区住宅庭园以“庭”为基本组成单元进行了分类，分为平庭、水庭、石庭、水石庭、山庭。还从建筑、装修、石景、庭木花草配植等方面分别开展了论述：布局不拘一格、空间清空疏朗；建筑体型轻快，通透开敞；装修精美纤巧，色调动态多变；石景或玲珑剔透，或圆浑古拙；庭木花草品种丰富，色香绝妙。

文章对岭南庭园的总体特点进行了总结：因地制宜、就地取材、敞朗轻盈。

这是夏昌世、莫伯治在调查了大量岭南地区庭园后的第一篇公开发表的学术研究论文，对岭南庭园的定义、特色、手法均进行了系统的研究和初步的总结，为后续更为详细的研究做了铺垫。

8. 陈伯齐《南方城市住宅平面组合、层数与群组布局问题——从适应气候角度探讨》

陈伯齐的这篇文章发表于《建筑学报》1963年第8期，这是他第一篇明确从适应气候角度来进行南方城市住宅研究的文章。

陈伯齐指出南方城市住宅建筑，除有一般住宅建筑的共通性问题外，还有其本身的特殊问题，这就是如何适应南方炎热地区的气候特点和人民的生活习惯，为人民创造更好的居住条件。陈伯齐总结了南方的气候特点：太阳高度角大、太阳辐射强度大、炎热时间长、夏季多雨、春夏季湿度大、夏季吹东南风与南风，风速小等，因此提出南方居住建筑中，最突出的是居室夏季降温问题[524]。为此南方的住宅建筑还不仅仅是从单体采取遮阳隔热措施，更应当从住宅的平面组合、住宅的层数、群体的布局以及外部绿化环境的设计等方面来综合考虑。文章最后建议南方城市中，应加大绿地的覆盖率，大量建造低层住宅，形成街巷式的住宅组群，适当建造独立单元的高层住宅进行点缀。亚热带的南方城市应该向“绿荫城市”发展，形成南方城市的新面貌（图5-189）。

1963年12月中国建筑学会在江苏无锡召开年会，讨论城市居住区规划和城市住宅建设问题，陈伯齐在会议上宣读了这篇关于南方住宅建筑的论文。

9. 夏昌世、莫伯治《粤中庭园水石景及其构筑艺术》、《岭南庭园》

夏昌世、莫伯治在《园艺学报》1964年二期发表《粤中庭园水石景及其构筑艺术》的论文（图5-190）。该论文继续《漫谈岭南庭园》的研究，对岭南庭园中最具代表性的水石景观进行专门的论述。

文章指出“庭园”与“园林”两者虽同属于造园的范畴，但在空间组织上是有

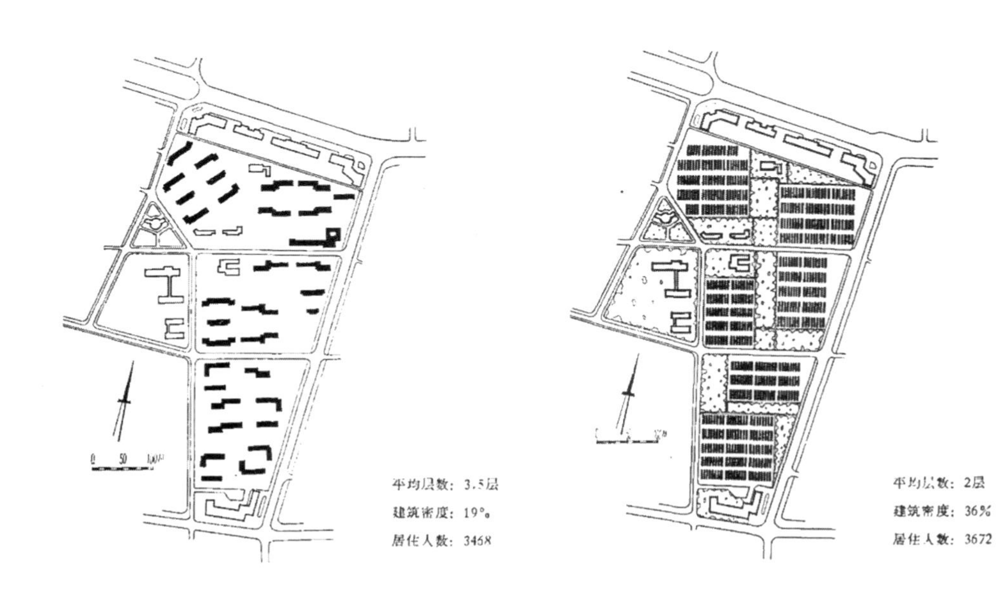

图5-189《南方城市住宅平面组合、层数与群组布局问题》

（来源：陈伯齐.南方城市住宅平面组合、层数与群组布局问题[J].建筑学报，1965（8）：8）

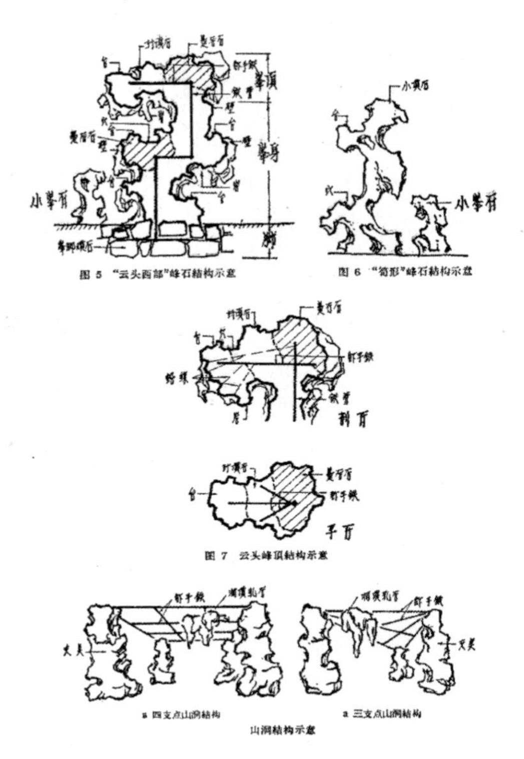

图5-190 《粤中庭园水石景及其构筑艺术》
（来源：夏昌世，莫伯治．粤中庭园水石景及其构筑艺术[J]．园艺学报，1965年5月第3卷第2期：177）

所差异的，因而庭园水石景与园林假山应有区别。庭园的布局，系自然空间从属于建筑环境，因而水石景的结构，在比例尺度上需要和建筑的关系取得一致；其位置与作用以及空间布势等，亦须密切地和建筑结合起来，达到协调统一，并在组景上突出水型的特征。文中详细叙述了关于石景的造型及构成，并结合民间造园石匠的实际砌筑经验，总结出广州石景的构筑方法。

《漫谈岭南庭园》和《粤中庭园水石景及其构筑艺术》两篇文章，是夏昌世、莫伯治两人在20世纪60年代编著的《岭南庭园》这一书稿的重要组成部分。两篇文章不仅对岭南的庭园做了系统的调查和分析研究，而且总结了岭南庭园的营造手法和特点。另外值得一提的是，在今天看来，文章可以说是从非物质文化遗产的角度，对岭南地区民间传统造园匠师的造园手法进行了及时的、详细的记录，也为后人了解和传承岭南庭园艺术创造了条件。由于历史的原因，除了这两篇文章在20世纪60年代得以发表，《岭南庭园》一书直到2008年才得以出版（图5-191）。

10. 夏昌世《园林述要》

在20世纪30年代，夏昌世先生就曾与梁思成、刘敦桢、卢树森等人一同考察测绘了苏州的历史建筑和私家园林。50年代和60年代初期，夏昌世先生在从事岭南建筑教育和建筑创作的同时，仍然继续深入调查和研究南北园林，并带领莫伯治和硕士研究生何镜堂开展岭南庭园的研究工作。夏昌世先生在20世纪60年代就撰写完成了《园林述要》文稿，但在“文革”时期，文稿丧失。直至20世纪80年代，夏昌世又根据回忆重新撰写该书，并增加补充了新的内容。《园林述要》经夏昌世先生的学生，1955级校友曾昭奋的仔细校订，在香港校友蔡建中先生的资助下，于1995年10月由华南理工大学出版社出版（图5-192、图5-193）。1997年《园林述要》

图5-191 《岭南庭园》
（来源：夏昌世、莫伯治. 曾昭奋 整理. 岭南庭园[M]. 北京：中国建筑工业出版社. 2008年10月：封面）

图5-192 《园林述要》
（来源：夏昌世. 园林述要[M]. 广州：华南理工大学出版社：1995，10：封面）

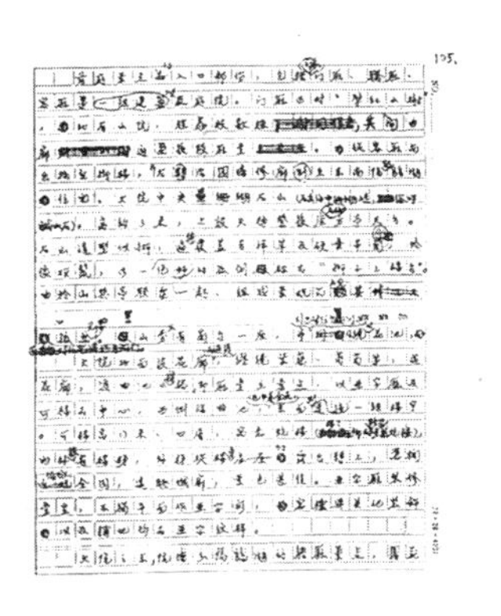

图5-193 《园林述要》手稿
（来源：夏昌世. 园林述要[M]. 广州：华南理工大学出版社：1995，10：扉页）

获得第三届全国优秀建筑科技图书评选二等奖[525]。

该书是夏昌世先生几十年对中国古典园林不断调查研究和思索的宝贵成果。曾经与夏昌世一道进行岭南庭园调查并深受夏昌世影响，后来被评为中国工程院院士、国家建筑设计大师莫伯治先生在《园林述要》的序言中写道："这是夏公多年来艺海拾贝，累积成篇的，是研究夏公作为岭南新建筑拓荒者的思想及创作的珍贵资料，亦是我国园林研究的重要成果"[526]。1948级校友、广州市设计院总工蔡德道认为《园林述要》如果是在1963年写完就出版，它的价值是不可估量的[527]。

《园林述要》一书共分八个主要章节：造园说往概略；园林的类型；园林布局：景物与视觉及空间过渡；设景组景的意匠；南北造园风格及其特点；《园治》及南巡时造园的影响；南巡与仿制各园等。另外，还附录了名园图录和文献举略。该书的内容翔实、见解独到，体现了夏昌世在园林领域的深厚造诣，也让人更为理解夏昌世的现代建筑创作理念根源。夏昌世对古典园林的研究不仅仅是"怀古"，更吸收丰富素材、运用到现代建筑设计中，从而形成新的华南建筑风格，这一思想影响了一代华南建筑师。

11．陈伯齐《天井与南方城市住宅建筑——从适应气候角度探讨》

1965年12月，华南工学院建筑工程系陈伯齐教授在华南工学院学报发表《天井与南方城市住宅建筑——从适应气候角度探讨》[528]（图5-194）。这是对1963年华南工学院亚热带建筑研究室开始的一项住宅建筑试验的研究总结报告，也是他另外一篇从适应气候角度探讨南方住宅建筑设计理论和方法的文章。

图5-194 《天井与南方城市住宅建筑》

（来源：陈伯齐. 天井与南方城市住宅建筑[J]. 华南工学院学报，1965年12月17日第3卷第4期：1-18）

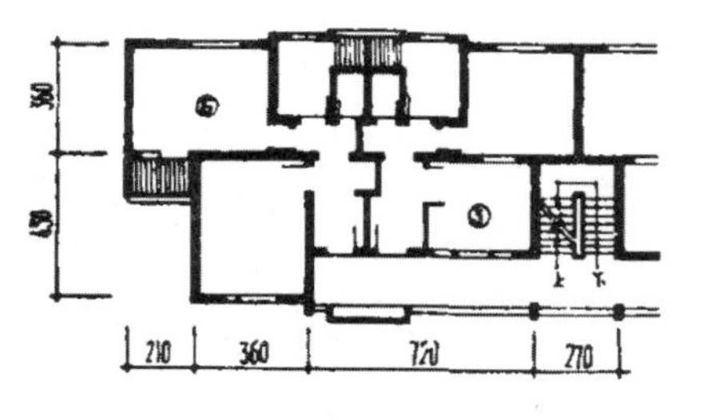

园林试验性住宅南外廊式平面图

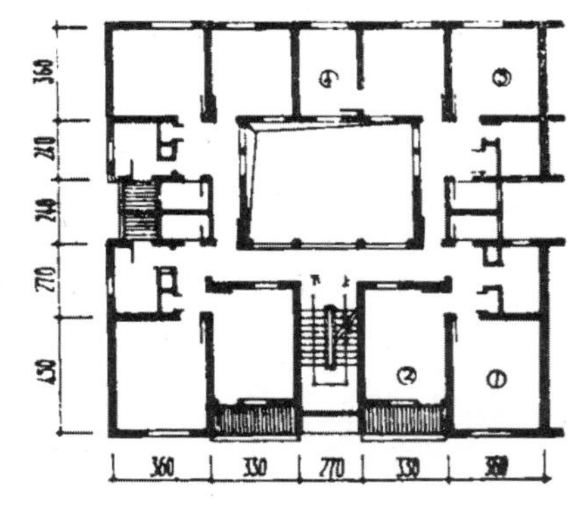

园林试验性住宅天井式平面图

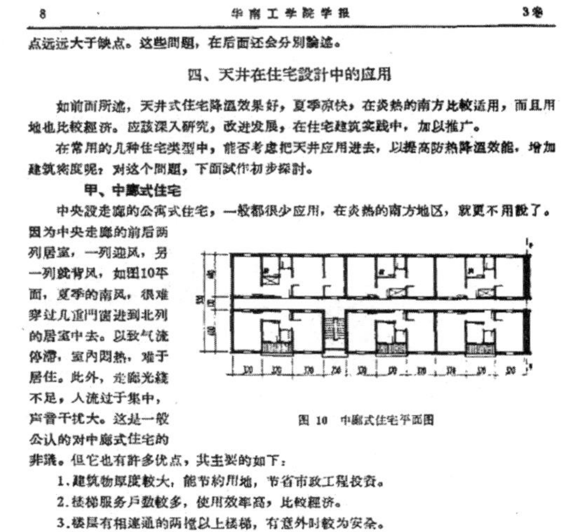

8 华南工学院学报 3卷

点远远大于缺点。这些問題，在后面还会分别論述。

四、天井在住宅設計中的应用

如前面所述，天井式住宅降温效果好，夏季凉快，在炎热的南方比較适用，而且用地也比較經济。应該深入研究，改进发展，在住宅建筑实践中，加以推广。

在常用的几种住宅类型中，能否考虑把天井应用进去，以提高防热降温效能，增加建筑密度呢？对这个問題，下面試作初步探討。

甲、中廊式住宅

中央設走廊的公寓式住宅，一般都很少应用，在炎热的南方地区，就更不用說了。因为中央走廊的前后两列居室，一列迎风，另一列就背风，如图10平面，夏季的南风，很难穿过几道門窗进到北列的居室中去。以致气流停滞，室内悶热，难于居住。此外，走廊光綫不足，人流过于集中，声音干扰大。这是一般公认的对中廊式住宅的非議。但它也有許多优点，其主要的如下：

图 10 中廊式住宅平面图

1. 建筑物厚度較大，能节約用地，节省市政工程投資。

2. 楼梯服务戶数較多，使用效率高，比較經济。

3. 楼层有相連通的两檔以上楼梯，有意外时較为安全。

4. 若每戶都有一套完整的設备，建造投資高，維修費用也大。在目前情况下，一般住戶負担高額租金与水电費用还有困难。中廊式住宅的組織形式，便于設置公用厕浴与供水点等設施，服务范围較广，以中央走廊联系，使用方便。

在居住面积定額較低，建筑标准与設备标准也低的情况下，中廊式住宅的这些优点，就特别值得重视。若将图10平面稍作改变，于走廊北側插入几个小天

图 11 带天井的中廊式住宅平面图

1963年在华南工学院建筑工程系系主任陈伯齐教授的领导下，针对南方炎热气候特点，为探讨建筑最有效的自然降温措施，建筑工程系在广州市东郊员村住宅区设计修建了两座试验性的住宅。为了达到试验比对目的，特意建成两种不同类型的住宅：一为南外廊式，另一为天井式。对该试验项目跟踪测量数据调查一直持续到1965年，并对获得的数据进行了详细分析。

陈伯齐教授在报告中指出："地处亚热带的南方，无论在气候条件与人民生活习惯等各个方面，都有其独特的地方，与我国北方已不尽相同，与远隔重洋的欧美，更相去十万八千里。在南方，全盘搬用西方高纬度国家的住宅建筑方式与规划手法，其不能适应地方情况与满足要求，是显而易见的。南方的住宅建筑，应以我们的传统为基础，弃其糟粕，取其精华，加以革新发展，创造新的有浓厚地方风格的南方住宅建筑，是我们建筑工作者共同努力的方向[529]"。通过对传统住宅形式和建筑热工实测数据的分析研究，陈伯齐提出华南亚热带地区住宅应以防热为主，尽量减少太阳辐射热对居室的过热作用来达到自然降温的目的。

报告通过对数据的分析总结，指出借鉴广州传统住宅经验，相应采用和发挥适

当对外封闭的天井式住宅的优越性，是一条比较经济而有效的途径。陈伯齐为此还进行了大量的平面方案比对研究，从外廊式住宅到内廊式住宅，从单元式平面到并联式平面，对不同平面形式下天井的运用做了详细的比较研究。

文章最后总结亚热带南方地区“于住宅建筑中设置天井，即所谓天井式住宅，是我们优良传统的处理手法之一。带有天井的住宅，无论在防热与降温，使用与经济等几个方面，都有一定的好处，也为南方人所习惯使用，优点很多。特别在降低居室气温，增加凉快舒适感方面，有着显著的实效。这就在一定程度上解决了南方住宅建筑中最主要的问题——夏季的自然降温问题。所以，天井在南方住宅建筑中，有其特殊的现实意义[530]。”这篇文章是陈伯齐重要的学术研究成果之一，充分体现了陈伯齐教授坚持理性的科学试验方式，进行适应亚热带气候特点的建筑比较研究，使得研究结论更加准确、科学且具说服力。这项实验也充分显示了陈伯齐在对待建筑科学研究上的严谨学术态度。

12. 金振声《广州旧住宅的建筑降温处理》

1965年12月，华南工学院建筑工程系教师金振声在华南工学院学报发表《广州旧住宅的建筑降温处理》[531]。文章以1962年夏天，华南工学院建筑工程系教师带领建筑学专业3014班同学暑期实习对广州旧住宅进行调查实测所获得的资料为基础，进行细致地分析整理。对广州旧住宅，在适应当地气候条件隔热、通风降温方面的建筑处理手法，进行了调查研究，对其有关建筑降温措施，进行了初步归纳，分析了其使用效果，并对这些措施的应用，提出了一些建议。参加实习指导教师有金振声、陆元鼎、李恩山、傅肃科、陈其燊、贾爱琴、邓其生、黄梓南、朱良文、梁杰材、傅定亚等。（图5-195）

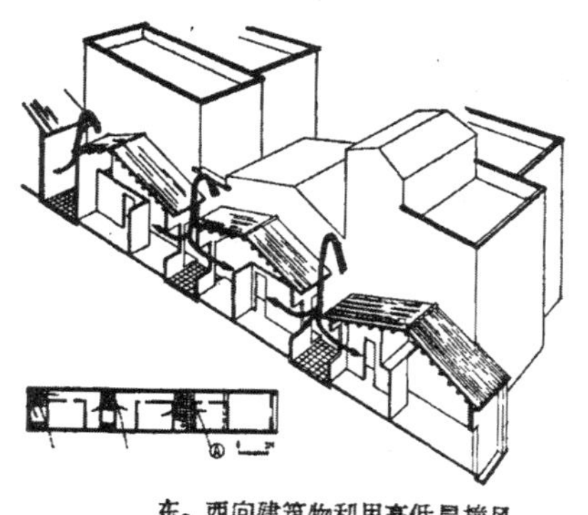

图5-195 《广州旧住宅的建筑降温处理》
（来源：金振声.广州旧住宅的建筑降温处理[J]. 华南工学院学报，1965年12月17日第3卷第4期：50-58）

13. 罗宝钿《广州市螺岗低造价住宅区规划与住宅设计的几个问题》

1965年12月，华南工学院学报发表《广州市螺岗低造价住宅区规划与住宅设计的几个问题》[532]（图5-196）。广州市螺岗住宅区规划设计是1965年由广州市城建委领导，住宅公司主持，华南工学院建工系由建筑学、工民建两专业毕业设计组师生53人组成现场设计组。两专业前后参加指导教师有：陈伯齐、罗宝钿、黎

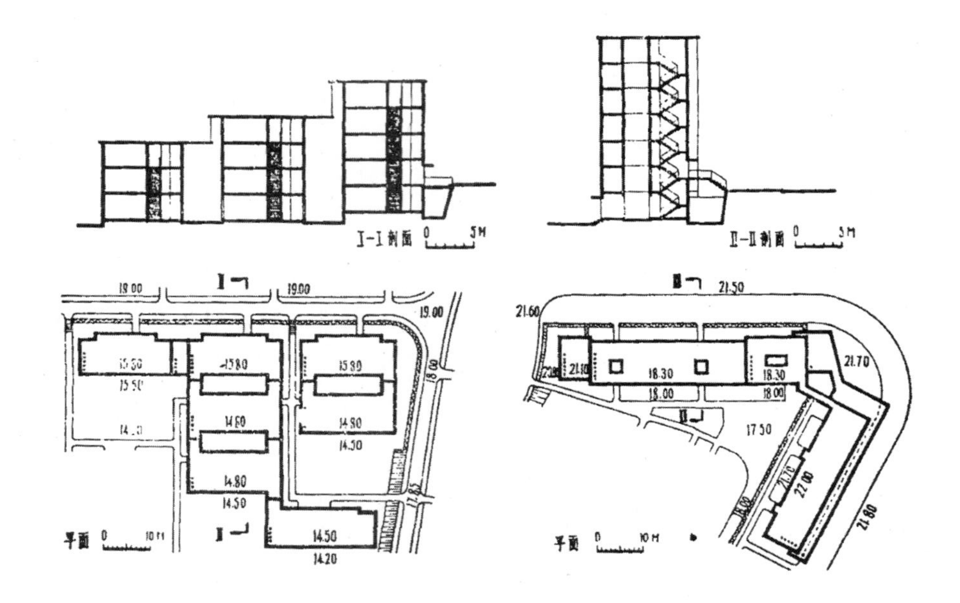

图5-196 《广州市螺岗低造价住宅区规划与住宅设计的几个问题》

（来源：广州市住宅建筑公司技术室、华南工学院螺岗毕业设计组. 广州市螺岗低造价住宅区规划与住宅设计的几个问题[J]. 华南工学院学报，1965年12月17日第3卷第4期：35-48）

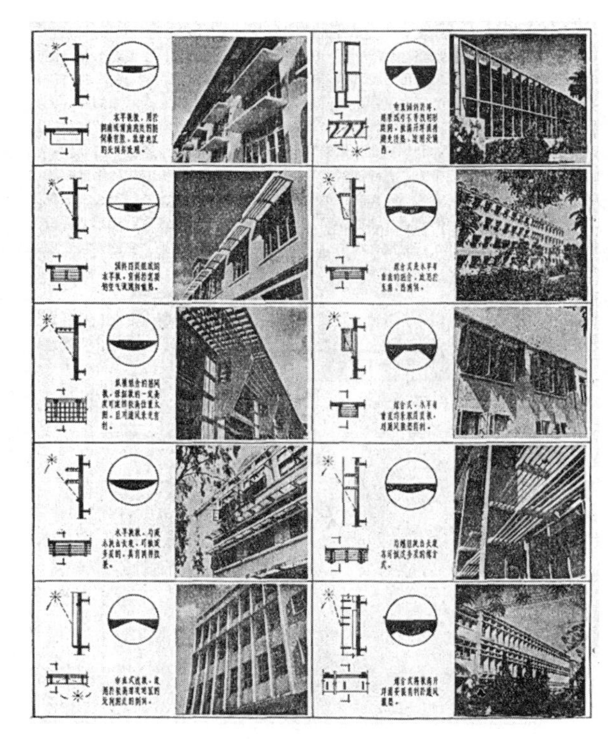

图5-197 《建筑遮阳的热工影响及其设计问题》-遮阳实例

（来源：建筑气候与热工研究组. 建筑遮阳的热工影响及其设计问题[J]. 华南工学院学报，1965年12月17日第3卷第4期：19-34）

显瑞、杨庆生、刘管平、刘捷元、陈止戈、冯铭硕、李丽明等；住宅公司参加指导的有：苏宝义、潘树、陈伟廉等人。本文由罗宝钿执笔，插图由朱良文协助完成。

14. 林其标《建筑遮阳的热工影响及其设计问题》

1965年12月，华南工学院建筑工程系教师林其标执笔，高焕文、叶吉禄、朱良文插图的文章《建筑遮阳的热工影响及其设计问题》在华南工学院学报发表[533]（图5-197）。该文通过对模型实验以及实测数据详细的分析和总结，论述了建筑遮阳对热工影响及其合理设计的几个问题；遮阳条件、遮阳季节和遮阳时间的确定；遮阳效果及其形式的合理选择以及在日照下室温增加量的确定和室温的近似算法。从建筑物理的角度对遮阳进行了细致研究。

（八）设计竞赛

1. 全国厂矿职工住宅设计竞赛

1958年由国家建设委员会委托中国建筑学会组织的新中国成立后第一次全国范围的建筑设计竞赛“全国厂矿职工住宅设计竞赛”结果公布，华南工学院建筑系教师金振声、李恩山、赵振武、欧阳泽祥、史庆堂设计的“广州地区平房住宅”获三等奖（一、二等奖空缺），另外建筑系教师李恩山单独设计的“广东地区平房住宅”也获得优良方案[634]。两个方案均对南方地区的民居特点有所借鉴，采用庭院和天井进行空间的组织，因地制宜，利用地方材料，采用民间做法适应南方地区的生活习惯和气候特点。（图5-198）

竞赛的获奖一方面向全国展示了华南工学院对传统民居与现代生活和气候特点的适应性研究成果，扩大了华南工学院建筑学系的影响力，另一方面也激励了华南工学院建筑学系的年轻教师们继续在适应地域气候特点的住宅建筑设计上的研究。

2. 古巴吉隆滩纪念碑国际竞赛

1961年4月15-20日，美国派遣由流亡美国的古巴反政府人士组成的雇佣军入侵刚刚成立不久的社会主义古巴，在古巴中部的猪湾登陆。在社会主义古巴领袖卡斯特罗的亲自指挥下，击溃了美国雇佣军的进攻，并将其包围全歼在吉隆滩，取得绝对的胜利，巩固了古巴社会主义新政权[635]。该军事行动又称“猪湾事件”。胜利

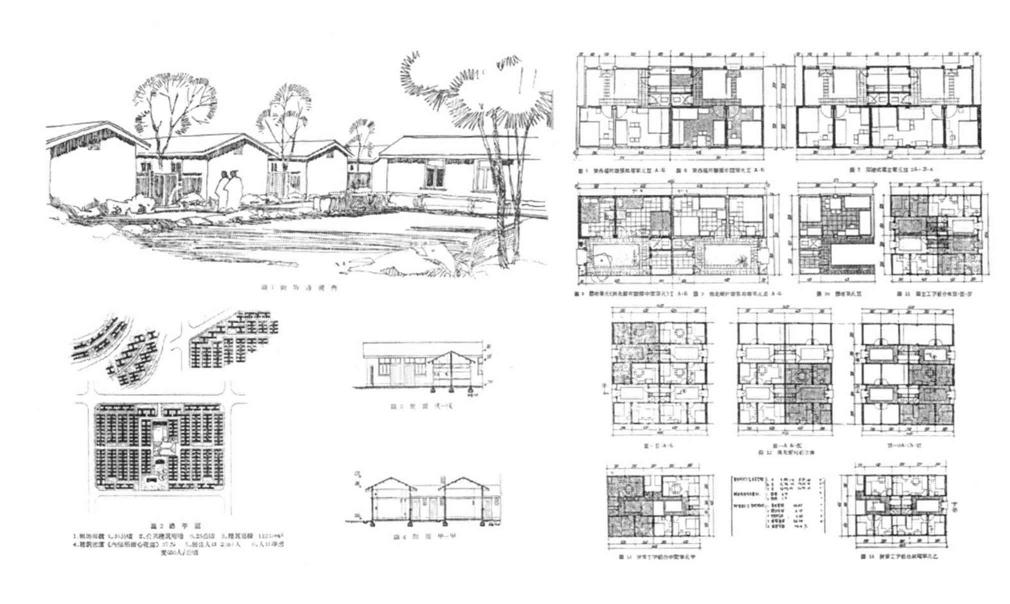

图5-198　全国厂矿职工住宅设计竞赛

（来源：本报编辑组.全国厂矿职工住宅设计竞赛结果的报道[J].建筑学报，1958（3）：6）

后卡斯特罗即宣布要向全世界征集设计方案，在吉隆滩设立纪念碑以歌颂古巴人民的伟大胜利。

1963年，国际建协第七届大会在古巴召开。年初，古巴政府委托国际建协（UIA）组织开展吉隆滩纪念碑国际竞赛，中国建筑学会也组织全国十七个设计单位及高等院校建筑系进行方案征集。在难得的竞赛机会面前，全国各地建筑师都积极踊跃地投入设计，仅一个设计院就涌现了几十个方案。经过中国建筑学会的筛选，向国际建协的评委会提交了20个方案[536]。

1963年3月28日，华南工学院建筑工程系接受了中国建筑学会的这个竞赛任务，并成立了以系主任陈伯齐为首的工作组，迅速开展设计工作。“当参加这一项设计竞赛的光荣任务下达给该系后，师生都沸腾起来，他们一致认为参加此项设计任务就是支持英雄的兄弟古巴人民的实际行动”。经过两天准备就展出了第一批有关古巴的图片和文字数据。建筑工程系全体师生都动员起来参加这个工作，组成了47个组共125人，其中教师18个组40人；同学（主要为高年班）29个组85人。“各组都积极热情地开展着工作，数据室中有关美洲建筑的参考数据更是争着传看”。为了更好地展开工作和进一步了解古巴情况，4月8日建筑工程系组织了报告会，会上由杜汝俭副主任作了“纪念性建筑设计问题”的报告，并特邀年初参加文化代表团赴古巴访问的作家秦牧介绍了古巴的战斗历史、人民精神面貌、建筑特色及人民性格、爱好等。4月17日举行了第一次草图评选，共展出51个形式多样的方案。由该系负责同志组成的评选委员会对这些方案作初步评选，并向全校公开展出，广泛征求群众意见，挑选其中优良方案进入“第二轮”，继续加工送到北京参加评选，为兄弟的古巴人民树立英雄的纪念碑献出一分力量[537]。（图5-199）

1963年9月27日-10月4日，国际建协（UIA）在古巴哈瓦那召开第七届会议，同时对古巴吉隆滩纪念碑国际竞赛进行了评选，展出了33个国家参加竞赛的272个方案，最后波兰的方案获选一等奖。中国派出一个29人的建筑师代表团（陈伯齐、

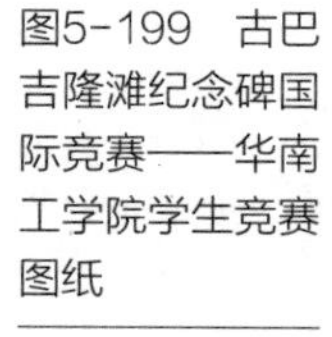

图5-199 古巴吉隆滩纪念碑国际竞赛——华南工学院学生竞赛图纸

（来源：古巴吉隆滩纪念碑国际竞赛-华南工学院学生竞赛图纸，1963年，华南理工大学建筑学院藏）

林克明是成员之一）参加会议，同时选送了二十个竞赛方案，陈伯齐参与广州市设计院的纪念碑方案也是其中之一，最后北京工业建筑设计院龚德顺和李宗浩、陈继辉合作设计方案获得荣誉奖[538]。

华南工学院建筑工程系众多师生投入极大的热情参与了这次竞赛活动，虽未获奖，但在那个缺乏交流和信息沟通的时代，在设计竞赛极少甚至会受到批评的年代，建筑工程系也通过这次活动，调动起教师和学生在教学、学习和实践上的积极性，在一定程度上也开拓了师生的视野，促进了岭南建筑教育水平的提高。

（九）对外学术互访和交流

1. 国内外专家互访

（1）20世纪50年代与苏联的交流

华南工学院建校初期，就开展了对外学术交流活动。在全面学习苏联的政治背景下，主要是邀请苏联等社会主义国家的学者、专家前来讲学及接待外国学者专家或政界、文教界代表前来访问（图5-200）。1956年9月21日，苏联建筑师协会访华代表团的一个小组在团长苏联建筑师协会书记处书记沙洛诺夫率领下参观了华南工学院建筑系，并举行了座谈会。苏联专家们赞扬了我国的建筑艺术，并介绍了苏联改进建筑工作的一些情况。专家认为学生的设计都很好，只是其中一部分对经济问题考虑不周，如有过多的承重墙等；同时，先进结构还未能好好采用，如竹筋混凝土等。专家们还对该系教学上的其他一些问题提出了若干建议[539]。

图5-200　1956年苏联专家来访
（来源：1956年苏联专家来访，华南理工大学建筑学院藏）

（2）梁思成来访

1959年4月，清华大学建筑系主任梁思成到华南工学院进行参观访问，并与建筑系师生进行了座谈。梁思成向大家介绍了清华大学建筑系师生教学结合生产的情况，特别是清华大学学生和教师参加北京十大建筑设计的情况。（图5-201）

梁思成谈到“贯彻党的教育方针时说：‘大破迷信，进行群众性科研，收效是很大的。像北京十大建筑设计中，清华建筑系同学便负担五项。在设计中，老师同学一起干，十几支笔齐下，最初吓怕了一些老师，但结果很好，有四项被采纳，这正

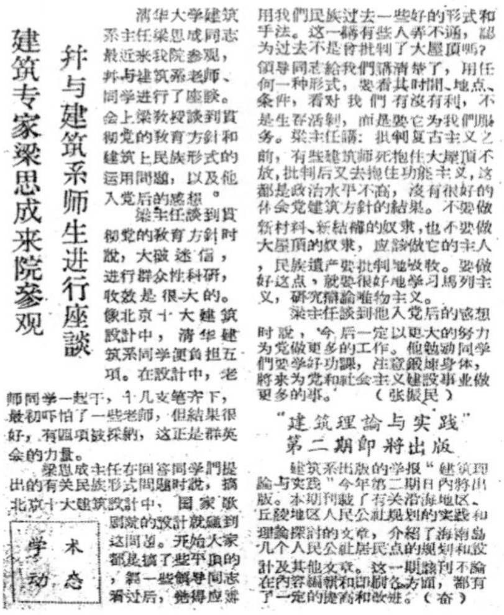
建筑专家梁思成来院參观

弁与建筑系师生进行座談

清华大学建筑系主任梁思成同志最近来我院參观，并与建筑系老师、同学进行了座談。会上梁教授談到貫徹党的教育方針和建筑上民族形式的运用問題，以及他入党后的感想。

梁主任談到貫徹党的教育方針时說，大破迷信，进行群众性科研，收效是很大的。像北京十大建筑設計中，清华建筑系同学便負担五項。在設計中，老师同学一起干，十几支笔齐下，最初吓怕了一些老師，但結果很好，有四項被採納，这正是群英会的力量。

梁思成主任在回答同学們提出的有关民族形式問題时說，搞北京十大建筑設計中，国家歌剧院的設計就碰到这問題。开始大家都是搞了些平頂的，經一些領导同志看过后，覺得应該用我們民族过去一些好的形式和手法。这一講有些人弄不通，認为过去不是曾批判了大屋頂吗？領导同志給我們講清楚了，用任何一种形式，要看其时間、地点、条件，看对我們有沒有利，不是生吞活剝，而是要它为我們服务。梁主任講：批判复古主义之前，有些建筑師死抱住大屋頂不放，批判后又去抱住功能主义，这都是政治水平不高，沒有很好的体会党建筑方針的結果。不要做新材料、新結構的奴隶，也不要做大屋頂的奴隶，应該做它的主人，民族遺产要批判地吸收。要做好这点，就要很好地学习馬列主义，研究辯論唯物主义。

梁主任談到他入党后的感想时說，‘今后一定以更大的努力为党做更多的工作。他勉勵同学們要学好功課，注意鍛煉身体，將来为党和社会主义建設事业做更多的事。’（張振民）

学术动态

“建筑理論与实践”第二期即將出版

建筑系出版的学报“建筑理論与实践”今年第二期日內將出版。本期刊載了有关沿海地区、丘陵地区人民公社規划的实践和理論探討的文章，介紹了海南島几个人民公社居民点的規划和設計及其他文章。这一期學刊不論在內容編輯和印刷各方面，都有了一定的提高和改进。（奋）

图5-201　梁思成来院参观并座谈的报道（来源：建筑专家梁思成来院参观并与建筑系师生进行座谈[N]．华南工学院院刊．1959年4月15日，第205期：第1版）

是群英会的力量’。回答同学们提出的有关民族形式问题时说：‘搞北京十大建筑设计中，国家歌剧院的设计就碰到这问题。开始大家都是搞了平顶的，经一领导同志看过后，觉得应该用我们民族过去一些好的形式和手法。这一讲有些人弄不通，认为过去不是曾批判了大屋顶吗？领导同志给我们讲清楚了，用任何一种形式，要看其时间、地点、条件，看对我们有没有利，不是生吞活剥，而是要它为我们服务。梁主任讲：批判复古主义之前，有些建筑师死抱住大屋顶不放，批判后又去抱住功能主义，这都是政治水平不高，没有很好地体会党建筑方针的结果。不要做新材料、新结构的奴隶，也不要做大屋顶的奴隶，应该做它的主人，民族遗产要批判地吸收。要做好这点，就要很好地学习马列主义，研究辩论唯物主义’。”[640]

梁思成对于如何正确对待前两年受到批判的建筑上民族形式运用的观点，一定程度上解决了当时同学们在建筑风格上的困惑。

（3）龙庆忠赴哈尔滨中国科学院工程力学研究所调研

据邓其生教授回忆，龙庆忠教授在有一年参加北京国庆观礼后，带邓其生赴哈尔滨中国科学院工程力学研究所调研。该研究所为我国最早系统地开展地震工程及防护工程和岩土工程研究的研究所[641]。由此可见，龙庆忠教授在进行建筑防灾研究时重视专业技术知识的科学严谨态度。

2. 参加校外学术研讨和教学会议

（1）“全国建筑理论及历史讨论会”

1958年10月6-17日，建筑工程部建筑科学研究院建筑理论与历史研究室在北京主持召开全国建筑理论及历史讨论会。参加会议的有来自全国十所高校和若干设计部门的代表以及建筑科学研究院建筑理论与历史研究所的工作人员共计92名，其中教授9名，工程师5人，讲师4人，青年助教13人[642]。华南工学院建筑系的陆元鼎和金振声作为广东省的代表出席了此次会议。基于“人民公社化运动”的政治背景，民居被正式规定成为中国建筑史学研究的重点，全国范围的民居调查研究工作全面开展。

此次会议还制定了编撰“中国建筑通史”、“中国建筑近代史”、“建国十年来的建筑成就”三史的工作计划，几乎针对每个省都制定了重点工作提纲。华南工学院建筑系作为广东省的主要负责单位，会同省城建局、设计院、文化局、广州市城建局、建筑学会、建工部建筑科学研究院，开展多方面的调查和研究。提纲内容包括：①人民公社的规划及建筑；②广州市及广东省新中国成立前规划及建筑；③客家民居；④侨乡（梅县、台山、江门）的建设；⑤海南岛黎族建筑；⑥海南岛革命根据地的建筑；⑦港澳近代建筑资料；⑧解放后建筑；⑨热带建筑特点；⑩汕头的发展、规划及建筑[543]。工作提纲成为华南工学院建筑系的主要学术科研方向，一定程度上也促进了其学科特色的形成。对岭南地区大量存在的民居建筑进行调查和研究，也成为岭南建筑教育中取得重要成就的一个科学研究领域。

（2）“住宅建设标准及建筑艺术座谈会”

1959年5月18日～6月4日，中国建筑学会和建筑工程部在上海召开“住宅建设标准及建筑艺术座谈会”。座谈会用了4天的时间讨论住宅标准问题。其余时间讨论建筑艺术问题。建工部长刘秀峰就建筑艺术问题做了题为《创造中国的社会主义的建筑新风格》的总结发言，该发言对推动中国建筑理论的发展、繁荣建筑创作起了很大的作用。会后出版了发言汇编[544]。

5月27日，华南工学院陈伯齐教授在此次座谈会上做《对建筑艺术问题的一些意见》的发言[545]。陈伯齐教授的发言较为细致地阐述了其对“适用、经济和在可能条件下注意美观”建筑方针的认识，并对岭南地区炎热气候条件下导致建筑形式上的特征做了分析，证明了“**在功能的基础上来处理建筑的艺术问题，是合理的，也是非常自然的**”[546]。陈伯齐的发言给当时也参加了座谈的清华大学青年教师吴良镛留下了深刻印象[547]。

（3）“中国建筑史编写会议”

1961年4月21日，建筑科学研究院建筑理论与历史研究室召集各有关高等院校在江苏南京召开中国建筑史编写会议，会议的目的主要是遵照教育部的指示和部署，再次采取全国集体协作的方式完成《中国建筑简史》（古代、近代、现代）的高等学校教材稿，并对苏联建筑科学院主编的多卷集《世界建筑通史》的中国古代建筑史部分进行审查修订。参加人员大部分都是来自各高等院校建筑历史教研组从事中国建筑史教学的青年教师，华南工学院派陆元鼎参加此次会议，另外有南京工学院刘敦祯、郭湖生、潘谷西，西安冶金学院赵立赢、林宣，同济大学喻维国、董鉴泓，清华大学吴光祖，重庆建筑工程学院吕祖谦，武汉城市建设学院黄树业，哈尔滨建筑工程学院侯幼彬，文化部陈明达，再加上建研院历史室有关领导及研究人员汪之力、刘祥祯、范国骏、张静娴、王世仁、王绍周等共计二十余人[548]。

从1961年4月下旬开始，至8月底止，《中国建筑简史》的中国现代建筑史部分（中华人民共和国建筑十年史）经过四个多月的时间选编与改写完成。该教材由华南工学院的陆元鼎、建筑科学研究院的王华彬、孙增籓主编。选编工作由建筑工程部建研院历史室、城乡建筑研究室主持，参加选编工作的有建筑科学研究院、华南工学院、同济大学、清华大学等单位。本教材的第一稿是以华南工学院《中国解放后建筑》（教材稿）为基础，最终稿利用建筑科学研究院城乡建筑研究室和建筑历史与理论研究室的专题成果和资料，作了较全面的补充和修改而最后完成[549]。

对全国性的建筑史教材编写会议的积极参与，一方面扩大了华南工学院建筑系在建筑史研究上的影响，另一方面也提高了华南工学院建筑系的建筑历史教学和研究工作的水平，而且锻炼了建筑历史教学队伍，培养了后续师资力量。

（4）"广州市建筑学会"

广东省建筑学会成立于1953年，由华南工学院建筑系教授陈伯齐和林克明、金泽光、郑祖良、梁启杰等共同创办，陈伯齐任副理事长[550]。1987年与广东省土木工程学会共同合并为广东省土木建筑学会[551]。

1961年4月下旬，广东省建筑学会主办的"南方建筑风格"座谈会，先后在广州举行了七次，5月间继续在鼎湖山举行，连续讨论了三天。先后参加这一座谈会的有广东省和广州市建筑工程界和高等院校师生共三百多人次。座谈会就有关建筑风格的一般问题和南方建筑的若干具体问题充分进行了讨论[552]。据48届校友蔡德道忆述，陈伯齐在会上的发言很有水平，他说："不能为未来规定岭南建筑的教条，不能为岭南建筑编顺口溜，什么轻巧、通透、玲珑，我们不能够限制未来建筑师的思维。我们要做的，只需要将岭南地区的历史、气候、风土、人情等基本事实罗列出来，帮助建筑师了解设计的背景，也就是他们脚下的这片土壤。至于最终从这片土壤中生长出来的究竟是什么东西，我们不应该去管，也不应预先假设它应该是怎样的"[553]。

1962年5月26日，华南工学院院刊报道建筑工程系教师将在6月上旬举办的广东省建筑学会年会上提出九项科研报告。其中五个建筑方面的项目是：夏昌世教授的"南方庭园特点和布局手法"，陈伯齐教授、林其标讲师的"南方居室降温问题"，金振声副教授的"南方住宅类型"，陆元鼎讲师的"潮州住宅调查研究"，傅肃科讲师的"南方住宅布局问题"。四个土木方面的项目是：凌崇光副教授的"振动砖墙板"，朱士宾教授的"湿滑黏土的打桩公式"，詹承助教的"振动搅拌机"，谢尊渊助教的"混凝土新工艺"。这些报告都是建筑工程系教师们经过长期认真的调查、实验、研究得出的成果。夏昌世教授对南方庭园进行深入调查研究，精心写作了《南方庭园》（由于历史的原因，该书直到2008年才由曾昭奋整理出版，书名改为《岭南庭园》）一书，其在这次年会上提出的报告，就是该书的部分内容。陈伯齐教授和林其标讲师根据实验结果，在《南方居室降温》的研究报告中对于减少太阳辐射热及迎风问题的探讨，如居室的开窗问题等，提出新的意见。金振声副教授的《南方住宅类型》报告中，主要分析天井式和南廊式的优缺点，特点及对缺点的补救方法等，报告中提到将在员村试建二幢房子，进行实际试验[654]。1963年在陈伯齐的领导下，由金振声具体负责，罗宝钿、李恩山共同参加，将两栋不同平面布置的试验性住宅在员村修建起来，并从1963年到1965年连续不断地进行数据跟踪调查和分析，陈伯齐在1965年的华南工学院学报发表了专门的总结性研究论文《天井与南方城市住宅建筑》，指出天井式住宅对南方气候的适应性优点。

（5）"建筑学和建筑历史"学术报告会

1962年10月26日，教育部直属高等学校"建筑学和建筑历史"学术报告会于南京举行。参加此次报告会的有教育部直属的清华大学、天津大学、南京工学院、华南工学院四所高等学校。同济大学、合肥工业大学、北京林学院、南京林学院、南京建筑工程学校、马鞍山市建设局、马鞍山黑色金属设计院、江苏省土建学会、江苏省城建厅、江苏省勘察设计院、南京市建设局、南京市设计院、南京园林处、南京房管处等单位的代表也参加了会议，会上报告论文总共9篇[655]。华南工学院建筑系夏昌世和金振声参加此次会议并做论文报告，夏昌世论文报告为《岭南庭园》，金振声论文报告为《广州民居通风降温处理》。

（6）"中国建筑学会年会"

1963年12月10日-20日，中国建筑学会在江苏无锡召开年会，主要讨论城市居住区规划和城市住宅建设问题[656]。中国建筑学会理事、华南工学院建筑工程系陈伯齐教授出席会议。陈教授在会上宣读《南方城市住宅平面组合，群数与群组布局问题——从适应气候角度探讨》的学术报告，并宣读罗宝钿讲师《南方城市住宅设计及其群体布局对用地经济影响的几个问题》的学术报告[657]。

3. 访问交流

（1）陈伯齐访问罗马尼亚和苏联

1957年6月，时任华南工学院建筑学系副系主任的陈伯齐教授，参加了中国建筑师访罗马尼亚代表团。十人的代表团由建筑工程部周荣鑫副部长任团长。代表团于6月28日出国，八月初回北京，在国外时间为一个多月，其中四分之一时间在苏联，四分之三在罗马尼亚[658]。（图5-202）

此次访问，罗马尼亚的建筑师们对他们的古代建筑的热爱和自豪，以及新建筑现代感与传统风格的结合，使陈伯齐深受启发。在苏联停留期间，陈伯齐等人感受到了苏联普通民众对中国人民的深厚友情。看到苏联的绿化工作规模之宏大和苏联对于重点建设工作的合理安排，以及莫斯科规模巨大而高度工业化的建筑工地，了解了苏联新的建筑材料、建筑技术和创造性的建筑艺术造型，对苏联的城市和建筑有了较为深刻的认识，感受到了苏联科学技术的成就。访问莫斯科时陈伯齐教授代表华南工学院与苏联莫斯科建筑学院建立了联系，并与苏联的乌克兰建筑师代表团结下了深厚的友谊。

图5-202 陈伯齐在国外考察
（来源：陈伯齐百年纪念展览. 华南理工大学建筑学院，2003）

（2）陈伯齐访问古巴

由联合国教科文组织协调于1948年6月28日在瑞士洛桑（Lausanne）成立了国际建筑师协会（International Union of Architects，中文简称国际建协，英文简称UIA），不同于C.I.A.M.的以建筑师个人为会员单位，UIA是以国家和地区为会员单位的，当时有27个国家建筑师组织的代表参加。UIA由于坚持各成员相互了解、彼此尊重的原则，没有受到当时建筑学术界新老两派斗争的影响。发展到现在，UIA已经成为最具影响力的国际建筑师组织，而其召开的三年一届的世界建筑师大会也成为世界建筑师们交流思想的盛会[559]。

1963年9月27日-10月4日，陈伯齐参加29人的中国建筑师代表团（代表团成员还有建设部副部长刘建章、梁思成、杨廷宝和林克明等人）（图5-203），出席在古巴哈瓦那召开的国际建协（UIA）第七届会议。此次会议

图5-203 陈伯齐在古巴考察（1963年）
（来源：陈伯齐在古巴考察（1963年），华南理工大学建筑学院藏）

同时还对古巴吉隆滩纪念碑国际竞赛进行了评选，展出了33个国家的272个竞赛方案[560]。中国代表团选送了20个竞赛方案，陈伯齐参与广州市设计院的纪念碑方案也是其中之一。陈伯齐教授利用这次机会，对古巴建筑进行了细致考察。

（3）林其标参加巴黎国际建协第八届大会及九届代表会议

1965年7月，中国出席在法国巴黎召开的国际建协第八届大会及九届代表会议，梁思成任中国建筑师代表团团长。由于华南工学院在建筑与气候、地域性研究方面做出了很大的成绩，梁思成坚持要留一个名额给华南工学院亚热带建筑研究领域的老师，林其标先生虽然作为新任讲师，也被抽调随团前往巴黎参加会议[561]。

四、"学、研、产"三结合的建筑工程实践

（一）生产实践的机构

1953年以前，由于华南工学院的教授们基本都有各自私营的建筑设计事务所，因此教学之余还承担了社会的工程设计项目，学生也经常参与教师的这些实践项目。1952年"三反"、"五反"运动后，夏昌世与陈伯齐、谭天宋、杜汝俭联合组建"联合建筑师事务所"[562]，边教学边承接设计任务。1952年应华南医学院（1957年更名为中山医学院）院长柯麟教授邀请，夏昌世主持该院教学建筑及附属医院规划设计以及华南医学院附属医院门诊楼设计[563]，部分学生也共同参与进行生产实习活动。

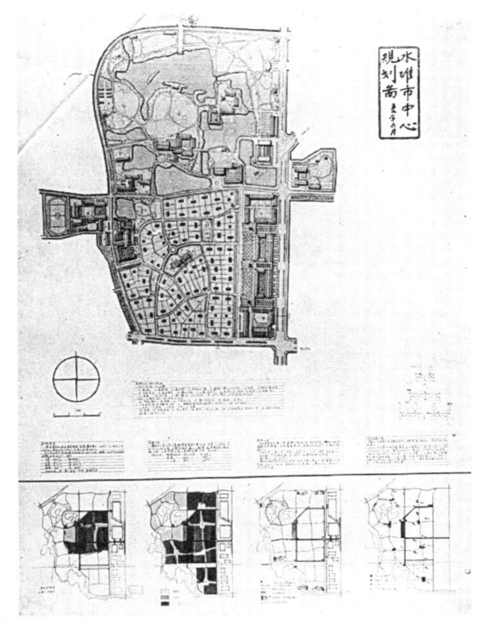

图5-204　水碓市中心规划（1957年）
（来源：李睿整理，冯江校订，夏昌世年表及夏昌世文献目录[J]，南方建筑，2012年第2期：46-47）

1953年后，华南工学院建筑工程系的教师基本都结束了各自的私营建筑事务所，开始以学校的名义成立设计机构来承接设计任务。教师们实践工作并没有减少反而因为更有组织而逐渐增多，在城市（乡）规划与建筑设计方面都有较大的发展（图5-204）。

1. 设计室

1953年，华南工学院建筑工程学系与基建处联合成立设计室。建筑系系主任陈伯齐委任谭天宋教授担任设计室主任。当时校基建处只有六七人，主要建筑设计

任务由教师承担。基建处办公地点与院办一道设在6号楼（现在的建筑红楼）。设计室的成立，一方面满足了建筑系教师工程实践的要，另一方面有利于华南工学院校园基础设施建设[564]。

2. 建筑、土木两系合办“建筑设计院”和“建筑工程公司”

1958年7月，华南工学院建筑、土木两系师生合办了“建筑设计院”和“建筑工程公司”，并接受校内外的生产任务[565]。办公地点在9号楼（原土木系和建筑系合用的教学楼）。华南工学院建筑系系主任陈伯齐教授在回顾建校六年来建筑系的发展时，提到设计院成立仅半年，即完成几万平方米建筑面积的房屋建筑，逐渐克服了教学上纸上谈兵、脱离实际的教学模式，教学的质量大大提高。[566]

时任建筑系副教授杜汝俭认为：“建筑设计院的诞生，标志着我们今后在生产上拥有自己的基地，使从前在教学上所存在的理论脱离实际，怎样培养多面手等问题获得了根本性的解决和提供了有效的保证。设计院虽然成立不久，但已设计过不少工业建筑中各类型的机械制造厂、化工厂和农产品加工厂；在民用建筑中，也大批进行过市住宅公司的集合住宅和其他各单位的公共建筑如图书馆、教学大楼、会堂、医院等设计。设计院不仅在社会主义建设工作中起着直接的作用，就是在师资培养上影响也是深远的。它成立后，几个专业教研组的老师们均受到普遍的培养与提高。通过设计院的工作，很多论文都在国内著名的杂志和学院主办的学报——《建筑理论与实践》上陆续发表。”[567]华南工学院建筑设计院的最初创办，不仅仅是一个单纯的生产单位，更是作为建筑工程学系的教学实践基地，使理论联系实际，培养多面手的教学思想得以顺利贯彻，同时也能够提高教师的业务素质和教学水平。

3. 高校设计院

1959年12月17日，中共广东省委宣传部下文同意将华南工学院“建筑设计院”改组为“高校建筑设计院”，并将现有分散各校的部分设计人员组织集中参加该院工作，有关编制、经费等问题自行解决[568]。“高校设计院”为华工与省高教局合办，共同管理。原建筑设计院并入高校设计院，院长为周凝粹，书记陆元鼎，办公地点在现华南理工大学9号楼[569]。建筑设计院成立之初，完成了汕头公元摄影化学厂，华南工学院电讯楼、物理楼（3号和4号楼）、1号楼等工程项目。

1960年建筑学系和土木工程系合并为建筑工程系，1962年3月27日，建工部下达了《关于下达统一调整和精简全国工业及民用建筑勘察设计机构方案的通知》。华南化工学院回归华南工学院，设计院仍属建工系和高教局共同管理，陆元鼎辞去了高校设计院的行政职务，专职教学和设计工作。1963年前后，设计院由陈伯齐任院长、夏昌世任总建筑师，下设两个室，由李恩山、胡荣聪分任室主任[570]。

从1953华南工学院建筑设计室到1958年建筑设计院和1959年的高校设计院，作为隶属于高校的设计机构不仅仅是一个生产单位，更为重要的是成为岭南建筑教育的实践基地，使课堂传授的理论知识和实际应用能够便捷地结合在一起。岭南建筑教育一直非常注重工程实践，老一辈岭南建筑教育家们经过努力建立起设计院这个实践基地，既锻炼了学生的实际工作能力，检验了课堂理论知识，也使教师的教学与科研以及生产相结合的能力得到进一步的提高，初步形成了“学、研、产”三结合的华南建筑人才培养模式。

（二）人民公社规划与建筑设计

1958年5月5日-23日，中共第八次全国代表大会第二次会议通过了根据毛泽东提出的“鼓足干劲，力争上游、多快好省地建设社会主义”的总路线。会议号召在15年或者更短的时间内，在主要工业产品产量方面赶上和超过英国。毛泽东讲话号召破除迷信，解放思想，发扬敢说敢做的创造精神。会后在全国各条战线上，迅速掀起“大跃进”的高潮[571]。

1958年6月底7月初，谭震林在郑州主持召开冀、鲁、豫、陕和北京市农业协作会议，他在会议的总结中，讲到了农业合作社的变革问题。他说：“像遂平县卫星社已经不是农业合作社，而是共产主义公社。”河南省信阳地委根据《红旗》杂志两篇文章透露的毛主席关于办大公社的指示和谭震林谈话的精神，进行了讨论和研究，认为合并后的遂平县卫星大社，实际上已构成人民公社的雏形，决定首先在遂平县卫星集体农庄试点，在原21个农业社的基础上，又并入6个社，共27个农业社、9360户参加。7月初，正式建立了“嵖岈山卫星人民公社”。全国第一个人民公社在河南省诞生。7月中旬初步制定了《嵖岈山卫星人民公社试行章程（草稿）》。规定各农业社的一切生产资料和公共财产转为公社所有，由公社统一核算，统一分配；社员分配实行工资制和口粮供给制相结合；推广公共食堂；同时成立托儿所、幼儿园、敬老院、缝纫组；公社设立农业、林业、畜牧、工交、粮食、供销、卫生、武装保卫等若干部或委员会，下设生产大队和生产队，实行统一领导，分级管理和组织军事化、生产战斗化、生活集体化。毛泽东大加赞赏，评价：“人民公社这个名字好，包括工、农、商、学、兵，管理生产，管理生活，管理政权。”8月底，毛主席主持召开了中央政治局扩大会议，正式通过了《关于建立农村人民公社问题的决议》。要求各地在秋收前后，先把“公社的架子”搭起来。北戴河会议结束后，中央报刊相继发表了“迎接人民公社化的高潮”等社论，把建立人民公社的运动很快推向高潮[572]。

一向被学校认为是“落后分子”的华南工学院建筑学系，此时以敏锐的政治嗅觉抓住了这个运动契机，建筑学系全体师生和土木系部分师生，投入到这场具有历史意义的、轰轰烈烈的政治运动中。

1958年8月，报纸上一发表河南省遂平县成立了人民公社之后，华南工学院建筑系根据学院党委指示，立即派出一队由12名师生组成“尖兵”到遂平去搞人民公社规划工作。他们做了社中心总体规划、公社区域规划、办公大楼和住宅标准设计和一份详细的关于当地原有建筑的调查报告（图5-205）。还总结一篇有关这次规划设计的科学论文，在《建筑学报》上发表[573]。（图5-206）

1958年9月19日，中共中央、国务院发出《关于教育工作的指示》，提出：“党的教育工作方针，是教育为无产阶级的政治服务，教育与生产劳动相结合”，“教育的目的，是培养有社会主义觉悟的有文化的劳动者”[574]。华南工学院建筑系师生立即在行动上积极响应这一教育方针。

图5-205　河南遂平卫星“人民公社”中心居民点规划（1958年）

（来源：华南工学院建筑系人民公社规划建设调查研究工作队．河南省遂平县卫星人民公社第一基层规划设计[J]．建筑学报，1958，（11）：10）

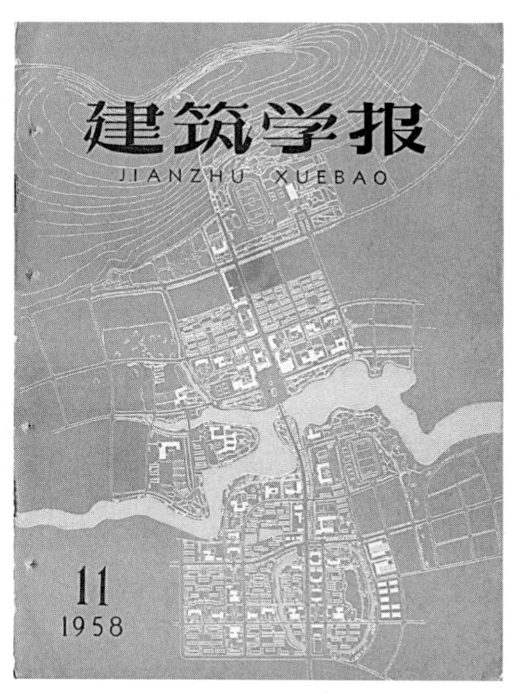

图5-206《建筑学报》封面：卫星“人民公社”中心居民点规划总平面图

（来源：卫星人民公社中心居民点规划总平面图[J]．建筑学报，1958年第11期：封面）

1958年10月开始，华南工学院建筑系全体师生和土木系部分师生共400多人分6个工作队，在番禺、中山、高要、澄海、惠阳、海南岛等地，替人民公社搞公社建设规划、土地测量、房屋设计和施工、试制新建筑材料和训练建筑干部等项工作[575]。建筑系在1958年校庆前，集中一个月的时间完成二十多项有关人民公社规划和建设方面的科学研究，为“人民公社化运动”服务，这些项目中包括广东人民出版社出版的《河南遂平卫星人民公社规划设计》一书，以及番禺县的沙圩共产主义新村规划设计，广州郊区黄埔人民公社规划设计，共产主义新村集体住宅设计，幸福院设计，民兵师团部、营部办公楼设计，粮食仓库设计，综合性红专大学设计，十万头猪舍设计，饭堂设计，托儿所幼儿园设计，炼钢厂设计，冷藏库设计，建筑气候分区问题论文集，华南工学院新面貌画集等，此外还有多篇科研报告[576]。11月17日校庆后，建筑系全系师生全部下放海南、潮汕等各专区的人民公社参加规划工作（图5-207、图5-208），通过生产劳动来结合教学，“做到生产、教学、科研与锻炼四结合，摸索经验，创造新的教学方法与形式，多快好省地培养又红又专的建设干部”[577]。何镜堂院士在当年就读华南工学院本科三年级，也参加了由郑鹏老师带队的海南府城“人民公社”规划设计，其所在“海南组”还与罗宝钿带队的“番禺组”定期到番禺交流经验[578]。

三个月的下放时间，华南工学院建筑学系在广东省（包括现在的海南省）规划

图5-207　“人民公社”规划澄海队
（来源：五十年岁月之歌．华南理工大学建筑系（1956-1961）届同学纪念册．华南理工大学建筑学院办公室藏：44）

图5-208　红岛人民公社规划队
（来源：五十年岁月之歌．华南理工大学建筑系（1956-1961）届同学纪念册．华南理工大学建筑学院办公室藏：41）

了15个公社，进行了26个居民点的详细规划，面积达2825公顷，并结合当地条件设计了各种类型的住宅、食堂、幼儿园、托儿所、敬老院、人民会堂和工厂建筑等，面积达41万平方米[579]。通过这次规划工作，华南工学院建筑系累积了不少的公社规划建设经验，也发现了很多值得探讨的问题。

1959年3月9日，华南工学院建筑系在建筑红楼举行“参加人民公社规划设计成绩汇报展览会”，展览会由“番禺馆”、“惠阳馆”、“设计院馆”、“高要馆”、“中山馆”、“海南馆”、“澄海馆”组成，院党委第一书记张进、书记李独清等领导也专门到会参观并对展览会展出的规划成果高度评价[580]（图5-209、图5-210）。3月16日，华南工学院院刊以大量的篇幅刊登关于建筑系和土木系下放农村进行规划设计的报道文章[581]。

1959年，华南工学院建筑系在系主任陈伯齐教授的组织下，全系投入，仅仅利用两个月的时间编写出二十万字、图文并茂的《人民公社建筑规划与设计》一书。

该书根据当时党中央有关“人民公社”的方针政策，结合建筑系在广东地区的“人民公社”规划设计经验，对“人民公社”总体规划的任务、依据、指导思想及工作方法;“人民公社”居民点的分布规划（并村定点、居民点规则、大地园林化）;居民点的新建与改建规划；住宅、集体福利建筑和几项工业建筑设计等问题，进行了综合分析和较系统的研究，提出了“人民公社”规划设计的原则、方法和适合于广东地区情况的参考定额[582]。

《人民公社建筑规划与设计》一经面世，即在全国范围内产生了广泛的影响，成为当时全国规划设计单位、建筑工作者在进行“人民公社”规划设计时的重要参考和高等学校建筑系及建筑专科学校的教学参考书。华南工学院建筑系的“人民公社”规划成果也为全国瞩目。正在天津大学就读的朱良文一次偶然的机会与带学生到外地做规划的华南工学院教师罗宝钿相遇。在罗宝钿的介绍下对华南工学院建筑系慕名的朱良文毕业之后，分配到了华南工学院[583]。清华大学建筑系也破天荒主动提出希望华南工学院分配建筑系毕业生到清华大学任教，于是1960年应届毕业生曾昭奋分配到了清华大学[584]。足见当时华南工学院建筑系在全国的影响。

这种影响力甚至走出国门，受到其他社会主义国家的关注。

《人民日报》在1960年的3月12日发表文章《“没有止境的奇迹”——记莱比锡春季博览会的中国馆》，描述了在当时德意志民主共和国莱比锡春季博览会中国馆展出的河南嵖岈山人民公社的远景计划和广东番禺县沙圩人民公社一个生产队的建筑规划（图5-211），引起了东德观众的莫大兴趣[585]。这两个规划都是由华南工学院建筑系师生于1958年在“人民公社”化高潮中，前往河南遂平县及广东番禺人

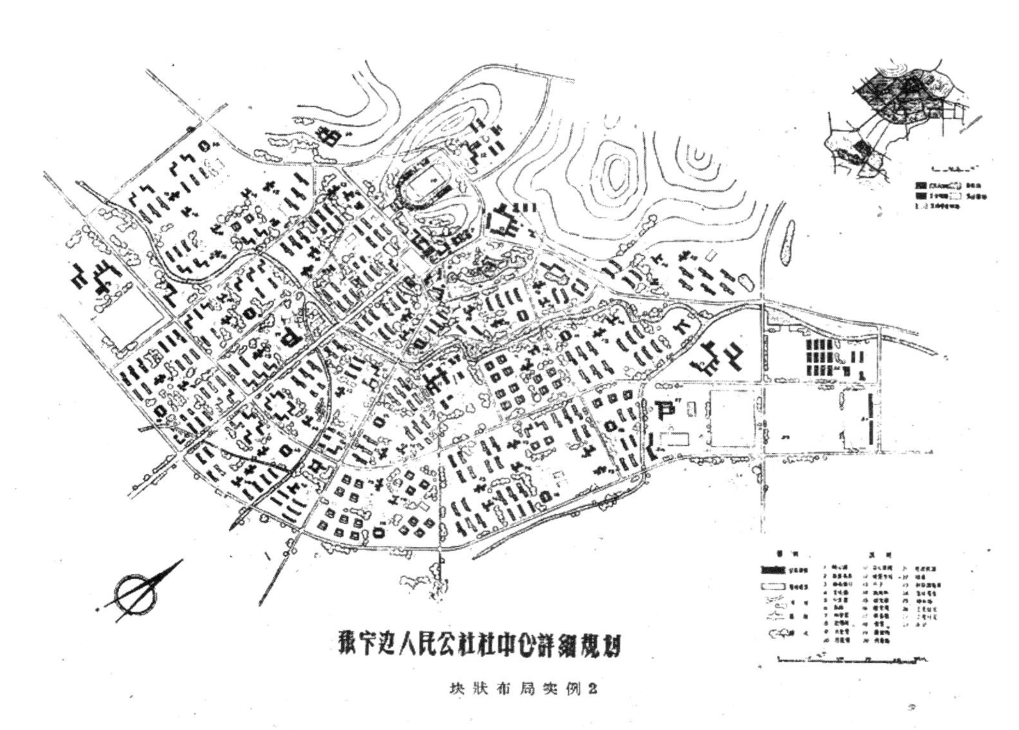

图5-209　广东中山县张家边人民公社社中心详细规划

（来源：华南工学院建筑系．人民公社建筑规划与设计[M]．华南工学院建筑系出版．1959年：33）

图5-210　南海大沥公社中心居民小区规划

（来源：华南工学院建筑系．人民公社建筑规划与设计[M]．华南工学院建筑系出版，1959年：53）

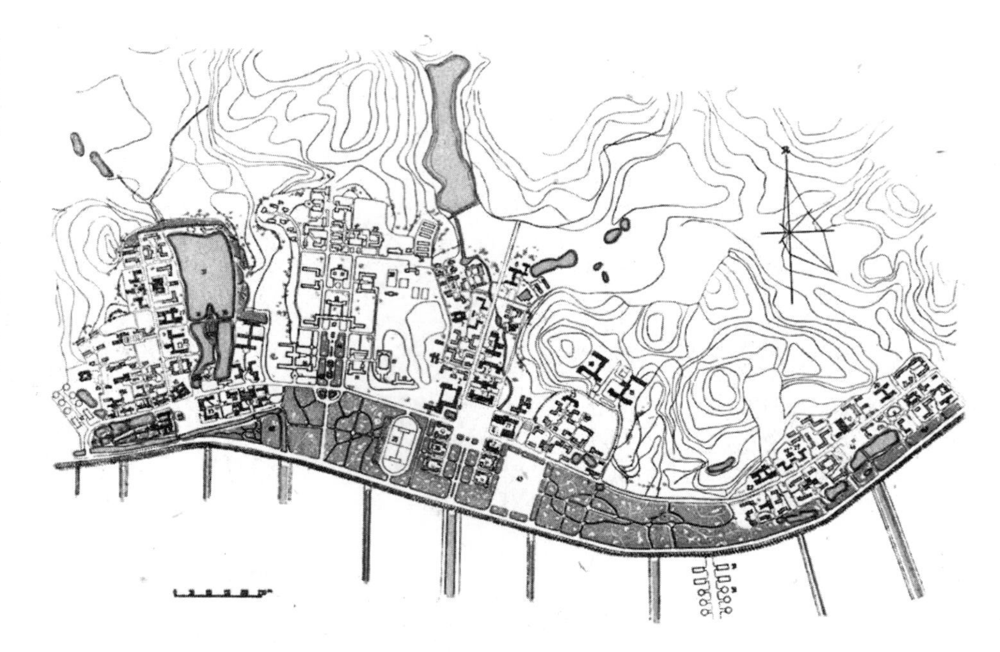

图5-211 广东番禺人民公社沙墟居民点详细规划（1958年）

（来源：华南工学院建筑系．人民公社建筑规划与设计[M]．华南工学院建筑系出版．1959年：36）

民公社设计出来的。华南工学院在1960年5月23日的院刊上，也报道了人民日报的这篇文章，并指出："这两个规划，今天能够在世界博览会中代表我们伟大祖国和全世界人民见面，这也是我们学院的光荣"。

1960年3月9日，中共中央发出《关于城市人民公社问题的批示》，要求各地采取积极的态度建立城市人民公社，"上半年全国城市普遍试点"，"下半年普遍推广"。除北京、上海、天津、武汉、广州五大城市不公开挂牌外，"其他一切城市则应一律挂牌子，以一新耳目，振奋人心"[586]。4月，建工部在桂林市召开了第二次全国城市规划工作座谈会。座谈会提出："要在十年到十五年左右的时间内，把我国的城市基本建设成为社会主义现代化的新城市，把旧城市基本改造成为社会主义现代化的新城市。"座谈会还要求要根据城市人民公社的组织形式和发展前途来编制城市规划，要体现工、农、兵、学、商五位一体的原则。[587]

此后，许多中国城市相继宣布成立"城市人民公社"。但事实上，因为城市组织结构的特殊性，以"农村人民公社"为参考的"城市人民公社"并未在大多数城市中真正建立起来。

华南工学院建筑工程系的师生继续发挥为"农村人民公社"进行规划设计的高昂激情，又投入到"城市人民公社"的规划设计中，主动和各地"城市人民公社"联系，争取承担规划设计工作。

1960年5月，华南工学院建筑工程系师生200多人组成的“城市人民公社”规划工作队，分赴郑州、武汉、海南、马鞍山和广州的大塘等地，在“**以卓越的成就向‘七一’献礼，迎接中南区城市人民公社规划工作现场会议召开**”的精神鼓舞下，到六月底，基本完成郑州红旗人民公社总体规划、管城分社与红旗一条街的规划、设计、总体修建与详细规划（图5-212）；以武钢为中心的青山人民公社总体规划以及一批个体设计，亚热带植物研究所有关规划与设计、火车站设计等。各队同时结合“四化”、“六新”要求，进行科学研究和技术革命。如大塘公社工作队，通过十天工作，每人每组进行了专题科学研究，写出九篇较高质量的科学论文。武汉队研究、创造出教学用的反照仪、照相放大缩小机和录音机等一套装置[688]。学生们也积极地投入到“人民公社”规划的学术研究中，1960年5月，华南工学院建筑工程系建四班学生编写了《全国人民公社规划图集》。

华南工学院建筑系还将教学与“城市人民公社”规划实践相结合，组织城乡规划专业二年级学生，在1960年11月份完成广州大塘人民公社的工人住宅设计，提

图5-212　郑州红旗人民公社规划组

（来源：五十年岁月之歌．华南理工大学建筑系（1956-1961）届同学纪念册．华南理工大学建筑学院办公室藏：44）

供了内廊式、外廊式、梯间式和混合式的多种方案，并将优秀方案进行综合定型[689]。11月16日，建筑工程系由建四班的全体同学和城乡规划教研组、结构教研组、民用教研组的部分老师共63人组成红都规划工作队到江西“红都”瑞金进行规划设计[690]（图5-213）。

图5-213　红都规划工作队部分成员
（来源：五十年岁月之歌. 华南理工大学建筑系（1956-1961）届同学纪念册. 华南理工大学建筑学院办公室藏：41）

在“人民公社”运动中，华南工学院建筑系和土木系为了在规划设计工作中能进行教学，在每一个工作队中都配备了五到六位教师。教师们一方面指导同学进行实际的规划、设计工作，一方面同时开课讲授测量、制图、画法几何、房屋构造、房屋设计、砖石结构和木结构等课程。他们还请了一些建筑工人、农民、乡干部、党政工作者和高年级同学讲课。另外，学生自己还开办了建筑干部训练班，培养一批能够测量、制图，能够施工、管理和能够设计小型房屋的人员（包括农民干部、中学生等）。在紧张的生产和学习中，同学们还进行科学研究。他们进行了很多调查分析，总结了很多实践经验，例如番禺工作队集体编写出版了一本《广东番禺人民公社沙圩规划设计》。在利用当地建筑材料方面，同学们也进行了一系列研究，例如试制水泥空心砖、预制砖拱楼板、玻璃丝等。同学们也懂得“一切都要通过调查研究”，初步掌握了从群众中来、到群众中去的工作方法。他们要设计书店，就跑到新华书店去请教售货员；设计敬老院，就跑去拜访老大爷、老大娘。设计出来之后，再征求他们的意见。规划工作结束，每个工作队都在当地举办了一个人民公社规划设计展览会，展出规划设计成果，包括规划和单体建筑设计：有公社规划和办公大楼、工厂、文化宫、医院、百货大楼、敬老院、托儿所、公共食堂、集体宿舍等的设计图[691]。

“人民公社”运动是中国共产党在20世纪50年代后期全面开展社会主义建设中，为探索中国社会主义建设道路所作的一项重大决策。“人民公社”最初是为适应当时以大搞兴修水利为特点的农业生产建设的发展需要，在小型农业合作社基础上发展起来的一个既有农业合作又有工业合作的基层组织单位。“人民公社”在出现初期，还是有效地集中了有限的农村的人力、物力和财力，满足了当时的农业生产建设的需要，但是随之而来的“平均主义”、“浮夸风”，使得“人民公社化”完全变成不顾自然规律和社会发展规律的政治运动。

即便是这样的一场政治运动，华南工学院建筑系所展示出来的专业素质仍然是值得称道的。在为“人民公社”提供规划设计服务的过程中，华南工学院建筑系迅速而有组织地将教学活动与生产劳动相结合，在实践中进行教学，并及时研究总结，发表论文和出版书籍，将教学、科研和生产进行了卓有成效的“三结合”。

这场“人民公社化”运动，也使得华南工学院建筑工程系的师资力量得到了实践锻炼，特别是城市规划教研组的青年教师们，平均年龄才25岁，通过高强度的规划实践，提高了业务水平，锻炼了教学队伍，为华南工学院的城市（乡）规划学科的发展奠定了坚实的基础。1960年5月3日，华南工学院建筑工程系城规教研组被评选为华南工学院首届建设社会主义先进集体，并获得奖状。

通过这场“人民公社化”运动，岭南建筑教育的理论联系实际教学特点得到充分体现，“务实”的教学作风也得以进一步延续发扬。

（三）典型工程实践

1. 中南区三院校联合建校规划与设计

华中工学院、中南动力学院、中南水利学院三校建校工作是中南区高等教育建设的重点之一，又是1953年该区高等学校院系调整工作关键所在。经政务院文化教育委员会批准，三校建设的基建总投资为1326万元，建筑面积81400平方米。在武汉长江大桥和武汉钢铁公司等国家“一五计划”重点项目还未开始之前，三校建校是中南地区当时最大的建设工程[592]。三校计划规模相当庞大，学生人数要达到两万人，校区总人口数将达到四万多至五万人，使用面积为4.3平方公里，约合武昌城面积的三分之二，名副其实的是一座文化城市[593]。1953年1月22日，华中工学院、中南动力学院、中南水利学院联合建校规划委员会成立，武汉大学物理系教授查谦、湖南大学副校长易鼎新担任正副主任委员，其中华南工学院建筑工程学系教授夏昌世也是委员之一。委员会下设办公室负责进行日常工作，张培刚、王寿康担任正副主任，另由湖南大学推荐一位副主任。办公室暂设秘书、规划设计、财务三处。规划设计处由华南工学院建筑工程学系教授夏昌世、湖南大学土木系教授柳士英担任正副处长，办公室暂设于武汉大学，办公室各机构工作人员由各校抽调组成[594]。

1953年1月-2月间，相关设计人员陆续在武汉集中，其中包括华南工学院建筑工程学系夏昌世教授、毛子玉助教和胡荣聪助教，同时陈伯齐教授按要求也来武汉短期协助三校总体规划。夏昌世还兼任设计组组长，所有建筑设计图纸基本均由其审定。胡荣聪任设计组副组长。陈伯齐是技术指导组组员，负责总体规划。毛子玉任秘书组组长兼设计组组员。2月19日，华南工学院土木系教授陆能源也到武汉，任结构组代组长兼技术指导组组员。3月2日，华南工学院建筑系抽调几乎所有1953届春季毕业生谢城玉、潘振纲、赵鸿珠、林如兰（女）、沈益禾、李满波、林进声、戴钜阙、卢名士、马维濬、温永光、廖材、邓杰、廖衍枝、龙天振、徐福鹏等赴武汉参加三校设计工作，所有毕业生均安排在夏昌世任组长的设计组，其中谢城玉任草图副组长，潘振纲任施工图副组长，徐福鹏还兼任秘书组组员[595]。华南工学院建筑工程学系的应届毕业生们是设计组的主力（28个设计组成员华南工学院占了18个），承担了大部分的图纸绘制工作。

1953年3月7日，华南工学院建筑工程学系陈伯齐教授与武汉大学总务长兼经济系系主任张培刚教授、武汉大学土木系王寿康教授一道，带着他们负责的中南三校联合建校的《建校工程计划任务书（草案）》和校区平面布置初步方案，专程赴北京中央高等教育部汇报。4月19日，政务院文化教育委员会正式批准了《一九五三年华中工学院、中南动力学院基本建设计划任务书》。[596]

1953年中国已经全面学习苏联，武汉三校的规划建设自然会请苏联专家提意见，陈伯齐等提交的规划方案在苏联专家的指导之下，做了一定的修改。为此陈伯齐曾在华南工学院校报《华南工院》1953年7月第24期专门撰文《苏联专家给我们的启发》，总结在北京期间与苏联专家一道参与华中三校规划设计的经验[597]。通过此次规划，陈伯齐深刻认识到总平面设计对大规模建设的重要意义（图5-214）。修改调整的规划保留了原规划方案三校的“品”字形布局，但对道路规划和建筑的布局做了一定的调整，没有像原方案从实用的角度过于迁就原用地的地形特征，而是为了营造高等院校校园建筑的雄伟气魄和庄严局势，体现新民主主义伟大时代精神，在各个校园的主轴线上采用较为严谨的中轴对称布局，道路也规划为棋盘式铺展，以提高土地的使用效率，同时也增强了规划的整体性，避免杂乱无章；另外在苏联专家的建议下，建筑的层数不要拘泥于现在的技术和经济条件，要看到社会的快速发展，适当提高建设标准以满足未来需要；三校的建筑设计也要对中国杰出的传统建筑遗产进行深入细致的研究，取其精华，弃其糟粕，“**创造出伟大的毛泽东时代的民族形式的建筑艺术造型**”。

规划确定后开展的三校建筑设计，我们从由夏昌世审定的建筑施工图上可以看到，也确实参考了苏联专家的意见，对中国传统建筑的布局和细部特征进行了一定程度的借鉴，虽未采用传统大屋顶，但严谨的中轴对称的平面布局，女儿墙、檐口、雨篷飘檐、窗间墙、入口大门窗扇等建筑细部对中国传统建筑符号和纹饰的运用，使建筑整体形象具有较为鲜明的中国“民族形式”（图5-215）。

对中南区三校联合建校规划和设计的积极参与，是华南工学院成立后首次较大

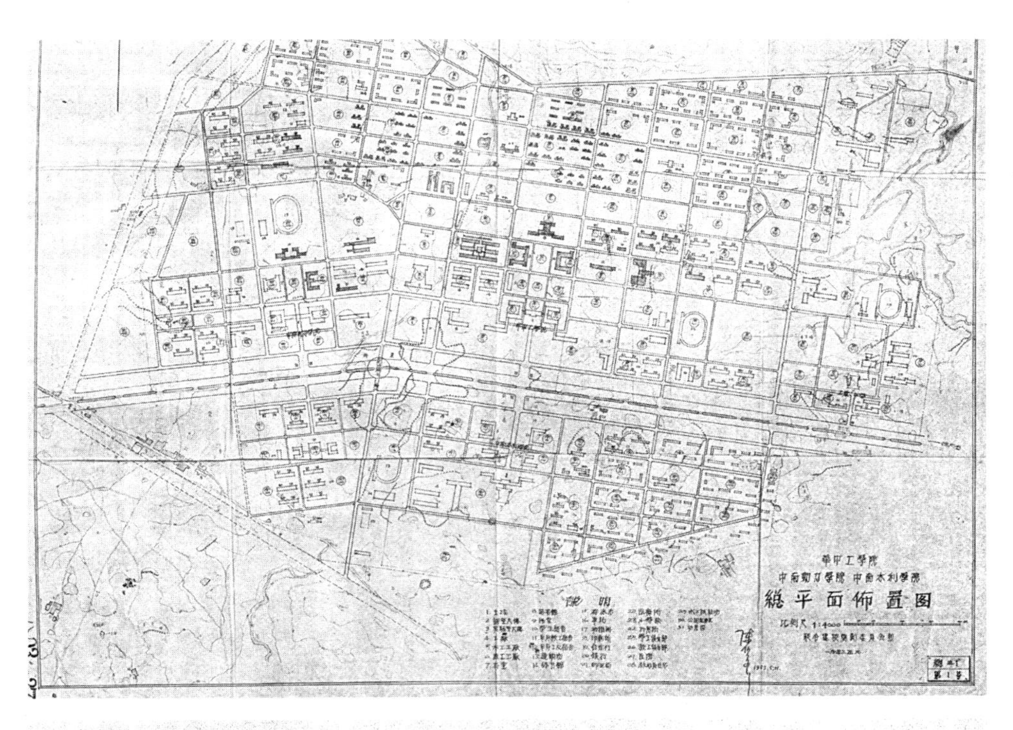

图5-214　中南三校总平面规划

（来源：中南三校总平面规划，1953，华南理工大学建筑学院藏）

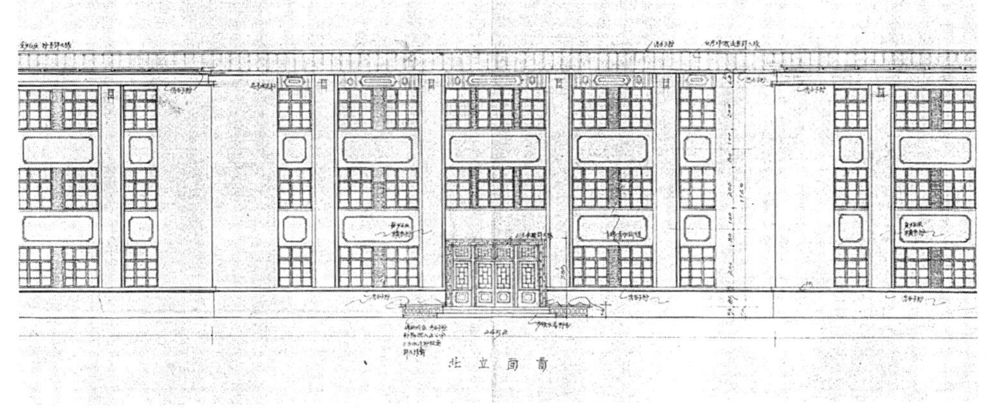

图5-215　中南三校建筑立面

（来源：中南三校建筑施工图，1953，华南理工大学建筑学院藏）

规模的师生共同参与的建筑工程实践活动，作为设计组的主要力量，展示了华南工学院建筑工程学系学生较强的实际经验和工作能力。

2. 鼎湖山教工休养所

广州解放后，党和政府一直在关怀着广州市教工们的生活和健康。1954年6月，广州教工休养所工作委员会决定在广东高要县境内的鼎湖山庆云寺旁修建一座教工休养所，筹措修建费用118000余元，限期于10月完成，8月中旬必须开放一部分，以适应暑期教工修养之需[598]。休养所的规划设计工作委托华南工学院建筑工程学系夏昌世教授主持，抽调了华南工学院、华南医学院等基建部门的部分同志组成联合设计小组。因为时间紧促，两个月就要从设计到建设完成部分工程，因此采取“齐头并进”，边设计边施工，先修建，后新建的流水作业方式，主要设计图纸都是在山上就近绘制，提高工作效率。

庆云寺位于鼎湖山山兜中，坐西朝东，为岭南古刹之一。庆云寺始建于清初，规模宏伟。其建筑依山而建，成阶梯状。夏昌世经过仔细地实地勘察和实测后，认为中轴线上的山门和大雄宝殿等一系列殿堂保存尚属完整，具有一定的历史文物价值，因此决定在设计时加以保存。而两翼的客堂则布置零乱且大多为危房，本着“对可修者修之，确属无法整理者拆之”的原则[599]，决定将右翼的庆喜堂、福善堂和山坡下的老堂进行保留改建，并在当中加建一座新楼连贯衔接。新加建筑因地制宜，迂回曲折，依山傍寺，建筑风格也较为朴素，直坡屋顶，栏杆局部采用广东地区传统建筑中常见的琉璃宝瓶，与庆云寺古建筑共同组成整体性较强的建筑群（图5-216）。另外还基于岭南地区的亚热带气候特点，在窗户上设置了木质百叶遮阳和屋顶花架，以起到降温的作用。

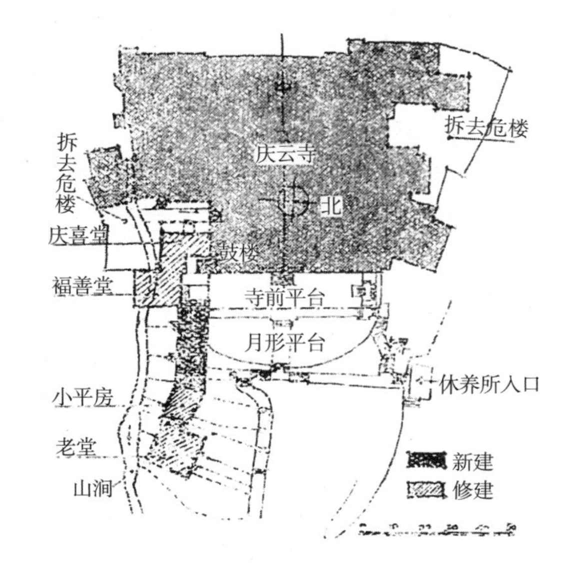

图5-216　肇庆鼎湖山教工休养所平面
（来源：夏昌世. 鼎湖山教工休养所建筑纪要[J]. 建筑学报，1956（9）：45-50）

休养所建筑主要分为五段，每段各有三层或五层，从山下到寺边整体建筑为一幢九层梯级式大楼。建筑面积2580平方米，休养房间40余间，可容150～180位休养人员。文化娱乐房间、餐厅厨房、医务室和功能设施等齐全，满足一般休养所要求。建筑立面开窗在考虑遮阳的基础上尽量开阔，以充分利用鼎湖山的自然景观。采用外廊式布局组织房间，走廊宽敞，结合地形，利用曲折的敞廊和平台联系不同标高的各段建筑。建筑室外空间充分结合自然景观，室外平台、花架和凉亭等都是采用天然的绿化。在基地南边休养所建筑后面还用一条山涧顺山而下，部分休养所建筑横跨在山涧之上，使得空间变化更加丰富（图5-217）。

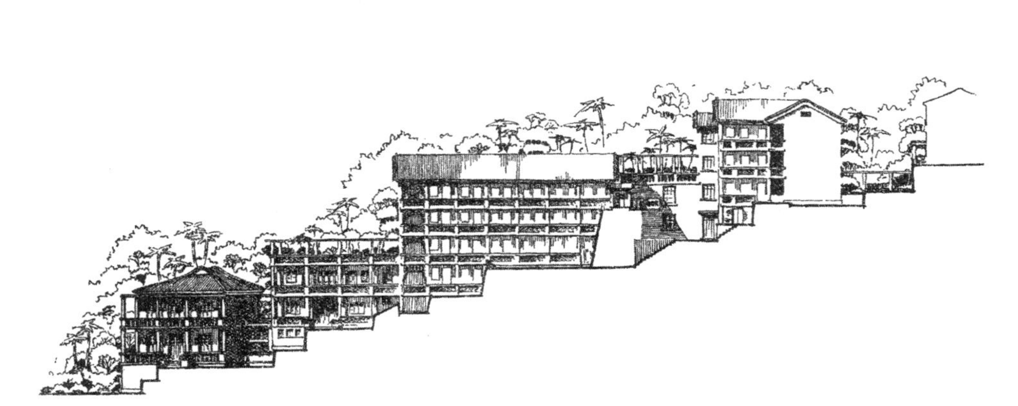

图5-217　肇庆鼎湖山教工休养所立面

（来源：夏昌世. 鼎湖山教工休养所建筑记要[J]. 建筑学报，1956年9期：45–50）

建设上充分利用拆除危房的建筑材料，对材料选用精打细算，灵活掌握：如利用旧梁柱制作楼梯及扶手，就地取石筑坎和作混凝土原料，用竹筋取代部分钢筋、钢筋砖地面取代部分水泥地面等措施，尽量节省工程费用同时也不拖延工期，使建筑造价最终控制在每平方米45元（包括水电），未超出预算低额定价。

鼎湖山教工休养所是夏昌世教授运用基于环境适应性的岭南现代建筑创作理念的典型作品，充分展示了其建筑设计上娴熟的地形处理技巧，也是一座低成本对旧建筑成功改造和利用的代表范例，至今具有重要的参考价值。

3. 中山医学院（华南医学院）教学楼群

广州中山大学中山医学院始建于1866年，原名博济医学堂，是中国最早的西医院校。孙中山曾于1886年在此学医。1953年8月中国高等院校院系调整，国立中山大学医学院、私立岭南大学孙逸仙博士纪念医学院合并成立华南医学院。校址位于中山二路北侧至东风路南侧的岗地，地形较为复杂。1954年广东光华医学院并入华南医学院。1957年更名为中山医学院。1985年更名为中山医科大学。2001年10月26日，中山医科大学与中山大学合并，成为中山大学医学院[600]。

1951年，老革命家及著名医学教育家柯麟任中山医学院院长兼党委书记。1952年由于学校人数增多，为了适应教学实习及医疗任务的要求，他积极邀请夏昌世设计了中山医学院第一附属医院门诊部和原传染病楼改建的内科病院。1953年合并成立华南医学院后，柯麟任华南医学院院长，又邀请夏昌世教授主持该院教学区的规划及教学、医疗科研建筑设计和组建基建工作机构，甚至妥善安排住宅，请夏昌世从广州老中山大学教工宿舍北斋迁居至执信台[601]。1955年8月，中央卫生部按照中山医学院计划，下达了建设400病床附属教学医院的任务。夏昌世教授受委托主持中山医学院第一附属医院的规划和设计，10月15日起分别进行施工。1956年8月20日，中山医学院第一附属医院基本完成工程施工，8月25日即投入使用[602]。

中山医学院的基地分为教学区和教学医院区（图5-218、图5-219）。建设充分贯彻“适用、经济和可能条件下注意美观”的方针。

（1）教学区

教学区内原有两座最早建设的教学医院（今学院办公楼）和医科教学楼（今图书馆），两座建筑均是民国时期红砖砌筑的西洋古典风格，由于其历史意义，在往后的多次建设中都得以保留。对于其他旧建筑则是根据使用价值和经济条件进行改造，使之与新建筑协调统一。

教学区规划基本是以图书馆为中心，由于年度投资和时间的局限，不可能也不适宜筹建综合性的教学大楼，因此新建建筑是采用与两座保留的民国旧建筑同样的，平行于中山二路的分散式行列式布局，以利于分期建设和机动使用。各建筑之间间距保持在30～40米之间，避免噪声干扰同时也注意功能上的有机联系。各个建筑的平面布局基本按照医学上的专业流程进行布局，功能组织合理顺畅。

整个中山医学院医疗教学建筑群最为突出的特点是根据建设资金条件，充分结

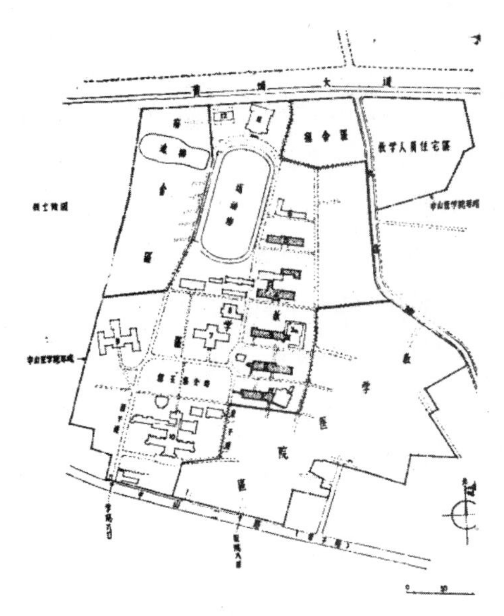

图5-218 中山医学院教学区规划总平面图
（来源：中山医学院基建委员会工程组. 中山医学院教学楼[J]. 建筑学报. 1959年第8期：26-30）

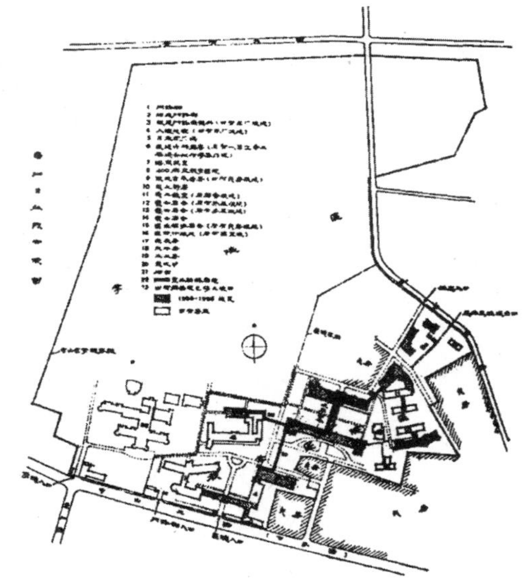

图5-219 中山医学院第一附属医院总平面图
（来源：夏昌世；钟锦文；林铁. 中山医学院第一附属医院[J]. 建筑学报. 1957年第5期：24-35）

合岭南地区的亚热带气候特点，几乎所有新建建筑都进行各种建筑的遮阳和隔热及通风设计。

1953年最先新建的教学楼是生理生化楼（图5-220），其选择的位置和朝向都是与原有旧建筑相呼应，平行于中山二路，向南偏西。该工程基地地势较为复杂，高差达3米，还有树木生长。夏昌世巧妙地利用了地势的差异，设计了西端三层东端四层的建筑，并将基地内原有树木刻意保留了下来，形成独特的自然景观。为防止阳光照射影响显微镜的使用，并保证用大窗面达到采光通风的要求，生理生化楼的南向立面采用了垂直与水平相结合的综合遮阳板，使墙面及窗户均不受太阳的照射[603]。这是综合式遮阳板首次在建筑上运用。在后续建设其他教学楼建筑设计中，夏昌世总结了生化楼遮阳板过于厚重和施工不易的弊端，逐步进行了遮阳板设计的优化和改进。

1953年对病理楼进行了旧建筑扩建，新建两层建筑由于教室跨度较大，采用了钢筋混凝土结构。首层采用了双重水平式遮阳板处理，较为经济，适用于外部树木不多的环境。原有旧楼也进行了立面改造，局部扩大窗户面积，增加横直线条的遮阳处理，与新建部分取得协调。

1953年对解剖科楼向南进行了实验室的扩建，新建的两层楼南向立面采用的是综合式遮阳板（图5-221）。1957年在解剖科楼北端还进行了加建。

1954年新建了药理、寄生虫科楼（图5-222）。为东西轴长向的四层局部五层的大楼，大部分房间朝向东南面以获得夏季东南风。一、二楼为课室和实验室，由

图5-220　中山医学院教学楼——生理生化楼南立面

（来源：夏昌世．亚热带建筑的降温问题[J]．建筑学报．1958年第10期：36）

图5-221 中山医学院教学楼——解剖科楼西南立面（1953年1957年扩建）

（来源：中山医学院基建委员会工程组．中山医学院教学楼[J]．建筑学报．1959年第8期：29）

图5-222 中山医学院教学楼——药理楼

（来源：夏昌世．亚热带建筑的降温问题[J]．建筑学报．1958年第10期：37）

于窗户面积较大，采用的是双层水平式遮阳板，上板和下板挑出的宽度也不一样，三、四层则是采用单层遮阳。水平式遮阳比综合式遮阳造价更加经济也易于施工，能防止一定的辐射热和眩光，但遮阳效果稍差，不适合使用显微镜的实验室。屋顶采用的是广东地方特产大阶砖做成的通风隔热层[604]。1954年正是“社会主义内容、民族形式”的建筑方针贯彻执行的时候，夏昌世为了响应号召，但又不想增加太多造价，只在承托遮阳板的悬臂梁和主入口的栏杆部分采用了雀替式和一些装饰符号。

1957年新建的基础科楼为四层，采用砖墙承重，钢筋混凝土楼面混合结构（图5-223）。为了节约水泥、钢筋，屋面采用1/2砖厚抛物线弧形砖拱作为结构兼隔热层，在拱下加吊平顶，利用拱内空间构成一条通风散热道。为减少辐射热量进入室内和眩光的产生，对遮阳板又做了进一步的改进发展，南向窗户均独立安装了垂直竖板与水平板相结合的预制混凝土百页遮阳板，从而使室内温度降低并使进入的光线更加柔和。

（2）教学医院区

教学医院与普通综合医院有差别，除了普通的病房和医疗用房及辅助用房外，为了配合临床教学，还要设有相当数量的教研室、教学准备室、示教室、学生专用化验室及值班室、临床课室和图书资料室[605]。各医疗用房为了学生实习和教学示范需要，与普通的医疗用房也不尽相同，走廊也要适当宽敞以避免学生人多时查房的拥挤。因此在设计定额上，教学医院使用面积是要比中央卫生部规定的普通综合医

图5-223　中山医学院医疗教学建筑——基础科学楼

（来源：中山医学院基建委员会工程组．中山医学院教学楼[J]．建筑学报．1959年第8期：27）

图5-224 中山医学院第一附属医院

（来源：夏昌世；钟锦文；林铁. 中山医学院第一附属医院[J]. 建筑学报. 1957年第5期：24）

院面积定额要高一些。

新建的400床第一附属医院与1952年建的门诊部及1953年改建的内科病院共同组成600病床的综合医院大楼。新建医院选址在门诊楼北面，中山医学院的东边地块，面积较为狭窄且地形高差变化复杂，但在夏昌世等人的仔细设计下，通过结合自然地势进行适当分散的布局，并以连廊连接各部分建筑成为有机整体，妥善处理了这些难题，既节省了土方费用，又创造了丰富的空间效果，并获得了良好的通风，使建筑群活泼而富有生气（图5-224、图5-225）。

由于基地较为狭窄，建筑的设计为五层工字形大楼，有利于各部分的明确分区和组织内外交通，并且使病房单元都能朝南向。在节约钢材和水泥的情况下，南北两排建筑采用了独特的三排纵墙承重的“龙骨形”混合式结构，从而获得平面房间布局的灵活性。中间段因为特殊要求，采用了混凝土框架结构。另外基于广州的

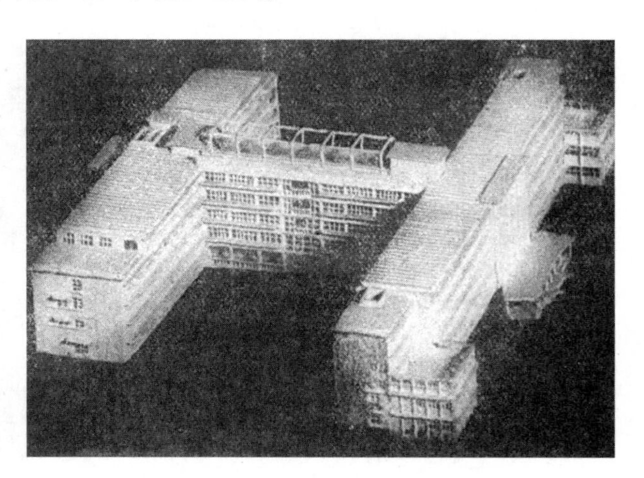

图5-225 中山医学院第一附属医院模型

（来源：夏昌世；钟锦文；林铁. 中山医学院第一附属医院[J]. 建筑学报. 1957年第5期：25）

气候条件打破常规，将外墙厚度减少，内墙采用轻质煤屑空心砖或空斗墙，辅助房间间墙用1/4砖夹铅丝网粉刷，从而降低了建筑荷载，使总造价降低8.4%[606]。

为适应亚热带气候，改变广州地区旧有的搭竹篮葵凉棚的遮阳隔热方式，附属医院建筑外立面设计上采用在窗楣位置外挑预制百叶型混凝土遮阳板，外挑宽度根据日照图解法严格计算，使得夏季10时～15时阳光晒不到室内，冬季10时～15时晒不到病床，百叶遮阳板还能保持空气的流通[607]，南向主入口位置则增加了竖向的垂直遮阳板以提高对每个楼层开敞的日光室的遮阳效果，同时也起到强化入口，丰富立面造型的作用。屋顶采用1/4砖砖拱隔热层，利用南北风的对流来散热，效果良好且施工方便，经济上也能节省。另外对手术室的纱窗也做了革新，设置在室外突出为盒子状，使手术室的玻璃窗清洗消毒更为方便。

从1953-1958年，以夏昌世为主的中山医学院基建委员会工程组，在因地制宜，并充分考虑实际条件的基础上，规划和设计了中山医学院教学区的新建、扩建的五座教学楼，完成10318平方米的建筑面积，基本满足十四个教研组的教学和科研用房要求，适应了六年来扩增2000名学生的教学任务[608]；还在标注定额内规划设计了教学医院区的第一附属医院大楼，满足医学院教学实践的要求。这些设计适应使用要求，强调对人的关怀，特别就岭南地区亚热带气候特点，充分考虑建筑施工手段，在节约建筑造价的前提下，作了适当的建筑上的被动式遮阳、隔热和通风构造处理，使得室内温度普遍下降4～6摄氏度，提供了较好的室内工作和学习环境。建筑的造型因为这些构造处理而显得独具华南地方特色，多样化的构造措施也使得建筑群整体既协调，建筑单体也独具个性。

1959年12月，夏昌世主持设计的广州华南医学院教学楼和中山医学院（即华南医学院，1957年更名）附属第一医院作为新中国成立十周年“我国基本建设方面伟大成就”之一，收录在由国家建筑工程部和中国建筑学会合编的《建筑设计十年1949-1959》画册中（图5-226）。

1993年11月19日，中国建筑学会在北京国际饭店举行隆重纪念建会40周年活动，同时还首次颁发“中国建筑学会优秀建筑创作奖”，夏昌世在20世纪50年代设计的中山医学院医疗教学建筑群获奖，是这一时期的广东省唯一获奖项目[609]，足见这一项目在当时的代表意义。

图5-226　建筑设计十年
（来源：国家建筑工程部、中国建筑学会合编. 建筑设计十年1949-1959[M]，1959）

4. 华南工学院教学中心区规划与建筑设计

华南工学院的院址原为国立中山大学石牌校区，1931年由杨锡宗建筑师负责总体规划和第一期的工程设计，1933年由林克明负责第二期工程设计。抗战中广州曾被日军占领作为司令部，抗战后归还国立中山大学。1952年院系调整后，原国立中山大学的工学院和农学院从中山大学调出，与其他相关院校合并调整为华南工学院和华南农学院，两个学院的院址仍在原国立中山大学石牌校区没有改变。

1952年华南工学院建校后，党委书记张进即委托建筑学系开始对华南工学院主教学区进行规划和建筑设计，以夏昌世为组长的华南工学院建筑系民用建筑教研组承担了这次任务。

华南工学院的教学中心区选址位于学院总平面之南，以延续了原校园规划的南北轴贯通中心广场为整个教学中心区主轴（图5-227）。全部地形系丘陵与平地相错杂；东楼（原文学楼）、西楼（原法学院）所在地的小山岗，前者高出岗前干道13.3米，后者17米。中心区从校门至滨湖岗脚南北长495米，东西宽220米，占地面积108900平方米。中心区原有建筑基本上是沿主轴对称布置，东西楼及仅建筑至一层的图书馆均属“中国固有形式”风格的建筑。教学中心区的绿化基础良

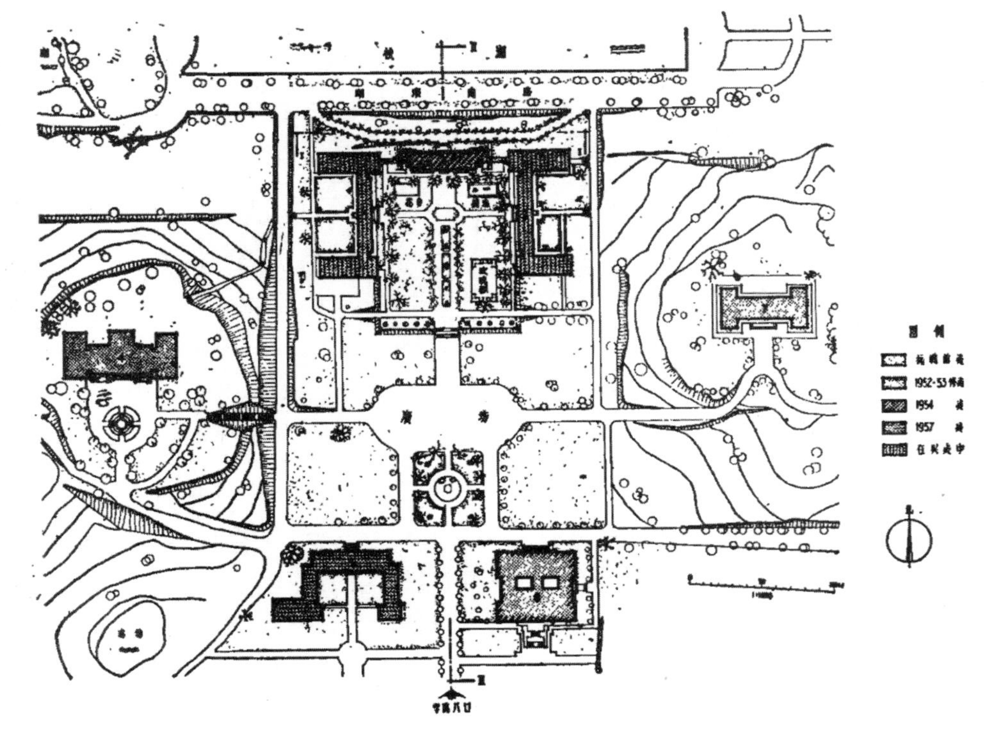

图5-227 华南工学院主教学区

（来源：华南工学院建筑系民用建筑教研组. 华南工学院教学中心区建筑规划上的处理[J]. 建筑学报. 1959年第8期：31）

好，常年绿草如茵，林木葱郁，树龄当时已经有30年以上，品种多样：主要为大叶榕、千层及柠檬桉、南洋松、木麻黄、马尾松、木棉、台湾相思、红花楹、洋紫荆等[610]。

教学中心区选址是从便于教学的功能需求出发，中心区周边是华南工学院成立后的主要三个学系教学楼，包括土木系、机械系和建筑系教学楼以及西北区的实习工厂区和西面的教工俱乐部，东面是学生宿舍区，东南面是教工居住生活区，因此校园内部交通组织便利。由于办公区域也较为集中，因此对外的交通关系也会较为直接，可减轻院内其他各区的干扰。由于临近学校主入口，因此也有利于校园主景观的打造，原有广场可充分利用作为全院性的露天集会场所。另外，教学中心区的面积较为宽敞，为将来的建筑扩展提供了可能。

结合原有的地形条件，在中心轴线的北端小山岗上，规划了由三栋教学楼（即南端的1号教学主楼和东西两端的3号、4号教学楼）和一栋办公大楼（即北端的2号楼院本部）围合一个庭院广场组成的教学建筑群。山岗上的各栋建筑尽量利用山坡进行建设，从而保留山顶较为良好的绿化树木植被环境，形成课间可供休息、环境优雅的公园。南端的1号教学楼结合南面主广场，以及轴线两端的图书馆和化工教学楼，围合形成了校园主入口区域。在“适用、经济和可能条件下注意美观”方针指导下，建筑形式均打破“中国固有形式”的束缚，充分从华南的亚热带气候特点出发，考虑通风与遮阳和隔热等建筑降温措施，均采用了较为简洁的现代主义建筑风格，但又各自不同，在丰富植被树木的掩映下，形成既变化又统一的校园主景观。

随后几十年华南工学院校园建设的发展，证明夏昌世等人的这一完全从实际使用功能角度出发的前瞻性规划思想，是合理和可行的，为华南理工大学校园建筑的发展提供了充分的可能性。这也是为数不多的在当年学习苏联的“社会主义内容，民族形式”口号下，较少受苏联模式影响的高校校园规划。

5. 华南工学院二号楼（学院办公大楼）、三号楼、四号楼

华南工学院二号楼、三号楼、四号楼选址均位于华南工学院中轴线、东湖南侧的一座小山岗上，现为“半山公园”。南北向的二号楼在1954年最先建设，其后是分别位于东边和西边，东西朝向三号楼和四号楼，共同围合成一个绿树成荫的庭园。（图5-228）

（1）华南工学院二号楼（学院办公大楼）

华南工学院二号楼是由华南工学院建筑系教授夏昌世、陈伯齐教授带领李恩山和罗宝钿助教在1954年设计。设计之初是考虑为教学楼，后曾计划改作学校档案馆，1954年底建筑落成后改为学校院本部办公大楼。二号楼选址位于华南工学院

图5-228 华南工学院主教学区北立面（从左至右依次为三号楼、二号楼、四号楼）

（来源：华南工学院建筑系民用建筑教研组. 华南工学院教学中心区建筑规划上的处理[J]. 建筑学报. 1959年第8期：32）

中轴线、东湖南侧一座小山岗上，山顶北端有八棵大榕树，植被茂盛，环境优雅。在日寇占据校园期间，曾在此开挖一座泳池以供消遣。

对场地的认真思考是夏昌世进行建筑设计的一贯出发点，在二号楼的设计上，夏昌世就像其1953年设计中山医学院生理生化教学楼时对场地中一棵树的保留一样，展示了其对自然环境的尊重（图5-229）。八棵大榕树成为建筑选址的关键因素，夏昌世将建筑布置在山岗的最北端等高线最密集处，从建设施工的角度看，这其实是最为不利的基地选择，也增加了设计上的复杂性。但夏昌世独具慧眼，认为应当小心地保存住山岗上的八棵大榕树，建筑与之相距最少八米。夏昌世运用了其娴熟的处理山地建筑的设计能力，充分利用地形的高差变化布置了南面三层、北面四层的不同高度，既保留了南边的榕树使得山顶成为绿树环绕、环境幽雅的公园，也因为建筑在北面山坡地而能眺望北面山坡下的东湖美景，同时建筑也能够凸显其在校园中轴线上的重要位置，可以说是化不利为优势，完美地应对了因此而带来的设计上的挑战。

1954年正是中国在建筑方针上学习苏联“社会主义内容、民族形式”最为高潮的时期，因此夏昌世此时设计的二号楼也不能完全抵制这一已经上升为“国家意志”的建筑形式主张。与国内大部分几乎是复古主义的建筑设计有所不同，二号楼的建筑造型虽然也有中国式的大屋顶，但只在中间主体建筑上设置，两端仍旧为可以供人活动的平屋顶。另外在建筑的细部处理上，夏昌世设计的大屋顶是简化了的歇山大屋顶，没有高大的正脊鸱尾，四

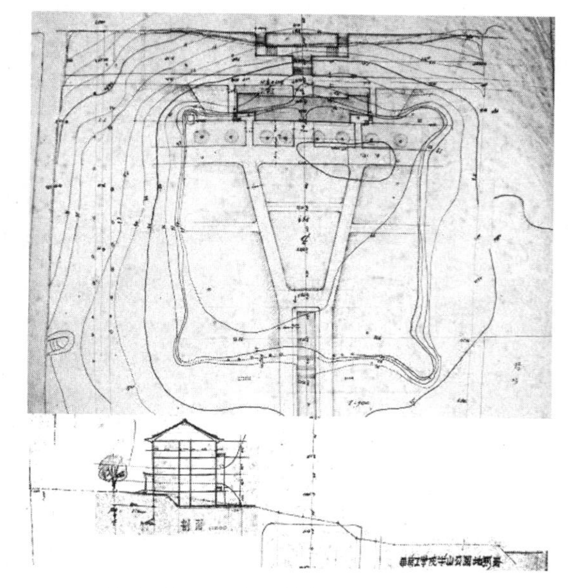

图5-229 华南工学院二号楼构思草图

（来源：华南工学院二号楼构思草图，华南理工大学档案馆藏）

角也不设仙人走兽；建筑立面并没有运用传统官式建筑的复杂斗栱和柱式，也没有采用复杂的彩画进行装饰，只是在女儿墙檐口、窗间墙采用了较为常见的中国传统回纹和孖菱的装饰纹样，檐下也只是非常简洁的挑枋。唯一较为复杂的处理是在突出建筑的入口门廊，也仅仅是采用了简化的一斗三升斗栱作为檐下装饰。夏昌世这一时期在建筑设计上常用到的建筑遮阳板在这个建筑上并没有出现，究其缘由，其煞费苦心在南面所保留下来的大榕树已经能够对夏季炎热的阳光进行足够的遮挡，就没有必要再设计额外的遮阳板来增加建筑的造价了。建筑外立面充分利用了洗石米、红砖、外墙粉刷等建筑外墙材料本身的色彩和质感对比，来取得丰富的视觉效果，在绿色大榕树的掩映下，整体造型显得简洁大方而又富有变化（图5-230、图5-231）。

（2）华南工学院三号楼、四号楼

华南工学院三号楼、四号楼是1959年在夏昌世的主持下，由当时的青年教师胡荣聪和李恩山一起共同完成的设计。为了与二号楼形成围合的庭园，三号楼、四号楼的主入口设在中轴线对称的两侧，两座建筑的平面和建筑造型处理几乎都一样。由于主体建筑是东西朝向，因此从适应华南亚热带气候条件的角度，充分考虑了建筑的遮阳、通风和屋顶的隔热措施。东、西、南向综合运用了外廊遮阳和“个体综合式”遮阳，屋顶采用砖拱隔热层。因为从1955年开始中国就开始了对建筑

图5-230　华南工学院二号楼入口门廊
（来源：作者自摄）

图5-231　华南工学院二号楼
（来源：作者自摄）

上“复古主义”的批判，提倡“适用、经济和在可能的条件下注意美观”的建筑新方针，因此三号楼、四号楼的建筑造型完全没有采用中国传统的符号和纹样，而是简洁的现代主义建筑。但由于在形体尺度和比例上的接近，以及外墙建筑材料对清水红砖墙和洗石米的一致使用，因此三号楼、四号楼与二号楼仍然能够取得较好的整体性（图5-232）。

6. 华侨新村

广州市政府根据广州旅外华侨多的特点，为吸引华侨回国投资参加建设，1954年11月开始筹建华侨新村，选址在广州黄花岗南面一带。由林克明任筹建委员会技术指导，华南工学院教授陈伯齐、黄适等人与广州市其他设计单位的人员参与组织了设计委员会共同进行规划和建筑设计。从1955-1964年，华侨新村分两期建成。

华侨新村的规划设计由于是面向华侨，所以在规划的立意，功能内容的安排，规划的空间结构、交通组织、绿化景观等方面都有参考国外的住宅区经验，与当时国内的住区规划相比，有较大的不同。华侨新村的规划因地制宜，充分结合地形条件组织空间，结合地质条件进行施工建设。华侨新村的建筑设计也是从华侨们习惯的西方生活方式出发进行设计，并且秉承了林克明、陈伯齐等老一辈华南建筑师们一贯的建筑主张——以建筑的实际功能也就是实用性为出发点而设计其外在形式，讲究简洁和经济上的节约。浓密的林荫道、丰富的广场公共空间、宜人的庭园、宽大露台、精致水池、干净的洗石米外墙、简约的形体组合，从外部居住环境到单体建筑造型，华侨新村都成为当时广州居住条件和绿化条件最好的花园式居住小区（图5-233、图5-234）。

7. 华南工学院化工楼

华南工学院化工楼1957年由建筑系夏昌世教授主持设计。这座面积达8000平方米的大楼位于华南工学院的入口西侧，其最大的特点是全方位采用了各种遮阳

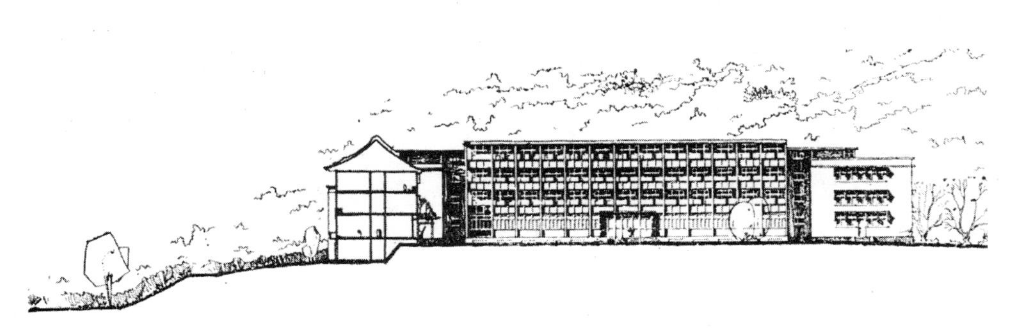

图5-232 华南工学院三号楼立面

（来源：华南工学院建筑系民用建筑教研组. 华南工学院教学中心区建筑规划上的处理[J]. 建筑学报. 1959年第8期：32）

措施以达到建筑降温的目的。夏昌世在总结中山医学院教学建筑群的遮阳处理经验的基础上，更进一步地发展了遮阳板系统。大楼的东、西、南三面都采用了遮阳设备，遮阳板全部采用预制构件。除了水平式综合式遮阳外，也大量采用了“个体的综合式”，遮阳板构造上，两侧垂道板是用预制小梁承托空心砖，施工简便又经济，加快了施工进度，所获得的阴影面积和综合式的大小差不多。大楼东面采用垂直板与水平百叶板相结合的综合式遮阳，大楼西面除采用单边走廊遮阳外，还在走廊檐口上部加垂吊遮阳百页，以防止低角度的日照，使西面的遮阳获得初步的解决[611]。另外在屋顶也采用了1/4厚砖拱隔热层进行隔热处理。综合的建筑降温措施的处理使建筑在南方亚热带夏天炎热天气下，室内气温平均比室外气温低4℃~6℃，具有较好的舒适度（图5–235～图5–237）。

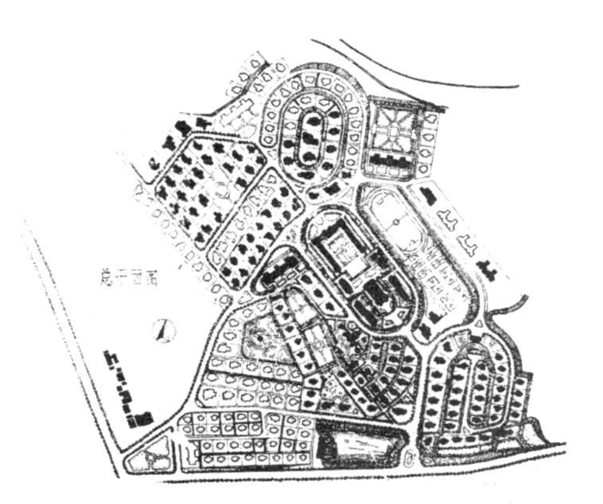

图5–234　广州华侨新村总平面
（来源：国家建筑工程部、中国建筑学会合编．建筑设计十年1949–1959[M]，1959）

8．华南工学院一号教学楼

华南工学院一号楼，坐落在学校的主中轴线上，是进入华南工学院正门校门后，视觉中轴线端点上的建筑，也是华南工学院前主广场上最为重要的建筑。

20世纪50年代初在夏昌世教授等人的华工校园规划中，就在一号楼现址规划了一栋一字排开的7–8层教学楼以满足将来教学扩展后的需求。

一号楼于1960年筹备建设，由华南工学院教师郑鹏和胡荣聪为建筑设计总负责，谭天宋、杜汝俭审核审定，青年教师史庆堂、李恩山、朱炳智等人负责绘图

图5–233　广州华侨新村
（来源：国家建筑工程部、中国建筑学会合编．建筑设计十年1949–1959[M]，1959）

图5-235 华南工学院化工楼——东向综合式遮阳
（来源：夏昌世．亚热带建筑的降温问题[J]．建筑学报．1958年第10期：39）

图5-236 华南工学院化工楼——南向个体综合式遮阳
（来源：夏昌世．亚热带建筑的降温问题[J]．建筑学报．1958年第10期：39）

图5-237 华南工学院化工楼——西向过廊垂吊式遮阳
（来源：夏昌世．亚热带建筑的降温问题[J]．建筑学报．1958年第10期：39）

（图5-238）。1964年一号楼一期工程东、西两翼建筑正式动工，1965年7月完成一期工程交付使用。东、西两翼四层建筑为外廊式的单边课室，首层为封闭的走廊，二层以上为开敞外廊的课室。两栋楼之间为大石台阶，通往山岗上由二、三、四号楼围合而成的半山公园。1970年华南工学院分为广东工学院和广东化工学院后，两侧大楼分别为两个学院使用。1976年广东工学院建成中座与东翼连接。中座为内廊式的平面布局。1979年末，两个学院重新合并后的华南工学院将西翼和中座连通，1984-1985年中座增加为6层，终于形成现在一号楼完整的格局（图5-239）。

一号楼的设计充分运用了华南工学院建筑系在以陈伯齐、夏昌世等教授开创的亚热带气候适应性建筑研究的成果。东西两端宽敞的南向外廊平面布局，为课室提供了充足的外廊式遮阳和凉爽的穿堂风；中座虽然从使用角度设计为可排布更多课室的内廊式平面，但其南向的课室开窗考虑了充分的垂直墙柱与水平百叶相结合的综合式遮阳，另外内廊两边课室的墙上有可打开的高窗，墙脚还开了透气的百叶窗，可以保证自然通风仍能穿堂而过，较好地解决了岭南地区炎热夏天的建筑降温问题。中座首层和二层通高的中庭空间也较理想地解决了南北两边室外地坪的标高差异问题，分段式台阶的设置结合南北两边外伸的门廊空间，共同构成了空间变化丰富但又能合理解决各种交通流线关系的教学楼中央大厅。

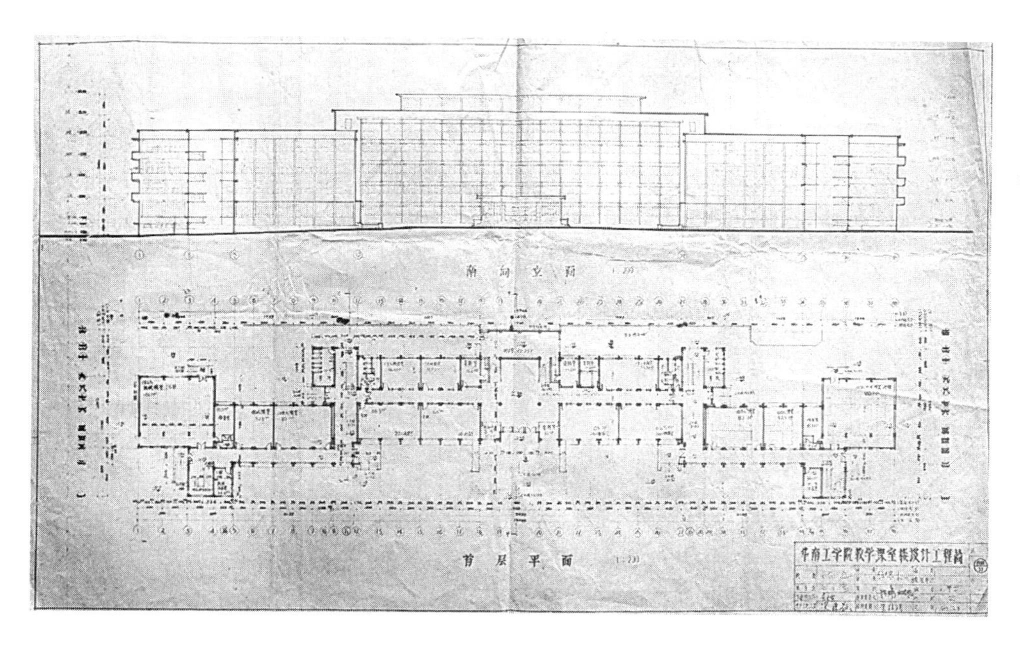

图5-238　华南工学院一号楼平面图

（来源：华南工学院1号楼平面、立面图．华南理工大学建筑学院藏）

图5-239 华南工学院一号楼

（来源：华南理工大学校友会官网：http://59.42.210.173：8010/aascut/hyxc/hyxm/175m4v4r3rdlo.xhtml）

本章小结

1945年抗战胜利，国立中山大学回到广州石牌校区复课，建筑工程学系结束了多年颠沛流离艰苦办学的历史，岭南建筑教育有了暂时的安定环境。在中山大学新任校长王星拱的努力下，原同在重庆大学建筑工程系任教，具有德国、日本建筑教育体系留学背景的夏昌世、陈伯齐、龙庆忠三人陆续来到开放包容的广州国立中山大学建筑工程学系任教。岭南建筑教育的创始人林克明也应聘到国立中山大学的建筑工程学系。这批建筑教育家们延续了岭南建筑教育早期创立和探索时期重功能、重技术、重实践的现代建筑教育理念，并在开放、务实、融合、创新的岭南文化氛围中得以践行和发展，开启了岭南建筑教育新的一页。

怀抱建设新中国美好理想的陈伯齐、龙庆忠、夏昌世、林克明、谭天宋、符罗飞等老一辈岭南建筑教育家们坚守教学岗位，积极准备投入新中国的社会主义建筑教育和建设事业。1949年新中国成立后，岭南建筑教育真正迎来前进发展的曙光。中山大学建筑工程学系在老一辈岭南建筑教育家们的带领下，积极参与国民经济恢复时期（1949-1952年）广州的各项建设事业，到处都能看到师生们热情洋溢地支援。1951年的华南土特产展览交流大会的规划和建筑设计，充分展示了中山大学建筑工程学系教授们一贯坚持的重视功能实用、注重合理建造技术和工程造价经济的现代建筑创作理念，以及与华南气候特点相适应的、简约大方的现代建筑形体处理手法，奠定了岭南地区现代建筑的基调。

1952年全国院系调整后，华南工学院成立，以原中山大学工学院建筑工程学系为主体，在合并了华南联大、广州大学、湖南大学等学校的建筑系后，成立了华南工学院建筑工程学系。出于社会主义建设的政治和经济需要，新中国高等院校的建筑教育与国家的大政方针开始了长期紧密地结合。华南工学院建筑工程学系一贯延续的重功能、重技术、重实践的"求真务实"的主导教学思想，也不可避免地受到国家不同时期的建筑、教育主导方针的影响。

在"社会主义内容、民族形式"（1952-1955年），"适用、经济并在可能条件下注意美观"（1955-1956年），"百花齐放、百家争鸣"（1956-1957年），"整风和反右运动"（1957-1958年），"大跃进、多快好省地建设社会主义"（1958年），"全民炼钢、人民公社化运动、教育与生产劳动相结合"（1958-1959年），"巩固、整顿、提高的教育方针"（1959年）等一系列的"运动"和建筑方针、教育方针的直接影响下，华南工学院建筑系的师生们尽管经历了不少的困惑和迷茫，但本着对"求真务实"的岭南建筑教育理念的坚持，以及对新事物的开放包容态度和对国家未来的信心，他们从一次次的"运动"中也逐渐发展了岭南建筑教育的新理念。

从1959年开始，华南工学院建筑学系贯彻"以学习为主的教学、生产劳动和科学研究三结合的原则"，并在不断实践过程中，结合国家气候分区特点，确立了以亚热带地区的建筑理论与建筑设计教学为中心的办学宗旨，以亚热带地区气候适应性建筑研究作为今后在学术上长远的研究方向，并为此而建立了亚热带建筑研究室及其下属的亚热带建筑物理实验室。

1961年国家进入国民经济调整时期（1961-1964年），在"调整、巩固、充实、提高"八字方针的指引下，尽管有着苏联从中国撤走后造成的各种不利局面，但中国坚持自力更生，在认真总结经验教训的基础上，反而使这一时期国家的各个方面都逐渐走上平稳发展的道路。这段时期岭南建筑教育也在亚热带地域性建筑研究的道路上，坚持教学、科研和实践三方面的结合并逐步发展走向成熟。

1949年新中国成立到"文化大革命"之前的这段历史时期，国内的各种政治运动对岭南建筑教育一贯坚持的重功能、重技术和工程实践教学主导思想，既有强化积极的一面，也有削弱的负面影响。总体而言，由于岭南建筑教育自创办以来所一直带有的"求真务实"的实用主义色彩，对这一时期国家出于实际建设需要而开展的各种政治运动基本表现出了一定的适应性。岭南建筑教育在经过各种"运动"的"历练"后找到了明确的定位，并获得了新的发展。

在岭南建筑教育的定位与初步发展的这段时期，基于亚热带气候特点的教学、建筑物理实验研究和建筑创作上都呈现繁荣的局面，建立起专门的科研机构和实践机构，取得了许多重要的亚热带建筑研究成果，创作出一批具有鲜明华南地域特色的建筑作品。在教学思想、理论、实践、机构和人才的各个层面都为岭南建筑教育奠定了扎实的发展基础。最为重要的是这段时期为国家培养出一大批具有社会责任感的、优秀的建筑人才，他们中的许多人后来成为各地建筑事业发展中举足轻重的人物。

由于老一辈岭南建筑教育家们一直非常注重建筑教育人才的培养，这一时期的优秀毕业生中也有相当一部分留在了华南工学院任教。老一辈岭南建筑教育家们以“传、帮、带”的方式，为岭南建筑教育培养了一批很好地继承了他们“求真务实”建筑教育理念、坚持亚热带气候适应性建筑研究的青年建筑教育工作者。

从1945年到1966年，是岭南建筑教育的明确学术定位与走上发展道路的时期，在陈伯齐、夏昌世、龙庆忠、林克明、谭天宋等老一辈建筑教育家们的带领下，逐步形成了基于岭南亚热带气候特点、强调基础训练、注重理性分析、重视功能实用和建造技术以及工程实践的教学思想，初步建立起“学、研、产”三结合的建筑人才培养模式。这段时期是岭南建筑教育历史发展的第一个高潮时期。这些都为岭南建筑教育在“文化大革命”期间得以顽强坚持，以及“文化大革命”后的重新起步打下了重要的基础。

[注释]

① 黄义祥．民国时期的国立中山大学．广州文史第五十二辑《羊城杏坛忆旧》。http://www.gzzxws.gov.cn/gzws/gzws/ml/52/200809/t20080916_7964.htm

② 黄义祥，易汉文．中山大学大事记（1924-1949）（征求意见稿）．1999：46.

③ 黄义祥，易汉文．中山大学大事记（1924-1949）（征求意见稿）．1999：49.

④ 黄义祥．民国时期的国立中山大学．广州文史第五十二辑《羊城杏坛忆旧》http://www.gzzxws.gov.cn/gzws/gzws/ml/52/200809/t20080916_7964.htm

⑤ 黄义祥，易汉文．中山大学大事记（1924-1949）（征求意见稿）[M]．1999：54.

⑥ 龚德顺，邹德侬，窦以德．中国现代建筑史纲（1949-1985）[M]．天津科学技术出版社．1989，5：203.

⑦ 笔谈：反对侵略保卫世界和平[N]．人民中大．1950年7月16日，第2期：第4版。

⑧ 黄义祥；易汉文 编著．中山大学大事记（1924-1949）（征求意见稿）[M]．1999年：55.

⑨ 参加军干，中大应在华南带头[N]．人民中大．1950年12月23日，第5期：第2版。

⑩ 龚德顺，邹德侬，窦以德．中国现代建筑

史纲（1949-1985）[M]．天津：天津科学技术出版社，1989，5.

⑪ 知识分子思想改造运动．百度百科．2013.12.27：http://baike.baidu.com/view/133345.htm

⑫ 龚德顺，邹德侬，窦以德．中国现代建筑史纲（1949-1985）[M]．天津：天津科学技术出版社，1989，5.

⑬ 龚德顺，邹德侬，窦以德．中国现代建筑史纲（1949-1985）[M]．天津：天津科学技术出版社，1989，5.

⑭ 施瑛．蔡德道先生访谈．2011年6月8日。

⑮ 施瑛．蔡德道先生访谈．2011年6月8日。

⑯ 王越．广州解放后中山大学的校庆．人民中大．1950年11月11日，第3期：第1版。

⑰ 龚德顺，邹德侬，窦以德．中国现代建筑史纲（1949-1985）[M]．天津科学技术出版社．1989，5.

⑱ 龚德顺，邹德侬，窦以德．中国现代建筑史纲（1949-1985）[M]．天津科学技术出版社．1989，5.

⑲ 彭长歆．岭南建筑的近代化历程研究．华南理工大学博士论文．2004，12：363-364.

⑳ 施瑛．蔡德道先生访谈．2011年6月8日。

㉑ 施瑛．蔡德道先生访谈．2011年6月8日。

㉒ 施瑛．蔡德道先生访谈．2011年6月8日。

㉓ 刘宓．之江大学建筑教育历史研究．同济大学工学硕士学位论文．2008，3；86.

㉔ 林克明.世纪回顾——林克明回忆录[M]．广州市政协文史资料委员会编．2011：14.

㉕ 刘宓．之江大学建筑教育历史研究．同济大学工学硕士学位论文．2008，3：86.

㉖ 庄少庞．胡荣聪教授访谈．2012年8月。

㉗ 彭长歆，庄少庞．陆元鼎教授访谈．2012年8月。

㉘ 庄少庞．胡荣聪教授访谈．2012年8月。

㉙ 施瑛．蔡德道先生访谈．2011年6月8日。

㉚ 施瑛．蔡德道先生访谈．2011年6月8日。

㉛ 袁培煌．怀念陈伯齐_夏昌世_谭天宋_龙庆忠四位恩师_纪念华南理工大学建筑系创建70周年[J]．新建筑．2002（5）：48-50.

㉜ 施瑛．陆元鼎教授、魏彦钧教授访谈．2010年5月。

㉝ 龙庆忠．怎样改革华工建筑系．1979年，龙庆忠文集[M]．北京：中国建筑工业出版社，2010，12：310.

㉞ 黄义祥．中山大学史稿（1924-1949）[M]．广州：中山大学出版社，1999，10.

㉟ 黄义祥，易汉文．中山大学大事记（1924-1949）（征求意见稿）[M]．1999：54.

㊱ 彭长歆．岭南建筑的近代化历程研究．华南理工大学博士论文．2004，12：363.

㊲ 本书编写组．龙庆忠文集[M]．北京：中国建筑工业出版社，2010，12：7.

㊳ 林克明．世纪回顾——林克明回忆录，广州市政协文史资料委员会编：32.

㊴ Eduard Kögel. Between Reform and Modernism. Hsia Changshi and Germany 在革新与现代主义之间：夏昌世与德国[J]. 南方建筑，2010（2）：16.

㊵ 谈健 谈晓玲. 建筑家夏昌世[M]. 第1版. 广州：华南理工大学出版社，2012，11：47.

㊶ 林洙．叩开鲁班的大门——中国营造学社史略[M]．第1版．北京：中国建筑工业出版社，1995，10：129.

㊷ Eduard Kögel. Between Reform and Modernism. Hsia Changshi and Germany

在革新与现代主义之间：夏昌世与德国[J]. 南方建筑，2010（2）：26.

㊸ 林洙 . 叩开鲁班的大门——中国营造学社史略[M]. 第1版. 北京：中国建筑工业出版社，1995年10月：26.

㊹ 林洙. 叩开鲁班的大门——中国营造学社史略[M]. 第1版. 北京：中国建筑工业出版社，1995，10：76.

㊺ 施瑛. 蔡德道先生访谈. 2011年6月8日。

㊻ 蔡德道. 往事如烟——建筑口述史三则[J]. 新建筑. 2008年第5期：16-19.

㊼ 中山市石岐区文物古迹介绍——中山县参议院旧址. 中山市档案信息网：http://www.zsda.gov.cn/plus/view.php?aid=5091.

㊽ 李睿整理，冯江校订，夏昌世年表及夏昌世文献目录，南方建筑[J]，2012（2）：46-47.

㊾ 潘小娴. 建筑家陈伯齐[M]. 广州：华南理工大学出版社，2012，11：49.

㊿ 潘小娴. 建筑家陈伯齐[M]. 广州：华南理工大学出版社，2012，11：51.

51 林洙，叩开鲁班的大门——中国营造学社史略[M]，北京：中国建筑工业出版社，1995年10月第1版：37.

52 潘小娴. 建筑家陈伯齐[M]. 广州：华南理工大学出版社，2012，11：169.

53 黄义祥. 中山大学史稿（1924-1949）[M]. 中山大学出版社，1999，10：436.

54 林克明. 世纪回顾——林克明回忆录，广州市政协文史资料委员会编：29.

55 陈周起. 建筑家龙庆忠[M]. 广州：华南理工大学出版社，2012，11：33.

56 陈周起. 建筑家龙庆忠[M]. 广州：华南理工大学出版社，2012，11：37-38.

57 林洙 ，叩开鲁班的大门——中国营造学社史略[M]，北京：中国建筑工业出版社，1995，10：37.

58 本书编写组. 龙庆忠文集[M]. 北京：中国建筑工业出版社，2010，12：23.

59 黄义祥；易汉文 编著. 中山大学大事记（1924-1949）（征求意见稿）[M]. 1999：54.

60 笔谈：反对侵略保卫世界和平[N]. 人民中大. 1950年7月16日，第2期：第4版。

61 彭长歆，庄少庞. 华南理工大学建筑学科大事记（1932-2012）. 广州：华南理工大学出版社，2012，11：71.

62 华南理工大学校友总会秘书处. 华工人2008[M]. 广州. 华南理工大学出版社，2008，11：279-280.

63 本书编写组. 龙庆忠文集[M]. 北京：中国建筑工业出版社，2010，12：28.

64 华南理工大学建筑学院系史展览，2008.

65 林克明. 世纪回顾——林克明回忆录[M]. 广州市政协文史资料委员会编. 2011：26.

66 林克明.世纪回顾——林克明回忆录[M]. 广州市政协文史资料委员会编. 2011：58.

67 林克明.世纪回顾——林克明回忆录[M]. 广州市政协文史资料委员会编. 2011：70.

68 林克明.世纪回顾——林克明回忆录[M]. 广州市政协文史资料委员会编. 1995：78.

69 广东美术馆，华南理工大学编著. 华南理工大学名师——符罗飞[M]. 广州：华南理工大学出版社，2004，1：388.

70 广东美术馆，华南理工大学编著. 华南理工大学名师——符罗飞[M]. 广州：华南理工大学出版社，2004，11：319.

71 广东美术馆，华南理工大学编著. 华南理工大学名师——符罗飞[M]. 广州：华南理工大学出版社，2004，11：321.

⑫ 广东美术馆，华南理工大学编著．华南理工大学名师——符罗飞[M]．广州：华南理工大学出版社，2004，11：389.

⑬ 袁培煌．怀念陈伯齐、夏昌世、谭天宋、龙庆忠四位恩师——纪念华南理工大学建筑系创建70周年[J]．新建筑．2002（五）：49.

⑭ 施瑛．蔡德道先生访谈．2011年6月8日。

⑮ 彭长歆，庄少庞．华南理工大学建筑学科大事记（1932-2012）．广州：华南理工大学出版社，2012，11：162.

⑯ 张锡麟．忆述．2012年。

⑰ 美国彭佐治教授、勃格斯教授应邀来我院讲学[N]．华南工学院．1980年6月3日，第441期：第1版。

⑱ 华南理工大学档案馆：关于我院与美国得克萨斯州立工业大学签订学术合作交流协议问题的请示报告，华工院字[1983]第190号。

⑲ 美国德州工业大学彭佐治教授等三人来院讲学[N]．华南工学院．1985年6月24日，第499期：第2版。

⑳ 本书编写组．华南理工大学教授名录[M]．广州：华南理工大学出版社，2002，10：314-315.

㉑ 华南工学院建筑学系教职工登记表，1972年

㉒ 建工系金振声副教授参加赴美考察团考察归来[N]．华南工学院．1981年4月28日，第450期：第1版。

㉓ 交流活动[N]．华南工学院.1986年3月8日，第510期：第2版。

㉔ 杨和文．金振声指导港大学生毕业设计[N]．华南工学院．1986年9月27日，第519期：第2版。

㉕ 关于广东省1979年城市住宅设计方案竞赛评选结果的通知（粤建(79)科字242号）及附件：广东省1979年城市住宅设计方案竞赛获奖方案一览表.档案来源：华南理工大学建筑学院资料室。

㉖ 莫俊英：把广州规划建设得更美好．广州文史网站：http://www.gzzxws.gov.cn，2009.

㉗ 本书编写组．华南理工大学教授名录[M]．广州：华南理工大学出版社，2002，10：329-330.

㉘ 彭长歆，庄少庞．华南理工大学建筑学科大事记（1932-2012）．华南理工大学出版社，2012，11：103.

㉙ 李成晴．华南理工大学实验室基本情况表（1992年填写）。

㉚ 施瑛．蔡德道先生访谈．2011年6月8日。

㉛ 本书编写组．华南理工大学教授名录[M]．广州：华南理工大学出版社，2002，10：283-284.

㉜ 本书编写组编著．华南理工大学教授名录[M]．广州：华南理工大学出版社，2002，10：232-233.

㉝ 华南工学院建筑学系教职工登记表，1972年。

㉞ 施瑛．陆元鼎教授访谈．2010年5月。

㉟ 本书编写组．华南理工大学教授名录[M]．广州：华南理工大学出版社，2002，10：298.

㊱ 广州市住宅建筑公司技术室、华南工学院螺岗毕业设计组．广州市螺岗低造价住宅区规划与住宅设计的几个问题[J]．华南工学院学报，1965年12月17日第3卷第4期：35-48.

㊲ 冯江，龙非了：一个建筑历史学者的学术历史，建筑师，2007年第1期。

⑱ 龙庆忠．中国建筑与中华民族[M]．广州：华南理工大学出版社：1990，10：1-5.

⑲ 黄义祥．中山大学史稿（1924-1949）[M]．广州：中山大学出版社，1999，10：208.

⑩ 1946年大饥荒：http://www.changsha.cn/infomation/rlcswxiang/t20040106_93550.htm

⑩ 广东美术馆，华南理工大学编著．华南理工大学名师——符罗飞[M]．广州：华南理工大学出版社，2004，11：388.

⑩ 彭长歆，庄少庞．华南理工大学建筑学科大事记（1932-2012）．广州：华南理工大学出版社，2012，11：74.

⑩ 本书编写组．华南理工大学教授名录[M]．广州：华南理工大学出版社，2002，10：395-396.

⑩ 彭长歆，庄少庞．华南理工大学建筑学科大事记（1932-2012）．华南理工大学出版社，2012，11：74.

⑩ 广东美术馆，华南理工大学编著．华南理工大学名师——符罗飞[M]．广州：华南理工大学出版社，2004，11：388.

⑩ 发挥高度服务精神，参加工农展览会工作[N]．人民中大．1950年7月16日，第2期：第3版。

⑩ 黄义祥．中山大学史稿（1924-1949）[M]．广州：中山大学出版社，1999，10：436.

⑩ 庄少庞．胡荣聪教授访谈．2012年8月。

⑩ 庄少庞．胡荣聪教授访谈．2012年8月。

⑩ 林克明．世纪回顾-林克明回忆录，广州市政协文史资料委员会编：29.

⑪ 石安海．岭南近现代优秀建筑.1949-1990卷[M]．北京：中国建筑工业出版社．2010，7：35.

⑫ 梁颖整理；广州市工商业联合会供稿．工商界参加华南土特产展览交流大会纪实．广州文史网站：http://www.gzzxws.gov.cn/gzws/gzws/ml/60/200809/t20080917_8917.htm

⑬ 梁颖整理；广州市工商业联合会供稿．工商界参加华南土特产展览交流大会纪实．广州文史网站：http://www.gzzxws.gov.cn/gzws/gzws/ml/60/200809/t20080917_8917.htm

⑭ 林克明．世纪回顾——林克明回忆录，广州市政协文史资料委员会编：29.

⑮ 林克明．世纪回顾——林克明回忆录，广州市政协文史资料委员会编：29.

⑯ 香港大公报馆编．伟大的祖国富饶的华南．华南土特产展览交流大会画刊，1952，6：4.

⑰ 石安海．岭南近现代优秀建筑.1949-1990卷[M]．北京：中国建筑工业出版社．2010，7：35.

⑱ 石安海．岭南近现代优秀建筑.1949-1990卷[M]．北京：中国建筑工业出版社．2010，7：46.

⑲ 田风．凝聚一代人的集体文化记忆——广州文化公园故事[N]．羊城晚报．2011年7月16日：B10.

⑳ 香港大公报编．伟大的祖国富饶的华南[N]．华南土特产展览交流大会画刊．香港大公报，1952年：6.

㉑ 石安海．岭南近现代优秀建筑.1949-1990卷[M]．北京：中国建筑工业出版社．2010，7：40.

㉒ 梁颖整理；广州市工商业联合会供稿．工商界参加华南土特产展览交流大会纪实．广州文史网站：http://www.gzzxws.gov.cn/

gzws/gzws/ml/60/200809/t20080917_8917.htm

⑫③ 林凡．人民要求建筑师展开批评和自我批评[J]．建筑学报，1954（2）：122.

⑫④ 华南理工大学校友总会秘书处编．华工人2008[M]．广州．华南理工大学出版社，2008年11月：279-280.

⑫⑤ 刘战．华南理工大学史（1952-1992）[M]．广州：华南理工大学出版社．1994，7.

⑫⑥ 刘战．华南理工大学史（1952-1992）[M]．广州：华南理工大学出版社．1994，7：76.

⑫⑦ 中华人民共和国教育部（59）高教一于远字第359号文．现藏华南理工大学档案馆。

⑫⑧ 刘战．华南理工大学史（1952-1992）[M]．广州：华南理工大学出版社．1994，7：76.

⑫⑨ 彭长歆，庄少庞．华南理工大学建筑学科大事记（1932-2012）．广州：华南理工大学出版社，2012，11：103.

⑬⓪ 史庆堂．陈伯齐教授[J]．南方建筑，1996（3）：41.

⑬① 杜汝俭．跃进在建筑红楼 [N]．华南工学院．1959年10月10日，第226期：第3版。

⑬② 刘战．华南理工大学史（1952-1992）[M]．广州：华南理工大学出版社．1994，7：78.

⑬③ 龚德顺.邹德侬.窦以德．中国现代建筑史纲（1949-1985）[M]．天津：天津科学技术出版社．1989，5：24.

⑬④ 龚德顺.邹德侬.窦以德 编著．中国现代建筑史纲（1949-1985）[M]．天津：天津科学技术出版社．1989，5.

⑬⑤ 龚德顺.邹德侬.窦以德．中国现代建筑史纲（1949-1985）[M]．天津：天津科学技术出版社．1989，5：206.

⑬⑥ 龚德顺.邹德侬.窦以德 编著．中国现代建筑史纲（1949-1985）[M]．天津：天津科学技术出版社．1989，5：207.

⑬⑦ 彭长歆，庄少庞．华南理工大学建筑学科大事记（1932-2012）．广州：华南理工大学出版社，2012，11：96.

⑬⑧ 施瑛．陆元鼎教授访谈．2010年5月。

⑬⑨ 夏昌世．莫伯治．曾昭奋 整理．岭南庭园[M]．陈伯齐 序．北京：中国建筑工业出版社．2008，10.

⑭⓪ 龚德顺.邹德侬.窦以德．中国现代建筑史纲（1949-1985）[M]．天津：天津科学技术出版社．1989，5：208.

⑭① 龚德顺.邹德侬.窦以德．中国现代建筑史纲（1949-1985）[M]．天津：天津科学技术出版社．1989，5.

⑭② 龚德顺.邹德侬.窦以德．中国现代建筑史纲（1949-1985）[M]．天津：天津科学技术出版社．1989，5.

⑭③ 龚德顺.邹德侬.窦以德．中国现代建筑史纲（1949-1985）[M]．天津：天津科学技术出版社．1989，5：208.

⑭④ 土建两系学习赫鲁晓夫关于建筑工作报告等文件[N]．华南工学院．1955年4月16日，第90期：第1版。

⑭⑤ 学院召集土建两系主任等座谈开展建筑思想批判问题[N]．华南工学院院刊．1956年10月8日，第101期：第2版。

⑭⑥ 土建两系全体教师座谈开展学术思想批判问题[N]．华南工学院院刊．1955年10月15日，第102期：第1版。

⑭⑦ 建筑系教师分小组漫谈建筑思想学习问题

[N]. 华南工学院院刊. 1955年10月15日，第102期：第1版。

⑭⑧ 展开争论，逐步深入认识国家的建筑原则[N]. 华南工学院院刊. 1955年11月15日，第105期：第2版。

⑭⑨ 建筑系学术思想批判逐步深入[N]. 华南工学院院刊. 1955年12月5日，第107期：第1版。

⑮⓪ 简讯[N]. 华南工学院院刊. 1956年1月5日，第110期：第2版。

⑮① 建筑系学术思想批判告一段落下学期将继续举行[N]. 华南工学院院刊. 1956年1月15日，第111期：第1版。

⑮② 教学简讯[N]. 华南工学院院刊. 1956年1月15日，第111期：第1版。

⑮③ 土建两系全体教师座谈开展学术思想批判问题[N]. 华南工学院院刊. 1955年10月15日，第102期：第1版。

⑮④ 展开争论，逐步深入认识国家的建筑原则[N]. 华南工学院院刊. 1955年11月15日，第105期：第2版。

⑮⑤ 龚德顺.邹德侬.窦以德. 中国现代建筑史纲（1949-1985）[M]. 天津：天津科学技术出版社. 1989，5：210.

⑮⑥ 本院6月间将举行第一次科学报告会[N]. 华南工学院院刊. 1956年5月3日，第120期：第1版。

⑮⑦ 龚德顺. 邹德侬. 窦以德. 中国现代建筑史纲（1949-1985）[M]. 天津：天津科学技术出版社. 1989，5：210.

⑮⑧ 龚德顺. 邹德侬. 窦以德. 中国现代建筑史纲（1949-1985）[M]. 天津：天津科学技术出版社. 1989，5：229.

⑮⑨ 石元纯. 建二同学努力培养独立思考能力[N]. 华南工学院院刊. 1956年3月21日，第116期：第4版。

⑯⓪ 关于整风运动的指示，百度百科：http://baike.baidu.com/view/1848680.htm

⑯① 龙庆忠文集编委会编写. 龙庆忠文集[M]. 中国建筑工业出版社. 2010年12月第1版。

⑯② 陈伯齐. 大字报选登——让在学校教学的建筑师有机会参加实际创作[N]. 华南工学院院刊. 1957年12月13日，第169期，第4版。

⑯③ 龚德顺.邹德侬.窦以德. 中国现代建筑史纲（1949-1985）[M]. 天津：天津科学技术出版社. 1989，5：212.

⑯④ 处处红旗迎“七一”，人人献礼劲冲天[N]. 华南工学院院刊. 1958年6月30日第179期：第1版。

⑯⑤ 龚德顺.邹德侬.窦以德. 中国现代建筑史纲（1949-1985）[M]. 天津：天津科学技术出版社. 1989，5：212.

⑯⑥ 学习毛主席著作建筑系师生大破中游[N]. 华南工学院院刊. 1958年10月24日第184期：第1版。

⑯⑦ 华南工学院两系师生下乡帮助规划建设[N]. 光明日报. 1958年12月26日第3版。

⑯⑧ 龚德顺.邹德侬.窦以德. 中国现代建筑史纲（1949-1985）[M]. 天津：天津科学技术出版社. 1989，5：213.

⑯⑨ 华南工学院两系师生下乡帮助规划建设[N]. 光明日报. 1958年12月26日第3版。

⑰⓪ 陈伯齐. 六年来我们在不断进步[N]. 华南工学院院刊. 1958年11月17日第189期：第2版。

⑰① 刘战. 华南理工大学史（1952-1992）[M]. 广州：华南理工大学出版社. 1994，7：84.

⑰ 围绕以学习为主的三结合原则，积极开展团的活动[N]. 华南工学院院刊. 1959年2月21日第198期：第2版。

⑰ 韩璃、石泰安. 建筑气候分区研究工作进展动态[J]. 建筑学报，1959（9）：18.

⑰ 彭长歆，庄少庞. 华南理工大学建筑学科大事记（1932-2012）. 华南理工大学出版社，2012年11月第1版：103.

⑰ 韩璃、石泰安. 建筑气候分区研究工作进展动态[J]. 建筑学报，1959年第9期：18.

⑰ 温玉清. 二十世纪中国建筑史学研究的历史、观念与方法：中国建筑史学初探. 天津大学博士学位论文（导师：王其亨）. 2006：154.

⑰ 陈伯齐. 天井与南方城市住宅建筑[J]. 华南工学院学报，1965年12月17日第3卷第4期：1-18.

⑰ 史庆堂.陈伯齐教授[J]. 南方建筑，1996（3）：41.

⑰ 杜汝俭. 跃进在建筑红楼 [N]. 华南工学院. 1959年10月10日，第226期：第3版。

⑱ 李成晴. 华南理工大学实验室基本情况表（1992年填写）。

⑱ 龚德顺.邹德侬.窦以德. 中国现代建筑史纲（1949-1985）[M]. 天津：天津科学技术出版社. 1989，5：216.

⑱ 龚德顺.邹德侬.窦以德. 中国现代建筑史纲（1949-1985）[M]. 天津：天津科学技术出版社. 1989，5：217.

⑱ 龚德顺.邹德侬.窦以德. 中国现代建筑史纲（1949-1985）[M]. 天津：天津科学技术出版社. 1989，5：218.

⑱ 建工系开展设计革命运动[N]. 华南工学院. 1965年2月27日第328期：第1版。

⑱ 刘战. 华南理工大学史（1952-1992）[M]. 广州：华南理工大学出版社. 1994，7：18-28.

⑱ 施瑛. 陆元鼎教授访谈. 2010年5月。

⑱ 龚德顺.邹德侬.窦以德. 中国现代建筑史纲（1949-1985）[M]. 天津：天津科学技术出版社. 1989，5：220.

⑱ 刘战. 华南理工大学史（1952-1992）[M]. 广州：华南理工大学出版社. 1994，7：72-73.

⑱ 刘战. 华南理工大学史（1952-1992）[M]. 广州：华南理工大学出版社. 1994，7：18-28.

⑲ 华南工学院专业简介[N].华南工学院1963年招生专刊，1963.

⑲ 华南工学院专业简介[N].华南工学院1964年招生专刊，1964.

⑲ 华南工学院专业简介[N].华南工学院1965年招生专刊，1965.

⑲ 刘战. 华南理工大学史（1952-1992）[M]. 广州：华南理工大学出版社. 1994 7：34-36.

⑲ 教育方针.百度百科.http://baike.baidu.com/view/339054.htm

⑲ 崭新的教学计划 [N]. 华南工学院院刊. 1959年3月28日第203期：第3版。

⑲ 施瑛. 何镜堂院士访谈. 2011年。

⑲ 刘战. 华南理工大学史（1952-1992）[M]（第一版）. 华南理工大学出版社. 1994，7月：108.

⑲ 施瑛. 何镜堂院士访谈. 2011年。

⑲ 本书编写组. 龙庆忠文集[M]第一版. 北京：中国建筑工业出版社，2010年12：403.

⑳⓪ 本院各专业普遍作了课程设计[N]. 华南工学院. 1955年6月4日第97期第2版。
⑳① 肖思. 在又一个新课题的面前[N]. 华南工学院院刊.1959年4月23日第206期：第二版。
⑳② 1954-1955华南工学院建筑设计初步教学大纲简介。
⑳③ 1957-1958华南工学院建筑设计初步教学大纲简介。
⑳④ 1958-1959华南工学院建筑设计初步教学大纲简介。
⑳⑤ 1959-1960华南工学院建筑设计初步教学大纲简介。
⑳⑥ 施瑛. 陆元鼎教授访谈. 2010年5月。
⑳⑦ 施瑛、吴桂宁、潘莹，建筑设计基础课程的教学发展和探索，华中建筑，2008年第12期，总139期：271－272.
⑳⑧ 构造设计, 1955. 华南理工大学建筑学院藏。
⑳⑨ 潘小娴. 建筑家陈伯齐[M]. 广州：华南理工大学出版社，2012，11：123.
㉑⓪ 彭长歆，庄少庞. 华南理工大学建筑学科大事记（1932-2012）. 广州：华南理工大学出版社，2012，11：96.
㉑① 陈官庆. 实习漫笔[N]. 华南工学院. 1964年4月30日第318期：第4版。
㉑② 华南工学院学生开始生产实习[N]. 广州日报. 1953年7月26日第2版。
㉑③ 华南工学院师生暑期生产实习有很大收获[N]. 广州日报. 1953年10月14日第2版。
㉑④ 我们在广州苏联展览馆施工实习中的一些体会[N]. 华南工学院. 1955年5月28日，第96期，第4版。
㉑⑤ 本院各专业毕业设计全面展开[N]. 华南工学院院刊. 1956年4月21日，第119期：第1版。
㉑⑥ 建筑系举办兄弟校学生毕业设计展览[N]. 华南工学院. 1956年4月21日，第119期：第1版。
㉑⑦ 建筑系吸收下放经验，毕业班到公社去考试[N]. 华南工学院院刊. 1959年3月21日第202期：第1版。
㉑⑧ 建五班农村规划工作顺利开展[N]. 华南工学院院刊. 1959年4月4日第204期：第1版。
㉑⑨ 张振民. 毕业设计成果丰硕[N]. 华南工学院. 1960年5月14日. 第242期：第3版。
㉒⓪ 建筑系五年级同学完成大型钢铁联合企业总图运输及新型半露天式化学工业厂房设计[N]. 华南工学院. 1960年4月27日. 第240期：第2版。
㉒① 刘战. 华南理工大学史（1952-1992）[M]. 广州：华南理工大学出版社. 1994，7：87.
㉒② 广西僮族自治区人委招待所毕业设计小组. 旅馆设计（初稿）. 华南工学院. 1960年4月. 金振声教授提供。
㉒③ 城乡规划小组完成潮州规划方案[N]. 华南工学院. 1960年3月27日. 第237期：第4版
㉒④ 居住建筑毕业设计，已进入修正图阶段[N]. 华南工学院.1962年6月11日第282期：第2版。
㉒⑤ 施瑛. 陆元鼎教授访谈. 2010年5月。
㉒⑥ 广州市住宅建筑公司技术室、华南工学院螺岗毕业设计组. 广州市螺岗低造价住宅区规划与住宅设计的几个问题[J]. 华南工学院学报，1965年12月17日第3卷第4期：35-48.
㉒⑦ 老教师畅谈内部矛盾，冯书记提出处理意见[N]. 华南工学院院刊. 1957年6月6日，第151期，第2版。

㉘ 广东美术馆，华南理工大学．华南理工大学名师——符罗飞[M]．广州：华南理工大学出版社，2004，11：369.

㉙ 广东美术馆，华南理工大学．华南理工大学名师——符罗飞[M]．广州：华南理工大学出版社，2004，11：370.

㉚ 建筑系美术课将举办美术展览[N]．华南工学院．1954年5月27日，第53期：第2版。

㉛ 美术教研组组织了一次旅行写生[N]．华南工学院院刊．1956年4月21日，第119期：第3版。

㉜ 施瑛．陆元鼎教授、魏彦钧教授访谈．2010年5月。

㉝ 刘战　主编．华南理工大学史（1952-1992）[M]．广州：华南理工大学出版社．1994，7：29.

㉞ 建筑气候与热工研究组．建筑遮阳的热工影响及其设计问题[J]．华南工学院学报，1965年12月17日第3卷第4期：19-34.

㉟《中国近代城市建设史初稿》(油印本)，中国建筑设计研究院建筑历史与理论研究所藏。

㊱ 温玉清．二十世纪中国建筑史学研究的历史、观念与方法：中国建筑史学初探．天津大学博士学位论文（导师：王其亨）．2006：191.

㊲ 温玉清．二十世纪中国建筑史学研究的历史、观念与方法：中国建筑史学初探．天津大学博士学位论文（导师：王其亨）．2006：195.

㊳ 建筑史编写情况简报1-6号（油印稿），中国建筑设计研究院档案室藏，1961年4月至5月。

㊴ 杨永生　编．建筑百家回忆录[M]．北京：中国建筑工业出版社：2000，12.

㊵ 彭长歆，庄少庞．华南理工大学建筑学科大事记（1932-2012）．华南理工大学出版社，2012年11月第1版：136.

㊶ 施瑛．陆元鼎教授、魏彦钧教授访谈．2010年5月。

㊷ 施瑛．陆元鼎教授、魏彦钧教授访谈．2010年5月。

㊸ 施瑛．邓其生教授访谈．2011年6月。

㊹ 刘战．华南理工大学史（1952-1992）[M]．广州：华南理工大学出版社．1994，7：29-32.

㊺ 建筑、土木两系师生下乡建设共产主义农村[N]．华南工学院院刊．1958年10月17日第182期：第1版。

㊻ 陈伯齐．六年来我们在不断进步[N]．华南工学院院刊．1958年11月17日第189期：第2版。

㊼ 党的教育方针的伟大胜利[N]．华南工学院．1959年10月1日．第225期：第1版。

㊽ 启盛．他们在激流中——支援番禺人民公社建设工作队访问记[N]．华南工学院院刊．1958年10月31日第186期：第1版。

㊾ 肖思．在又一个新课题的面前[N]．华南工学院院刊．1959年4月23日第206期：第二版。

㊿ 中共华南工学院委员会．高举毛泽东思想红旗，为多快好省培养社会主义建设人才而奋斗[N]．华南工学院．1960年5月23日．第243期：第1版。

(251) 初学的甜头——记建工系一个毛泽东思想学习小组[N]．华南工学院．1964年4月9日第317期：第2版。

(252) 刘战．华南理工大学史（1952-1992）[M]．广州：华南理工大学出版社．1994，7：

87.

㉕③ “广西僮族自治区人委招待所”毕业设计小组．旅馆设计（初稿）．华南工学院．1960年4月．金振声教授提供。

㉕④ 刘战．华南理工大学史（1952-1992）[M]．广州：华南理工大学出版社．1994，7：18-28.

㉕⑤ 刘战．华南理工大学史（1952-1992）[M].广州：华南理工大学出版社．1994，7：84.

㉕⑥ 建筑设计初步与建筑学教研组积极充实整理教学资料[N]．华南工学院院刊．1962年4月26日第279期：第1版。

㉕⑦ 根据1962年11月教学单位教工名册和1962年12月教工名册整理。

㉕⑧ 刘战．华南理工大学史（1952-1992）[M]．广州：华南理工大学出版社．1994，7：40-42.

㉕⑨ 施瑛．陆元鼎教授访谈．2010年5月。

㉖⓪ 刘战．华南理工大学史（1952-1992）[M]．广州：华南理工大学出版社．1994，7：40-42.

㉖① 刘战．华南理工大学史（1952-1992）[M]．广州：华南理工大学出版社．1994，7：40-42.

㉖② 学院提升了四十五名助教为讲师[N]．华南工学院院刊．1956年2月5日，第113期：第1版。

㉖③ 陈伯齐.让在学校教学的建筑师有机会参加实际创作[N]．华南工学院院刊．1957年12月13日，第169期，第4版。

㉖④ 本书编写组．华南理工大学教授名录[M]．广州：华南理工大学出版社，2002，10：298.

㉖⑤ 施瑛．金振声教授访谈．2011年9月。

㉖⑥ 李睿整理，冯江校订．夏昌世年表及夏昌世文献目录[J]．南方建筑．2012年第2期：46-47，另据龙庆忠之子龙可汉回忆龙庆忠也有参与共同开办事务所。

㉖⑦ 筹委会通过各系教研组及教学小组负责人名单[N]．华南工院，1953年11月14日，第29期：第1版。

㉖⑧ 学院决定成立院务委员会（学术委员会）[N]．华南工学院．1955年2月12日，第81期，第1版。

㉖⑨ 崭新的教学计划 [N]．华南工学院院刊．1959年3月28日第203期：第3版。

㉗⓪ 施瑛．何镜堂院士访谈．2011年。

㉗① 赵振武．祖国劳动人民建筑艺术的伟大成就[N]．华南工院．1954年4月29日第4版。

㉗② 施瑛．陆元鼎教授访谈．2010年5月。

㉗③ 施瑛．金振声教授访谈．2011年。

㉗④ 施瑛．朱良文教授访谈．2011年。

㉗⑤ 陈伯齐．对建筑艺术问题的一些意见[J]．建筑学报．1959年第8期：5.

㉗⑥ 陈伯齐．天井与南方城市住宅建筑[J]．华南工学院学报，1965年12月17日第3卷第4期：1-18.

㉗⑦ 施瑛．蔡德道教授访谈．2011年6月。

㉗⑧ 华南工学院建筑系举行科学报告会[J]．建筑学报，1962（12）：16.

㉗⑨ 龚德顺.邹德侬.窦以德．中国现代建筑史纲（1949-1985）[M]．天津：天津科学技术出版社．1989，5：217.

㉘⓪ 陈伯齐教授等将提出建筑学术论文[N]．华南工学院．1963年5月21日第305期：第1版。

㉘① 陈伯齐．天井与南方城市住宅建筑[J]．华南工学院学报，1965年12月17日。

第3卷第4期：1-18.

㉘② 陈伯齐．苏联专家们给我的启发[N]．华南工学院，1953年7月22日，第24期：第2版。

㉘③ 华南工学院两系师生下乡帮助规划建设[N]．光明日报．1958年12月26日第3版。

㉘④ 陈伯齐．辉煌的十年，光明的道路[N].华南工学院院刊．1959年10月1日第225期：第3版。

㉘⑤ 彭长歆，庄少庞．华南理工大学建筑学科大事记（1932-2012）．广州：华南理工大学出版社，2012，11：69.

㉘⑥ 彭长歆，庄少庞．华南理工大学建筑学科大事记（1932-2012）．广州：华南理工大学出版社，2012，11：103.

㉘⑦ 李成晴．华南理工大学实验室基本情况表（1992年填写）。

㉘⑧ 方若柏，彭斐斐，倪学成．建筑工程部建筑科学研究院．广东农村住宅调查[J]．建筑学报，1962（10）：12-14.

㉘⑨ 彭长歆，庄少庞．华南理工大学建筑学科大事记(1932-2012)．广州：华南理工大学出版社，2012，11：134.

㉙⓪ 彭长歆，庄少庞．华南理工大学建筑学科大事记(1932-2012)．广州：华南理工大学出版社，2012，11：40.

㉙① 彭长歆，庄少庞．华南理工大学建筑学科大事记(1932-2012)．广州：华南理工大学出版社，2012，11：69.

㉙② 陈伯齐．旅苏观感[N]．华南工学院（院刊）．1957年11月6日第165期，第5版。

㉙③ 彭长歆，庄少庞．华南理工大学建筑学科大事记(1932-2012)．广州：华南理工大学出版社，2012，11：69.

㉙④ 施瑛．蔡德道教授访谈．2011年6月。

㉙⑤ 袁培煌．怀念陈伯齐_夏昌世_谭天宋_龙庆忠四位恩师_纪念华南理工大学建筑系创建70周年[J]．新建筑．2002年第五期：49.

㉙⑥ 施瑛．何镜堂院士访谈．2011年。

㉙⑦ 杨颋．夏老师·夏工——关于夏昌世的访谈录[J]．南方建筑．2010年第2期：60-63.

㉙⑧ 袁培煌．怀念陈伯齐_夏昌世_谭天宋_龙庆忠四位恩师_纪念华南理工大学建筑系创建70周年[J]．新建筑．2002年第五期：49.

㉙⑨ 袁培煌．怀念陈伯齐_夏昌世_谭天宋_龙庆忠四位恩师_纪念华南理工大学建筑系创建70周年[J]．新建筑．2002年第五期：49.

㉚⓪ 检查教学工作中存在的矛盾，党委邀请部分教师举行座谈[N]．华南工学院院刊．1957年5月28日，第150期，第3版。

㉚① 施瑛．陆元鼎教授访谈．2010年5月。

㉚② 施瑛．陆元鼎教授访谈．2010年5月。

㉚③ 夏昌世．莫伯治．曾昭奋　整理．岭南庭园[M]．陈伯齐．北京：中国建筑工业出版社．2008，10.

㉚④ 施瑛．蔡德道教授访谈．2011年6月。

㉚⑤ 刘先觉整理．教育部直属高等学校举行“建筑学和建筑历史”学术报告会[J]，建筑学报，1962年第11期：15.

㉚⑥ 周宇辉，郑祖良生平及其作品研究，华南理工大学硕士学位论文（导师：肖毅强教授），2011年6月：33.

㉚⑦ 谈健　谈晓玲．建筑家夏昌世[M]．广州：华南理工大学出版社，2012年11月：207.

㉚⑧ 彭长歆；庄少庞．华南理工大学建筑学科大事记（1932-2012）．广州：华南理工大学出版社，2012，11：69.

㉚⑨ 谈健，谈晓玲．建筑家夏昌世[M]．广州：

华南理工大学出版社，2012，11：178.
⑩ 谈健，谈晓玲．建筑家夏昌世[M]．广州：华南理工大学出版社，2012，11：207.
⑪ 谈健，谈晓玲．建筑家夏昌世[M]．广州：华南理工大学出版社，2012，11：178.
⑫ 谈健，谈晓玲．建筑家夏昌世[M]．广州：华南理工大学出版社，2012，11：179.
⑬ 李睿整理，冯江校订，夏昌世年表及夏昌世文献目录，南方建筑[J]，2012（2）：46-47.
⑭ 谈健，谈晓玲著．建筑家夏昌世[M]．广州：华南理工大学出版社，2012，11：208.
⑮ 李伯天给夏昌世的书信．华南理工大学档案馆藏，1982.
⑯ 杨和文．广东省优秀工程设计评选揭晓[N]．华南工学院．1987年11月26日，第541期：第2版。
⑰ 关于同意夏昌世教授离职的决定．华工人字[1986]第43号．华南理工大学档案馆。
⑱ 颁发首届《中国建筑学会优秀建筑创作奖》中国建筑学会隆重纪念建会四十周年[J]．华中建筑．1994年第1期：81-82.
⑲ 李睿整理，冯江校订，夏昌世年表及夏昌世文献目录，南方建筑[J]，2012，（2）：46-47.
⑳ 杨颋．夏老师·夏工——关于夏昌世的访谈录[J]．南方建筑．2010（2）：60-63.
㉑ 李睿整理，冯江校订．夏昌世年表及夏昌世文献目录[J]．南方建筑．2012年第2期：46-47，另据龙庆忠之子龙可汉回忆龙庆忠也有参与共同开办事务所。
㉒ 施瑛．陆元鼎教授访谈．2010年5月。
㉓ 建筑系全体教师学习“中国建筑史”[N]．华南工院.1954年5月27日，第53期：第2版。
㉔ 彭长歆，庄少庞．华南理工大学建筑学科大事记（1932-2012）．华南理工大学出版社，2012，11：96.
㉕ 施瑛．陆元鼎教授访谈．2010年5月。
㉖ 学院决定成立院务委员会（学术委员会）．[N]．华南工学院．1955年2月12日，第81期，第1版。
㉗ 土建两系学习赫鲁晓夫关于建筑工作报告等文件[N]．华南工学院．1955年4月16日，第90期：第1版。
㉘ 温玉清．二十世纪中国建筑史学研究的历史、观念与方法：中国建筑史学初探．天津大学博士学位论文（导师：王其亨）．2006：154.
㉙ 龙庆忠文集编委会．龙庆忠文集[M]．北京：中国建筑工业出版社．2010，12.
㉚ 龙庆忠文集编委会．龙庆忠文集[M]．北京：中国建筑工业出版社．2010，12：403.
㉛ 龙庆忠文集编委会．龙庆忠文集[M]．北京：中国建筑工业出版社．2010，12：327.
㉜ 华南工学院建筑系举行科学报告会[J]．建筑学报，1962（12）：16.
㉝ 龙庆忠文集编委会．龙庆忠文集[M]．北京：中国建筑工业出版社．2010，12：30.
㉞ 龙庆忠教授北上作古建筑调查 [N]．华南工学院．1963年5月21日第305期：第1版。
㉟ 本书编写组．龙庆忠文集[M]．北京：中国建筑工业出版社，2010，12：8.
㊱ 本书编写组．龙庆忠文集[M]．北京：中国建筑工业出版社，2010，12：40.
㊲ 本书编写组．龙庆忠文集[M]．北京：中国

建筑工业出版社，2010，12：42.

㊳ 本书编写组．龙庆忠文集[M]．北京：中国建筑工业出版社，2010，12：378.

㊴ 龙庆忠教授当选为中国建筑学会建筑史委员会副主任委员[N]．华南工学院．1979年5月26日，第63期：第1版。

㊵ 本书编写组．龙庆忠文集[M]．北京：中国建筑工业出版社，2010，12：378.

㊶ 本书编写组．龙庆忠文集[M]．北京：中国建筑工业出版社，2010，12：378.

㊷ 本书编写组．龙庆忠文集[M]．北京：中国建筑工业出版社，2010，12：44.

㊸ 刘战．华南理工大学史（1952-1992）[M]．广州：华南理工大学出版社．1994，7：208.

㊹ 本书编写组．龙庆忠文集[M]．北京：中国建筑工业出版社，2010，12：378.

㊺ 本书编写组．龙庆忠文集[M]．北京：中国建筑工业出版社，2010，12：47.

㊻ 本书编写组．龙庆忠文集[M]．北京：中国建筑工业出版社，2010，12：379.

㊼ 本书编写组．龙庆忠文集[M]．北京：中国建筑工业出版社，2010，12：378.

㊽ 本书编写组．龙庆忠文集[M]．北京：中国建筑工业出版社，2010，12：47.

㊾ 古建筑学家龙庆忠教授入党[N]．华南工学院．1983年5月7日，第476期：第1版。

㊿ 建筑系校友会成立 [N]．华南工学院．1983年11月22日，第483期：第1版。

351 本书编写组．龙庆忠文集[M]．北京：中国建筑工业出版社，2010，12：403.

352 龙庆忠教授担任编写《广州》一书顾问[N]．华南工学院．1984年5月14日，第489期：第4版。

353 本书编写组．龙庆忠文集[M]．北京：中国建筑工业出版社，2010，12：403.

354 本书编写组．华南理工大学教授名录[M]．广州：华南理工大学出版社，2002，10：35.

355 本书编写组．龙庆忠文集[M]．北京：中国建筑工业出版社，2010，12：403.

356 杨和文．建筑学系通过第一位博士生答辩论文[N]．华南工学院．1987年2月25日，第526期：第1版。

357 杨和文．沈亚虹通过博士论文答辩[N]．华南工学院．1987年12月12日，第542期：第1版。

358 1985年至今我校培养三十一名工学博士[N]．华南理工大学．1990年11月15日，第584期：第2版。

359 吴建青等 237人被授予博士、硕士学位[N]．华南理工大学．1991年9月30日，第598期：第1版。

360 张春阳等七人获博士学位[N].华南理工大学．1992年4月4日，第606期：第1版。

361 本书编写组编著．华南理工大学教授名录[M]．广州：华南理工大学出版社，2002，10月：69.

362 战斗在各个岗位上的共产党员[N]．华南理工大学.1991年7月15日，第596期：第1版。

363 刘战．华南理工大学史（1952-1992）[M]．华南理工大学出版社．1994，7：570.

364 我校一批成果获科技进步奖[N]．华南理工大学．1994年5月9日，第634期：第2版。

365 温玉清．二十世纪中国建筑史学研究的历史、观念与方法：中国建筑史学初探．天津大学博士学位论文（导师：王其亨）.

2006年：附录第22页。

㊻366 本书编写组．龙庆忠文集[M]．北京：中国建筑工业出版社，2010，12：51.

367 陈周起．建筑家龙庆忠[M]．广州：华南理工大学出版社，2012，11：112.

368 袁培煌．怀念陈伯齐_夏昌世_谭天宋_龙庆忠四位恩师_纪念华南理工大学建筑系创建70周年[J]．新建筑．2002年第五期：49.

369 施瑛．蔡德道先生访谈．2011年6月8日。

370 龙庆忠．怎样改革华工建筑系．1979年，龙庆忠文集[M]．北京：中国建筑工业出版社，2010年12月：313.

371 龙庆忠．建筑历史博士点第一个十年教学研究建设计划．1979年，龙庆忠文集[M]．北京：中国建筑工业出版社，2010，12：318.

372 肖毅强，陈智．华南理工大学建筑设计研究院发展历程评析[J]．南方建筑，2009（5）：10-14.

373 施瑛．何镜堂院士访谈．2011年。

374 谭天宋教授．华南理工大学档案馆：http://sites.scut.edu.cn/s/55/t/34/a/44292/info.jspy.

375 钟辉汉．热情负责的谭天宋老师[N]．华南工院．1954年6月3日，第54期：第2版。

376 袁培煌．怀念陈伯齐_夏昌世_谭天宋_龙庆忠四位恩师_纪念华南理工大学建筑系创建70周年[J]．新建筑．2002年第五期：49.

377 本书编写组．华南理工大学教授名录[M]．广州：华南理工大学出版社，2002，10：417-418.

378 广东美术馆，华南理工大学．华南理工大学名师——符罗飞[M]．广州：华南理工大学出版社，2004，11：372-373.

379 广东美术馆，华南理工大学．华南理工大学名师——符罗飞[M]．广州：华南理工大学出版社，2004，11：367.

380 广东美术馆，华南理工大学．华南理工大学名师——符罗飞[M]．广州：华南理工大学出版社，2004，11：322.

381 广东美术馆，华南理工大学．华南理工大学名师——符罗飞[M]．广州：华南理工大学出版社，2004，11：392.

382 符罗飞教授遗作在广州展出[N]．华南工学院．1984年5月14日，第489期：第1版。

383 广东美术馆，华南理工大学．华南理工大学名师——符罗飞[M]．广州：华南理工大学出版社，2004，11：328.

384 广东美术馆，华南理工大学．华南理工大学名师——符罗飞[M]．广州：华南理工大学出版社，2004，11：369.

385 广东美术馆，华南理工大学．华南理工大学名师——符罗飞[M]．广州：华南理工大学出版社，2004，11：370.

386 华南工学院建筑学系教职工登记表，1972年。

387 本书编写组．华南理工大学教授名录[M]．广州：华南理工大学出版社，2002，10：1.

388 刘战．华南理工大学史（1952-1992）[M]．广州：华南理工大学出版社．1994，7：14.

389 刘战．华南理工大学史（1952-1992）[M]．广州：华南理工大学出版社．1994，7：29-32.

390 刘战．华南理工大学史（1952-1992）[M]．广州：华南理工大学出版社．1994，7：15.

391 刘战．华南理工大学史（1952-1992）[M]．广州：华南理工大学出版社．1994，7：29-32.

392 应该从那个角度来服从国家分配？[N]．华南工院．1955年5月21日，第95期，第3版。

393 陈伯齐．辉煌的十年，光明的道路[N].华南工学院院刊．1959年10月1日第225期：第3版。

394 李允鉌．华夏意匠[M]．天津：天津大学出版社，2005年5月第1版：编辑寄语。

395 交流活动[N]．华南工学院．1985年12月30日，第508期：第1版。

396 优秀校友录：袁培煌．华南理工大学建筑学院官方网站：http://www2.scut.edu.cn/s/58/t/32/20/ea/info73962.htm

397 林开武校友建筑业绩显著[N]．华南理工大学．1987年3月11日，第526期：第1版。

398 林开武．潮汕风情网：http://linkaiwu.ren.csfqw.com

399 关于广东省1979年城市住宅设计方案竞赛评选结果的通知（粤建(79)科字242号）及附件：广东省1979年城市住宅设计方案竞赛获奖方案一览表.档案来源：华南理工大学建筑学院资料室。

400 本书编写组．华南理工大学教授名录[M]．广州：华南理工大学出版社，2002，10：493-494.

401 广州市住宅建筑公司技术室、华南工学院螺岗毕业设计组．广州市螺岗低造价住宅区规划与住宅设计的几个问题[J]．华南工学院学报，1965年12月17日第3卷第4期：35-48.

402 本书编写组．华南理工大学教授名录[M]．广州：华南理工大学出版社，2002，10：172.

403 本书编写组．单层厂房建筑设计[M]．北京：中国建筑工业出版社，1980，12：3.

404 张锡麟教授访谈[J]．南方建筑，2012（5）：8-9.

405 正式代表候选人简单介绍[N]．华南工学院．1954年2月19日，第42期：第4版。

406 本院隆重举行普选投票[N]．华南工学院．1954年3月15日，第43期：第1版。

407 本书编写组．华南理工大学教授名录[M]．广州：华南理工大学出版社，2002，10：235.

408 施瑛．何镜堂院士访谈．2011年1月。

409 华南理工大学建筑学院．建筑学系教师设计作品集 [M]．北京：中国建筑工业出版社，2002，11：54.

410 王广鎏．百度百科：http://baike.baidu.com/view/4302717.htm?fr=wordsearch

411 华南工学院建筑学系教职工登记表，1972年。

412 10位岭南园林大师首获“终身成就奖”[N]．南方都市报，2012年11月16日：GA08.

413 本书编写组．华南理工大学教授名录[M]．广州：华南理工大学出版社，2002，10：91-92.

414 博士指导教师简介[J]．华南理工大学学报自然科学版，1997（1）：2-145.

415 本书编写组．华南理工大学教授名录[M]．广州：华南理工大学出版社，2002，10：485-486.

416 关于广东省1979年城市住宅设计方案竞赛评选结果的通知（粤建(79)科字242号）及附件：广东省1979年城市住宅设计方案竞

赛获奖方案一览表.档案来源：华南理工大学建筑学院资料室。

⑰ 博士指导教师简介[J]．华南理工大学学报自然科学版，1997（1）：2-145.

⑱ 本书编写组．华南理工大学教授名录[M]．广州：华南理工大学出版社，2002，10：35.

⑲ 博士指导教师简介[J]．华南理工大学学报自然科学版，1997（1）：2-145.

⑳ 华南工学院建筑学系教职工登记表，1972年。

㉑ 林尤轶．赵伯仁教授被编入《当代中国建筑师》一书[N].华南理工大学．1992年11月28日，第617期：第4版。

㉒ 本书编写组．华南理工大学教授名录[M]．广州：华南理工大学出版社，2002，10：336.

㉓ 本书编写组．华南理工大学教授名录[M]．广州：华南理工大学出版社，2002年10月：281-282.

㉔ 华南工学院建筑学系教职工登记表，2002年。

㉕ 本书编写组．华南理工大学教授名录[M]．广州：华南理工大学出版社，2002，10：64.

㉖ 根据百度百科整理：蔡建中．百度百科：http://baike.baidu.com/view/2348017.htm

㉗ 优秀校友录：赵祖望．华南理工大学建筑学院官方网站：http://www2.scut.edu.cn/s/58/t/32/20/e9/info73961.htm

㉘ 五十年岁月之歌．华南理工大学建筑系（1956-1961）届同学纪念册．华南理工大学建筑学院办公室藏：28.

㉙ 五十年岁月之歌．华南理工大学建筑系（1956-1961）届同学纪念册．华南理工大学建筑学院办公室藏：118-119.

㉚ 本书编写组．华南理工大学教授名录[M]．广州：华南理工大学出版社，2002年10月第1版：130-131.

㉛ 何镜堂荣获全国工程勘察设计大师称号[N]．华南理工大学．1994年10月5日，第640期：第2版.

㉜ 教授名册：何镜堂．华南理工大学建筑学院官方网站：http://www2.scut.edu.cn/s/58/t/32/95/99/info38297.htm.

㉝ 优秀校友录：石安海．华南理工大学建筑学院官方网站：http://www2.scut.edu.cn/s/58/t/32/20/e4/info73956.htm

㉞ 刘战．华南理工大学史（1952-1992）[M]．广州：华南理工大学出版社．1994，7：42-44.

㉟ 本院6月间将举行第一次科学报告会[N]．华南工学院院刊．1956年5月3日，第120期：第1版。

㊱ 施瑛．陆元鼎教授访谈．2010年5月。

㊲ 胡荣聪．建筑系资料室继续开放－《伟大祖国建筑介绍》图片展览欢迎参观[N]．华南工学院，1954年4月15日，第47期：第1版。

㊳ 赵振武．祖国劳动人民建筑艺术的伟大成就[N]．华南工院．1954年4月29日第4版。

㊴ 建筑系全体教师学习“中国建筑史”[N]．华南工学院．1954年5月27日，第53期：第2版。

㊵ 过元熙，平民化新中国建筑，广东省立勷勤大学季刊，1937年2月，第1卷第3期：158-160.

㊶ 彭长歆，庄少庞．华南理工大学建筑学科大事记（1932-2012）第1版．广州：华南理工大学出版社，2012，11:103.

㊷ 史庆堂.陈伯齐教授[J]．南方建筑，1996（3）：41.

⑭³ 杜汝俭．跃进在建筑红楼 [N]．华南工学院．1959,10月10日，第226期：第3版。

⑭⁴ 施瑛．陆元鼎教授访谈．2010年5月。

⑭⁵ 施瑛．朱良文教授访谈．2011年。

⑭⁶ 李成晴．华南理工大学实验室基本情况表（1992年填写）。

⑭⁷ 刘战．华南理工大学史（1952-1992）[M]．广州：华南理工大学出版社．1994，7：214.

⑭⁸ 金振声.广州旧住宅的建筑降温处理 [J]．华南工学院学报，1965年12月17日第3卷第4期：50-58.

⑭⁹ 华南工学院举行科学报告会[N]．南方日报．1962年11月22日第1版。

⑮⁰ 华南工学院建筑系举行科学报告会[J]．建筑学报，1962（12）：16.

⑮¹ 陈伯齐．天井与南方城市住宅建筑[J]．华南工学院学报，1965年12月17日第3卷第4期：1-18.

⑮² 建筑物理组．建筑物理实验指导书，1964年11月。

⑮³ 金振声.广州旧住宅的建筑降温处理 [J]．华南工学院学报，1965年12月17日第3卷第4期：50-58.

⑮⁴ 施瑛．蔡德道先生访谈．2011年6月8日。

⑮⁵ 建筑系亚热带建筑研究室．发挥科研的一个重要方面军的作用[N]．华南工学院．1978年4月7日，第59期：第3版。

⑮⁶ 建筑系亚热带建筑研究室．发挥科研的一个重要方面军的作用[N]．华南工学院．1978年4 月7日，第59期：第3版。

⑮⁷ 我院在全国科学大会受奖名单 [N]．华南工学院．1978年4月28日，第60期：第1版。

⑮⁸ 刘战．华南理工大学史（1952-1992）[M]．广州：华南理工大学出版社．1994，7：540.

⑮⁹ 建筑物理与设备国家精品课程.华南理工大学：http://202.38.193.234/jzwl/

⑯⁰ 刘战．华南理工大学史（1952-1992）[M]．广州：华南理工大学出版社．1994，7：214.

⑯¹ 刘战．华南理工大学史（1952-1992）[M]．华南理工大学出版社．1994，7：542-543.

⑯² 我院主持召开了全国建筑热工学术会议[N]．华南工学院．1979年9月28日，第69期：第4版。

⑯³ 建筑物理与设备国家精品课程．华南理工大学：http://202.38.193.234/jzwl/

⑯⁴ 亚热带建筑科学国家重点实验室简介[J]．南方建筑，2010年10月。

⑯⁵ 本院举办课程设计毕业设计数据展览会[N]. 华南工学院．1954年12月31日，第80期，第1版。

⑯⁶ 建筑系举办兄弟校学生毕业设计展览[N]．华南工学院．1956年4月21日，第119期：第1版。

⑯⁷ 黎显瑞，全国七院校建筑系学生设计成绩展览会开幕[N]．华南工学院院刊．1956年12月28日，第136期：第1版。

⑯⁸ 华南工学院两系师生下乡帮助规划建设[N]. 光明日报．1958年12月26日第3版。

⑯⁹ 曾昭奋．满楼花果笑迎人——记学院领导同志参观丰收展览会．华南工学院院刊．1959年3月16日第201期：第4版。

⑰⁰ 广东美术馆、华南理工大学．华南理工大学名师——符罗飞[M]．广州：华南理工大学出版社，2004，11：391.

⑷⑺① 广东美术馆，华南理工大学．华南理工大学名师——符罗飞[M]．广州：华南理工大学出版社，2004，11：392.

⑷⑺② 华南工学院建筑系举行科学报告会[J]．建筑学报，1962（12）：16.

⑷⑺③ 广东美术馆，华南理工大学．华南理工大学名师——符罗飞[M]．广州：华南理工大学出版社，2004，11：392.

⑷⑺④ 彭长歆，庄少庞．华南理工大学建筑学科大事记（1932-2012）．广州：华南理工大学出版社，2012，11：82.

⑷⑺⑤ 夏昌世，莫伯治．曾昭奋整理．岭南庭园[M]．北京：中国建筑工业出版社，2008，10.

⑷⑺⑥ 施瑛．陆元鼎教授访谈．2010年5月。

⑷⑺⑦ 施瑛．陆元鼎教授访谈．2010年5月。

⑷⑺⑧ 彭长歆，庄少庞．华南理工大学建筑学科大事记（1932-2012）．广州：华南理工大学出版社，2012，11：96.

⑷⑺⑨ 莫稚．一九五七年广东省文物古迹调查简记[J]．广州：华南理工大学出版社，2012，11：207.

⑷⑻⓪ 方若柏，彭斐斐，倪学成．建筑工程部建筑科学研究院．广东农村住宅调查[J]．建筑学报，1962（10）：12-14.

⑷⑻① 彭长歆，庄少庞．华南理工大学建筑学科大事记（1932-2012）．华南理工大学出版社，2012年11月：134.

⑷⑻② 金振声.广州旧住宅的建筑降温处理 [J]．华南工学院学报，1965年12月17日第3卷第4期：50-58.

⑷⑻③ 金振声.广州旧住宅的建筑降温处理[J]．华南工学院学报，1965年12月17日第3卷第4期：50-58.

⑷⑻④ 龙庆忠教授北上作古建筑调查 [N]．华南工学院．1963年5月21日第305期：第1版。

⑷⑻⑤ 彭长歆，庄少庞．华南理工大学建筑学科大事记（1932-2012）．广州：华南理工大学出版社，2012，11：142.

⑷⑻⑥ 本书编写组．龙庆忠文集[M]．北京：中国建筑工业出版社，2010，12：420.

⑷⑻⑦ 陈周起．建筑家龙庆忠[M]．广州：华南理工大学出版社，2012，11：40.

⑷⑻⑧ 温玉清．二十世纪中国建筑史学研究的历史、观念与方法：中国建筑史学初探．天津大学博士学位论文（导师：王其亨），2006：150.

⑷⑻⑨ 温玉清．二十世纪中国建筑史学研究的历史、观念与方法：中国建筑史学初探．天津大学博士学位论文（导师：王其亨），2006：154.

⑷⑼⓪ 龚德顺.邹德侬.窦以德．中国现代建筑史纲(1949-1985)[M]．天津：天津科学技术出版社．1989，5：212.

⑷⑼① 温玉清．二十世纪中国建筑史学研究的历史、观念与方法：中国建筑史学初探．天津大学博士学位论文（导师：王其亨），2006：144.

⑷⑼② 温玉清．二十世纪中国建筑史学研究的历史、观念与方法：中国建筑史学初探．天津大学博士学位论文（导师：王其亨），2006：146-147.

⑷⑼③ 温玉清．二十世纪中国建筑史学研究的历史、观念与方法：中国建筑史学初探．天津大学博士学位论文（导师：王其亨），2006：148.

⑷⑼④ 温玉清．二十世纪中国建筑史学研究的历史、观念与方法：中国建筑史学初探．天

津大学博士学位论文（导师：王其亨），2006：154.

㊾495 方若柏，彭斐斐，倪学成．建筑工程部建筑科学研究院．广东农村住宅调查[J]．建筑学报，1962（10）：12-14.

496 彭长歆，庄少庞．华南理工大学建筑学科大事记（1932-2012）．广州：华南理工大学出版社，2012，11：134.

497 金振声．广州旧住宅的建筑降温处理[J]．华南工学院学报，1965年12月17日第3卷第4期：50-58.

498 华南工学院举行科学报告会[N]．南方日报．1962年11月22日第1版。

499 华南工学院建筑系举行科学报告会[J]．建筑学报．1962年第12期：16。

500 施瑛．陆鼎教授访谈，2010年5月。

501 本报编辑组.全国厂矿职工住宅设计竞赛结果的报导[J].建筑学报，1958年第3期：1.

502 陈伯齐．天井与南方城市住宅建筑[J]．华南工学院学报，1965年12月17日第3卷第4期：1-18.

503 陆元鼎，魏彦钧．广东民居[M]．北京：中国建筑工业出版社，1986，12：359.

504 杨和文．中国民居学术会在我校召开[N]．华南理工大学．1988年11月15日，第556期：第3版。

505 陆元鼎．民居建筑研究坚持为农村农民服务的方向——祝贺建筑学科80周年[J]．南方建筑，2012（5）：40.

506 艾定增．建三举行"向科学进军"的主题漫谈会[N]．华南工学院院刊．1956年4月11日，第118期：第4版。

507 建筑系教师展开建筑风格学术讨论[N]．华南工学院院刊．1959年5月20日第210期：第2版。

508 刘战．华南理工大学史（1952-1992）[M]．广州：华南理工大学出版社．1994，7：101.

509 华南工学院建筑系举行科学报告会[J]．建筑学报，1962（12）：16.

510 龙庆忠文集编委会．龙庆忠文集[M]．北京：中国建筑工业出版社．2010，12：327.

511 龙庆忠文集编委会．龙庆忠文集[M]．北京：中国建筑工业出版社．2010，12：119.

512 夏昌世．亚热带建筑的降温问题[J]．建筑学报．1958（10）：36-40.

513 夏昌世．亚热带建筑的降温问题[J]．建筑学报．1958（10）：36-40.

514 夏昌世．亚热带建筑的降温问题[J]．建筑学报．1958（10）：36-40.

515 龚德顺.邹德侬.窦以德．中国现代建筑史纲（1949-1985）[M]．天津：天津科学技术出版社．1989，5：214.

516 陈伯齐．对建筑艺术问题的一些意见[J]．建筑学报．1959（8）：5.

517 吴良镛．序．华南建筑80年：华南理工大学建筑学科大事记(1932-2012)．2012，11.

518 施瑛．蔡德道教授访谈．2011年6月。

519 华南工学院建筑系．人民公社建筑规划与设计[M]．华南工学院建筑系出版．1959年。

520 华南工学院建筑系．人民公社建筑规划与设计[M]．华南工学院建筑系出版．1959年。

521 建筑系教师集中力量写作《人民公社规划》

一书[N]. 华南工学院院刊. 1959年6月25日第215期：第1版。

㉒ 华南工学院建筑系. 人民公社建筑规划与设计[M]. 华南工学院建筑系出版. 1959年。

㉓ 本书编写组. 龙庆忠文集[M]. 北京：中国建筑工业出版社，2010，12：30.

㉔ 陈伯齐. 南方城市住宅平面组合、层数与群组布局问题[J]. 建筑学报，1965年第8期：4-9.

㉕ 我校出版社三种图书在全国性评奖中获奖[N]. 华南理工大学. 1997年3月15日，第680期：第1版。

㉖ 夏昌世. 园林述要[M]. 广州：华南理工大学出版社：1995，10：7.

㉗ 施瑛. 蔡德道先生访谈. 2011年6月8日。

㉘ 陈伯齐. 天井与南方城市住宅建筑[J]. 华南工学院学报，1965年12月17日第3卷第4期：1-18.

㉙ 陈伯齐. 天井与南方城市住宅建筑[J]. 华南工学院学报，1965年12月17日第3卷第4期：1-18.

㉚ 陈伯齐. 天井与南方城市住宅建筑[J]. 华南工学院学报，1965年12月17日第3卷第4期：1-18.

㉛ 金振声.广州旧住宅的建筑降温处理[J]. 华南工学院学报，1965年12月17日第3卷第4期：50-58.

㉜ 广州市住宅建筑公司技术室、华南工学院螺岗毕业设计组. 广州市螺岗低造价住宅区规划与住宅设计的几个问题[J]. 华南工学院学报，1965年12月17日第3卷第4期：35-48.

㉝ 建筑气候与热工研究组. 建筑遮阳的热工影响及其设计问题[J]. 华南工学院学报，1965年12月17日第3卷第4期：19-34.

㉞ 本报编辑组.全国厂矿职工住宅设计竞赛结果的报导[J].建筑学报，1958（3）：1.

㉟ 李祥. 中国军事百科全书·军事历史卷. http://gfjy.jxnews.com.cn/system/2010/04/20/011362689.shtml

㊱ 古巴吉隆滩纪念碑方案 http://www.abbs.com.cn/media/d+r/read.php?cate=22&recid=28450

㊲ 建筑工程系师生参加古巴吉隆滩胜利纪念建筑国际竞赛[N]. 华南工学院. 1963年4月24日. 第303期：第2版。

㊳ 刘云鹤. 国际建筑师生会见大会、国际建协第七届大会及第八届代表会议情况介绍[J]. 建筑学报，1964年第2期：38-39.

㊴ 苏联建筑界专家参观本院建筑系[N]. 华南工学院院刊. 1956年10月16日，第130期：第1版。

㊵ 建筑专家梁思成来院参观并与建筑系师生进行座谈[N]. 华南工学院院刊. 1959年4月15日，第205期：第1版。

㊶ 彭长歆，庄少庞. 华南理工大学建筑学科大事记（1932-2012）. 华南理工大学出版社，2012年11月第1版：142.

㊷ 温玉清. 二十世纪中国建筑史学研究的历史、观念与方法：中国建筑史学初探. 天津大学博士学位论文（导师：王其亨）. 2006年：第144页。

㊸ 温玉清. 二十世纪中国建筑史学研究的历史、观念与方法：中国建筑史学初探. 天津大学博士学位论文（导师：王其亨）. 2006年：第154页。

㊹ 龚德顺.邹德侬.窦以德 编著. 中国现代建

筑史纲（1949-1985）[M]．天津：天津科学技术出版社．1989，5：214．

⑮ 陈伯齐．对建筑艺术问题的一些意见[J]．建筑学报．1959（8）：5．

⑯ 陈伯齐．对建筑艺术问题的一些意见[J]．建筑学报．1959（8）：5．

⑰ 吴良镛．序．华南建筑80年：华南理工大学建筑学科大事记(1932-2012)．2012年11月。

⑱ 温玉清．二十世纪中国建筑史学研究的历史、观念与方法：中国建筑史学初探．天津大学博士学位论文（导师：王其亨）．2006年：第191页。

⑲ 温玉清．二十世纪中国建筑史学研究的历史、观念与方法：中国建筑史学初探．天津大学博士学位论文（导师：王其亨）．2006年：第195页。

⑳ 彭长歆，庄少庞．华南理工大学建筑学科大事记（1932-2012）．华南理工大学出版社，2012年11月第1版：69．

㉑ 广东省土木建筑学会官方网站：http://www.gdbuild.com.cn/xuehuijianjie/2011-09-23/502.html 2013年4月。

㉒ 林克明．关于建筑风格的几个问题——在"南方建筑风格"座谈会上的综合发言[J]．建筑学报，1961（8）：1．

㉓ 施瑛．蔡德道先生访谈．2011年6月8日。

㉔ 建工系教师科研有成绩，将在广东建筑年会上提出九项报告，夏昌世教授正在著作《南方庭园》一书[N]．华南工学院院刊．1962年5月26日第281期：第1版。

㉕ 刘先觉整理．教育部直属高等学校举行"建筑学和建筑历史"学术报告会[J]，建筑学报，1962（11）：15．

㉖ 龚德顺.邹德侬.窦以德．中国现代建筑史纲（1949-1985）[M]．天津：天津科学技术出版社．1989，5：217．

㉗ 陈伯齐教授等将提出建筑学术论文[N]．华南工学院．1963年5月21日第305期：第1版。

㉘ 陈伯齐．旅苏观感[N]．华南工学院（院刊）．1957年11月6日第165期，第5版。

㉙ 国际建筑师协会．维基百科．2013年：http://zh.wikipedia.org/wiki/%E5%9B%BD%E9%99%85%E5%BB%BA%E7%AD%91%E5%B8%88%E5%8D%8F%E4%BC%9A

㉚ 刘云鹤．国际建筑师生会见大会、国际建协第七届大会及第八届代表会议情况介绍[J]．建筑学报，1964年第2期：38-39．

㉛ 施瑛．蔡德道先生访谈．2011年6月8日。

㉜ 李睿整理，冯江校订，夏昌世年表及夏昌世文献目录[J]，南方建筑，2012（2）：46-47．

㉝ 李睿整理，冯江校订．夏昌世年表及夏昌世文献目录[J]．南方建筑．2012（2）：46-47．

㉞ 肖毅强、陈智．华南理工大学建筑设计研究院发展历程评析[J]．南方建筑，2009（5）：10-14．

㉟ 张进．巩固成绩ˆ力争上游[N]．华南工学院院刊．1958年10月9日第181期：第1版。

㊱ 陈伯齐.六年来我们在不断前进[N]．华南工学．1958年11月17日第189期：第2版。

㊲ 杜汝俭．跃进在建筑红楼 [N]．华南工学院．1959年10月10日，第226期：第3版。

㊳ 中国共产党广东省委员会宣传部宣字第422号文．现藏华南理工大学档案馆。

㊴ 肖毅强、陈智．华南理工大学建筑设计研

究院发展历程评析[J]. 南方建筑，2009（5）: 10-14.

670 庄少庞. 胡荣聪教授访谈. 2012年8月。

671 龚德顺.邹德侬.窦以德. 中国现代建筑史纲(1949-1985)[M]. 天津：天津科学技术出版社. 1989，5：212.

672 农村人民公社.百度百科.http://baike.baidu.com/view/818508.htm?fromId=190970

673 华南工学院两系师生下乡帮助规划建设[N]. 光明日报. 1958年12月26日第3版。

674 教育方针.百度百科.http://baike.baidu.com/view/339054.htm

675 华南工学院两系师生下乡帮助规划建设[N]. 光明日报. 1958年12月26日第3版。

676 科研战线上的建筑系师生[N]. 华南工学院院刊. 1958年10月31日第196期：第1版。

677 陈伯齐. 六年来我们在不断进步[N]. 华南工学院院刊. 1958年11月17日第189期：第2版。

678 施瑛. 何镜堂院士访谈. 2011年。

679 华南工学院建筑系. 人民公社建筑规划与设计[M]. 华南工学院建筑系出版. 1959年。

680 曾昭奋. 满楼花果笑迎人——记学院领导同志参观丰收展览会. 华南工学院院刊. 1959年3月16日第201期：第4版。

681 华南工学院院刊. 1959年3月16日第201期。

682 华南工学院建筑系. 人民公社建筑规划与设计[M]. 华南工学院建筑系出版. 1959年。

683 施瑛. 朱良文教授访谈. 2011年。

684 施瑛. 何镜堂院士访谈. 2011年。

685 张辛民. “没有止境的奇迹”——记莱比锡春季博览会的中国馆[N]. 人民日报. 1960年3月12日，第5版。

686 1960年：中央要求城市建立人民公社. 腾讯新闻网：http://news.qq.com/a/20090703/001255.htm

687 王凯. 我国城市规划五十年指导思想的变迁及影响[J]. 规划师，1999年第04期第15卷：23-26.

688 建工系师生热情高干劲大，城市人民公社规划成绩辉煌[N]. 华南工学院. 1960年7月1日. 第249期：第2版。

689 住宅设计百花齐放[N]. 华南工学院. 1960年11月10日. 第259期：第2版。

690 学习红都，建设红都[N]. 华南工学院. 1960年12月14日第261期：第2版。

691 华南工学院两系师生下乡帮助规划建设[N]. 光明日报. 1958年12月26日第3版。

692 文挽强. 华中工学院建校漫忆. 王海生 主编. 校友之窗(2002下)[M]. 武汉. 华中科技大学出版社，2003年6月第一版。

693 陈伯齐. 苏联专家们给我的启发[N]. 华南工院，1953年7月22日，第24期：第2版。

694 中南军政委员会教育部(通知). (53)教高字第五二九五号. 资料来源：华中科技大学建筑与城市规划学院万谦。

695 华中工学院、中南动力学院、中南水利学院联合建校规划委员会名单及各部门(组)成员名单. 资料来源：华中科技大学建筑与城市规划学院万谦。

696 潘小娴. 建筑家陈伯齐[M]. 广州：华南理工大学出版社，2012年11月第1版：90.

697 陈伯齐. 苏联专家们给我的启发[N]. 华南工院，1953年7月22日，第24期：第2版。

698 夏昌世. 鼎湖山教工休养所建筑记要[J]. 建筑学报，1956年9期：45-50.

⑤⑨⑨ 夏昌世．鼎湖山教工休养所建筑记要[J]．建筑学报，1956年9期：45-50.

⑥⓪⓪ 中山大学中山医学院．维基百科：http://zh.wikipedia.org/wiki/中山大学中山医学院

⑥⓪① 蔡德道．往事如烟-建筑口述史三则[J]．新建筑．2008（5）：16-19.

⑥⓪② 夏昌世；钟锦文；林铁．中山医学院第一附属医院[J]．建筑学报．1957（5）：24-35.

⑥⓪③ 夏昌世．亚热带建筑的降温问题[J]．建筑学报．1958（10）：36-40.

⑥⓪④ 中山医学院基建委员会工程组．中山医学院教学楼[J]．建筑学报．1959年第8期：26-30.

⑥⓪⑤ 夏昌世；钟锦文；林铁．中山医学院第一附属医院[J]．建筑学报．1957年第5期：24-35.

⑥⓪⑥ 夏昌世；钟锦文；林铁．中山医学院第一附属医院[J]．建筑学报．1957年第5期：24-35.

⑥⓪⑦ 夏昌世；钟锦文；林铁．中山医学院第一附属医院[J]．建筑学报．1957年第5期：24-35.

⑥⓪⑧ 中山医学院基建委员会工程组．中山医学院教学楼[J]．建筑学报．1959年第8期：26-30.

⑥⓪⑨ 颁发首届《中国建筑学会优秀建筑创作奖》中国建筑学会隆重纪念建会四十周年[J]．华中建筑．1994（1）：81-82.

⑥①⓪ 华南工学院建筑系民用建筑教研组．华南工学院教学中心区建筑规划上的处理[J]．建筑学报．1959（8）：31-33.

⑥①① 夏昌世．亚热带建筑的降温问题[J]．建筑学报．1958年第10期：36-40.

第六章
岭南建筑教育早期发展历程的成就和特色

岭南现代建筑教育，源于1932年广东省国民政府为筹建勷勤大学建筑工程学系而在广东省立工业专科学校设立的建筑工程学系。1933年8月广东省立工专正式扩设为勷勤工学院，正式成为勷勤大学工学院的四大学系之一。1937年抗日战争爆发，1938年勷勤大学遭国民政府裁撤，建筑工程学系整体并入国立中山大学并随校迁徙至云南澄江，1940年又迁回粤北坪石，1945年日寇进逼坪石，建筑工程学系迁往粤东北兴宁。1945年抗日战争胜利后，国立中山大学迁回广州石牌原址复课。随着夏昌世、陈伯齐、龙庆忠、林克明等教授先后到来，建筑工程学系也迎来其发展的重要历史阶段。1949年广州解放后，国立中山大学更名为中山大学，建筑工程学系绝大部分教师留下来投入新中国建设。1952年全国院系调整，以中山大学建筑工程学系为主体，与岭南地区其他几个院校的建筑系合并调整为华南工学院建筑工程学系，后改为建筑学系。1960年华南工学院建筑学系与土木工程系合并为建筑工程系（第三系）。

从1932年到1945年，是岭南建筑教育的创立与探索时期；从1945年到1966年"文化大革命"前，是岭南建筑教育的定位与起步时期。这两个时期共同构成了岭南建筑教育的早期发展历程。在这段历程中，岭南建筑教育取得了很多成就并逐渐形成了鲜明的教育特色。

一、"以人为本，求真务实"的岭南建筑教育理念

岭南建筑教育在其早期的发展历程中，老一辈建筑教育家们都形成了各自主要的教学观点。林克明教授强调"实践论"、陈伯齐教授主张"爬图板论"、"建筑设计中心论"，夏昌世提倡"工作方法论"、龙庆忠强调"建筑历史论"[①]、谭天宋关于建筑师应具备的"科学家的头脑，艺术家的风度，商人的手段，外交家的口才"素养等，这些教授的教学观点共同构成了岭南建筑教育早期发展历程中的主导教学主张。

林克明教授的“实践论”，强调的是建筑创作一定要重视实践，只有实践再实践，才能得到科学的检验[②]。因此学习一定要理论联系实际，学生时期只有通过不断地参与工程实践，才能发现学习上的不足，才能为将来出去工作做好充分的准备。林克明教授的“实践论”构成了岭南建筑教育注重建造技术和工程实践的基本特点。

陈伯齐的“爬图板论”、“建筑设计中心论”强调的是建筑学科的学习，包括建筑学专业、城乡规划专业和风景园林专业的学习，三个专业方向都应该有共同的建筑学设计训练背景，以能够进行建筑设计为基础。因此，岭南建筑教育的教学计划的制定一贯坚持前三年所有专业都是共同的建筑设计基础训练和建筑设计训练，第四年后分开进行各专业的专门化。另外陈伯齐教授注重基本功的训练，强调必须多画、多练（即爬图板）以牢固地掌握建筑设计的基本功。陈伯齐的“爬图板论”、“建筑设计中心论”形成了岭南建筑教育重视建筑设计为基础、强调基本功训练和实际工作能力的教学特色。

夏昌世教授的“工作方法论”强调的是建筑设计有其客观规律，应当掌握最基本的工作方法，这种方法就是在前期进行大量调查研究和理性分析的基础上，仔细理解项目的任务要求（确定项目主题），认真思考和充分结合场地的条件（包括气候特征和场地自然地形和水文、植被等条件），再恰当地运用适用、经济的建筑技术措施，从而创作出以“人为本”的适应性建筑。夏昌世教授的“工作方法论”树立起岭南建筑教育注重理性分析、客观严谨的学术态度以及促进了岭南地区建筑创作要基于地域特点、进行适应性研究的实践理念的形成。

龙庆忠教授的“建筑历史论”则强调的是建筑设计者应当具备广博的中外建筑史知识基础，“知生”才能“知死”，才能以史为鉴，充分学习和吸收利用适用于各种中国传统的建筑技术，为今天的建筑设计服务，进而创造符合“圣人之道”的建筑。龙庆忠教授的“建筑历史论”建立起岭南建筑教育的从建筑技术角度进行建筑史学研究华南建筑史学体系。

谭天宋教授“科学家的头脑，艺术家的风度，商人的手段，外交家的口才”的这句话简明扼要地概括了建筑师所应具备的基本素养，既是有着严谨科学理性思维的工程师，又是具有美学素养的艺术家，还要熟悉各种建筑师的业务，善于与人交流。只有这样才能创作出满足甲方需求，合理规范又具有艺术创造力的建筑，并通过建筑师的协调，使得各方理解创作意图并共同努力使之付诸实现。谭天宋教授的观点体现了岭南建筑教育的“全面型”建筑人才的培养目标。

这五位教授的教学主张虽然各有侧重，但异曲同工，共同形成了岭南建筑教育早期发展历程中“以人为本，求真务实”的重要教育理念。

二、教学成就与特色

（一）创立岭南地区第一个大学级别的现代建筑教育体系

1932年，林克明在广东省立工业专科学校设立一个建筑工程班，这是专门为1933年扩设勷勤大学工学院建筑工程学系而设。自此，岭南地区有了自己培养建筑设计人才的大学级别专业教育机构。

（二）建立起以“全面型”建筑人才为目标的培养标准

林克明在1932年创建建筑工程学系的时候，就明确指出建筑人才的培养“必须要适合我国当时的实际情况。不能单考虑纯美术的建筑师，要培养较全面的人才，结构方面也一定要兼学”[③]。正是在这种务实的态度下，岭南建筑教育从一开始就是以全面型的建筑设计人才为培养的标准，以满足广东建设人才急需。在抗战时期的国立中山大学建筑工程学系继续延续了这一“全面型”人才培养的标准，毕业生能够快速地投入到中国的抗战建设中。新中国成立后新中国百废待兴，岭南建筑教育又担负起为社会主义建设事业培养急需建筑人才的任务。陈伯齐教授曾经向用人单位保证“我们的毕业生到设计院是最快上手的，能够独立工作的”，同时他又对学生们要求“我已经向社会承诺了，你们出去不是仅仅会写文章、画画，而是马上会画施工图”[④]。在陈伯齐、夏昌世、谭天宋等老一辈岭南建筑教育家们对于“全面型”建筑人才标准的坚持下，岭南建筑教育培养出来的毕业生具有“上手快”、“实践能力强”、“务实”、“动手能力强”的特点，特别是对于建筑构造、建筑结构、施工造价等相关知识有扎实的掌握，得到了用人单位的一致好评。岭南建筑教育的“全面型”建筑人才培养标准，使其能够在社会各个急需建设人才的时期都能表现出很好的适应性。

（三）建立了注重基础训练、重视建造技术、知识结构完备的课程体系

岭南建筑教育从1932年在广东省立工专开始，林克明、胡德元等教授就根据“全面型”建筑人才的培养目标，制订了较为齐全的教学课程体系，形成了较为完备的建筑学科教育体系。虽然当时还未明确分出学科的专业和方向，但在课程设置上已有较为完备的适用于将来建筑学专业、都市计划（城市规划）专业以及建筑技术专门化方向的各类课程。例如“建筑设计”、“都市设计”、“建筑历史”、“美术”、“画法几何与透视”、“建筑构造”、“建筑结构与材料”、“建筑力学”、“建筑师执业概要”、“估价”以及“数学”、“微积分”、“物理”等知识结构较为整体的建筑课程体系。在勷勤大学工学院时期，又再加入了“室内装饰”课程。其中“数学”、“画法几何”、“力学及材料强弱”、“建筑构造学”、“建筑材料试验”、“钢筋混凝土构造”

等建筑工程技术课程以及“都市计划”等课程从其学分的安排上就可以看到受到明显的重视。

抗日战争时期的国立中山大学建筑工程学系基本延续了勷勤大学工学院时期所建立的课程体系。抗日战争后随着夏昌世、陈伯齐、龙庆忠等教授的到来，国立中山大学建筑工程学系又补充了庭园设计、中国营造法、木构建筑等设计及构造类课程，并使中国建筑史课程的教学得到了加强。

华南工学院成立后，经过一段时期的探索和调整，到20世纪60年代初期，岭南建筑教育已经形成建筑学科下的建筑学专业和城市（乡）规划专业两大专业。这两个专业在前三年有着共同基础理论知识和专业设计基本功的扎实训练，到高年级又各自展开有针对性的专门化教育，各自具有完整专业知识架构的课程体系。另外风景园林专业虽然还未建立，但在夏昌世教授的主持下，带领青年教师李恩山等人开展了庭园设计、庭园建筑艺术课程的教学，为岭南建筑教育后来的风景园林方向做了准备。

岭南建筑教育早期发展历程中建立起知识架构较为完备、注重基本功训练，重视建造技术的课程体系，其为今天的岭南建筑教育学科完整的专业划分打下了基础。

（四）为岭南地区乃至全国培养了大批的建筑专业人才

作为岭南地区早期建筑教育的唯一机构，广东省立勷勤大学工学院建筑工程学系和国立中山大学建筑工程学系为岭南地区自主培养了大批建筑学专业人才。这批人才有力地支援了当时陈济棠治粤时期的广东建设，以及之后各地的抗战建设。由于大批学生毕业后前往香港就业，他们对20世纪四五十年代的香港建设做出了重要贡献。新中国成立后华南工学院成立，建筑系又为新中国各地的社会主义建设培养了大量急需的建筑人才。在毕业生由国家统一分配的制度下，建筑工程学系的毕业生怀抱为社会主义新中国建设无私奉献的强烈社会责任感，走向了全国各地的建筑事业岗位。这些毕业生中的大多数成为所在单位的技术骨干力量，为中国建筑事业的发展做出了重要贡献。

（五）为岭南建筑教育的后续发展积蓄了重要的人才基础

岭南建筑教育在早期发展历程中，就非常注意教育人才的培养和建设，为岭南建筑教育的持续发展和进步积蓄重要的教育人才。勷勤大学工学院时期，将优秀的毕业生如郑祖良、黎伦杰等留校任助教，因为抗日战争他们不得已才离开。在抗日战争时国立中山大学建筑工程学系颠沛流离时期，为补充师资力量的严重不足，杜汝俭、邹爱瑜、卫宝葵等优秀毕业生留校任教，他们自此将毕生都献给了岭南建筑教育事业。抗日战争胜利，回到广州石牌复课的国立中山大学建筑工程学系在夏昌世、陈伯齐、龙庆忠等人到来后，又有了新的发展。在新中国成立前留下了郑鹏、金振声等优秀毕业生，新中国成立后胡荣聪、林其标、陆元鼎、罗宝钿等优秀毕业生也留系任教。华南工学院成立后，一直到“文化大革命”前，几乎每年建筑系都有优秀的毕业生留校任教，这些优秀毕业生有黎显瑞、张锡麟、魏彦钧、刘管平、谭伯兰、邓其生、赵伯仁、叶荣贵、陈其燊、肖裕琴、刘炳坤、叶吉禄、何镜堂等人，在老一辈岭南建筑教育家们“传、帮、带”的师资培养方式下，他们传承了岭南建筑教育“求真务实”的教育理念和教学传统，坚持华南亚热带气候条件下的建筑研究学术方向，逐渐都成为岭南建筑教育的中流砥柱。

岭南建筑教育在早期发展历程中形成了以“全面型”建筑人才为培养目标，强调基本功、重视建造技术和工程实践的“非学院派”教学特点。

三、学术研究成就与特色

（一）开启了岭南建筑教育对现代主义建筑的学术研究

1933年7月，林克明在《广东省立工专校刊》上撰文《什么是摩登建筑》，介绍和宣传“摩登”（modern）建筑思想。这是岭南地区第一篇正式发表的关于现代主义建筑的学术论文。在林克明、胡德元、过元熙等人的影响下，岭南建筑教育从创办起就不遗余力地在中国宣传现代主义建筑，并对当时中国政府推行的“中国固有形式”风格的建筑做出反思和批判。林克明的《什么是摩登建筑》、《国际新建筑会议十周年纪念感言》；胡德元的《近代建筑样式》、《建筑之三位》；过元熙的《新中国建筑及工作》、《平民化新中国建筑》等学术论文都是在详细地剖析现代主义建筑的基础上，探索中国的现代主义建筑道路。

在教师们的影响下，岭南建筑教育培养的学生们对现代主义建筑的热情高涨，1935年“勷大建筑系建筑图案展览会”上，黎伦杰发表《建筑的霸权时代》一文，从科学技术进步的角度来阐述20世纪新建筑的形式；郑祖良发表《新兴建筑在中国》，认为“20世纪的新兴建筑底式样的产生，正是十足能够表现现代科学的精神”，并对古典主义进行了尖锐地批判；裘同怡发表《建筑的时代性》，认为现代建筑的出现是时代发展的必然产物；杨蔚然发表《住宅的摩登化》，提出摩登住宅的标准就是：经济、实用、美观。在如林克明、胡德元等教师们的引导下，学生们普遍对当时正在欧洲风行的现代主义建筑有较为深刻的了解，也对中国的现代主义建筑充满了期待。郑祖良、黎伦杰等人在学生时代就成立建筑工程学社，创办专门为宣扬现代主义建筑的专业刊物《新建筑》，一直坚持出版发行到抗战胜利后，刊登了大量关于现代主义建筑研究的文章，为现代主义建筑摇旗呐喊。

对现代主义建筑的研究与宣传成为岭南建筑教育早期发展历程中的一个重要学术方向，在一定程度上推进了现代主义建筑在中国的发展。

（二）树立了注重调查，理性分析的学术研究传统

学术的研究，只有通过对大量案例的调查研究，才能运用理性、科学严谨的分析方法，得出合理的、基于事实的结论。岭南建筑教育从创立之初，就注重在调查研究和理性分析的基础上开展学术科学研究和设计。

1936年，勷勤大学建筑工程学系郑祖良、黎伦杰、陈逢光等同学参加中山县监狱建筑设计竞赛。他们专门组织人员到上海、南京、江苏等地详细考察监狱建筑，还参考欧美文明国家之监狱建筑的实例，在充分调查和资料收集整理研究的基础之上，提出了应征方案，并获得第一名。

1937年，勷勤大学工学院建筑工程学系过元熙教授曾亲自制定调查研究大纲，要求学生利用假期对家乡的传统住宅建筑进行调查，撰写调查报告并提出改造意见。广东紫金籍学生杨炜提出了非常详尽的调查报告《乡镇住宅建筑考察笔记》，报告对家乡住宅建筑的现状作了仔细地测绘和描述，经过理性分析，提出了材料、构造等改良措施以适应卫生及健康居住的功能，体现了鲜明的现代主义建筑思想。更为重要的是这份报告在经过仔细调查和认真思考后，提出了不能照搬国外样式，要创作符合中国各地环境的、吸收了中国传统建筑经验的中国新建筑。建筑工程学系的学生能在那个时代就有如此见地，可见岭南建筑教育在创立之初就鼓励学生注重调查研究所带来的影响。

华南建筑史学教育在以龙庆忠教授为代表的老一辈教育家们的努力下，通过持续不断地中国古建筑的调查和测绘研究，收集了大量的相关历史材料和古建筑资料。1953年龙庆忠、陈伯齐、夏昌世教授带领杜汝俭讲师、胡荣聪和陆元鼎助教到北京调查中国传统建筑，此次调查工作非常认真细致，收集了大量的彩画、古建筑构件和文物等，拍摄了大量的照片，回校后建立中国建筑研究室，对全系师生开展中国建筑史的教学以普及中国传统建筑知识，从而更好地贯彻“社会主义内容，民族形式”的建筑方针。1954年夏，龙庆忠、陈伯齐带领教师十余人、建筑系二年级学生60人分赴河南登封、洛阳开展古建筑调查；1957年龙庆忠到甘肃考察古建筑；1963年龙庆忠带领青年教师邓其生北上进行了为期两个月的建筑调查；这一系列的建筑史调查研究，为龙庆忠教授后来的建筑史研究的十一个学术方向的提出奠定了基础。

20世纪50年代，为了对岭南庭园进行系统地研究，夏昌世教授带领华南工学院的青年教师和学生多次对广东“四大名园”，以及粤中、粤东地区的庭园进行系统地普查和测绘工作，收集了较为完整全面的广东庭园资料；龙庆忠教授也曾经带领青年教师和学生对潮州的庭园做了细致的调查，这些调查研究都为岭南建筑教育中的岭南庭园学术研究打下了扎实的基础。

对岭南地区民居的研究，也是建立在多次翔实调查的基础之上。1953年龙庆忠带领青年教师陆元鼎和学生开展潮州古民居的调查；1957年和1961年两次与其他单位合作开展广东农村住宅的调查；1958年陆元鼎等人开展广州郊区民居调查；1958年和1959年在“人民公社”运动时期，为了做出更为务实的规划，建筑系师生们对规划所在地都进行了非常详尽的农村住宅调查工作，取得了许多传统民居“就地取材”、“因地制宜”、“因材致用”的建设经验，为“多快好省地建设社会主义”打下基础；从1962年开始，到1965年，在金振声副教授的主持下，对广州地区的旧住宅（民居）开展了细致的调查和测绘工作，为广州旧住宅建筑降温措施的理性分析研究提供了翔实的数据和图集。

华南工学院成立后，建筑系的设计课程普遍都有一个必须环节，就是要对所要设计的内容进行相关资料的调查和收集整理研究并撰写调查报告。许多老一辈的建筑教育家如夏昌世、陈伯齐、谭天宋等人在教学中都十分注意要学生认真完成这个环节。夏昌世教授本人当年在德国留学时为了撰写博士论文，就曾对相关建筑进行了大量的调研。他要求学生重视掌握建筑设计过程中的前期资料收集整理，从大量客观实际案例中调查分析比较的研究方法。他的唯一硕士研究生何镜堂在做广西医学院附属医院门诊部大楼设计前，通过大量的认真调查和理性分析，搜集整理出一套比较完整的设计资料来指导设计。

注重调查，理性分析的学术研究态度，为岭南建筑教育的建筑史学研究、传统民居研究、庭园研究以及岭南地区的现代建筑设计研究的进一步深入开展打下了良好的学术基础。

（三）确立了基于华南亚热带气候特点的建筑学术研究方向

岭南建筑教育基于一贯学术研究上的地域特点，以及国家的相关政策取向，在20世纪50年代末期确立了基于华南亚热带气候特点的建筑学术研究方向。

1958年8月，华南工学院建筑学系参加了在北京召开的全国建筑气候分区会议。之后相关单位在全国范围内进行了建筑气候的初步调查和分析后，共同编制了“建筑气候分区初步区划草案”。1959年4月，建筑工程部和中央气象局在上海召开了全国建筑气候分区学术讨论会议，将中国划分7个大区：东北内蒙古、华北、西北、华东、华中、华南、西南、青藏高原和新疆地区[⑤]。华南被正式划分为一个具有独特气候条件的区域。

1958年10月建筑工程部建筑科学研究院建筑理论与历史研究室在北京主持召开全国建筑理论及历史讨论会。会议针对每个省制定了重点工作提纲。华南工学院建筑系作为广东省的主要负责单位，承担了开展多方面的岭南地区建筑调查和研究的任务：①人民公社的规划及建筑；②广州市及广东省解放前规划及建筑；③客家民居；④侨乡（梅县、台山、江门）的建设；⑤海南岛黎族建筑；⑥海南岛革命根据地的建筑；⑦港澳近代建筑资料；⑧解放后建筑；⑨热带建筑特点；⑩汕头的发展、规划及建筑[⑥]。这个工作提纲一定程度上也促进了岭南建筑教育地域特色的形成。

正是基于以上客观原因，再加上岭南建筑教育本身所具备的地域性建筑研究基础，1959年华南工学院建筑学系陈伯齐教授任系主任后，致力将华南工学院建筑系办成一个国内独具特色的学系。为此陈伯齐教授提出了以能反映华南亚热带地区的建筑理论与建筑设计为中心的办学宗旨[⑦]。在院党委指导下建筑学系确定了以亚热带地区建筑问题作为今后在学术上较长远的活动领域[⑧]。

1961年经学校正式批准，华南工学院建筑工程系成立亚热带建筑研究室，陈伯齐任主任，金振声任副主任。同时还成立了下属的亚热带建筑物理实验分室[⑨]。自此对于华南工学院建筑系基于华南地域亚热带气候特点的适应性建筑研究，已经由个别教师的独立探索开始转变为岭南建筑教育的整体学术研究方向。经过多年的努力，基于华南亚热带气候特点的建筑研究已经成为岭南建筑教育最重要的学术特色方向。

（四）取得了基于华南亚热带气候条件下的建筑降温措施研究的丰硕成果

以夏昌世教授、陈伯齐教授为代表的老一辈岭南建筑教育家们，基于“以人为本”的思想和华南亚热带地区的气候特点，从建筑单体到群体组合、城市规划等方面，长期深入地进行建筑降温措施研究，取得了丰硕的研究成果。

夏昌世教授在《建筑学报》1958年第10期上发表《亚热带建筑的降温问题——遮阳、隔热、通风》，反映了其在总结广州传统住宅降温经验基础上，结合现代的科技手段和材料，对华南现代建筑低成本降温措施创造性的研究成果。“夏氏遮阳”开创了岭南地区现代建筑的新形式，为华南现代建筑对气候的适应性研究做出了重要贡献。

陈伯齐教授的《南方城市住宅平面组合、层数与群组布局问题——从适应气候角度探讨这篇文章》发表于《建筑学报》1963年第8期，这是他第一篇明确从适应气候角度来进行南方城市住宅研究的文章。陈伯齐在总结了南方的亚热带气候特点的基础上，提出南方居住建筑最突出的是居室夏季降温问题。为此，南方的住宅建筑还不仅仅是从单体采取遮阳隔热措施，更应当从住宅的平面组合、住宅的层数、群体的布局以及外部绿化环境的设计等方面来综合考虑。亚热带的南方城市应该向“绿荫城市”发展，形成南方城市的新面貌。

1965年12月，陈伯齐教授在华南工学院学报发表《天井与南方城市住宅建筑——从适应气候角度探讨》。这是对1963年华南工学院亚热带建筑研究室所做的一项住宅建筑试验的研究总结报告，也是他另外一篇从适应气候角度探讨南方住宅建筑设计理论和方法的文章。报告通过对数据的分析总结，指出借鉴广州传统住宅经验，相应采用和发挥适当对外封闭的天井式住宅的优越性，是一条比较经济而有效的途径。陈伯齐为此还从外廊式住宅到内廊式住宅，从单元式平面到并联式平面，对不同平面形式下天井的运用做了详细的比较研究。这项实验也充分显示了陈伯齐在对待建筑学术研究上的严谨科学态度。

在老一辈岭南建筑教育家的影响下，青年教师们也开展了基于岭南地区气候特点的建筑研究并取得一定的成果。

华南工学院建筑工程系教师金振声在1965年12月华南工学院学报发表《广州旧住宅的建筑降温处理》。文章以带领建筑学学生对广州旧住宅进行调查实测后所获得的资料为基础，对广州地区的旧住宅在适应当地气候条件的隔热、通风降温方面的建筑降温措施，进行了初步归纳，理性分析了其使用效果，并对这些措施的应用提出了建议。

1965年12月，华南工学院建筑工程系教师林其标执笔的文章《建筑遮阳的热工影响及其设计问题》在华南工学院学报发表。该文通过建筑物理模型实验以及实测详细的分析和总结，论述了建筑遮阳对热工影响及其合理设计的几个问题；遮阳条件、遮阳季节和遮阳时间的确定；遮阳效果及其形式的合理选择以及在日照下室温增加量的确定和室温的近似算法，从建筑物理的科学角度对遮阳进行了细致研究。

这一系列丰硕成果的取得为岭南建筑教育以后在华南亚热带气候条件下建筑问题的深入研究奠定了扎实的基础，也为在建筑实践中的运用创造了条件。

岭南建筑教育在早期发展历程中的学术研究具有鲜明的现代主义倾向，并在20世纪50年代末确立了以华南亚热带气候条件下的建筑问题研究作为今后主要的学术方向，形成了以科学严谨的态度，注重调查研究和理性分析，关注基于亚热带气候特点的建筑技术措施的重要学术研究特色。

四、建筑工程实践成就与特色

（一）坚持功能实用、合理经济的现代主义建筑实践

对于现代主义建筑的推崇使得岭南建筑教育早期的建筑实践具有非常鲜明的讲求功能实用、重视建造技术合理经济的现代主义倾向。岭南建筑教育早期发展历程中出现的这种现代主义创作倾向也是与时代发展的背景需求相关，这种创作理念可以满足不同时期的国家建设需求：满足早期陈济棠时期的广东建设需求；满足抗战时期的建设需求；以及满足新中国的社会主义建设“多快好省”的需求。

林克明在1934年7月勷勤大学正式成立后为勷勤大学石榴岗校园设计了新的校舍。这组校园建筑的规划设计与山形地势相结合，建筑“均以实用经济为原则，故不取华丽之装饰，只求工料之坚实及适合应用”[10]，呈现鲜明简洁的现代主义建筑风格。林克明在这一时期所做的住宅设计和商业建筑的设计也都是鲜明的现代主义风格。教师的现代主义建筑实践也影响到学生的实践。1936年勷勤大学建筑工程学系《新建筑》编辑部中国新建筑月刊社组织社员郑祖良、黎伦杰、陈逢光等同学参加中山县监狱建筑设计竞赛，提出了现代主义风格的监狱新建筑方案，获得第一名并成为实施方案。

从1940年11月至1941年4月，位于粤北坪石的国立中山大学大部分教学建筑，都是由时任建筑工程学系系主任的虞炳烈所设计。短短半年的时间，虞炳烈以现代主义的建筑设计手法，高效率地设计了近190座建筑。虞炳烈充分利用当地环境条件和有限的资金，设计了大量低造价但又满足功能需求的房屋建筑，建筑的材料全部采用当地盛产的杉木和竹子，造型整体简洁大方但又不失地方特色。这些建筑让建筑工程学系学生们亲身体验了如何在极端条件下设计建造适用经济的现代建筑。

1951年广州举办华南土特产展览交流大会，在林克明的主持下，集中了广州各个设计单位的设计精英进行规划设计。中山大学建筑工程学系的夏昌世、陈伯齐、杜汝俭、黄适、谭天宋五位教授负责了其中的五个场馆。由于当时国家对于建筑风格的取向还没有严格规定，因此在有关市领导的鼓励下，五位教授的展馆设计都充分展示了他们一贯坚持的重视功能实用、重视建筑技术和造价经济的现代建筑创作理念，以及与华南气候特点相适应的、简约大方的现代主义建筑形体处理手法。展馆建成后在当时引起了社会的很大反响，奠定了岭南地区现代建筑的基调。

华南工学院成立后，夏昌世、陈伯齐等人对华南工学院校园进行了重新规划。在原来规划的基础上，结合新时期社会主义大学的需要，从交通组织和功能布局入手，规划了华南工学院的新教学中心区。夏昌世、陈伯齐等人本着对现有环境的充

分尊重，巧妙地安排了中轴线上二号楼院办公楼以及三号、四号教学楼的位置，保留了场地中央的九棵大榕树，形成了教学楼围绕的绿树成荫的半山公园。即使是在国家推行“社会主义内容，民族形式”时期的二号楼设计，虽然也有大屋顶，但其细部设计的简洁使得造价上节约成本又不失传统民族风格，与同一时期其他地方的许多“复古主义”建筑形成鲜明对比。另外，夏昌世教授主持的中山大学（华南工学院）图书馆改复建和肇庆鼎湖山教工休养所设计，都充分体现了华南建筑师摆脱形式的束缚，更加关注对场地的适应性考量以及对适用、经济的现代主义建筑创作方法的理性坚持。而这种坚持恰恰又是对我们国家在社会主义初期阶段，对建筑事业所提出的“适应、经济和在可能条件下注意美观”基本建设方针的呼应。

（二）广泛运用适应岭南地区亚热带地域特点的建筑处理

夏昌世、陈伯齐等教授较早就开始了基于岭南地区亚热带气候特点的建筑降温措施（包括通风、隔热和遮阳）的研究，并将研究成果在建筑实践中加以运用。

从1953年的中山医学院门诊楼开始，到中山医学院的教学楼建筑群，以及鼎湖山教工休养所，再到1957年中山医学院基础科教学楼和华南工学院化工楼、三号楼、四号楼等等工程项目，夏昌世教授进行了基于亚热带气候特点和适应场地环境的建筑遮阳、通风和隔热等建筑降温措施的设计研究和运用，特别是对于窗户和墙面的遮阳设计以及屋顶的通风隔热设计，进行了持续的研究和实际应用。至1957年的华南工学院化工楼设计，夏昌世已经总结出一套成熟的、基于华南亚热带气候特点的遮阳设计体系。

陈伯齐教授在20世纪60年代初开展一系列南方住宅建筑试验与研究，取得了许多南方住宅从单体平面设计到群体规划组合采取防热降温建筑措施的成果，并将这些成果运用到1963年12月的广州市螺岗低造价住宅区规划与住宅设计项目中。此后，华南工学院在南方住宅规划与建筑设计上都具有一定优势，改革开放初期承担了许多岭南地区的具有重要影响力的住宅规划项目。

由谭天宋、杜汝俭审定，郑鹏和胡荣聪负责设计的华南工学院一号楼教学楼，综合运用了华南工学院建筑系在通风、隔热和遮阳等建筑降温措施上的研究成果，使该建筑较好地适应了华南夏季的炎热气候，成为岭南建筑教育中对亚热带气候适应性建筑措施研究成果运用于建筑实践的典范。

岭南建筑教育在早期发展历程中形成了基于华南亚热带地域特点，充分考虑建筑降温措施，注重实际功能与建造技术，讲求合理经济的建筑创作实践特点。

五、建立起教学、科研、实践三结合的人才培养模式

建筑作为一门实践性非常强的学科，其人才的培养自然也是需要加强教学与实践的结合。岭南建筑教育的早期发展历程中非常重视教学与实践相结合，而且作为大学等级的建筑教育，还明确要加强与科学研究的结合以促进教学和实践的进一步发展和提升。这种结合不仅仅是针对师资的培养提高，对于学生的培养更是如此。岭南建筑教育逐渐形成以教学为主，与科研和生产实践的“三结合”建筑人才培养模式。

勷勤大学工学院时期，建筑工程学系学生在各个年级都建立起建筑工程学社，在学习之余开展科学研究活动。学生以此为依托开展举办展览、撰写学术论文等各种学术活动。林克明为了激励学生还专门在中山图书馆举办勷勤大学建筑工程学系“建筑图案展览会”，展出各级学生平时设计方案作业和学生学术论文，获得社会的好评。林克明积极引导学生开展现代主义建筑的研究，支持学生郑祖良、黎伦杰等创办《新建筑》杂志，作为岭南地区宣传现代主义建筑的窗口，刊登了大量师生们的学术论文。林克明等教师鼓励学生尽可能地参加实践，利用假期安排学生到广州各个设计师事务所去实习，参与设计工作。而郑祖良、黎伦杰、陈逢光等同学还自发组织参加实际工程项目“中山县监狱建筑设计竞赛”，获得第一名并被评为中标实施方案。可以说，岭南建筑教育在创办之时就非常注重教学、科研和实践“三结合”来培养全面型的建筑人才。

新中国成立后随着社会的逐步稳定，国立中山大学建筑工程学系教学与科研、实践相结合的安排也逐步开展起来。1950年7–8月暑假期间，国立中山大学建筑工程学系三年级学生由林克明、谭天宋等带领，到广州市建设局结合生产项目进行教学实习。林克明负责指导越秀山公园规划设计，谭天宋负责指导海珠广场设计等[11]。1950年广州女子师范学校委托中山大学工学院建筑工程学系设计校园建筑。中山大学工学院建筑工程学系为此将教学活动与工程设计实践结合起来，陈伯齐教授主持二年级的居住建筑设计课，结合女师学生宿舍设计进行，夏昌世教授主持三年级公共建筑设计课，结合女师教学楼设计进行。从方案设计至施工图设计，均由二、三年级同学完成。两项工程建成后得到社会好评[12]。此后，岭南建筑教育又进一步强化了教学、科研与实践的结合。

华南工学院成立后，为满足社会主义建设的急需，建筑系的教学、科研与实践相结合的人才培养模式逐渐建立起来。1953年暑假华南工学院建筑工程系二年级本科一个班49人到广州市建筑公司实践；1955年5月，华南工学院建筑学系四年级

毕业班学生结合毕业设计要求，在广州苏联展览馆建设工地进行一个星期的施工实践。

1958年在“人民公社”运动正式开展前，华南工学院建筑系54级的26位同学在学习之余就主动开展对农业建筑和农村规划的研究。在密切结合实际、向农民请教之后，完成了广州市郊棠下乡的新村规划，农村标准住宅及猪舍等一系列以前从未接触过的设计，同时还写出了19篇科学论文，得到了教师们的肯定。8月，报纸上发表河南省遂平县成立了“人民公社”之后，华南工学院建筑系立即派出一队由11名师生组成的“尖兵”到遂平去搞人民公社规划工作。他们完成了社中心的总体规划、公社区域规划、办公大楼和住宅标准设计和一份详细的关于当地原有建筑的调查报告，还写了一篇有关这一次规划设计的科学论文，在《建筑学报》上发表[13]。从1958年10月开始，华南工学院建筑系全体师生和土木系部分师生共400多人分6个工作队，在番禺、中山、高要、澄海、惠阳、海南岛等地，替“人民公社”做建设规划、土地测量、房屋设计和施工、试制新建筑材料和训练建筑干部等项工作[14]。1959年华南工学院建筑系又发动全系的力量，总结“人民公社”规划经验，在短时间内编写出在当时全国范围都有一定影响力的《人民公社建筑规划与设计》，将这一时期的教学、科研和实践相结合。

1959年陈伯齐教授任系主任后，结合1958年建筑系开展的“人民公社规划运动”所取得的经验，对教学计划进行了适应于教学、科研和实践“三结合”的调整。不仅是毕业设计，对于平常的课程设计，也是要求尽量结合实际，视条件的适合与可能结合实践进行。

为了贯彻1958年党的教育方针“教育为无产阶级政治服务，教育与生产劳动相结合”，华南工学院党委决定毕业设计必须与实际工程项目相结合，强调到现场去，由教师带毕业班学生在当地驻扎一段时间，现场进行调研，现场设计，现场评图，完成正式的设计任务，即所谓“真刀真枪”的进行毕业设计。毕业设计完成的不仅仅是完成最后的设计图纸，对资料收集工作也相当重视，强调对设计过程成果的资料积累和理论总结。每个毕业设计课题都会要求学生做相关资料汇编，以使学生主动熟悉和了解项目的基本特点和功能要求，做到教学、生产劳动、科研三结合，以提高教学质量。

1959年3月，华南工学院建筑学系毕业班全体同学出发到南海进行毕业设计，这是华南工学院建筑学系第一次将毕业设计与实际生产相结合，进行紧密配合生产实践，完成生产建设任务的毕业设计；1960年华南工学院建筑系毕业班分成六个小组，分担六个规模大、要求高的项目。经过四个多月的工作，发挥集体的力量，完成毕业设计成果，而且大部分都用于施工。同时还写出了9篇共10万字左右的科研论文，收集了14册达27万字的设计参考资料[15]；1960年3月，华南工学院建筑系应届毕业生由金振声老师带队，前往广西南宁现场进行“广西僮（状）族自治区人委招待所”设计。与此同时该毕业小组进行了旅馆设计的科研，总结了过去旅馆设计的一些经验并结合南方地区旅馆设计进行一些研究和探讨，写成《旅馆设计》一书初稿[16]；1960年3月27日，华南工学院建筑学系城乡规则专门化小组的毕业设计小组到潮州进行“潮州改建扩建规划”[17]；1962年华南工学院建筑学专业毕业班的居住建筑毕业设计，既考虑到教学实际，又适当地提高要求，贯彻了全面训练，“填平补齐”的精神，每人做一套包含建筑、结构、施工各部分内容的毕业设计；1965年华南工学院建筑工程系由建筑学、工民建两专业毕业设计组师生53人组成现场设计组，完成广州市螺岗住宅区规划设计，并撰写出科研论文在杂志上发表。

岭南建筑教育这一时期通过以学习为主，教学、科研与生产实践的“三结合”，使学生在一定理论基础上，通过实践达到理论与实际的统一。这对理论的巩固与进一步的提高，对设计能力与技巧的培养和基本功的牢固掌握都有较大的帮助。结合实践同时开展科学研究，更可以使学生敢于思考，不因循旧制，充分锻炼同学的独立思考、独立工作的科研能力和创新的能力，从而提高教学和实践的水平。

岭南建筑教育在其早期发展历程中就基本形成了以教学为主，教学、科研与生产实践“三结合”的建筑人才培养模式，而这一模式在经历了“文化大革命”的波折以及改革开放后近三十年的实践检验后，一直延续到了今天。

1932年到1966年，在历史长河中虽然只是不长的三十年时间，但伴随着世界局势的风云变化和中国社会的动荡变革，岭南现代建筑教育经历了从应时而需的创立，在国家蒙难时仍努力探索，到新中国成立后逐渐确立发展定位，走上蓬勃发展的起步道路。岭南建筑教育在这段早期发展历程中，无论是教学思想的形成，教学体系的建立，还是师资力量的发展等方面都取得了许多重要的成就，更为重要的是为岭南地区乃至全国培养了大量的优秀建筑人才，并创作出一大批具有鲜明岭南地域风格的建筑工程项目，初步形成了具有岭南特色的开放融合、务实创新的建筑教育模式，成为中国建筑教育不可或缺的重要组成部分。

[注释]

① 龙庆忠．怎样改革华工建筑系．1979年，龙庆忠文集[M]．北京：中国建筑工业出版社，2010，12：311．

② 林克明．世纪回顾——林克明回忆录[M]．广州市政协文史资料委员会编．2011：58．

③ 林克明.世纪回顾——林克明回忆录[M]．广州市政协文史资料委员会编．2011：14．

④ 施瑛．蔡德道教授访谈．2011年6月。

⑤ 韩璃，石泰安．建筑气候分区研究工作进展动态[J]．建筑学报，1959（9）：18.

⑥ 温玉清．二十世纪中国建筑史学研究的历史、观念与方法：中国建筑史学初探．天津大学博士学位论文（导师：王其亨）．2006：154．

⑦ 史庆堂.陈伯齐教授[J]．南方建筑，1996年（3）：41．

⑧ 杜汝俭．跃进在建筑红楼 [N]．华南工学院．1959年10月10日，第226期：第3版。

⑨ 李成晴．华南理工大学实验室基本情况表（1992年填写）。

⑩ 广东省立勷勤大学概览，1937年。

⑪ 庄少庞．胡荣聪教授访谈．2012年8月

⑫ 庄少庞．胡荣聪教授访谈．2012年8月

⑬ 华南工学院两系师生下乡帮助规划建设[N]．光明日报．1958年12月26日第3版。

⑭ 华南工学院两系师生下乡帮助规划建设[N]．光明日报．1958年12月26日第3版。

⑮ 张振民．毕业设计成果丰硕[N]．华南工学院．1960年5月14日．第242期：第3版。

⑯ “广西僮族自治区人委招待所”毕业设计小组．旅馆设计（初稿）．华南工学院．1960年4月．金振声教授提供。

⑰ 城乡规划小组完成潮州规划方案[N]．华南工学院．1960年3月27日．第237期：第4版。

第七章
岭南建筑教育早期发展历程的文化特质

1932-1966年，岭南建筑教育早期发展既与中国的近、现代历史发展的整体过程息息相关，也因其所处的独特自然地理和气候条件、社会文化背景，以及在众多诲人不倦，潜心钻研的岭南建筑教育工作者们的辛勤耕耘下，形成了鲜明的岭南地域特色，体现了岭南地区“开放、融合、务实、创新”的文化特质。

一、岭南建筑教育早期发展的开放性

岭南建筑教育早期发展的教学师资具有开放性的特点，这直接导致了其学科发展的多样性、全面性特征。

（一）师资的开放性

岭南建筑教育自1932年创办开始，其师资就体现出开放的特性。从广东省立工专创办建筑工程班，到勷勤大学工学院的建筑工程学系、国立中山大学的建筑工程学系，其师资力量不仅有全国各地留学欧美、日本的留学生，也有社会上执业的建筑师、工务局的工程师，还有应届的优秀毕业生等。

抗日战争胜利后回到广州石牌的国立中山大学建筑工程学系，陆续聘入夏昌世、陈伯齐和龙庆忠三位曾留学德国和日本教授。他们在重庆大学执教时因其留学德日的“非学院派”出身，在学校推行的是重视建筑技术与工程实践的教学而非美英“学院派”重视建筑艺术的教学，在抗日的大政治背景下，遭到学生们的排挤被逼辞职。但广州国立中山大学的校长王星拱却慧眼独识，聘用了这三位对后来的岭南建筑教育发展产生巨大影响的教授，并且迎来勷勤大学建筑工程学系的创办人林克明先生的回归。正是岭南建筑教育对师资的开放性态度奠定了其发展和走向成熟的基础。

新中国成立后院系调整成立华南工学院建筑工程系，其师资也是由各个大学汇聚而成，其中不乏建筑“老八校”的优秀毕业生。而且对于留系的青年教师，给予他们充分平等的发展空间，鼓励推荐他们去“老八校”进一步的学习深造，以增加其专业知识积累，拓展专业视野。

（二）对外交流的开放性

岭南建筑教育的开放性，还鲜明地体现在对外交流方面。

勷勤大学时期和国立中山大学时期，经常举行各类建筑教育的成果展览。展览不仅仅是针对学生和教师，更多的是针对社会普罗大众开放，以唤起民众对建筑的关注，“使社会上人士明瞭及提倡房屋建筑之革新房意见”及“引起社会人士对于新建筑事业之注视”。

华南工学院时期，教师们积极参与国内的各类学术会议，开展学术交流活动，向国内同行们展示华南理工大学建筑教育的最新成就。

1959年的上海召开了对中国建筑界具有深远影响的“住宅建设标准及建筑艺术座谈会”。华南工学院陈伯齐教授在此次座谈会上做《对建筑艺术问题的一些意见》的发言，他对于建筑艺术与风俗习惯，文化传统、自然条件关系的论述、关于使用功能与经济合理的论述，都鲜明地体现了华南的建筑师注重建筑艺术的地域性、文化性和时代性的建筑创作特征。

岭南建筑教育中的史学方向，也在积极参与全国性的建筑史教材编写会议中扩大了影响并且锻炼了建筑历史教学队伍，提高了华南建筑历史教学和研究工作的水平。

（三）学科建设的多样性、全面性

岭南建筑教育的开放性师资策略也使岭南建筑教育呈现出多样化、全面化的局面。无论是建筑学专业、城乡规划专业、风景园林专业还是建筑历史理论方向、基于地域气候特点的建筑技术方向，都建立起较为完整的师资梯队和架构，这就使得岭南建筑教育能够均衡整体的发展壮大。

二、岭南建筑教育早期发展的包容性

（一）教学思想的包容性

岭南建筑教育办学方向具有鲜明的包容性，体现在其一贯的教学思想上。

林克明先生在创办岭南建筑教育之时，就明确办学方向不能全盘采用源于法国巴黎美术学院的“布扎体系”教学方法，不能只是培养单纯重风格形式的建筑师，而是要培养兼具结构和构造技术知识的全面型建筑人才。岭南建筑教育的教学计划从其一开始，就是包含了重视基本功训练的“学院派（布扎体系）”和注重理性分析和建筑技术的、具有现代主义特征的“非学院派”各自的教学特点。国立中山大学时期又融合了夏昌世、陈伯齐、龙庆忠等教授所坚持的德日建筑教育特点。新中国成立后华南工学院初期学习借鉴苏联模式、后期确立基于华南亚热带气候特点的建筑研究方向，都可以看到这种包容并蓄的教学思想在岭南建筑教育早期发展中一直得到坚持。

（二）教学内容的兼容性

岭南建筑教育在教学计划的制定、教学内容的安排和教学方法上，也是兼容并蓄。

从最初勷勤大学建筑工程学系的创办，到抗战结束后的国立中山大学建筑工程学系，各个专业方向的科目都比较齐全，师资力量得到全面的充实。学生们能够接触到不同的教师们各具风格的教学方式和多样化教学内容。夏昌世的洒脱不羁、陈伯齐的循循善诱、龙庆忠的刚正严谨等，都能恰当地包容在一起，给学生留下深刻的印象。同为美术教研组的符罗飞和丁纪凌，一个画风粗犷写意，反映社会现实；一个画风细腻严谨，浪漫清新，虽有各自艺术上的坚持，但都能带给学生不同的艺术熏陶。

新中国成立后的岭南建筑教育，曾经在相当长的时间内与土木工程学科合并在一个大系或是一个学院中，师资互通，学生能更直接的接受来自两个学科的教学内容。

岭南建筑教育中重视基本功表达技能的“学院派”的设计基础教育，同时融入了“非学院”的建筑认知和现代形态构成基础训练的内容，也一直贯彻至今。

三、岭南建筑教育早期发展的务实性

（一）培养目标、教学计划的务实性

岭南建筑教育的培养目标和教学计划还体现了务实适应性的特点。

在广东省立工专中创立建筑工程班，林克明就强调其务实性的目的，是为了纠正当时社会对建筑工程科和土木工程科分辨不清的现状，培养更多的建筑工程学专才，使建筑工程科与土木工程科各司其职，均衡发展，从而适应中国社会的发展需要。

即使是在抗战中颠沛流离的国立中山大学时期，岭南建筑教育仍然顽强坚持教学计划中的课堂教学与社会实习相结合，并积极开展学术研究如鼓励学生到所在地进行社会实习调查、举办各种建筑展览等，以满足战争中快速培养建设人才的需要。

新中国成立后华南工学院初期的岭南建筑教育，就更加强化教学与实践的结

合，这一方面适应了当时中国社会主义建设的需要，另一方面也是对于建筑专业的实践性特征有充分认识。

1959年陈伯齐制定了将课堂理论教学与生产实践紧密地融合在一起的全新教学计划，这个教学计划的精髓一直保留到现在。在这个教学计划里，要求学生不仅要精通建筑设计，而且要掌握结构计算，进入设计院进行一年生产实习的安排，学生通过参加实际工作，要向多面手的方向努力。平常的课程设计尽量结合实际，视条件的可能结合生产；毕业设计强调建筑系的毕业生要具有独立解决中小型建筑的结构与施工的能力。陈伯齐教授甚至向社会承诺“我们的毕业生到设计院是最快上手的，能够独立工作的，不是仅仅会写文章、画画，而是马上会画施工图。”这些教学要求奠定了岭南建筑教育重视理论与实践相结合、务实的教学作风。

（二）对社会发展变化的敏锐性

这种务实性还体现在岭南建筑教育一直保持着对社会历史发展变化的敏锐感知上。

学习苏联“社会主义内容，民族形式”，1953年夏昌世、陈伯齐、龙庆忠带领中青年教师杜汝俭、胡荣聪、陆元鼎等人北上进行中国传统建筑调查，回来后即成立中国建筑研究室，举办展览，宣传普及中国传统建筑知识。“人民公社”的第一次出现，华南工学院建筑系的师生就主动前往调查并做出全国第一个人民公社规划，随后更参与到各地的公社规划和建设中。

这种务实性的教学坚持，经过多年的发展后，使岭南建筑教育培养的毕业生基本具备“扎实”、“上手快”、“动手能力强”的业务特点。

四、岭南建筑教育早期发展的锐意创新性

（一）“敢为天下先”的进取精神

岭南建筑教育在学术科研上表现出锐意创新性。

华南一直都是中国进步革命思想的发源地，诞生了梁启超、孙中山等划时代的人物。吸取新思想，锐意创新改革是岭南文化的精髓，这种文化特质也在岭南建筑教育上留下了深刻的印记。

勷勤大学初期，建筑工程学系的学生郑祖良、黎伦杰等人就创办一本积极宣扬现代主义建筑的《新建筑》刊物，刊词简洁而有力“我们共同的信念：反抗现存因袭的建筑式样，创造适合于机能性、目的性的新建筑！”师生纷纷在刊物上撰文，为代表时代先进文化的现代主义建筑摇旗呐喊。这是中国最早的一本由学生自发组织创办的宣扬现代主义建筑的专业学术刊物。

林克明先生不仅写文章介绍《什么是摩登主义》以及《国际新建筑会议十周年

纪念感言》，而且践行于建筑设计上。他设计的勷勤大学石榴岗校区教舍，简洁明快的体量就体现了鲜明的现代主义建筑特征，在整个中国追求建筑上的“固有风格”的时代，这种设计上的创新不禁让人眼前一亮。

20世纪50年代华南工学院建筑系为河南省遂平县全国第一个“人民公社”进行了规划和建筑设计，完全是在没有任何前人经验的情况下自主创新探索，并得到全国的认可，甚至被展览介绍到了国外其他社会主义国家，获得普遍赞誉，在短时间内还编写了《河南遂平卫星人民公社规划设计》，由广东人民出版社出版。在总结一系列“人民公社”规划设计经验的基础上，华南工学院建筑系在系主任陈伯齐教授的组织下，全系投入，仅仅利用两个月的时间编写出二十万字、图文并茂的《人民公社建筑规划与设计》一书，作为向国庆十周年献礼的重点项目。这本书的出版，在全国范围内产生了广泛的影响，成为当时全国规划设计单位、建筑工作者的在进行“人民公社”规划设计时的重要参考和高等学校建筑系及建筑专科学校的教学参考书。

（二）基于岭南地域特色的学术科研创新性研究

对基于华南亚热带气候特点的适应性建筑研究探索，是岭南建筑教育学术科研的重要特色，这种探索其实早在勷勤大学时期就已经展开。

1937年在勷勤大学任职的过元熙教授在《广东省立勷勤大学季刊》上发表《平民化新中国建筑》的文章中提出建筑要“适合各地气候环境生活”的观点。过元熙还要求学生利用假期进行其所在家乡的民居调研并撰写报告。学生的调查报告在当时就提出建筑材料、构造、建筑设备、建筑结构等改良措施以使新民居适应卫生及健康居住的功能。

新中国成立后华南工学院时期的建筑教育，既紧跟了社会的重大历史变革，也同样有对地域气候特点充分考量和对现代主义建筑思想的创新性的巧妙坚持。夏昌世教授、陈伯齐教授等人在20世纪50年代初期的一系列设计作品如华南土特产展览交流大会的场馆、华南工学院2号楼、华南工学院图书馆、肇庆鼎湖山教工休养所设计等，既没有违背当时的“社会主义内容，民族形式”的建筑大政方针，也通过其高超的设计手段，在适应地域气候和环境条件下，巧妙地贯彻了现代主义建筑的简练、经济、重功能技术的原则，创作出一系列独具华南地域风格的现代建筑。

1959年华南工学院建筑学系陈伯齐教授任系主任后，致力于将华南工学院建筑系办成一个独具特色的学系，明确提出岭南现代建筑由于地处亚热带的南方，无论在气候条件与人民生活习惯等各个方面，都有其独特的地方，与北方和国外都不尽相同，应以岭南建筑传统为基础，加以革新发展，创造新的有浓厚地方风格的南方建筑。为此，陈伯齐提出了以能反映亚热带地区特点的建筑理论与建筑设计为中心的办学宗旨，并确定了建筑学系以亚热带地区建筑问题作为今后在学术上较长远的活动领域。

华南工学院在当时的全国高等建筑院校中，是较早明确提出基于地域性气候特点的建筑研究为办学宗旨的高校。随后华南工学院以陈伯齐为主任，成立亚热带建筑研究室，大力开展亚热带建筑设计理论和建筑技术研究探索。即使是在“文革”期间，研究也未完全中断，至今发展成为亚热带建筑科学国家重点实验室，全国高校唯一的教育部、科技部建筑学国家重点实验室。

龙庆忠教授开拓创新中国建筑史和理论研究新方向。其经过多年思考研究，创立中国建筑与城市防灾学，在“文革”后培养出的博士如吴庆洲教、程建军、肖大威、郑力鹏等人，他们逐步成为华南建筑史研究的主力。

以基于岭南地域气候特点的亚热带地区的建筑理论与建筑设计为中心的办学宗旨，几代岭南建筑教育家孜孜不倦的探索，正是岭南建筑教育坚持至今并不断取得丰硕成果的根本动因。

开放、融合、务实、创新是岭南文化的基本特点，也是老一辈岭南建筑教育家们共同的内在学术文化品质。在他们的教学和科研及建筑创作中，这种岭南文化特质在岭南建筑教育中得以充分体现。在教学上，形成兼具“学院派”与“非学院派”包容并蓄的教学风格；开放的师资结构，初步建立起“教学、科研和实践”三结合的人才培养指导思想和锐意改革创新的教学风气；在科研上，建立起具有华南亚热带地域特色建筑研究的学术导向；在实践上，延续和发展了老一辈华南建筑家们开创的基于华南亚热带地域特点的适应性现代建筑创作理念。

附 录

附录1 华南理工大学建筑教育历史沿革

华南理工大学建筑教育历史沿革

广东省立工业专科学校
建筑工程班
（1932–1933年）

广东省立勷勤大学工学院
建筑工程学系
（1933–1938年）

国立中山大学工学院
建筑工程学系
（1938–1952年）

华南工学院
建筑工程学系（1952–1954年）
建筑学系（1954–1960年）
建筑工程系（与土木工程系合并）（1960–1970年）

广东工学院
（原华南工学院拆分为广东工学院与广东化工学院）
（建筑工程系（与土木工程系合并）1970–1977年）

华南工学院
（广东工学院复名华南工学院）
建筑工程系（与土木工程系合并（1977–1981年））

华南工学院
建筑学系（原建筑工程系拆分为建筑学系与建筑工程系）（1981–1988年）

华南理工大学
建筑学系（1988–1997年）

华南理工大学
建筑学院（建筑学系、土木工程系、建筑设计研究院）（1997–2008年）

华南理工大学
建筑学院（建筑系、城市规划系、建筑设计研究院、亚热带建筑科学国家重点实验室、《南方建筑》杂志）
（2008年至今）

作者自绘

附录2　岭南现代建筑教育早期发展历程之历届系主任、院长

1932–1938年	林克明——勷勤大学建筑工程学系系主任
1938–1940年	胡德元——勷勤大学、国立中山大学建筑工程学系系主任
1940–1941年	虞炳烈——国立中山大学建筑工程学系系主任
1941年–1945年1月	卫梓松——国立中山大学建筑工程学系系主任
1945年1月–1945年10月	符罗飞——国立中山大学建筑工程学系代系主任
1945年11月–1947年	夏昌世——国立中山大学建筑工程学系系主任
1947–1950年	龙庆忠——国立中山大学建筑工程学系系主任
1950–1951年	龙庆忠——国立中山大学工学院院长兼建筑工程学系系主任
1951–1952年	陈伯齐——国立中山大学建筑工程学系系主任
1952–1959年	黄适——华南工学院建筑工程学系系主任
1959–1968年	陈伯齐——华南工学院建筑工程系系主任

附录3 岭南建筑教育早期发展历程之历届毕业生名单

广东省立勷勤大学工学院建筑工程学系（1932–1938）

1936届

专业：建筑

学制：

关伟亮 郑文骥 杨思忠 朱绍基 余寿祺 黄培熙 龙炳芬 朱叶津 黄庭臻 赵象乾
吴耿光 陈锦文 梁耀相

1937届

专业：建筑

学制：

何家绍 黄德良 霍云鹤 李金培 梁建勋 苏 鼎 姚集珩 张景福 郑祖良 庚锦红
唐翠青 陈逢荣 何绍祥 杨蔚然 黄理白 苏飞霖 李肇周 陈荣耀 陈庭芳 黄绍祥
黎伦杰 陈士钦 黄家驹 邓汉奇 李楚白 裘同怡

国立中山大学工学院建筑工程学系（1938–1950）

1938届

专业：建筑

学制：

陈熏桢 陈一鸣 陆斯仑 余玉燕 梁慧芝 杨 炜 林熙保 黄炜机 梁嘉明 梁庆南
陈祯祥 陈心如 莫汝达 张耀桓 潭兆佩 苏廷熙 温钦兰 张炳文 方子容 郑官裕
连锡汉 温汉兴 周毓芳 古 节 古 元 杨照华 赵善荃

1939届

专业：建筑

学制：

冯翰铭 郭尚德 魏贻煊 朱旺全 张礼德 卢绍樂 梁以湛 林维戎 曾乃璞 何伯憩
李伯坤 练道喜 丘如汉 莫福汉 黄国振 陈任始 黄 锐 李应勋 刘鸿图 刘克麟
叶锡荣 余兆聪 赵锦庆 陈国士 梁慧芝 梁家献 杜汝俭

1940届

专业：建筑

学制：

利慕湘　梁启文　梁其森　梁启杰　刘绍基　卢焕缪　赵显亨　周炳厚　何文滔　吴翠莲
陈美燊　林良田　梁以湛　吴梅兴　李　林　何沛侃　苏大中　林启宣　刘昌汉　刘豫璋
何国弼　潘绍铨　詹道光　钟子雄　莫灼华　陈康寿　伍耀荣　冯禹能　潘作鸿　陈敏聪
聂朝赞

1941届

专业：建筑

学制：

何光濂　李祥楷　廖共登　杨卓成　李为光　蔡惠毅　李　林　林亦常　区国垣　沈执东
龚国燊　卫宝葵　李煜麟　刘维屏

1942届

专业：建筑

学制：

吴翠莲　刘漱沦　吴锦波　王平靖　文达成　林祖诒　沈梅叶　范天民　樊绪武　喻永泽
袁佐治　翟大陆　冯辉汉

1943届

专业：建筑

学制：

邹爱瑜　杨智仪　温梓森　利慕湘　杨若余　陈启明　陈钧祥　王济昌　李　霭　陈洪熙
陆涛华　言乘万　袁淑卿　周　卓

1944届

专业：建筑

学制：

李奋强　瞿庆孙　谢西家　钟鸿英　陈洪业　李礼棣　岑胜光　黄碧玑　李祖源　陈钧祥

1945届

专业：建筑

学制：

何佩侃　蒋军剑　罗兆强　文景江　刘暑生　李照甫　陶正平　董法基　邓本治　黄慧馨
贺陈词　刘汉荣　焦耀南　祁景祐

1946届

专业：建筑

学制：

蔡振铎　陈士琦　梁鸿逵　廖肇乾　齐鸿翔　冯秀芑　唐仲华　曾广彬　罗兆强　韦福田
陆宗康　贺新词　梁瑞华　董法基　邓木平　黄慧馨　詹婧恺　张占燊　王金渭

1947届

专业：建筑

学制：

莫炳文　陈士琦　蔡振铎　崔泳池　何浣芬　钟浩泉　苏宝义　蔡德道　黄新范　李蕙英
黄友谋　林启彦　彭树林　伍涤尘　曾永安　高彼得　林松坚　詹益镇

1948届

专业：建筑

学制：

金振声　莫俊英　郑　鹏　黄宗翰　许锡昌　刘锡昌　胡正赞　雷玉光

1949届

专业：建筑

学制：

周希罗　彭克礽　李志楹　邬慕泽　陈宏骥　金崇让　梁鸿志　刘玉娟　王砥中　伍时清
徐家烈　朱舜韶　邝百涛　欧阳兆锦

1950届

专业：建筑

学制：

梁崇礼　杨国旺　庞尚文　赖振良　杨建畴　褚绍达　伍诚信　刘文传　黄颂康　黄炎泉
罗绍龙　梁启龙　张炳琨　雷振子

中山大学工学院建筑工程学系（1950–1952）

1952届

春季毕业生

专业：建筑学

学制：四年制（1947年入学）

胡荣聪　莫介沃　谭荣典　汤国樑　郑世富　洪迈华　钟锦文　谭　燊　刘成基　李新群
陈重九　高镇泉

秋季毕业生

专业：建筑学

学制：四年制（1948年入学）

林其标（1947年入学）

陆元鼎　罗宝钿　张洪源（张宁）　卢家英　张慰慈　蓝育炯　刘世礼　潘旦菊　刘　琦
余茂先　叶伟瑶　邢福地　周爽南　杨敏仪　王喜敏　梁鸿权　孔淑婉　霍梓辉　丁葆楠
司徒永康

华南工学院建筑工程系（建筑学系）（1952–1966）

1953届

春季毕业生

专业：建筑学

学制：三、四年制（1949年入学）

赵　型　马维濬　潘振纲　温永光　谢城玉　沈益禾　廖衍枝　林如兰　龙天振　林进声
徐福鹏　卢名士　邓　杰　戴钜阙　廖　材　李满波

秋季毕业生

专业：建筑学

学制：三、四年制（1950年入学）

冯增苑　肖抗城　王满森　黎淑海　谢鸣远　李培杰　胡麟枝　莫健雄　何彦东　梁秉中
吴宏禧　庚志伟　黎汝霖　张伟民　郭汉硕　黎新荣　许宁杰　李宗泽　冯广标　凌壮图
肖金明　韩宁盛　陈琼霖　梁锦德　梁华炎　马毅超　陈懋恺　钟锡明　黄维伍　孔广远
陈英力　宋发德　李允鉌　马秀龙　梁昱星　招俊铿　朱奇康　陈仲良　陈汉生　冯棣棠
郭宏法　蔡志晕　陈焕章　欧阳瀛祥

1954届

专业：建筑设计

学制：二年制专科（1952年入学）

饶寿坤　廖绵冠　曹伯岑　简易行　赵松亭　张高歌　赵名清　魏振国　黄素辉　王匡治
王庸鸿　孙考光　何裴然　邵金荣　代子仁　陈扬谋　毛立金　刘馥云　孙　诚　张如梅
门志强　殷友渔　赵孟琦　商振浩　常儒森　陈长林　朱闻一　刘贤初　周保安　杨钟华
周海林　陈　绮　韦佩芳　余　直　廖忠槐　曹长松　陈威宇　贺羡萍　倪　霖　唐厚炽
肖　敏　胡伯腾　张国荣　黄维翰　田仁里　李子青　伍本森　郎勉华　史素芳　白湘法
林承缔　龙　斌　赵仲谦　李光义　齐振宇　仲　坚　陈恕之　查权生　刘国美　廖锦冠
张佩韦　杜　兴　代宏义　覃振武　孙玉昆　黄深求　李梁臣　孙厚谱　代考濂　宋子真
李鹏南　欧阳棠　何鉴之

1955届

专业：建筑设计

学制：四年制（1951年入学）

谢春帆　黎显瑞　张锡麟　魏彦钧　陈锡庸　叶佐流　陈路彪　江道元　林开武　肖金明
丘　铨　袁培煌　单仲陆　何稚灵　严炯辉　邓敬辉　向明德　杨静川　朱鸿仪　李日海
黄可斌　梁　建　张兆聪　何崇哲　雷德周　黄美明　任履年　吴超文　谢俊贤　杨棣仪
梁尚达　朱惠霖　黎再鸣　杨宠伟　陈宝璇　黄枝荫　许振畅　马少芳　张学钦　关荣仁
舒　俊　程式楷　钟辉汉　岳特伯　王满森

1956届

专业：房屋建筑

学制：四年制（1952年入学）

何建宗　吴元骥　吕惠如　关安泰　冯子法　卢文聪　张湘泰　孙之祥　陈其燊　李献心
陈开庆　徐国伟　王广鎏　周启章　伍仲动　陈克耐　陈乃琏　董云仙　毕琳章　曾益民
万家智　夏怡华　张明威　陈锡森　陈敬人　周　法　吴培聪　林锦相　陈宗颢　李映慧
陈元辉　何陶然　周成之　许汉良　孙公佐　敖良能　高淑贞　张作琴　欧阳泽详　薛耀生
陈俊英　蒋澄剑　沈庆举　李永方　陈耀麟　黄伯宇　赵纪庭　王宝琳　梁维俭　冯景昌
姚肇安　梅国治　叶自兴　吴尊伍　蒋以藻

1957届

专业：房屋建筑

学制：四年制（1952年入学）

蔡景彤（因病休学一年，推迟毕业）

1958届

专业：房屋建筑

学制：五年制（1953年入学）

陈缉熙 邓沛祥 刘管平 马秀芝 魏长文 宋桐青 赵幼琳 陈仕隆 何炳联 陈桂均
孙继文 劳湛禧 骆铭贤 李莲芳 金 甘 江敏俊 杨以乐 蔡修国 林士聪 曹美莹
卢裕生 吴纪清 周以文 丘炳耀 金家荣 许志航 郭邦洪 林启山 曹尚文 虞绍涛
尹先洪 刘云琴 谢 相 艾定增 胡俊民 饶维纯 刘治和 雷伯琪 李鏐美 黄景雄
李沛纯 陈宜桂 梁洁英 尹冰峰 谢国富 符干朝 梁国本 李 韬 郭开明 杨毓勋
黄令晖 李国杰 陈 根

1959届

专业：建筑学

学制：五年制（1954年入学）

容玉琨 邓伟元 蒋 缨 王多马 黄 滇 袁潮生 熊振民 肖裕琴* 贾爱琴 谭伯兰
邓其生 邓斯平 廖秉端 严伟仪 黄莘南 王伯君 彭济美 齐后生 石元纯 卢明圣
林雄昌 万昌久 刘文赍 傅定业 罗声先 李 能 潘定祥 廖德桂 蒋国雄 刘大利
王春水 吴百衡 梁镇海 聂金华 何坤灵 朱慧珠 刘彦才 杨庆生 刘源柏 孙彦章
张宗道 曾宪文 麦炯堂 李宝卿 周章式 叶兆平 梁杰材 蔡雪宜 陈绍净 余启涛
侯学良

*注（1953年入学）

1960届

专业：建筑学

学制：五年制（1955年入学）

赵伯仁 叶荣贵 叶吉禄 刘炳琨 梁嘉瑶 廖明洵 陈鸿志 林永祥 冯 甜 陆启文
高焕文 钟淑贤 左肖思 骆逸帆 周伯新 刘云星 蔡豪隆 林策扬 曾昭奋 吴述纪
叶锡勋 张本宜 程义炳 韦义辉 潘起元 温广深 余有效 郑有仁 赵祖望 张自波
刘克峻 陈双玲 王友明 谭道清 陈桂民 刘受民 莫博古 杨梅松 梁定民 张振民
皮亚仙 关其芳 黄浩珍 周凝粹 欧阳汛 曾汉柱 谢增寿 范绍正 陈学猷 蒋祖庆

方志群 李嘉祥 余庭杰 陆应儒 余林如 唐智州 吴冠韶 林伯驹 张一匡 唐文龙
程树芬 马桂开 杨苾伟 蔡福民 熊鉴波 李耀森 丘世罗 叶霜枝 潘本培 邝衍坤
陈伟廉 朱炳智 何乃铎 邝广雄

1961届
专业：建筑学
学制：五年制（1956年入学）
王绍宗 叶梓林 肖慧贞 刘凤娴 刘崇佳 关慕霭 黄燕禅 梁坚松 冯宝霖 杨 颖
周锦纾 杨 燕 傅大明 彭 飞 温 平 杨瑞龙 张根亮 李会峥 何镜堂 陈 荣
陈潮生 周合丰 冼毓岩 徐锦葵 徐可风 黄秋培 谢才东 毛 杰 王榕发 叶畅琪
余志生 余启涛 李树荣 麦永辉 欧阳诚 胡继勇 黄伯生 彭继文 蔡建中 黎宝权
黎 琼 陈宝琦 陈国兆 朱庭干 王琛琛 王苑薇 邓尚慈 李照林 黄昌英 谭剑铿
陈嘉业 李汉强 刘敬伟 邓韵隆 许哲慧 吴锡康 汪祖美 苏润环 李树海 陈景锐
蔡伯洵 方哈迪 何梦海 张君乐 杨必伟 陈立品 苏增睦 范会兴 黄沫邦

1962届
专业：建筑学
学制：五年制（1957年入学）
李 裘 林玉明 许侠生 胡镇中 刘荫培 卢洁钗 林兆璋 伍乐园 陈树棠 侯纪宜
邓良石 潘汪湛 邝庚年 黄凯聪 戴荣华 王藩睦 徐锦葵 余庭杰 周合丰 冼汉光
陈维孟 钟宇浩 司徒泉 陈益华 颜松悦 陈达昌 罗士元 司徒如玉 林小麒 钟兰发
何世江 丘权润 董传先 黄海昌 胡良驯 梁庭名 曾宪纲 宾镜林 孙先本 王豫章
王水生 黎伦芬 何 澄 霍广昌 李锦添 黄宜国 肖宝洁 朱伯值 韩克俭 刘新民
朱湛泉 李梅芳 陆焕文 赵 宇 麦燕屏 江润联 黄展成 陈德华

1963届
专业：工业建筑、民用建筑、城乡规划
学制：五年制（1958年入学）
关富椿 关 创 陈汝治 麦振玉 陈由荫 温佩美 李绮霞 佘爱群 周汇芬 梁桃华
李锦灿 马巴明 黄和泉 陈森成 林丰藩 麦坤良 彭逸文 李伯溪 谢苑祥 肖学振
陆应儒 涂家茂 张瑶冰 陈良栋 赵全胜 何秉铿 林桂枝 陈佛超 黄作贤 关筑图
李锦沅 霍沛翔 黄丕歆 吴志刚 陈 邠 杨应玉 詹益平 梁应霖 林瑞年 郑悦正
彭其兰 郑乃圭 丁保文 裘沛燊 张康贵 张 鸣 谭雄波 刘素珍 陈文孝 许少石
林振声 关帜南 丘煌贵 李泽添 胡健祥 黄了芝 冯伯长 卓运兴 招 雄 林 良

谭卓枝 邹干翁 施用贤 陈汝轩 钟流民 张绍强 伍瑞家 刘谷城 秦泽池 黎锦培
李长尊 姚国儒 蔡汉华 招庆棠 潘凯玲 陈开梅 冯应瑜 吴新平 刘丽生 曾汉先
曾志强 谢书强 游兆绵 伍卓达 罗官歆 邹宏声 梁耀安 丘淑倾 刘惠昌 李华权
伍贻惠 冯炯华 吴仁宏 刘南照 梁广煦 吴德健 吴唤生 吴胜标 黄喜德 黎谷仁
杨铸平 胡钦展 徐曼妮 吴增俸 梅子达 余锦森 刘捷元 潘棣生 钟铭华 陈坚智
雷国柱 朱文华 吴世彬 黄鸿标 黄史显 伍荣宗 陈树德 廖锦垣 孔锦尚 梅新声
康咏基 刘家悦 叶秩贤 谢思永 利兴炎 唐礼根

1964届

专业：建筑学

学制：五年制（1959年入学）

廖志贤 方培雄 伍俸禧 王建勋 朱文辉 马小娴 许汝俭 陈启康 庚日锴 林德乔
傅伯行 郭燕裳 卢宝珠 韦家贵 林磻溪 陈永威 关伟忠 吴锦屏 黄介立 陈田贵
黄俊发 何瑞英 列建坤 莫耀坚 姚李文 梁启鉴 徐泽贤 黄石宝 蔡树立 丘习呈
符侣荣 张识成 冯应瑜 许名祥 刘英贤 郑灼明 林少苏 苏育人 王烈通 林道珍
陈永航（陈官庆） 陈发枝 陈融熹 钟世锋 黄树芝 李中泰 麦启钊 李 兵 叶美嫦
罗英瑜 黄达武 赖金生 李名光 张德清 马智勋 方仲伟 翟柱中 陈继生 陈福谦
周昭洪 姚欣民 方哲丰 张萌正 苏顺孚 黄荣昌 罗振耀 黎裕权 卫毓荣 杨胜福
谭裕声 陈裕昆 裘沛燊 曾庆新 欧阳国豪 何玉鸾 吴新兰 黄权铿 吴曼玲 甄庭赞
江珍泉 丁绍道 丘葵伦 李裕茂 简杨枝 屈耀祥 冯元拯 叶曼玲 申湘民 孙展雄
周绪楷 谭敬波 陈永威 朱焕明 廖子玉 朱启昌 陈永航 何君位

1965届

专业：建筑学

学制：五年制（1960年入学）

周慕贞 钟吉强 胡广恒 谭任伟 吴新拔 王信芬 邓日新 谭趣流 钟新权 罗德铨
王陆运 林钻香 张旭琳 陈国雄 刘慕曾 徐少霞 陈锦珠 江克明 邝悦明 周少明
罗 健 赖淦波 李 萍 高安福 江慧英 郑婉玲 王春玲 林益昌 邢益汉 周洁桃
麦兆雄 杨国平 陈国绚 赵淑谦 陈勤忠 姚宜涵 徐侨生 肖固耀 张志彬 林松川
良 信 谢镇安 游瑞德 刘启镜 陈达宏 梁启燊 廖文汉 卢炳林 林星辉 李秀芳
王维泽 利镜波 马锡炎 颜昌群 张志召 郭大昌 丘占球 李润柏 黄干炼 刘业荣
刘汉帮 陈达明 谢昌访 范自勉 余炽霖 甄庭赞 李润峰 罗钻强 周淦明 高宝昌

1966届

专业：建筑学

学制：五年制（1961年入学）

孔志成 罗 丹 江楷义 李耀培 李云卿 陆天伍 何建钊 周汉希 邓振坤 罗灿光
赖万华 范晖涛 邓惠豪 侯小凤 杨良清 陈俊枢 黄春和 李远松 黄绍乾 王立勇
熊双英 陈秀珍 黄锦生 黄达武 吴公立 黄筱莲 何值春 袁依文 李统广 王缓鸾
张 宣 邝才产 梁鸿志 李丽贞 高庆辉 甄荣炽

结 语

岭南建筑教育在经历了1932年到1966年的创立与探索、定位与起步这段早期发展历程后，秉承老一辈岭南建筑教育家们“以人为本”、“求真务实”教育理念，逐步建立起基于岭南地域亚热带气候特点的、具有清晰学科架构的建筑教育体系。形成了强调基础训练、注重理性分析、重视功能适用经济和建造技术以及工程实践的岭南建筑教育特点，初步建立起以教学为主，教学、科研、生产实践“三结合”的建筑人才培养模式，在思想、理论、实践、机构和人才等各个层面为岭南建筑教育进一步发展打下了坚实的基础。

后　记

在经过长期而且繁冗的资料收集、整理过程后，又历经不断的调整和修改，终于完成了博士论文。经岭南建筑教育前辈，中国民居学术研究的领军人，华南理工大学建筑学院陆元鼎教授的推荐，得到中国建筑工业出版社的李东禧主任、唐旭主任、张华编辑等人的大力支持帮助，使论文得以成书，深感欣慰。

首先要感谢岭南建筑教育的先辈们如林克明、胡德元、过元熙、虞炳烈、夏昌世、陈伯齐、龙庆忠、谭天宋、杜汝俭等，他们对于岭南建筑教育的无私奉献和多年辛勤耕耘，形成中国建筑教育中具有鲜明地域特色的岭南建筑教育体系。

感谢已经辞世的原博士导师叶荣贵教授，不但以广博的学识向我授业解惑，更以正直豁达的品格教我立身为人。遗憾的是在我刚刚开始博士论文撰写时，叶教授因病逝世，我将永远怀念他。

非常有幸能在孙一民教授指导下继续博士学业，他中西结合的专业视野、深厚独到的人文素养、客观严谨的学术态度深深地影响了我，也开阔了我的学术眼界，启发了我的研究思维。他以“华工人”特有的使命感和责任感帮助我悉心选题，并在论文调研、写作框架和细节研究等方面都给予了大量支持和帮助。

感谢所有见证了岭南建筑教育历史进程并热情提供各类珍贵资料的各位前辈教师及专家，包括金振声教授、陆元鼎教授、魏彦钧教授、蔡德道总工、何镜堂院士、邓其生教授、胡荣聪教授、刘管平教授、朱良文教授、梁崇礼前辈、谭荣典前辈以及蔡伟明老师、罗卫星副教授、刘业副教授、吴桂宁副教授、彭长歆学长等，他们基于对母校深厚的情感对本书寄予了深切的关注。感谢中山图书馆、广州市档案馆、华南理工大学档案馆的各位工作人员和老师、建筑学院主管院藏资料的陈莹老师、冯江老师、张智敏老师，建筑物理实验室的陈金牛老师、院办公室的沈绮华老师、廖文飞老师、廖晨老师、黎和平老师以及院资料室的各位老师，他们为本课题的调研提供了热忱地帮助。

感谢在本书写作过程中提出宝贵意见和建议的郭谦教授、肖毅强教授、陆琦教授、周剑云教授、王世福教授以及广东工业大学建筑与城市规划学院院长朱雪梅教授。感谢给予支持鼓励、帮助的同事和学友庄少庞、汪奋强、王璐、苏平、高武洲、王凌、刘虹、王静、熊璐等。

感谢家人们，特别是我的妻子，一直尽全力地支持我的写作。

施 瑛

2015年4月